KB144272

한식 세계화를 위한 한국음식조리법 표준화 제2편

윤숙자 교수의

건강밥상 300선

윤숙자 저

• 머리말 •

한국음식 조리법 표준화를 기반으로 건강한 밥상을 차리다.

"희망이란 마치 땅 위의 길가 같아서 본디 있다고도 할 수 없고, 없다고도 할 수 없다. 본래 땅 위에는 길이 없었다. 걸어가는 사람이 많아지면 그것이 곧 길이 되는 것이다." 중국의 근대 사상가이자 소설가인 루쉰이 희망을 길에 비유하며 한 말입니다.

최근 한식의 세계화라는 희망의 길을 걸어가는 사람이 많아졌습니다. 그러한 배경에는 한식의 세계화를 위한 정부와 관련업계, 연구기관들의 다양한 노력이 있었기 때문이라고 생각하며, 제가 몸담고 있는 (사)한국전통음식연구소도 미력이나마 힘을 보탠 것을 보람 있게 생각합니다.

(사)한국전통음식연구소는 지난 2006년 한국음식 세계화를 위한 프로젝트의 일환으로 농림수산식품부, 문화체육관광부와 공동으로 업무협약을 맺고 '한국음식조리법 표준화 연구개발 사업'을 추진하였습니다. 3년간 이 사업의 결과로 2008년, 아름다운 한국음식 100선과 300선 도서와 만화책, 동영상, 웹사이트 등이 만들어졌으며 한국어를 비롯하여 영어, 일어, 중국어, 불어, 스페인어, 체코어, 아랍어 등 8개 국어로 번역되어 세계에 우리 한식의 우수성을 알리고 한식 세계화의 기틀을 마련하게 되었습니다.

또한 문화체육관광부, ㈜한국외식정보와 함께 '해외한식당 식문화 고품격사업'을 진행하여 중국, 일본, 홍콩, 베트남, 미국(뉴욕 · LA) 등에 현지인들이 가장 좋아하는 한국음식을 연구개발하여 기술지도를 하였습니다. 그리고 영국, 프랑스, 독일, 덴마크,

노르웨이, 중앙아시아 3개국, 키르키즈스탄, 앙골라, 요르단, 알마티, 에디오피아 등에 우리 한식의 맛과 아름다움을 알리기 위해 많은 시간을 현지에서 보내며 동분서주하였습니다.

이러한 한식 세계화를 위한 프로젝트의 연장선에서 앞서 발간된 '아름다운 한국음식 300선'에 이어 2010년에 펴낸 '건강밥상 300선'은 한국음식 조리법 표준화 프로젝트 2편이라 할 수 있으며, 이로써 전편에 이어 총 600종의 한국음식을 표준화하여 책으로 펴내게 되었습니다.

특히 이 책의 이름을 '건강밥상 300선'이라고 한 것은 탄수화물, 단백질, 식이섬유, 당류, 지방, 트랜스지방, 포화지방, 나트륨, 콜레스테롤 등의 9가지 영양소를 분석하여 건강증진을 위한 지침서가 되도록 하였기 때문입니다.

최근 과다한 영양섭취로 발생하는 여러 가지 현대인의 성인병을 이 책에서 분석해 놓은 9가지 영양소의 조절로 미연에 방지할 수 있다고 생각합니다.

이제 10년이 지난 지금, 다시금 재판을 내게 되어 감사한 마음입니다. 이 책이 나올 수 있도록 함께 해주신 (사)한국전통음식연구소의 이명숙 원장님께 깊은 감사를 드리며 9대 영양소를 분석해 주신 한국식품연구원에도 감사를 드립니다. 또한, '한국음식의 세계화'라는 사명감으로 묵묵히 수많은 실험조리의 과정을 거쳐 내며 같이 땀 흘리며 참여한 연구원들과 이 책의 출판을 맡아주신 백산출판사의 진욱상 사장님께도 감사를 드립니다.

2020년 10월

(사)한국전통음식연구소 대표 **윤숙자**

(사)한국전통음식연구소 대표 / 이학박사 **윤 숙 자**

배화여자대학 전통조리학과 교수 역임
전국 대학조리학과 교수협의회 회장 역임
국가고시 조리사 시험 감독위원
대한민국 명장(조리부문) 심사위원
전통식품명인 심사위원장 · 전통식품 분과위원회 위원장
(사)한국전통음식연구 대표
(사)대한민국전통음식총연합회 회장
떡박물관 관장 · 돈화문갤러리 대표

1988 서울 올림픽 급식 전문위원
1999 제3차 ASEM 식음료공급자문위원회 위원
2002 고품질 쌀 생산 소비추진 공로 대통령 표창
2003 대한항공(KAL) 기내식 한식부문 자문위원
2005 APEC 정상회담 한국궁중음식특별전 개최
2005 독일 퀼른식품박람회 한국궁중음식특별전 개최
2006 여성 발명가상 수상
2006 파리식품박람회(SIAL) 기내식 한식부문 자문위원
2007 뉴욕 UN본부 한국음식페스티벌 주최
2007 남북 정상회담 만찬 자문위원
2007 한국농식품 수출기여 공로 대통령상 훈장『철탑산업훈장』수상
2007~2009 국외 한식당 문화적 고품격화 사업 : 일본, 중국, 베트남, 홍콩, 뉴욕, LA
2008 일본 동경식품박람회 식문화홍보관 운영
2008 프랑스 파리 Korea Food Festival in UNESCO 운영
2008~2009 영국 런던 Thames Festival 한식홍보관 운영
2009 중앙아시아 3개국 Silk Road 한국문화 페스티벌 운영
2009 태국 국경일 기념 한국식문화 홍보행사 운영
2009 중화인민공화국 건국 60주년 기념 '한국미식의 밤' 운영
2015 밀라노 엑스포 만찬음식 총괄자문
2016 한식재단 이사장
2018 평창동계올림픽 식음료 전문위원
2019 한 · 아세안 특별정상회의 자문위원

주요 저서
『한국전통음식 우리맛』,『한국의 저장 · 발효음식』,『한국의 떡 · 한과 · 음청류』
『한국의 시절음식』,『한국의 상차림』,『Korean Traditional Deserts』,『韓國の傳統飮食』
『한국음식대관 제5권(상차림, 기명 · 기구)』,『통과의례와 우리음식』,『전통부엌과 우리살림』
고조리서 재현 : 『수운잡방』,『요록』,『규합총서』,『증보산림경제』,『식료찬요』,『도문대작』,『동국세시기』
『떡이 있는 풍경』,『굿모닝김치』,『알고 먹으면 좋은 우리 식재료』
『아름다운 혼례음식』,『아름다운 우리술』,『아름다운 우리차』
『아름다운 한국음식 300선』,『몸에 약이되는 약선음식 111가지』
『윤숙자교수의 신바람나는 퓨전떡 100가지』,『윤숙자교수의 맛깔나는 퓨전한과』
『아름다운 한국음식 100선』: 한국어, 중국어, 일본어, 영어, 불어, 체코어, 스페인어, 아랍어판 외 다수

차례 Contents

Part 3. 반찬류

Part 5. 후식류

떡

한과

음청류

이 책을 보는 법

- 본 책에 실린 표준 조리법은 제시된 재료와 열원, 조리 기구를 사용하여 정해진 조리법에 따라 조리할 때 동일한 결과의 음식을 만들 수 있습니다. 따라서 사용하는 재료, 열원, 조리기구, 조리환경에 따라 조리 시간과 결과물이 다를 수 있습니다.
- 음식에 사용되는 주재료와 부재료, 양념 등의 종류와 계량을 조리순서대로 표기하여 알기 쉽게 정리하였습니다.
- 재료의 양은 특수한 경우를 제외하고 4인분 기준으로 하였습니다.

1. 조리정보

이 책에서는 약간, 적당량, 적당히 등으로 애매하게 표현된 한국음식 조리법을 세계 공용의 기준인 SI 단위, 즉 cm, g, min(분) 등의 표준화된 조리법으로 표기하였으며 조리 후 중량, 적정배식온도, 총가열시간, 총조리시간, 표준조리도구 등을 알기 쉽게 정리하여 전 세계의 어느 누가 조리를 하더라도 동일한 맛이 나도록 하였다.

조리후 중량	적정배식온도	총가열시간	총조리시간	표준조리도구
920g(4인분)	65℃	21분	1시간	20cm 냄비

2. 계량방법

재료의 계량은 조리의 편의를 위해 컵, 큰술, 작은술 등의 부피 계량과 정확한 계량을 위해 저울을 사용한 g 단위를 함께 표기하였다.

[계량 단위]

1컵=13큰술+1작은술=물 200㎖=물 200g

1큰술=3작은술=물 15㎖=물 15g

1작은술=물 5㎖=물 5g

계량컵 계량스푼

1) 가루 상태의 식품 계량

가루 상태의 식품은 덩어리가 없는 상태에서 누르지 말고 수북히 담아 편편한 것으로 고르게 밀어 표면이 평면이 되도록 깎아서 계량한다.

2) 액체 식품 계량

기름 · 간장 · 물 · 식초 등의 액체 식품은 투명한 용기를 사용하며 표면장력이 있으므로 계량컵이나 계량스푼에 가득 채워서 계량하거나 정확성을 기하기 위해 계량컵의 눈금과 액체의 메니스커스(meniscus)의 밑선이 동일하게 맞도록 읽어야 한다.

3) 고체 식품 계량

된장이나 다진 고기 등의 고체 식품은 계량컵이나 계량스푼에 빈 공간이 없도록 채워서 표면을 평면이 되도록 깎아서 계량한다.

4) 알갱이 상태의 식품 계량

쌀 · 팥 · 통후추 · 깨 등의 알갱이 상태의 식품은 계량컵이나 계량스푼에 가득 담아 살짝 흔들어서 표면을 평면이 되도록 깎아서 계량한다.

5) 농도가 있는 양념 계량

고추장 등의 농도가 있는 식품은 계량컵이나 계량스푼에 꾹꾹 눌러 담아 편편한 것으로 고르게 밀어 표면이 평면이 되도록 깎아서 계량한다.

3. 불 조절

음식의 재료가 잘 준비되었어도 조리 과정 중 불 조절이 잘못되면 밥이 설익거나 생선이 타거나 갈비찜이 푹 무르지 않는 등 음식을 실패하거나 기대했던 음식을 얻을 수 없다. 이 책에서는 '중불에서', '약불에서' 등 불 조절에 대한 설명이 꽤 상세하게 되어 있다. 이는 그만큼 조리 온도가 음식을 좌우하는 중요한 요인이 되기 때문이다. 따라서 조리법에 따라 음식의 맛을 가장 좋게 하는 불 조절이 필요하다.

센불
센불은 가스레인지의 레버를 전부 열어 놓은 상태로 불꽃이 냄비 바닥 전체에 닿는 정도의 불 세기이다.

중불
가스레인지의 레버가 꺼짐과 열림의 중간 위치이다. 불꽃의 끝과 냄비 바닥 사이에 약간의 틈이 있는 정도의 불 세기이다.

약불
가스레인지의 레버를 꺼지지 않을 정도까지 최소한으로 줄인 상태로, 중간 불보다 절반 이상 약한 불의 세기이다.

4. 식품중량표

(단위 : g)

식품명 \ 계량	1작은술	1큰술	1컵	식품명 \ 계량	1작은술	1큰술	1컵
물	5	15	200	청주	5	15	200
굵은 소금	4.5	13	160	굵은 고춧가루	2.2	7	93
고운 소금	4	12	167	고운 고춧가루	2.2	7	93
청장(국간장)	6	18	240	통후추	3	10	115
간장(진간장)	6	18	240	후춧가루	2.5	8	117
된장	5	17	231	겨잣가루	2	6	92
고추장	6	19	252	잣	3.5	10	120
참기름	4	13	187	잣가루	2	6	96
들기름	5	15	186	녹말가루	2.5	8	129
통깨	2	7	93	다진 파	4.5	14	159
깨소금	2	6	86	다진 마늘	5.5	16	199
식용유	4	13	170	생강즙	5.5	16	210
설탕	4	12	160	다진 생강	4	12	164
황설탕	4	12	150	양파즙	5	15	200
꿀	6	19	300	새우젓	5	15	200
물엿		19	288	멸치액젓	5	15	200
식초	5	15	200				

국내 조리서 최초, 9대 영양분석표 수록 !

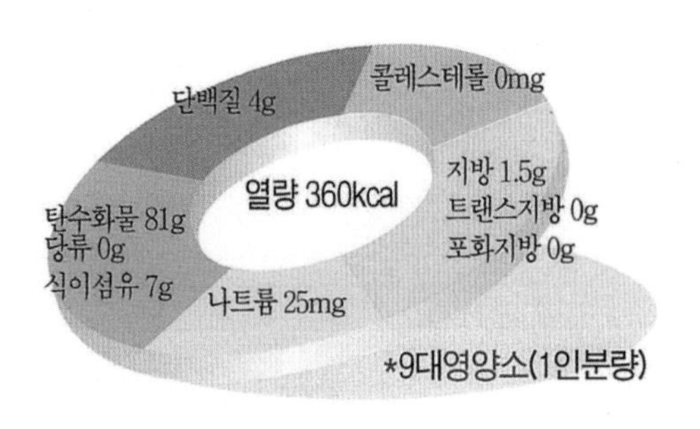

국내에서 출간된 조리서 중에서는 최초로 단백질, 탄수화물, 식이섬유, 당류, 지방, 트랜스지방, 포화지방, 나트륨, 콜레스테롤 등 9가지 영양소를 분석하고 조리 후 총량, 1인분 칼로리와 분량 등을 제시하여 현대인에게 올바른 영양섭취와 건강증진을 위한 지침서가 되도록 하였다.

(본 책에 제시된 영양소 분석은 껍질과 뼈를 제외한 가식부만 하였으며 양념 · 양념장 · 겨자즙 · 초간장 · 초고추장 · 새우젓 등은 영양소 분석에서 제외하였다.)

열량
식품에 포함된 영양 성분이 체내에서 대사될 때 생성된 에너지를 칼로리로 표시한 것이다.

탄수화물
탄수화물은 우리 몸의 에너지원을 내는 가장 중요한 영양소이다. 탄수화물은 곡류 식품에서 섭취할 수 있는데, 우리가 흔히 섭취하는 밥, 과자류, 빵류, 떡류 및 국수류 등에 많이 들어 있다.

단백질
단백질은 우리 몸을 구성하는 성분으로 체내의 여러 장기, 근육, 피부 등 체조직의 대부분이 단백질로 이루어져 있다.

지방
지방은 고열량 에너지원으로 많은 열량을 필요로 하는 사람에게 효과적인 에너지 저장고입니다. 열의 발산을 막아 체온을 유지하게 하고 중요 장기를 보호한다.

나트륨
나트륨은 체내의 대사에 꼭 필요한 무기질이다. 소금의 주성분으로 짜게 먹는 식습관으로 인해 성인병을 일으키는 주요 원인이다.

당류
당은 탄수화물 중에서 작은 분자로 이루어져 있으며, 물에 녹아서 단맛이 나는 물질을 가리킨다. 당류는 과일 · 꿀 · 고구마 등 단맛이 있는 자연식품에 함유되어 있다.

트랜스지방
트랜스지방은 식물성 기름인 불포화지방을 동물성 기름인 포화지방과 유사하게 만든 유지에 많이 함유되어 있다. 트랜스지방은 심혈관계 질환의 발병율을 높이는 것으로 알려져 있다.

포화지방
포화지방은 이중결합이 없는 지방산으로 동물성 지방에 들어 있으며, 상온에서는 고체나 반고체 상태의 기름이다. 쇠기름 · 돼지기름 등 모든 동물성 기름과 버터 · 쇼트닝 · 식물성 기름 중 코코넛 기름과 팜유에 다량 포함되어 있다. 포화지방은 과다섭취시 심장병, 동맥경화, 암 등의 발병율이 높다.

콜레스테롤
콜레스테롤은 보통 동물성 식품에 존재하는 스테롤(sterol)로서 세포막을 구성하거나 성호르몬과 담즙을 합성하는 데 사용된다. 콜레스테롤은 과다섭취시 동맥경화 등과 같은 성인병의 발병율이 높다.

식이섬유
식이섬유는 사람의 소화효소로는 소화되지 않고 영양소로서의 기능은 거의 없으나 비피더스균 등 유익한 장내세균을 증식시켜 장운동을 촉진함으로써 원활한 배변을 유도하고, 콜레스테롤을 흡착하여 배출하는 등 생리적으로 중요한 역할을 한다.

Part 1. 주식류

밥, 죽, 면

우리나라의 상차림은 주식과 부식이 어우러져 영양적으로 조화를 이루는데 밥, 죽, 국수, 만두, 떡국 등이 대표적인 주식류로 한국인의 힘의 원천이라 할 수 있는 음식이다. 매일 먹는 음식이지만 물리지 않는 밥, 기운을 돋우고 입맛을 살리는 죽, 출출할 때 간단하게 한 끼를 해결할 수 있는 면요리 등 쉽고 맛있게 만들 수 있는 다양한 주식류를 만나보자!

밥

밥은 쌀, 보리, 조 등의 곡류를 끓여 익힌 것으로 한국인의 대표적인 주식이다. 밥을 짓는 방법이나 재료에 따라 여러 가지 종류가 있다. 쌀만으로 짓는 흰밥, 잡곡을 섞어서 짓는 잡곡밥이나 오곡밥, 여러 가지 채소류와 견과류, 해산물이나 육류를 넣고 밥을 짓기도 한다. 비빔밥처럼 밥을 지어서 다시 조리해 내는 특별한 밥도 있다.

차조밥

조리후 중량	적정배식온도	총가열시간	총조리시간	표준조리도구
920g(4인분)	65℃	21분	1시간	20cm 냄비

멥쌀 360g(2컵), 차조 85g(½컵)
밥물 650g(3¼컵)

재료준비

1. 멥쌀은 깨끗이 씻어 일어서 물에 30분 정도 불려 체에 밭쳐 10분 정도 물기를 뺀다(440g).
2. 차조는 깨끗이 씻어 일어서 체에 밭쳐 10분 정도 물기를 뺀다(95g). 【사진1】

만드는법

1. 냄비에 멥쌀과 물을 붓고 센불에 4분 정도 올려 끓으면 차조를 넣고 4분 정도 더 끓인다. 【사진2 · 3】
2. 중불로 낮추어 3분 정도 끓이고, 쌀알이 퍼지면 약불로 낮추어 10분 정도 뜸을 들인다.
3. 밥을 주걱으로 고루 섞은 후 그릇에 담는다. 【사진4】

멥쌀에 차조를 넣고 지은 밥이다. 차조는 오곡에 속하는 잡곡 중 하나로 서숙이라 부르기도 한다. 한방에서 차조는 맛이 달며 독이 없고 소화흡수가 잘 되어 비장을 고르게 하므로 오래된 속병을 다스리고 기력을 회복시킨다고 하였다.

· 삶은 팥을 넣고 밥을 짓기도 한다.
· 찹쌀에 차조를 넣고 밥을 짓기도 한다.

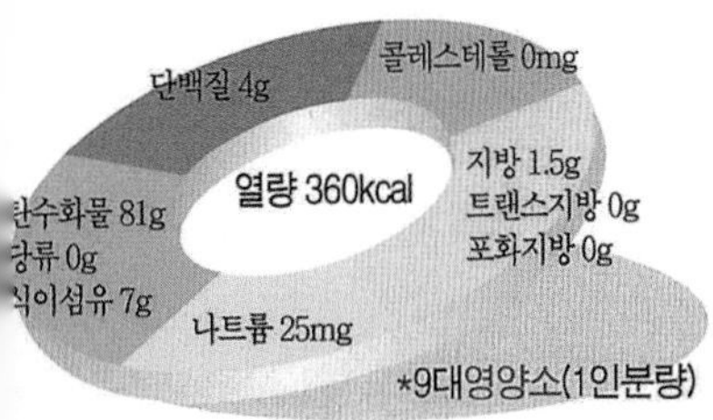

*9대영양소(1인분량)

1

2

3

4

감자밥

조리후 중량	적정배식온도	총가열시간	총조리시간	표준조리도구
880g(4인분)	65℃	22분	1시간	20cm 냄비

멥쌀 360g(2컵)
감자 300g(1½개)
물 500g(2½컵)

재료준비

1. 멥쌀은 깨끗이 씻어 일어서 물에 30분 정도 불려, 체에 밭쳐 10분 정도 물기를 뺀다(440g). 【사진1】
2. 감자는 씻어 껍질을 벗기고 가로2cm 세로1.5cm 두께1.5cm 정도로 썰고(250g), 물에 헹구어 전분을 뺀다. 【사진2】

만드는법

1. 냄비에 멥쌀과 감자, 물을 붓고 센불에 5분 정도 올려 끓으면 4분 정도 끓이다가 중불로 낮추어 3분 정도 더 끓인다. 【사진3】
2. 쌀알이 퍼지면 약불로 낮추어 10분 정도 뜸을 들인다.
3. 밥을 주걱으로 고루 섞은 후 그릇에 담는다. 【사진4】

멥쌀에 감자를 넣고 지은 밥이다. 감자는 알칼리성 식품으로 필수 아미노산이 골고루 들어있고, 철분 · 칼륨 · 비타민C가 다량 함유되어 있어 '밭의 사과' 라고 불린다. 삶은 감자는 탄수화물이 풍부하여 포만감을 줄 뿐만 아니라 쌀밥의 ½정도의 칼로리로 체중 감소에 좋다.

· 양념장으로 비벼 먹기도 한다.
· 감자는 썰어 물에 헹구어 사용하면 전분기가 빠져 잘 부서지지 않는다.

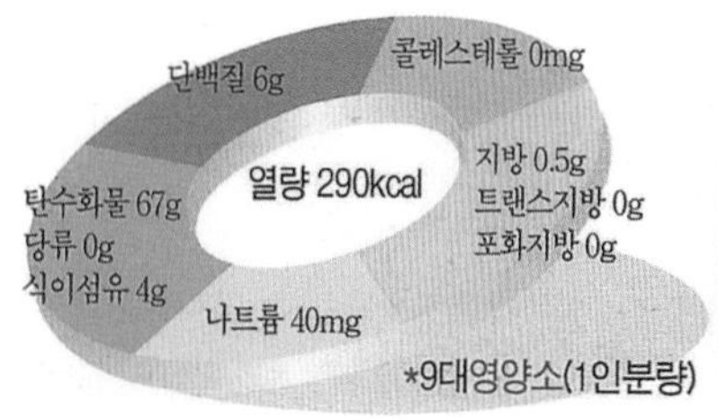

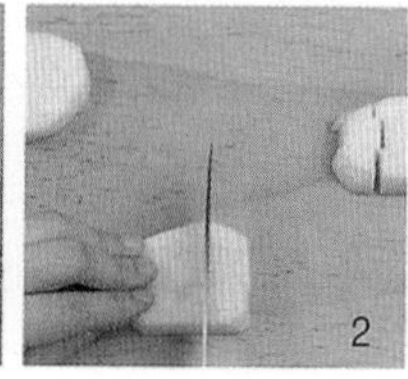

은행죽순밥

조리후 중량	적정배식온도	총가열시간	총조리시간	표준조리도구
1.16kg(4인분)	65℃	28분	1시간	24cm 냄비

멥쌀 360g(2컵), **찹쌀** 90g(½컵)
소금물 : 밥물 600g(3컵), 소금 2g(½작은술)
은행 66g(33개), 식용유 4g(1작은술), **죽순** 100g, 물 600g(3컵)
비빔 양념장 : 청고추 5g(⅓개), 홍고추 5g(¼개), 간장 54g(3큰술)
고춧가루 1.1g(½작은술), 다진 파 14g(1큰술)
다진 마늘 5.5g(1작은술), 깨소금 6g(1큰술)
후춧가루 0.3g(⅛작은술), 참기름 8g(2작은술)

재료준비

1. 멥쌀과 찹쌀은 깨끗이 씻어 일어서 물에 30분 정도 불려, 체에 밭쳐 10분 정도 물기를 뺀다(멥쌀 440g, 찹쌀 110g).
2. 죽순은 씻어 빗살무늬를 살려 가로 2cm 세로 2cm 두께 0.2cm 정도로 썬다(90g). 【사진1】
3. 청 · 홍고추는 씻어 길이로 반을 갈라 씨를 떼어 내고 폭 · 두께 0.3cm 정도로 썰어서 양념장을 만든다. 【사진2】

만드는법

1. 팬을 달구어 식용유를 두르고 은행을 넣고 중불에서 굴리며 2분 정도 볶아 껍질을 벗긴다. 【사진3】
2. 냄비에 물을 붓고 센불에 3분 정도 올려 끓으면, 죽순을 넣고 2분 정도 데친다.
3. 냄비에 멥쌀과 찹쌀을 넣는다. 소금물을 붓고 은행과 죽순을 넣은 다음, 센불에 4분 정도 올려 끓으면 4분 정도 더 끓이다가 중불로 낮추어 3분 정도 끓이고, 쌀알이 퍼지면 약불로 낮추어 10분 정도 뜸을 들인다. 【사진4】
4. 밥을 주걱으로 고루 섞어 그릇에 담아 양념장과 함께 낸다.

멥쌀과 찹쌀에 은행과 죽순을 넣고 밥을 지어서 양념장을 넣고 비벼 먹는 음식이다. 은행은 장수를 돕는 식품으로 심장과 혈액순환을 좋게 하며 폐를 튼튼하게 하는 효능이 있어 약으로도 사용된다. 그러나 독성이 있어서 익혀먹어야 하며 한 번에 너무 많이 먹지 않도록 한다.

· 볶아서 껍질 벗긴 은행은 냉장고에 잠시 냉각시키면 색이 파랗다.
· 죽순은 빗살 사이에 있는 하얀 석회분을 잘 씻어낸다.
· 은행죽순밥은 양념장에 비벼서 먹는다.

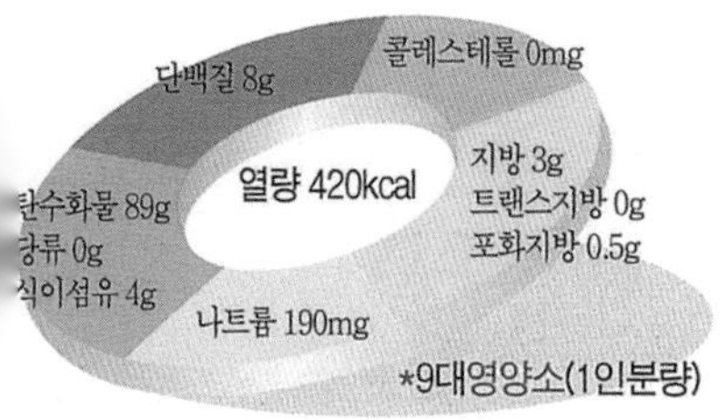

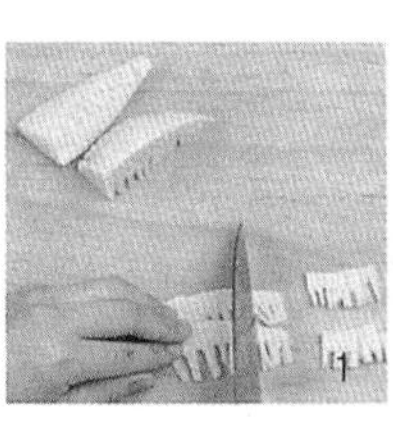

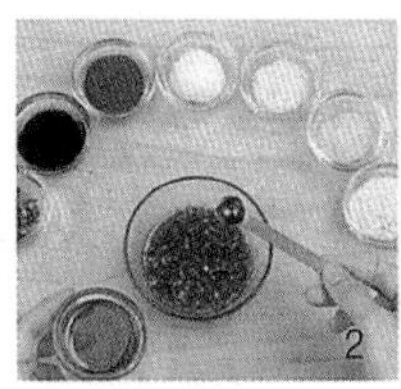

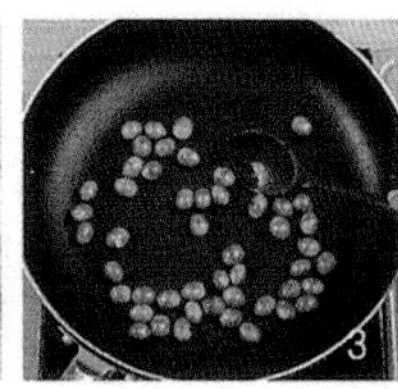

콩탕밥

조리후 중량	적정배식온도	총가열시간	총조리시간	표준조리도구
1.2kg(4인분)	65℃	28분	5시간 이상	24cm 냄비

흰콩 120g(¾컵), 콩가는 물 400g(2컵), 멥쌀 180g(1컵)
삶은 무청시래기 100g, 돼지고기(삼겹살) 100g, 감자 100g(½개)
들기름 5g(1작은술), 밥물 300g(1½컵), 소금 4g(1작은술)
비빔 양념장 : 간장 36g(2큰술), 고춧가루 3.5g(½큰술), 다진 파 4.5g(1작은술)
다진 마늘 2.8g(½작은술), 깨소금 2g(1작은술)
참기름 4g(1작은술)

재료준비

1. 콩은 씻어 8시간 정도 불려(245g) 믹서에 가는 물을 붓고 30초 정도 간다. 【사진1】
2. 멥쌀은 씻어 일어서 물에 30분 정도 물에 불려, 체에 밭쳐 10분 정도 물기를 뺀다(220g).
3. 삶은 무청시래기는 길이 3cm 정도로 썬다.
4. 돼지고기는 가로 2cm 세로 2cm 두께 0.3cm 정도로 썰고, 감자는 씻어 껍질을 벗기고 가로 1.5cm 세로 3cm 두께 0.5cm 정도로 썬다(90g). 【사진2】
5. 양념장을 만든다.

만드는법

1. 냄비를 달구어 들기름을 두르고, 무청시래기와 돼지고기, 감자를 넣고 중불에서 2분 정도 볶다가 갈아 놓은 콩물을 넣고 그 위에 불린 멥쌀과 물을 붓고 센불에서 4분 정도 끓인다. 【사진3】
2. 약불로 낮추어 20분 정도 끓이다가 소금으로 간을 맞추고 2분 정도 더 끓인다. 【사진4】
3. 밥을 주걱으로 고루 섞어, 그릇에 담고 양념장과 함께 낸다.

멥쌀에 돼지고기와 시래기 · 콩을 갈아 넣고 밥을 지어 양념장에 비벼 먹는 음식이다. 콩탕밥은 본래 평안도 향토음식인 비지밥에서 전래된 것으로 '비지밥' 이라고도 한다. 콩탕밥은 콩국과 감자와 시래기에서 수분이 나와서 밥이 촉촉하여 부드럽다.

· 밥을 하는 동안 뚜껑을 덮어주어야 콩 비린내가 나지 않는다.
· 콩탕밥은 콩물이 바닥에 갈아 앉아 눌지 않도록 불조절에 주의한다.
· 양념장에 청양고추를 다져 넣고 비벼 먹기도 한다.

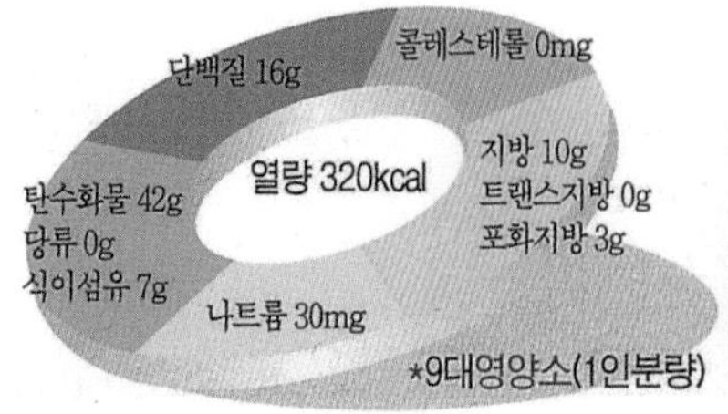

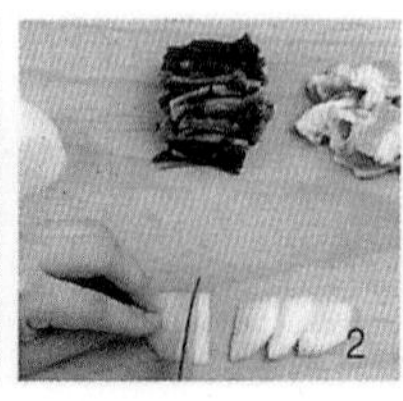

차밥

조리후 중량	적정배식온도	총가열시간	총조리시간	표준조리도구
880g(4인분)	65 ℃	21분	1시간	20cm 냄비

멥쌀 450g(2½컵), 녹차 10g, 따뜻한 물 600g(3컵)
양념장 : 간장 27g(1½큰술), 고춧가루 1.1g(½작은술)
다진 파 2.3g(½작은술), 다진 마늘 1.4g(¼작은술)
깨소금 1g(½작은술), 참기름 2g(½작은술)

재료준비

1. 멥쌀은 깨끗이 씻어 일어서 물에 30분 정도 불려, 체에 밭쳐 10분 정도 물기를 뺀다(550g).
2. 녹차는 따뜻한 물에 30분 정도 우린다. 【사진1】
3. 양념장을 만든다. 【사진2】

만드는법

1. 냄비에 멥쌀을 넣고 우린 녹차잎과 녹차물을 붓고 센불에 4분 정도 올려 끓으면 4분 정도 더 끓인다. 【사진3】
2. 중불로 낮추어 3분 정도 끓이고, 쌀알이 퍼지면 약불로 낮추고 10분 정도 뜸을 들인다.
3. 밥을 주걱으로 고루 섞고 그릇에 담아 양념장과 함께 낸다. 【사진4】

멥쌀에 녹차잎을 넣고 밥을 지어서 양념장을 넣고 비벼 먹는 음식이다. 녹차는 「동의보감(東醫寶鑑)」에 '기(氣)를 내리고 숙식(宿食)을 소화하며, 머리를 맑게 하고, 소변(小便)을 리(利)하고, 소갈(消渴)을 그치고, 잠을 적게 하고, 독(毒)을 푼다.' 고 하였다. 최근 녹차는 항암효과와 다이어트, 노화방지 효과가 있다고 알려져 음식에 많이 이용되고 있다.

· 가루녹차를 사용하기도 한다.
· 햇녹차잎이 나오는 계절에는 햇녹차를 이용하여 밥을 지으면 색과 향이 더 진하다.
· 양념장을 넣어 비벼 먹는 음식이다.

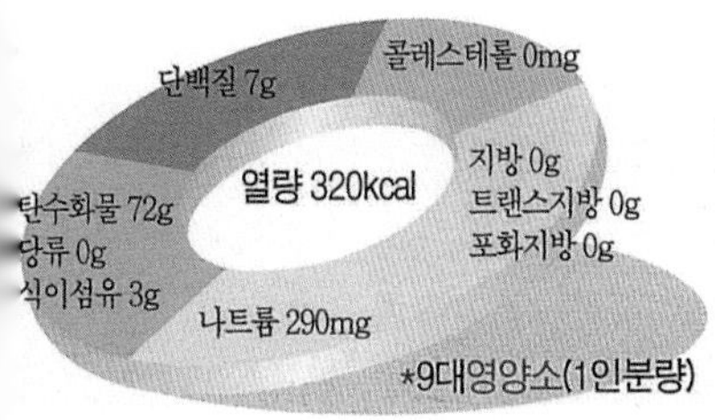

표고버섯밥

조리후 중량	적정배식온도	총가열시간	총조리시간	표준조리도구
880g(4인분)	65℃	24분	2시간	20cm 냄비

멥쌀 420g(2⅓컵), 쇠고기(우둔) 50g, 표고버섯 20g(4장)
쇠고기 · 표고 양념장 : 간장 9g(½큰술), 다진 파 2.3g(½작은술)
다진 마늘 1.4g(¼작은술), 깨소금 1g(½작은술)
후춧가루 0.1g, 참기름 2g(½작은술)
밥물 650g(3¼컵), 참기름 6.5g(½큰술)
비빔 양념장 : 간장 36g(2큰술), 설탕 4g(1작은술), 고춧가루 1.1g(½작은술)
다진 파 4.5g(1작은술), 다진 마늘 2.8g(½작은술)
깨소금 3g(½큰술), 후춧가루 0.1g, 참기름 8g(2작은술)

재료준비

1. 멥쌀은 깨끗이 씻어 일어서 물에 30분 정도 불려, 체에 밭쳐 10분 정도 물기를 뺀다(515g).
2. 쇠고기는 핏물을 닦고 길이 5cm 폭 · 두께 0.3cm 정도로 채 썰어(48g) 쇠고기 · 표고 양념장의 ½량을 넣고 양념한다. 【사진1】
3. 표고버섯은 물에 1시간 정도 불려, 기둥을 떼어 내고 물기를 닦아 폭 · 두께 0.3cm정도로 채 썰어(50g) 나머지 쇠고기 · 표고 양념장의 ½량을 넣고 양념한다.
4. 비빔 양념장를 만든다. 【사진2】

만드는법

1. 냄비를 달구어 참기름을 두르고 쇠고기와 표고버섯을 넣고 중불에서 1분 정도 볶다가 불린 멥쌀을 넣고 2분 정도 더 볶는다. 【사진3】
2. 쌀알이 투명해지면 물을 붓고 센불에 4분 정도 올려 끓으면, 4분 정도 더 끓이다가 중불로 낮추어 3분 정도 끓인다. 쌀알이 퍼지면 약불로 낮추고 10분 정도 뜸을 들인다. 【사진4】
3. 밥을 주걱으로 고루 섞어 그릇에 담고 양념장과 함께 낸다.

표고버섯과 쇠고기를 양념하여 쌀과 함께 볶아 밥을 지어서, 양념장을 넣고 비벼 먹는 음식이다. 표고버섯은 한의학에서는 마고(蘑菰)라고 하며, 동의보감에 따르면 성질이 평하고 맛이 달며 독이 없고, 정신이 좋아지게 하고 음식을 잘 먹게 하며, 향기롭고 맛이 있다고 하였다.

· 표고버섯은 가로 · 세로 1cm 정도로 썰어서 넣기도 한다.
· 표고버섯밥은 양념장을 넣고 비벼 먹는다.

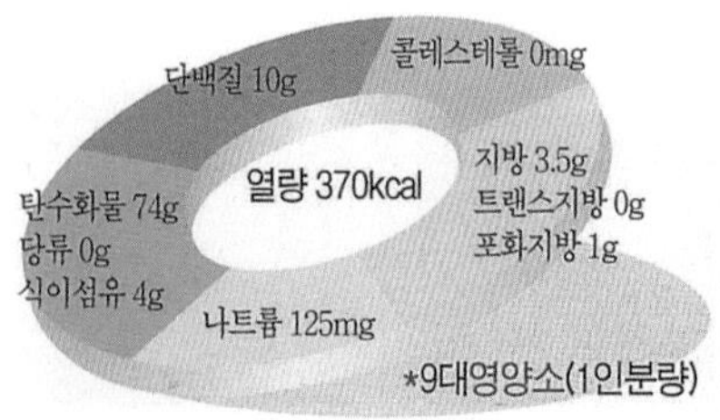

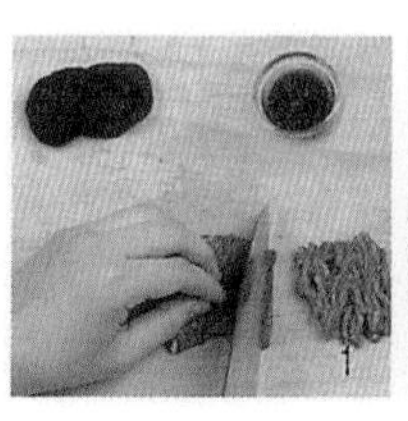

굴무밥

멥쌀에 굴과 무를 넣고 밥을 지어서 양념장을 넣고 비벼 먹는 음식이다. 무에는 탄수화물을 분해시키는 소화효소가 있어 쌀과 궁합이 잘 맞는다. 「동의보감」에 '굴은 바다에서 나는 음식 중 가장 귀한 것이며 먹으면 향기롭고 피부를 아름답게 하며 안색을 좋게 한다' 고 하였다.

조리후 중량	적정배식온도	총가열시간	총조리시간	표준조리도구
1kg(4인분)	65℃	21분	1시간	20cm 솥

멥쌀 270g(1½컵), 물 500g(2½컵)
굴 250g, 물 600g(3컵), 소금 2g(½작은술)
무 250g(¼개)
비빔 양념장 : 청고추 10g(⅔개), 홍고추 10g(½개), 간장 36g(2큰술)
다진 파 7g(½큰술), 다진 마늘 5.5g(1작은술)
깨소금 2g(1작은술), 후춧가루 0.3g(⅙작은술)
참기름 13g(1큰술)

재료준비

1. 멥쌀은 깨끗이 씻어 일어서 물에 30분 정도 불려, 체에 밭쳐 10분 정도 물기를 뺀다(330g).
2. 굴은 소금물에 살살 흔들어 씻은 다음 체에 밭쳐 5분 정도 물기를 뺀다(260g). 【사진1】
3. 무는 다듬어 씻은 후 길이 5cm 폭 · 두께 0.5cm 정도로 채 썬다(185g). 【사진2】
4. 청 · 홍고추는 씻어 길이로 반을 잘라 씨와 속을 떼어 내고 가로 · 세로 0.3cm 정도로 썰어서 양념장을 만든다.

만드는법

1. 솥에 무를 깔고, 멥쌀과 물을 붓고 센불에 4분 정도 올려 끓으면 4분 정도 더 끓인다. 【사진3】
2. 굴을 넣고 중불로 낮추어 3분 정도 끓인 후, 쌀알이 퍼지면 약불로 낮추어 10분 정도 뜸을 들인다. 【사진4】
3. 밥을 주걱으로 고루 섞고 그릇에 담아 양념장과 함께 낸다.

· 굴을 미리 넣으면 밥이 검게 되므로 넣는 순서에 유의한다.
· 밥물이 끓을 때 뚜껑을 열어 주걱으로 밥을 섞어주면 눋지 않는다.
· 양념장을 넣고 비벼 먹는 음식이다.

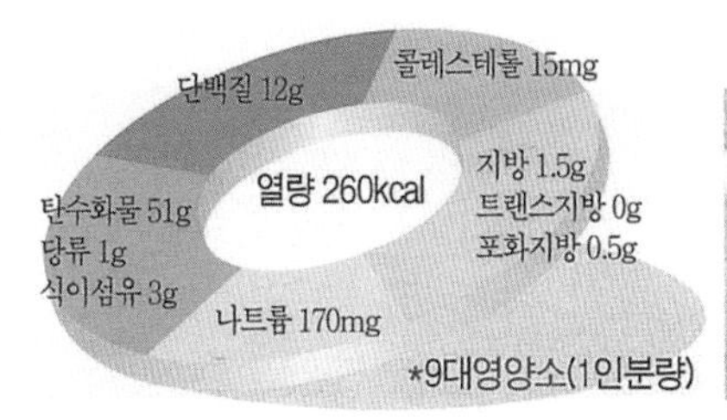

*9대영양소(1인분량)

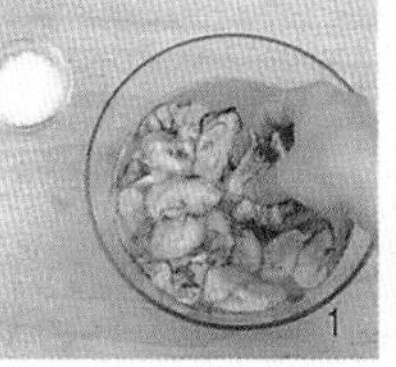
1

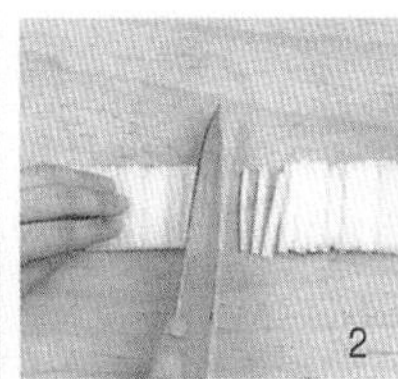
2

3

4

홍합밥

조리후 중량	적정배식온도	총가열시간	총조리시간	표준조리도구
920g(4인분)	65~80℃	19분	2시간	20cm 냄비

멥쌀 270g(1½컵)
홍합 300g, 물 600g(3컵), 소금 2g(½작은술)
감자 100g(½개), 표고버섯 10g(2개)
참기름 4g(1작은술)
밥물 500g(2½컵)
청장 6g(1작은술)
비빔 양념장 : 간장 18g(1큰술), 고춧가루 1.1g(½작은술)
다진 파 2.3g(½작은술), 다진 마늘 1.4g(¼작은 술)
깨소금 1g(½작은술), 참기름 2g(½작은술)

재료준비

1. 멥쌀은 깨끗이 씻어 일어서 물에 30분 정도 불려, 체에 밭쳐 10분 정도 물기를 뺀다(340g).
2. 홍합은 수염을 잘라내고 소금물에 살살 씻어 체에 밭쳐 5분 정도 물기를 뺀 다음 폭 · 두께 0.7cm 정도로 다진다(200g). 【사진1】
3. 감자는 씻어 껍질을 벗기고 길이 1cm 폭 · 두께 0.5cm 정도로 썬다(90g).
4. 표고버섯은 물에 1시간 정도 불려 기둥을 떼고 감자와 같은 크기로 썬다(30g). 【사진2】
5. 양념장을 만든다.

만드는법

1. 냄비를 달구어 참기름을 두르고, 감자와 표고버섯을 넣고 중불에서 2분 정도 볶다가 멥쌀과 홍합, 청장, 물을 붓고 센불에 5분 정도 올려 끓으면, 주걱으로 위 · 아래를 잘 섞는다. 【사진3】
2. 중불로 낮추어 5분 정도 더 끓이다가, 쌀알이 퍼지면 약불로 낮추어 7분 정도 뜸을 들인다.
3. 밥은 주걱으로 고루 섞어 그릇에 담고 양념장과 함께 낸다. 【사진4】

감자와 표고버섯을 참기름에 볶다가 멥쌀과 홍합을 넣고 밥을 지어 양념장에 비벼 먹는 음식이다. 홍합밥은 울릉도 별미 음식으로 바다에서 나는 것 중 홍합만 싱겁다 하여 '담채(淡菜)'라고 한다. 「방약합편(方藥合編)」에 '홍합은 허한 것을 보하며 음식을 소화시켜 부인들에게 아주 유익하다'고 하였다.

· 홍합은 겨울이 제철이라 맛이 있다.
· 홍합 말린 것을 불려서 사용하기도 한다.
· 홍합밥은 양념장에 비벼 먹는다.

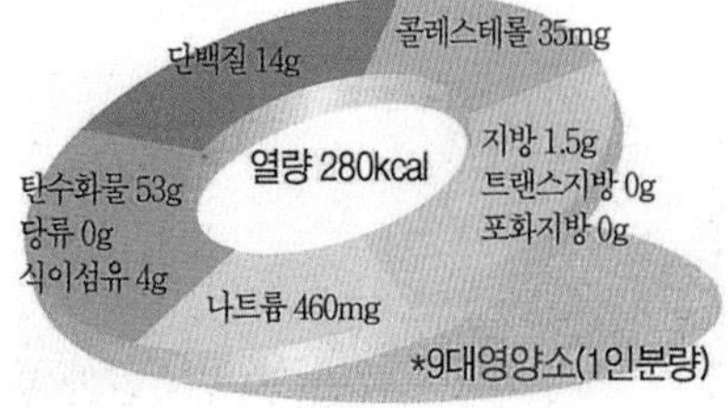

*9대영양소(1인분량)

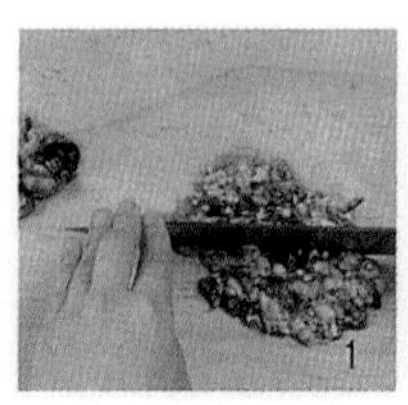
1

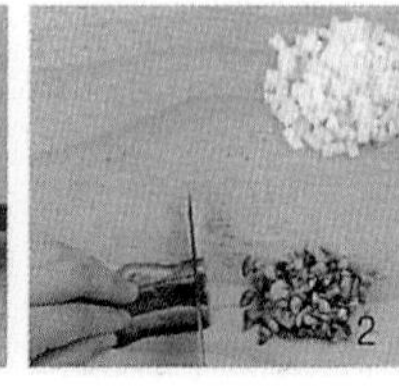
2

3

4

대나무통밥

대나무통에 멥쌀과 찹쌀 · 흑미 · 검은콩과 견과류를 넣고 찐 밥이다. 대나무통 같은 대나무가 많이 자라는 전라도 담양 지방에서 대나무의 마디를 잘라 그릇으로 사용해서 밥을 지은 것으로 대나무의 향기가 배어들어 밥맛이 독특하다.

조리후 중량	적정배식온도	총가열시간	총조리시간	표준조리도구
880g(4인분)	65~80℃	39분	4시간 30분	대나무통 찜기 26cm

멥쌀 180g(1컵), 찹쌀 180g(1컵), 흑미 10g
검은콩 30g, 검은콩 삶는 물 600g(3컵)
밤 60g(4개), 대추 16g(4개), 은행 16g(8개), 잣 3.5g(1작은술)
밥물 320g(1⅓컵), 찌는 물 2kg(10컵)

재료준비

1. 멥쌀과 찹쌀을 깨끗이 씻어 일어서 물에 1시간 정도 불려, 체에 밭쳐 10분 정도 물기를 뺀다(멥쌀 220g, 찹쌀 220g).
2. 흑미는 깨끗이 씻어 일어서 3시간 정도 불리고, 검은콩은 깨끗이 씻어 일어서 물에 2시간 정도 불려 물기를 뺀다(흑미 13g, 검은콩 60g).
3. 밤은 껍질을 벗겨 4등분 하고, 대추는 면보로 닦아서 돌려 깎아 6등분 한다. 【사진1】
4. 팬을 달구어 식용유를 두르고, 은행을 넣어 중불에서 굴려가며 2분 정도 볶아 속껍질을 벗긴다.
5. 잣은 고깔을 떼고 면보로 닦는다.

만드는법

1. 모든 재료를 고루 섞어 4등분 하여 대나무통 4개에 나누어서 넣고, 물(80g)을 부어 젖은 한지로 입구를 봉한다. 【사진2 · 3】
2. 찜기에 물을 붓고 센불에 9분 정도 올려 끓으면, 대나무통을 넣고 30분 정도 찌다가 불을 끄고 5분 정도 둔다. 【사진4】
3. 찜기에서 대나무통밥을 꺼내고 한지를 벗긴다.

· 다른 잡곡류를 넣기도 하고, 찹쌀밥을 짓기도 한다.
· 압력솥에 넣고 찌기도 한다.

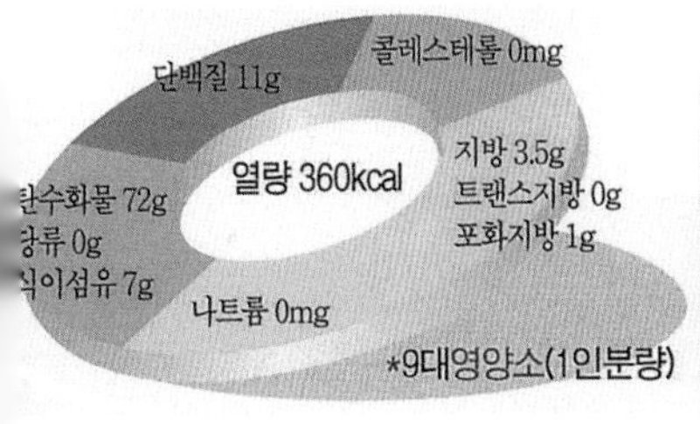

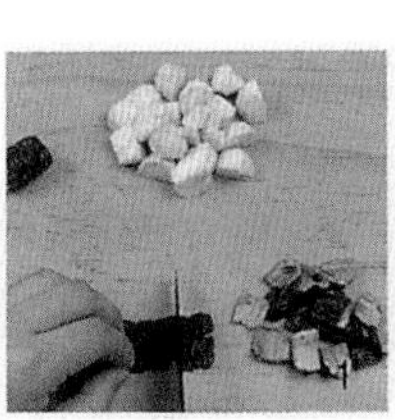

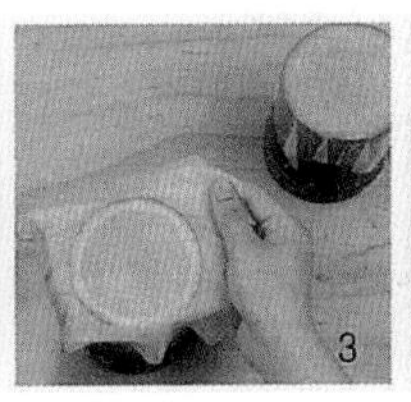

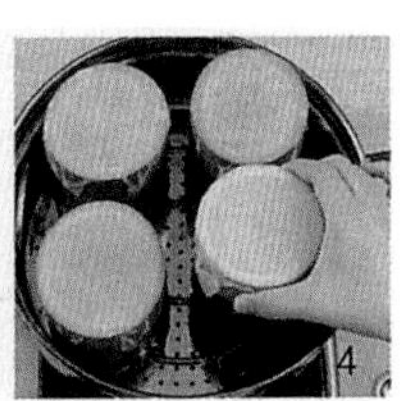

밥을 김에 싸고 양념한 오징어와 무김치를 만들어 같이 먹는 음식이다. 충무김밥은 경상남도 충무 지방의 향토음식으로 일명 '할매김밥' 이라고도 하는데, 여름철 밥의 변질을 방지하기 위해 밥과 반찬을 따로 낸 것이 시초라고 한다.

충무김밥

조리후 중량	적정배식온도	총가열시간	총조리시간	표준조리도구
1.2kg(4인분)	15~25℃	23분	2시간	24cm 냄비

열량 290kcal
단백질 18g
콜레스테롤 95mg
지방 3g
트랜스지방 0g
포화지방 1g
탄수화물 46g
당류 4g
식이섬유 4g
나트륨 550mg
*9대영양소(1인분량)

멥쌀 360g(2컵), 물 500g(2½컵), **김 10.5g(7장)**
오징어 300g(1마리), 데치는 물 600g(3컵)
양념장 : 간장 3g(½작은술), 소금 1g(¼작은술), 설탕 6g(½큰술), 물엿 2.5g(½작은술)
고춧가루 5.5g(2½작은술), 다진 파 7g(½큰술), 다진 마늘 5.5g(1작은술)
깨소금 2g(1작은술), 후춧가루 0.3g(⅛작은술), 참기름 4g(1작은술)
무 250g(¼개)
무 절이는 물 : 물 200g(1컵), 소금 24g(2큰술), 설탕 12g(1큰술), 식초 30g(2큰술)
무 양념 : 멸치액젓 7.5g(½ 큰술), 설탕 6g(½ 큰술), 고춧가루 5.5g(2½ 작은술)
다진 파 7g(½큰술), 다진 마늘 5.5g(1작은술), 깨소금 2g(1작은술)
통깨 2g(1작은술)

재료준비

1. 멥쌀은 깨끗이 씻어 일어서 물에 30분 정도 불려, 체에 밭쳐 10분 정도 물기를 뺀다(440g).
2. 김은 가로 4cm 세로 7cm 정도로(6등분) 자른다.
3. 오징어는 먹물이 터지지 않게 배를 가르고 내장을 떼어 내어 깨끗이 씻고(265g), 길이 4cm 폭 1.5cm 정도로 썰고 다리는 길이 4cm 정도로 썬다.
4. 무는 다듬어 씻어 가로 3cm 세로 4cm 두께 1cm 정도로 썰고(220g), 절이는 물에 1시간 30분 정도 담갔다가 물기를 짠다(150g). 【사진1】
5. 양념장과 양념을 만든다.

만드는법

1. 냄비에 멥쌀과 물을 붓고, 센불에 4분 정도 올려 끓으면 3분 정도 더 끓이다가, 중불에서 3분 정도 끓이고, 쌀알이 퍼지면 약불로 낮추어 10분 정도 뜸을 들인다(600g).
2. 김에 밥(15g)을 놓고 돌돌 만다(40개). 【사진2】
3. 냄비에 물을 붓고 센불에 2분 정도 올려 끓으면 오징어를 넣고 1분 정도 데치고(40g), 양념장을 넣고 양념한다. 【사진3】
4. 무에 양념을 넣고 양념한다(160g). 【사진4】
5. 그릇에 김밥을 담고 양념한 오징어와 무김치를 함께 낸다.

· 오징어 대신 갑오징어를 사용하기도 한다.
· 무김치 대신 무말랭이를 사용하기도 한다.
· 오징어는 통으로 데친 다음 자르기도 한다.

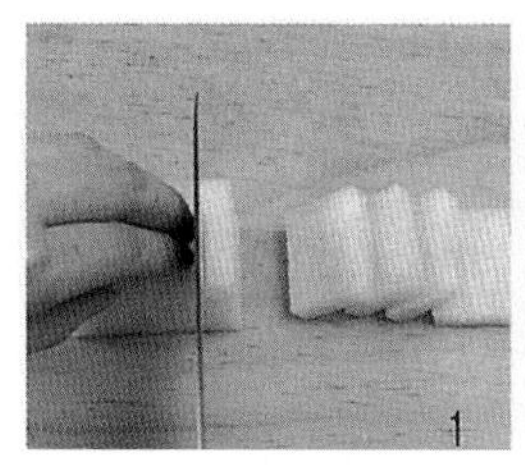
1

2

3

4

열무비빔밥

조리후 중량	적정배식온도	총가열시간	총조리시간	표준조리도구
1.2kg(4인분)	50~65℃	31분	2시간	20cm냄비

열무김치 240g
찰보리 360g(2컵), 멥쌀 90g(½컵)
밥물 700g(3½컵)
고추장 76g(4큰술), 참기름 26g(2큰술)

재료준비

1. 찰보리는 깨끗이 씻어 일어서 물에 1시간 정도 불려, 체에 밭쳐 10분 정도 물기를 뺀다(550g).
2. 멥쌀은 깨끗이 씻어 일어서 물에 30분 정도 불려, 체에 밭쳐 10분 정도 물기를 뺀다(110g).

만드는법

1. 냄비에 찰보리와 멥쌀 · 물을 붓고, 센불에 4분 정도 올려 끓으면 4분 정도 더 끓인다.【사진1】
2. 중불로 낮추어 3분 정도 끓이다가 약불로 낮추어 20분 정도 뜸을 들인다(880g).【사진2】
3. 그릇에 밥을 담고 열무김치와 고추장을 얹은 후 참기름을 넣는다.【사진3 · 4】

보리밥에 열무김치를 넣고 고추장과 참기름을 넣어 비벼먹는 음식이다. 열무김치는 여름철 별미 김치로 '열무' 라는 명칭은 '어린 무' 를 뜻하는 '여린 무' 에서 유래하였다.

· 고추장 대신 강된장찌개를 넣고 비벼 먹기도 한다.
· 보리쌀로만 밥을 지어 비벼먹기도 한다.

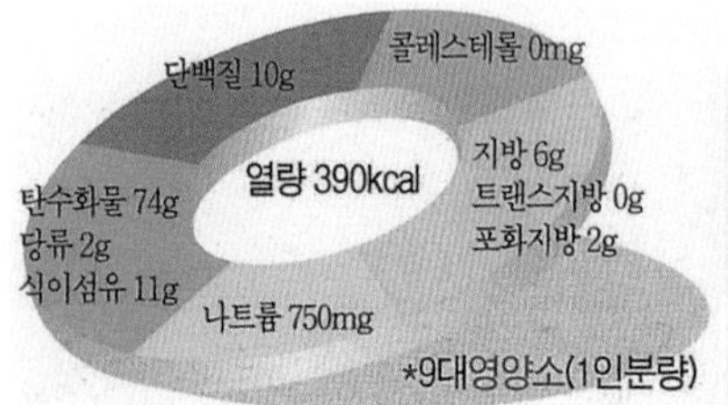

1

2

3

4

김치볶음밥

잘 익은 김치에 돼지고기와 채소, 밥을 넣고 볶은 음식이다. 밥과 김치 외에 여러가지 다른 재료를 넣고 다양한 맛을 낼 수 있다.

조리후 중량	적정배식온도	총가열시간	총조리시간	표준조리도구
1kg(4인분)	65℃	29분	1시간	28cm 궁중팬

멥쌀 360g(2컵), 밥물 500g(2½컵), 배추김치 300g
김치 양념 : 설탕 4g(1작은술), 다진 파 2.3g(½작은술), 다진 마늘 2.8g(½작은술)
깨소금 2g(1작은술), 참기름 6.5g(½큰술)
돼지고기(삼겹살) 100g
돼지고기 양념장 : 간장 3g(½작은술), 설탕 2g(½작은술), 다진 파 2.3g(½작은술)
다진 마늘 1.4g(¼작은술), 생강즙 2.8g(½작은술)
깨소금 1.1g(½작은술), 참기름 4g(1작은술)
양파 100g(⅔개), 실파 30g
식용유 13g(1큰술), 참기름 6.5g(½큰술), 통깨 2g(1작은술)

재료준비

1. 멥쌀은 깨끗이 씻어 일어서 물에 30분 정도 불려, 체에 밭여 10분 정도 물기를 뺀다(450g).
2. 배추김치는 속을 털어내고 꼭짜서 김칫국물은 받아둔다(50g). 김치는 가로 · 세로 1.5㎝ 정도로 썰어(250g) 양념을 넣고 양념한다.
3. 돼지고기는 핏물을 닦고(95g) 가로 · 세로 1㎝ 두께 0.3㎝ 정도로 썰어 양념장을 넣고 양념한다. 【사진1】
4. 양파와 실파는 다듬어 깨끗이 씻고, 양파는 가로 · 세로 0.5㎝ 크기로 썰고(90g) 실파는 폭 0.5㎝ 정도로 썬다(20g). 【사진2】

만드는법

1. 냄비에 멥쌀과 물을 붓고 센불에 4분 정도 올려 끓으면 4분 정도 더 끓인다. 중불로 낮추어 3분 정도 끓이다가 쌀알이 퍼지면 약불에서 10분 정도 뜸을 들인다(660g).
2. 팬을 달구어 식용유를 두르고 돼지고기와 배추김치, 양파를 넣고 센불에서 4분 정도 볶는다. 【사진3】
3. 밥과 김칫국물을 넣고 3분 정도 더 볶는다. 【사진4】
4. 실파와 참기름, 통깨를 넣고 1분 정도 볶는다.

· 김치와 김칫국물 양은 기호에 따라 가감한다.
· 실파 대신 쪽파나 피망을 넣기도 한다.
· 돼지고기 대신 해물을 넣기도 한다.

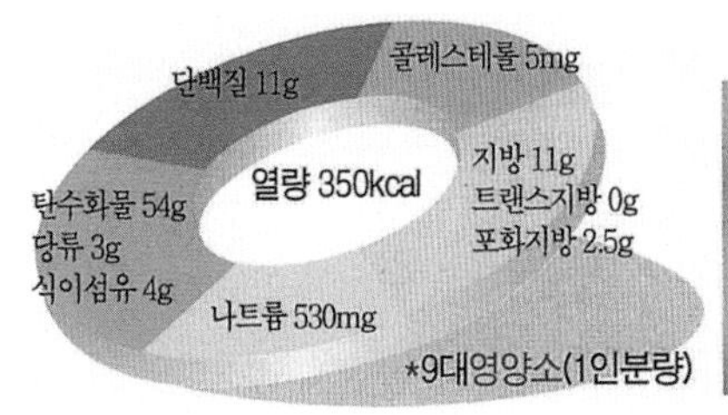

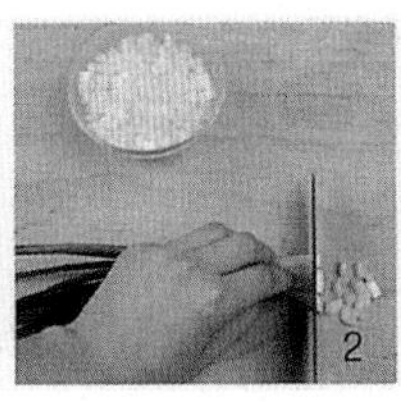

사골 국물에 밥을 지어서 콩나물과 육회 · 청포묵 · 생달걀 등을 얹어서 비벼 먹는 음식이다. 전주비빔밥은 콩나물과 육회를 넣는 것이 특징으로 '전주콩나물육회비빔밥' 이라고도 한다. 콩나물국과 함께 먹는다.

전주비빔밥

조리후 중량	적정배식온도	총가열시간	총조리시간	표준조리도구
1.68kg(4인분)	50~65℃	44분	2시간	20cm 냄비

단백질 19g
콜레스테롤 10mg
열량 570kcal
지방 10g
트랜스지방 0g
포화지방 3.2g
탄수화물 100g
당류 3g
식이섬유 8g
나트륨 1360mg
*9대영양소(1인분량)

멥쌀 450g(2½컵), 사골육수 600g(3컵), 육회용 쇠고기(우둔) 160g
육회용 쇠고기 양념장 : 간장 3g(½작은술), 소금 2g(½작은술), 설탕 6g(½큰술)
다진 파 7g(½큰술), 다진 마늘 8g(½큰술), 깨소금 1g(½작은술)
후춧가루 0.1g, 참기름 6.5g(½큰술)
콩나물 150g, 물 200g(1컵), 소금 1g(¼작은술), **미나리 120g**, 물 400g(2컵), 소금 1g(¼작은술)
채소 양념 : 소금 3g(¼큰술), 참기름 4g(1작은술)
청포묵 150g, 물 400g(2컵), 소금 1g(¼작은술), 참기름 2g(½작은술)
표고버섯 30g(6장), 간장 4g(⅔작은술), 설탕 2g(½작은술), 참기름 2g(½작은술)
애호박 300g(1개), 소금 1g(¼작은술), **식용유 13g(1큰술)**, **달걀 240g(4개)**
약고추장 : 고추장 95g(5큰술), 다진 쇠고기 20g, 다진 파 9g(2작은술)
다진 마늘 5.5g(1작은술), 설탕 12g(1큰술), 참기름 19.5g(1½큰술), 물 90g(6큰술)

재료준비

1. 멥쌀은 깨끗이 씻어 일어서 물에 30분 정도 불려, 체에 밭쳐 10분 정도 물기를 뺀다(550g).
2. 육회용 쇠고기는 핏물을 닦고 길이 5cm 폭 · 두께 0.3cm 정도로 채 썰어(140g), 양념장을 넣고 양념하여 육회를 만든다(170g). 【사진1】
3. 콩나물은 꼬리를 떼어 씻고(140g), 미나리는 잎을 떼어 내고 줄기를 깨끗이 씻는다(95g).
4. 청포묵은 길이 5cm 폭 2cm 두께 0.5 cm 정도로 채 썬다(120g).
5. 표고버섯은 물에 1시간 정도 불려, 기둥을 떼고 물기를 닦아 폭 · 두께 0.3cm 정도로 채 썬 다음 간장, 설탕, 참기름으로 양념한다(80g).
6. 애호박은 길이 5~6cm로 자르고, 두께 0.3cm 정도로 돌려 깎아 폭 0.3cm 정도로 채 썰고(90g), 소금에 10분 정도 절여 물기를 닦는다.
7. 달걀은 노른자가 터지지 않게 분리해 놓는다.

만드는법

1. 냄비에 멥쌀을 넣고 사골국물을 부은 다음, 센불에 4분 정도 올려 끓으면 4분 정도 더 끓이다가, 중불로 낮추어 3분 정도 끓이고, 쌀알이 퍼지면 약불로 낮추어 10분 정도 뜸을 들인다(880g).
2. 냄비에 콩나물과 소금을 넣고 물을 넣은 다음 센불에 1분 정도 올려 끓으면 중불로 낮추어 3분 정도 삶아서 채소양념의 ½량을 넣고 양념한다(120g). 【사진2】
3. 냄비에 물을 붓고 센불에 2분 정도 올려 끓으면, 소금과 미나리를 넣고 1분 정도 데쳐 물에 헹구어 길이 4cm 정도로 썰어 나머지 채소 양념의 ½량을 넣고 양념한다(85g).
4. 냄비에 물을 붓고, 센불에 2분 정도 올려 끓으면 청포묵을 넣고, 1분 정도 데쳐 물기를 뺀 후 소금, 참기름으로 양념한다(120g).
5. 팬을 달구어 식용유를 두르고 표고버섯을 넣고 중불에서 2분 정도 볶는다(70g).
6. 팬을 달구어 식용유를 두르고 애호박을 넣고 센불에서 30초 정도 볶아 펼쳐 식힌다(70g).
7. 팬에 다진 쇠고기와 다진 파 · 다진 마늘 · 참기름 ½량을 넣고, 중불에서 2분 정도 볶다가 고추장과 설탕 · 참기름을 넣고, 5분 정도 볶은 후 물을 붓고, 3분 정도 더 볶아 약고추장을 만든다(150g). 【사진3】
8. 그릇에 밥을 담고 준비한 재료를 돌려 담은 후 가운데 육회를 얹고 달걀 노른자를 육회 위에 올린다. 【사진4】
9. 약고추장과 함께 낸다.

· 비빔밥을 비빌 때는 젓가락으로 비비는 것이 밥알이 으깨지지 않고 나물이 고루 섞인다.
· 콩나물을 쌀 밑에 깔고 밥을 짓기도 한다.

죽

죽은 우리나라 음식 중 가장 일찍 발달된 것으로 곡물의 낟알이나 가루에 물을 많이 넣어 오랫동안 끓여 완전히 호화시킨 음식이다. 죽은 재료에 따라 크게 흰죽, 두태죽, 장국죽, 어패류죽, 비단죽 등으로 나눈다. 특히 부재료에 따라 다양한 맛과 영양을 보충할 수 있는 죽은 오늘날 별미음식 뿐만 아니라 식사 전 입맛을 돋우는 음식으로 많이 이용되고 있다.

차조미음

조리후 중량	적정배식온도	총가열시간	총조리시간	표준조리도구
1.12kg(4인분)	60~65℃	3시간 13분	4시간	20cm냄비

차조 85g(½컵)
황률 60g(20개), 대추 80g(20개), 인삼(수삼) 15g(1뿌리)
죽 끓이는 물 2.4kg(12컵)
소금 4g(1작은술), 생강즙 2.8g(½작은술)

재료준비

1. 차조는 깨끗이 씻어 일어 체에 밭쳐 10분 정도 물기를 뺀다(105g). 【사진1】
2. 황률과 대추는 면보로 닦고 황률은 1시간 정도 불린다. 대추는 돌려 깎아 씨를 뺀다.
3. 인삼은 다듬어 깨끗이 씻어 뇌두를 잘라내고, 두께 1cm 정도로 어슷 썬다(13g).

만드는법

1. 냄비에 차조와 황률, 대추, 인삼을 넣고 물을 부은 다음 센불에 11분 정도 올려 끓으면 약불로 낮추어 가끔 저어가며 3시간 정도 끓인다. 【사진2】
2. 소금과 생강즙을 넣고 2분 정도 더 끓인다. 【사진3】
3. 뜨거울 때 체에 밭쳐 그릇에 담는다. 【사진4】

차조에 황률 · 대추 · 인삼 등을 넣고 푹 고은 미음이다. 차조는 쌀을 재배하기 전에는 주식으로 먹었던 곡식으로 좁쌀이라고도 하는데, 미음을 만들어 환자에게 먹이면 원기를 바르게 회복시킨다고 하여 약으로도 많이 사용하였다.

· 인삼의 양은 기호에 따라 가감 할 수 있다.
· 죽을 쑬 때는 대추의 씨를 빼고 사용한다.

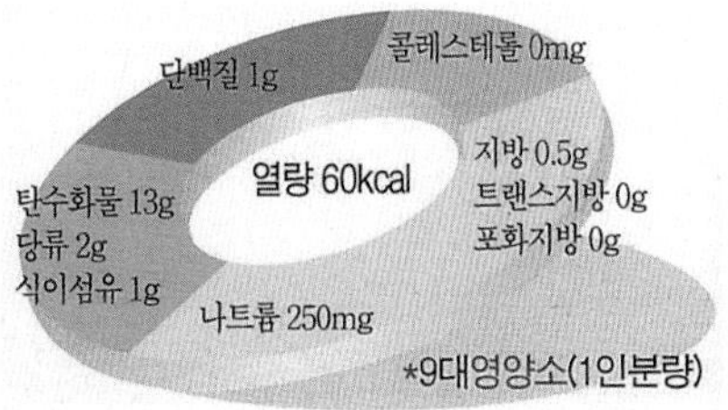

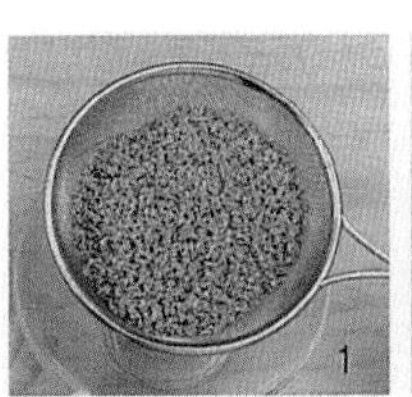
1

2

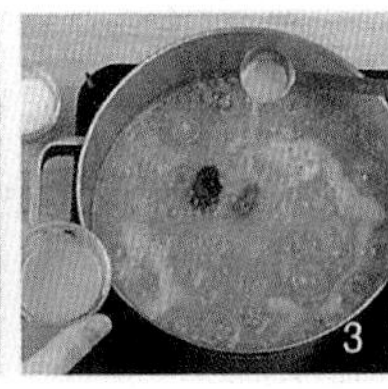
3

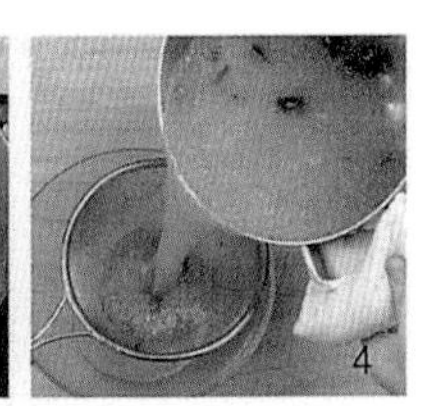
4

원미죽

조리후 중량	적정배식온도	총가열시간	총조리시간	표준조리도구
1.32kg(4인분)	60~65℃	27분	3시간	20cm 냄비

멥쌀 180g(1컵), 물 1.5kg(7½컵)
참기름 13g(1큰술)
소금 4g(1작은술)

재료준비

1. 멥쌀은 깨끗이 씻어 일어서 물에 2시간 정도 불려, 체에 밭쳐 10분 정도 물기를 뺀다(220g).
2. 멥쌀은 쌀알이 반 정도 으깨지도록 방망이로 빻는다.【사진1】

만드는법

1. 냄비를 달구어 참기름을 두르고, 멥쌀을 넣고 중불에서 2분 정도 볶다가 물을 붓고 센불에 6분 정도 올려 끓으면, 중불로 낮추어 가끔 저어주면서 17분 정도 끓인다.【사진2 · 3】
2. 소금으로 간을 맞추고 2분 정도 더 끓인다.【사진4】

멥쌀을 반 정도 으깨어 부드럽게 끓인 죽이다. 죽은 쌀의 형태에 따라 옹근죽 · 원미죽 · 무리죽으로 분류되는데, 원미죽(元味粥)은 흰죽으로 다른 부재료를 넣어서 여러 가지 죽을 끓일 수 있는 기본 죽이다.

· 쌀알을 노릇하게 볶아야 죽이 고소하고 맛있다.
· 죽은 끓어 넘치지 않도록 주의한다.
· 죽이 뜨거우면 그릇에 덜어서 식혀 먹는다.

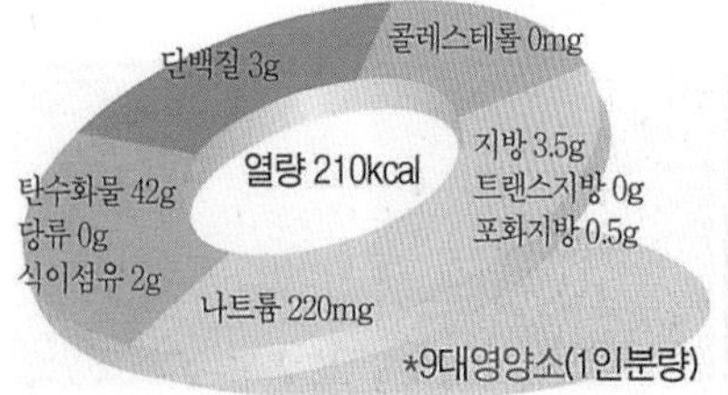

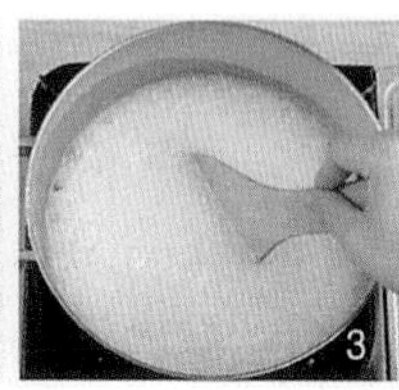

서리태죽

조리후 중량	적정배식온도	총가열시간	총조리시간	표준조리도구
1.32kg(4인분)	60~65℃	1시간 15분	5시간 이상	20cm 냄비

검은콩(서리태) 120g(¾컵), 삶는 물 1kg(5컵), 콩가는 물 600g(3컵)
멥쌀 135g(¾컵)
죽 끓이는 물 600g(3컵), 소금 4g(1작은술)

재료준비

1. 멥쌀은 깨끗이 씻어 일어서 물에 2시간 정도 불려, 체에 밭쳐 10분 정도 물기를 뺀다(165g).
2. 검은콩은 깨끗이 씻어 일어서 물에 8시간 정도 불려, 체에 밭쳐 10분 정도 물기를 뺀다(145g).

만드는법

1. 냄비에 콩과 삶는 물을 붓고, 센불에 7분 정도 올려 끓으면 중불로 낮추어 20분 정도 삶는다(220g).
2. 삶은 콩은 손으로 비벼 씻어 껍질을 벗기고(200g), 믹서에 콩과 가는 물을 붓고 2분 정도 곱게 간다(800g). 【사진1 · 2】
3. 냄비에 멥쌀과 물을 붓고, 센불에 6분 정도 올려 끓으면 중불로 낮추어 뚜껑을 덮고 가끔 저으면서 20분 정도 끓인다. 【사진3】
4. 쌀알이 퍼지면 갈아 놓은 콩물을 붓고 약불로 낮추어 20분 정도 끓여, 소금으로 간을 맞추고 2분 정도 더 끓인다. 【사진4】

불린 콩을 갈아서 멥쌀을 넣고 끓인 죽이다. 서리태는 서리를 맞으며 자라는 콩이라 하여 붙여진 이름으로, 검은콩과는 달리 껍질을 벗기면 속이 푸른빛을 띠는 것이 특징으로 속청이라고도 한다. 서리태는 예부터 신장에 좋아서 민간에서는 약으로도 사용하였다.

· 콩을 너무 오래 삶으면 메주콩 냄새가 난다.
· 콩물을 너무 일찍 넣고 끓이면 밑이 누를 수가 있다.
· 죽이 뜨거우면 그릇에 덜어서 식혀 먹는다.

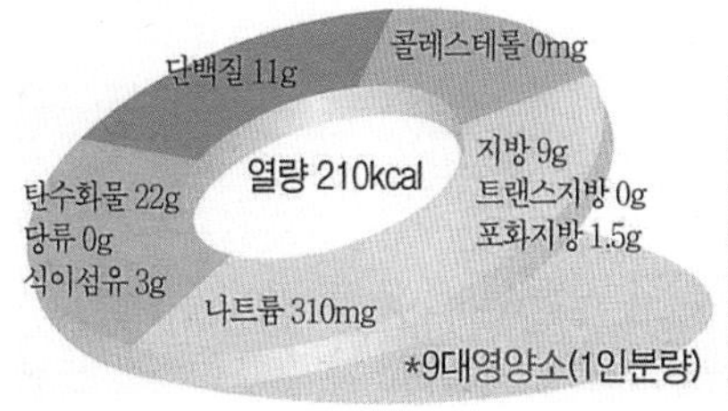

*9대영양소(1인분량)

1

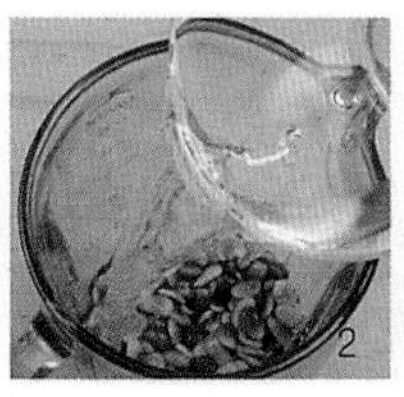
2

3

4

흑미죽

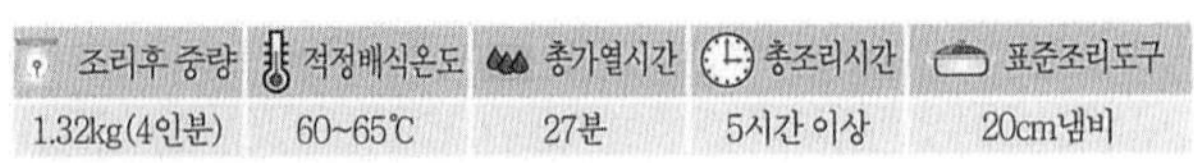

조리후 중량	적정배식온도	총가열시간	총조리시간	표준조리도구
1.32kg(4인분)	60~65℃	27분	5시간 이상	20cm냄비

흑미 110g(⅔컵), 가는 물 400g(2컵)
멥쌀 130g(¾컵), 가는 물 400g(2컵)
물 800g(4컵)
소금 4g(1작은술)

재료준비

1. 흑미는 깨끗이 씻어 일어서, 물에 6시간 정도 불려 체에 밭쳐 10분 정도 물기를 뺀다(156g).
2. 멥쌀은 깨끗이 씻어 일어서, 물에 2시간 정도 불려 체에 밭쳐 10분 정도 물기를 뺀다(160g). 【사진1】
3. 믹서에 멥쌀과 물을 붓고, 2분 정도 갈아서 고운체에 내린다.
4. 믹서에 흑미와 물을 붓고 3분 정도 갈아서 고운체에 내린다. 【사진2】

만드는법

1. 냄비에 갈아 놓은 멥쌀과 흑미를 넣고 물을 부어, 센불에 5분 정도 올려 끓으면 중불로 낮추어 가끔 저어가면서 20분 정도 끓인다. 【사진3】
2. 죽이 어우러지면 소금으로 간을 맞추고 2분 정도 더 끓인다. 【사진4】

흑미와 멥쌀을 곱게 갈아서 끓인 죽이다. 흑미는 「본초강목」에 '신장을 보하고 위를 튼튼하게 하며, 혈액순환을 왕성하게 한다.' 고 하였으며, 고대 중국에서는 황제에게 진상하는 쌀로 장수미(長壽米), 약미(藥米)라 불렀다고 한다.

· 죽은 너무 많이 저어주면 삭으므로 눋지 않을 정도로 가끔 저어준다.
· 흑미 담갔던 물을 믹서에 같이 넣고 갈아서 사용하기도 한다.

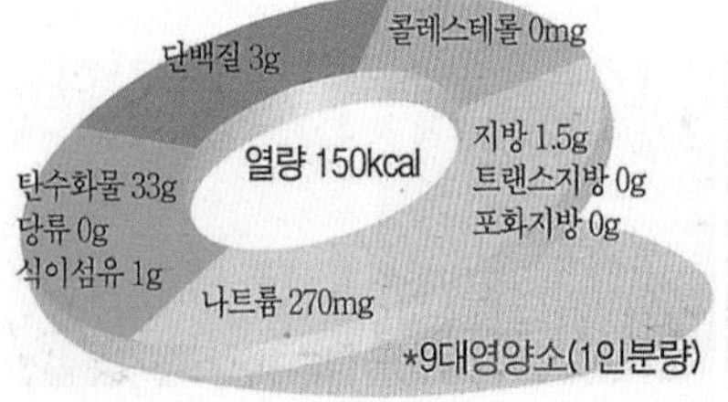

1

2

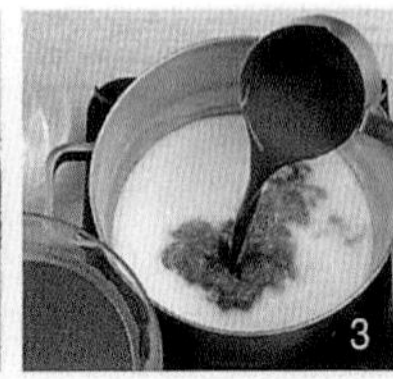
3

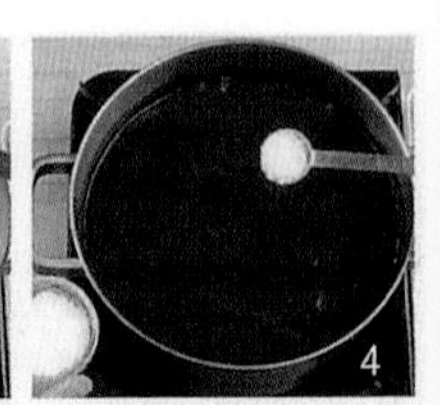
4

땅콩죽

조리후 중량	적정배식온도	총가열시간	총조리시간	표준조리도구
1.32kg(4인분)	60~65℃	33분	3시간	20cm 냄비

멥쌀 135g(¾컵)
볶은 땅콩 60g, 땅콩가는 물 200g(1컵)
죽 끓이는 물 1.2kg(6컵)
소금 4g(1작은술)

재료준비

1. 멥쌀은 깨끗이 씻어 일어서 물에 2시간 정도 불려, 체에 밭쳐 10분 정도 물기를 뺀다(165g).
2. 볶은 땅콩은 껍질을 벗긴다(58g). 【사진1】
3. 믹서에 땅콩과 가는 물을 붓고 3분 정도 곱게 간다. 【사진2】

만드는법

1. 멥쌀은 쌀알이 반 정도 으깨지도록 방망이로 빻는다.
2. 냄비에 멥쌀과 갈아놓은 땅콩물, 물을 붓고 센불에 6분 정도 올려 저으면서 끓인다. 【사진3】
3. 죽이 끓으면 중불로 낮추어 뚜껑을 덮고 가끔 저으면서 10분 정도 끓이다가 약불로 낮추어 15분 정도 더 끓인다. 【사진4】
4. 죽이 어우러지면 소금으로 간을 맞추고 2분 정도 더 끓인다.

멥쌀에 볶은 땅콩을 갈아서 넣고 끓인 죽이다. 땅콩은 두류 중에서 유일하게 땅속에서 성장하는 콩이라 하여 붙여진 이름으로, 양질의 지방과 단백질이 있다. 땅콩은 1780년경 이덕무가 쓴 「양엽기」에 처음 나타나는데 누에와 비슷하다고 하였다.

· 멥쌀과 땅콩을 같이 갈아서 끓이기도 한다.
· 생땅콩으로 끓이기도 한다.
· 생땅콩은 물에 불려 껍질을 벗긴다.

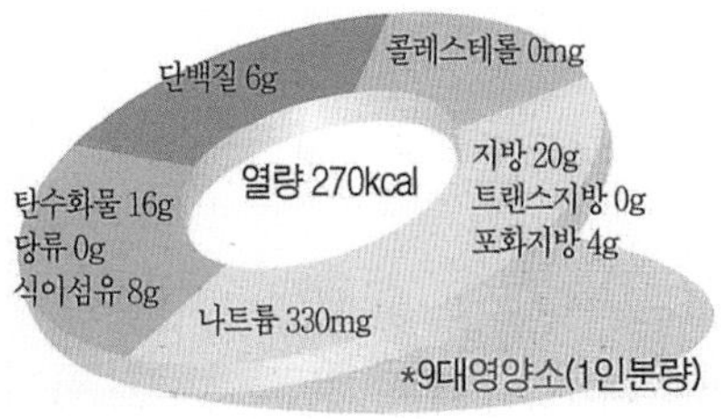

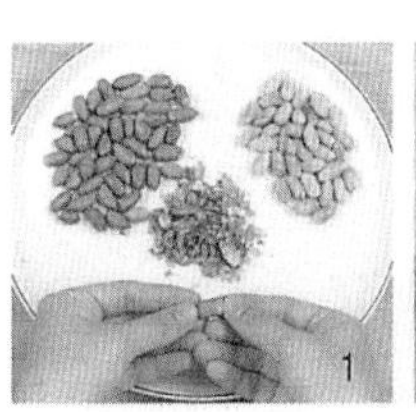

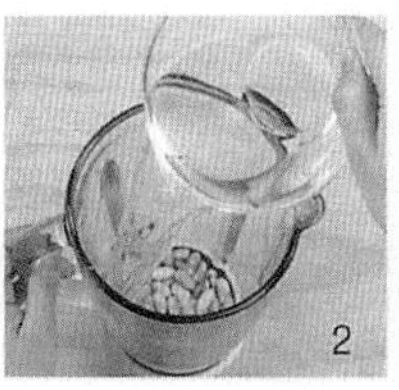

밤죽

조리후 중량	적정배식온도	총가열시간	총조리시간	표준조리도구
1.32kg(4인분)	60~65℃	51분	3시간	20cm 냄비

멥쌀 135g(¾컵), 가는 물 300g(1½컵)
밤 405g(27개), 밤 삶는 물 400g(2컵), 밤 가는 물 300g(1½컵)
죽 끓이는 물 700g(3½컵)
소금 4g(1작은술)

재료준비

1. 멥쌀은 깨끗이 씻어 일어서 물에 2시간 정도 불려, 체에 밭쳐 10분 정도 물기를 뺀다(165g).
2. 믹서에 멥쌀과 가는 물을 붓고 2분 정도 갈아서 고운체에 밭친다. 【사진1】

만드는법

1. 냄비에 밤과 삶는 물을 붓고 센불에 3분 정도 올려 끓으면 중불로 낮추어 20분 정도 삶아 2등분 하고 밤 속을 파낸 후(260g), 믹서에 가는 물과 함께 넣고 1분 정도 갈아서 체에 밭친다. 【사진2】
2. 냄비에 갈아놓은 멥쌀과 밤, 물을 붓고 센불에 6분 정도 올려 멍울이 지지 않도록 저으면서 끓인다. 【사진3】
3. 죽이 끓으면 중불로 낮추어 뚜껑을 덮고, 가끔 저으면서 10분 정도 끓이다가 약불로 낮추어 10분 정도 더 끓인다. 【사진4】
4. 죽이 어우러지면 소금으로 간을 맞추고 2분 정도 더 끓인다.

밤을 푹 삶아 멥쌀과 함께 곱게 갈아서 끓인 죽이다. 「동의보감」에 밤은 기운을 돋우고 위장을 강하게 하며 정력을 보한다고 하였으며, '양위건비(養胃健脾)' 라 하여 위장과 비장의 기능을 좋게 하여 소화기능을 촉진시키므로, 예부터 죽을 쑤어 아이들 이유식이나, 노인들 회복식으로 좋다.

· 식성에 따라 설탕이나 소금을 곁들이기도 한다.
· 생밤과 쌀, 물을 믹서에 같이 넣고 갈아서 체에 내려 끓이기도 한다.

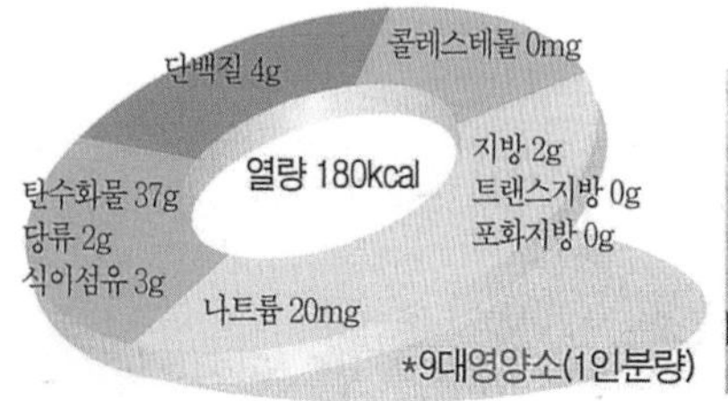

1

2

3

4

오자죽

조리후 중량	적정배식온도	총가열시간	총조리시간	표준조리도구
1.2kg(4인분)	60~65℃	27분	3시간	20cm 냄비

멥쌀 225g(1¼컵), 멥쌀 가는 물 400g(2컵)
호두 20g(4개), 볶은 참깨 21g(3큰술), 잣 30g(3큰술), 복숭아씨가루 10g
행인(살구씨) 5g, 오자 가는 물 200g(1컵)
죽 끓이는 물 600g(3컵), 소금 4g(1작은술)

재료준비

1. 멥쌀은 깨끗이 씻어 일어서 물에 2시간 정도 불려, 체에 밭쳐 10분 정도 물기를 뺀다(275g). 믹서에 멥쌀과 물을 붓고 2분 정도 갈아서 고운체에 내린다. 【사진1】
2. 호두는 따뜻한 물에 불려 껍질을 벗기고, 잣은 고깔을 떼고 면보로 닦는다. 【사진2】
3. 행인은 면보로 닦는다.
4. 믹서에 호두와 볶은 참깨 · 잣 · 복숭아씨가루 · 행인을 넣고 물을 부은 다음, 3분 정도 갈아서 고운체에 내린다.

1. 냄비에 갈아 놓은 멥쌀물과 물을 붓고, 센불에 5분 정도 올려 멍울이지지 않도록 저으면서 끓인다. 【사진3】
2. 중불로 낮추어 뚜껑을 덮고, 가끔 저으면서 15분 정도 끓이다가 갈아놓은 오자물을 붓고 5분 정도 더 끓인다. 【사진4】
3. 소금으로 간을 맞추고 2분 정도 끓인다.

다섯 가지 씨앗을 갈아서 멥쌀과 함께 끓인 죽이다. 오자(五子)란 호두와 잣 · 복숭아씨 · 살구씨 · 참깨 등의 다섯 가지 씨앗을 일컫는 것으로 음식의 소화를 도우며, 음식을 먹은 후 통변을 돕는다. 복숭아씨는 혈액순환을 돕고, 살구씨는 기관지에 좋으며, 잣과 호두는 양기를 보호하고, 깨는 간과 신장을 강화시키는 효능이 있다.

· 식성에 따라서 꿀을 넣어도 좋다.
· 오자는 갈지 않고 곱게 다져서 사용하기도 한다.
· 오자 갈은 물을 넣고 많이 저으면서 끓이면 죽이 삭는다.

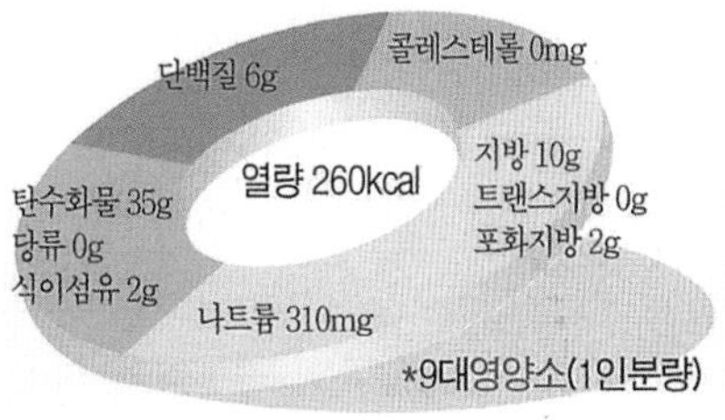

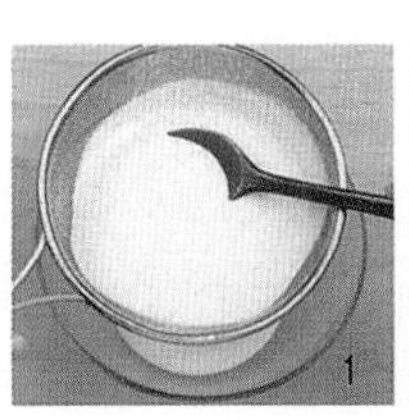
1

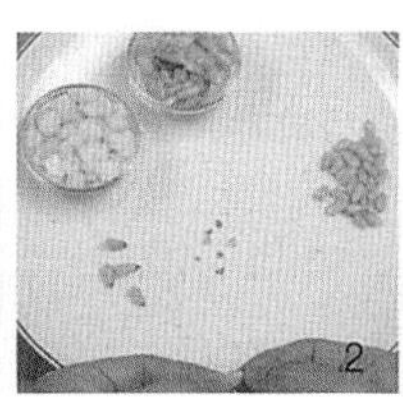
2

3

4

행인죽

조리후 중량	적정배식온도	총가열시간	총조리시간	표준조리도구
1.28kg(4인분)	60~65℃	29분	5시간	20cm 냄비

멥쌀 135g(¾컵), 가는 물 600g(3컵)
행인(살구씨) 50g, 가는 물 200g(1컵)
물 600g(3컵)
소금 3g(¾작은술)

재료준비

1. 멥쌀은 깨끗이 씻어 일어서, 물에 2시간 정도 불려 체에 밭쳐 10분 정도 물기를 뺀다(165g).
2. 믹서에 멥쌀과 물을 붓고 2분 정도 갈아서 체에 내린다(750g). 【사진1】
3. 행인은 물에 1시간 정도 불려 체에 밭쳐 물기를 빼고(68g), 믹서에 행인과 가는 물을 붓고 2분 정도 갈아서 체에 내린다(270g). 【사진2】

만드는법

1. 냄비에 갈아 놓은 행인물과 멥쌀물, 물을 붓고 센불에 7분 정도 올려 멍울이 지지 않도록 저으면서 끓이다가 뚜껑을 덮고, 중불로 낮추어 12분 정도 끓인다. 【사진3】
2. 죽이 어우러지면 약불로 낮추어 8분 정도 끓이고, 소금으로 간을 맞추어 2분 정도 더 끓인다. 【사진4】

불린 행인과 멥쌀을 곱게 갈아서 끓인 죽이다. 행인(杏仁)은 살구씨를 말하는데 한방에서는 해열 · 진해 · 거담 · 소종 등의 효능이 있어 약으로 사용하였으며, 피부에 좋아서 예부터 살구씨로 가루를 만들거나 기름을 짜서 피부미용에 사용하였다.

· 행인의 쓴맛을 우려낼 때 물을 자주 갈아주는 것이 좋다.
· 꿀을 넣어 먹기도 한다.

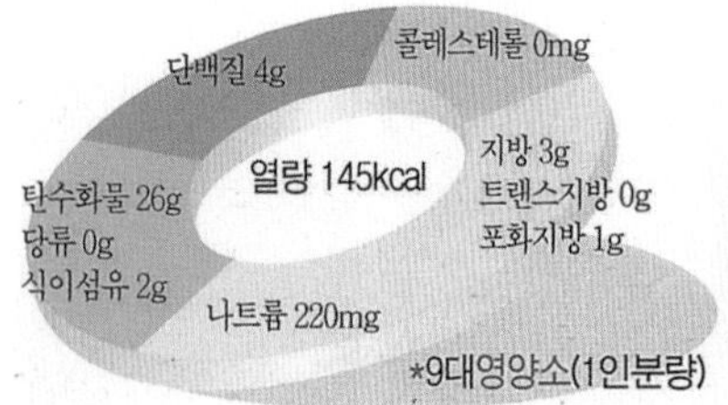

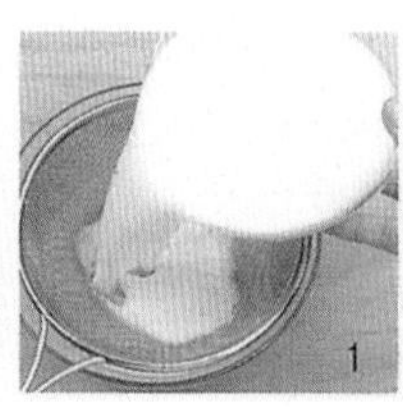
1

2

3

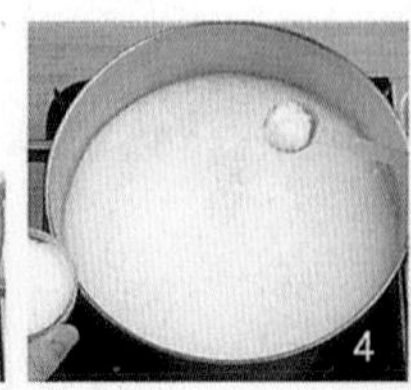
4

근대죽

조리후 중량	적정배식온도	총가열시간	총조리시간	표준조리도구
1.32kg(4인분)	60~65℃	37분	3시간	20cm 냄비

멥쌀 135g(¾컵)
근대 150g
조갯살 150g, 물 600g(3컵), 소금 2g(½작은술)
물 1.2kg(6컵), 된장 51g(3큰술), 고추장 6g(1작은술)
소금 1g(¼작은술)

재료준비

1. 멥쌀은 깨끗이 씻어 일어서 물에 2시간 정도 불려, 체에 밭쳐 10분 정도 물기를 뺀다(168g). 【사진1】
2. 근대는 다듬어 깨끗이 씻어 가로 4cm 세로 1.5cm 정도로 썬다(140g). 【사진2】
3. 조갯살은 소금물에 살살 씻어 체에 밭쳐 물기를 뺀다(100g).

만드는법

1. 냄비에 물을 붓고 된장과 고추장을 풀어 넣고 센불에 6분 정도 올려 끓으면 불린 멥쌀과 근대를 넣고 2분 정도 끓인 후 중불로 낮추어 가끔 저으면서 12분 정도 끓인다. 【사진3】
2. 조갯살을 넣고 약불로 낮추어 뜸이 들도록 15분 정도 끓인다.
3. 죽이 어우러지면 소금으로 간을 맞추고 2분 정도 더 끓인다. 【사진4】

불린 멥쌀에 근대와 고추장 · 된장을 풀어 넣고 끓인 죽이다. 근대는 주로 겨울과 봄에 즐겨 먹는 채소로 비타민 · 무기질 · 필수아미노산이 풍부해서 위장을 튼튼하게 하고 어린이 성장 발육에도 좋다.

· 근대가 억세면 데쳐서 사용한다.
· 조갯살 대신 쇠고기를 넣기도 한다.

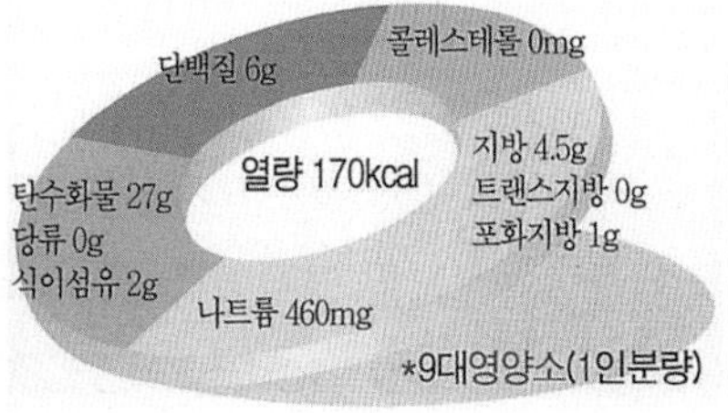

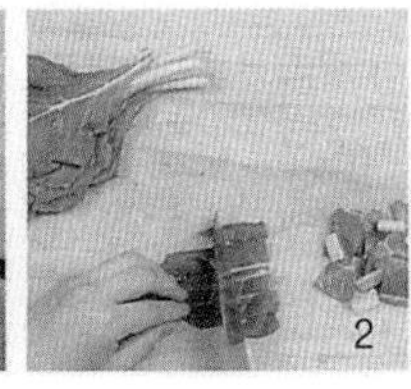

김치죽

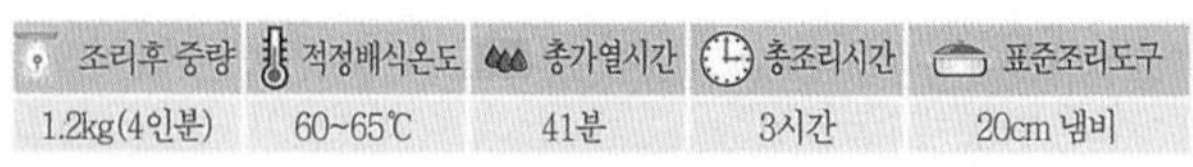

조리후 중량	적정배식온도	총가열시간	총조리시간	표준조리도구
1.2kg(4인분)	60~65℃	41분	3시간	20cm 냄비

멥쌀 180g(1컵)
김치 200g, 쇠고기(우둔) 70g
쇠고기 양념장 : 간장 9g(½큰술), 다진 파 2.3g(½작은술)
다진 마늘 1.4g(¼작은술), 깨소금 1g(½작은술)
후춧가루 0.1g, 참기름 2g(½작은술)
참기름 6.5g(½큰술), 죽 끓이는 물 1.4kg(7컵), 소금 2g(½작은술)

재료준비

1. 멥쌀은 깨끗이 씻어 일어서 물에 2시간 정도 불려, 체에 밭쳐 10분 정도 물기를 뺀다(220g).
2. 배추김치는 속을 털어내고, 폭 1cm 정도로 썬다.【사진1】
3. 쇠고기는 핏물을 닦고, 길이 3cm 폭 · 두께 0.3cm 정도로 채 썰어 양념장을 넣고 양념한다.【사진2】

만드는법

1. 멥쌀은 쌀알이 반 정도 으깨지도록 방망이로 빻는다.
2. 냄비를 달구어 참기름을 두르고, 멥쌀과 쇠고기 · 김치를 넣고 중불에서 2분 정도 볶다가, 물을 붓고 센불에 7분 정도 올려 끓으면 중불로 낮추어 뚜껑을 덮고, 가끔 저으면서 10분 정도 끓인다.【사진3】
3. 죽이 어우러지면 약불로 낮추어 가끔 저어 가면서 20분 정도 끓이다가 소금으로 간을 맞추고 2분 정도 더 끓인다.【사진4】

불린 멥쌀에 김치와 양념한 쇠고기를 넣고 볶아서 끓인 죽이다. 김치는 한국을 대표하는 발효식품으로 우리나라의 밥상차림에 빠지지 않고 오르는 음식일 뿐만 아니라 다양한 요리의 주 · 부재료로 이용된다.

· 잘 익은 김치를 사용해야 죽이 맛있다.
· 콩나물을 같이 넣고 끓이기도 한다.

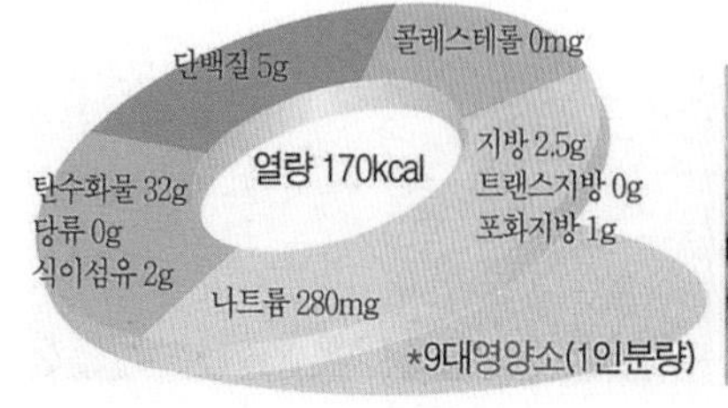

1

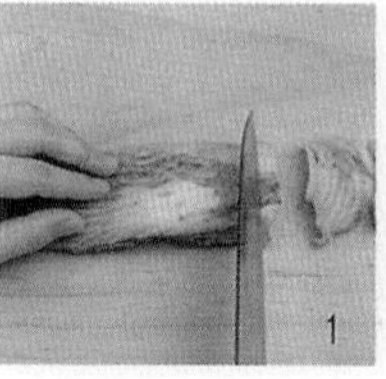
2

3

4

마죽

조리후 중량	적정배식온도	총가열시간	총조리시간	표준조리도구
1.32kg(4인분)	60~65℃	36분	3시간	20cm 냄비

멥쌀 180g(1컵), 가는 물 300g(1½컵)
마 200g
참기름 4g(1작은술)
죽 끓이는 물 1.4kg(7컵), 소금 4g(1작은술)

재료준비

1. 멥쌀은 깨끗이 씻어 일어서 물에 2시간 정도 불려, 체에 밭쳐 10분 정도 물기를 뺀다(220g).
2. 마는 깨끗이 씻어 껍질을 벗기고(170g), 가로 · 세로 · 두께 0.5cm 정도로 썬다. 【사진1】

만드는법

1. 멥쌀은 쌀알이 반 정도 으깨지도록 방망이로 빻는다.
2. 냄비를 달구어 참기름을 두르고 멥쌀을 넣고 중불에서 2분 정도 볶는다. 【사진2】
3. 물과 마를 넣고 센불에 7분 정도 올려 끓으면 중불로 낮추어 뚜껑을 덮고, 가끔 저으면서 15분 정도 더 끓인다. 【사진3】
4. 죽이 어우러지면 약불로 낮추어 뜸이 들도록 10분 정도 서서히 더 끓인다.
5. 소금으로 간을 맞추고 2분 정도 더 끓인다. 【사진4】

불린 멥쌀에 참기름을 넣고 볶다가 마를 넣고 끓인 죽이다. 한방에서 마는 오장(五臟)에 이로운 식품으로 「동의보감」에 '따뜻하고 맛이 달며 허로(虛勞 : 허약한 몸)를 보해주고, 오장(五臟)을 채워 주며 근골(筋骨)을 강하게 하고, 안신(安神 : 정신을 편하게 함)을 통해 지혜를 길러준다' 고 하였다.

· 마가루는 물에 풀거나 또는 마를 갈아서 죽을 끓이기도 한다.
· 회복기의 환자나 어린아이에게는 쌀을 곱게 갈아서 사용한다.

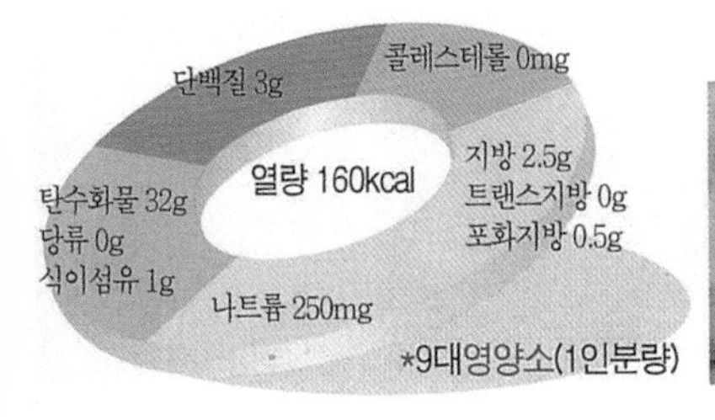

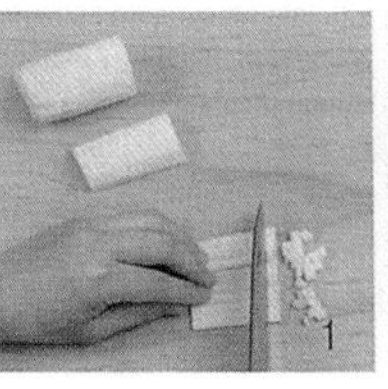

버섯죽

조리후 중량	적정배식온도	총가열시간	총조리시간	표준조리도구
1.2kg(4인분)	60~65℃	39분	3시간	20cm 냄비

멥쌀 180g(1컵), 표고버섯 10g(2개)
표고버섯 양념장 : 간장 9g(½큰술), 다진 파 2.3g(½작은술)
다진 마늘 1.4g(¼작은술), 깨소금 1g(½작은술)
후춧가루 0.1g, 참기름 2g(½작은술)
참기름 6.5g(½큰술), 죽 끓이는 물 1.4kg(7컵)
양송이버섯 20g, 청장 6g(1작은술), 소금 2g(½작은술)

재료준비

1. 멥쌀은 깨끗이 씻어 일어서 물에 2시간 정도 불려, 체에 밭쳐 10분 정도 물기를 뺀다(220g).
2. 표고버섯은 물에 1시간 정도 불려, 기둥을 떼어 내고 물기를 닦아 폭 · 두께 0.3cm 정도로 채 썰어 양념장을 넣고 양념한다.【사진1】
3. 양송이버섯은 씻어 모양을 살려 두께 0.4cm 정도로 썬다.【사진2】

만드는법

1. 냄비를 달구어 참기름을 두르고, 멥쌀을 넣고 중불에서 2분 정도 볶다가 물을 붓고, 센불에 7분 정도 올려 끓으면 표고버섯을 넣고 중불로 낮추어 뚜껑을 덮고, 가끔 저으면서 8분 정도 끓인다.【사진3】
2. 죽이 어우러지면 약불로 낮추어 가끔 저어 가면서 20분 정도 끓이다가 양송이버섯을 넣고, 청장과 소금으로 간을 맞추어 2분 정도 더 끓인다.【사진4】

불린 멥쌀에 표고버섯과 양송이버섯을 넣고 끓인 죽이다. 양송이버섯은 '서양의 송이' 라 하여 붙여진 이름으로 성인병예방과 항암효과가 있으며, 버섯 중에서 콜레스테롤 제거 효능이 가장 높다고 한다.

· 버섯류는 너무 오래 가열하면 향이 적어진다.
· 양송이 대신에 다른 버섯을 사용할 수 있다.

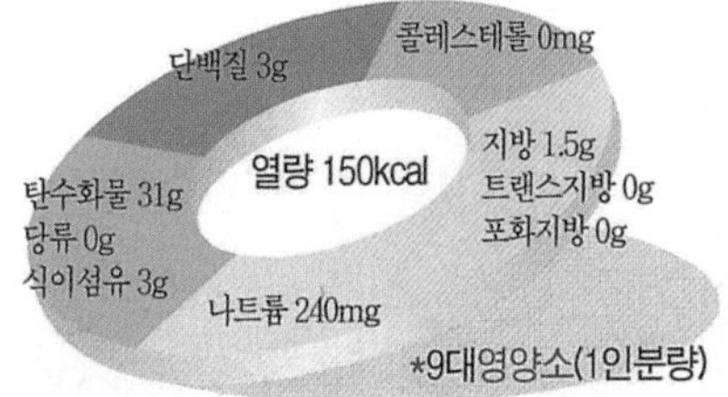

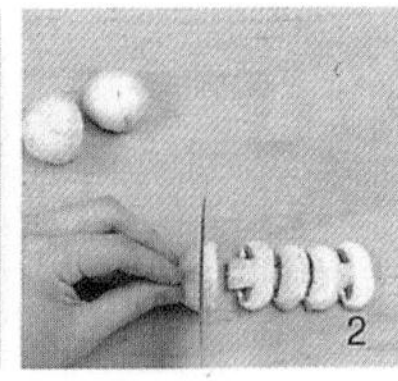

호두죽

호두의 속껍질을 벗기고 멥쌀과 함께 갈아서 끓인 죽이다. 호두는 양질의 단백질과 지방분이 많은 고칼로리 식품으로 피부가 윤택해지고 뇌기능의 퇴화를 막는다.

조리후 중량	적정배식온도	총가열시간	총조리시간	표준조리도구
1.2kg(4인분)	60~65℃	27분	3시간	20cm 냄비

멥쌀 180g(1컵), 가는 물 400g(2컵)
호두 85g(1컵), 가는 물 200g(1컵)
물 700g(3½컵)
소금 4g(1작은술)

재료준비

1. 멥쌀은 깨끗이 씻어 일어서 물에 2시간 정도 불려 체에 밭쳐 10분 정도 물기를 뺀 다음, 믹서에 멥쌀과 물을 붓고 2분 정도 갈아서 고운체에 내린다.
2. 호두는 따뜻한 물에 불려 껍질을 벗겨, 믹서에 호두와 물을 붓고 3분 정도 갈아서 고운체에 내린다. 【사진1 · 2】

만드는법

1. 냄비에 갈아놓은 멥쌀물과 물을 붓고, 센불에 5분 정도 올려 끓으면 중불로 낮추어 뚜껑을 덮고 가끔 저으면서 15분 정도 끓인다.
2. 죽이 어우러지면 갈아놓은 호두물을 붓고, 5분 정도 끓이다가 소금으로 간을 맞추고 2분 정도 더 끓인다. 【사진3 · 4】

· 기호에 따라 꿀을 넣기도 한다.
· 호두물을 넣고 지나치게 저으면 죽이 삭는다.

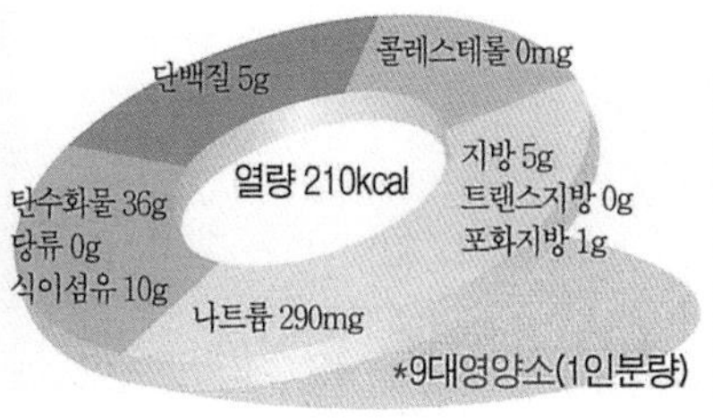

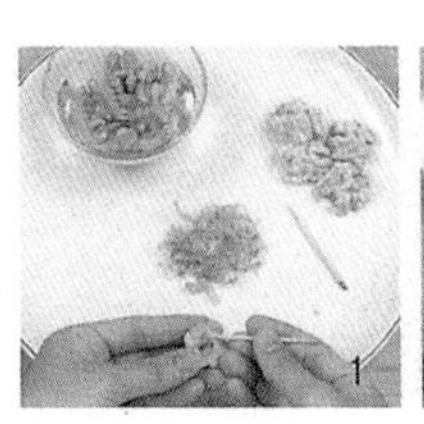

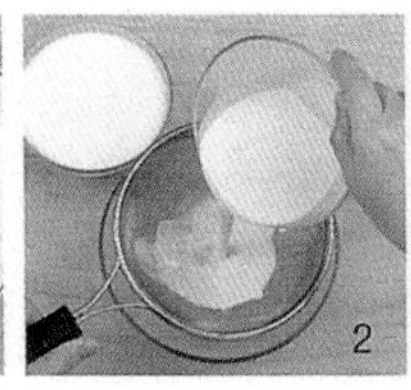

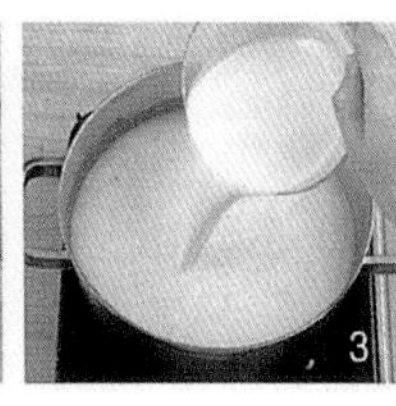

시금치죽

조리후 중량	적정배식온도	총가열시간	총조리시간	표준조리도구
1.32kg(4인분)	60~65℃	33분	3시간	20cm 냄비

멥쌀 135g(¾컵), 시금치 200g
다진 쇠고기(우둔) 50g
쇠고기 양념장 : 간장 6g(1작은술), 다진 파 2.3g(½작은술)
다진 마늘 1.4g(¼작은술), 깨소금 1g(½작은술)
후춧가루 0.1g, 참기름 2g(½작은술)
참기름 6.5g(½큰술), 죽 끓이는물 1.4kg(7컵), 된장 34g(2½큰술)
고추장 12g(2작은술)

재료준비

1. 멥쌀은 깨끗이 씻어 일어서 물에 2시간 정도 불려, 체에 밭쳐 10분 정도 물기를 뺀다(165g).
2. 시금치는 깨끗이 다듬어 씻어 길이 7cm 정도로 자른다(190g). 【사진1】
3. 다진 쇠고기는 핏물을 닦고 양념장으로 양념한다. 【사진2】

만드는법

1. 냄비를 달구어 참기름을 두르고 멥쌀과 쇠고기를 넣고 중불에서 2분 정도 볶는다. 【사진3】
2. 물을 붓고 센불에 7분 정도 올려 끓으면 된장과 고추장을 풀고 시금치를 넣어 2분 정도 끓인다. 【사진4】
3. 중불로 낮추어 가끔 저어 가면서 12분 정도 끓이다가 약불로 낮추어 10분 정도 더 끓인다.

불린 멥쌀에 시금치와 쇠고기 · 된장 · 고추장을 풀어 넣고 끓인 죽이다. 시금치는 뿌리가 붉은 채소라 하여 '적근채(赤根菜)' 라고도 하는데, 「식료본초」에 '오장을 이롭게 하고 위와 장의 활동을 촉진하며 주독을 풀어준다.' 고 하였다.

· 쌀 씻은 속뜨물을 이용하기도 한다.
· 시금치는 뿌리가 작은 포항초가 맛이 있다.

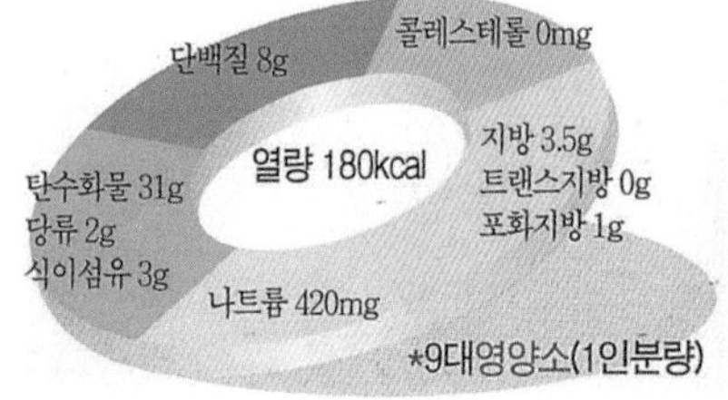

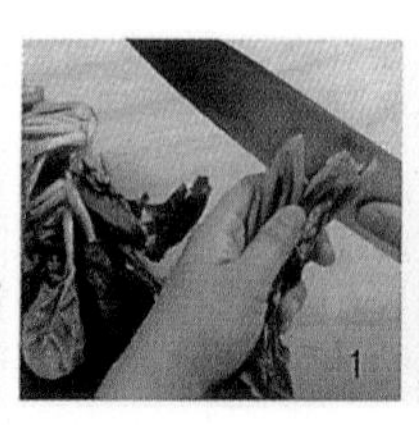

인삼대추죽

조리후 중량	적정배식온도	총가열시간	총조리시간	표준조리도구
1.32kg(4인분)	60~65℃	31분	3시간	20cm 냄비

멥쌀 180g(1컵), 죽 끓이는물 1.4kg(7컵)
인삼(수삼) 50g, 대추 12g(3개)
소금 4g(1작은술)

재료준비

1. 멥쌀은 깨끗이 씻어 일어서 물에 2시간 정도 불려 체에 밭쳐 10분 정도 물기를 뺀다(220g).
2. 인삼은 깨끗이 씻어 뇌두를 자르고 길이 1cm 두께 0.5cm 정도로 어슷 썬다(40g). 【사진1】
3. 대추는 면보로 닦아 길이 1cm 폭 · 두께 0.3cm 정도로 썬다(6g).

만드는법

1. 멥쌀은 쌀알이 반 정도 으깨지도록 방망이로 빻는다. 【사진2】
2. 냄비를 달구어 멥쌀과 인삼을 넣고 중불에서 2분 정도 볶는다. 【사진3】
3. 물을 붓고 센불에 7분 정도 올려 끓으면 대추를 넣고 중불로 낮추어 뚜껑을 덮고 가끔 저으면서 10분 정도 끓인다. 【사진4】
4. 죽이 어우러지면 약불로 낮추어 10분 정도 끓이다가 소금으로 간을 맞추고 2분 정도 더 끓인다.

불린 멥쌀에 인삼과 대추를 넣고 끓인 죽이다. 「신농본초경」에는 인삼의 효능을 '체내의 오장을 보하며 정신을 안정시키고 오래 장복하면 몸이 가뿐하게 되어 수명이 길어진다.' 고 하였으며, 한방에서는 전신의 기능을 활발하게 하고, 소화를 돕고 식욕을 되살아나게 하는 효능이 있다고 하였다.

· 멥쌀과 인삼을 갈아서 끓이기도 한다.
· 인삼을 푹 끓인 물을 넣고 죽을 끓이기도 한다.

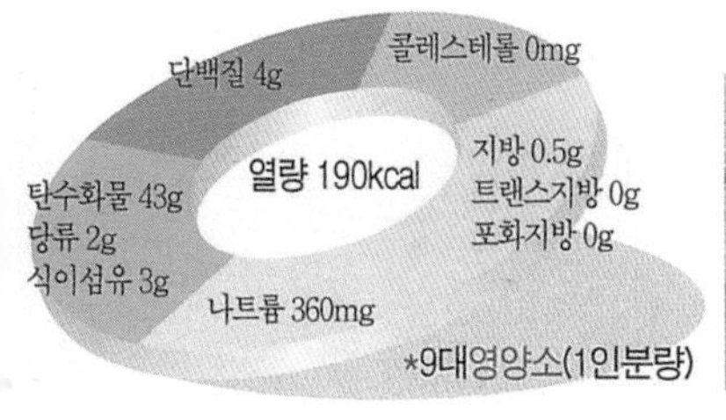

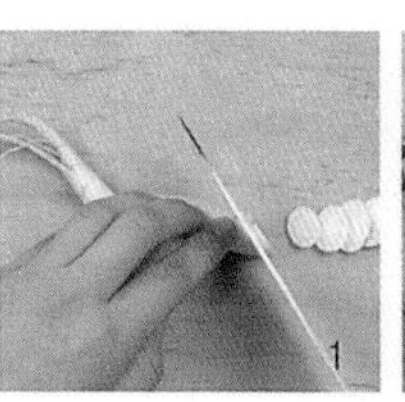

죽순죽

조리후 중량	적정배식온도	총가열시간	총조리시간	표준조리도구
1.4kg(4인분)	60~65℃	43분	3시간	20cm 냄비

멥쌀 180g(1컵), 죽순(통조림) 100g, 데치는 물 400g(2컵)
다진 쇠고기(우둔) 50g
쇠고기 양념장 : 간장 9g(½큰술), 다진 파 2.3g(½작은술)
다진 마늘 1.4g(¼작은술), 깨소금 1g(½작은술)
후춧가루 0.1g, 참기름 2g(½작은술)
죽 끓이는물 1.4kg(7컵), 참기름 6.5g(½큰술), 청장 12g(⅔큰술)
소금 2g(½작은술)

재료준비

1. 멥쌀은 깨끗이 씻어 일어서 물에 2시간 정도 불려, 체에 밭쳐 10분 정도 물기를 뺀다(220g).
2. 죽순은 가로 · 세로 1cm 두께 0.5cm 정도의 크기로 썬다(95g). 【사진1】
3. 다진 쇠고기는 면보로 핏물을 닦고(45g), 양념장을 넣고 양념한다. 【사진2】

만드는법

1. 멥쌀은 쌀알이 반 정도 으깨지도록 방망이로 빻는다.
2. 냄비에 데치는 물을 붓고 센불에 2분 정도 올려 끓으면, 죽순을 넣고 2분 정도 데친다.
3. 냄비를 달구어 참기름을 두르고 멥쌀과 죽순 · 쇠고기를 넣고, 중불에서 2분 정도 볶다가 물을 붓고 센불에 5분 정도 올려 끓으면, 중불로 낮추어 가끔 저으면서 10분 정도 끓인다. 【사진3】
4. 약불로 낮추어 20분 정도 끓이다가 청장과 소금으로 간을 맞추고, 2분 정도 더 끓인다. 【사진4】

불린 멥쌀을 반 정도 으깨어 죽순과 쇠고기를 함께 넣고 끓인 죽이다. 죽순은 봄철에 나는 대나무의 어리고 연한 싹으로 「본초강목」에 '어린 죽순은 불면증을 고치고 제번(除煩)과 눈을 밝게 하는 작용을 한다.' 고 하였으며, 피를 맑게 하고 정신을 맑게 하여 스트레스 해소에 좋다고 하였다.

· 죽은 상에 낼 때 마른찬과 물김치를 곁들이면 좋다.
· 죽순을 데칠 때 빗살 사이에 있는 석회를 잘 빼주어야 한다.

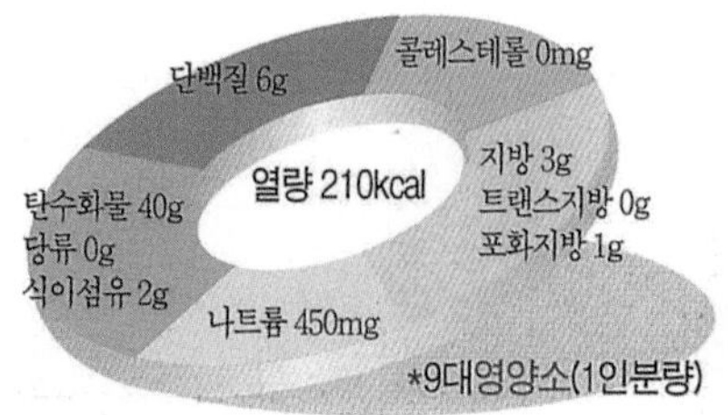

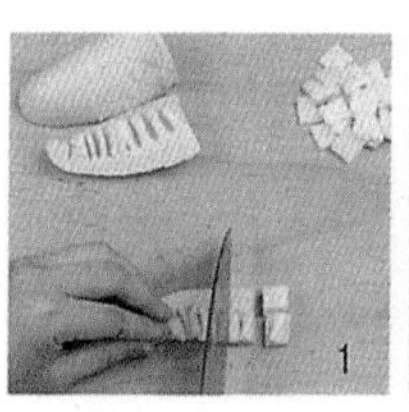

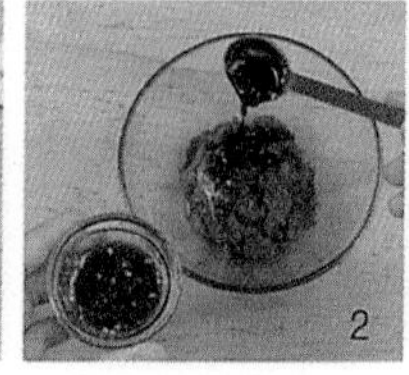

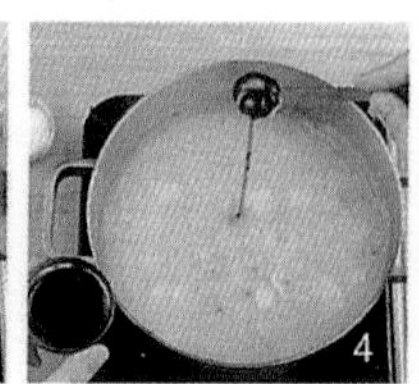

수박죽

조리후 중량	적정배식온도	총가열시간	총조리시간	표준조리도구
1240g(4인분)	60~65℃	39분	1시간	20cm 냄비

수박 1.3kg
찹쌀물 : 찹쌀가루 100g(1컵), 물 150g(¾컵)
새알심 반죽 : 찹쌀가루 75g(¾컵), 소금 0.5g(⅛작은술)
끓는 물 20g(1⅓큰술)
소금 4g(1작은술)

재료준비

1. 수박은 껍질을 얇게 벗겨(940g) 씨를 빼고, 과육과 껍질부분을 2cm 정도의 두께로 썰어, 믹서에 수박과 가는 물을 붓고 2분 정도 간다(1240g). 【사진1】
2. 찹쌀가루에 물을 붓고 고루 섞어 체에 내린다.

만드는법

1. 새알심 반죽용 찹쌀가루는 소금을 넣고 끓는 물로 익반죽하여 직경 1.5cm(4g) 정도로 새알심을 빚는다(20개). 【사진2】
2. 냄비에 갈아놓은 수박 물과 찹쌀가루 물을 붓고, 센불에서 7분 정도 올려 끓으면 중불로 낮추어 멍울이 지지 않도록 저으면서 5분 정도 끓인다. 【사진3】
3. 약불로 낮추어 뚜껑을 덮고, 가끔 저으면서 20분 정도 끓이다가 새알심을 넣고 중불로 올려 5분 정도 더 끓인다. 【사진4】
4. 소금으로 간을 맞추고, 2분 정도 끓인다.

수박의 과육을 곱게 갈아서 찹쌀가루를 넣고 끓인 죽이다. 수박은 여름철 대표 과일로 수분이 많다고 하여 수박이라 한다. 여름철 갈증을 풀어주고, 피로회복에 좋으며, 이뇨작용이 있어 노폐물을 체외로 배출하는 효과가 있다.

· 기호에 따라 수박껍질과육을 더 많이 넣을 수도 있다.
· 새알심을 넣지 않고 끓이기도 한다.

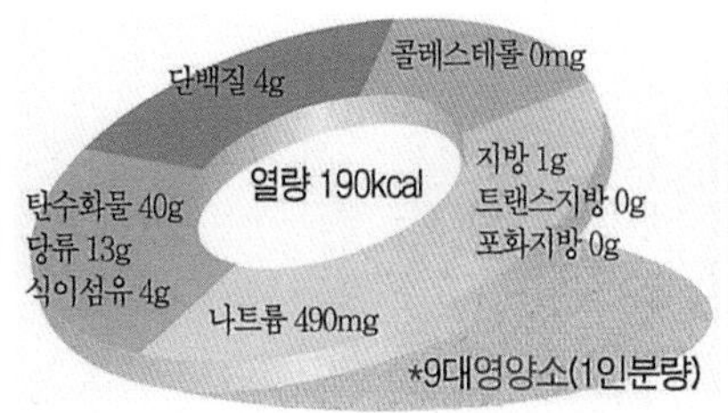

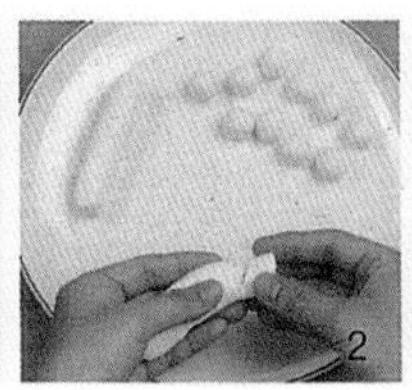

채소죽

불린 쌀을 반 정도 으깨어 여러 가지 채소를 넣고 끓인 죽이다. 당근 · 감자 · 호박 · 표고버섯 등을 넣고 끓여서 색이 아름다울 뿐만 아니라 맛과 영양이 있어 어린 아이의 이유식으로도 좋다.

조리후 중량	적정배식온도	총가열시간	총조리시간	표준조리도구
1.4kg(4인분)	60~65℃	39분	3시간	20cm 냄비

멥쌀 180g(1컵)
물 1.4kg(7컵)
당근 20g, 감자 60g, 호박 50g, 표고버섯 5g(1장)
참기름 6.5g(½큰술), 청장 6g(1작은술), 소금 4g(1작은술)

재료준비

1. 멥쌀은 깨끗이 씻어 일어서 물에 2시간 정도 불려, 체에 밭쳐 10분 정도 물기를 뺀다(220g).
2. 당근은 다듬어 씻고 감자는 씻어 껍질을 벗기고 가로 · 세로 · 두께 0.3cm 정도로 썬다(15g, 40g). 【사진1】
3. 호박은 씻어 당근 크기로 썰고(40g), 표고버섯은 물에 1시간 정도 불려 기둥을 떼고 물기를 닦아 당근 크기로 썬다(13g).

만드는법

1. 멥쌀은 쌀알이 반 정도 으깨지도록 방망이로 빻는다. 【사진2】
2. 냄비를 달구어 참기름을 두르고, 멥쌀을 넣어 중불에서 2분 정도 볶다가 물을 붓고, 센불에 5분 정도 올려 끓으면 중불로 낮추어 가끔 저으면서 10분 정도 끓인다.
3. 약불로 낮추어 10분 정도 끓이다가 당근과 감자 · 호박 · 표고버섯을 넣고 중불로 올려 10분 정도 더 끓인다. 【사진3】
4. 청장과 소금으로 간을 맞추고, 2분 정도 더 끓인다. 【사진4】

· 당근, 감자, 호박 이외에 다른 채소를 넣어 끓이기도 한다.
· 쌀을 으깨지 않고 옹근죽으로 끓이기도 한다.

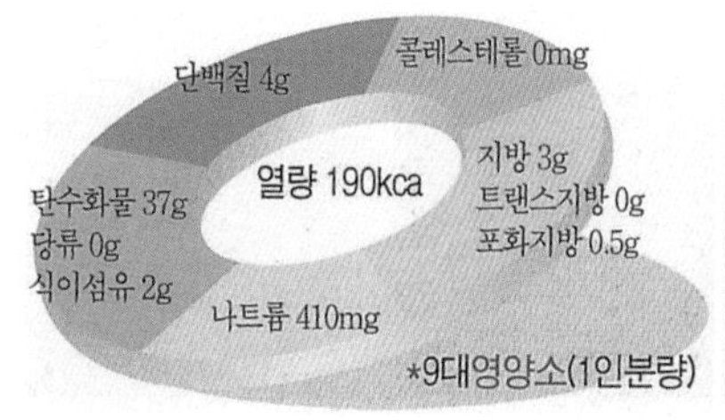

콩나물죽

조리후 중량	적정배식온도	총가열시간	총조리시간	표준조리도구
1.4kg(4인분)	60~65℃	49분	3시간	20㎝ 냄비

멥쌀 180g(1컵), 참기름 4g(1작은술)
콩나물 180g, 다진 쇠고기(우둔) 50g
쇠고기 양념장 : 간장 6g(1작은술), 다진 파 2.3g(½작은술)
다진 마늘 1.4g(¼작은술), 깨소금 1g(½작은술)
후춧가루 0.1g, 참기름 2g(½작은술)
죽 끓이는물 1.5kg(7½컵)
소금 4g(1작은술)

재료준비

1. 멥쌀은 깨끗이 씻어 일어서 물에 2시간 정도 불려, 체에 밭쳐 10분 정도 물기를 뺀다(220g).
2. 콩나물은 꼬리를 떼고 깨끗이 씻어 물기를 뺀다(150g). 【사진1】
3. 다진 쇠고기는 핏물을 닦고 양념장을 넣고 양념한다.

만드는법

1. 냄비를 달구어 참기름을 두르고 멥쌀과 다진 쇠고기를 넣고 중불에서 2분 정도 볶는다. 【사진2】
2. 콩나물과 물을 붓고 센불에 8분 정도 올려 끓으면 중불로 낮추어 뚜껑을 덮고 가끔 저으면서 22분 정도 끓인다. 【사진3】
3. 죽이 어우러지면 약불로 낮추어 15분 정도 끓이다가 소금으로 간을 맞추어 2분 정도 더 끓인다. 【사진4】

불린 멥쌀과 다진 쇠고기를 참기름에 볶다가 콩나물과 물을 붓고 끓인 죽이다. 옛날 먹을 것이 부족하던 시대에는 끼니를 늘리려고 콩나물죽을 자주 쑤어 먹었으나 요즘에는 비타민과 아스파라긴산이 풍부하여 감기예방이나 숙취에 좋아 콩나물죽을 즐겨 먹는다.

· 김치나 북어를 넣기도 한다.
· 쇠고기 대신 굴을 넣거나 멸치육수로 끓이기도 한다.
· 무를 채 썰어 넣기도 한다.

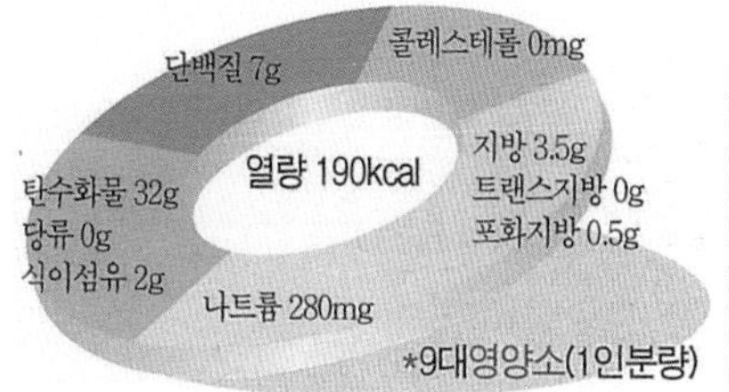

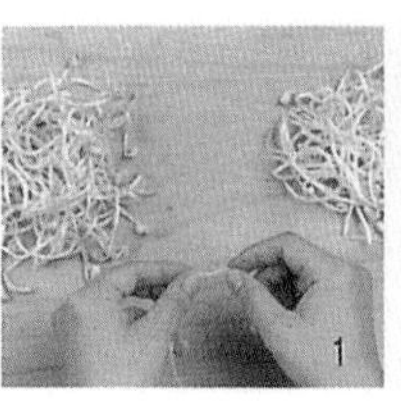

어죽

조리후 중량	적정배식온도	총가열시간	총조리시간	표준조리도구
1.28kg(4인분)	60~65℃	1시간20분	2시간	20cm 냄비

멥쌀 135g(¾컵), 붕어 690g(2마리), 붕어 삶는 물 2kg(10컵)
양념장 : 된장 17g(1큰술), 생강즙 16g(1큰술), 마늘 10g
양파 100g(⅓개), 홍고추 10g(½개), 인삼(수삼) 30g, 쑥갓 20g
된장 17g(1큰술), 고춧가루 7g(1큰술), 소금 2g(½작은술)

재료준비

1. 멥쌀은 깨끗이 씻어 일어서 물에 2시간 정도 불려, 체에 밭쳐 10분 정도 물기를 뺀다(165g).
2. 붕어는 비늘을 긁고, 내장을 빼내어 깨끗이 씻는다(320g). 【사진1】
3. 양파는 다듬어 깨끗이 씻어 길이 5cm 두께 0.5cm 정도로 썰고(90g), 홍고추는 씻어 길이 2cm 두께 0.2cm 정도로 어슷 썬다(8g).
4. 인삼은 다듬어 깨끗이 씻어 뇌두를 잘라내고 길이 2cm 두께 0.2cm 정도로 어슷 썬다(25g). 쑥갓은 다듬어 씻어 길이 5cm 정도로 썬다(18g). 【사진2】

만드는법

1. 냄비에 붕어와 물을 붓고 센불에 12분 정도 올려 끓으면, 양념장을 넣고 중불로 낮추어 30분 정도 끓인 후 굵은 체에 내린다(1.35kg). 【사진3】
2. 냄비에 붕어 끓인 물을 붓고 된장과 고춧가루를 풀어 넣고 센불에 6분 정도 올려 끓으면 멥쌀과 양파 · 홍고추 · 인삼을 넣고 중불로 낮추어 20분 정도 끓인 다음 약불로 낮추어 가끔 저어 가면서 10분 정도 더 끓인다.
3. 죽이 어우러지면 소금으로 간을 맞추고 2분 정도 더 끓인 후 쑥갓을 넣는다. 【사진4】

붕어를 푹 곤 국물에 된장과 고춧가루를 넣고 불린 멥쌀을 넣고 끓인 죽이다. 붕어는 토기(土氣)가 들어 있어 예부터 강장제로 사용해 왔으며, 궁중에서의 연회에도 기(氣)요리로 붕어가 올랐다. 붕어는 위를 튼튼하게 하고, 몸을 보하는 식품으로 허약한 사람들의 기를 살리는데 좋다.

· 민물생선을 다양하게 이용하기도 한다.
· 고추장을 풀어 넣기도 한다.
· 우거지를 넣기도 한다.

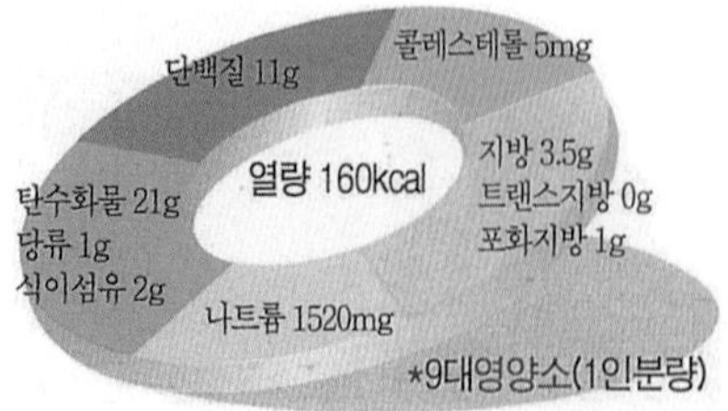

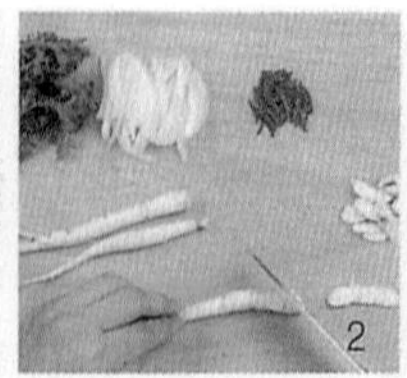

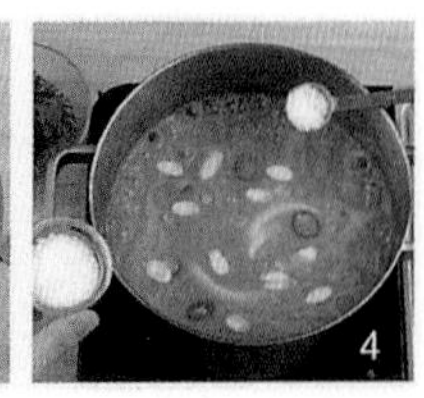

들깨죽

조리후 중량	적정배식온도	총가열시간	총조리시간	표준조리도구
1.4kg(4인분)	60~65℃	39분	3시간	20㎝ 냄비

멥쌀 180g(1컵)
들깨가루 100g, 들깨가루 푸는 물 400g(2컵)
죽 끓이는물 1.2kg(6컵), 소금 4g(1작은술)

재료준비

1. 멥쌀은 깨끗이 씻어 일어서 물에 2시간 정도 불려, 체에 밭쳐 10분 정도 물기를 뺀다(220g).
2. 들깨가루는 물에 풀어 놓는다. 【사진1】

만드는법

1. 멥쌀은 쌀알이 반 정도 으깨지도록 방망이로 빻는다. 【사진2】
2. 냄비에 멥쌀과 물을 붓고, 센불에 7분 정도 올려 끓으면, 중불로 낮추어 뚜껑을 덮고 가끔 저으면서 10분 정도 끓인다. 【사진3】
3. 약불로 낮추어 15분 정도 끓이다가, 풀어 놓은 들깨가루 물을 붓고 뜸이 들도록 5분 정도 더 끓인다. 【사진4】
4. 소금으로 간을 맞추고, 2분 정도 더 끓인다.

불린 멥쌀을 반 정도 으깨어 들깨가루를 넣고 끓인 죽이다. 「동의보감」에 따르면 들깨죽을 먹으면 피부가 매끄럽고 아름답게 만들어 주며 기운을 도운다고 하였다. 따라서 예전에는 들깨를 구황식품으로 이용하였으나 최근에는 건강식으로 선호하여 탕이나 나물무침에 넣기도 한다.

· 기호에 따라 들깨가루의 양을 가감할 수 있다.
· 거피하지 않은 들깨가루는 물에 풀어 체에 내려 사용한다.

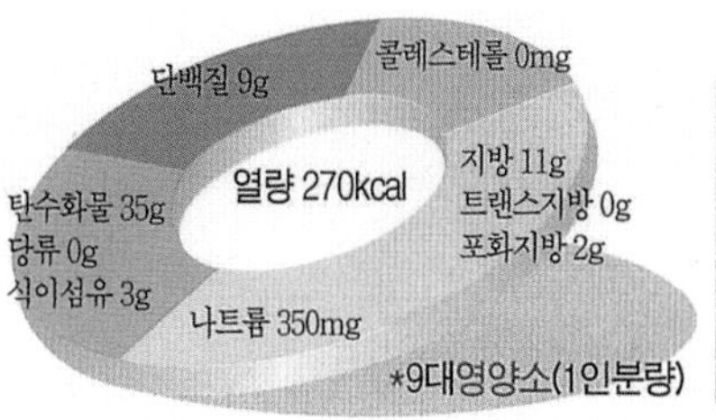

1

2

3

4

장어를 끓여서 체에 내린 장어국물에 쌀알을 으깨어 넣고 끓인 죽이다. 장어(長魚)는 몸이 길다고 하여 붙여진 이름으로, 무더운 여름철에 더위로 인하여 소모된 체력을 보하는 데 좋은 보신식품이다. 「동의보감」에 '해만(海鰻)' 이라 하여 '약창과 옴 · 누창을 치료하는데 좋다.' 고 하였다.

장어죽

조리후 중량	적정배식온도	총가열시간	총조리시간	표준조리도구
1.4kg(4인분)	60~65℃	1시간 55분	3시간	20 · 24cm 냄비

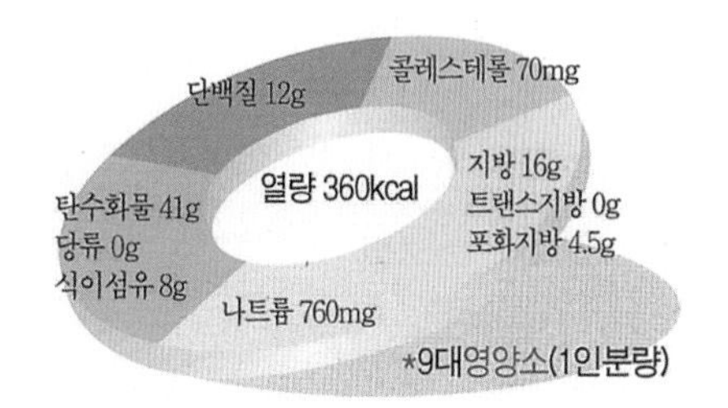

멥쌀 180g(1컵), 장어국물 1.6kg(8컵), 장어 510g(2마리), 굵은 소금 39g(3큰술)
물 2.6kg(13컵), 향채 : 파 50g, 마늘 50g, 생강 30g
참기름 6.5g(½큰술), 청장 6g(1작은술), 소금 3g(¼큰술)
생강즙 5.5g(1작은술), 실파 10g

재료준비

1. 멥쌀은 깨끗이 씻어 일어서 물에 2시간 정도 불려, 체에 밭쳐 10분 정도 물기를 뺀다(220g).
2. 장어를 그릇에 담아 굵은 소금을 뿌려 뚜껑을 덮고 10분 정도 해감을 시킨 후, 내장을 빼내고 깨끗이 씻는다(480g). 【사진1】
3. 실파는 씻어 길이 0.5cm 정도로 썬다(7g).

만드는법

1. 냄비에 장어와 물을 붓고 센불에 13분 정도 올려 끓으면 중불로 낮추어 30분 정도 끓이다가 향채를 넣고 약불에서 30분 정도 더 삶아 체에 내려 장어국물을 만든다(1.6kg). 【사진2 · 3】
2. 멥쌀은 쌀알이 반 정도 으깨지도록 방망이로 빻는다.
3. 냄비를 달구어 참기름을 두르고, 멥쌀을 넣고 중불로 낮추어 2분 정도 볶다가 장어국물을 붓고 센불에 8분 정도 올려 끓으면, 중불로 낮추어 가끔 저으면서 10분 정도 끓인다.
4. 약불로 낮추어 뜸이 들도록 뚜껑을 덮고 20분 정도 끓이다가 생강즙을 넣고, 청장과 소금으로 간을 맞추고 2분 정도 더 끓인다. 【사진4】
5. 그릇에 죽을 담고 실파를 얹는다.

· 따뜻할 때 먹어야 비린내가 적게 난다.
· 기호에 따라 산초가루를 넣기도 한다.

1

2

3

4

소라죽

불린 쌀을 반 정도 으깨어 끓이다가 데친 소라를 넣고 끓인 죽이다. 소라는 노인이나 병후 회복기에 있는 사람에게 입맛을 되찾아 주고 영양을 공급해 주는 죽으로, 한방에 의하면 소라의 삶은 국물은 정신을 맑게 하고 기억력을 좋게 하는 효능이 있다고 한다.

조리후 중량	적정배식온도	총가열시간	총조리시간	표준조리도구
1.36kg(4인분)	60~65℃	49분	3시간	20cm 냄비

멥쌀 180g(1컵), 죽 끓이는 물 1.4kg(7컵)
소라 650g(4개), 소라 삶는 물 1kg(5컵)
향채 : 파 10g, 마늘 10g, 생강 5g
참기름 6.5g(½큰술), 청장 9g(½큰술), 소금 2g(½작은술)

재료준비

1. 멥쌀은 깨끗이 씻어 일어서 물에 2시간 정도 불려, 체에 밭쳐 10분 정도 물기를 뺀다(220g).
2. 멥쌀은 쌀알이 반 정도 으깨지도록 방망이로 빻는다.

만드는법

1. 소라는 깨끗이 씻어 냄비에 물을 붓고 센불에 5분 정도 올려 끓으면 파 · 마늘 · 생강을 넣고 소라를 넣어 5분 정도 끓여서 소라살을 꺼낸다. 내장은 저며 내고, 살은 가로 · 세로 2cm 두께 0.2cm 정도로 썬다(100g). 【사진 1 · 2】
2. 냄비를 달구어 참기름을 두르고, 멥쌀을 넣고 중불에서 2분 정도 볶는다. 【사진3】
3. 물을 붓고 센불에 5분 정도 올려 끓으면 중불로 낮추어, 가끔 저으면서 10분 정도 끓인다.
4. 약불로 낮추어 10분 정도 더 끓인다.
5. 소라를 넣고 중불로 올려 10분 정도 더 끓이고, 청장과 소금으로 간을 맞추고 2분 정도 더 끓인다. 【사진4】

· 죽을 끓일 때 소라를 빨리 넣으면 소라가 질겨진다.
· 소라살은 꼬치로 꺼낸다.

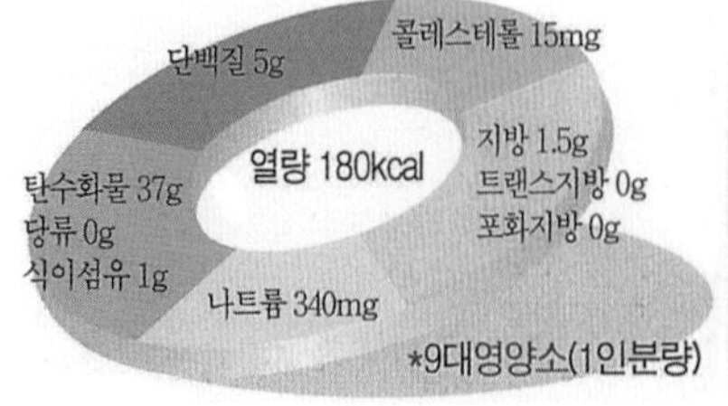

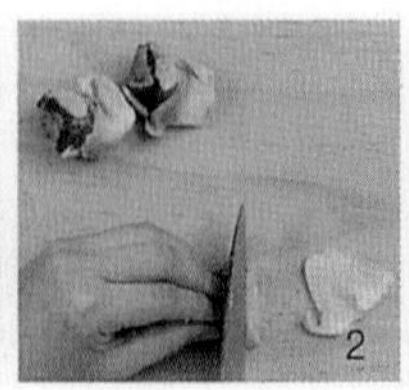

홍합죽

조리후 중량	적정배식온도	총가열시간	총조리시간	표준조리도구
1.32kg(4인분)	60~65℃	36분	3시간	20cm 냄비

멥쌀 225g(1¼컵)
다진 쇠고기(우둔) 50g
양념장 : 간장 3g(½작은술), 다진 파 1.1g(¼작은술)
다진 마늘 0.7g(⅛작은술), 깨소금 0.5g(¼작은술)
후춧가루 0.1g, 참기름 1g(¼작은술)
홍합 50g, 물 300g(1½컵), 소금 1g(¼작은술)
참기름 4g(1작은술), 물 1.6kg(8컵), 청장 3g(½작은술)
소금 4g(1작은술)

재료준비

1. 멥쌀은 깨끗이 씻어 일어서 물에 2시간 정도 불려, 체에 밭쳐 10분 정도 물기를 뺀다(275g).
2. 쇠고기는 핏물을 닦고(43g), 양념장을 넣고 양념한다.
3. 홍합은 수염을 잘라내고, 소금물에 살살 씻어 체에 밭쳐 물기를 빼고 폭 · 두께 0.5cm 정도로 다진다(48g). 【사진1】

만드는법

1. 냄비를 달구어 참기름을 두르고 멥쌀과 쇠고기 · 홍합을 넣고 중불에서 2분 정도 볶는다. 【사진2】
2. 물을 붓고 센불에 7분 정도 올려 끓으면 중불로 낮추어 가끔 저어 주면서 10분 정도 끓인 후 약불로 낮추어 15분 정도 끓인다. 【사진3】
3. 죽이 어우러지면 청장과 소금으로 간을 맞추고, 2분 정도 더 끓인다. 【사진4】

불린 멥쌀에 쇠고기와 홍합을 넣고 끓인 죽이다. 홍합은 홍색(紅色)이라 하여 붙여진 이름으로, 말린 것은 '합자(蛤子)' 라 한다. 「방약합편(方藥合編)」에는 '맛이 달고 성질이 따뜻하고 오래된 이질은 다스리고, 허한 기운을 보하며 음식을 소화시키고 부인들에게 유익하다.' 고 하였다.

· 당근과 양파 등 채소를 넣기도 한다.

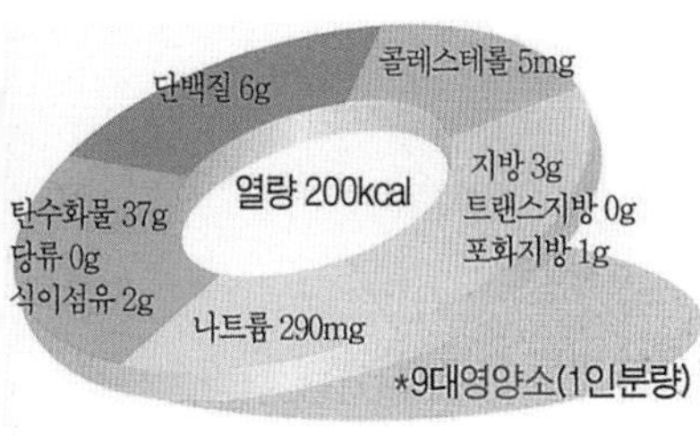

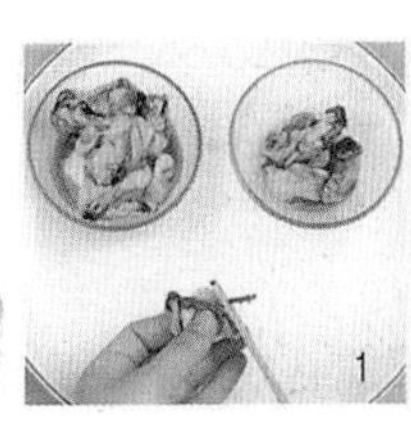

여러 가지 약재가루를 멥쌀가루에 섞어 쪄서 햇볕에 말린 다음, 가루로 내어 끓인 음식이다. 구선왕도고란 신선들이 즐겨 먹던 아홉 가지 약재로 구성된 떡이라 하여 붙여진 이름으로 고서(古書)에 따르면 원기가 없고 위장의 소화기능이 약해서 밥맛이 없으며 정신이 산만해 몸이 몹시 피로한 증상에 효과가 있다고 한다.

구선왕도고죽

조리후 중량	적정배식온도	총가열시간	총조리시간	표준조리도구
1.28g(4인분)	60~65℃	30분	5시간 이상	26cm 찜기

단백질 3g
콜레스테롤 0mg
탄수화물 25g
당류 0g
식이섬유 1g
열량 120kcal
지방 1g
트랜스지방 0g
포화지방 0g
나트륨 25mg
*9대영양소(1인분량)

구선왕도고떡
멥쌀가루 320g, 소금 4g(1작은술), 물 75g(5큰술)
율무가루 5g, 백봉령가루 5g, 산약가루 5g, 맥아가루 5g
백변두가루 5g, 연자육가루 5g, 능인가루 5g
찌는 물 2kg(10컵)
구선왕도고 죽
구선왕도고 떡가루 130g, 죽 끓이는물 1.3kg($6\frac{1}{2}$컵)
소금 2g($\frac{1}{2}$작은술)

재료준비

1. 멥쌀가루에 소금을 넣고 체에 내린다.
2. 물에 율무가루와 백봉령가루 · 산약가루 · 맥아가루 · 백변두가루 · 연자육가루 · 능인가루를 넣고 고루 섞는다. 【사진1】
3. 한약재 섞은 물을 멥쌀가루에 넣고 고루 비벼 체에 내린다. 【사진2】

만드는법

1. 찜기에 물을 붓고 센불에 9분 정도 올려 끓으면 젖은 면보를 깔고 쌀가루를 넣고 수평으로 평평하게 한 다음 10분 정도 찐다(450g). 【사진3】
2. 떡이 식으면 작게 떼어 채반에 널어 말린 다음 분쇄기에 넣고 가루로 빻는다(260g).
3. 냄비에 구선왕도고가루와 물을 붓고 가끔 저으면서 센불에 7분 정도 올려 끓으면 뚜껑을 덮고 중불로 낮추어 가끔 저으면서 2분 정도 끓인다. 【사진4】
4. 죽이 잘 어우러지면 소금을 넣고 약불로 낮추어 2분 정도 끓인다.

· 말린 떡 가루이므로 오래 끓이지 않는다.
· 떡가루의 분량은 기호에 따라 가감한다.

1

2

3

4

국수 · 만두 · 떡국

면요리는 특별한 재료 없이도 쉽게 만들 수 있는 음식으로, 많은 손님을 대접하거나 출출할 때 간단한 식사용으로 즐기는 별미음식이다. 국수는 가루음식의 대표적인 것으로 밀가루, 메밀가루, 감자가루 등으로 만든다. 특히 국수는 잔치 때에 많이 썼기 때문에 더 발달하게 되었다. 만두는 밀가루나 메밀가루를 반죽하여 소를 넣어 빚어서 만든 음식이다. 떡국에 넣어 떡만두국으로 먹기도 한다.

국수, 만두, 떡국은 미리 장국을 마련하는데, 장국의 재료로는 쇠고기, 닭고기, 꿩고기, 멸치 등이 많이 쓰인다.

감자칼국수

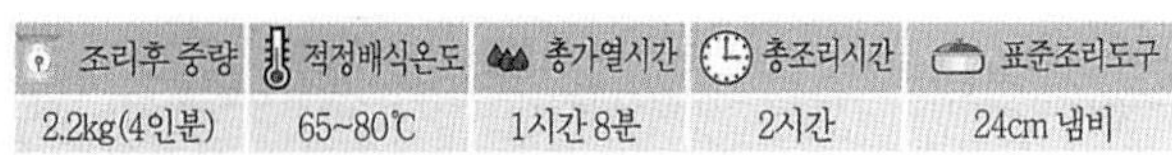

조리후 중량	적정배식온도	총가열시간	총조리시간	표준조리도구
2.2kg(4인분)	65~80℃	1시간 8분	2시간	24cm 냄비

밀가루 237.5g(2½컵)
소금 4g(1작은술), 달걀 60g(1개), 물 50g(¼컵)
밀가루(덧가루) 14g(2큰술)
육수 : 쇠고기(사태) 200g, 물 2.6kg(13컵)
향채 : 파 40g, 마늘 20g
감자 200g(1개), 애호박 100g(⅓개), 파 20g, 다진 마늘 5.5g(1작은술)
청장 6g(1작은술), 소금 6g(½큰술)

밀가루 반죽을 얇게 밀어서 채 썰고 육수에 넣고 끓인 음식이다. 칼국수는 주로 여름에 먹는 음식으로 칼로 썰어 만든 국수라 하여 붙여진 이름이다. 감자는 산성화된 체질을 개선하는 대표적인 알칼리성 식품으로 밀가루와 함께 섭취하면 좋다.

재료준비

1. 밀가루에 소금과 달걀 · 물을 붓고 반죽하여 젖은 면보로 30분 정도 싸두었다가, 밀대로 두께 0.2cm 정도로 밀어 덧가루를 뿌린 후 접어서 폭 0.2cm 정도로 썬다. 【사진1】
2. 쇠고기는 핏물을 닦고, 향채는 다듬어 깨끗이 씻는다.
3. 감자는 씻어 껍질을 벗겨 길이로 4등분하여 두께 0.5cm 정도의 은행잎 모양으로 썬다(190g). 애호박은 깨끗이 씻어 감자와 같은 크기로 썬다(90g). 【사진2】
4. 파는 다듬어 깨끗이 씻어 길이 2cm 두께 0.2cm 정도로 어슷썬다(15g).

만드는법

1. 냄비에 쇠고기와 물을 붓고, 센불에 12분 정도 올려 끓으면 중불로 낮추어 20분 정도 끓이다가 향채를 넣고, 20분 정도 더 끓인 후 식혀 면보에 걸러 육수를 만든다(1.78kg). 【사진3】
2. 냄비에 육수를 붓고, 센불에 7분 정도 올려 끓으면 칼국수와 감자 · 애호박을 넣고 7분 정도 끓인다. 파와 다진 마늘을 넣고, 청장과 소금으로 간을 맞추어 2분 정도 더 끓인다. 【사진4】

· 밀가루에 콩가루를 같이 넣고 반죽하기도 한다.
· 멸치국물을 사용하기도 한다.
· 육수를 낸 고기는 편육으로 썰어서 올리기도 한다.

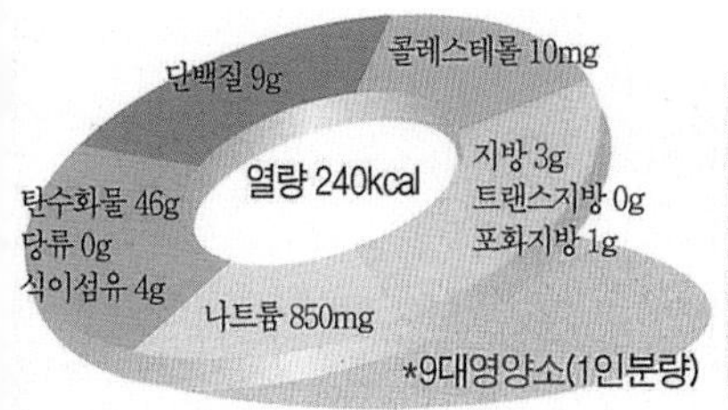

*9대영양소(1인분량)

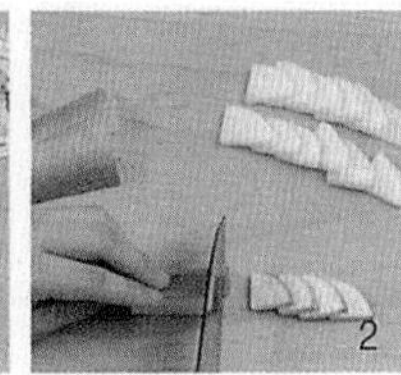

쇠고기 육수에 잘 익은 김치와 김치국물을 섞어서 삶은 국수를 넣고 말아 먹는 음식이다. 김치말이국수는 이북지방에서 즐겨 먹었던 음식으로 김장김치가 맛있게 익었을 때 얼음을 띄워 차게 해서 먹으면 별미이다.

김치말이국수

조리후 중량	적정배식온도	총가열시간	총조리시간	표준조리도구
2kg(4인분)	4~8℃	1시간 36분	2시간	20 · 24cm 냄비

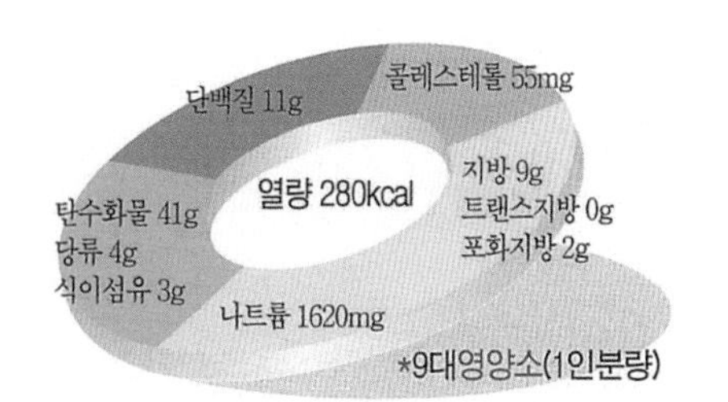

국수 300g, 삶는 물 2kg(10컵), 끓일 때 붓는 물 200g(1컵)
쇠고기 육수 1kg(5컵) : 쇠고기(양지) 300g, 물 1.4kg(7컵), **향채** : 파 20g, 마늘 10g
배추김치 120g, 참기름 2g(½작은술), **김칫국물** 100g, **오이** 70g
양념 : 소금 12g(1큰술), 설탕 18g(1½큰술), 다진 마늘 11g(2작은술)
참기름 8g(2작은술), 통깨 2g(1작은술), 식초 30g(2큰술)
달걀 120g(2개), 물 1kg(5컵), 소금 4g(1작은술)

재료준비

1. 쇠고기는 핏물을 닦고, 향채는 다듬어 깨끗이 씻는다.
2. 냄비에 쇠고기와 물을 붓고, 센불에 7분 정도 올려 끓으면 중불로 낮추어 30분 정도 끓인 후, 향채를 넣고 30분 정도 더 끓여 식혀서 면보에 걸러 육수를 만든다(1kg).
3. 배추김치는 속을 털어내고 길이로 반을 잘라 폭 1cm 정도로 썰어 ¼량은 참기름을 넣고 무쳐서 고명을 만든다. 【사진1】
4. 오이는 소금으로 비벼 깨끗이 씻고 길이 5cm 폭 0.3cm 정도로 어슷 썰어서 두께 0.3cm 정도로 채 썰어 물에 담근다(50g).
5. 양념을 만든다.

만드는법

1. 냄비에 달걀과 물 · 소금을 넣고 센불에 5분 정도 올려 끓으면 중불로 낮추어 12분 정도 삶아 물에 담갔다가 껍질을 벗기고 길이로 2등분 한다.
2. 육수에 썰어 놓은 김치와 김칫국물 · 양념을 넣고 국수국물을 만든다. 【사진2】
3. 냄비에 물을 붓고 센불에 9분 정도 올려 끓으면 국수를 넣고 1분 정도 삶다가 끓어오르면 100g(½컵)의 물을 붓고 다시 1분간 두었다가 끓어오르면 100g(½컵)을 더 붓고 30초 정도 더 끓여, 물에 헹구어 사리를 만들어서 채반에 올려 물기를 뺀다(840g). 【사진3】
4. 그릇에 국수를 담아 국수국물을 붓고 김치와 달걀 · 오이를 얹는다. 【사진4】

· 쇠고기육수 대신에 동치미국물을 사용하기도 한다.
· 김치의 신맛에 따라 식초를 가감하기도 한다.
· 잘 익은 김치를 사용해야 맛이 좋다.

1

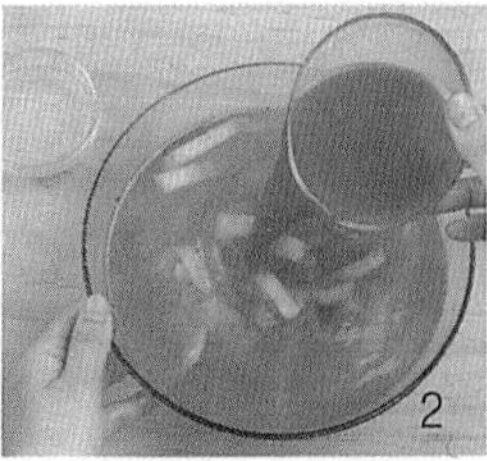
2

3

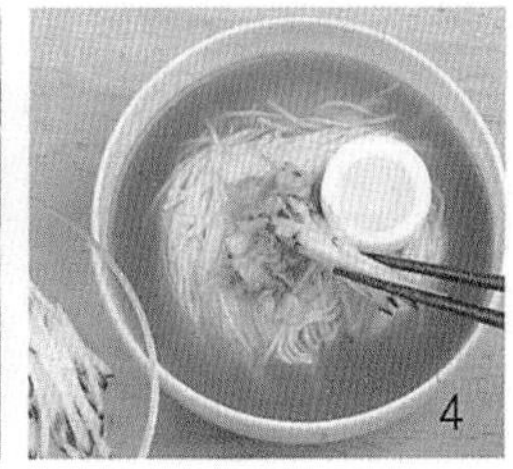
4

칼싹두기

조리후 중량	적정배식온도	총가열시간	총조리시간	표준조리도구
2.08kg(4인분)	65~80℃	20분	1시간	20cm 냄비

메밀가루 180g(1½컵), **밀가루** 70g(¾컵), **녹말** 16g(2큰술)
소금 6g(½큰술), 끓는 물 100g(½컵)
밀가루(덧가루) 14g(2큰술)
쇠고기(우둔) 100g
양념장 : 청장 3g(½작은술), 다진 마늘 2.8g(½작은술), 후춧가루 0.1g
배추김치 150g, **물** 2kg(10컵)
청고추 7.5g(½개), **홍고추** 10g(½개), **파** 10g, **소금** 8g(2작은술)

재료준비

1. 메밀가루에 밀가루 · 녹말 · 소금을 넣고 끓는 물로 익반죽하여 젖은 면보에 30분 정도 싸두었다가 덧가루를 뿌리고 밀대로 두께 0.1cm 정도로 밀고 가로 1.5cm 세로 4cm 정도로 썬다. 【사진1 · 2】
2. 쇠고기는 핏물을 닦아 가로 · 세로 2.5cm 두께 0.2cm 정도로 썰고 양념장을 넣어 양념한다.
3. 배추김치는 속을 털어 내고 길이로 반을 잘라 폭 1cm 정도로 썬다.
4. 청 · 홍고추와 파는 씻어 길이 2cm 두께 0.2cm 정도로 어슷썬다.

만드는법

1. 냄비를 달구어 쇠고기와 김치를 넣고, 중불에서 3분 정도 볶다가 물을 붓고, 센불에 10분 정도 올려 끓인다. 【사진3】
2. 국물에 썰어 놓은 반죽을 넣고 5분 정도 끓이다가 청 · 홍고추와 파 · 소금을 넣고 2분 정도 더 끓인다. 【사진4】

메밀가루에 밀가루를 넣고 반죽하여 썰어서 김치 국물에 끓인 음식이다. 메밀은 밀가루와 달리 끈기가 없으므로 반죽할 때 밀가루나 전분을 섞어서 반죽하면 좋다. 메밀칼싹두기는 경기도지방의 향토음식으로 국물이 걸쭉하고 구수한 것이 특징이다.

· 김치의 염도에 따라 소금 간을 조절할 수 있다.
· 기호에 따라 메밀가루와 밀가루의 비율을 조절할 수도 있다.
· 쇠고기를 넣지 않고 멸치육수를 내어서 끓이기도 한다.
· 고추장을 풀어 넣고 끓이기도 한다.

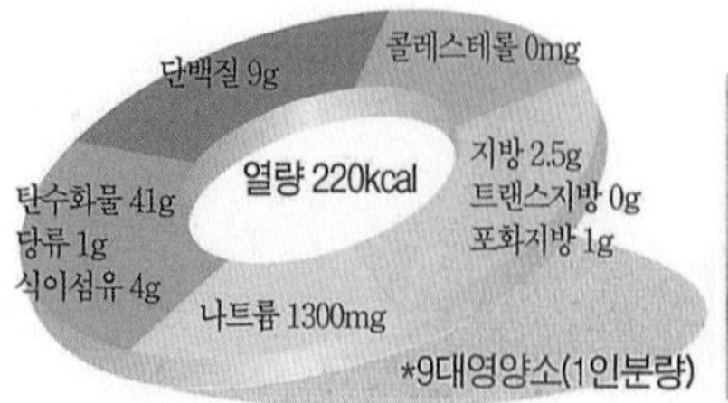

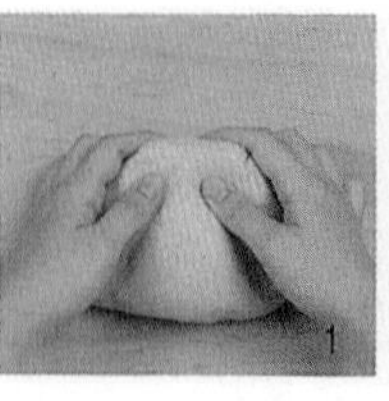

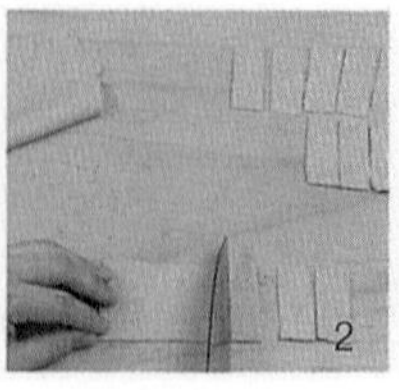

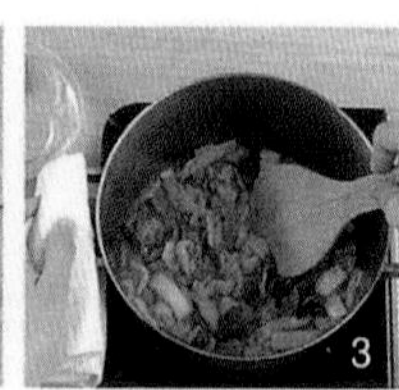

팥칼국수

조리후 중량	적정배식온도	총가열시간	총조리시간	표준조리도구
2.2kg(4인분)	65~80℃	1시간 52분	3시간	24cm 냄비

붉은팥 330g(2컵), 팥 데치는 물 800g(4컵)
팥 삶는 물 2.8kg(14컵), 팥 내리는 물 900g(4½컵)
밀가루 190g(2컵), 소금 4g(1작은술), 물 100g(½컵)
밀가루(덧가루) 14g(2큰술)
소금 4g(1작은술)

재료준비

1. 붉은팥은 깨끗이 씻어 일어서 체에 밭쳐 10분 정도 물기를 뺀다.
2. 밀가루에 소금과 물을 넣고 반죽한 다음 젖은 면보에 싸서 30분 정도 두었다가(280g), 밀대로 두께 0.3cm 정도로 밀어 덧가루를 뿌린 후 접어서 폭 0.3cm 정도로 썬다. 【사진1】

만드는법

1. 냄비에 붉은팥과 데치는 물을 붓고 센불에 4분 정도 올려 끓으면 3분 정도 끓여 팥물을 따라 버린다. 다시 냄비에 삶는 물을 붓고 센불에 12분 정도 올려 끓으면 중불로 낮추어 1시간 20분 정도 삶는다.
2. 삶은 붉은팥은 뜨거울 때 체에 넣고 팥 내리는 물을 조금씩 부으면서 내린 다음 1시간 정도 가라앉힌다(2.2kg). 【사진2】
3. 냄비에 팥 윗물을(1.2kg) 붓고 센불에 5분 정도 올려 끓으면 국수를 넣고 3분 정도 끓인 다음, 가라앉은 팥 앙금을 넣고 중불로 낮추어 3분 정도 더 끓이다가 소금을 넣고 2분 정도 더 끓인다. 【사진3 · 4】

팥을 삶아 내린 팥물에 칼국수를 넣고 끓인 음식이다. 팥칼국수는 끓여서 뜨겁게 먹어도 좋지만 팥물을 끓인 다음 차게 식히고, 면을 따로 삶아 건져서 넣고 차게 먹어도 별미이다. 전라남도 지방에서는 복날 별식으로 먹기도 한다.

· 팥은 약한 불에서 서서히 끓여야 잘 익는다.
· 기호에 따라 설탕을 넣어 먹기도 한다.
· 시판되는 생면을 쓰기도 한다.
· 팥은 푹 삶아야 체에 잘 내려진다.

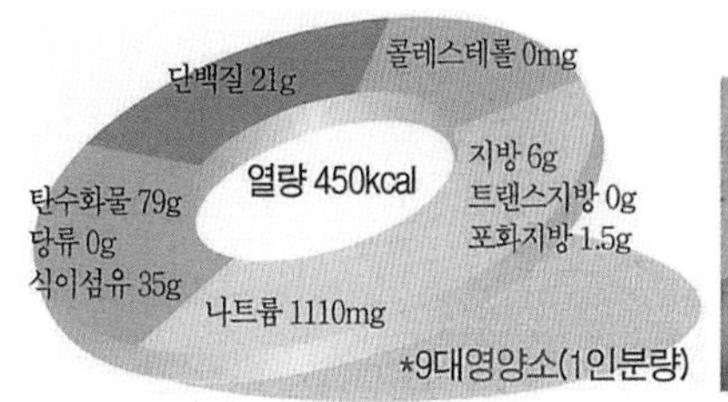

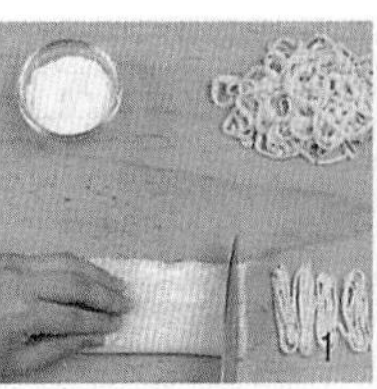

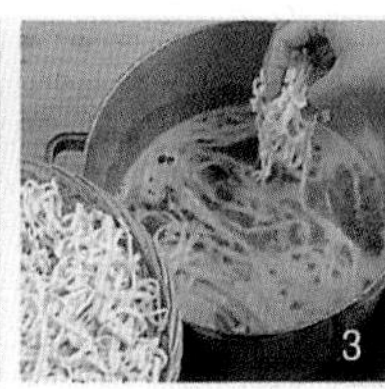

밀가루에 달걀노른자를 넣고 반죽하여 얇게 밀어서 채 썰어 육수에 넣고 끓인 음식이다. 밀가루에 달걀을 넣고 만든 면이라 하여 '난면(卵麵)' 이라 하는데, 밀가루를 반죽할 때 물을 사용하지 않고 달걀만으로 반죽하는 것이 특징이다. 난면은 장국에 직접 넣고 끓이거나 면을 따로 삶아내어 장국에 넣고 끓이기도 한다.

난면

조리후 중량	적정배식온도	총가열시간	총조리시간	표준조리도구
2.2kg(4인분)	65~80℃	62분	2시간	24cm 냄비

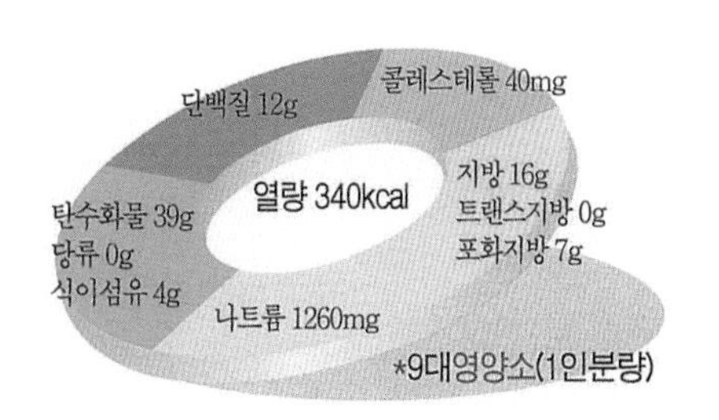

밀가루 190g(2컵), 소금 4g(1작은술), 달걀노른자 65g(3개), 물 45g(3큰술)
쇠고기 육수 2.1kg(10½컵) : 쇠고기(사태) 300g, 물 2.8kg(14컵)
향채 : 파 40g, 마늘 20g
표고버섯 10g(2장)
양념장 : 간장 1.5g(¼작은술), 다진 파 1.1g(¼작은술), 다진 마늘 0.7g(⅛작은술)
깨소금 0.5g(¼작은술), 후춧가루 0.1g, 참기름 1g(¼작은술)
애호박 150g(½개), 소금 2g(½작은술)
달걀 60g(1개), 식용유 13g(1큰술), 실고추 0.5g
청장 6g(1작은술), 소금 8g(2작은술)

재료준비

1. 밀가루에 소금과 달걀노른자와 물을 붓고 반죽하여, 젖은 면보에 30분 정도 싸두었다가 밀대로 두께 0.2cm 정도로 밀어 덧가루를 뿌린 후 접어 폭 0.2cm 정도로 썬다. 【사진1】
2. 쇠고기는 핏물을 닦고 향채는 다듬어 깨끗이 씻는다.
3. 표고버섯은 물에 1시간 정도 불린 후 기둥을 떼고 물기를 닦아 길이 4cm, 폭 0.2cm 정도로 채 썰고(30g) 양념장으로 양념한다.
4. 애호박은 씻어 길이 5cm 정도로 썰고 두께 0.4cm 정도로 돌려 깎아 폭 0.4cm 정도로 채 썰어(100g) 소금을 넣고 10분 정도 절였다가 면보로 물기를 닦는다(85.5g). 【사진2】
5. 달걀은 황백지단을 부쳐 길이 4cm, 폭 · 두께 0.2cm 정도로 채 썬다.
6. 실고추는 길이 1cm 정도로 썬다.

만드는법

1. 냄비에 쇠고기와 물을 붓고 센불에 11분 정도 올려 끓으면, 중불로 낮추어 10분 정도 끓이다가 향채를 넣고 20분 정도 더 끓인 후, 쇠고기와 향채는 건져내고 육수는 식혀 면보에 거른다(2.1kg).
2. 팬을 달구어 식용유를 두르고 애호박을 넣어 중불에서 30초 정도 볶는다(79g). 【사진3】
3. 팬을 달구어 식용유를 두르고 표고버섯을 넣고 중불에서 2분 정도 볶는다(35.2g).
4. 냄비에 육수를 붓고 센불에 9분 정도 올려 끓으면 국수를 넣고 5분 정도 끓이다가 청장과 소금으로 간을 맞추어 2분 정도 더 끓인다. 【사진4】
5. 그릇에 담고 표고버섯과 애호박 · 황백지단 · 실고추를 얹는다.

· 쇠고기 육수 대신 멸칫국물을 사용 할 수도 있다.
· 양념장에 고추장아찌를 다져 넣으면 칼칼한 맛을 즐길 수 있다.

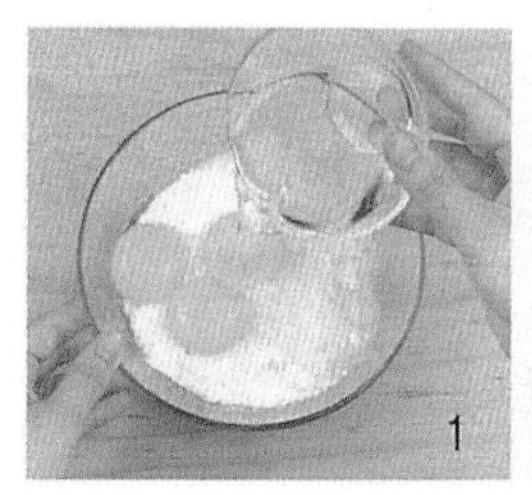

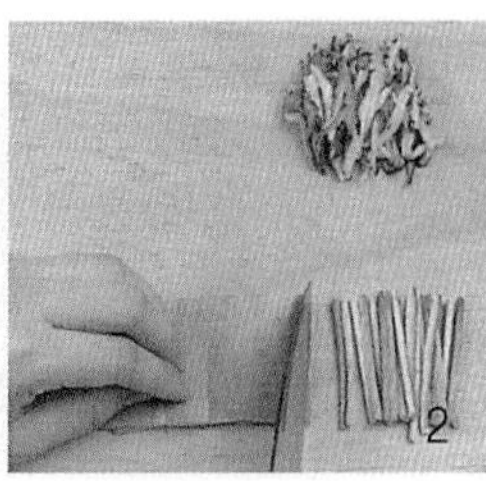

메밀비빔국수

조리후 중량	적정배식온도	총가열시간	총조리시간	표준조리도구
1.6kg(4인분)	4~10℃	42분	1시간	20 · 24cm 냄비

메밀국수 500g, 국수 삶는물 2kg(10컵), 끓을 때 붓는 물 200g(1컵)
배추김치 200g, **무** 170g
소금 2g(½작은술), 설탕 6g(½큰술), 식초 7.5g(½큰술)
오이 50g(¼개), 달걀 120g(2개), 물 1kg(5컵), 소금 4g(1작은술)
양념장 : 고추장 38g(2큰술), 간장 18g(1큰술), 설탕 4g(1작은술)
고춧가루 7g(1큰술), 다진 마늘 8g(½큰술)
깨소금 2g(1작은술), 참기름 13g(1큰술), 식초 15g(1큰술)

재료준비

1. 배추김치는 속을 털어 내고 꼭짜서 길이로 반을 잘라 폭 1cm 정도로 썬다(180g).
2. 무는 다듬어 깨끗이 씻어 길이 6cm 폭 1.5cm 두께 0.2cm 정도로 썰어 소금 · 설탕 · 식초를 넣고 20분 정도 절인다(70g).
3. 오이는 소금으로 비벼 깨끗이 씻어, 길이 5cm 폭 0.3cm 정도로 어슷 썰고, 다시 두께 0.3cm 정도로 채 썬다(40g). 【사진1】
4. 양념장을 만든다.

만드는법

1. 냄비에 달걀 · 물 · 소금을 넣고 센불에 5분 정도 올려 끓으면 중불로 낮추어 12분 정도 삶아서 물에 담갔다가 껍질을 벗기고 2등분 한다.
2. 냄비에 물을 붓고 센불에 18분 정도 올려 끓으면, 메밀국수를 넣고 3분 정도 삶다가 끓어오르면 100g(½컵)의 물을 붓고, 다시 1분간 두었다가 끓어오르면 100g(½컵)의 물을 더 붓고, 3분 정도 더 끓여 물에 헹구어 사리를 만들어서 채반에 올려 물기를 뺀다(1.2kg). 【사진2】
3. 메밀국수에 김치와 양념장을 넣고 무친다. 【사진3】
4. 그릇에 담고 무와 달걀 · 오이를 얹는다. 【사진4】

메밀국수에 김치와 양념장을 넣고 매콤하고 새콤하게 무친 음식이다. 메밀은 기온이 서늘하고 높은 지대에서 수확한 것이 맛과 품질이 좋으며 함경도나 평안도, 강원도에서 많이 재배되어 그 지방의 향토음식으로 즐겨먹는 음식이다.

· 열무김치물을 넣고 비비기도 한다.
· 김치의 염도에 따라 간을 조절할 수 있다.
· 기호에 따라 고추장을 빼고 간장으로만 무칠 수도 있다.

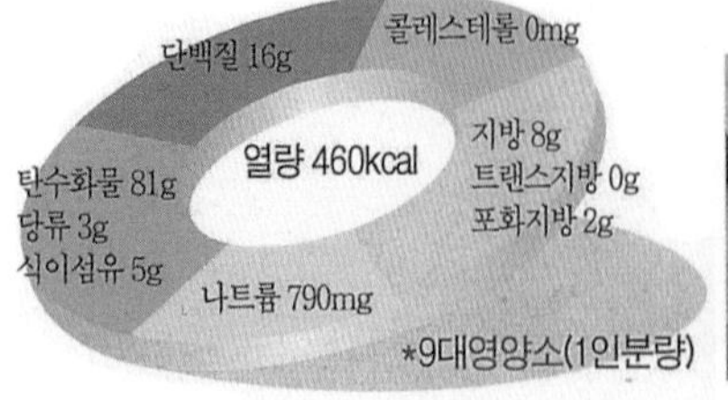

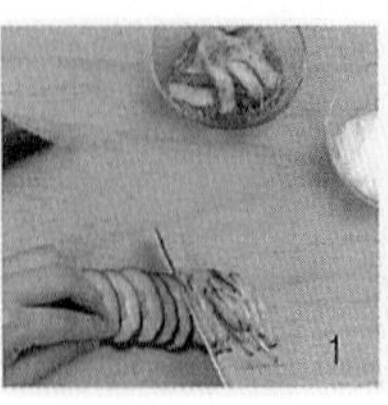

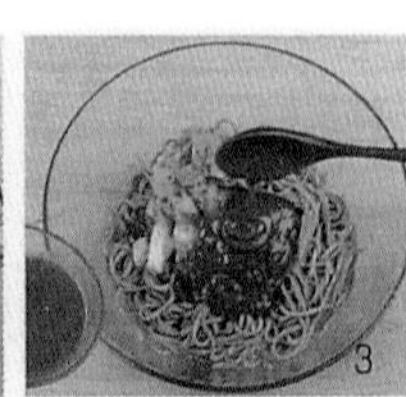

콩국냉면

콩국냉면은 불린 흰콩을 삶아 껍질을 벗기고 곱게 갈아 만든 콩국에 냉면 국수를 삶아 넣고 만든 음식이다. 콩국의 주재료로 사용되는 대두(大豆)는 오장을 보해주고 경락의 순환을 도우며, 장과 위를 따뜻하게 해주는 효능이 있어 여름철에 먹으면 좋다.

조리후 중량	적정배식온도	총가열시간	총조리시간	표준조리도구
2.2kg(4인분)	4~8℃	25분	5시간 이상	24cm 냄비

흰콩 200g(1¼컵),
콩 불리는 물 1kg(5컵), 콩 삶는 물 800g(4컵), 콩 가는 물 1.1kg(5½컵)
소금 9g(¾큰술)
냉면국수(마른것) 280g, 물 3kg(15컵)
오이 70g(½개), 토마토 100g(½개)

재료준비

1. 흰콩은 깨끗이 씻어 일어서, 물에 8시간 정도 불린다(420g). 【사진1】
2. 오이는 소금으로 비벼 깨끗이 씻어 길이 5cm 폭 0.3cm 정도로 어슷 썰고, 다시 두께 0.3cm 정도로 썰어 물에 5분 정도 담근다(50g).
3. 토마토는 길이로 반을 갈라서 두께 2cm 정도로 썬다. 【사진2】

만드는법

1. 냄비에 불린 콩과 삶는 물을 붓고, 센불에 5분 정도 올려 끓으면 5분 정도 더 삶는다(440g)
2. 삶은 콩은 물에 비벼 껍질을 벗긴다(410g).
3. 믹서에 삶은 콩과 콩 가는 물을 붓고 곱게 갈아서(1.47kg), 콩국을 만들고 소금으로 간을 한다.
4. 냄비에 물을 붓고, 센불에 12분 정도 올려 끓으면 냉면국수를 넣고 3분 정도 삶아, 물에 비벼 씻어서 사리를 만들고 채반에 올려 물기를 뺀다(660g). 【사진3】
5. 그릇에 면을 담고 콩국물을 붓고 오이와 토마토를 얹는다. 【사진4】

· 잣이나 참깨 등을 같이 사용하기도 한다.
· 흰콩 대신 서리태를 사용하거나 같이 섞어서 하기도 한다.
· 토마토는 끓는 물에 데쳐 껍질을 벗겨 사용하기도 한다.

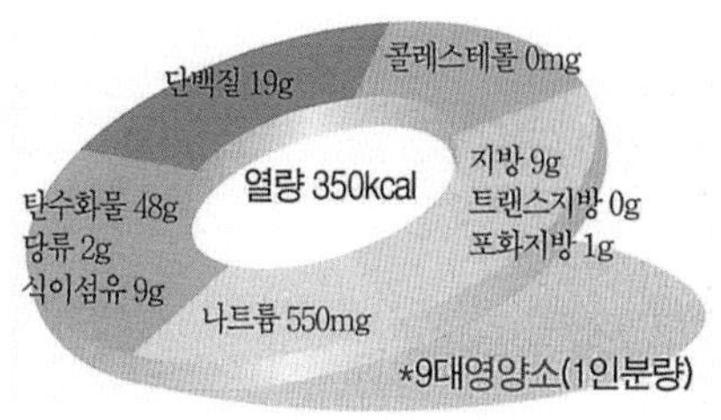

*9대영양소(1인분량)

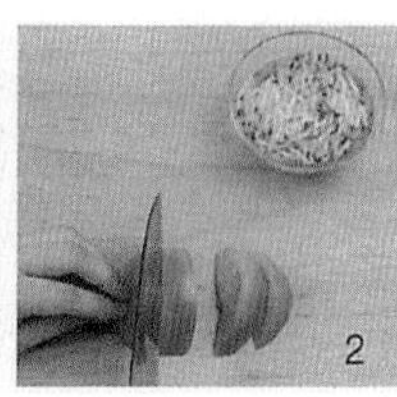

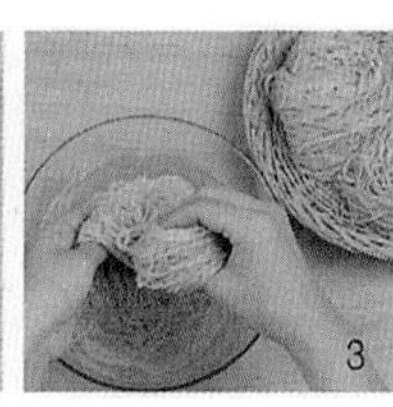

만두피를 둥글게 빚어 소를 넣고 반으로 접어 주름을 잡지 않고 반달 모양으로 빚은 만두를 장국에 넣고 끓인 음식이다. 병시는 빚어 놓은 만두의 모양이 숟가락을 닮았다고 하여 '병시(餠匙)' 라고 하며 또 다른 유래로는 옛날에는 밀가루로 만든 음식에 '병(餠)' 자를 붙여 '수저로 떠먹는 병(餠)' 이라 하여 붙여진 이름이라 한다.

병시

조리후 중량	적정배식온도	총가열시간	총조리시간	표준조리도구
2kg(4인분)	65~80℃	1시간 26분	2시간	20cm 냄비

단백질 16g
콜레스테롤 20mg
탄수화물 31g
당류 0g
식이섬유 5g
열량 310kcal
지방 14g
트랜스지방 0g
포화지방 4g
나트륨 690mg
*9대영양소(1인분량)

쇠고기 육수 1.6kg(8컵) : 쇠고기(사태) 300g, 물 2.4kg(12컵), **향채** : 파 20, 마늘 10g
만두피반죽 : 밀가루 190g(2컵), 소금 2g(½작은술), 물 120g(8큰술)
다진 쇠고기(우둔) 150g
표고버섯 15g, 두부 150g, 배추김치 150g
숙주 100g, 데치는 물 1kg(5컵), 소금 2g(½작은술)
양념 : 소금 4g(1작은술), 다진 파 9g(2작은술), 다진 마늘 5.5g(1작은술)
깨소금 3g(½큰술), 후춧가루 0.3g(⅛작은술), 참기름 13g(1큰술)
청장 6g(1작은술), 소금 3g(¼큰술)
달걀 60g(1개), 미나리 20g, 밀가루 3.5g(½큰술), **식용유 6.5g(½큰술)**
초간장 : 간장 18g(1큰술), 식초 15g(1큰술), 물 15g(1큰술)

재료준비

1. 쇠고기는 핏물을 닦고, 향채는 다듬어 깨끗이 씻는다. 냄비에 육수용 쇠고기와 물을 붓고, 센불에 11분 정도 올려 끓으면 중불로 낮추어 30분 정도 끓이다가, 향채를 넣고 20분 정도 끓인다. 쇠고기는 건져내고 국물은 식혀서 면보에 걸러 육수를 만든다(1.6kg). 【사진1】
2. 밀가루에 소금과 물을 붓고 반죽하여, 젖은 면보에 싸서 30분 정도 둔다.
3. 다진 쇠고기는 핏물을 닦고(128g), 표고버섯은 물에 1시간 정도 불려 기둥을 떼어 내고 물기를 닦아 폭 · 두께 0.2cm 정도로 채 썬다(43g).
4. 두부는 면보로 물기를 짜서 곱게 으깨고(100g), 배추김치는 속을 털어내고 가로 · 세로 0.5cm 정도로 썰어서 면보에 싸서 물기를 꼭 짠다(85g). 숙주는 꼬리를 떼어 내고(90g) 씻는다.
5. 달걀은 황백지단을 부치고, 미나리는 초대를 부쳐 길이 2cm 정도의 마름모꼴로 썬다.
6. 초간장을 만든다.

만드는법

1. 냄비에 데치는 물을 붓고 센불에 5분 정도 올려 끓으면, 소금과 숙주를 넣고 2분 정도 데쳐서(88g) 길이 0.5cm 정도로 썰어 면보로 물기를 짠다(50g).
2. 다진 쇠고기와 표고버섯 · 두부 · 배추김치 · 숙주를 한데 넣고, 양념을 넣고 양념하여 소를 만든다(440g). 【사진2】
3. 밀가루반죽은 밀대로 두께 0.2cm 정도로 밀고 직경 6~7cm로(8~9g) 둥글게 만든다(24개).
4. 만두피에 만두소(18g)를 넣고 반으로 접고 붙여서 반달모양의 병시를 빚는다(24개). 【사진3】
5. 냄비에 육수를 붓고 센불에 8분 정도 올려 끓으면 청장과 소금으로 간을 맞추고, 병시를 넣어 4분 정도 끓여 만두가 떠오르면 중불로 낮추어 6분 정도 끓인다. 【사진4】
6. 그릇에 담고 황백지단과 미나리 초대를 얹어 초간장과 함께 낸다.

· 만두소는 기호에 따라 재료를 가감한다.
· 병시는 국물 없이 쪄서 찐만두로 먹기도 한다.
· 병시는 개인 접시에 덜어 숟가락으로 잘라 초간장을 얹어 먹는다.

1

2

3

4

크게 만든 만두피에 작은 만두를 여러 개 넣고 복주머니 모양으로 싸서 육수에 넣고 끓인 음식이다. 보만두(褓饅頭)는 '대만두' 라고도 하는데 재복(財福)이 깃들기를 바라는 마음에서 빚어 먹었으며, 옛날에는 큰 잔치에서 맨 마지막에 나오는 특별한 음식이었다.

보만두

조리후 중량	적정배식온도	총가열시간	총조리시간	표준조리도구
1.8kg(4인분)	65~80℃	1시간 31분	2시간	20 · 24㎝ 냄비

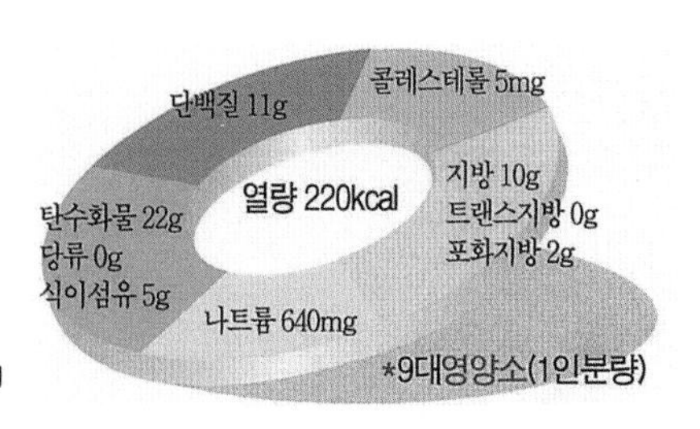

쇠고기 육수 1.6kg(8컵) : 쇠고기(사태) 300g, 물 2.4㎏(12컵), **향채** : 파 20g, 마늘 10g
만두피 반죽 : 밀가루 190g(2컵), 소금 2g(½작은술), 물 120g(8큰술)
다진 돼지고기 100g, 표고버섯 10g(2장), 두부 100g(¼모)
배추 50g, 미나리 20g, 소금 2g(½작은술), 데치는 물 600g(3컵)
양념 : 소금 2g(½작은술), 다진 파 9g(2작은술), 다진 마늘 5.5g(1작은술)
다진 생강 2g(½작은술), 깨소금 3g(½큰술), 후춧가루 0.3g(⅛작은술)
참기름 13g(1큰술)
청장 6g(1작은술), 소금 2g(½작은술)
달걀 60g(1개), 미나리 10g, 밀가루 3.5g(½큰술), **식용유 6.5g(½큰술)**
초간장 : 간장 18g(1큰술), 식초 15g(1큰술), 물 15g(1큰술)

재료준비

1. 쇠고기는 핏물을 닦고, 향채는 다듬어 깨끗이 씻는다. 냄비에 육수용 쇠고기와 물을 붓고, 센불에 12분 정도 올려 끓으면 중불로 낮추어 30분 정도 끓이다가, 향채를 넣고 20분 정도 끓인다. 쇠고기는 건져내고 국물은 식혀서 면보에 걸러 육수를 만든다(1.6㎏). 【사진1】
2. 밀가루에 소금과 물을 붓고 반죽하여, 젖은 면보에 싸서 30분 정도 둔다.
3. 다진 돼지고기는 핏물을 닦고(95g), 표고버섯은 물에 1시간 정도 불려 기둥을 떼고 물기를 닦아 길이 1㎝ 폭 · 두께 0.2㎝ 정도로 채 썬다(25g). 두부는 면보로 물기를 짜서 곱게 으깬다(65g).
4. 배추는 다듬어 깨끗이 씻고, 미나리는 잎을 떼어내고 줄기를 깨끗이 씻는다.
5. 달걀은 황백지단을 부치고, 미나리는 초대를 부쳐 길이 2㎝ 정도의 마름모꼴로 썬다.
6. 초간장을 만든다.

만드는법

1. 냄비에 물을 붓고 센불에서 3분 정도 올려 끓으면 소금을 넣고 배추와 미나리를 각각 2분 정도 데쳐 물에 헹군다. 데친 배추는 가로 · 세로 0.5㎝ 정도로 썰어 면보로 물기를 꼭 짠다(25g).
2. 다진 돼지고기와 표고버섯 · 두부 · 배추를 한데 넣고, 양념을 넣고 양념하여 만두소를 만든다(240g). 【사진2】
3. 만두피 반죽은 밀대로 두께 0.2㎝ 정도로 밀고, 작은 만두는 직경 4~5㎝로, 큰만두는 직경 20㎝ 정도로 둥글게 만든다.
4. 작은 만두피에 만두소(6~7g)를 넣고 반으로 접어 붙이고, 양쪽 끝은 서로 맞붙여 둥글게 만두를 빚는다(40개). 큰 만두피에 작은 만두를 10개씩 넣고 싸서 미나리로 입구를 묶어 보만두를 만든다. 【사진3】
5. 냄비에 육수를 붓고 센불에 8분 정도 올려 끓으면, 청장과 소금을 넣어 간을 맞춘다.
6. 끓는 육수에 보만두를 넣고 4분 정도 끓여 만두가 떠오르면 중불로 낮추어 10분 정도 끓인다. 【사진4】
7. 그릇에 담고 황백지단과 미나리 초대를 얹어 초간장과 함께 낸다.

· 만두소는 기호에 따라 재료를 가감한다.
· 보만두는 찜통에 쪄서 육수에 넣고 끓이기도 한다.
· 먹을 때 보만두의 묶은 것을 풀고, 그 속에서 작은 만두를 하나씩 꺼내어 먹는다.

1

2

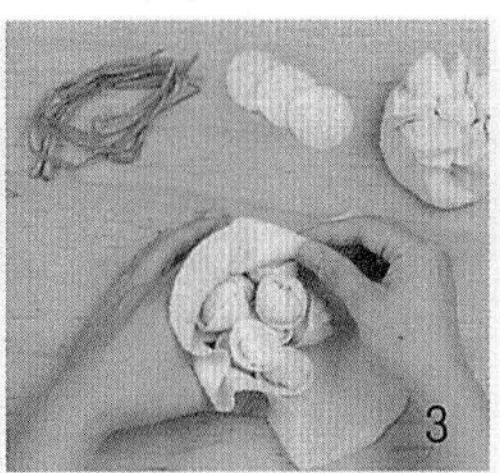
3

4

만두피에 양념한 닭고기와 무 · 미나리를 만두소로 만들어 넣고 석류모양으로 빚어 쇠고기 육수를 붓고 끓인 음식이다. 석류탕은 빚어놓은 만두의 모양이 석류를 닮았다 하여 붙여진 이름이다.

석류탕

조리후 중량	적정배식온도	총가열시간	총조리시간	표준조리도구
1.2kg(4인분)	65~80℃	1시간16분	2시간	20cm 냄비

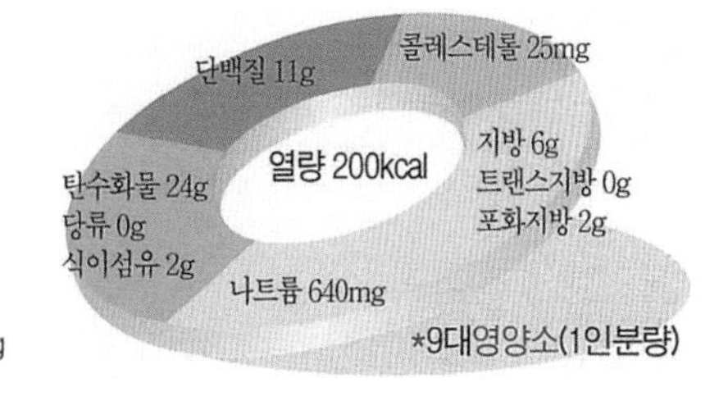

쇠고기 육수 800g(4컵) : 쇠고기(사태) 200g, 물 1.4kg(7컵), **향채** : 파 20g, 마늘 10g
만두피 반죽 : 밀가루 190g(2컵), 소금 2g(½작은술), 물 120g(8큰술)
다진 쇠고기 40g, 닭 가슴살 40g, 표고버섯 5g(1장), 두부 20g
무 40g, 미나리 20g, 데치는 물 1kg(5컵), 소금 4g(1작은술)
양념 : 소금 2g(½작은술), 다진 파 4.5g(1작은술), 다진 마늘 2.8(½작은술)
깨소금 1g(½작은술), 후춧가루 0.1g, 참기름 2g(½작은술)
잣 5g(½큰술), 청장 6g(1작은술), 소금 2g(½작은술)
달걀 60g(1개), 미나리 20g, 밀가루 3.5g(½큰술), **식용유 6.5g(½큰술)**

재료준비

1. 쇠고기는 핏물을 닦고 향채는 깨끗이 씻는다. 냄비에 육수용 쇠고기는 물을 붓고, 센불에 8분 정도 올려 끓으면 중불로 낮추어 30분 정도 더 끓이다가, 향채를 넣고 20분 정도 더 끓인 후 쇠고기는 건져내고 국물은 식혀서 면보에 걸러 육수를 만든다(800g).
2. 밀가루에 소금과 물을 붓고 반죽하여 젖은 면보에 싸서 30분 정도 둔다(210g).
3. 다진 쇠고기는 핏물을 닦고, 닭가슴살은 곱게 다진다(36g).
4. 표고버섯은 물에 1시간 정도 불려 기둥을 떼고 물기를 닦아 길이 2cm 폭 · 두께 0.2cm 정도로 채 썰고(14g), 두부는 면보로 물기를 짜서 곱게 으깬다(16g).
5. 무는 다듬어 깨끗이 씻고 길이 4cm 폭 · 두께 0.2cm 정도로 채 썰고, 미나리는 잎을 떼어내고 줄기는 깨끗이 씻는다. 【사진1】 양념을 만든다.
6. 잣은 고깔을 떼어내어 면보로 닦고, 달걀은 황백지단을 부쳐 길이 2cm 정도의 마름모꼴로 썬다. 미나리는 초대를 부쳐 황백지단과 같은 크기로 썬다.

만드는법

1. 냄비에 물을 붓고, 센불에 5분 정도 올려 끓으면 소금을 넣고 무와 미나리를 각각 1분 정도씩 데치고 물에 헹군다. 데친 미나리는 길이 1cm 정도로 썰어 물기를 짠다(무 30g, 미나리 20g).
2. 다진 쇠고기 · 닭 가슴살 · 표고버섯 · 두부 · 무 · 미나리를 한데 섞어 양념을 넣고 양념하여 만두소를 만든다(154g). 【사진2】
3. 만두피반죽은 밀대로 두께 0.2cm 정도로 밀어, 직경 6cm 정도로 둥글게 만든다.
4. 만두피에 소(8g)를 넣고 잣을 한 개 정도 넣어 석류 모양으로 빚는다(20개). 【사진3】
5. 냄비에 육수를 붓고 센불에 5분 정도 올려 끓으면 청장과 소금을 넣고 간을 맞춘 다음, 만두를 넣고 3분 정도 끓여 만두가 떠오르면 중불로 낮추어 3분 정도 더 끓인다. 【사진4】
6. 그릇에 담고 황백지단과 미나리초대를 얹는다.

· 석류병의 만두피는 얇게 밀어 속이 비치게 만들어야 보기가 좋다.
· 밀가루 반죽에 치자물, 오미자물, 쑥가루 등을 넣고 색을 들여서 만두피를 만들기도 한다.

1

2

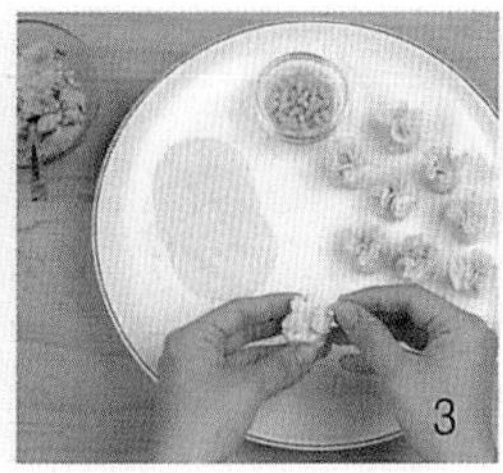
3

4

만두소를 타원형 모양의 완자로 빚어서 밀가루에 여러번 굴려 껍질을 덧
입히고 장국에 넣어 끓인 음식이다. 만두피를 만들지 않아 간단히 해 먹
을 수 있다. 일명 ‘굴만두’ 라고도 하며 평안도의 겨울철 향토음식이다.

굴림만두

조리후 중량	적정배식온도	총가열시간	총조리시간	표준조리도구
2kg(4인분)	65~80℃	1시간 28분	2시간	20cm 냄비

단백질 16g
콜레스테롤 45mg
열량 190kcal
지방 11g
트랜스지방 0g
포화지방 3.5g
탄수화물 9g
당류 0g
식이섬유 4g
나트륨 1110mg
*9대영양소(1인분량)

쇠고기 육수 1.6kg(8컵) : 쇠고기(사태) 300g, 물 2.4kg(12컵), **향채** : 파 20g, 마늘 10g
다진 쇠고기 160g, 표고버섯 15g(3장), 두부 100g
배추 200g, 숙주 250g, 미나리 15g, 물 1kg(5컵), 소금 2g(½작은술)
양념장 : 간장 6g(1작은술), 소금 2g(½작은술), 다진 파 9g(2작은술)
다진 마늘 5.5g(1작은술), 깨소금 3g(½큰술), 후춧가루 0.3g(⅛작은술)
참기름 6.5g(½큰술)
밀가루 95g(1컵), 달걀 60g(1개)
청장 6g(1작은술), 소금 6g(½큰술)
초간장 : 간장 18g(1큰술), 식초 15g(1큰술), 물 15g(1큰술)

재료준비

1. 쇠고기는 핏물을 닦고 향채는 다듬어 깨끗이 씻는다. 냄비에 육수용 쇠고기와 물을 붓고, 센불에 12분 정도 올려 끓으면 중불로 낮추어 30분 정도 더 끓이다가, 향채를 넣고 20분 정도 끓인 후 쇠고기는 건져내고 국물은 식혀 면보에 걸러 육수를 만든다(1.6kg).
2. 다진 쇠고기는 핏물을 닦고(140g), 표고버섯은 물에 1시간 정도 불려 기둥을 떼어 내고 물기를 닦아 가로 · 세로 0.5cm 정도로 썬다(35g). 【사진1】
3. 두부는 면보로 물기를 짜서 곱게 으깬다(80g).
4. 배추는 다듬어 깨끗이 씻고, 숙주는 꼬리를 떼어내고(185g) 깨끗이 씻는다. 미나리는 잎을 떼어내고 줄기를 깨끗이 씻는다.
5. 달걀은 풀어 놓는다.
6. 초간장을 만든다.

만드는법

1. 냄비에 물을 붓고 센불에 5분 정도 올려 끓으면, 소금을 넣고 배추와 숙주 · 미나리를 넣고 각각 2분 정도 데쳐 물에 헹군다. 배추와 숙주는 길이 0.5cm 정도로 썰어 물기를 꼭 짜고(배추 150g, 숙주 118g) 미나리는 길이 3cm 정도로 썬다.
2. 다진 쇠고기에 표고버섯과 두부 · 배추 · 숙주 · 양념장을 함께 넣고, 달걀 ½량을 넣고 고루 섞어 만두소를 만든다(550g). 【사진2】
3. 만두소는 길이 3cm 폭 · 두께 2cm 정도의 타원형으로 빚어서(15~16g) 밀가루에 굴리고 물에 담갔다가 건져서 다시 밀가루에 굴리기를 2~3회 반복한다(34개). 【사진3】
4. 냄비에 육수를 붓고 센불에 8분 정도 올려 끓으면, 청장과 소금으로 간을 맞추고 굴린 만두를 넣어 4분 정도 끓여 만두가 익어서 떠오르면, 중불로 낮추어 2분 정도 끓인다.
5. 약불로 낮추어 나머지 달걀 ½량으로 줄알을 치고 미나리를 넣어 1분 정도 더 끓인다. 【사진4】
6. 그릇에 담고 초간장과 함께 낸다.

· 배추 대신에 배추김치를 사용하기도 한다.
· 만두소는 쇠고기와 돼지고기를 섞어서 만들기도 한다.

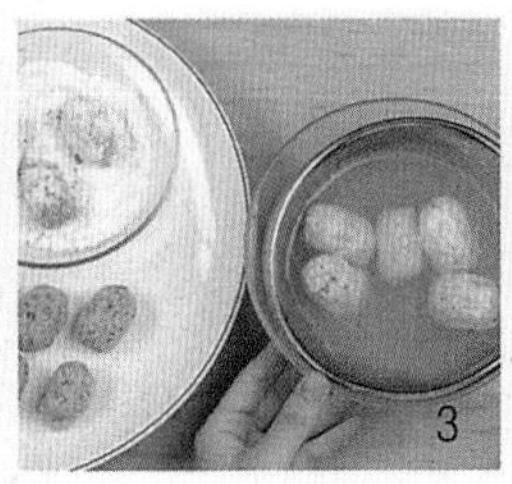

밀가루에 메밀가루와 녹말을 넣고 반죽해서 만두피를 만들고 소를 넣어 반달모양으로 빚어 기름에 지진 음식이다. 겸절병(兼節餅)은 「역주방문」에 기름에 튀기거나 끓는 물에 삶아 내어 먹는 다고 하였으며, 「주방문」에는 지지는 음식으로 기록되어 있다.

겸절병(兼節餠)

조리후 중량	적정배식온도	총가열시간	총조리시간	표준조리도구
400g(4인분)	50~65℃	15분	2시간	16cm 냄비

열량 230kcal
단백질 11g
콜레스테롤 10mg
지방 9g
트랜스지방 0g
포화지방 2g
탄수화물 27g
당류 1g
식이섬유 3g
나트륨 300mg
*9대영양소(1인분량)

다진 쇠고기(우둔) 150g, 표고버섯 20g(4장)
양념장 : 간장 6g(1작은술), 설탕 2g(½작은술), 다진 파 2.3g(½작은술)
다진 마늘 1.4g(¼작은술), 깨소금 2g(1작은술), 후춧가루 0.1g, 참기름 2g(½작은술)
오이 400g(2개), 소금 1g(¼작은술)
만두피 반죽 : 감자녹말 24g(3큰술), 물 75g(5큰술), 밀가루 64g(⅔컵)
메밀가루 64g(⅔컵), 소금 2g(½작은술)
식용유 26g(2큰술)
초간장 : 간장 18g(1큰술), 식초 15g(1큰술), 물 15g(1큰술)

재료준비

1. 다진 쇠고기는 핏물을 닦고(140g) 양념장 ½량을 넣고 양념한다.
2. 표고버섯은 물에 1시간 정도 불려 기둥을 떼어내고 물기를 닦아 길이 2cm 폭 · 두께 0.2cm 정도로 채 썰어(50g) 나머지 양념장 ½량을 넣고 양념한다.
3. 오이는 소금으로 깨끗이 비벼 씻어 길이 2cm 정도로 자르고 두께 0.2cm 정도로 돌려 깎아 폭 0.2cm 정도로 채 썬다(160g). 채 썬 오이에 소금을 넣고 10분 정도 절인 다음 물기를 닦는다(80g). 【사진1】
4. 초간장을 만든다.

만드는법

1. 냄비에 감자녹말과 물을 붓고 잘 풀어 중불에서 3분 정도 저으면서 풀을 쑤어, 따뜻할 때 밀가루와 메밀가루 · 소금을 넣고 반죽하여 만두피 반죽을 만든다(200g). 【사진2】
2. 팬을 달구어 식용유를 두르고 다진 쇠고기와 표고버섯을 넣고 중불에서 각각 3분 정도 볶아 식힌다.
3. 팬을 달구어 식용유를 두르고 오이를 넣고 센불에 30초 정도 볶아 식힌다.
4. 볶은 쇠고기와 표고버섯 · 오이를 함께 섞어 소를 만든다.
5. 만두피 반죽은 밀대로 두께 0.2cm 정도로 밀고, 직경 7~8cm로 둥글게 만든다.
6. 만두피에 소(15g)를 넣고 반으로 접어 붙인다(20개). 【사진3】
7. 팬을 달구어 식용유를 두르고 겸절병을 놓고 중불에서 앞면은 2분 정도 지지고, 뒤집어서 약불로 낮추어 3분 정도 지진다. 【사진4】
8. 그릇에 담고 초간장과 함께 낸다.

· 겸절병은 뚜껑을 덮고 지져야 속까지 고루 익는다.
· 메밀반죽은 숙성시키면 끈기가 없어 갈라지므로 반죽해서 바로 만든다.
· 겸절병은 개인 접시에 덜어 초간장을 찍어 먹는다.

1

2

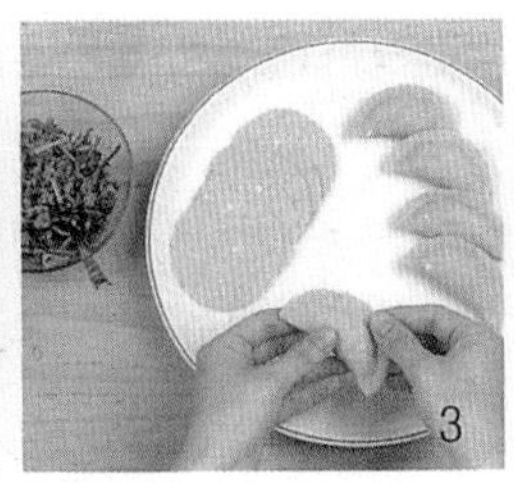
3

4

생치만두

메밀만두피에 다진 꿩고기와 숙주 · 두부를 소로 넣고 반으로 접어 찐 음식이다. 생치는 본래 꿩을 일컫는 말로, 요즘에는 꿩을 구하기가 어려워 꿩 대신 닭고기를 사용하게 되었는데 여기서 '꿩 대신 닭' 이란 말이 유래되었다고 한다.

조리후 중량	적정배식온도	총가열시간	총조리시간	표준조리도구
500kg(4인분)	50~65℃	31분	1시간	26㎝ 찜기

생치(꿩) 300g(½마리)
숙주 150g, 물 1㎏(5컵), 소금 2g(½작은술)
두부 150g
양념장 : 간장 9g(½큰술), 다진 파 9g(2작은술), 다진 마늘 5.5g(1작은술)
깨소금 3g(½큰술), 후춧가루 0.3g(⅙작은술), 참기름 13g(1큰술)
만두피 반죽 : 메밀가루 143g(1½컵), 소금 2g(½작은술)
달걀흰자 30g(1개), 물 30~45g(2~3큰술)
찌는 물 2kg(10컵)
초간장 : 간장 18g(1큰술), 식초 15g(1큰술), 물 15g(1큰술)

재료준비

1. 생치는 내장과 기름기를 떼어내고, 등뼈 사이의 핏물을 긁어 낸 다음 껍질을 벗기고 살만 발라서(150g) 곱게 다진다. 【사진1】
2. 숙주는 꼬리를 떼고(140g) 씻어서 물기를 뺀다. 두부는 면보로 물기를 꼭 짜서 곱게 으깬다(100g).
3. 메밀가루에 소금과 달걀흰자 · 물을 넣고 반죽하여 젖은 면보에 싸서 30분 정도 둔다.
4. 양념장과 초간장을 만든다.

만드는법

1. 냄비에 물을 붓고 센불에 5분 정도 올려 끓으면, 소금과 숙주를 넣고 2분 정도 데쳐서(130g) 길이 0.5㎝ 정도로 썰어서 물기를 짠다(65g).
2. 다진 생치와 숙주, 두부를 한데 섞고 양념장을 넣고 양념하여 만두소를 만든다. 【사진2】
3. 만두피반죽은 밀대로 두께 0.2㎝ 정도로 밀어, 직경 6~7㎝로 둥글게 만든다.
4. 만두피에 소(17g)를 넣고 반으로 접어 붙인다(20개). 【사진3】
5. 찜기에 물을 붓고 센불에 9분 정도 올려 끓으면, 젖은 면보를 깔고 생치만두를 얹어 15분 정도 찐다. 【사진4】
6. 그릇에 담고 초간장과 함께 낸다.

· 만두소의 재료는 기호에 따라 바꿀 수도 있다.
· 부추 대신 미나리를 넣거나 배춧잎을 데쳐서 넣기도 한다.

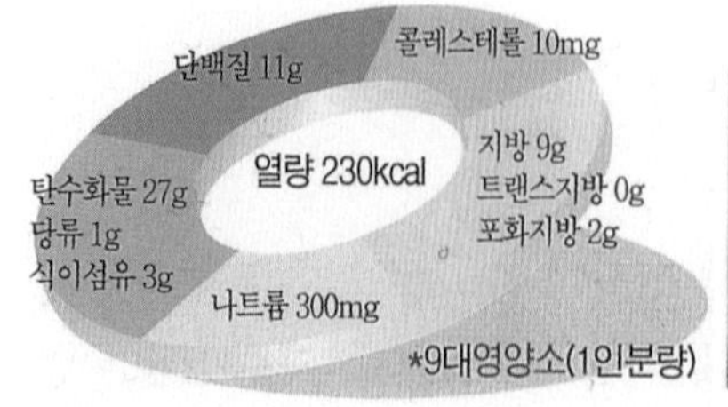

*9대영양소(1인분량)

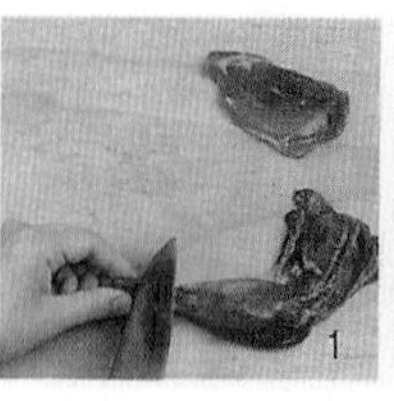

굴떡국

조리후 중량	적정배식온도	총가열시간	총조리시간	표준조리도구
2kg(4인분)	65~80℃	14분	30분	24cm 냄비

흰떡 600g
굴 200g, 물 600g(3컵), 소금 2g(½작은술)
물 1.4kg(7컵), 달걀 60g(1개)
다진 마늘 11g(2작은술), 파 20g, 청장 6g(1작은술), 소금 3g(¼큰술)

재료준비

1. 흰떡은 길이 4cm 두께 0.2cm 정도로 어슷 썬다. 【사진1】
2. 굴은 소금물로 살살 흔들어 씻어 체에 밭쳐 물기를 뺀다(190g). 【사진2】
3. 파는 다듬어 깨끗이 씻어 길이 2cm 두께 0.3cm 정도로 어슷 썬다.
4. 달걀은 황백지단을 부쳐 길이 2cm 정도의 마름모꼴로 썬다. 【사진3】

만드는법

1. 냄비에 물을 붓고 센불에 7분 정도 올려 끓으면 흰떡을 넣고 3분 정도 끓여 떡이 익어서 떠오르면, 다진 마늘을 넣고 중불로 낮추어 2분 정도 끓인다.
2. 굴과 파, 청장, 소금을 넣고 2분 정도 더 끓인다. 【사진4】
3. 그릇에 담고 달걀지단을 고명으로 얹는다.

흰가래떡을 썰어서 굴과 함께 넣고 끓인 음식이다. 굴은 영양소가 풍부하여 '바다의 우유' 라고 불리며 육질이 부드럽고 소화 흡수가 잘되어 어린이나 노약자에게 좋은 식품이다. 굴은 특히 가을에서 겨울 사이에 영양가가 높아지고 맛과 향이 좋다.

· 굴은 오래 끓이면 국물이 검어지고 굴이 질겨지므로 잠깐 끓인다.
· 굴은 겨울이 제철이고 맛이 좋다.

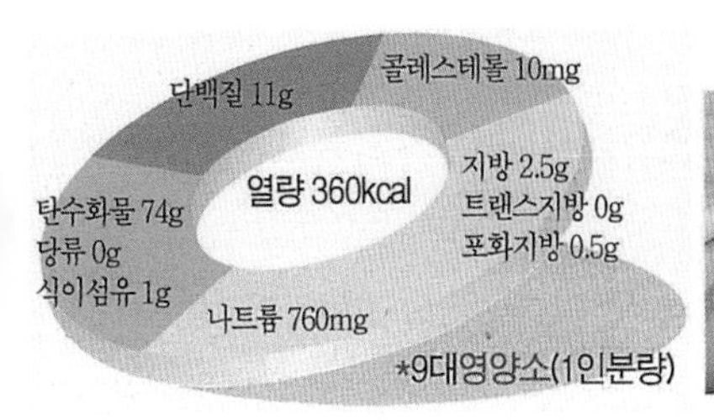

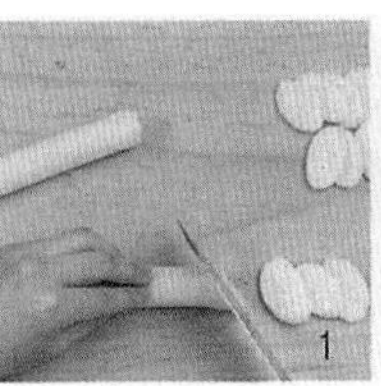
1

2

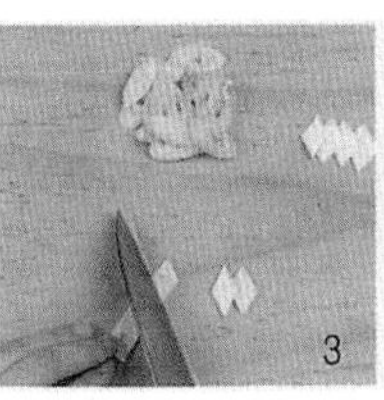
3

4

멥쌀가루를 끓는물로 익반죽하여 가래떡 모양으로 길게 만들고 어슷하게 썰어 장국에 넣고 끓인 음식이다. 생떡국은 날떡국이라고도 하는데 흰떡의 준비가 없는데, 갑자기 떡국을 끓일 때 만드는 음식으로, 보통의 떡국과는 달리 수제비 반죽처럼 날반죽을 그대로 썰어서 끓인 충청도 지방의 향토음식이다.

생떡국

조리후 중량	적정배식온도	총가열시간	총조리시간	표준조리도구
2kg(4인분)	65~80℃	1시간 14분	2시간	20cm 냄비

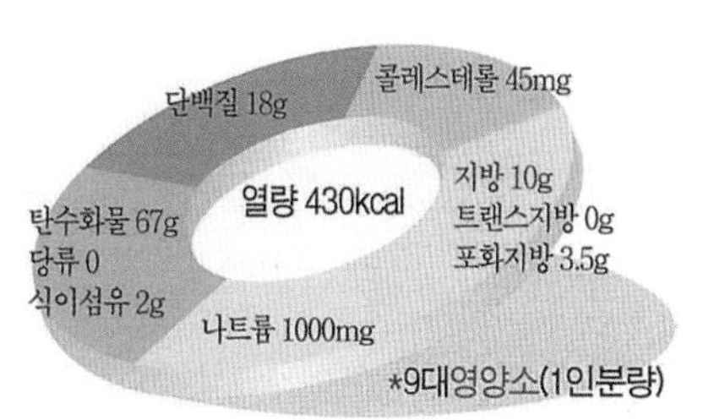

멥쌀가루 500g(5컵), 소금 5g(1¼작은술), 끓는 물 150~160g
쇠고기 육수 1.4kg(7컵) : 쇠고기(사태) 300g, 물 2.2kg(11컵), **향채** : 파 20g, 마늘 10g
양념장 : 청장 3g(½작은술), 다진 파 1.1g(¼작은술), 다진 마늘 1.4g(¼작은술)
후춧가루 0.1g, 참기름 4g(1작은술)
청장 6g(1작은술), 소금 4g(1작은술)
달걀 60g(1개), 식용유 6.5g(½큰술), 실파 10g, 실고추 0.2g

재료준비

1. 멥쌀가루는 소금을 넣고 체에 내린다.
2. 쇠고기 핏물을 닦고(285g) 향채는 다듬어 깨끗이 씻는다.
3. 냄비에 쇠고기와 물을 붓고 센불에 12분 정도 올려 끓으면, 중불로 낮추어 30분 정도 끓이다가 향채를 넣고 20분 정도 더 끓인다. 쇠고기는 건져서 길이 4cm 폭 0.5cm 정도로 찢어 양념장을 넣고 양념하고, 국물은 식혀서 면보에 걸러 육수를 만든다(1.4kg). 【사진1】
4. 달걀은 황백지단을 부쳐 길이 2cm 정도의 마름모꼴로 썰고, 실고추는 길이 2cm 정도로 자른다.
5. 실파는 다듬어 깨끗이 씻고 폭 0.2cm 정도로 썬다(8g).

만드는법

1. 멥쌀가루에 끓는 물을 붓고 익반죽하여 5분 정도 치댄다. 떡반죽은 직경 3cm 정도로 길게 늘여서 가래떡 모양으로 만들고, 길이 3.5cm 두께 0.3cm 정도로 어슷 썬다(650g). 【사진2】
2. 냄비에 육수를 붓고 센불에 7분 정도 올려 끓으면, 떡반죽을 넣고 3분 정도 끓여 떡이 익어서 떠오르면 중불로 낮추어 청장과 소금으로 간을 맞추고 2분 정도 더 끓인다. 【사진3】
3. 그릇에 담고 쇠고기(80g)와 황백지단 · 실파 · 실고추를 고명으로 얹는다. 【사진4】

· 생떡국은 너무 오래 끓이면 떡이 풀어질 수 있으므로 시간에 주의한다.
· 반죽을 많이 치대야 떡이 쫄깃하고 질감이 좋다.

1

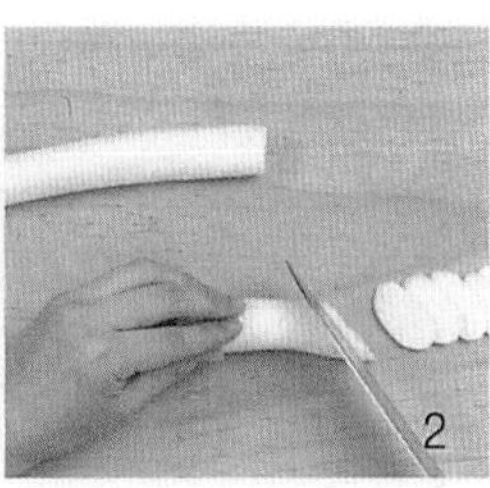
2

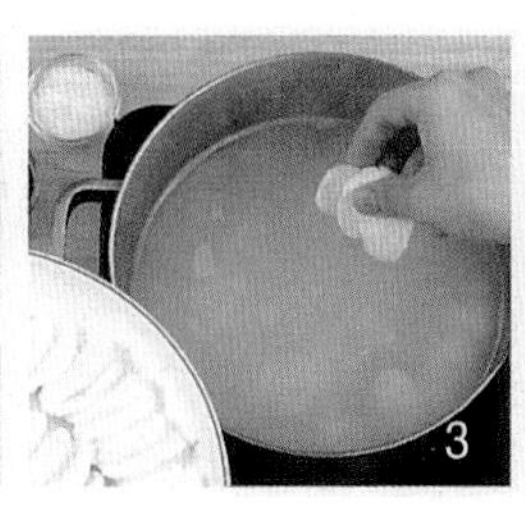
3

4

Part 2. 국물류

국, 찌개, 전골

'잘 끓인 국물요리 하나면 열 반찬 안부럽다' 는 말이 있을 정도로 국물요리는 밥과 함께 한국인의 밥상에 없어서는 안 되는 음식이다. 따라서 우리가 오늘은 뭘 먹을까를 고민할 때도 밥이 아닌 국물요리를 떠올리게 되는 것이다.

봄, 여름, 가을, 겨울 사계절의 영양이 풍부한 제철 재료를 이용하여 만드는 각양각색의 국물요리! 이제부터 재료 본연의 맛을 살리며 감동을 주는 맛있는 국, 찌개, 전골을 정성껏 끓여 보자.

국 · 탕

우리나라의 반상차림에서 밥과 함께 반드시 올라야 하는 것이 국으로 탕이라고도 한다. 국의 종류로는 맑은장국, 토장국, 곰국, 냉국 등이 있다. 국에 사용되는 재료는 다양하여 육류, 채소류, 해조류, 어패류 뿐만 아니라 쇠고기의 뼈, 내장류, 선지까지도 고루 재료로 쓰인다.

달걀탕

달걀로 국을 끓여 실파를 띄워낸 음식이다. 달걀은 「동의보감」에 '맛이 달고 평하다' 라고 하였으며, 「형초세시기」에는 '정월 초사흘 날에 달걀을 먹으면 오장 내에 나쁜 기운을 물리친다.' 고 하였다.

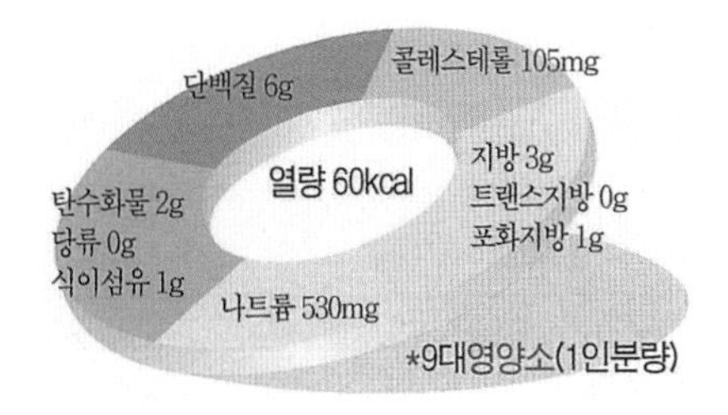

달걀 240g(4개), 소금 1g(¼작은술)
멸치다시마국물 : 물 1.4kg(7컵), 멸치 30g, 다시마 5g
실파 20g
청장 3g(½작은술), 소금 4g(1작은술), 흰후춧가루 0.3g(⅛작은술)
참기름 1g(¼작은술)

재료준비

1. 달걀은 깨뜨려서 알끈을 떼어내고, 흰자와 노른자가 고루 섞이도록 잘 젓는다.
2. 달걀에 소금을 넣고 체에 내린다(216g). 【사진1】
3. 멸치는 머리와 내장을 떼어낸다(26g).
4. 실파는 다듬어 깨끗이 씻어 길이 3cm 정도로 썬다(16g). 【사진2】

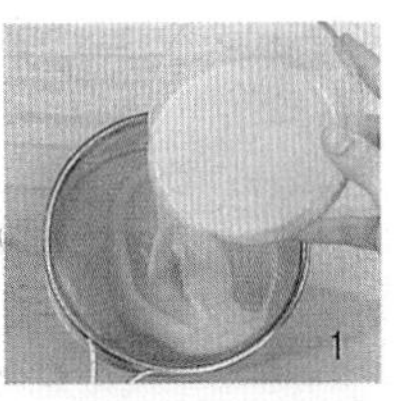
1

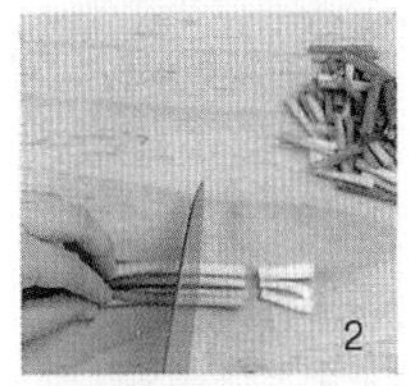
2

만드는법

1. 냄비에 멸치를 넣고 센불에서 2분 정도 볶은 다음 물을 붓고 7분 정도 올려 끓으면 중불로 낮추어 10분 정도 끓인 후 다시마를 넣고, 불을 끈 다음 5분 정도 두었다가 체에 걸러 멸치다시마 국물을 만든다(1.15kg).
2. 냄비에 멸치다시마 국물을 붓고 센불에서 6분 정도 올려 끓으면 약불로 낮추어 달걀로 줄알을 친 다음 1분 정도 끓인다. 【사진3】
3. 청장과 소금 · 후춧가루로 간을 맞추고, 실파와 참기름을 넣고 불을 끈다. 【사진4】

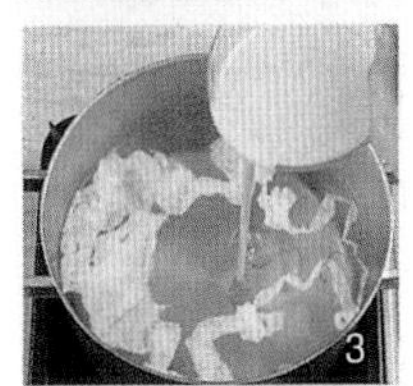
3

- 당근채, 표고버섯채를 넣어 끓이기도 한다.
- 센불에서 줄알을 치면 흩어지므로 약불에서 줄알을 친다.

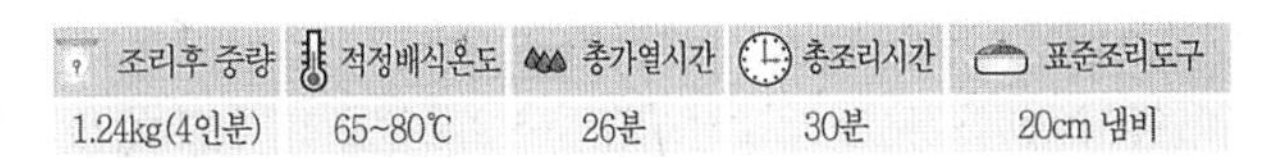

조리후 중량	적정배식온도	총가열시간	총조리시간	표준조리도구
1.24kg(4인분)	65~80℃	26분	30분	20cm 냄비

4

완자탕

쇠고기에 두부와 양념을 넣고 완자를 만들어 지져서 육수에 넣고 끓인 음식이다. 완자탕은 주로 잔칫상이나 주안상에 올리는 국으로 궁중에서는 완자를 '봉오리'라고 하고, 민간에서는 '모리'라 하여 완자탕을 봉오리탕 또는 모리탕이라고도 한다.

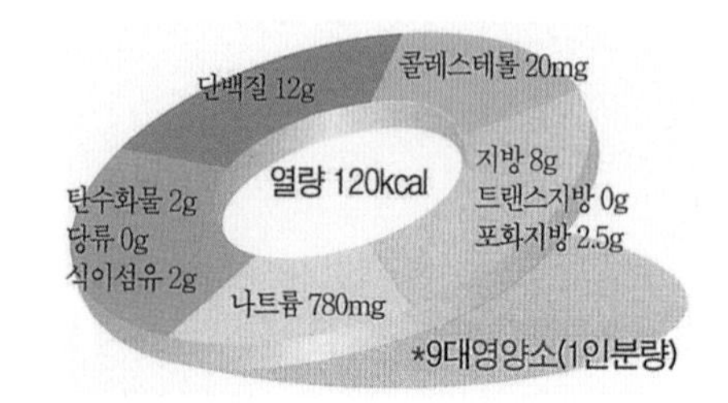

쇠고기(사태) 50g, 물 1.2kg(6컵), **향채** : 파 20g, 마늘 10g
다진 쇠고기(우둔) 160g, **두부** 80g
양념 : 소금 2g(½작은술), 다진 파 4.5g(1작은술)
다진 마늘 2.8(½작은술), 후춧가루 0.6g(¼작은술)
참기름 2g(½작은술)
밀가루 14g(2큰술), **달걀** 120g(2개), **식용유** 13g(1큰술)
청장 6g(1작은술), **소금** 4g(1작은술)

재료준비

1. 쇠고기는 핏물을 닦고 냄비에 쇠고기와 물을 붓고 센불에 6분 정도 올려 끓으면, 중불로 낮추어 향채를 넣고 15분 정도 끓인다. 쇠고기는 건지고 국물은 식혀 면보에 걸러 육수를 만든다(900g). 【사진1】
2. 다진 쇠고기는 핏물을 닦고 두부는 면보로 물기를 짜서 곱게 으깬다(쇠고기 150g, 두부 68g)
3. 다진 쇠고기와 두부를 합하여 양념을 넣고 주물러(230g) 직경 1.5cm 정도로 완자를 빚는다(7g씩 32개). 【사진2】
4. 달걀 1개는 풀어 놓고 나머지 1개는 황백지단을 부쳐 길이 2cm 정도의 마름모꼴로 썬다.

만드는법

1. 완자에 밀가루를 입히고 달걀물을 씌운다.
2. 팬을 달구어 식용유를 두르고 완자를 넣고 중불에서 굴리면서 4분 정도 지진다(220g). 【사진3】
3. 냄비에 육수를 붓고 센불에 5분 정도 올려 끓으면 완자를 넣고 중불로 낮추어 2분 정도 끓인 후, 청장과 소금으로 간을 맞추고 2분 정도 더 끓인다. 【사진4】
4. 그릇에 완자탕을 담고 황백지단을 얹는다.

· 완자탕은 국물이 맑아야 한다.
· 지져낸 완자는 기름을 완전히 빼고 육수에 넣어야 국물이 맑다.

조리후 중량	적정배식온도	총가열시간	총조리시간	표준조리도구
1.12kg(4인분)	65~80℃	34분	1시간	20cm 냄비

도가니탕

도가니를 오랫동안 뭉근하게 끓인 음식이다. 도가니는 소의 무릎 관절을 일컫는 것으로 칼슘 · 무기질 · 인을 포함하고 있어 보양식으로 좋다. 도가니탕은 콜라겐(Collagen)이 젤라틴(Gelatin)화 되어서 소화흡수가 잘 된다.

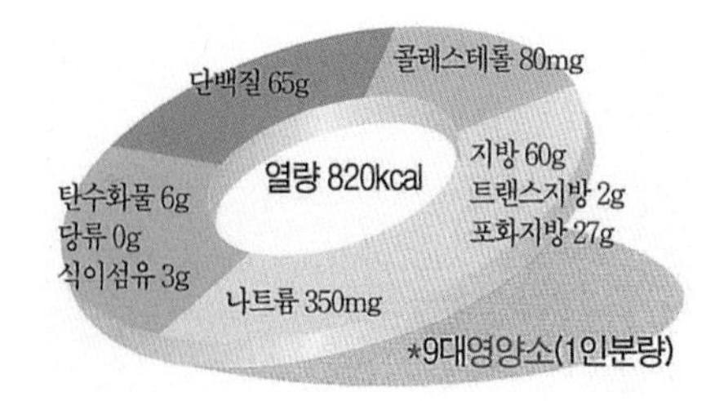

도가니 1.5kg, **튀하는 물** 3.4kg(17컵)
향채 : 파 30g, 마늘 65g, 생강 20g, 양파 50g
물 7kg(35컵)
소금 6g(½큰술), **후춧가루** 0.3g(⅛작은술), **파** 40g
초간장 : 간장 18g(1큰술), 식초 15g(1큰술), 물 15g(1큰술)

재료준비

1. 도가니는 물에 담가 1시간 마다 물을 갈아 주면서 3번 정도 핏물을 뺀다. 【사진1】
2. 향채는 다듬어 깨끗이 씻는다.
3. 파는 다듬어 깨끗이 씻어 두께 0.2cm 정도로 썬다(35g).

만드는법

1. 냄비에 튀하는 물을 붓고 센불에 14분 정도 올려 끓으면 도가니를 넣고 5분 정도 튀한다. 【사진2】
2. 냄비에 도가니와 물을 붓고 센불에서 1시간 정도 끓이다가 중불로 낮추어 2시간 정도 끓인다.
3. 떠오르는 거품과 기름을 걷어내고, 향채를 넣고 약불로 낮추어 1시간 정도 더 끓인다. 【사진3】
4. 도가니는 건져 내고 국물은 식혀서 기름을 걷어낸다(도가니 1.8kg, 국물 1.52kg).
5. 냄비에 국물을 붓고 도가니를 넣고 센불에 8분 정도 올려 끓으면 소금과 후춧가루로 간을 맞추고 2분 정도 더 끓인다. 【사진4】
6. 그릇에 도가니탕을 담고 파를 얹어 초간장과 함께 낸다.

· 사태나 힘줄을 같이 넣고 끓이기도 한다.
· 도가니탕은 한 번에 끓여 냉동고에 두고 필요할 때 마다 다시 끓여 먹으면 편리하고, 도가니는 따로 건져서 양념장에 찍어 먹는다.

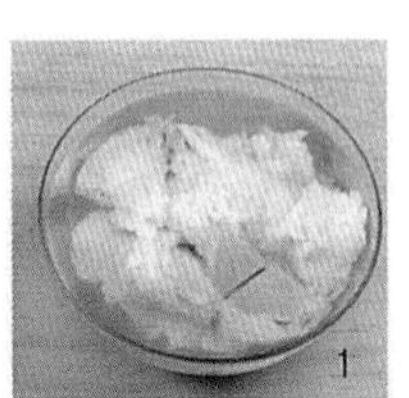
1

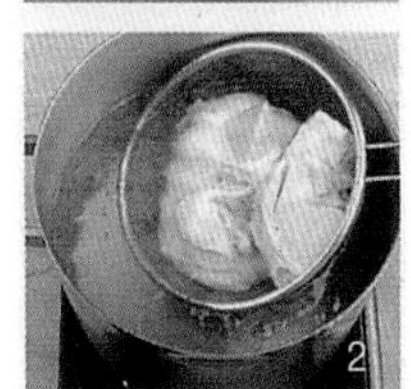
2

3

4

조리후 중량	적정배식온도	총가열시간	총조리시간	표준조리도구
2.6kg(4인분)	65~80℃	4시간 29분	7시간 29분	30cm 냄비

낙지와 모시조개 · 배추속대 · 청양고추 등을 넣고 시원하게 끓인 음식이다. 낙지는 「자산어보(玆山漁譜)」에 '맛이 감미로우며 회나 국 · 포에 좋다' 고 하였다. '봄 주꾸미, 가을 낙지' 라는 말이 있듯이 낙지는 4~5월에 산란하여 가을에서부터 겨울까지 맛이 좋다. 예전에는 두부를 넣어 만들었다.

낙지연포탕

조리후 중량	적정배식온도	총가열시간	총조리시간	표준조리도구
1.4kg(4인분)	65~80℃	46분	4시간	20cm 냄비

열량 130kcal	
단백질	12g
콜레스테롤	60mg
지방	8g
트랜스지방	0g
포화지방	3.5g
나트륨	1110mg
탄수화물	3g
당류	0g
식이섬유	2g

*9대영양소(1인분량)

낙지 400g(2마리), 소금 4g(1작은술), 밀가루 14g(2큰술)
모시조개 200g, 물 600g(3컵), 소금 6g(½큰술)
배추속대 100g, 물 600g(3컵), 소금 1g(¼작은술)
양념장 : 청장 3g(½작은술), 소금 2g(½작은술), 청주 15g(1큰술), 다진 파 9g(2작은술)
다진 마늘 5.5g(1작은술), 참기름 6.5g(½큰술)
향채 : 무 100g, 파 20g, 마늘 10g, 다시마 5g
청양고추 10g(1개), 청고추 15g(1개), 홍고추 20g(1개), 실파 10g, 물 1.4kg(7컵)

재료준비

1. 낙지는 머리를 뒤집어서 내장과 눈을 떼어내고, 소금과 밀가루를 넣고 주물러 깨끗이 씻은 다음, 머리는 폭 1.5cm 정도로 썰고 다리는 길이 5cm 정도로 썬다(300g). 【사진1】
2. 모시조개는 깨끗이 씻어 소금물에 담가 3시간 정도 해감 시킨다.
3. 배추속대는 다듬어 깨끗이 씻는다(80g).
4. 향채용 무와 파, 마늘은 다듬어 깨끗이 씻고, 다시마는 면보로 닦는다.
5. 청양고추와 청 · 홍고추 · 실파는 다듬어 깨끗이 씻고 길이 2cm 두께 0.3cm 정도로 어슷 썬다. 실파는 길이 3cm 정도로 썬다. 【사진2】

만드는법

1. 냄비에 물을 붓고 센불에 3분 정도 올려 끓으면 소금과 배추속대를 넣고 2분 정도 데치고 물에 헹구어 물기를 뺀다. 데친 배추는 가로 2cm 세로 3cm 정도로 썰어(100g) 양념장을 넣고 양념한다.
2. 냄비에 무와 물을 붓고 센불에 7분 정도 올려 끓으면 중불로 낮추어 20분 정도 끓이다가 파와 마늘 · 모시조개를 넣고 5분 정도 더 끓인다. 다시마를 넣고 불을 끈 다음 5분 정도 두었다가 모시조개는 건져 놓고 국물은 면보에 걸러 모시조개국물을 만든다(1kg).
3. 냄비에 모시조개국물을 붓고 센불에 5분 정도 올려 끓으면 배추속대와 낙지 · 모시조개를 넣고 3분 정도 끓인다. 【사진3】
4. 청양고추와 청 · 홍고추를 넣고 1분 정도 끓인 후, 불을 끄고 실파를 넣는다. 【사진4】

· 두부와 무를 넣기도 한다
· 낙지는 너무 오래 끓이면 질겨진다.

1

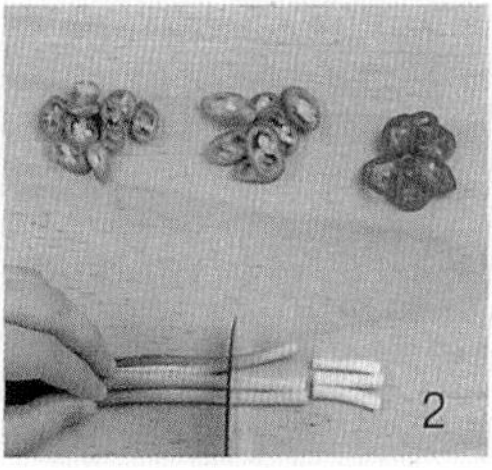
2

3

4

사골 육수에 얼갈이배추와 콩나물을 넣고 끓인 음식이다. 사골우거지국은 겨울에 즐겨 먹는 음식으로 사골육수에 우거지나 무청 · 얼갈이배추 등을 넣고 된장과 고춧기루를 넣고 끓이면 구수하니 맛도 좋고 겨울철 부족하기 쉬운 영양분을 섭취할 수 있다.

사골우거지국

조리후 중량	적정배식온도	총가열시간	총조리시간	표준조리도구
2.4kg(8인분)	65~80℃	6시간 22분	5시간 이상	24 · 32cm 냄비

단백질 15g
콜레스테롤 25mg
지방 3.5g
트랜스지방 0g
포화지방 1.5g
열량 120kcal
탄수화물 7g
당류 0g
식이섬유 5g
나트륨 650mg
*9대영양소(1인분량)

사골 1kg, 튀하는 물 3kg(15컵)
쇠고기(양지) 300g
물 5kg(25컵), **향채** : 파 30g, 마늘 20g, 양파 50g
양념장① : 청장 3g(½작은술), 다진 파 2.3g(½작은술), 다진 마늘 1.4g(¼작은술)
얼갈이배추 600g, 물 1kg(5컵), 소금 1g(¼작은술)
콩나물 200g, **파** 200g, 물 600g(3컵), 소금 2g(½작은술)
홍고추 40g(2개), **청양고추** 20g(2개)
양념장② : 된장 51g(3큰술), 청장 12g(2작은술), 고춧가루 7g(1큰술)
다진 파 28g(2큰술), 다진 마늘 16g(1큰술)
소금 4g(1작은술)

재료준비

1. 사골은 물에 담가 1시간마다 물을 갈아주면서 3번 정도 핏물을 뺀다(1.03kg). 【사진1】
2. 쇠고기는 핏물을 닦고(264g) 향채는 다듬어 깨끗이 씻는다.
3. 얼갈이배추는 다듬어 깨끗이 씻는다(580g).
4. 콩나물은 꼬리를 떼고 깨끗이 씻는다(182g).
5. 파는 다듬어 깨끗이 씻어 길이로 2등분하여 길이 7cm 정도로 썬다(160g).
6. 홍고추와 청양고추는 씻어 길이 2cm 두께 0.3cm 정도로 어슷 썬다(홍고추35g, 청양고추18g).
7. 양념장을 만든다.

만드는법

1. 냄비에 튀하는 물을 붓고 센불에 12분 정도 올려 끓으면 사골을 넣고 5분 정도 튀한다. 냄비에 사골과 물을 붓고 센불에 30분 정도 끓이다가, 약불로 낮추어 떠오르는 거품과 기름을 걷어 내며 3시간 정도 끓인다.
2. 쇠고기를 넣고 중불에서 30분 정도 끓이다가 향채를 넣고 약불로 낮추어 1시간 정도 더 끓여, 쇠고기는 건져서 가로 3cm 세로 4cm 두께 0.3cm 정도로 썰어 양념장①을 넣어 양념하고(170g), 국물은 식혀 면보에 걸러 육수를 만든다(2.1kg). 【사진2】
3. 냄비에 물을 붓고 센불에 5분 정도 올려 끓으면 소금과 얼갈이배추를 넣고 3분 정도 데쳐 물에 헹구어 물기를 짜고 길이 5cm 정도로 썬다(430g).
4. 냄비에 물을 붓고 센불에 3분 정도 올려 끓으면 소금과 콩나물을 넣고 2분 정도 데치고(180g), 파는 1분 정도 데친다(180g).
5. 삶은 우거지와 콩나물 · 파에 양념장②을 넣어 양념한다. 【사진3】
6. 냄비에 육수를 붓고 양념한 모든 재료를 넣어 센불에 9분 정도 올려 끓으면 10분 정도 끓이다가 중불로 낮추어 30분 정도 더 끓인다. 맛이 충분히 우러나면 홍고추와 청양고추를 넣고 소금으로 간을 맞추어 2분 정도 끓인다. 【사진4】

· 된장과 고춧가루를 넣지 않고 간장으로 담백하게 끓이기도 한다.
· 콩나물을 데치지 않고 넣어 끓이기도 한다.

1

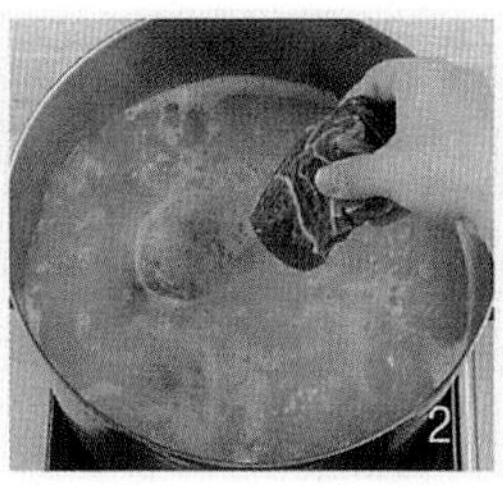
2

3

4

불린 북어껍질을 다듬어서 편편하게 펴고 소를 넣고 말아서 밀가루와 달걀물을 입혀 지진 것을 육수에 넣고 끓인 음식이다. 우리나라는 예부터 명태를 이용하여 다양한 음식을 만들어 먹었는데 껍질부터 아가미 · 내장 등을 이용한 음식의 종류가 약 36종에 이른다. 북어는 지방 함량이 낮고 맛이 개운하여, 간을 보호해 주며 숙취해소에 좋다.

어글탕

조리후 중량	적정배식온도	총가열시간	총조리시간	표준조리도구
1.1kg(4인분)	65~80℃	1시간 16분	2시간	30cm 후라이팬

단백질 10g
콜레스테롤 70mg
열량 120kcal
지방 7g
트랜스지방 0g
포화지방 2.5g
탄수화물 6g
당류 0g
식이섬유 5g
나트륨 420mg
*9대영양소(1인분량)

북어껍질 30g
육수 : 쇠고기(사태) 200g, 물 1.6kg(8컵), 향채 : 파 20g, 마늘 10g
다진 쇠고기(우둔) 80g, 두부 30g
숙주 100g, 물 400g(2컵), 소금 1g(¼작은술)
소 양념 : 소금 1g(¼작은술), 다진 파 4.5g(1작은술)
밀가루 21g(3큰술), 달걀 120g(2개), 식용유 26g(2큰술)
달걀 60g(1개), 청장 6g(1작은술), 소금 2g(½작은술)

재료준비

1. 쇠고기는 핏물을 닦고, 향채는 다듬어 깨끗이 씻는다. 냄비에 쇠고기와 물을 붓고, 센불에 9분 정도 올려 끓으면 중불로 낮추어 30분 정도 끓인 다음 향채를 넣고 20분 정도 더 끓여 쇠고기는 건져내고 국물은 식혀 면보에 걸러 육수를 만든다(1kg).
2. 북어껍질은 씻어 물에 30분 정도 불려서(90g), 비늘을 긁고 길이 5cm 정도로 잘라 잔 칼집을 넣는다(25g). 【사진1】
3. 다진 쇠고기는 핏물을 닦고(75g), 두부는 면보로 물기를 짜서 곱게 으깬다(22g). 숙주는 꼬리를 떼고 깨끗이 씻는다(95g).
4. 달걀 2개는 풀어 놓는다.
5. 달걀 1개는 황백지단을 부쳐 길이 2cm 정도의 마름모꼴로 썬다.

만드는법

1. 냄비에 물을 붓고 센불에 2분 정도 올려 끓으면, 소금과 숙주를 넣고 2분 정도 데쳐 길이 0.5cm 정도로 썰어서 물기를 짠다(70g).
2. 쇠고기 · 숙주 · 두부를 합하여 소 양념으로 양념하여 소를 만든다(148g).
3. 손질한 북어껍질 안쪽에 밀가루를 묻히고 소를 넣고 반으로 접어서 납작하게 눌러 두께 0.3cm 정도로 만든 다음 밀가루를 입히고 달걀물을 씌운다. 【사진2】
4. 팬을 달구어 식용유를 두르고 소 넣은 북어껍질을 놓고, 중불에서 앞면은 2분 뒤집어서 2분 정도 지진다(172g). 【사진3】
5. 냄비에 육수를 붓고 센불에 5분 정도 올려 끓으면, 북어껍질전을 넣고 중불로 낮추어 2분 정도 끓이다가 청장 · 소금으로 간을 맞추어 2분 정도 더 끓인다. 【사진4】
6. 그릇에 담고 황백지단을 얹는다.

· 북어껍질에 잔 칼집을 많이 넣어야 지질 때 모양이 반듯하고 크기가 많이 줄어들지 않는다.
· 지져낸 북어껍질전은 기름을 완전히 빼고 육수에 넣어야 국물이 맑다.

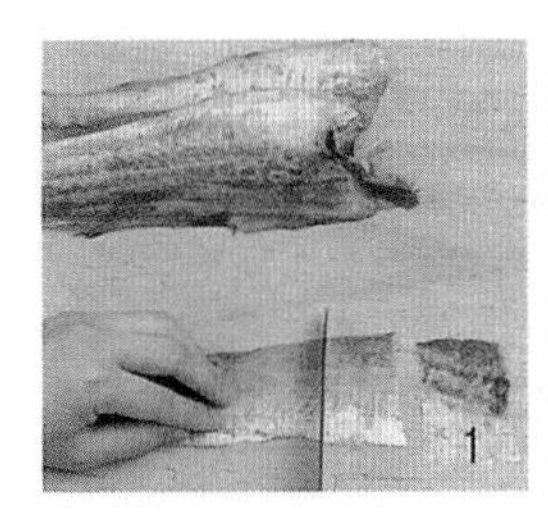
1

2

3

4

생태맑은국

생태를 맑게 끓인 음식으로 지방이 적어 맛이 담백하고 개운하다. 명태는 상태에 따라 갓 잡은 것은 생태, 얼린 것은 동태, 말린 것은 북어, 물기 있게 꾸덕꾸덕 말린 것은 코다리, 얼렸다 녹이는 과정을 반복해서 노랗게 말린 것은 황태, 새끼는 노가리로 부른다.

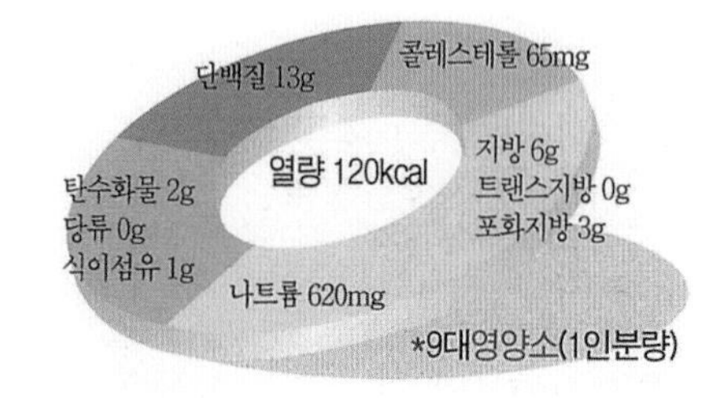

생태 700g(1마리)
무 200g(1/5개), 물 1.2kg(6컵)
다진 마늘 5.5g(1작은술), 다진 생강 1.3g(1/3작은술)
청고추 15g(1개), 홍고추 20g(1개), 파 20g
청장 3g(1/2작은술), 소금 6g(1/2큰술)

재료준비

1. 생태는 비늘을 긁고 머리와 꼬리 · 지느러미를 자른 다음 곤과 이리 · 알 등의 내장과 생태를 깨끗이 씻어 길이 4~5cm로 자른다(415g). 【사진1】
2. 무는 다듬어 씻어 가로 2.5cm 세로 3cm 두께 0.7cm 정도로 썬다(160g).
3. 청 · 홍고추와 파는 다듬어 깨끗이 씻어 길이 2cm 두께 0.5cm 정도로 어슷 썬다(청고추 10g, 홍고추 12g, 파 15g). 【사진2】

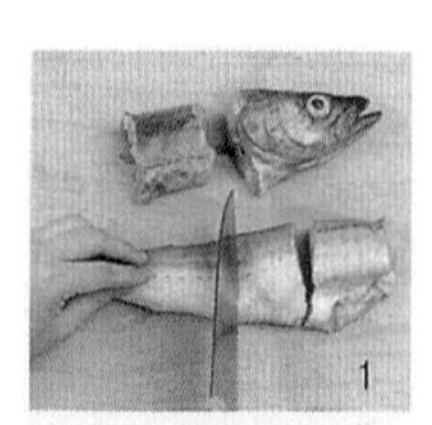
1

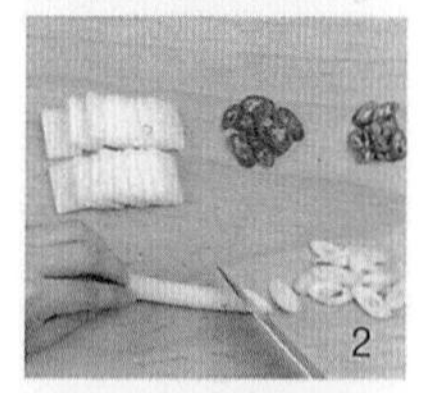
2

만드는법

1. 냄비에 무와 물을 붓고 센불에 6분 정도 올려 끓으면, 생태와 내장을 넣고 중불로 낮추어 15분 정도 끓인다. 【사진3】
2. 다진 마늘과 다진 생강을 넣고 2분 정도 끓이다가 청 · 홍고추와 파를 넣고 청장과 소금으로 간을 맞추어 2분 정도 더 끓인다. 【사진4】

3

4

· 내장을 빼낸 자리의 검은 막을 벗기고 끓여야 씁쓸하지 않고 맛이 있다.
· 생선쌀은 오래 끓으면 부서지고 국물이 탁해지므로 시간에 주의한다.

조리후 중량	적정배식온도	총가열시간	총조리시간	표준조리도구
1.4kg(4인분)	65~80℃	25분	30분	20cm 냄비

올갱이국

올갱이에 다시마국물을 붓고 맑게 끓인 음식이다. 다슬기를 충청도에서는 올갱이라 하는데, 충청도의 올갱이국이 유명해지면서 다슬기보다는 올갱이라고 더 많이 불리게 되었다. 한방에서는 다슬기를 간의 열을 내리고, 황달 · 방광염 · 술독을 치료하는데 사용한다.

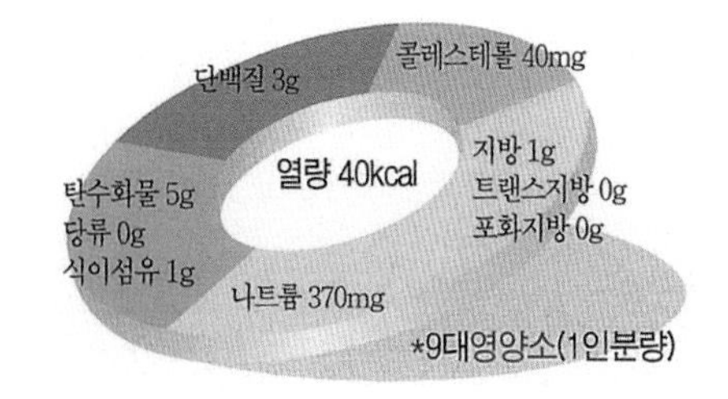

올갱이 400g(2컵)
물 1.4kg(7컵), 다시마 5g
밀가루 7g(1큰술)
부추 30g, 청양고추 10g(1개), 홍고추 20g(1개), 소금 4g(1작은술)

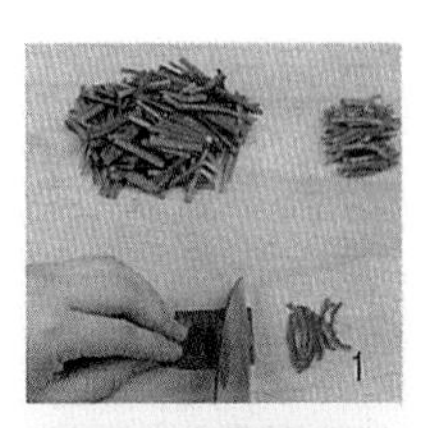

재료준비

1. 올갱이는 30분 정도 물에 담가, 잔모래를 뺀 후 깨끗이 씻는다.
2. 다시마는 면보로 닦는다.
3. 부추는 다듬어 깨끗이 씻어 길이 3cm 정도로 썰고(20g), 청양고추와 홍고추는 씻어 길이로 반을 잘라 씨와 속을 떼어내고 길이 3cm 폭 · 두께 0.3cm 정도로 채 썬다(청양고추 6g, 홍고추 12g). 【사진1】

만드는법

1. 냄비에 물을 붓고 센불에 8분 정도 올려 끓으면 올갱이를 넣고 5분 정도 끓인 후, 올갱이는 건지고 다시마를 넣고 불을 끈 다음 5분 정도 두었다가 체에 걸러 올갱이 국물을 만든다(1.2kg). 【사진2】
2. 올갱이는 꼬치로 살을 빼내어(120g) 밀가루를 묻힌다. 【사진3】
3. 냄비에 올갱이 국물을 붓고 센불에 6분 정도 올려 끓으면, 올갱이살과 소금을 넣고 2분 정도 끓인 다음 부추와 청양고추 · 홍고추를 넣고 불을 끈다. 【사진4】

· 된장과 고추장을 풀어 넣고 끓이기도 한다.
· 부추 대신에 아욱을 넣고 끓이기도 한다.

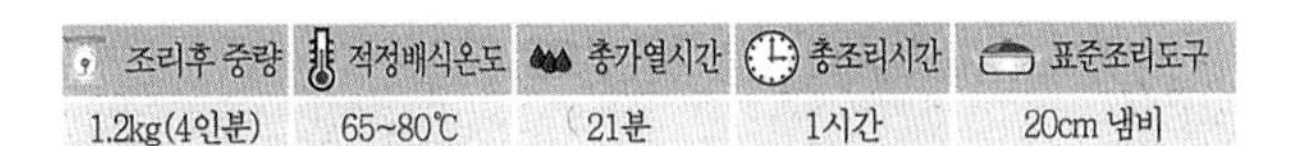

조리후 중량	적정배식온도	총가열시간	총조리시간	표준조리도구
1.2kg(4인분)	65~80℃	21분	1시간	20cm 냄비

재첩국

재첩을 소금으로 간하여 맑게 끓인 음식이다. 재첩은 낙동강 하류에서 많이 서식하는 민물조개로 국물 맛이 시원하여 해장국으로 즐겨 먹었는데, 「동의보감」에 '재첩은 다른 음식과 함께 섭취해도 전혀 부작용이 없으며, 눈을 맑게 하고 피로를 풀어 주며, 간을 좋게 하여 황달을 치유한다.' 고 하였다.

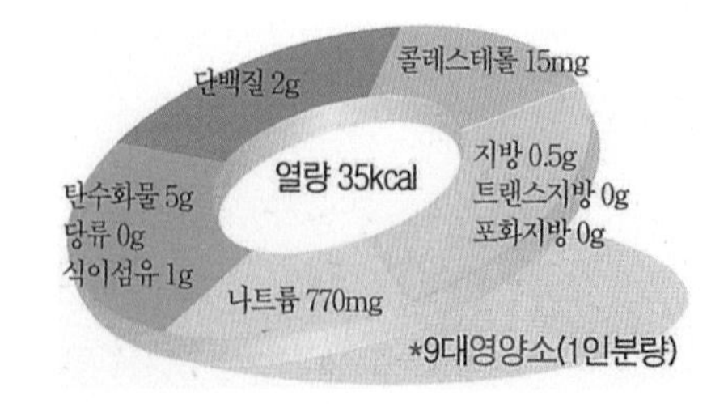

재첩 400g, 물 1kg(5컵), 소금 10g(2½작은술)
물 1.2kg(6컵)
소금 8g(2작은술)
부추 25g, 홍고추 10g(½개)

재료준비

1재첩은 깨끗이 씻어 소금물에 3시간 정도 담가 해감 시킨다. 【사진1】
2. 부추는 다듬어 깨끗이 씻어 길이 0.5cm 정도로 썬다(20g).
3. 홍고추는 길이로 반을 잘라 씨와 속을 떼어내고 길이 3cm 폭 0.3cm 정도로 채 썬다(5g).

1

만드는법

1. 냄비에 재첩을 넣고 물을 부은 다음 센불에 7분 정도 올려 끓으면, 중불로 낮추어 5분 정도 더 끓인다. 【사진2】
2. 소금으로 간을 맞추고 부추, 홍고추를 넣고 1분 정도 더 끓인다. 【사진3 · 4】

2

· 부추 대신에 실파를 넣기도 한다.
· 재첩을 해감하는 동안 소금물을 한두 번 갈아주는 것이 좋다.
· 재첩국을 오래 끓이면 재첩 조개살이 질겨지므로 시간에 유의한다.

3

조리후 중량	적정배식온도	총가열시간	총조리시간	표준조리도구
1.4kg(4인분)	65~80℃	13분	4시간	20cm 냄비

4

홍합탕

껍질이 있는 홍합을 채소국물에 넣고 끓인 음식이다. 자연산 홍합은 '섭'이라 하는데, 강원도와 제주지방에서는 자연산 홍합으로 끓인 국을 섭조개탕이라 한다. 홍합은 10월에서 12월에 맛이 좋으며 「규합총서」에는 '바다에서 나는 건 모두 짜지만 유독 홍합만 싱겁다.'고 하여 '담채(淡菜)'라 불렀다고 한다.

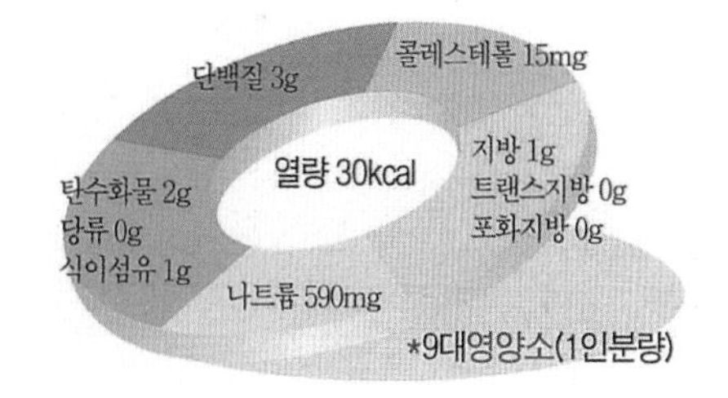

껍질 홍합 450g
채소국물 : 물 1.4kg(7컵), 무 50g, 파 20g, 마늘 20g
마른 홍고추 4g(1개)
홍고추 10g(½개), **실파** 20g
청장 3g(½작은술), **소금** 1g(¼작은술), **다진 마늘** 5.5g(1작은술)

재료준비

1. 홍합은 깨끗이 씻고 수염을 자른다(400g). 【사진1】
2. 무와 파 · 마늘은 다듬어 깨끗이 씻고, 마른 홍고추는 면보로 닦아 폭 1cm 정도로 자른다.
3. 홍고추는 씻어 길이 2cm 두께 0.3cm 정도로 어슷 썰고(6g), 실파는 다듬어 깨끗이 씻어 길이 3cm 정도로 썬다(9g).

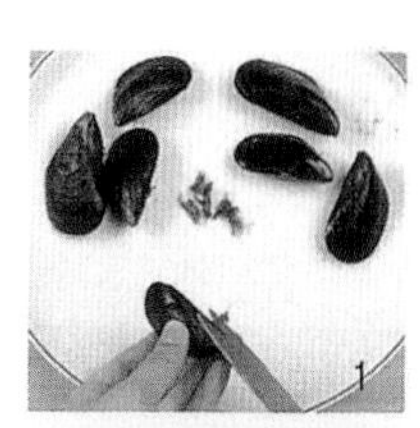
1

만드는법

1. 냄비에 물을 붓고 무와 파 · 마늘 · 마른 홍고추를 넣고 센불에 7분 정도 올려 끓으면 중불로 낮추어 15분 정도 끓여 체에 걸러 채소국물을 만든다(1kg). 【사진2】
2. 냄비에 채소 국물을 붓고 센불에 5분 정도 올려 끓으면, 홍합과 홍고추를 넣고 중불로 낮추어 5분 정도 끓인 다음 홍합은 건지고 국물은 면보에 거른다. 【사진3】
3. 냄비에 홍합국물을 붓고 센불에 5분 정도 올려 끓으면 홍합과 홍고추를 넣고 청장과 소금 · 다진 마늘 · 실파를 넣고 1분 정도 끓인다. 【사진4】

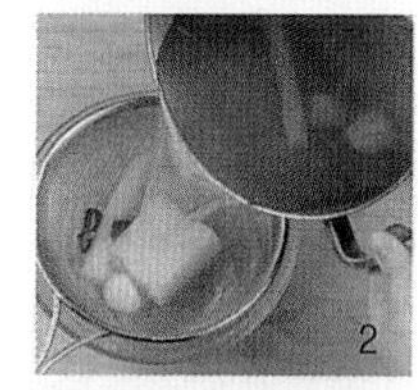
2

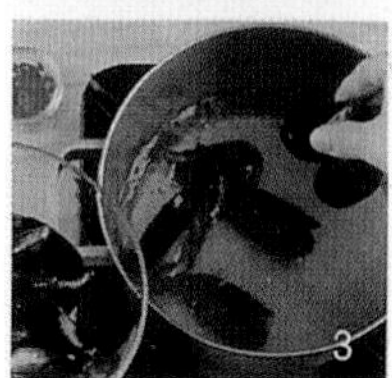
3

· 홍합 삶은물은 걸러 사용해야 국물이 맑다.
· 다른 채소와 버섯을 넣고 끓이기도 한다.
· 기호에 따라 매콤한 청양고추를 넣을 수도 있다.

조리후 중량	적정배식온도	총가열시간	총조리시간	표준조리도구
1.2kg(4인분)	65~80℃	38분	1시간	20cm 냄비

4

감자국

멸치다시마국물에 감자를 넣고 끓인 음식이다. 감자는 뿌리에 달린 모양이 마치 말방울과 비슷하다고 하여 마령서(馬鈴薯)라고 하며, 콩에 버금갈 만큼 영양가가 좋다고 하여 토두(土斗)라고도 하는데, 예부터 구황식품으로 밥 대신 주식으로 먹어왔다.

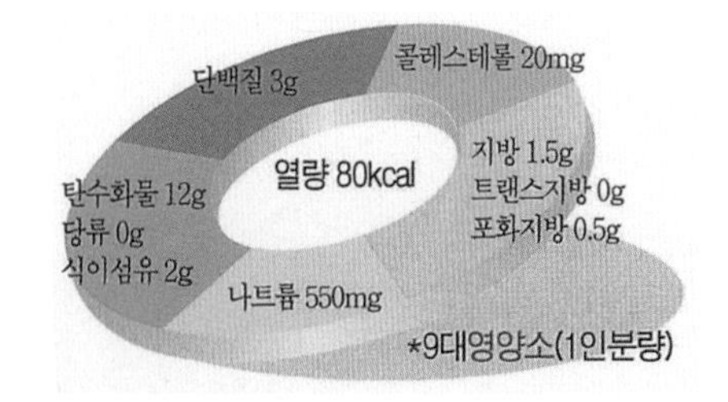

감자 400g(2개)
멸치다시마국물 : 물 2kg(10컵), 멸치 60g, 다시마 10g
실파 50g
청장 6g(1작은술), 소금 4g(1작은술)
다진 마늘 5.5g(1작은술), 달걀 60g(1개)

재료준비

1. 감자는 깨끗이 씻어 껍질을 벗기고 가로 2.5cm 세로 3.5cm 두께 0.5cm 정도의 크기로 썬다(280g). 【사진1】
2. 멸치는 머리와 내장을 떼어내고(40g), 다시마는 면보로 닦는다.
3. 실파는 다듬어 깨끗이 씻어 길이 3cm 정도로 썬다(46g).
4. 계란은 풀어 놓는다.

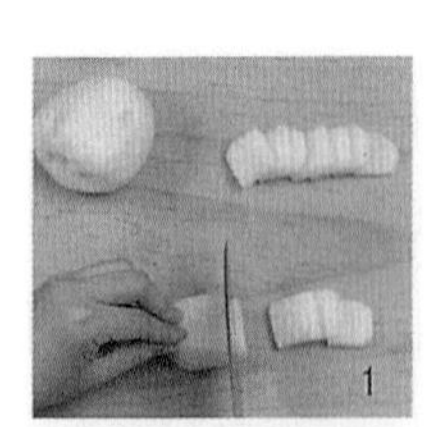

만드는법

1. 냄비에 물과 멸치를 넣고 센불에 9분 정도 올려 끓으면, 중불로 낮추어 10분 정도 끓이다가 다시마를 넣고 불을 끈 다음 5분 정도 두었다가 체에 걸러 멸치다시마 국물을 만든다(1.4kg). 【사진2】
2. 냄비에 멸치다시마국물과 감자를 넣고 센불에 8분 정도 올려 끓으면 중불로 낮추어 5분 정도 끓이다가 약불로 낮추어 청장과 소금 · 다진 마늘을 넣고 간을 맞춘다. 【사진3】
3. 실파를 넣고 풀어 놓은 달걀로 줄알을 친 다음 1분 정도 더 끓인다. 【사진4】

· 감자국을 맑게 끓이려면 썰은 감자를 물에 담가 전분을 빼서 사용한다.
· 멸치 대신에 쇠고기를 넣어 끓이기도 한다.

조리후 중량	적정배식온도	총가열시간	총조리시간	표준조리도구
1.24kg(4인분)	65~80℃	33분	1시간	20cm 냄비

고사리국

쇠고기 장국에 고사리를 넣고 끓인 음식이다. 봄에 나는 햇고사리로 국을 끓이면 더욱 맛이 좋으며, 봄에 채취하여 말려 두었다가 일 년 내내 필요할 때 삶아서 사용한다. 고사리는 「본초강목」에 '오장의 부족한 것을 보충하고 독기를 풀어준다.' 고 하여 약으로도 사용하였다.

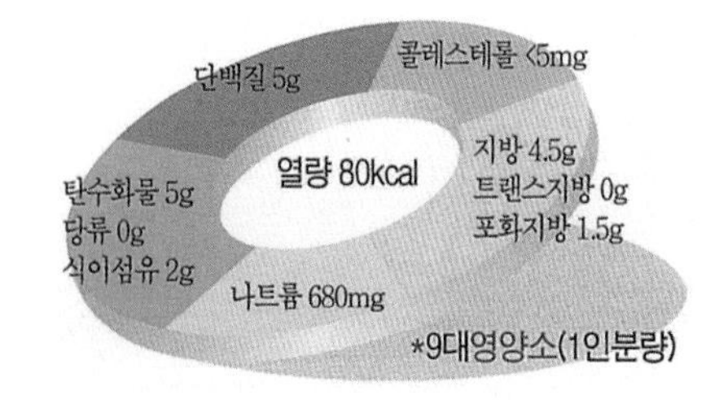

불린 고사리 100g, 다진 쇠고기(우둔) 100g
양념장 : 청장 6g(1작은술), 다진 파 9g(2작은술)
다진 마늘 5.5g(1작은술), 후춧가루 0.3g(1/8작은술)
참기름 4g(1작은술)
물 1.4kg(7컵)
파 20g, 청장 3g(1/2작은술), 소금 6g(1/2큰술)

재료준비

1. 고사리는 씻어 질긴 부분을 잘라내고 길이 5cm 정도로 썬다(105g). 【사진1】
2. 다진 쇠고기는 핏물을 닦고 고사리와 함께 양념장을 넣고 양념한다. 【사진2】
3. 파는 다듬어 깨끗이 씻어 길이 2cm 두께 0.5cm 정도로 어슷 썬다(15g).

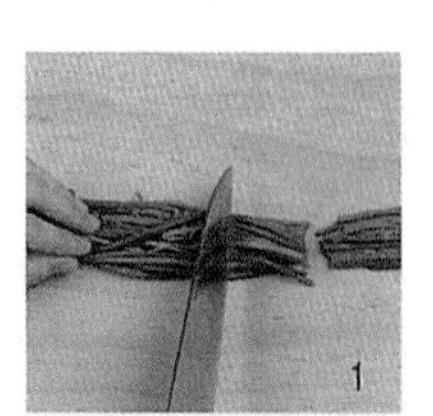
1

2

만드는법

1. 냄비를 달구어 고사리와 쇠고기를 넣고 중불에서 2분 정도 볶다가 물을 붓고 센불에 7분 정도 올려 끓으면, 중불로 낮추어 거품을 걷어내면서 15분 정도 끓인다. 【사진3】
2. 청장과 소금으로 간을 맞추고 파를 넣어 2분 정도 더 끓인다. 【사진4】

3

4

· 칼칼한 맛을 내기 위해서 다홍고추를 넣기도 한다.
· 고사리 대신 고비를 사용하기도 한다.

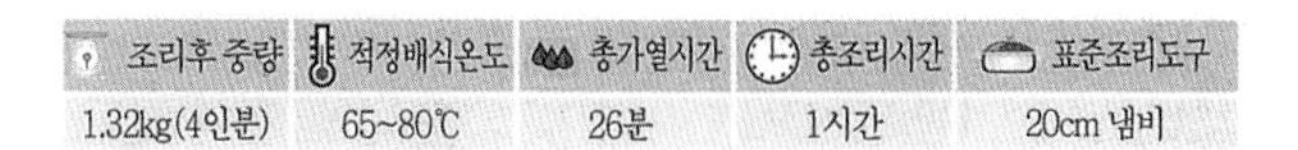

조리후 중량	적정배식온도	총가열시간	총조리시간	표준조리도구
1.32kg(4인분)	65~80℃	26분	1시간	20cm 냄비

버섯국

쇠고기육수에 버섯을 넣고 맑게 끓인 음식이다. 버섯은 독특한 향미가 있어 널리 식용으로 사용하거나 약용으로 쓰이는데, 「동의보감」에 의하면 '버섯은 기운을 돋우며 식욕을 증진시키고 위장기능을 튼튼하게 한다. 또한 시력을 좋게 하며 안색을 밝게 해준다.' 고 하였다.

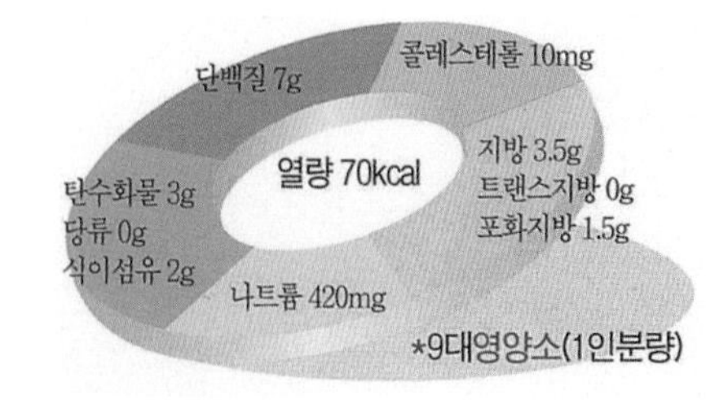

느타리버섯 200g, 물 1kg(5컵), 소금 2g(½작은술)
생표고버섯 15g(1개), 쇠고기(사태) 100g
양념장 : 청장 3g(½작은술), 다진 마늘 2.8g(½작은술)
후춧가루 0.1g
실파 10g, 홍고추 5g(¼개), 팽이버섯 35g
물 1.2kg(6컵), 청장 3g(½작은술), 소금 4g(1작은술)

재료준비

1. 느타리버섯은 씻어 길이 6cm, 폭 0.5cm 정도로 찢고(190g), 생표고버섯은 씻어 기둥을 떼어내고 모양을 살려 폭 0.2cm 정도로 썬다. 【사진1】
2. 쇠고기는 핏물을 닦고 가로 2.5cm, 세로 3cm, 두께 0.3cm 정도로 썰어 양념장을 넣고 양념한다(97g).
3. 실파는 다듬어 깨끗이 씻어 길이 4cm 정도로 썰고, 홍고추는 씻어 길이로 반을 잘라 씨와 속을 떼어내고 길이 2cm 폭 0.3cm 정도로 채 썬다.
4. 팽이버섯은 씻어 밑동을 자른다(20g).

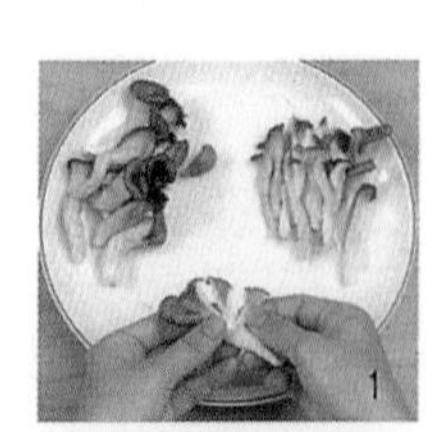

만드는법

1. 냄비를 달구어 쇠고기를 넣고 중불에서 2분 정도 볶다가 물을 붓고 센불에 6분 정도 올려 끓으면 중불로 낮추어 거품을 걷어 내고 10분 정도 끓인다. 【사진2】
2. 느타리버섯과 생표고버섯 · 홍고추를 넣고 3분 정도 끓이다가 실파와 청장 · 소금을 넣고 1분 정도 더 끓인다. 【사진3】
3. 불을 끄고 팽이버섯을 넣는다. 【사진4】

· 다른 종류의 버섯을 넣고 끓이기도 한다.
· 된장을 풀어 넣고 끓이기도 한다.

조리후 중량	적정배식온도	총가열시간	총조리시간	표준조리도구
1.24kg(4인분)	65~80℃	22분	1시간	20cm 냄비

움파두부국

쇠고기국물에 움파와 두부를 넣고 끓인 음식이다. 움파는 겨울에 움 속에서 자란 푸른빛이 엷은 파로 동총(冬蔥)이라고도 하는데 매운맛이 적고 맛이 달고 부드러워 국을 끓이면 색과 향 · 맛이 좋다.

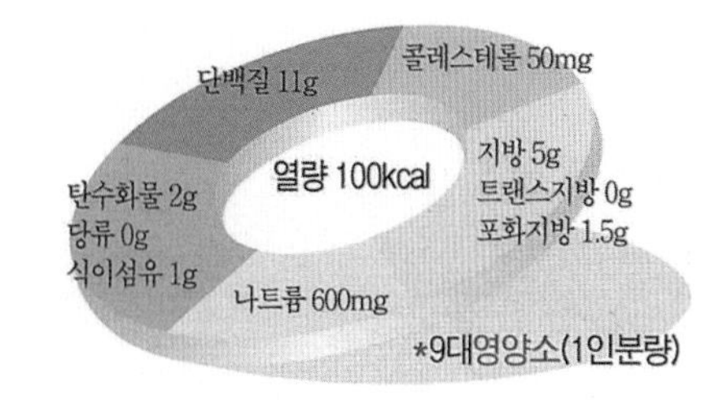

움파 100g, **두부** 180g
쇠고기(사태) 100g
양념장 : 청장 3g(½작은술), 다진 마늘 2.8g(½작은술)
후춧가루 0.1g
밀가루 7g(1큰술), **달걀** 60g(1개)
물 1.4kg(7컵)
청장 6g(1작은술), **소금** 4g(1작은술)

재료준비

1. 움파는 다듬어 깨끗이 씻고 길이 4~5cm로 썬다(97g). 【사진1】
2. 두부는 가로 2cm 세로 3cm 두께 0.8cm 정도로 썬다(150g).
3. 쇠고기는 핏물을 닦고 가로 · 세로 2.5cm 두께 0.2cm 정도로 저며 썰고(80g) 양념장을 넣고 양념한다. 【사진2】
4. 달걀은 풀어 놓는다.

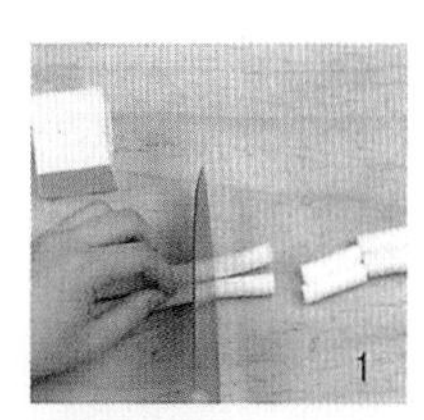
1

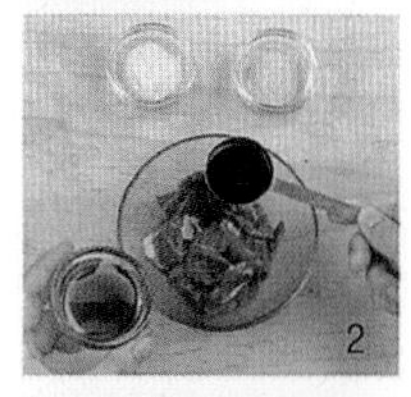
2

만드는법

1. 냄비를 달구어 쇠고기를 넣고 중불에서 2분 정도 볶다가 물을 붓고 센불에 7분 정도 올려 끓으면, 중불로 낮추어 20분 정도 끓인다.
2. 떠오른 거품을 걷어 내고 두부를 넣어 2분 정도 끓이다가 두부가 익어 떠오르면 약불로 낮춘다.
3. 움파에 밀가루를 입히고 달걀물을 씌워 넣고 1분 정도 끓이다가 중불로 높여 3분 정도 끓인다. 【사진3】
4. 청장과 소금으로 간을 맞추어 1분 정도 더 끓인다. 【사진4】

3

4

· 움파는 색이 연하고 통통한 것이 달고 향이 좋다.
· 움파는 색이 죽지 않도록 살짝 끓이는 것이 좋다.

조리후 중량	적정배식온도	총가열시간	총조리시간	표준조리도구
1.32kg(4인분)	65~80℃	36분	1시간	18cm 냄비

오이 속에 다진 쇠고기와 두부를 양념하여 넣고 맑게 끓여낸 음식이다. '과탕(瓜湯)'이라고도 하는데 알칼리성 식품으로 산성식품인 육류와 함께 조리하면 산성을 중화시켜 몸을 이롭게 한다.

오이무름국

조리후 중량	적정배식온도	총가열시간	총조리시간	표준조리도구
1.32kg(4인분)	65~80℃	24분	1시간	20cm 냄비

열량 90kcal
단백질 7g
콜레스테롤 35mg
지방 6g
트랜스지방 0g
포화지방 1.5g
탄수화물 3g
당류 0g
식이섬유 1g
나트륨 530mg
*9대영양소(1인분량)

오이 250g(1¼개), 물 1kg(5컵)
쇠고기(우둔) 100g
양념장① : 청장 3g(½작은술), 다진 파 2.3g(½작은술), 다진 마늘 1.4g(¼작은술)
후춧가루 0.1g
다진 쇠고기(우둔) 70g
양념장② : 소금 1g(¼작은술), 다진 파 2.3g(½작은술), 다진 마늘 1.4g(¼작은술)
후춧가루 0.1g
느타리버섯 50g, 청고추 5g(⅓개), 홍고추 5g(¼개)
달걀 60g(1개), 밀가루 7g(1큰술), 식용유 6.5g(½큰술)
청장 3g(½작은술), 소금 2g(½작은술)

재료준비

1. 오이는 길이 1cm 정도로 썰어 속을 파낸다(220g). 【사진1】
2. 쇠고기는 핏물을 닦고 가로 2cm 세로 3cm 두께 0.5cm 정도로 썰어 양념장①을 넣고 양념한다.
3. 다진 쇠고기는 핏물을 닦고 양념장②를 넣고 양념한다.
4. 느타리버섯은 씻어서 길이 5cm 폭 0.5cm 정도로 찢는다.
5. 청 · 홍고추는 씻어 길이 2cm 두께 0.3cm 정도로 어슷 썬다(청고추 4g, 홍고추 4g).
6. 달걀은 풀어 놓는다.

만드는법

1. 오이 속에 밀가루를 묻히고 다진 쇠고기를 넣고 위 · 아래 양쪽으로 밀가루를 입히고 달걀물을 씌운다. 【사진2】
2. 팬을 달구어 식용유를 두르고 오이를 놓고 약불에서 위 · 아래로 뒤집어 가면서 1분 정도 지진다(290g). 【사진3】
3. 냄비를 달구어 쇠고기를 넣고 중불에서 2분 정도 볶다가 물을 붓고, 센불에 5분 정도 올려 끓으면 중불로 낮추어 10분 정도 끓인다.
4. 오이와 느타리버섯을 넣고 4분 정도 끓이다가 청장과 소금으로 간을 맞추고 청 · 홍고추를 넣고 2분 정도 더 끓인다. 【사진4】

· 노각(늙은오이)이나 백오이를 사용하기도 한다.
· 오이를 3~4cm 길이로 썰어 사용할 수도 있다.

1

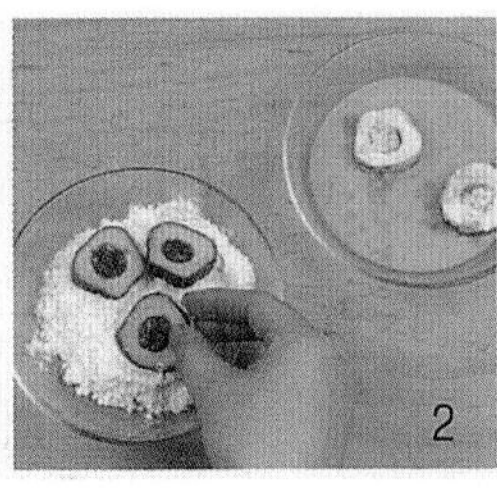
2

3

4

근대국

쌀뜨물에 된장과 고추장을 풀고 쇠고기와 근대를 넣고 끓인 음식이다. 근대는 줄기와 잎을 잘라 먹으면 곧 새순이 돋아나 사계절 언제나 먹을 있는 채소라 하여 부단초(不斷草)라고도 하는데, 여름철 원기를 돋우어 주고 위와 장을 튼튼하게 하는 효능이 있다.

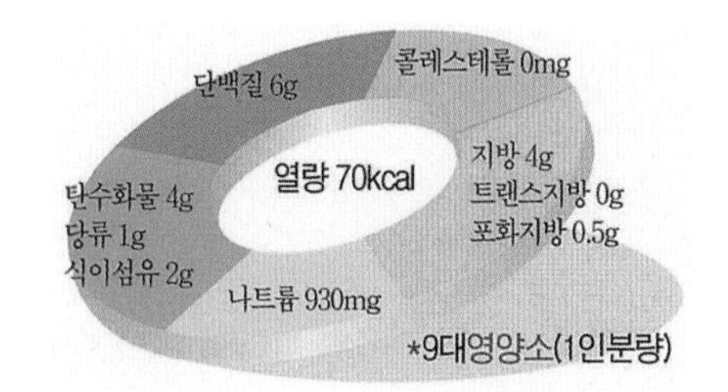

근대 300g, 물 2kg(10컵), 소금 2g(½작은술)
쇠고기(사태) 50g
양념장 : 청장 1.5g(¼작은술), 다진 파 1g, 다진 마늘 1g
참기름 1g(¼작은술)
쌀뜨물 1.4kg(7컵), 된장 51g(3큰술), 고추장 6g(1작은술)
파 20g, 다진 마늘 8g(½큰술), 소금 4g(1작은술)

재료준비

1. 근대는 다듬어 깨끗이 씻는다(290g).
2. 쇠고기는 핏물을 닦고 가로 · 세로 2.5cm 두께 0.2cm 정도로 썰어 양념장을 넣고 양념한다(40g).
3. 파는 다듬어 깨끗이 씻어 길이 2cm 두께 0.5cm 정도로 어슷 썬다.

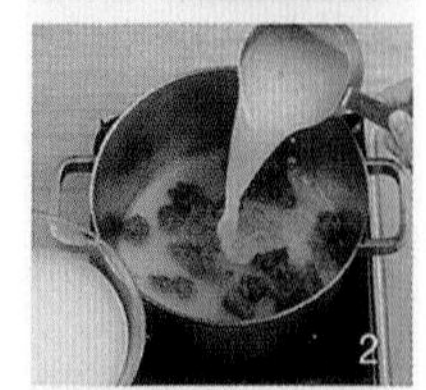

만드는법

1. 냄비에 물을 붓고 센불에 9분 정도 올려 끓으면, 소금과 근대를 넣고 2분 정도 데쳐 물에 헹구어 물기를 짠 다음, 길이 3~4cm로 썬다(250g). 【사진1】
2. 냄비를 달구어 쇠고기를 넣고 중불에서 1분 정도 볶다가 쌀뜨물을 붓고 된장과 고추장을 풀어 넣고 센불에 6분 정도 올려 끓인다. 【사진2 · 3】
3. 근대를 넣고 2분 정도 끓인 다음 중불로 낮추어 30분 정도 더 끓인다. 【사진4】
4. 파와 다진 마늘 · 소금으로 간을 맞추고 2분 정도 더 끓인다.

· 쇠고기 대신 보리새우를 넣어 끓이기도 한다.
· 근대는 데치지 않고 국을 끓이기도 한다.
· 근대는 잎이 넓고 광택이 있는 것으로 줄기가 연하고 길이가 짧은 것이 좋다.

조리후 중량	적정배식온도	총가열시간	총조리시간	표준조리도구
1.2kg(4인분)	65~80℃	52분	1시간	20cm 냄비

김치콩나물국

멸치다시마국물에 잘 익은 배추김치와 콩나물을 넣고 끓인 음식이다. 콩나물은 알코올을 분해하는 효소인 아스파라긴산과 비타민 C가 풍부하여 해장국으로 즐겨 먹으며, 푹 익은 김장김치를 함께 넣고 끓여서 겨울에 즐겨 먹는 음식이다.

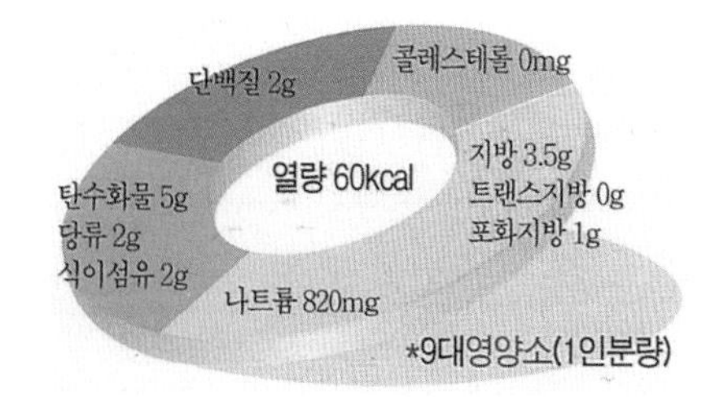

배추김치 200g, 콩나물 100g, 실파 20g, 김칫국물 60g(4큰술)
멸치다시마 국물 : 물 1.2kg(6컵), 멸치 30g, 다시마 5g
청장 6g(1작은술), 소금 2g(½작은술)

재료준비

1. 배추김치는 속을 털어내고 폭 1cm 정도로 썬다(190g). 【사진1】
2. 콩나물은 꼬리를 떼어내고 깨끗이 씻는다(95g).
3. 실파는 다듬어 깨끗이 씻어 길이 3cm 정도로 썬다(15g). 【사진2】
4. 멸치는 머리와 내장을 떼어 낸다(23g). 다시마는 면보로 닦는다.

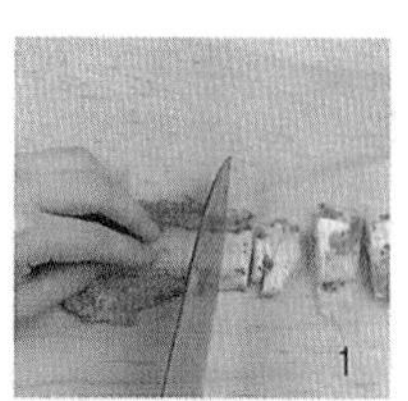

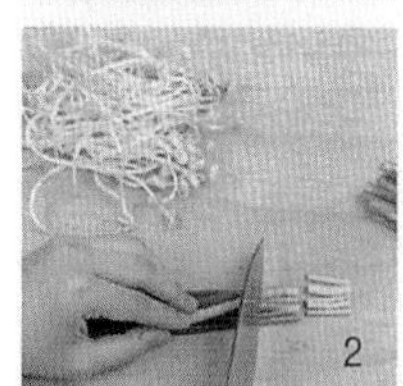

만드는법

1. 냄비에 멸치와 물을 붓고 센불에 6분 정도 올려 끓으면, 중불로 낮추어 5분 정도 끓이다가 다시마를 넣고 불을 끈 다음 5분 정도 두었다가 체에 걸러 멸치다시마 국물을 만든다(1.1kg). 【사진3】
2. 냄비에 멸치다시마 국물과 콩나물을 넣고 센불에 5분 정도 올려 끓으면 김치를 넣고 5분 정도 끓인다.
3. 김칫국물과 청장 · 소금으로 간을 맞추고 실파를 넣고 2분 정도 끓인다. 【사진4】

· 잘 익은 배추김치를 넣고 끓여야 맛이 좋다.
· 겨울에는 굴을 넣고 끓이면 시원하다.

조리후 중량	적정배식온도	총가열시간	총조리시간	표준조리도구
1.2kg(4인분)	65~80℃	23분	30분	20cm 냄비

배추들깨탕

쇠고기육수에 된장을 풀어 넣고 배춧잎과 들깨가루를 넣고 끓인 음식이다. 들깨는 옥소자(玉蘇子)·백자소(白紫蘇)·수소마(水蘇麻)라고도 하는데, 한방에서 들깨는 맛은 맵고 성질은 따뜻하나 평하며 독이 없고 먹으면 원기가 왕성해진다 하여 예부터 약용으로 사용하였다.

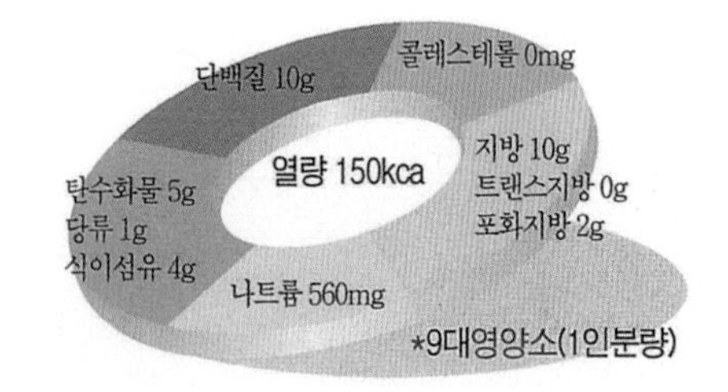

배춧잎 400g(8장), 데치는 물 1.4kg(7컵), 소금 2g(½작은술)
쇠고기(사태) 50g
양념장 : 청장 2g(⅓작은술), 다진 마늘 2.8g(½작은술)
후춧가루 0.1g
물 1kg(5컵)
들깨 55g(½컵), 물 600g(3컵)
된장 51g(3큰술), 소금 2g(½작은술)
청고추 7.5g(½개), **홍고추** 10g(½개)

재료준비

1. 배춧잎은 다듬어 깨끗이 씻는다(380g).
2. 들깨는 깨끗이 씻어 일어서 체에 밭친 후, 믹서에 물과 들깨를 넣고 3분 정도 갈아서 체에 거른다(600g). 【사진1】
3. 쇠고기는 핏물을 닦고 가로 2cm 세로 3cm 두께 0.3cm 정도로 썰어 양념장을 넣고 양념한다.
4. 청·홍고추는 씻어 길이 2cm 두께 0.3cm 정도로 어슷 썬다(청고추 5g, 홍고추 8g).

1

만드는법

1. 냄비에 데치는 물을 붓고 7분 정도 올려 끓으면 소금과 배춧잎을 넣고 3분 정도 데쳐서, 체에 밭쳐 물기를 빼고 길이로 반을 잘라 폭 3cm 정도로 썬다(400g). 【사진2】
2. 냄비를 달구어 쇠고기를 넣고 중불에서 2분 정도 볶다가 물을 붓고 센불로 4분 정도 올려 끓인다.
3. 된장과 배춧잎을 넣고 5분 정도 끓이다가 중불로 낮추어 20분 정도 끓인다. 【사진3】
4. 들깨물을 넣고 20분 정도 끓인 다음 소금과 청·홍고추를 넣고 2분 정도 더 끓인다. 【사진4】

2

3

4

· 들깨를 갈아 넣는 대신에 들깨가루를 사용하기도 한다.
· 배추는 노란 속대잎으로 끓이는 것이 더 맛있다.

조리후 중량	적정배식온도	총가열시간	총조리시간	표준조리도구
1.28kg(4인분)	65~80℃	1시간 3분	2시간	20cm 냄비

버섯들깨탕

우엉을 볶아서 다시마물을 붓고 버섯과 들깨가루를 넣어 끓인 음식이다. 들깨는 통일신라시대에 참깨와 함께 재배한 기록이 있는 것으로 보아 옛날부터 즐겨 먹은 식품이었음을 알 수 있다. 버섯은 독특한 향과 맛을 지니고 있어 들깨와 함께 넣고 끓이면 부드럽고 향이 좋다.

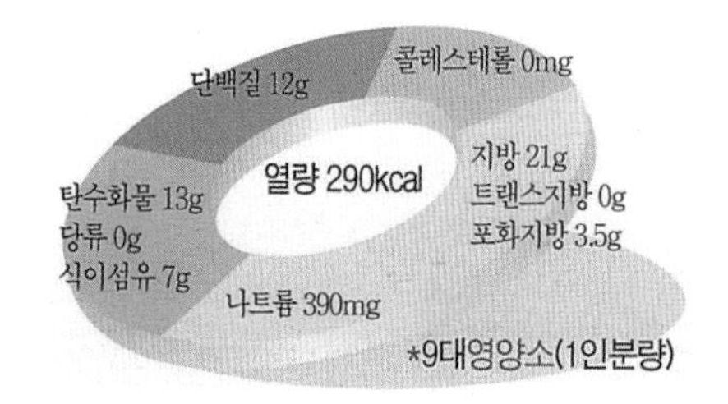

우엉 70g(⅙개), 물 200g(1컵), 식초 30g(2큰술)
생표고버섯 70g(5개), 양송이버섯 70g(7개)
느타리버섯 80g, 팽이버섯 100g
다시마 30g, 물 1.2kg(6컵)
들깨가루 150g, 들기름 15g(1큰술), 소금 4g(1작은술)

재료준비

1. 우엉은 씻어 칼등으로 껍질을 벗기고 다시 씻어 길이 3cm 두께 0.3cm 정도로 어슷 썰어 식초 물에 담근다.【사진1】
2. 생표고버섯은 씻어 기둥을 떼고 모양을 살려 폭 0.3cm 정도로 채 썰고(60g), 양송이버섯은 씻어 버섯 모양을 살려 폭 0.5cm 정도로 썬다.
3. 느타리버섯은 다듬어 씻어 폭 0.5cm 정도로 찢고(75g), 팽이버섯은 밑동을 자른다(72g).【사진2】
4. 다시마는 면보로 닦는다.

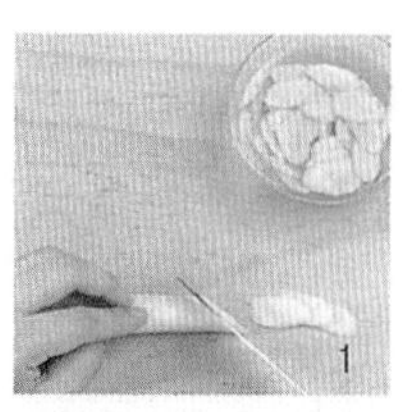

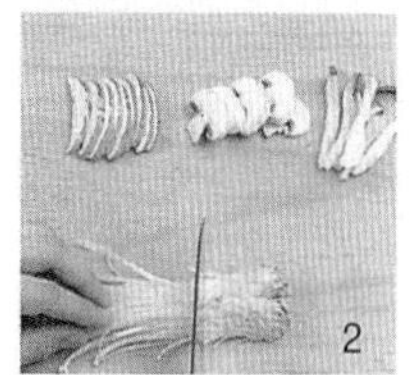

만드는법

1. 냄비에 물을 붓고 센불에 6분 정도 올려 끓으면 다시마를 넣고 불을 끈 다음 5분 정도 두었다가, 다시마는 건져 길이 3cm 폭 0.2cm 정도로 썰고(10g), 국물은 체에 걸러 다시마 국물을 만든다(1.1kg).
2. 냄비를 달구어 들기름을 두르고 우엉을 넣고 약불에서 2분 정도 볶다가, 다시마 국물을 붓고 센불에 6분 정도 올려 끓으면 중불로 낮추어, 버섯과 다시마 · 들깨가루를 넣고 5분 정도 더 끓인다.【사진3 · 4】
3. 소금으로 간을 맞추고 2분 정도 더 끓인다.

· 만두나 조랭이떡을 더 넣고 끓일 수도 있다.
· 느타리버섯은 살짝 데쳐서 찢어 사용할 수 있다.

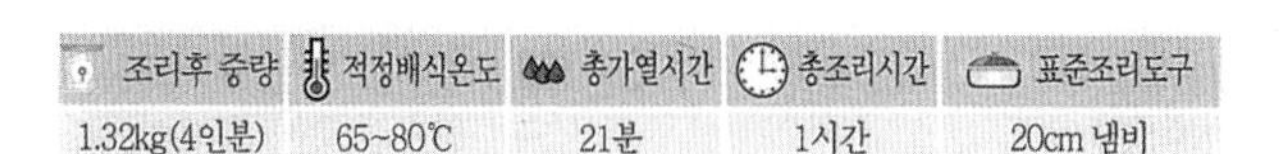

조리후 중량	적정배식온도	총가열시간	총조리시간	표준조리도구
1.32kg(4인분)	65~80℃	21분	1시간	20cm 냄비

호박잎된장국

멸치다시마국물에 된장과 고추장을 풀어 넣고 호박잎을 넣어 끓인 음식이다. 호박잎은 섬유소와 비타민이 풍부하고, 칼로리가 낮아서 다이어트에 좋으며 옛날에는 푸른색을 낼 때 천연 식용색소로 사용하였고, 다친 상처에 가루를 내어 발랐다고 한다.

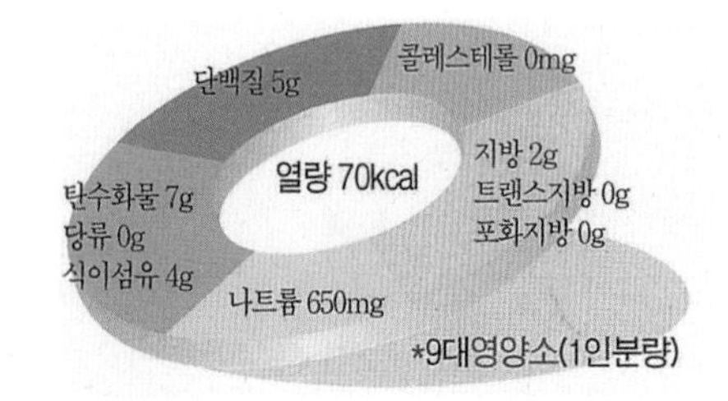

호박잎 200g, 데치는 물 3kg(15컵), 소금 4g(1작은술), 날콩가루 20g
멸치다시마 국물 : 물 2.2kg(11컵), 멸치 30g, 다시마 20g
된장 51g(3큰술), 고추장 19g(1큰술)
파 20g, 다진 마늘 11g(2작은술), 소금 3g(¾작은술)

재료준비

1. 호박잎은 줄기를 꺾어서 껍질을 벗기고 씻는다. 【사진1】
2. 멸치는 머리와 내장을 떼어 낸다(26g).
3. 다시마는 면보로 닦는다.
4. 파는 다듬어 깨끗이 씻어 길이 2cm 두께 0.3cm 정도로 어슷 썬다.

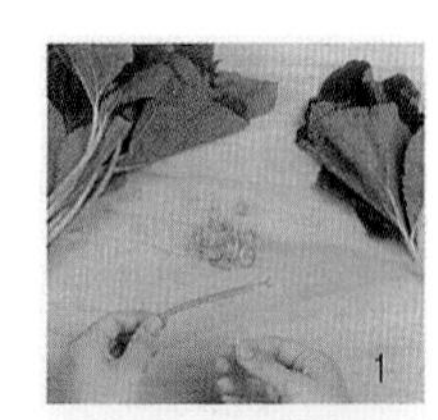

만드는법

1. 냄비에 데치는 물을 붓고 센불에 13분 정도 올려 끓으면, 소금과 호박잎을 넣고 2분 정도 데쳐 물에 헹구어 물기를 짠 다음, 길이 5~6cm로 썰어 날콩가루를 넣고 버무린다. 【사진2】
2. 냄비를 달구어 멸치를 넣고 중불에서 2분 정도 볶다가 물을 붓고, 센불에 10분 정도 올려 끓으면 중불로 낮추어 20분 정도 끓인다. 다시마를 넣고 불을 끈 다음 5분 정도 두었다가 체에 걸러 멸치다시마 국물을 만든다(1.5kg).
3. 냄비에 멸치다시마국물을 붓고 된장과 고추장을 풀어 넣고, 센불에 4분 정도 올려 끓으면 중불로 낮추어 호박잎을 넣고 25분 정도 끓인다. 【사진3】
4. 파와 다진 마늘 · 소금을 넣고 2분 정도 더 끓인다. 【사진4】

· 호박잎 순과 어린 호박을 같이 넣고 끓이기도 한다.
· 호박잎에 콩가루를 묻혀서 끓이기도 한다.

조리후 중량	적정배식온도	총가열시간	총조리시간	표준조리도구
1.32kg(4인분)	65~85℃	1시간 18분	2시간	20 · 24cm 냄비

닭곰탕

닭을 삶아서 살을 발라 닭 육수에 넣고 끓인 음식이다. 닭고기는 다른 육류에 비해 단백질 함량이 높고 지방함량이 낮은 식품으로, 푹 끓여 닭곰탕으로 섭취하면 부드럽고 소화가 잘 되어 노약자나 임산부에게 좋은 음식이다.

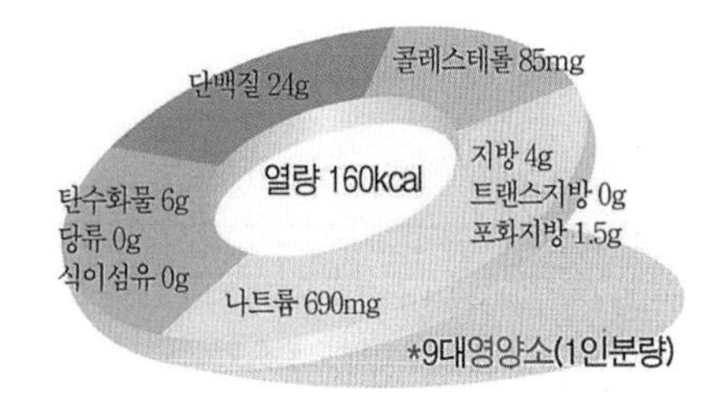

닭 1kg(1마리)
물 1.6kg(8컵), 향채 : 마늘 25g, 생강 15g, 양파 100g(⅓개)
양념장 : 소금 4g(1작은술), 다진 파 7(½큰술), 다진 마늘 2.8g(½작은술)
후춧가루 0.3g(⅛작은술), 참기름 4g(1작은술)
파 20g, 달걀 1개(60g), 식용유 6.5g(½큰술)
청장 3g(½작은술), 소금 2g(½작은술)

재료준비

1. 닭은 내장과 기름기를 떼어내고 등뼈 사이의 핏물을 긁어 낸 다음 깨끗이 씻는다(900g).
2. 파는 다듬어 깨끗이 씻어 두께 0.2cm 정도로 썬다(15g).
3. 달걀은 황백지단을 부쳐 길이 4cm 두께 0.2cm 정도로 채 썬다.

만드는법

1. 냄비에 닭과 물을 붓고 센불에 10분 정도 올려 끓으면, 중불로 낮추어 10분 정도 끓이다가 향채를 넣고 20분 정도 더 끓인다. 【사진1】
2. 닭고기는 건져서 살을 발라 길이 5cm 폭 · 두께 0.6cm 정도로 찢어(320g), 양념을 넣고 양념하고 국물은 식혀서 면보에 걸러 육수를 만든다(1.2kg). 【사진2 · 3】
3. 냄비에 육수를 붓고 센불에 6분 정도 올려 끓으면 양념한 닭고기를 넣고 청장과 소금으로 간을 맞추어 2분 정도 끓인다. 【사진4】
4. 그릇에 담고 파와 황백지단을 얹는다.

· 파와 소금, 후춧가루는 기호에 따라 가감한다.
· 육개장처럼 고춧가루를 넣어 맵게 끓이면 닭개장이 된다.

조리후 중량	적정배식온도	총가열시간	총조리시간	표준조리도구
1.4kg(4인분)	65~80℃	48분	1시간	20cm 냄비

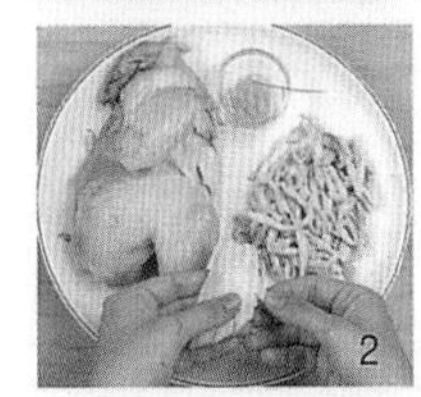

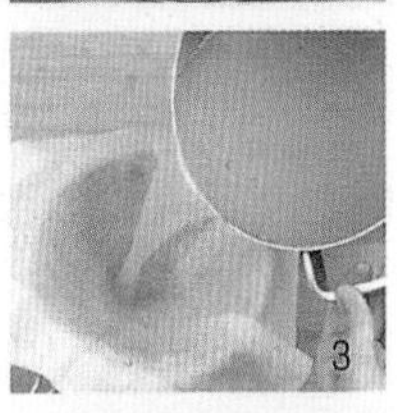

돼지등뼈육수에 감자와 시래기 · 들깨가루를 넣고 푹 끓인 음식이다. 감자탕은 삼국시대에 돼지를 많이 사육하던 남쪽 지방에서 소 대신 돼지를 잡아 그 뼈를 우려낸 국물로 음식을 만들어 먹은데서 유래되었다고 한다. 또 다른 유래는 돼지의 등뼈를 감자뼈라 부르던 것이 변하여 감자탕이 되었다고 전해지기도 한다.

감자탕

조리후 중량	적정배식온도	총가열시간	총조리시간	표준조리도구
2.4kg(4인분)	65~75℃	3시간 19분	5시간 이상	24cm 냄비

단백질 37g
콜레스테롤 150mg
탄수화물 46g
당류 0g
식이섬유 10g
열량 590kcal
지방 28g
트렌스지방 0g
포화지방 10g
나트륨 1340mg
*9대영양소(1인분량)

돼지등뼈 1kg, 튀하는물 3kg(15컵)
향채 : 양파 150g(1개), 파 40g, 마늘 15g, 생강 15g
물 4kg(20컵), 삶은 시래기 100g, 감자 350g(1½개)
양념장 : 청장 54g(3큰술), 된장 17g(1큰술), 소금 2g(½작은술), 고춧가루 14g(2큰술)
청주 15g(1큰술), 다진 파 28g(2큰술), 다진 마늘 24g(1½큰술)
생강즙 11g(2작은술), 후춧가루 0.6g(¼작은술)
들깨가루 50g, 깻잎순 50g, 파 20g, 홍고추 10g(½개)

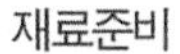

재료준비

1. 돼지등뼈는 물에 담가 1시간 마다 물을 갈면서 3번 정도 핏물을 빼고, 향채는 다듬어 깨끗이 씻는다.
2. 삶은 시래기의 억센 줄기는 껍질을 벗겨 깨끗이 씻고 길이 7cm 정도로 썬다(45g). 감자는 씻어 껍질을 벗기고 2등분 한다(330g). 【사진1】
3. 깻잎순은 다듬어 깨끗이 씻는다.
4. 파는 다듬어 깨끗이 씻어 길이 2cm 두께 0.3cm 정도로 어슷 썰고(18g), 홍고추는 씻어 파와 같은 크기로 어슷 썬다(8g).
5. 양념장을 만든다

만드는법

1. 냄비에 튀하는 물을 붓고 센불에 12분 정도 올려 끓으면 돼지등뼈를 넣고 5분 정도 튀한다.
2. 냄비에 튀한 돼지등뼈와 물을 붓고 센불에서 30분 정도 끓이다가 중불로 낮추어 1시간 정도 끓인 다음, 향채를 넣고 50분 정도 더 끓인다. 【사진2】
3. 향채는 건져내고 삶은 시래기와 감자 · 양념장을 넣고 30분 정도 끓인다. 【사진3】
4. 들깨가루를 넣고 10분 정도 끓이다가 깻잎순과 파 · 홍고추를 넣고 2분 정도 더 끓인다. 【사진4】

· 기호에 따라 들깨가루와 깻잎을 더 넣을 수도 있다.
· 감자탕을 먹을 때는 돼지등뼈를 개인 접시에 덜어 먹는다.

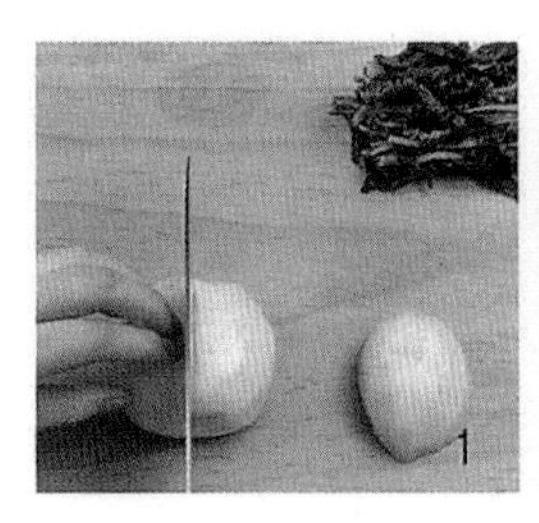
1

2

3

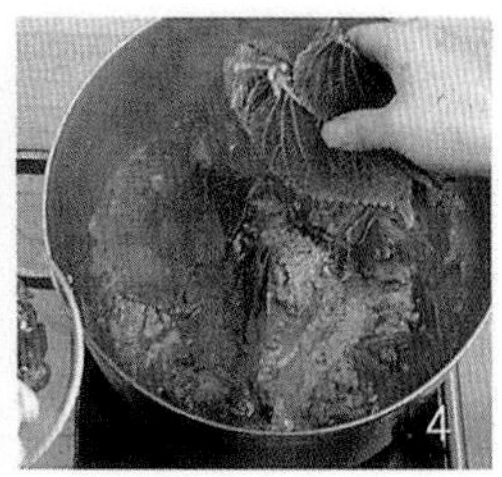
4

쇠고기와 닭고기 · 전복 · 해삼 등을 넣고 끓인 궁중음식이다. 조선시대 정조의 화성행차를 기록한 「원행을묘정리의궤(園行乙卯整理儀軌)」에 의하면 음력 2월 13일 혜경궁 홍씨가 받은 아침 「조다소반과(朝茶小盤果)」에 금중탕이 올랐다고 기록되어 있다.

금중탕

조리후 중량	적정배식온도	총가열시간	총조리시간	표준조리도구
1.2kg(4인분)	65~80℃	1시간 14분	3시간	20cm 냄비

단백질 20g
콜레스테롤 60mg
탄수화물 5g
당류 0g
식이섬유 3g
열량 160kcal
지방 6g
트랜스지방 0g
포화지방 2g
나트륨 440mg
*9대영양소(1인분량)

쇠고기(양지머리) 100g, 물 1kg(5컵), 닭 600g, 물 1.4kg(7컵)
향채 : 파 20g, 마늘 40g
전복 100g, 불린 해삼 60g(3개), 표고버섯 15g(3장), 미나리 10g, 잣 3.5g(1작은술)
양념장 : 청장 3g(½작은술), 소금 2g(½작은술), 다진 마늘 2.8g(½작은술)
후춧가루 0.3g(⅛작은술), 참기름 2g(½작은술)
소금 2g(½작은술), 달걀 60g(1개)

재료준비

1. 쇠고기는 핏물을 닦고, 닭은 내장과 기름기를 떼어내고 등뼈 사이의 핏물을 긁어낸 다음 깨끗이 씻는다. 향채는 다듬어 깨끗이 씻는다.
2. 전복은 솔로 깨끗이 씻어 살을 떼어놓고, 내장을 떼어 낸 다음 전복모양을 살려 두께 0.3cm 정도로 저며 썰고(51g), 불린 해삼은 씻어 가로 2.5cm 세로 3.5cm 정도로 썬다. 【사진1】
3. 표고버섯은 물에 1시간 정도 불려 기둥을 떼어내고 물기를 닦아 2~4등분한다(45g).
4. 미나리는 잎을 떼어내고 줄기를 깨끗이 씻어 길이 3cm 정도로 자르고, 달걀은 황백지단을 부쳐 길이 2cm 정도의 마름모꼴로 썬다.
5. 양념장을 만든다.

만드는법

1. 냄비에 쇠고기와 물을 붓고 센불에 6분 정도 올려 끓으면 중불로 낮추어 30분 정도 끓인다. 쇠고기는 건져 가로 2.5cm 세로 3.5cm 두께 0.3cm 정도로 썰고(50g), 국물은 식혀 면보에 걸러 쇠고기 육수를 만든다. 【사진2】
2. 냄비에 닭과 물을 붓고 센불에 8분 정도 올려 끓으면 중불로 낮추어 10분 정도 끓인 다음 향채를 넣고 10분 정도 더 끓인다. 닭고기는 건져 길이 2cm 두께 0.7cm 정도로 찢고(150g), 국물은 식혀 면보에 걸러 닭 육수를 만든다.
3. 쇠고기와 닭고기는 양념장을 넣고 양념하고, 쇠고기육수(300g)와 닭육수(700g)를 섞는다(1kg). 【사진3】
4. 냄비에 육수를 붓고 센불에 5분 정도 올려 끓으면 쇠고기와 닭살 · 전복 · 불린 해삼 · 표고버섯을 넣고 중불로 낮추어 5분 정도 끓이다가 소금으로 간을 맞춘 다음 미나리와 잣을 넣고 불을 끈다. 【사진4】
5. 그릇에 담고 황백지단을 얹는다.

· 쇠고기와 닭고기를 따로 삶지않고 함께 삶기도 한다.
· 보통의 탕과는 달리 국물을 많이 담지 않는다.

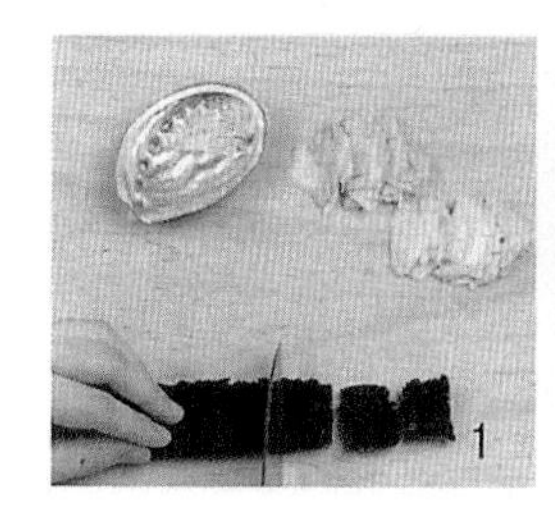
1

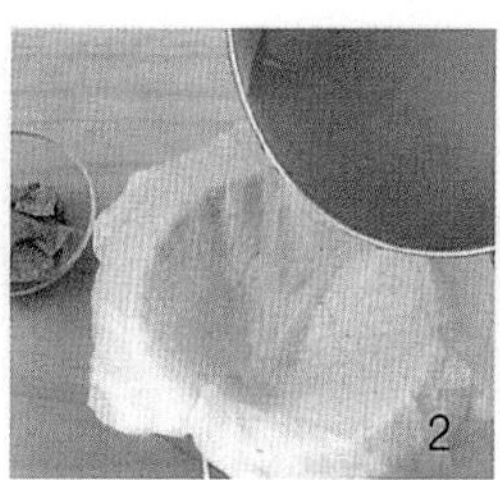
2

3

4

돼지사골과 등뼈로 육수를 내서 순대 · 머릿고기 · 내장을 넣고 끓인 음식이다. 순대를 만들 때 북쪽에서는 소창 보다는 대창을 많이 이용한다. 중국 명나라 때의 약학서 「본초강목」에 의하면 '순대의 재료가 되는 돼지 피는 빈혈과 심장쇠약 · 두통 · 어지럼증에 좋으며, 돼지는 간기능 저하 · 간염 · 빈혈 · 야맹증 · 시력 감퇴에 도움이 된다.' 고 하였다.

순대국

조리후 중량	적정배식온도	총가열시간	총조리시간	표준조리도구
1.6kg(4인분)	65~80℃	6시간 25분	5시간 이상	28cm 찜기

열량 430kcal
단백질 26g
콜레스테롤 55mg
지방 25g
트랜스지방 0g
포화지방 8g
나트륨 1160mg
탄수화물 24g
당류 0g
식이섬유 8g
*9대영양소(1인분량)

돼지사골 1kg, 돼지등뼈 1kg, 튀하는 물 3kg(15컵), 소주 200g(1컵)
물 7kg(35컵), 향채 : 파 100g, 마늘 100g, 생강 100g, 통후추 5g, 양파 200g(1개)
순대 200g, 머리고기 200g, 내장(오소리감투, 아기집 등) 100g
찌는 물 1kg(5컵)
양념장 : 소금 6g(½큰술), 고춧가루 14g(2큰술), 청주 15g(1큰술), 다진 파 14g(1큰술)
다진 마늘 8g(½큰술), 깨소금 2g(1작은술), 다진 양파 15g, 육수(물) 15g(1큰술)
고명 : 들깨 40g, 깻잎 50g, 파 50g, 새우젓 20g, 고춧가루 5g, 청양고추 20g(1개)

재료준비

1. 돼지사골과 등뼈는 물에 담가 1시간마다 물을 갈아주면서 3번 정도 핏물을 뺀다. 【사진1】
2. 향채는 다듬어 깨끗이 씻는다.
3. 들깨는 깨끗이 씻어 일어 체에 밭쳐 10분 정도 물기를 뺀다. 깻잎은 깨끗이 씻어 길이로 반을 잘라, 폭 0.5cm 정도로 채 썬다(50g). 파는 다듬어 깨끗이 씻어 두께 0.5cm 정도로 썬다(45g). 새우젓은 굵게 다져 고춧가루를 섞는다.
4. 양념장을 만든다.
5. 청양고추는 씻어 두께 0.5cm 정도로 썬다(10g). 【사진2】

만드는법

1. 냄비에 튀하는 물을 붓고 센불에 12분 정도 올려 끓으면 돼지사골과 등뼈 · 소주를 넣고 5분 정도 튀한다(사골 900g, 등뼈 982g).
2. 냄비에 돼지사골과 등뼈, 물을 붓고 센불에 30분 정도 올려 끓으면 중불로 낮추어 거품과 기름기를 걷어내며 4시간 정도 끓이다가 향채를 넣어 1시간 정도 더 끓인다. 【사진3】
3. 뼈는 건지고 육수는 식혀서 기름을 걷어낸다(1.2kg).
4. 찜기에 물을 붓고 센불에 5분 정도 올려 끓으면 순대 · 머리고기 · 내장을 넣고 5분 정도 찐 다음 순대는 길이 3cm 두께 0.7cm 정도로 썰고, 머리고기와 내장은 가로 3cm 세로 2cm 두께 0.7cm 정도로 썬다. 【사진4】
5. 팬을 달구어 들깨를 넣고 중불에 2분 정도 볶다가 약불에서 20분 정도 볶아 굵게 빻는다(37g).
6. 냄비에 육수를 붓고 센불에서 6분 정도 올려 끓여 그릇에 순대와 머리고기 · 내장을 넣고 끓인 육수를 부어 양념과 고명을 올려낸다.

· 순대국는 돼지의 내장에 불린 찹쌀과 채소, 돼지피 등을 소로 채워 넣고 물에 끓여서 익으면 썰어서 먹는 음식이다. 이북지방의 순대는 아바이 순대가 가장 유명하다.

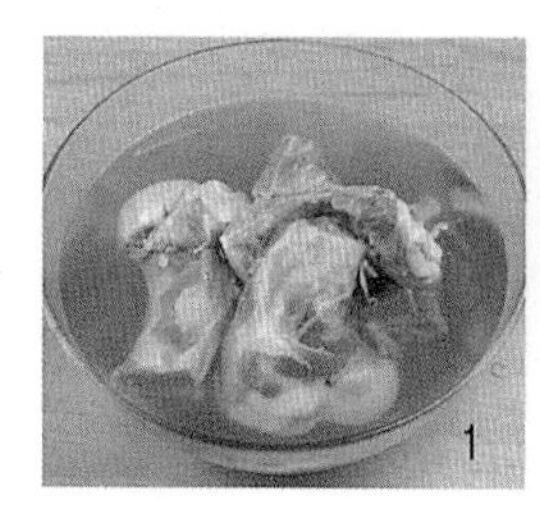
1

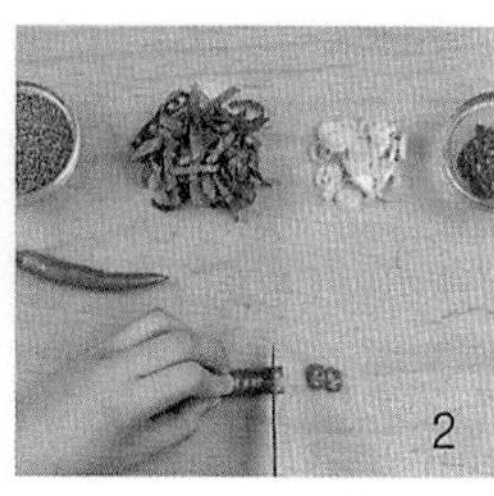
2

3

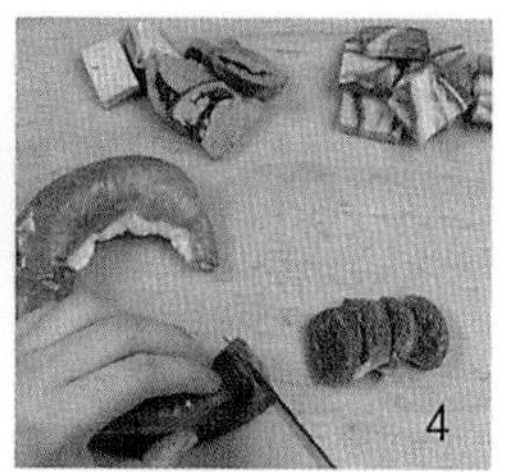
4

닭 육수에 양념한 닭살과 느타리버섯 · 파 · 미나리 · 고사리 등을 넣고 매콤하게 끓인 음식이다. 닭고기의 담백한 맛과 고춧가루의 매운 맛이 무더운 여름철 더위를 이기고 원기를 회복시켜 주는 음식이다.

닭개장

조리후 중량	적정배식온도	총가열시간	총조리시간	표준조리도구
1.8kg(4인분)	65~80℃	1시간 14분	2시간	24 · 18cm 냄비

열량 230kcal
단백질 18g
콜레스테롤 50mg
지방 15g
트랜스지방 0g
포화지방 4.5g
나트륨 1010mg
탄수화물 7g
당류 0g
식이섬유 6g
*9대영양소(1인분량)

닭 800g(⅔마리), 물 2.6kg(13컵)
향채 : 파 40g, 마늘 15g, 생강 10g
양념 : 소금 2g(½작은술), 다진 파 7g(½큰술), 다진 마늘 5.5g(1작은술)
후춧가루 0.1g, 참기름 6.5g(½큰술)
느타리버섯 100g, **파** 100g, **미나리** 100g, 물 800g(4컵), 소금 1g(¼작은술)
불린 고사리 100g
양념장 : 청장 18g(1큰술), 고춧가루 17.5g(2½큰술), 다진 파 28g(2큰술)
다진 마늘 16g(1큰술), 후춧가루 0.3g(⅛작은술), 참기름 6.5g(½큰술)
소금 6g(½큰술)

재료준비

1. 닭은 내장과 기름기를 떼어 내고, 등뼈 사이의 핏물을 긁어낸 다음 깨끗이 씻는다.
2. 향채는 다듬어 깨끗이 씻는다.
3. 느타리버섯은 다듬어 씻는다.
4. 파와 미나리는 다듬어 깨끗이 씻고 파는 길이로 반을 잘라 길이 5cm 정도로 자르고(85g), 미나리는 잎을 떼어내고 줄기를 깨끗이 씻어 파와 같은 길이로 썬다(75g). 불린 고사리는 다듬어 깨끗이 씻은 후 길이 5cm 정도로 썬다. 【사진1】
5. 양념장을 만든다.

만드는법

1. 냄비에 닭과 물을 붓고 센불에 13분 정도 올려 끓으면, 향채를 넣고 중불로 낮추어 15분 정도 삶는다.
2. 닭은 건져서 살을 발라 길이 5cm 굵기 0.5cm 정도로 찢어(240g) 양념을 넣고 양념하고, 육수는 식혀서 면보에 거른다(1.8kg). 【사진2】
3. 냄비에 물을 붓고 센불에 4분 정도 올려 끓으면 느타리버섯과 파를 각각 1분 정도 데치고 체에 밭쳐 물기를 뺀다(느타리버섯 110g, 파 95g).
4. 데친 느타리버섯은 굵기 0.5cm 정도로 찢고 파와 고사리를 한데 섞어 양념장을 넣고 양념한다. 【사진3】
5. 냄비에 닭육수를 붓고 센불에 9분 정도 올려 끓으면, 양념한 재료를 모두 넣고 10분 정도 끓인다.
6. 떠오르는 거품을 걷어내고 중불로 낮추어 20분 정도 끓여 맛이 충분히 우러나면 미나리를 넣고 소금으로 간을 맞추어 1분 정도 끓인다. 【사진4】

· 배추우거지와 숙주를 데쳐서 넣기도 한다.
· 달걀을 풀어 줄알을 치기도 한다.
· 밀가루를 풀어 넣고 국물을 걸죽하게 만들기도 한다.

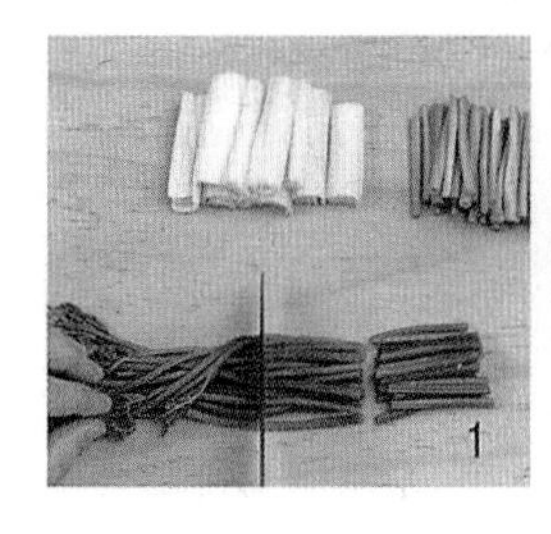
1

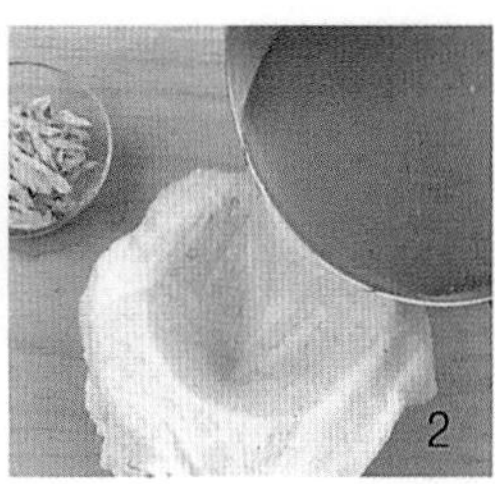
2

3

4

오리고기에 여러 가지 약재와 들깨가루를 넣고 끓인 음식이다. 오리고기는 다른 육류와 달리 알칼리성 식품으로 해독작용이 강하여 신라시대나 고려시대에 오리를 길러 임금에게 진상하였다고 한다. 한방에서 오리는 어혈을 풀어주며 풍을 다스리는데 효과가 있다고 한다.

오리탕

조리후 중량	적정배식온도	총가열시간	총조리시간	표준조리도구
2.2kg(4인분)	65~80℃	1시간 32분	2시간	20 · 24cm 냄비

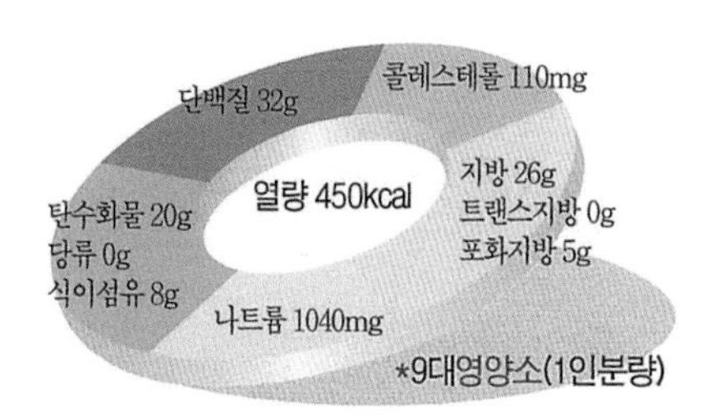

*9대영양소(1인분량)

오리 1kg, 튀하는 물 1kg(5컵), **양념** : 소금 2g(½작은술), 후춧가루 0.3g(⅛작은술)
물 2.6kg(13컵), 된장 51g(3큰술), 고추장 19g(1큰술)
밤 60g(4개), 대추 40g(10개), 마늘 45g(9개), 생강 30g, 인삼(수삼) 30g(2뿌리)
불린 고사리 100g, 불린 토란대 100g, 미나리 200g, 들깨가루 120g, 소금 4g(1작은술)

재료준비

1. 오리는 내장과 기름기를 떼어내고 등뼈 사이의 핏물을 긁어낸 다음 깨끗이 씻는다. 【사진1】
2. 밤은 껍질을 벗기고 대추는 면보로 닦고, 마늘과 생강은 깨끗이 씻어 두께 0.5cm 정도로 썬다.
3. 인삼은 깨끗이 씻어 뇌두를 잘라내고 두께 2cm 정도로 어슷 썬다.
4. 불린 고사리는 다듬어 씻어 길이 7cm 정도로 썰고, 삶은 토란대는 씻어 길이 7cm 폭 0.5cm 정도로 썬다(고사리 90g, 토란대 85g). 미나리는 잎을 떼어내고 줄기를 깨끗이 씻어 5cm 정도로 자른다(150g). 【사진2】

만드는법

1. 냄비에 튀하는 물을 붓고 센불에 5분 정도 올려 끓으면 오리고기를 넣고 5분 정도 튀한다.
2. 냄비에 물을 붓고 센불에 11분 정도 올려 끓으면 된장과 고추장을 풀어 넣은 다음, 오리를 넣고 중불로 낮추어 20분 정도 끓인 후 밤과 대추 · 마늘 · 생강 · 인삼을 넣고 20분 정도 더 끓인다. 【사진3】
3. 오리 고기는 건져 식혀서 길이 5cm 폭 · 두께 0.5cm 정도의 크기로 찢어 양념을 넣어 양념하고(340g), 오리 국물은 식혀 면보에 걸러 육수를 만든다(1.8kg).
4. 냄비에 육수를 붓고 센불에 9분 정도 올려 끓으면 오리고기와 고사리 · 토란대를 넣고 중불로 낮추어 20분 정도 끓인 다음, 들깨가루와 미나리를 넣고 소금으로 간을 맞추어 2분 정도 더 끓인다. 【사진4】

· 미나리 대신 들깻잎을 넣기도 한다.
· 불린 고사리와 토란대는 억센 줄기의 겉껍질을 벗겨내야 질기지 않다.
· 오리를 뼈째 토막을 내어 사용하기도 한다.

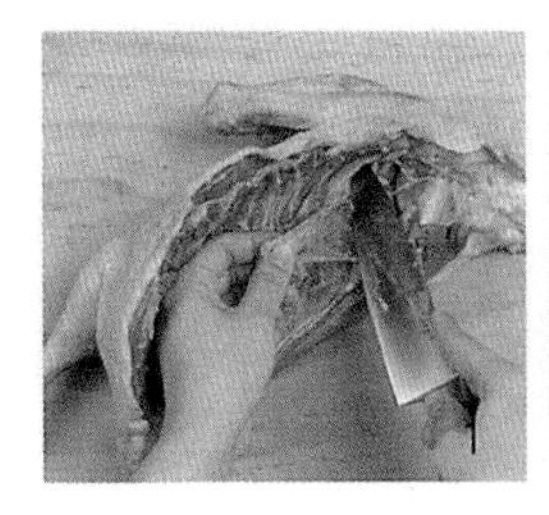
1

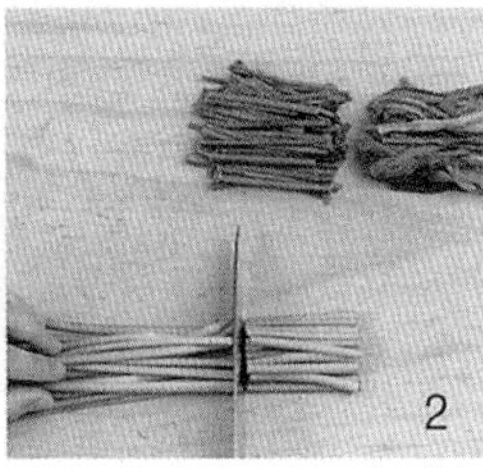
2

3

4

오골계탕

오골계의 뱃속에 찹쌀과 황률 · 대추 · 마늘 등을 넣고 황기물을 부어 오래 끓인 보양 음식이다. 오골계는 「동의보감」에 '산모의 허약한 기운을 보하고, 설사나 이질 후에 보양제가 되며 중풍에 좋다' 고 하였다. 특히 오골계탕은 기(氣)가 약하면서 땀이 많이 나는 사람의 여름철 보양식으로 좋다고 하였다.

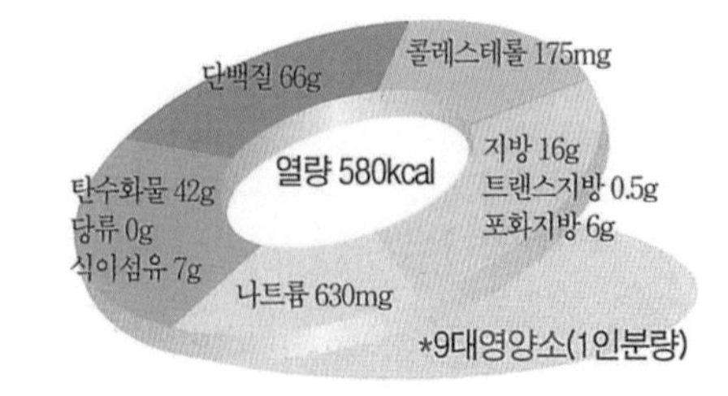

오골계 1.5kg(2마리)
찹쌀 135g(¾컵), 황률 30g(8개), 대추 32g(8개), 마늘 70g
황기 40g, 물 3kg(15컵)
소금 4g(1작은술), 후춧가루 0.3g(⅛작은술), 파 20g

재료준비

1. 오골계는 내장과 기름기를 떼어내고 등뼈 사이의 핏물을 긁어낸 다음 깨끗이 씻는다.
2. 찹쌀은 깨끗이 씻어 일어서 물에 2시간 정도 불린 다음, 체에 밭쳐 10분 정도 물기를 뺀다(165g).
3. 황률과 대추는 면보로 닦고, 마늘은 다듬어 깨끗이 씻는다.
4. 황기는 씻어서 물에 2시간 정도 우린다.
5. 파는 다듬어 씻어 폭 0.3㎝ 정도로 썬다.

만드는법

1. 냄비에 황기와 황기 우린 물을 붓고 센불에 12분 정도 올려 끓으면 중불로 낮추어 40분 정도 끓인 다음, 체에 걸러 황기물을 만든다(2.06㎏). 【사진1】
2. 오골계의 뱃속에 찹쌀과 황률 · 대추 · 마늘을 넣고 내용물이 나오지 않도록 오골계다리를 엇갈리게 끼운다. 【사진2 · 3】
3. 냄비에 오골계와 황기물을 붓고 센불에 10분 정도 올려 끓으면 중불로 낮추어 1시간 20분 정도 더 끓인다. 【사진4】
4. 소금과 후춧가루를 넣어 2분 정도 더 끓인 다음 그릇에 담아 파를 얹는다.

· 파와 소금, 후춧가루는 기호에 따라 가감할 수 있다.
· 찹쌀 대신에 검은 찰흑미를 쪄서 넣기도 한다.
· 오골계탕을 먹을 때는 개인접시에 덜어서 먹는다.

조리후 중량	적정배식온도	총가열시간	총조리시간	표준조리도구
2,840g(4인분)	65~80℃	2시간 24분	4시간	24cm 냄비

1

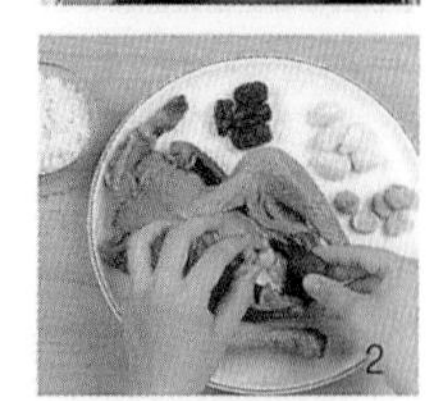
2

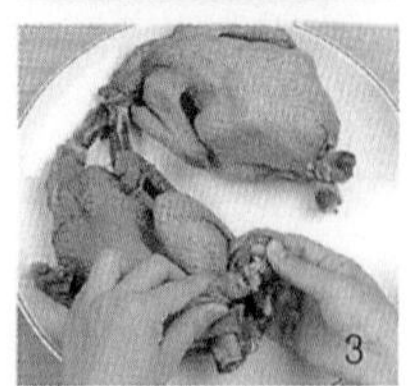
3

4

가물치탕

가물치에 두부 · 버섯 등을 넣고 뭉근히 끓인 음식이다. 가물치는 민물고기로 부인(婦人)에게 좋은 물고기라 하여 가모치(加母致)라 하였으며, 단백질과 칼슘의 함량이 높아 산모나 청소년에게 좋다. 「동의보감」에도 가물치는 치질과 급성인후염에 좋다고 기록되어 있다.

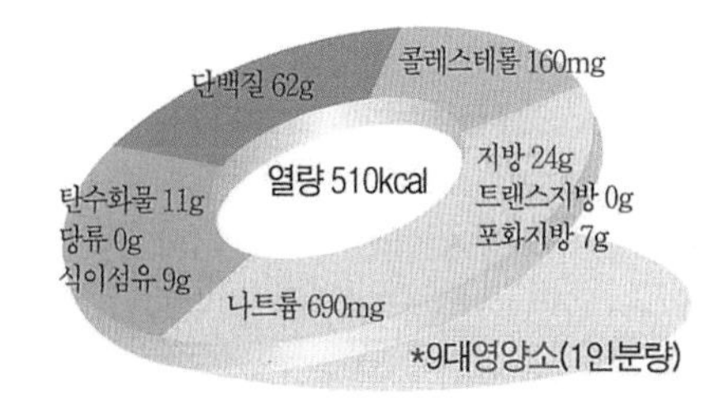

가물치 1kg(1마리), 소금 12g(1큰술), 밀가루 7g(1큰술)
두부 250g(½모), **표고버섯** 25g(5장), **석이버섯** 5g
파 20g, **물** 1.6kg(8컵)
양념장 : 청장 36g(2큰술), 다진 마늘 16g(1큰술)
다진 생강 4g(1작은술), 후춧가루 1.3g(½작은술)
달걀 60g(1개)

재료준비

1. 가물치는 비늘을 긁어내고 배를 갈라 내장을 빼내고, 등뼈사이의 핏기를 긁어내고 소금과 밀가루로 문질러 깨끗이 씻어 길이 7cm 정도로 자른다(800g). 【사진1】
2. 두부는 가로 3cm 세로 2cm 두께 0.5cm 정도로 썬다(200g). 【사진2】
3. 표고버섯과 석이버섯은 물에 1시간 정도 불려, 표고버섯은 기둥을 떼고 물기를 닦아 길이 4cm 폭 · 두께 0.5cm 정도로 채 썰고, 석이버섯은 비벼 씻어 가운데 돌기를 떼어 내고 가로 · 세로 2cm 정도로 썬다(2g).
4. 파는 다듬어 깨끗이 씻은 후 길이 2cm 두께 0.3cm 정도로 어슷썬다.
5. 달걀은 황백지단을 부쳐 길이 2cm 정도의 마름모꼴로 썬다.
6. 양념장을 만든다.

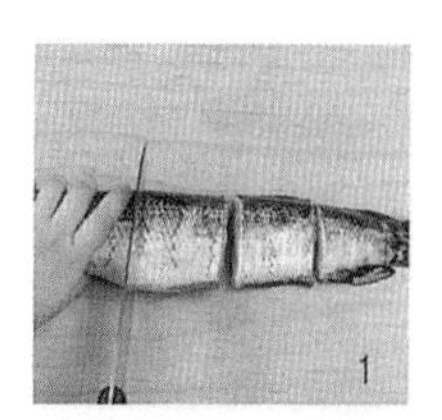

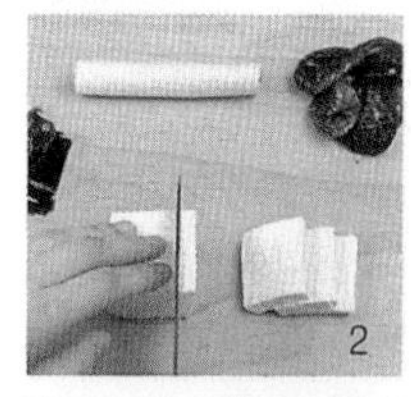

만드는법

1. 냄비에 물을 붓고 센불에 8분 정도 올려 끓으면 가물치를 넣고 중불로 낮추어 1시간 정도 끓인다.
2. 양념장과 두부 · 표고버섯 · 석이버섯을 넣고 10분 정도 끓이다가 파를 넣고 2분 정도 더 끓인다. 【사진3 · 4】
3. 그릇에 담고 황백지단을 올린다.

· 가물치의 크기에 따라 끓이는 시간을 조정한다.
· 살아있는 가물치는 머리쪽의 급소를 쳐서 손질을 한다.

조리후 중량	적정배식온도	총가열시간	총조리시간	표준조리도구
2kg(4인분)	65~80℃	1시간 20분	2시간	24cm 냄비

장어를 뼈째 끓여 체에 걸러 우거지와 된장을 넣고 끓인 음식이다. 장어는 「자산어보(1814년)」에 해만려(海鰻淹)라 하였으며, 배가 희다고 하여 백선(白線)이라고도 하였다. 장어탕은 비타민 A와 단백질 · 지질이 풍부하여 여름철 보양식품으로 즐겨먹는다.

장어탕

조리후 중량	적정배식온도	총가열시간	총조리시간	표준조리도구
2.2kg(4인분)	65~80℃	2시간 1분	3시간	24cm 냄비

열량 650kcal
단백질 36g
콜레스테롤 225mg
지방 49g
트랜스지방 0g
포화지방 15g
나트륨 910mg
탄수화물 17g
당류 0g
식이섬유 7g
*9대영양소(1인분량)

장어 4마리(950g), 굵은 소금 39g(3큰술)
물 3kg(15컵), 향채 : 파 50g, 마늘 50g, 생강 30g
삶은 우거지 300g, 불린 고사리 100g
숙주 150g, 물 400g(2컵), 소금 1g(¼작은술)
청고추 15g(1개), 홍고추 20g(1개)
양념장 : 된장 51g(3큰술), 고춧가루 14g(2큰술), 다진 파 28g(2큰술)
다진 마늘 16g(1큰술)
소금 6g(½큰술)

재료준비

1. 장어를 그릇에 담고 굵은 소금을 뿌려 뚜껑을 덮어 10분 정도 해감을 시킨 후, 내장을 빼내고 깨끗이 씻는다. 향채는 다듬어 깨끗이 씻는다.
2. 삶은 우거지와 불린 고사리는 씻어 길이 4cm 정도로 자르고, 숙주는 꼬리를 떼고 깨끗이 씻는다.
3. 청 · 홍고추는 씻어 길이로 반을 잘라 씨와 속을 떼어내고 가로 · 세로 0.5cm 정도로 썬다.
4. 양념장을 만든다.

만드는법

1. 냄비에 장어를 넣고 물을 부은 다음 센불에 15분 정도 올려 끓으면 중불로 낮추어 30분 정도 끓이다가 향채를 넣고 약불에서 30분 정도 더 끓인다. 【사진1】
2. 삶은 장어를 체에 내려 장어국물을 만들고 뼈는 버린다(2.2kg). 【사진2】
3. 냄비에 물을 붓고 센불에 2분 정도 올려 끓으면 소금과 숙주를 넣고 2분 정도 데친다(100g).
4. 냄비에 장어국물을 붓고 양념장을 넣어 센불에 10분 정도 올려 끓으면, 삶은 우거지와 불린 고사리 · 데친 숙주를 넣고 중불로 낮추어 30분 정도 끓인다. 【사진3】
5. 청 · 홍고추와 소금을 넣고 2분 정도 더 끓인다. 【사진4】

· 뜨거울 때 먹어야 비린내가 적다
· 무청시래기와 들깨가루를 넣고 끓일 수도 있다.
· 먹을 때 부추를 송송 썰어 넣기도 한다.

사골로 끓인 육수에 선지와 얼갈이배추 · 콩나물을 넣고 끓인 음식이다. 선짓국은 해장국으로 즐겨 먹는 음식으로 선지는 철분의 함량이 높아 빈혈의 치료와 예방에 도움을 주고, 우거지는 섬유소가 풍부하여 정장작용을 하며, 선지 속에 들어 있는 철분의 흡수를 도와 준다.

선짓국

조리후 중량	적정배식온도	총가열시간	총조리시간	표준조리도구
2.4kg(8인분)	15~25℃	6시간 27분	5시간 이상	24 · 32cm 냄비

단백질 11g
콜레스테롤 40mg
열량 100kcal
지방 3.5g
트랜스지방 0g
포화지방 1.5g
탄수화물 5g
당류 2g
식이섬유 2g
나트륨 810mg
*9대영양소(1인분량)

사골 1kg, 튀하는물 3kg(15컵), 쇠고기(양지) 300g, 물 5kg(25컵)
향채 : 파 30g, 마늘 20g, 생강 10g
선지 400g, 삶는물 800g(4컵), 소금 1g(¼작은술)
양념장① : 청장 3g(½작은술), 다진 파 2.3g(½작은술), 다진 마늘 1.4g(¼작은술)
얼갈이배추 300g, 물 600g(3컵), 소금 1g(¼작은술)
콩나물 100g, 물 400g(2컵), 소금 1g(¼작은술)
파 100g, 홍고추 40g(2개), 청양고추 20g(2개)
양념장② : 된장 51g(3큰술), 청장 12g(2작은술), 고춧가루 7g(1큰술)
다진 마늘 16g(1큰술)
소금 4g(1작은술)

재료준비

1. 사골은 물에 담가 1시간 마다 물을 갈아주면서, 3번 정도 핏물을 뺀다(1.03kg).
2. 양지머리는 핏물을 닦고(264g), 향채는 다듬어 깨끗이 씻는다.
3. 선지는 물에 씻어 핏물을 뺀다.
4. 얼갈이배추는 다듬어 깨끗이 씻는다(280g).
5. 콩나물은 꼬리를 떼고 깨끗이 씻는다(90g).
6. 파는 다듬어 깨끗이 씻어 길이로 2등분하여 길이 7cm 정도로 썬다(80g). 【사진1】
7. 홍고추와 청양고추는 씻어 길이 2cm 두께 0.3cm 정도로 어슷 썬다(홍고추 35g, 청양고추 18g).
8. 양념장을 만든다.

만드는법

1. 냄비에 튀하는 물을 붓고, 센불에서 12분 정도 올려 끓으면 사골을 넣고 5분 정도 튀한다.
2. 냄비에 사골과 물을 붓고 센불에서 30분 정도 끓이다가 약불로 낮추어 거품과 기름을 걷어내고 3시간 정도 끓이다가 쇠고기를 넣고 30분 정도 끓인다. 향채를 넣어 1시간 정도 더 끓여 국물은 식힌 후 면보에 걸러 육수를 만든다(2.1kg). 쇠고기는 가로 3cm 세로 4cm 두께 0.3cm 정도로 썰어 양념장①을 넣어 양념한다(170g). 【사진2】
3. 냄비에 물을 붓고 센불에 4분 정도 올려 끓으면 소금과 선지를 넣고 5분 정도 삶아 건진 다음 가로 · 세로 · 두께 3cm 정도로 썬다(300g).
4. 냄비에 물을 붓고 센불에 3분 정도 올려 끓으면, 소금과 얼갈이배추를 넣고 2분 정도 데쳐 물에 헹구어 물기를 짜고 길이 5cm 정도로 썬다(210g).
5. 냄비에 물을 붓고 센불에 2분 정도 올려 끓으면, 소금과 콩나물을 넣고 2분 정도 데친다(80g).
6. 삶은 우거지와 콩나물에 양념장②를 넣고 양념한다.
7. 냄비에 육수를 붓고 양념한 모든 재료와 파를 넣어 센불에 10분 정도 올려 끓으면 10분 정도 끓이다가 선지를 넣고 중불로 낮추어 30분 정도 더 끓인다. 홍고추 · 청양고추를 넣고 소금으로 간을 맞추어 2분 정도 끓인다. 【사진3 · 4】

· 선지는 신선해야 잡냄새가 나지 않는다.
· 선지는 끓는 물에 데쳐 사용해야 국물 맛이 좋다.

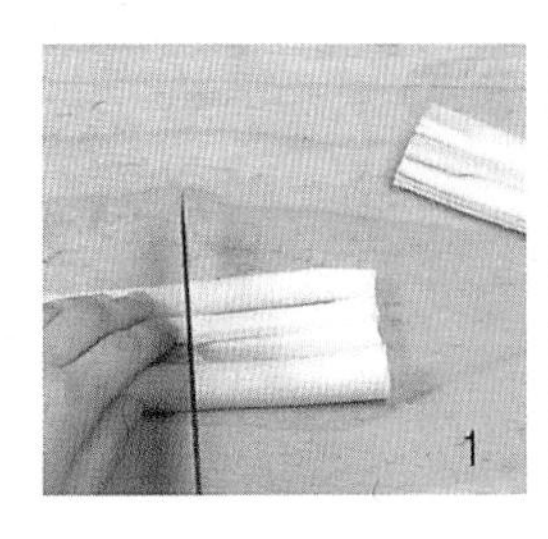
1

2

3

4

메기매운탕

쌀뜨물에 고추장을 풀어 메기를 넣고 얼큰하게 끓인 음식이다. 메기는 민물고기 중 가장 맛있는 물고기란 뜻에서 종어(宗魚)라고 불리는데 단백질이 풍부하고 미네랄 성분이 많아 보양식으로 좋다. 「본초강목」에 '메기는 구안와사(풍증으로 입과 눈이 한쪽으로 돌아간 병)에 좋다.' 고 하였다.

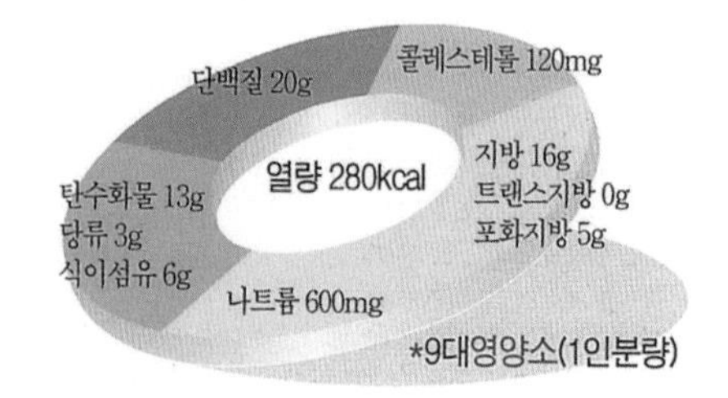

메기 700g(2마리), 굵은 소금 36g(3큰술)
쌀뜨물 1kg(5컵)
무 330g(⅓개), 청고추 15g(1개), 홍고추 20g(1개),
미나리 50g, 깻잎 10g, 쑥갓 80g
양념장 : 고추장 38g(2큰술), 고춧가루 14g(2큰술), 다진 파 28g(2큰술)
다진 마늘 24g(1½큰술), 생강즙 5.5g(1작은술)
소금 4g(1작은술)

재료준비

1. 메기를 그릇에 넣고 소금을 뿌려 뚜껑을 덮고 10분 정도 해감을 시킨다.【사진1】
2. 내장을 빼내고 핏물이 빠지도록 깨끗이 씻은 후 길이 7cm 정도로 자른다(600g).【사진2】
3. 무는 다듬어 씻어 가로 3cm 세로 4cm 두께 1cm 정도로 썰고(260g), 청 · 홍고추는 씻어 길이 2cm 두께 0.3cm 정도로 어슷 썬다.
4. 미나리는 잎을 떼어내고 줄기를 깨끗이 씻어 길이 5cm 정도로 썰고(30g), 깻잎은 깨끗이 씻어 길이로 반을 갈라 폭 2cm 정도로 자른다. 쑥갓은 다듬어 씻어 길이 5cm 정도로 자른다(50g).
5. 양념장을 만든다.

1

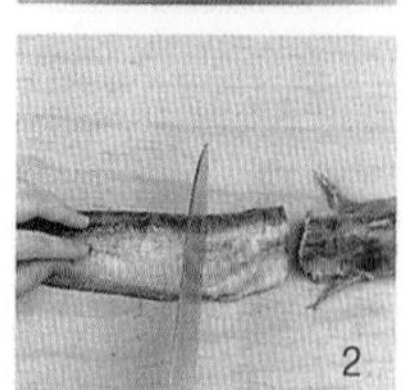
2

만드는법

1. 냄비에 쌀뜨물을 붓고 센불에서 5분 정도 올려 끓으면, 양념장과 무를 넣고 1분 정도 끓이다가 중불로 낮추어 5분 정도 끓인다.
2. 메기를 넣고 센불로 올려 1분 정도 끓어오르면 중불로 낮추어 20분 정도 끓이다가 청 · 홍고추 · 미나리 · 깻잎 · 소금을 넣고 2분 정도 더 끓인 후 쑥갓을 넣고 불을 끈다.【 사진3 · 4】

3

4

· 메기매운탕에 수제비를 만들어 넣기도 한다.
· 살아 있는 메기를 해감해서 끓여야 비린내가 없고 맛이 좋다.
· 핏물을 깨끗이 닦아내야 비린내와 흙냄새가 덜하다.

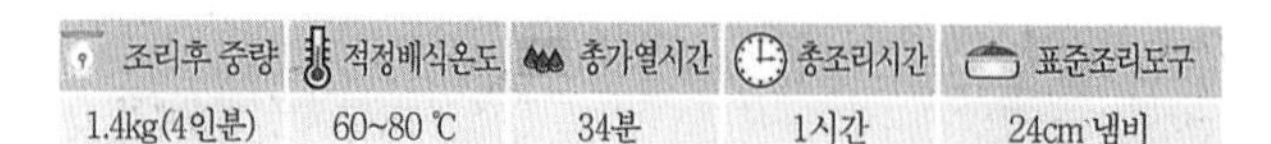

조리후 중량	적정배식온도	총가열시간	총조리시간	표준조리도구
1.4kg(4인분)	60~80 ℃	34분	1시간	24cm 냄비

청포탕

쇠고기육수에 청포묵을 넣고 끓인 음식이다. 청포묵은 녹두전분으로 만든 묵으로 몸의 독소를 빼주고 찬 성질이 있어 더위에 지친 몸과 피부를 다스리는 효능이 있어 여름에 즐겨 먹는다. 청포묵을 쑬 때 치자를 넣으면 노란색의 황포묵이 된다.

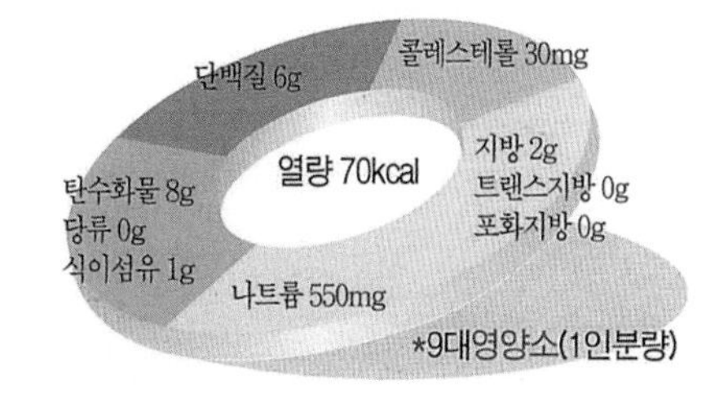

청포묵 350g
쇠고기(우둔) 200g, 향채 : 파 20g, 마늘 10g
물 1.7kg(8½컵)
실파 10g, 청장 6g(1작은술), 소금 4g(1작은술), 계란 60g(1개)

재료준비

1. 청포묵은 씻어 가로 3cm 세로 2cm 두께 0.5cm 정도로 썬다(300g). 【사진1】
2. 쇠고기는 핏물을 닦고, 향채는 다듬어 깨끗이 씻는다.
3. 실파는 다듬어 깨끗이 씻어 길이 3cm 정도로 썬다.
4. 달걀은 풀어 놓는다.

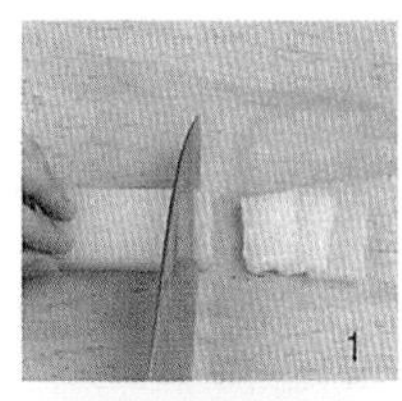
1

만드는법

1. 냄비에 쇠고기와 물을 붓고 센불에 9분 정도 올려 끓으면 중불로 낮추어 15분 정도 끓이다가, 향채를 넣고 15분 정도 더 끓여 고기는 건지고(114g), 국물은 식혀 면보에 걸러 육수를 만든다(1.1kg). 【사진2】
2. 쇠고기는 가로 2.5cm 세로 2cm 두께 0.3cm 정도로 썬다(55g). 【사진3】
3. 냄비에 쇠고기와 육수를 붓고 센불에 6분 정도 올려 끓으면, 중불로 낮추어 3분 정도 끓이다가 청장과 소금으로 간을 맞춘다.
4. 청포묵을 넣고 2분 정도 끓인 다음 약불로 낮추어 줄알(30g)을 치고 실파를 넣어 1분 정도 끓인다. 【사진4】

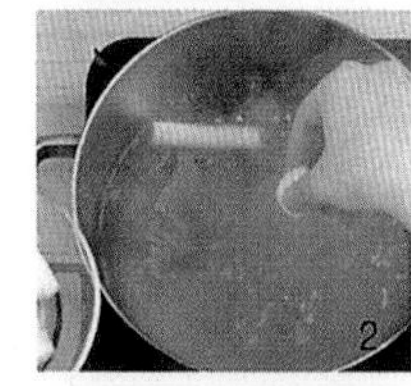
2

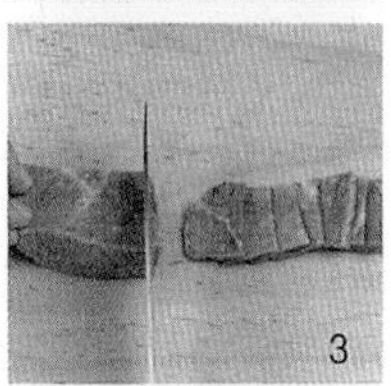
3

4

· 쇠고기육수 대신 멸치국물을 사용하기도 한다.
· 김을 구워 부숴 올리기도 한다.
· 청포묵을 넣고 오래 끓이면 묵의 탄력이 없어지므로 시간에 유의 한다.

조리후 중량	적정배식온도	총가열시간	총조리시간	표준조리도구
1.2kg(4인분)	65~80℃	51분	1시간	20cm 냄비

더덕냉국

더덕을 소금물에 담가 아린 맛을 뺀 다음 가늘게 찢어서 시원한 냉국을 부어 만든 음식이다. 더덕은 도라지나 인삼과 같이 사포닌 성분이 들어 있어 약용으로 쓰이기도 하고 인삼과 비슷하게 생겼다고 해서 사삼(沙蔘)이나 백삼(白蔘)이라고도 한다.

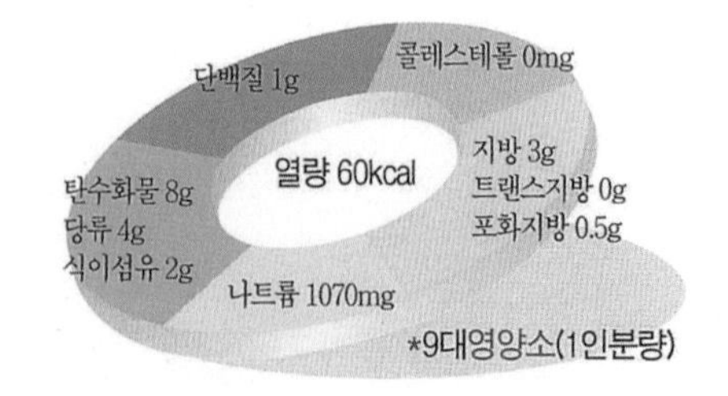

더덕 150g(7개), 물 200g(1컵), 소금 6g(½큰술)
냉국 : 끓여 식힌 물 1kg(5컵), 소금 12g(1큰술)
설탕 24g(2큰술), 식초 45g(3큰술)
실고추 0.5g
통깨 2g(1작은술)

재료준비

1. 더덕은 깨끗이 씻어 껍질을 벗기고, 길이 5cm 두께 0.5cm 정도로 썰어 소금물에 20분 정도 담가 쓴맛을 뺀 다음, 물에 헹구어 물기를 닦는다(120g). 【사진1】
2. 더덕은 밀대로 밀어 폭 0.3cm 정도로 찢는다. 【사진2】
3. 실고추는 길이 3cm 정도로 자른다.

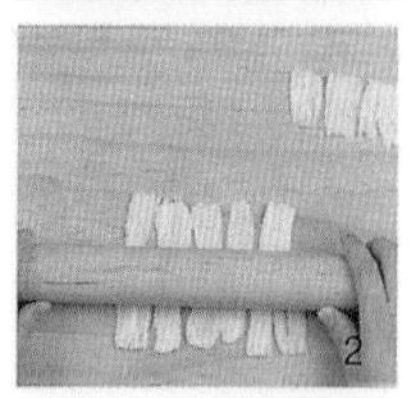

만드는법

1. 물에 소금과 설탕, 식초를 넣고 냉국을 만든다. 【사진3】
2. 더덕에 냉국을 붓고 실고추와 통깨를 넣는다. 【사진4】

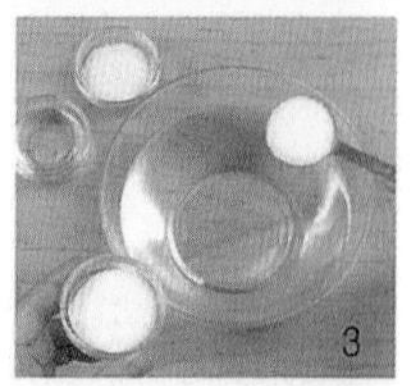

· 더덕은 소금물에 담가 찬물에 헹구어 씻어야 쓴맛을 없앨 수 있다.
· 더덕은 겉표면을 살짝 구워서 껍질을 돌려가며 벗기기도 한다.
· 더덕이 너무 굵으면 가운데 심이 있어 좋지 않다.

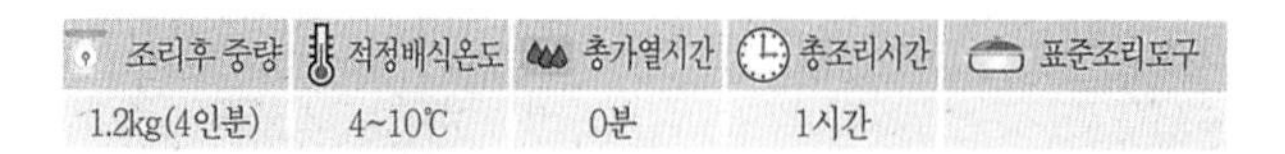

조리후 중량	적정배식온도	총가열시간	총조리시간	표준조리도구
1.2kg(4인분)	4~10℃	0분	1시간	

가지냉국

가지를 쪄서 찢은 다음 양념하여 냉국을 부어 만든 음식이다. 가지는 민간에서 약으로도 사용하였는데 주근깨에 특히 좋다고 한다. 또한 미국에서는 가지가 10대 채소 중 하나로 간 기능을 향상시키고 이뇨 작용을 돕는다고 한다.

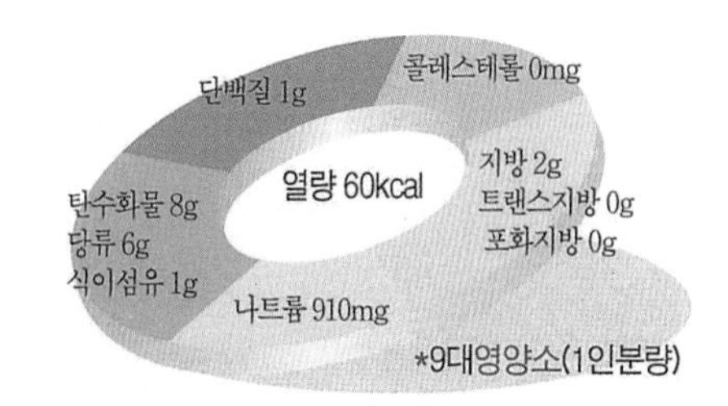

가지 110g(1개)
양념장① : 청장 9g(½큰술), 다진 파 4.5g(1작은술)
다진 마늘 2.8g(½작은술)
청고추 7.5g(½개), 홍고추 5g(¼개)
끓여 식힌 물 1kg(5컵)
양념장② : 청장 18g(1큰술), 소금 12g(1큰술), 설탕 24g(2큰술)
식초 45g(3큰술)
통깨 2g(1작은술)
찌는 물 2kg(10컵)

재료준비

1. 가지는 다듬어 씻어 길이 4cm 정도로 썰고 길이로 3~4등분한다(100g). 【사진1】
2. 청 · 홍고추는 씻어 길이로 반을 잘라 씨와 속을 떼어내고 길이 2cm 폭 0.2cm 정도로 채 썬다.
3. 양념장 ①, ②를 만든다.

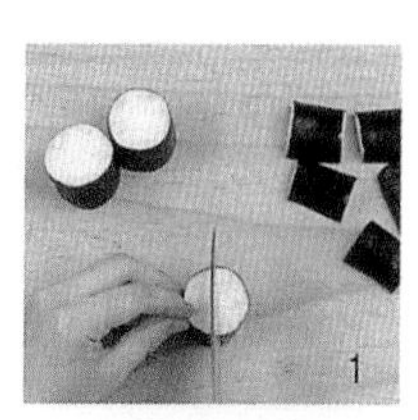
1

2

만드는법

1. 찜기에 물을 붓고 센불에 9분 정도 올려 끓으면, 가지를 넣고 5분 정도 찐 다음 10분 정도 식힌다(120g). 【사진2】
2. 가지는 폭 0.5cm 정도로 찢어 양념장①을 넣고 양념한다. 【사진3】
3. 끓여 식힌 물에 양념장②를 넣고 냉국물을 만든다.
4. 양념한 가지에 청 · 홍고추를 넣어 냉국을 붓고 통깨를 얹는다. 【사진4】

3

· 차게 해서 먹어야 제 맛을 낼 수 있다.
· 색이 진하고 가늘고 연한 가지가 씨가 많지 않아 맛이 있다.

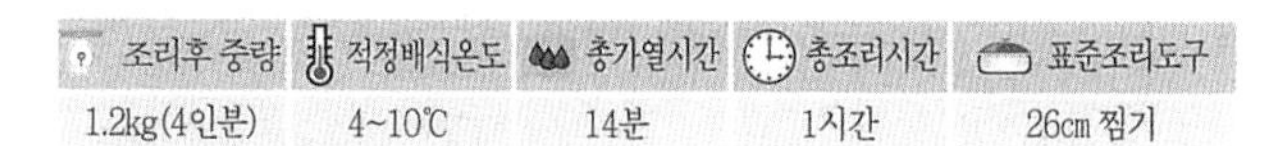

조리후 중량	적정배식온도	총가열시간	총조리시간	표준조리도구
1.2kg(4인분)	4~10℃	14분	1시간	26cm 찜기

4

콩나물냉국

콩나물을 삶아 차게 식혀서 냉국을 부어 시원하게 만든 음식이다. 콩나물냉국은 비타민 C가 풍부하여 피로회복에 좋은 음식으로, 고려 고종 때의 의서 「향약구급방」에 콩나물에 관한 첫 기록이 나오는데 콩을 싹틔워 햇볕에 말린 '대두황'이 약으로 이용되었다고 하였다.

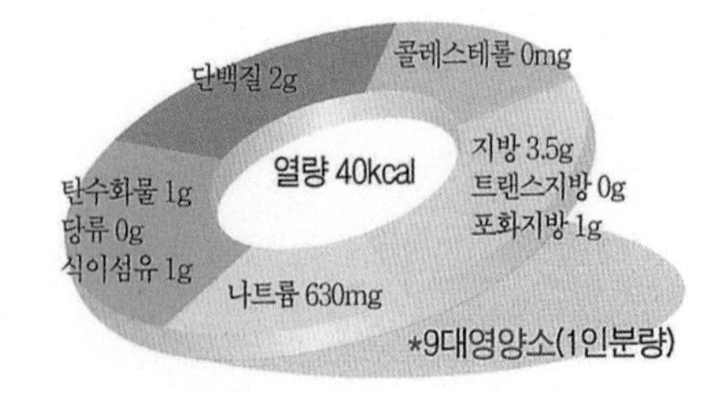

콩나물 200g, 물 1.4kg(7컵), 소금 2g(½작은술)
청양고추 5g(½개), 홍고추 5g(¼개)
청장 6g(1작은술), 소금 8g(2작은술)

재료준비

1. 콩나물은 꼬리를 떼어내고 깨끗이 씻는다(180g). 【사진1】
2. 청양고추와 홍고추는 씻어 길이로 반을 잘라 씨와 속을 떼어내고 길이 3cm 폭 0.2cm 정도로 채 썬다. (청양고추 3g, 홍고추 3g). 【사진2】

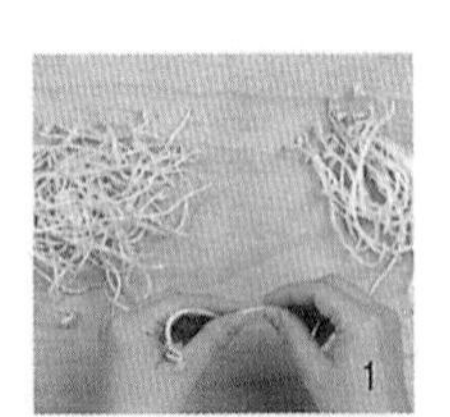

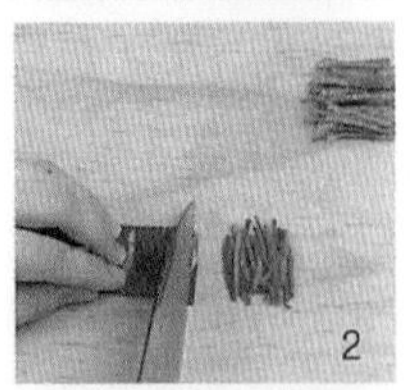

만드는법

1. 냄비에 물을 붓고 소금과 콩나물을 넣어 뚜껑을 덮고 센불에 7분 정도 올려 끓으면 8분 정도 삶아 건진다(170g). 【사진3】
2. 콩나물 삶은 물(1kg)에 청장과 소금으로 간을 하고 차게 식혀 콩나물냉국 국물을 만든다.
3. 콩나물에 청양고추 · 홍고추를 넣고 냉국을 붓는다. 【사진4】

· 콩나물은 6cm 정도의 길이가 맛이있다.
· 고춧가루를 조금 넣기도 한다.

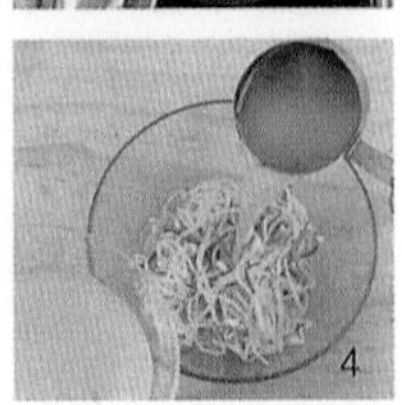

조리후 중량	적정배식온도	총가열시간	총조리시간	표준조리도구
1.2kg(4인분)	4~10℃	15분	30분	20cm 냄비

묵냉국

멸치다시마국물에 김치와 메밀묵을 넣고 만든 음식이다. 냉국은 주로 여름에 즐겨 먹는 음식이지만 묵냉국은 겨울에 차게해서 먹는 별미음식이다. 메밀에는 혈관을 튼튼하게 하여 심장을 좋게 하는 루틴(rutin)성분이 들어 있는데, 루틴은 수용성이므로 묵냉국은 국물까지 함께 먹는 것이 효과적이다.

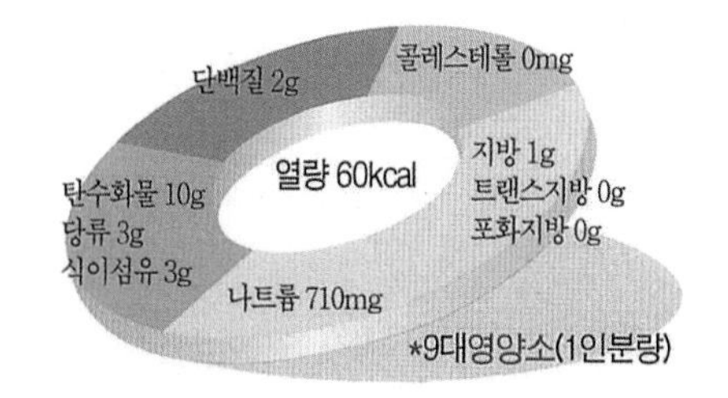

메밀묵 250g, 물 400g(2컵)
멸치다시마 국물 : 멸치 10g, 물 1.2kg(6컵), 다시마 20g
김치 100g, 양념 : 청장 3g(½작은술), 다진 파 2.3g(½작은술)
다진 마늘 2.8g(½작은술)
김칫국물 45g(3큰술), 소금 3g(¾작은술), 설탕 12g(1큰술)
김 1g(½장), 통깨 2g(1작은술)
실파 5g

재료준비

1. 메밀묵은 씻어 길이 5cm 폭 · 두께 0.8cm 정도로 썬다(200g). 【사진1】
2. 멸치는 머리와 내장을 떼고, 다시마는 면보로 닦는다.
3. 배추김치는 속을 털어내고, 폭 0.3cm 정도로 썰어 양념을 넣고 양념한다(90g).
4. 김치 국물은 체에 밭치고, 실파는 다듬어 깨끗이 씻어 폭 0.3cm 정도로 썬다.

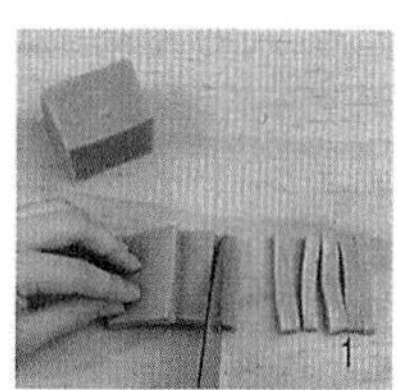

만드는법

1. 냄비에 물을 붓고 센불에 2분 정도 올려 끓으면 메밀묵을 넣고 30초 정도 데쳐서 건진다. 【사진2】
2. 냄비를 달구어 멸치를 넣고 약불로 낮추어 2분 정도 볶다가 물을 붓고, 센불에 6분 정도 올려 끓으면 중불로 낮추어 10분 정도 끓이다가 다시마를 넣고 불을 끈 다음, 5분 정도 두었다가 체에 걸러 멸치다시마국물을 만든다(800g). 【사진3】
3. 멸치다시마국물에 김칫국물과 소금, 설탕을 넣고 냉국물을 만든다.
4. 김은 약불에서 앞뒤로 구워 길이 2m 폭 0.3cm 정도의 크기로 자른다.
5. 그릇에 메밀묵을 담고 냉국물을 부어 김치와 김을 얹고 통깨와 실파를 올린다. 【사진4】

· 김치를 넣지 않고 양념장만으로 양념하기도 한다.
· 기호에 따라 멸치와 다시마의 양을 가감할 수 있다.

조리후 중량	적정배식온도	총가열시간	총조리시간	표준조리도구
1.2kg(4인분)	4~10℃	21분	30분	20cm 냄비

찌개 · 전골

찌개는 국보다 국물이 적고 건더기가 많으며 간이 센 편이다. 간을 맞추는 주재료에 따라 종류가 다양하다. 된장, 막장, 청국장, 담뿍장, 고추장으로 간을 맞추는 토장찌개, 젓국이나 소금으로 간을 맞추는 젓국찌개(맑은찌개)등이 있다. 찌개는 뚝배기를 사용하여 끓이면 더 맛있게 먹을 수 있다.

전골은 잘게 썬 쇠고기를 양념하여 밑에 깔고 어패류, 버섯류, 채소류를 섞어 국물을 부어서 즉석에서 끓여 먹는 음식이다. 원래 전골은 국물이 적거나 재료를 구워먹는 형태였으나 근래에 와서 국물을 넉넉히 부어서 먹는 것으로 변하였다. 전골은 여러 재료들이 조화된 맛을 즐길 수 있는 음식이다.

병어감정

병어를 포를 떠서 고추장과 파 · 마늘 · 생강을 넣고 끓인 음식이다. 병어감정은 국물을 적게 잡아 바특하게 끓여서 상추쌈의 찬으로 밥에 얹어 쌈을 싸서 먹기도 하는데, 병어는 6월이 제철로 이 때가 맛이 있다.

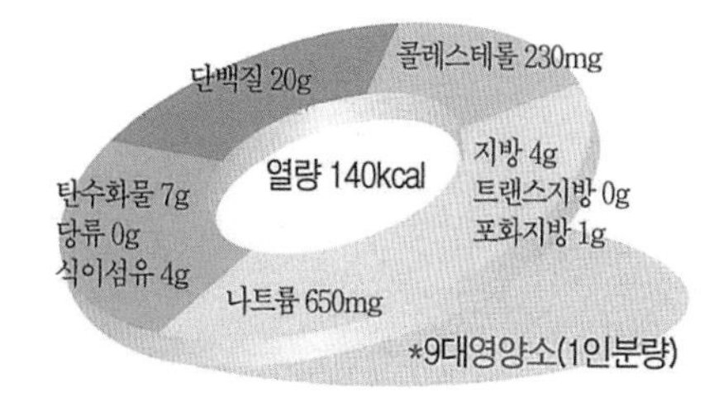

병어 800g(4마리)
파 30g, 마늘 15g, 생강 5g
청고추 15g(1개), 홍고추 10g(½개)
고추장 57g(3큰술), 간장 18g(1큰술)
물 350g(1¾컵)

재료준비

1. 병어는 비늘을 긁어내고 깨끗이 씻어 양쪽으로 포를 뜬 다음 길이 4cm 폭 2cm 정도로 썬다(440g). 【사진1】
2. 파와 마늘 · 생강은 다듬어 깨끗이 씻어 길이 2cm 폭 0.2cm 정도로 채 썬다(파 15g, 마늘 9g, 생강 2g). 【사진2】
3. 청 · 홍고추는 씻어 길이 2cm 폭 0.3cm 정도로 어슷 썬다(청고추 12g, 홍고추 7g).

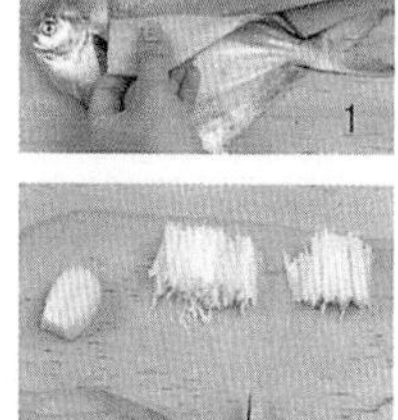

만드는법

1. 냄비에 물을 붓고 고추장과 간장을 넣어 센불에 2분 정도 올려 끓으면 병어와 마늘 · 생강을 넣고 중불로 낮추어 5분 정도 끓인다. 【사진3】
2. 파와 청 · 홍고추를 넣고 2분 정도 더 끓인다. 【사진4】

· 파와 마늘 · 생강을 편으로 썰어 넣기도 한다.
· 어린 병어는 포를 뜨지 않고 잘라 넣기도 한다.

조리후 중량	적정배식온도	총가열시간	총조리시간	표준조리도구
680g(4인분)	65~80℃	9분	1시간	20cm 냄비

꽃게찌개

꽃게에 여러 가지 채소와 양념장을 넣고 얼큰하게 끓인 음식이다. 꽃게는 지방이 적고 단백질이 풍부하여 음식물의 소화를 촉진시켜 입맛을 돋우는 식품으로, 한방에서는 해열(解熱), 숙취해소에 효과적이며, 가슴이 답답하고 열감을 느낄 때 게를 먹으면 좋다고 하였다.

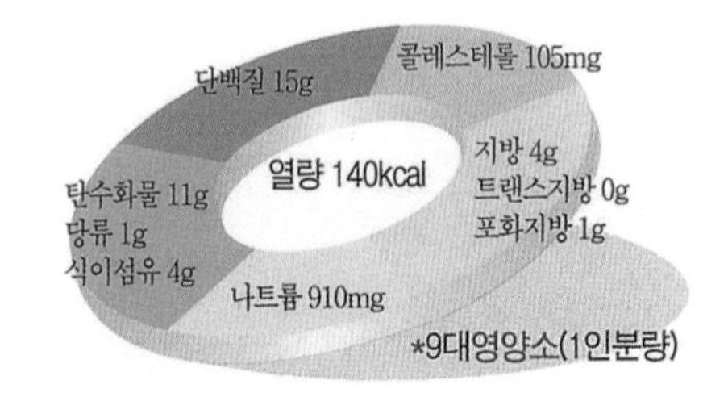

꽃게 660g(2마리), 물 1kg(5컵)
무 200g(1/5개), 청고추 15g(1개), 홍고추 20g(1개)
파 20g, 미나리 50g, 쑥갓 50g
양념장 : 고추장 19g(1큰술), 된장 17g(1큰술), 고춧가루 7g(1큰술)
다진 파 14g(1큰술), 다진 마늘 16g(1큰술)
다진 생강 4g(1작은술), 후춧가루 0.3g(1/8작은술)
소금 4g(1작은술)

재료준비

1. 꽃게는 솔로 깨끗이 씻어 발끝을 자르고, 게등딱지와 몸통은 분리하여 아가미를 떼어낸 다음 등딱지속의 모래주머니를 떼어내고 4등분 한다(550g). 【사진1】
2. 무는 다듬어 씻어 가로 · 세로 2.5cm 두께 0.7cm 정도로 썬다(160g).
3. 청 · 홍고추는 씻고 파는 다듬어 깨끗이 씻어 길이 2cm 두께 0.3cm 정도로 어슷 썬다(청고추 10g, 홍고추 12g, 파 15g).
4. 미나리는 잎을 떼어내고 줄기를 깨끗이 씻어 길이 5cm 정도로 썬다(미나리 25g). 【사진2】
5. 쑥갓은 다듬어 깨끗이 씻는다(쑥갓 30g).

1

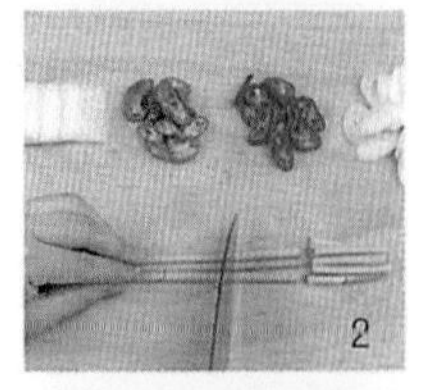
2

만드는법

1. 냄비에 물과 양념장을 붓고 센불에 5분 정도 올려 끓으면 무를 넣고 4분 정도 끓인 후 꽃게를 넣고 4분 정도 끓인다. 중불로 낮추어 5분 정도 더 끓인 다음 소금으로 간을 맞춘다. 【사진3】
2. 청 · 홍고추와 파 · 미나리를 넣고 2분 정도 끓인 후 쑥갓을 넣고 불을 끈다. 【사진4】

3

· 고추장을 넣지 않고 간장으로 맑게 끓이기도 한다.
· 좋은 꽃게는 같은 크기로 들어보았을 때 무거운 것이 좋다.

4

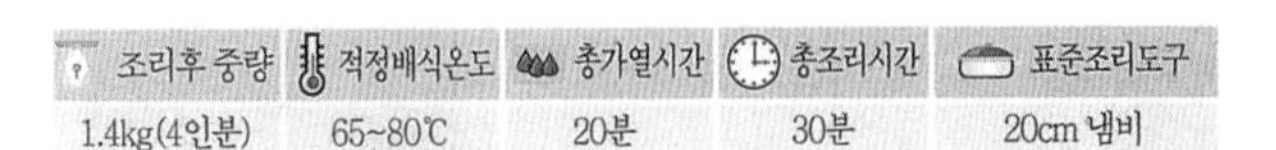

조리후 중량	적정배식온도	총가열시간	총조리시간	표준조리도구
1.4kg(4인분)	65~80℃	20분	30분	20cm 냄비

어알찌개

명태알과 곤을 넣고 얼큰하게 끓인 찌개이다. 생선의 알에는 단백질과 비타민, 무기질 등이 풍부하여 뇌와 신경에 필요한 에너지를 공급하는 작용을 하고, 피로회복에도 도움을 준다. 명태의 알은 명란(明卵)이라 하여 노화를 예방하며, 피부를 좋게 하는 효능이 있다. 명태의 곤은 단백질과 인이 풍부하여 뼈와 치아를 좋게 하는 효능이 있다.

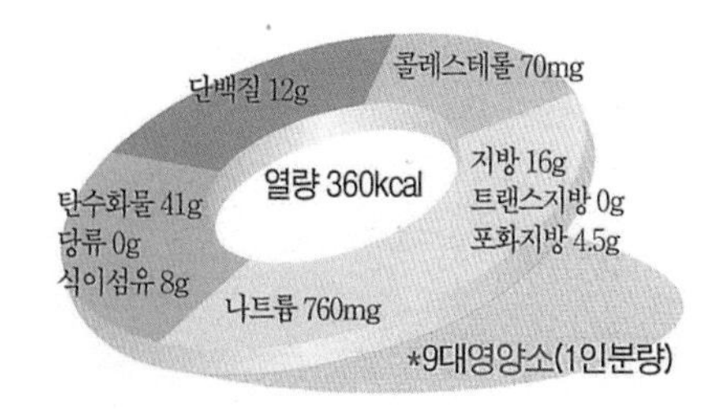

명태알 250g, 명태곤 150g, 멸치 20g
물 1kg(5컵)
무 150g, 파 20g, 청고추 15g(1개), 홍고추 20g(1개)
양념장 : 고추장 19(1큰술), 고춧가루 9g(1⅓큰술), 다진 파 14g(1큰술)
다진 마늘 16g(1큰술), 생강즙 5.5g(1작은술)
소금 4g(1작은술), 쑥갓 30g

재료준비

1. 명태알과 곤은 깨끗이 씻어 체에 밭친다. 【사진1】
2. 멸치는 머리와 내장을 떼어낸다(18g).
3. 무는 다듬어 씻어 가로 · 세로 3cm 두께 0.5cm 정도로 썬다(130g).
4. 파와 청 · 홍고추는 다듬어 깨끗이 씻어 길이 2cm 두께 0.3cm 정도로 어슷 썬다.
5. 쑥갓은 깨끗이 다듬어 씻어 길이 5cm 정도로 자른다(20g).

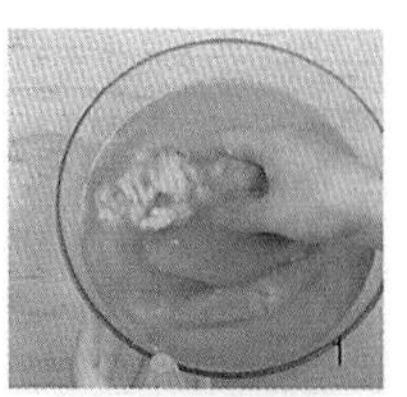

만드는법

1. 냄비에 멸치를 넣고 중불에서 2분 정도 볶다가 물을 붓고, 센불에 5분 정도 올려 끓으면 중불로 낮추어 10분 정도 끓이다가 체에 거른다(850g).
2. 냄비에 멸치국물과 무 · 양념장을 넣고 센불에서 4분 정도 올려 끓으면, 명태알과 명태곤을 넣고 1분 정도 끓이다가 중불로 낮추어 15분 정도 더 끓인다. 【사진2 · 3】
3. 파와 청 · 홍고추, 소금을 넣어 2분 정도 끓인 다음 쑥갓을 넣고 불을 끈다. 【사진4】

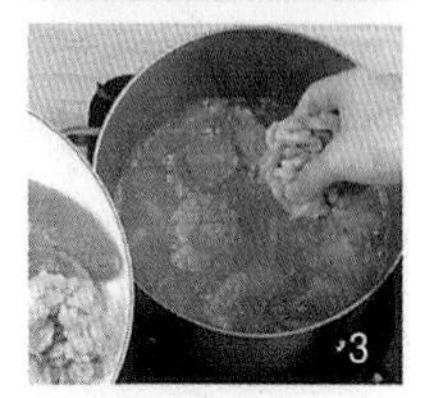

· 알이나 곤의 크기가 클 경우 잘라서 끓인다.
· 대구 등 다른 생선의 알을 넣어 끓이기도 한다.

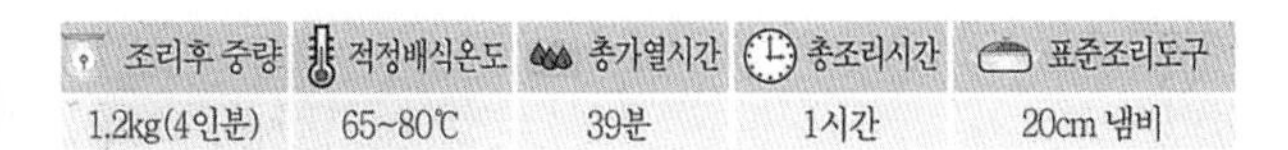

조리후 중량	적정배식온도	총가열시간	총조리시간	표준조리도구
1.2kg(4인분)	65~80℃	39분	1시간	20cm 냄비

오분자기찌개

된장국물에 오분자기와 여러 가지 해물을 넣고 끓인 음식이다. 오분자기는 전복과 비슷하게 생긴 작은 조개류로 제주도에서 주로 잡히며 이것을 주재료로 하여 끓인 담백하고 시원한 찌개이다.

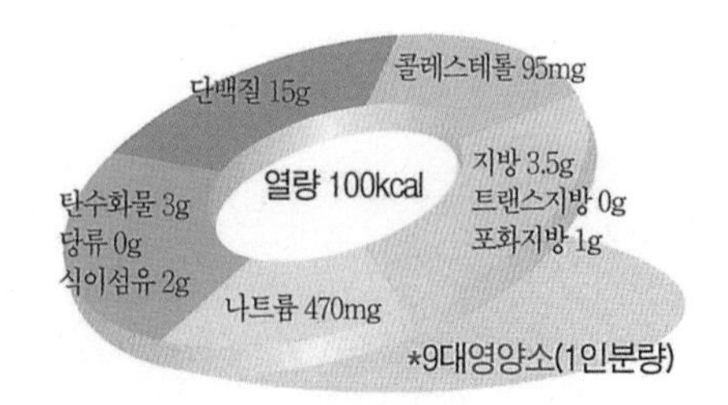

오분자기 220g(8개), 새우 150g(4마리), 미더덕 100g
물 200g(1컵), 소금 1g(1작은술)
물 1kg(5컵)
무 150g, 된장 34g(2큰술), 고춧가루 2.2g(1작은술)
다진 마늘 16g(1큰술)
파 20g, 청고추 15g(1개), 홍고추 20g(1개), 소금 2g(½작은술)

재료준비

1. 오분자기는 솔로 깨끗이 씻고 새우 · 미더덕은 소금물에 살살 흔들어 씻는다. 【사진1】
2. 무는 손질하여 깨끗이 씻은 후 가로 2.5cm 세로 3cm 두께 0.7cm 정도로 썬다(130g).
3. 파와 청 · 홍고추는 손질하여 깨끗이 씻어 길이 2cm 폭 0.2cm 정도로 어슷 썬다(파 14g, 청고추 10g, 홍고추 12g).

만드는법

1. 냄비에 물을 붓고 된장을 풀어 넣고 센불에 5분 정도 올려 끓으면 무를 넣어 10분 정도 더 끓인다. 【사진2】
2. 오분자기와 새우 · 미더덕 · 고춧가루 · 다진 마늘을 넣고 1분 정도 올려 끓으면 중불로 낮추어 5분 정도 끓이다가, 파와 청 · 홍고추 · 소금을 넣고 2분 정도 더 끓인다. 【사진3 · 4】

· 오분자기는 껍질을 떼고 살만 넣어 끓이기도 한다.
· 껍질째 끓일 때에는 껍질을 솔로 깨끗이 씻는다.

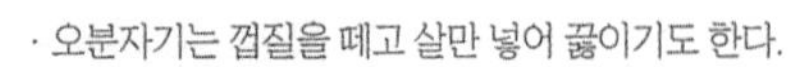

조리후 중량	적정배식온도	총가열시간	총조리시간	표준조리도구
1.28kg(4인분)	65~80℃	23분	1시간	20cm 냄비

오징어고추장찌개

고추장국물에 오징어를 넣고 얼큰하게 끓인 음식이다. 오징어는 성질이 '평(平)하고 기(氣)를 보(保)하며 의지를 강하게 한다.' 고 하였으며, 먹물이 있다고 하여 '묵어(墨魚)' 라고도 하였는데, 오징어 먹물로 글을 쓰면 해가 지나면 사라져 빈 종이가 된다고 하였다.

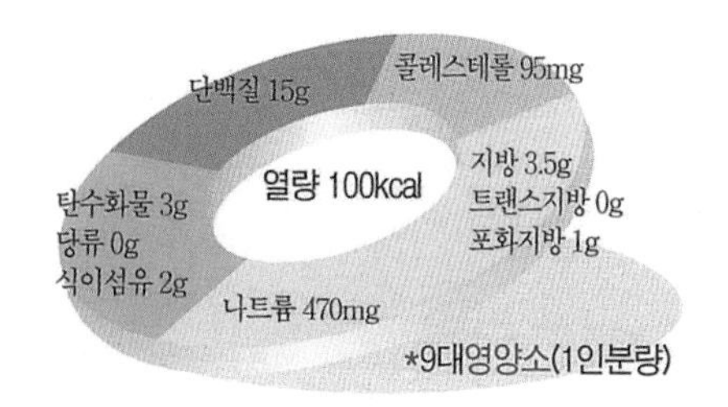

오징어 2마리(630g), 물 800g(4컵), 무 150g, 두부 100g
고추장 28.5g(1½큰술), 고춧가루 3.5g(½큰술), 다진 파 14g(1큰술), 다진 마늘 8g(½큰술)
실파 10g, 청고추 15g(1개), 홍고추 20g(1개)
소금 2g(½작은술), 청장 3g(½작은술)

재료준비

1. 오징어는 먹물이 터지지 않게 배를 갈라 내장과 다리를 떼어내고 몸통과 다리의 껍질을 벗긴 다음, 깨끗이 씻어 몸통 안쪽에 0.5cm 정도의 간격으로 사선이 교차하도록 칼집을 넣어 가로 4cm 세로 2cm 정도로 썬다(300g). 【사진1】
2. 무는 다듬어 씻어 가로 2.5cm 세로 3cm 두께 0.5cm 정도로 썰고(120g), 두부는 가로 2.5cm 세로 3cm 두께 0.8cm 정도로 썬다(95g). 【사진2】
3. 실파는 다듬어 깨끗이 씻어 길이 3cm 정도로 썰고, 청 · 홍고추는 씻어 길이 2cm 두께 0.2cm 정도로 어슷 썬다(청고추 10g, 홍고추 12g).

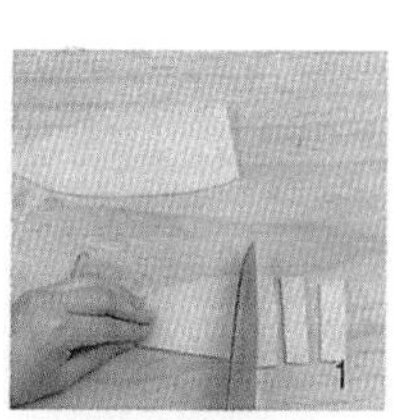

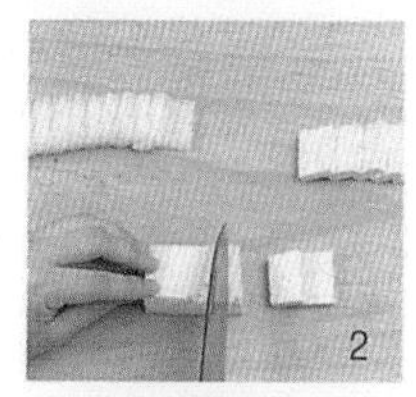

만드는법

1. 냄비에 물을 붓고 고추장을 넣고 센불에 4분 정도 올려 끓으면 무를 넣고 중불로 낮추어 10분 정도 끓인다. 【사진3】
3. 오징어와 두부 · 고춧가루 · 파 · 마늘을 넣고 5분 정도 끓이다가 실파 · 청 · 홍고추 · 소금 · 청장을 넣고 2분 정도 더 끓인다. 【사진4】

· 오징어는 껍질을 벗기지 않고 찌개를 끓이면 국물이 뻘겋고 탁해서 맑지 않다.
· 오징어는 오래 끓이면 질겨진다.

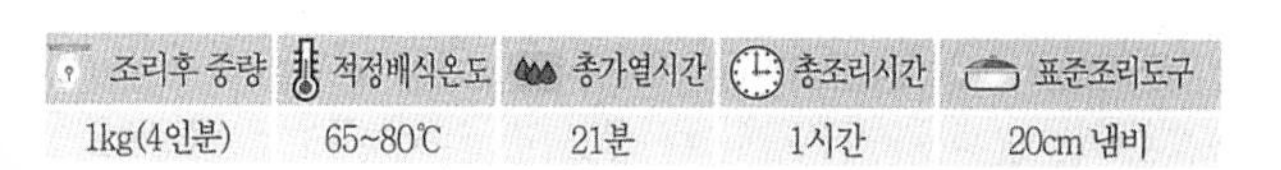

조리후 중량	적정배식온도	총가열시간	총조리시간	표준조리도구
1kg(4인분)	65~80℃	21분	1시간	20cm 냄비

된장을 풀고 여러 가지 해물을 넣어 끓인 음식이다. 된장은 몸 안에 쌓인 노폐물과 독소를 체외로 배출하여 피를 맑게 하는 효과가 있으며, 해물로 찌개를 끓일 때 국물에 된장을 풀면 비린 맛이 사라지고 된장의 구수한 맛이 해물과 어우러져 감칠맛을 낸다.

해물된장찌개

조리후 중량	적정배식온도	총가열시간	총조리시간	표준조리도구
1.2kg(4인분)	65~80℃	13분	4시간	20cm 냄비

열량 140kcal
단백질 17g
콜레스테롤 65mg
지방 3.5g
트랜스지방 0g
포화지방 1g
탄수화물 9g
당류 1g
식이섬유 6g
나트륨 1020mg
*9대영양소(1인분량)

꽃게 200g(1개), 새우 80g
모시조개 100g, 물 400g(2컵), 소금 4g(1작은술)
미더덕 50g, 물 300(1½컵), 소금 1g(¼작은술)
홍합 80g, 물 300g(1½컵), 소금 1g(¼작은술)
두부 100g, 애호박 80g, 물 700g(3½컵)
된장 68g(4큰술), 고춧가루 7g(1큰술), 다진 마늘 5.5g(1작은술)
청고추 15g(1개), 홍고추 20g(1개), 파 20g

재료준비

1. 꽃게는 솔로 문질러 씻은 후 등껍질과 아가미 · 모래주머니를 떼어 내고, 발끝을 자르고 4등분한다(140g). 【사진1】
2. 모시조개는 껍질을 깨끗이 씻어 소금물에 3시간 정도 담가 해감을 시킨다. 새우는 씻어서 꼬치로 등 쪽에 있는 내장을 빼낸다.
3. 미더덕은 소금물에 깨끗이 씻어 꼬치로 구멍을 내서 물기를 빼고(30g), 홍합은 수염을 떼어 내고 소금물에 살살 씻는다(78g). 【사진2】
4. 두부는 씻은 후 가로 2cm 세로 3cm 두께 1cm 정도로 썰고(95g), 애호박은 씻어서 길이로 4등분 하여 두께 0.5cm 정도의 은행잎 모양으로 썬다(75g).
5. 파와 청 · 홍고추는 다듬어 깨끗이 씻은 후 길이 2cm 두께 0.3cm 정도로 어슷썬다(파 14g, 청고추 10g, 홍고추 16g).

만드는법

1. 냄비에 물을 붓고 된장을 풀고 꽃게와 새우를 넣는다. 센불에 4분 정도 올려 끓으면 모시조개 · 미더덕 · 홍합 · 호박을 넣고 중불로 낮추어 5분 정도 끓인다. 【사진3】
2. 두부 · 고춧가루 · 다진 마늘을 넣고 2분 정도 끓이다가 청 · 홍고추와 파를 넣고 2분 정도 더 끓인다. 【사진4】

· 여러 종류의 다른 해물을 넣기도 한다.
· 모시조개는 해감을 잘 해야 모래가 씹히지 않는다.

1

2

3

4

오이감정

오이와 쇠고기에 고추장과 된장을 넣고 끓인 음식이다. 감정은 궁중에서 고추장찌개를 일컫는 말로서 건지가 많고 국물을 적게 하여 끓이는 찌개이다. 오이감정은 오이를 넣고 끓여서 국물이 신선하고 오이향이 나는 것이 특징이다.

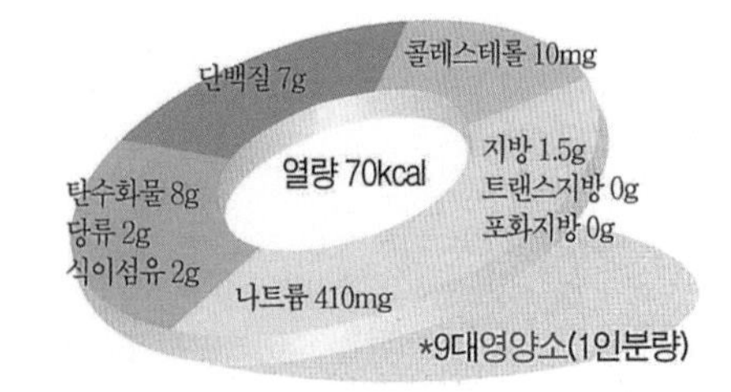

오이 200g(1개)
쇠고기(우둔) 100g
양념장 : 간장 3g($\frac{1}{2}$작은술), 다진 파 1.5g($\frac{1}{3}$작은술)
다진 마늘 1.4g($\frac{1}{4}$작은술), 후춧가루 0.1g
참기름 1g($\frac{1}{4}$작은술)
물 800g(4컵), 고추장 47.5g(2$\frac{1}{2}$큰술)
된장 5g(1작은술), 다진 마늘 5.5g(1작은술)
청고추 15g(1개), 홍고추 10g($\frac{1}{2}$개), 파 20g, 소금 1g($\frac{1}{4}$작은술)

재료준비

1. 오이는 소금으로 비벼 깨끗이 씻어 돌려가면서 모지게 저며 썬다(190g). 【사진1】
2. 쇠고기는 핏물을 닦고 가로 3cm 세로 2cm 두께 0.3cm 정도로 썰어 양념장을 넣고 양념한다(97g).
3. 청 · 홍고추와 파는 다듬어 깨끗이 씻어 길이 2cm 두께 0.3cm 정도로 어슷 썬다(청고추 10g, 홍고추 8g).

1

만드는법

1. 냄비를 달구어 쇠고기를 넣고 중불에서 2분 정도 볶다가 물을 붓고 센불에 4분 정도 올려 끓으면 고추장과 된장을 풀어 넣고 중불로 낮추어 15분 정도 끓인다. 【사진2 · 3】
2. 오이와 다진 마늘을 넣고 5분 정도 끓인 다음 청 · 홍고추 · 파 · 소금을 넣고 2분 정도 더 끓인다. 【사진4】

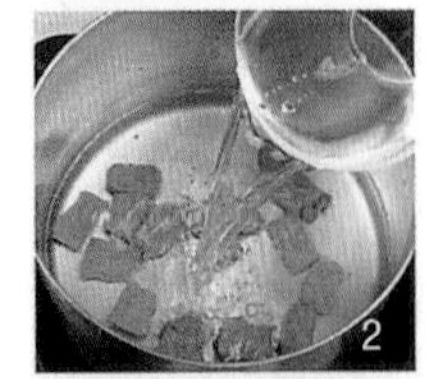
2

3

· 기호에 따라서 고추장의 양을 가감하기도 한다.
· 오이 감정을 너무 오래 끓이면 오이 색이 누렇게 변하므로 끓이는 시간에 유의한다.

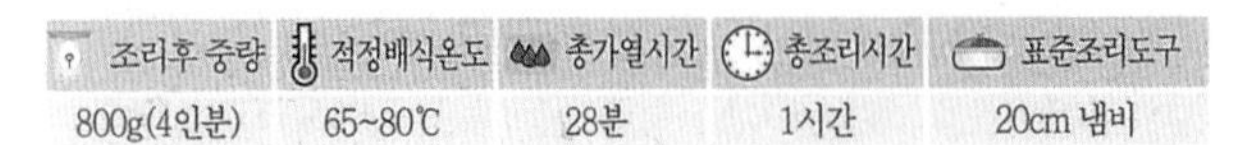

조리후 중량	적정배식온도	총가열시간	총조리시간	표준조리도구
800g(4인분)	65~80℃	28분	1시간	20cm 냄비

4

송이전골

송이버섯과 쇠고기에 여러 가지 채소를 넣고 끓인 음식이다. 송이는 20~60년생 소나무 아래에서 자라며 촉감과 향미는 버섯 중에서도 가장 으뜸으로 꼽힌다. 송이는 갓이 터지지 않고 자루가 굵고 짧으며 살이 두꺼운 것이 좋고, 향이 진하고 색깔이 선명하며 탄력성이 있는 것이 좋은 송이이다.

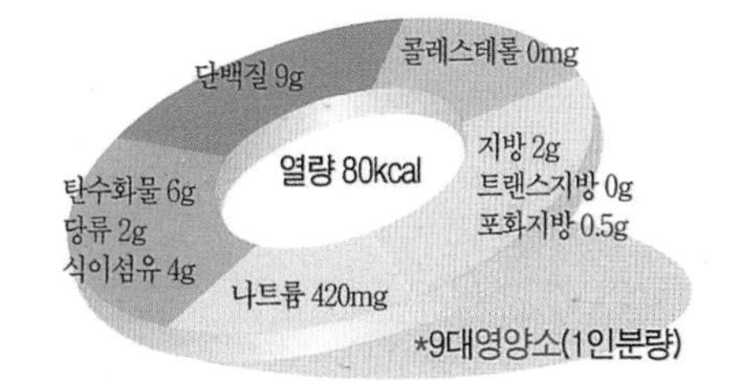

송이버섯 200g
쇠고기(우둔) 100g
양념장 : 청장 3g(½작은술), 다진 파 2.3g(½작은술)
다진 마늘 1.4g(¼작은술), 깨소금 1g(½작은술)
후춧가루 0.1g, 참기름 4g(1작은술)
양파 100g(⅔개)
채소국물 : 무 50g, 양파 50g(⅓개), 다시마 10g, 물 1.4kg(7컵)
소금 4g(1작은술), **실파** 40g

재료준비

1. 송이버섯은 기둥과 뿌리 부분을 칼로 긁어내고 씻어, 송이모양을 살려 길이 5cm 두께 0.5cm 정도로 썬다. 【사진1】
2. 쇠고기는 핏물을 닦고 길이 5cm 폭 · 두께 0.3cm 정도로 채 썰어(95g), 양념장을 넣고 양념한다.
3. 양파는 다듬어 씻어 길이 5cm 폭 0.5cm 정도로 썰고(90g), 다시마는 면보로 닦는다. 실파는 다듬어 깨끗이 씻어 길이 5cm 정도로 썬다. 【사진2】

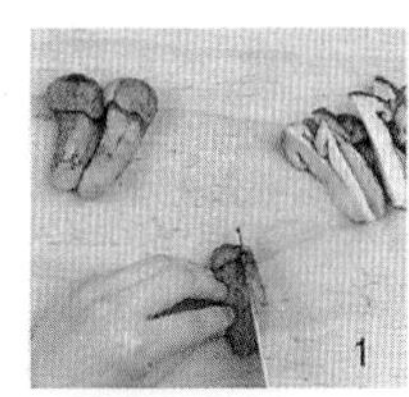

만드는법

1. 냄비에 무와 양파, 물을 붓고 센불에 8분 정도 올려 끓으면 중불로 낮추어 15분 정도 끓인다. 다시마를 넣고 불을 끈 다음 5분 정도 두었다가 체에 걸러 채소국물을 만든다(1.1kg). 【사진3】
2. 전골냄비에 실파를 뺀 모든 재료를 돌려 담고, 채소국물을 부어 센불에 5분 정도 올려 끓으면 중불로 낮추어 5분 정도 끓인 후, 소금으로 간을 맞추고 실파를 넣어 1분 정도 더 끓인다. 【사진4】

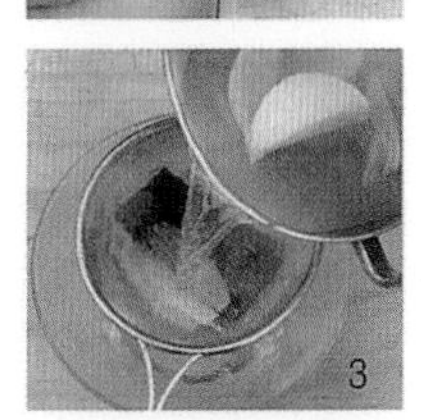

· 송이버섯은 갓이 활짝 피지 않은 것이 향이 좋다.
· 송이버섯전골은 불에 올려 잠깐 끓이면서 덜어 먹는다.

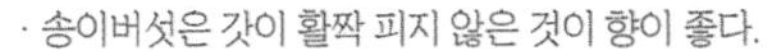

조리후 중량	적정배식온도	총가열시간	총조리시간	표준조리도구
1.28kg(4인분)	65~80℃	34분	1시간	28cm 전골냄비

쇠고기와 내장에 각종 버섯을 넣고 끓인 음식이다. 「만물사물기원역사」에 보면 "상고시대에 군사들 머리에 쓰는 전립, 벙거지는 철로 만들어 졌는데 전쟁 중에는 변변한 조리기구를 갖추기 어려워 자기들이 썼던 철관을 벗어 고기나 생선 같은 음식들을 끓여 먹었는데, 습관이 되어 여염집에서도 냄비를 전립 모양으로 만들어 고기와 채소 등 여러 가지를 넣고 끓여 먹는 것을 전골이라 하여 왔다."고 하였다.

갖은전골

조리후 중량	적정배식온도	총가열시간	총조리시간	표준조리도구
1.32kg(4인분)	65~80℃	2시간 2분	2시간	28cm 전골냄비

단백질 22g
콜레스테롤 80mg
탄수화물 3g
당류 0g
식이섬유 2g
열량 170kcal
지방 7g
트랜스지방 0g
포화지방 2.5g
나트륨 650mg
*9대영양소(1인분량)

육수 : 쇠고기(양지머리) 300g, 물 1.6kg(8컵), **향채** : 파 20g, 마늘 10g
양념장① : 청장 3g(½작은술), 다진 파 1.1g(¼작은술), 다진 마늘 0.7g(⅛작은술)
전골육수 : 청장 3g(½작은술), 소금 4g(1작은술)
쇠고기(우둔) 50g
완자 : 다진 쇠고기(우둔) 30g, 두부 10g
양념장② : 청장 3g(½작은술), 다진 파 1.1g(¼작은술), 다진 마늘 0.7g(⅛작은술)
천엽 30g, 양 30g, 소금 4g(1작은술), 밀가루 21g(3큰술), 튀하는 물 400g(2컵), 삶는 물 600g(3컵)
양념 : 소금 0.5g(⅛작은술), 후춧가루 0.3g(⅛작은술)
표고버섯 10g(2장), 목이버섯 5g, 느타리버섯 50g(4개)
당근 50g(¼개), 물 400g(2컵), 소금 2g(½작은술)
달걀 120g(2개), 미나리 30g, 밀가루 7g(1큰술), **식용유 13g(1큰술)**

재료준비

1. 육수용 쇠고기는 핏물을 닦고, 냄비에 쇠고기와 물을 붓고 센불에 10분 정도 올려 끓으면 중불로 낮추어 30분 정도 끓이다가, 향채를 넣고 25분 정도 더 끓인다. 쇠고기는 건져 길이 5cm 폭 1.2cm 두께 0.3cm 정도로 썰어 양념장①로 양념하고(180g), 육수는 식혀 면보에 걸러 청장과 소금을 넣고 간을 맞추어 전골육수를 만든다(1.2kg).
2. 쇠고기는 핏물을 닦고 길이 5cm 폭 · 두께 0.3cm 정도로 채 썰어 양념장②의 ½량을 넣고 양념한다.
3. 다진 쇠고기는 핏물을 닦고 두부는 면보로 물기를 짜서 곱게 으깨어 나머지 양념장②의 ½량을 넣고 치댄 다음 직경 1.5cm 정도의 완자를 빚는다. 천엽과 양은 소금과 밀가루를 넣고 주물러 깨끗이 씻는다.【사진1】
4. 표고버섯과 목이버섯은 물에 1시간 정도 불려 기둥을 떼어 내고 물기를 닦은 후, 표고버섯은 가로 1.5cm 세로 5cm 두께 0.3cm 정도로 썬다(39g). 목이버섯은 1장씩 떼어 놓는다(23g). 느타리버섯은 다듬어 씻어 길이 5cm 폭 · 두께 0.5cm 정도로 찢는다(45g).【사진2】
5. 당근은 다듬어 씻어 가로 1.5cm 세로 5cm 두께 0.3cm 정도로 썬다(30g).
6. 달걀은 황백지단과 미나리 초대를 부쳐 가로 1.5cm 세로 5cm 정도로 썬다.

만드는법

1. 완자는 밀가루를 입히고 달걀물을 씌운다. 팬을 달구어 식용유를 두르고, 완자를 넣고 중불에서 굴리면서 2분 정도 지진다.
2. 냄비에 물을 붓고 센불에 2분 정도 올려 끓으면 천엽과 양을 넣고 1분 정도 튀한 후, 양은 수저로 검은 막을 긁고(천엽 10g, 양 20g) 깨끗이 씻는다.【사진3】
3. 냄비에 천엽과 양을 넣고 물을 붓고 센불에 3분 정도 올려 끓으면 약불로 낮추어 30분 정도 삶아 건져 길이 5cm 폭 · 두께 0.3cm 정도로 채 썰어 양념을 넣고 양념한다.
4. 냄비에 물을 붓고 센불에 2분 정도 올려 끓으면 소금과 당근을 넣고 20초 정도 데친다.
5. 전골냄비에 편육을 절반 정도 깔고, 그 위에 준비한 재료를 색을 맞춰 돌려 담는다.【사진4】
6. 육수를 붓고 센불에 6분 정도 올려 끓으면 중불로 낮추어 10분 정도 더 끓인다.

· 기호에 따라 천엽과 양은 넣지 않을 수도 있다.
· 전골은 육수가 맛있어야 제맛을 낸다.
· 갖은전골은 불에 올려 끓이면서 덜어 먹는다.

1

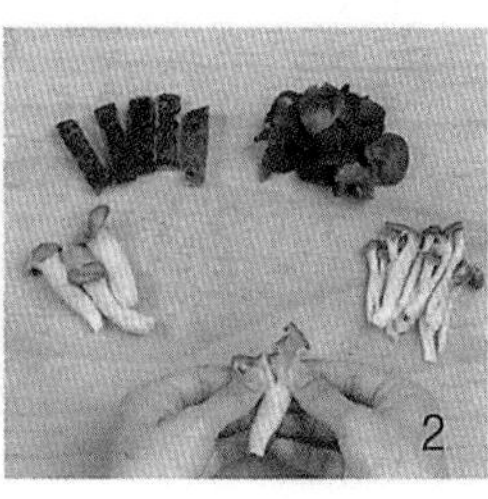
2

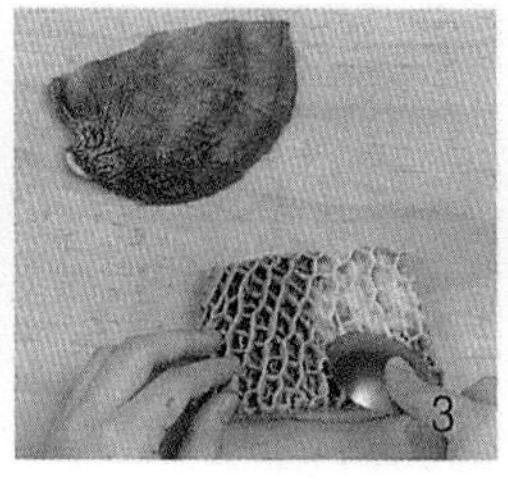
3

4

곱창과 양 · 쇠고기에 채소를 돌려 담고 육수를 부어 얼큰하게 끓인 음식이다. 곱창은 돼지나 소의 내장을 뜻하는 것으로 한방에서 '곱창은 정력과 기운을 북돋워주고 비장과 위를 튼튼하게 하여 오장을 보호하고 어지럼증을 다스리는 효능이 있다'고 하였다.

곱창전골

조리후 중량	적정배식온도	총가열시간	총조리시간	표준조리도구
1.2kg(4인분)	65~80℃	2시간 52분	4시간	28cm 전골냄비

단백질 14g
콜레스테롤 105mg
탄수화물 9g
당류 3g
식이섬유 2g
열량 170kcal
지방 9g
트랜스지방 0g
포화지방 3.5g
나트륨 660mg
*9대영양소(1인분량)

곱창 500g, 양 80g
밀가루 21g(3큰술), 소금 6g(½큰술), 튀하는 물 800g(4컵), 삶는 물 2kg(10컵)
향채 : 파 30g, 마늘 30g, 생강 10g, 양파 75g(½개)
쇠고기(등심) 150g, 물 1kg(5컵) , 표고버섯 10g(2장), 양파 100g(⅓개), 배추잎 100g(2장)
청고추 45g(3개), 파 20g
양념장 : 청장 12g(2작은술), 고추장 6g(1작은술), 고춧가루 14g(2큰술)
다진 파 14g(1큰술), 다진 마늘 8g(½큰술), 다진 생강 6g(½큰술)
깨소금 6g(1큰술), 후춧가루 0.3g(⅛작은술), 참기름 13g(1큰술)
미나리 30g, 청장 18g(1큰술), 소금 2g(½작은술)

재료준비

1. 곱창과 양은 기름기를 떼어내고, 밀가루와 소금으로 문질러 깨끗이 씻고(300g), 향채는 다듬어 깨끗이 씻는다. 【사진1】
2. 쇠고기는 핏물을 닦는다.
3. 표고버섯은 물에 1시간 정도 불려, 기둥을 떼고 물기를 닦아 길이 5cm 폭 1cm 정도로 썬다.
4. 양파는 다듬어 씻어 길이 5cm 폭 1cm 정도로 채 썰고, 배춧잎은 다듬어 씻어 양파와 같은 크기로 썬다(양파 90g, 배춧잎 83g).
5. 청고추는 씻어 길이로 반을 잘라 속을 떼어내고 길이 5cm 폭 0.5cm 정도로 채 썰고, 파는 다듬어 깨끗이 씻어 길이 2cm 폭 0.3cm 정도로 어슷 썬다.
6. 미나리는 잎을 떼어 내고 줄기를 깨끗이 씻어 길이 5cm 정도로 썬다(25g).
7. 양념장을 만든다.

만드는법

1. 냄비에 튀하는 물을 붓고 센불에 4분 정도 올려 끓으면 곱창을 넣고 3분 정도 튀하고, 양은 1분 정도 튀한 다음, 검은 막을 벗긴다(곱창 135g, 양 30g).
2. 냄비에 곱창과 양을 넣고 물을 부어 센불에 10분 정도 올려 끓으면, 중불로 낮추어 1시간 정도 끓이다가 향채를 넣고 30분 정도 더 끓인 다음, 곱창과 양은 건지고 국물은 식혀 면보에 걸러 육수를 만든다. 【사진2】
3. 냄비에 쇠고기와 물을 붓고, 센불에 6분 정도 올려 끓으면 중불로 낮추어 30분 정도 삶아 쇠고기는 건지고, 국물은 식혀 면보에 걸러 육수를 만든다.
4. 곱창은 길이 3cm, 양은 길이 3cm 폭 1cm, 쇠고기는 길이 3cm 폭 1cm 두께 0.3cm 정도로 썰고(곱창130g, 양 13g, 쇠고기 50g), 양념장 ½량을 각각 나누어 넣어 버무리고, 곱창과 양육수(600g) · 쇠고기육수(400g)를 섞는다(1kg). 【사진3】
5. 전골냄비에 청고추와 파 · 미나리를 뺀 나머지 재료를 돌려 담고, 가운데 양념한 곱창 · 양 · 쇠고기를 넣고 육수와 나머지 양념장 ½량을 넣고 센불에 6분 정도 올려 끓으면, 중불로 낮추어 20분 정도 끓인 후, 청고추와 파 · 미나리를 넣고 청장과 소금으로 간을 맞추어 2분 정도 더 끓인다. 【사진4】

· 소의 내장은 냄새를 없애기 위해 소금과 밀가루를 넣고 많이 주물러 씻는다.
· 곱창과 양, 쇠고기를 함께 넣고 끓여 육수를 만들기도 한다.
· 곱창전골은 불에 올려 끓이면서 덜어 먹는다.

1

2

3

4

익힌 닭살과 채소를 돌려 담고 닭 육수를 부어 끓인 음식이다. 닭고기는 다른 육류에 비해 지방이 적고 비타민 B_1과 B_2가 풍부하며, 맛이 담백하고 육질이 연해서 소화기능이 약한 노인이나 어린이들의 단백질 공급원으로 좋다.

닭고기전골

조리후 중량	적정배식온도	총가열시간	총조리시간	표준조리도구
1.2kg(4인분)	65~80℃	57분	1시간 30분	28cm 전골냄비

단백질 20g
콜레스테롤 30mg
열량 120kcal
탄수화물 3g
당류 0g
식이섬유 2g
지방 3g
트랜스지방 0g
포화지방 1g
나트륨 360mg
*9대영양소(1인분량)

닭(중) 800g, 물 1.6kg(8컵), 향채 : 파 20g, 마늘 10g, 생강 5g
양념 : 소금 2g(½작은술), 후춧가루 0.3g(⅛작은술), 참기름 4g(1작은술)
느타리버섯 100g
양파 100g(⅔개), 실파 50g
청고추 30g(2개), 홍고추 20g(1개)
청장 3g(½작은술), 소금 2g(½작은술)

재료준비

1. 닭은 내장과 기름기를 떼어내고 등뼈 사이의 핏물을 긁어낸 다음 깨끗이 씻는다(780g). 향채는 다듬어 깨끗이 씻는다.
2. 느타리버섯은 다듬어 씻어 길이 5cm 폭 0.5cm 정도로 찢는다. 【사진1】
3. 양파와 실파는 다듬어 깨끗이 씻고, 양파는 길이 5cm 폭 0.5cm 정도로 썰고(75g), 실파는 길이 5cm 정도로 썬다(45g).
4. 청 · 홍고추는 씻어서 길이로 반을 잘라 씨와 속을 떼어 내고, 길이 4cm 폭 0.5cm 정도로 채 썬다(청고추 20g, 홍고추 12g).

만드는법

1. 냄비에 물을 붓고 센불에 8분 정도 올려 끓으면 닭을 넣고, 중불로 낮추어 20분 정도 끓이다가 향채를 넣고 20분 정도 더 삶는다. 【사진2】
2. 닭은 건져서 길이 5cm 폭 0.5cm정도로 찢어(240g) 양념을 넣고 양념하고, 닭국물은 식혀서 면보에 걸러 육수를 만든다(900g). 【사진3】
3. 전골냄비에 모든 재료를 색을 맞추어 돌려 담고, 닭 육수를 부어 센불에 5분 정도 올려 끓으면 중불로 낮추어 2분 정도 끓인다. 【사진4】
4. 청장과 소금으로 간을 맞추고 2분 정도 더 끓인다.

· 닭을 너무 오래 삶으면 살이 풀어져서 맛이 없으므로 조리시간에 유의한다.
· 느타리버섯 대신 표고버섯을 넣기도 한다.
· 닭고기전골은 불에 올려 끓이면서 덜어 먹는다.

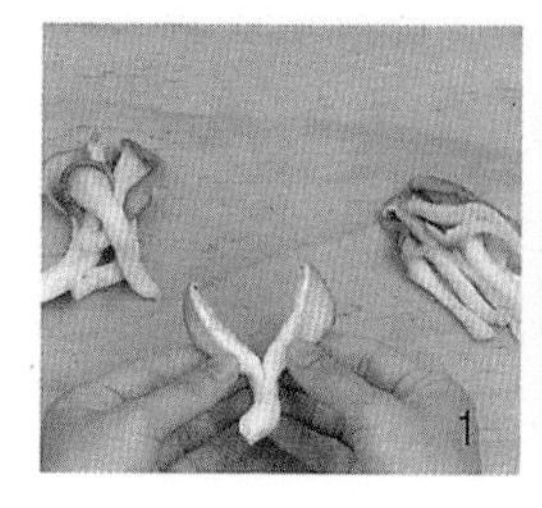
1

2

3
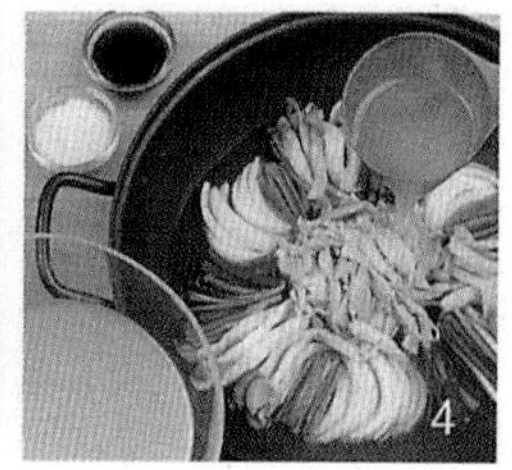
4

쇠고기에 양념을 해서 낙지와 여러 가지 채소를 넣고 끓인 전골이다. 낙지는 뻘에서 캐 낸 인삼이라 부를 정도로 영양가가 풍부한 강장식품으로 「동국세시기」에 겨울철에 추위를 막는 시절 음식으로 기록되어 있으며, 「자산어보」에 의하면 소가 새끼를 낳고 난 후나 더위를 먹고 쓰러졌을 때 낙지를 먹으면 기사회생(起死回生)한다고 하였다.

불낙전골

조리후 중량	적정배식온도	총가열시간	총조리시간	표준조리도구
1.12kg(4인분)	65~80℃	7분	1시간	28cm 전골냄비

단백질 24g
콜레스테롤 90mg
탄수화물 10g
당류 4g
식이섬유 4g
열량 210kcal
지방 9g
트랜스지방 0g
포화지방 2g
나트륨 760mg
*9대영양소(1인분량)

쇠고기(등심) 200g
양념장 : 간장 27g(1½큰술), 설탕 8g(2작은술), 꿀 9.5g(½큰술), 다진 파 14g(1큰술)
다진 마늘 8g(½큰술), 깨소금 3g(½큰술), 후춧가루 0.6g(¼작은술)
배즙 50g(¼컵), 참기름 13g(1큰술)
낙지 400g, 소금 2g(½작은술), 밀가루 14g(2큰술)
양파 100g(⅔개), 생표고버섯 50g, 새송이버섯 100g, 느타리버섯 30g
실파 60g, 미나리 35g, 청고추 7.5g(½개), 홍고추 10g(½개), 쑥갓 30g
물 300(1½컵)
소금 1g(¼작은술)

재료준비

1. 쇠고기는 핏물을 닦고 기름과 힘줄을 떼어내고, 결의 반대 방향으로 가로 5cm 세로 4cm 두께 0.3cm 정도로 썬다(190g).
2. 낙지는 머리를 뒤집어서 내장과 눈을 떼어 내고, 소금과 밀가루를 넣고 주물러 깨끗이 씻어서 길이 6cm 정도로 썬다(320g). 【사진1】
3. 양파는 다듬어 씻어 두께 0.5cm 정도로 채 썬다(70g).
4. 생표고버섯 · 새송이 버섯은 씻어 물기를 빼고 길이 5cm 폭 · 두께 0.8cm 정도로 썰고, 느타리버섯은 씻어 두께 0.8cm 정도로 찢는다. 【사진2】
5. 실파는 다듬어 깨끗이 씻어 길이 5cm 정도로 썰고(50g), 미나리는 잎을 떼어 내고 줄기는 깨끗이 씻어 길이 5cm 정도로 썬다(35g). 청 · 홍고추는 씻어 길이 2cm 두께 0.2cm 정도로 어슷 썬다(청고추 5g, 홍고추 8g).
6. 쑥갓은 다듬어 씻어 길이 5cm 정도로 자른다(20g).
7. 양념장을 만든다.

만드는법

1. 쇠고기에 양념장을 넣고 간이 잘 배도록 주물러 놓는다. 【사진3】
2. 전골냄비에 버섯 · 채소들을 색깔 맞춰 돌려 담고, 가운데 낙지와 쇠고기를 넣고 물을 붓고 센불에 5분 정도 올려 끓으면, 소금을 넣고 중불로 낮추어 2분 정도 끓이다가 쑥갓을 넣고 불을 끈다. 【사진4】

· 양념장에 고춧가루를 넣고 매콤하게 끓이기도 한다.
· 생표고버섯 대신에 마른 표고버섯을 사용하기도 한다.
· 불낙전골은 불에 올려 끓이면서 덜어 먹는다.

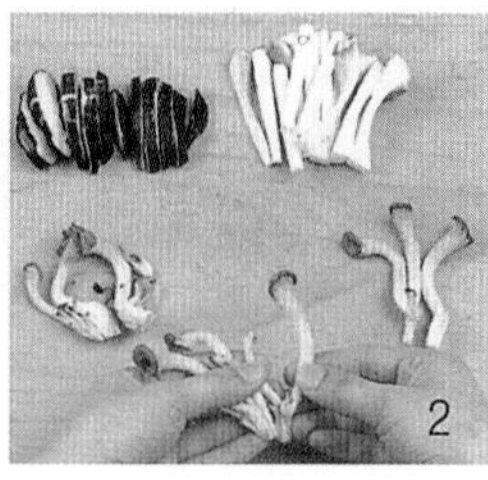

신선로 틀에 각종 해물과 채소를 돌려 담고 육수를 부어 끓인 음식이다. 원래의 신선로란 화통이 붙어 있는 특수한 형태의 냄비, 즉 화로를 가리키는데, 신선로는 먹는 동안에도 음식이 식지 않도록 화통의 숯불로 계속 온도를 맞추어 따듯하게 먹을 수 있다.

해물신선로

조리후 중량	적정배식온도	총가열시간	총조리시간	표준조리도구
2kg(4인분)	65~80℃	33분	1시간	18cm 신선로

단백질 17g
콜레스테롤 75mg
탄수화물 8g
당류 1g
식이섬유 3g
열량 120kcal
지방 3g
트랜스지방 0g
포화지방 1g
나트륨 1000mg
*9대영양소(1인분량)

새우 100g (中 4마리)
굴 100g, 패주 140g(3개), 물 600g(3컵), 소금 4g(1작은술)
오징어 200g(1마리)
무 200g(1/5개), 배춧잎 150g, 물 400g(2컵), 소금 1g(1/4작은술)
무·배추양념 : 소금 2g(1/2작은술), 다진 파 4.5g(1작은술), 다진 마늘 2.8g(1/2작은술)
팽이버섯 50g, 쑥갓 50g
해물육수 : 물 1.5kg(7 1/2컵), 새우껍질, 오징어 다리, 마른 홍고추 7g(2개), 소금 6g(1/2큰술)

재료준비

1. 새우는 씻어서 꼬치로 등 쪽에 내장을 빼내고, 꼬리는 남기고 머리는 떼고 껍질을 벗겨, 등 쪽에 길이로 칼집을 넣은 다음 넓게 펴고 머리와 새우껍질은 육수에 사용한다.
2. 굴은 소금물에 살살 씻어 건진다(100g). 패주는 소금물에 씻어 얇은 막을 벗기고 두께 0.3cm 정도로 썬다(130g).
3. 오징어는 먹물이 터지지 않게 배를 가르고 내장을 떼어 내고, 껍질을 벗겨 깨끗이 씻는다. 몸통 안쪽에 0.3㎝ 간격으로 사선이 교차하도록 칼집을 넣어 길이 5㎝ 폭 1.5㎝ 정도로 썬다(80g). 오징어 다리는 육수에 사용한다. 【사진1】
4. 무는 다듬어 씻어 가로 세로 2.5cm 두께 0.3cm 정도로 썰고(175g), 배춧잎도 무와 같은 크기로 썬다(130g).
5. 팽이버섯은 다듬어 밑동을 자르고(30g), 마른 홍고추는 면보로 닦고 길이 2cm 두께 0.2cm 정도로 어슷 썬다. 【사진2】
6. 쑥갓은 다듬어 깨끗이 씻는다(20g).

만드는법

1. 냄비에 물을 붓고 센불에 2분 정도 올려 끓으면 소금과 무·배추를 넣고 3분 정도 데쳐서 물기를 빼고 양념한다(무 170g, 배추158g).
2. 냄비에 물을 붓고 센불에 7분 정도 올려 끓으면 새우의 머리와 껍질·오징어 다리·마른 홍고추를 넣고 중불에서 15분 정도 끓인 후 체에 걸러 소금으로 간을 한다(1.2kg). 【사진3】
3. 양념한 무와 배추는 신선로를 바닥에 깔고, 그 위에 준비한 재료를 돌려 담고 쑥갓을 얹는다.
4. 냄비에 육수를 붓고 센불에 6분 정도 올려 끓으면, 신선로에 붓고 뚜껑을 덮은 다음 화통 안에 달구어진 숯불을 넣는다. 【사진4】

· 해물을 오래 끓이면 질기고 맛이 없으므로 살짝 익혀서 끓이면서 먹는다.
· 상에 낼때 접시에 약간의 물을 깔고 신선로를 얹어 낸다.
· 신선로의 육수가 끓어 졸어들면 더 부어 끓이면서 덜어 먹는다.

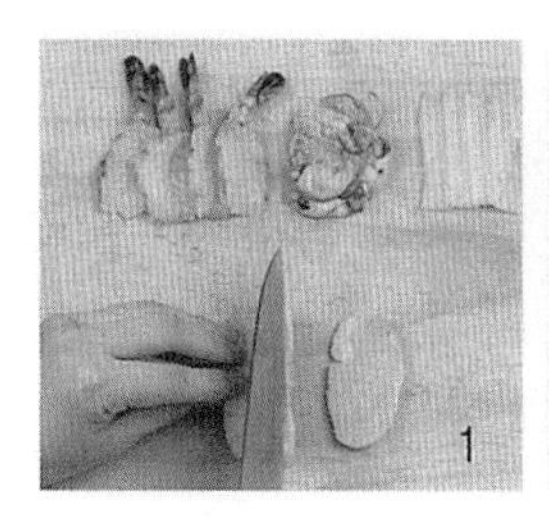

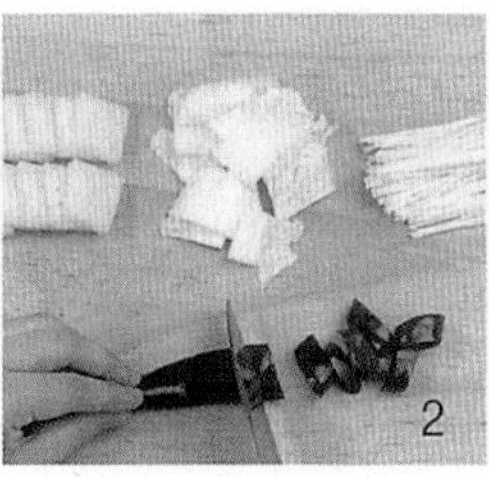

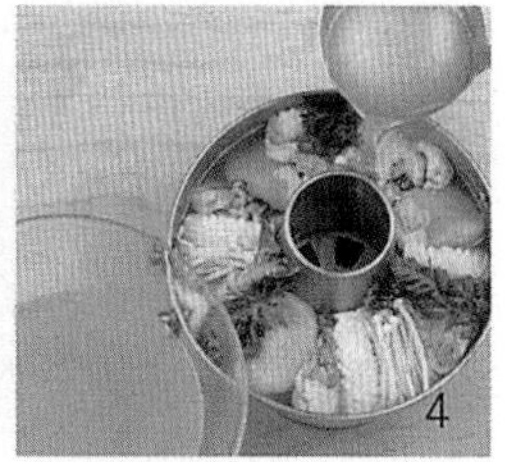

잘 익은 배추김치에 여러 가지 재료를 넣고 끓인 음식이다. 김치는 비타민 C가 풍부할 뿐만 아니라 유해균의 작용을 억제하여 항균작용을 하며 김치전골은 묵은 김치의 신맛이 다른 부재료인 기름기가 많은 삼겹살 · 표고버섯 · 양파와 잘 어울린다.

김치전골

조리후 중량	적정배식온도	총가열시간	총조리시간	표준조리도구
1.52kg(4인분)	65~80℃	47분	1시간	28cm 전골냄비

단백질 14g
콜레스테롤 15mg
열량 200kcal
탄수화물 15g
당류 2g
식이섬유 5g
지방 10g
트랜스지방 0g
포화지방 4g
나트륨 1360mg
*9대영양소(1인분량)

배추김치 400g(12장)
육수 : 쇠고기(양지머리) 200g, 물 1.4kg(7컵)
양념장① : 청장 3g(½작은술), 다진 파 2.3g(½작은술), 다진 마늘 1.4g(¼작은술)
다진 쇠고기(우둔) 120g, 두부 80g
양념장② : 간장 3g(½작은술), 소금 2g(½작은술), 설탕 2g(½작은술)
다진 파 2.3g(½작은술), 다진 마늘 1.8g(⅓작은술), 후춧가루 0.3g(⅛작은술)
표고버섯 15g(3장), 느타리버섯 50g, 청양고추 10g(1개), 홍고추 20g(1개)
미나리 30g, 물 400g(2컵), 소금 2g(½작은술)
김칫국물 30g, 청장 3g(½작은술), 소금 2g(½작은술)

재료준비

1. 배추김치의 속은 털어내고 잎 쪽 부분으로 10~15cm 정도 자르고(250g), 줄기 부분은 길이 4cm 폭 ·.두께1cm 정도로 썬다(100g). 【사진1】
2. 다진 쇠고기는 핏물을 닦고(118g), 두부는 면보로 물기를 짜서 곱게 으깬 다음(40g), 다진 쇠고기와 같이 양념장②를 넣고 양념하여 직경 2.5cm 정도로 둥글게 빚는다(10g 정도 18~20개).
3. 표고버섯은 물에 1시간 정도 불려 기둥을 떼고 물기를 닦아 가로 1cm 세로 4cm 두께 0.5cm 정도로 썬다(45g). 느타리버섯은 다듬어 씻어 길이 4cm 폭 · 두께 0.5cm 정도로 찢는다(45g). 【사진2】
4. 청양고추와 홍고추는 씻어 길이 2cm 폭 0.3cm 정도로 어슷 썬다(청양고추 6g, 홍고추 12g).
5. 미나리는 잎을 떼어내고 줄기를 깨끗이 씻는다(25g).

만드는법

1. 냄비에 육수용 쇠고기와 물을 붓고 센불에 7분 정도 올려 끓으면, 중불로 낮추어 30분 정도 끓여 쇠고기는 건져서 가로 2cm 세로 1.5cm 두께0.5cm 정도로 썰어 양념장①로 양념하고(120g), 국물은 식혀 면보에 걸러 육수를 만든다(1kg).
2. 냄비에 물을 붓고 센불에 2분 정도 올려 끓으면 소금을 넣고, 미나리는 10초 정도 데친 후 찬물에 헹구어 물기를 닦고(미나리25g) 가늘게 찢는다.
3. 김치잎을 넓게 펴서 양념한 다진 쇠고기와 두부를 놓고 돌돌 말아 미나리로 묶는다. 【사진3】
4. 전골냄비에 편육을 깔고 그 위에 각종 채소들을 돌려 담고, 육수를 붓고 센불에 5분 정도 올려 끓으면 중불로 낮추어 청장과 소금으로 간을 하고 2분 정도 끓인다. 【사진4】

· 알맞게 잘 익은 김치를 사용해야 맛이 있다.
· 육수를 끓일 때 생기는 거품은 걷어낸다.
· 김치전골은 불에 올려 끓이면서 덜어 먹는다.

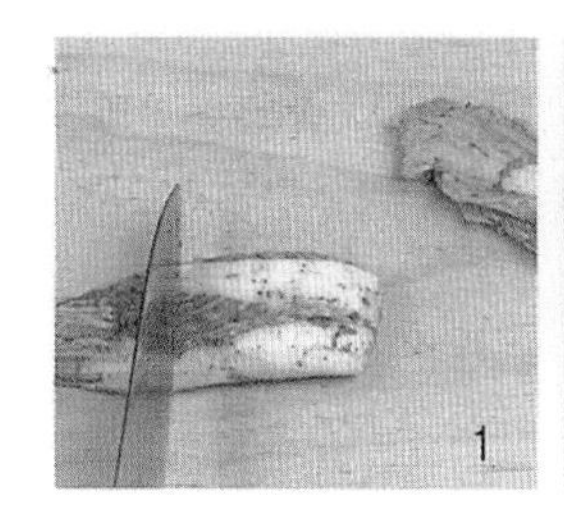
1

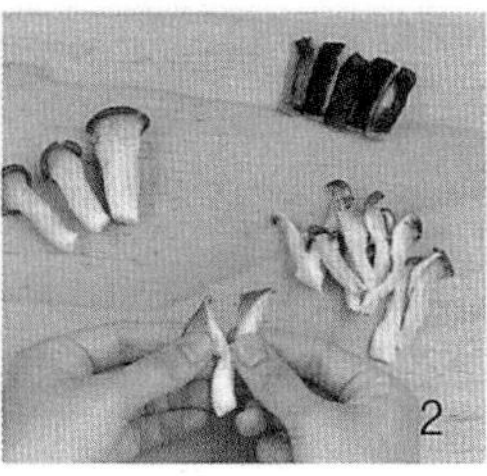
2

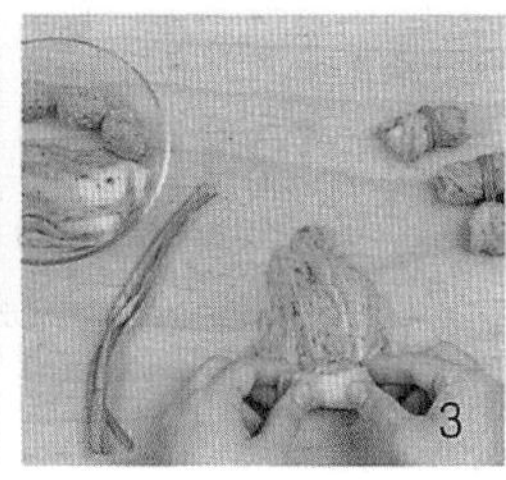
3

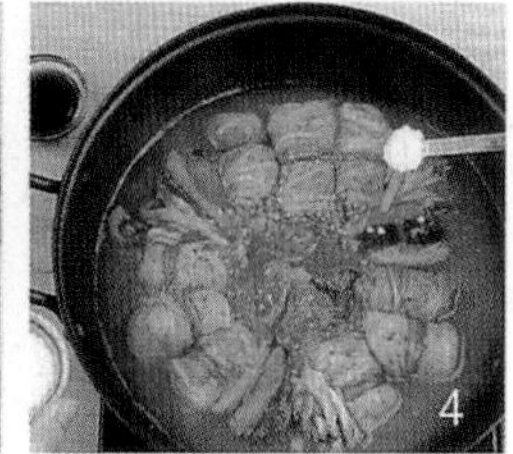
4

잘 익은 배추김치로 만두소를 만들어 각종 채소와 함께 넣고 끓인 음식이다. 만두는 추운 이북지방의 향토음식으로 평양식과 개성식이 있는데 평양식은 어른 주먹만 하게 크게 빚는 것이 특징이며, 개성 만두는 한 입에 쏙 들어갈 정도로 앙증맞게 빚는 것이 특징이다.

만두전골

조리후 중량	적정배식온도	총가열시간	총조리시간	표준조리도구
1.52kg(4인분)	65~80℃	51분	1시간	28cm 전골냄비

단백질 15g
콜레스테롤 25mg
지방 10g
트랜스지방 0g
포화지방 2.5g
열량 250kcal
탄수화물 26g
당류 2g
식이섬유 5g
나트륨 960mg

*9대영양소(1인분량)

육수 : 쇠고기(양지머리) 200g, 물 1.4kg(7컵), **향채** : 파 10g, 마늘 5g
쇠고기(우둔) 50g
양념장 : 간장 6g(1작은술), 설탕 2g(½작은술), 다진 파 2.3g(½작은술)
다진 마늘 1.4g(¼작은술), 깨소금 0.5g(¼작은술), 후춧가루 0.3g(⅛작은술)
참기름 2g(½작은술)
만두피 : 밀가루 95g(1컵), 소금 1g(¼작은술), 물 45g(3큰술)
다진 쇠고기(우둔) 60g, 배추김치 100g, 두부 80g, 숙주 150g
물 600g(3컵), 소금 2g(½작은술)
양념 : 소금 2g(½작은술), 다진 파 4.5g(1작은술), 다진 마늘 2.7g(½작은술)
깨소금 3g(½큰술), 후춧가루 0.3g(⅛작은술), 참기름 6.5g(½큰술)
표고버섯 15g(3장), 느타리버섯 60g(5개), 당근 30g(1/7개), 미나리 30g
달걀 120g(2개), 식용유 13g(1큰술), 청장 6g(1작은술), 소금 4g(1작은술)
초간장 : 간장 18g(1큰술), 식초 15g(1큰술), 물 15g(1큰술)

재료준비

1. 쇠고기는 핏물을 닦고, 향채는 다듬어 깨끗이 씻는다. 냄비에 쇠고기와 물을 붓고 센불에 6분 정도 올려 끓으면, 중불로 낮추어 향채를 넣고 30분 정도 끓여 식혀서 면보에 걸러 육수를 만든다(1kg). 삶은 쇠고기는 건져서 가로 · 세로 3cm 두께 0.3cm 정도로 썬다.
2. 쇠고기는 핏물을 닦고 길이 6cm 폭 · 두께 0.3cm 정도로 채 썰어 양념장을 넣고 양념한다.
3. 밀가루에 소금과 물을 넣고 반죽하여 30분 정도 젖은 면보에 싸둔다(220g).
4. 배추김치는 속을 털어내고, 곱게 다져서 물기를 꼭 짠다(60g). 두부는 면보에 물기를 짜서 곱게 으깬다(60g). 숙주는 다듬어 깨끗이 씻는다. 【사진1】
5. 표고버섯은 물에 1시간 정도로 불려 기둥을 떼고 물기를 닦아 가로 1.5cm 세로 4cm 두께 0.5cm 정도로 썬다(45g). 느타리버섯은 다듬어 길이 4cm 두께 0.5cm 정도로 찢는다(55g).
6. 당근은 다듬어 씻어 가로 1.5cm 세로 4cm 두께 0.3cm 정도로 썬다(28g). 미나리는 잎을 떼어내고 줄기를 깨끗이 씻어 길이 4cm 정도로 썬다(20g). 【사진2】
7. 달걀은 황백지단을 부쳐 가로 1.5cm 세로 5cm 정도로 썬다.
8. 초간장을 만든다.

만드는법

1. 냄비에 물을 붓고 센불에 3분 정도 올려 끓으면, 소금과 숙주를 넣고 2분 정도 데치고 길이 0.5cm정도로 썰어 물기를 짠다(50g).
2. 다진 쇠고기와 배추김치 · 두부 · 숙주를 한데 섞고 양념하여 만두소를 만든다(250g, 개당 15g).
3. 만두 반죽을 밀대로 밀어 직경 7~8cm, 두께 0.2cm 정도로 둥글게 만든다(138.6g, 개당8.6g).
4. 만두피에 만두소를(15g) 넣고 반으로 접어 붙이고 양쪽 끝은 서로 맞붙여 둥글게 만두를 빚는다(16개). 【사진3】
5. 전골냄비에 채 썰어 양념한 쇠고기와 삶아 놓은 고기를 깔고 그 위에 만두와 각종 채소들을 색깔 맞춰 돌려 담는다. 육수를 붓고 센불에 3분 정도 올려 끓으면, 중불로 낮춰 5분 정도 끓이다가 청장과 소금으로 간을 맞추어 2분 정도 더 끓인다. 【사진4】
6. 초간장과 함께 낸다.

· 만두소는 쇠고기 대신 돼지고기를 사용하기도 한다.
· 김치의 염도에 따라 소금의 양을 가감한다.
· 만두전골의 만두는 개인접시에 덜어서 수저로 잘라 초간장을 얹어 먹는다.

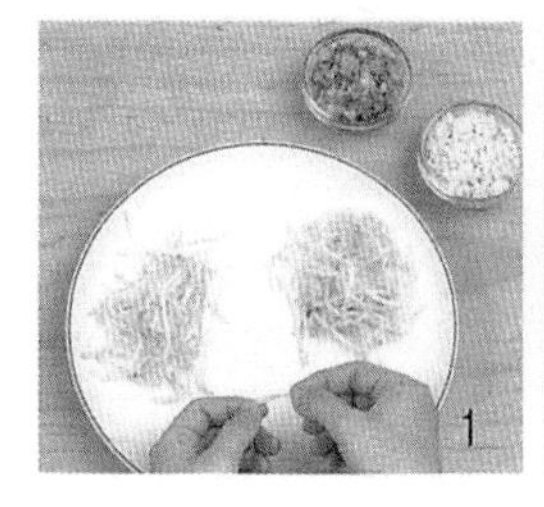

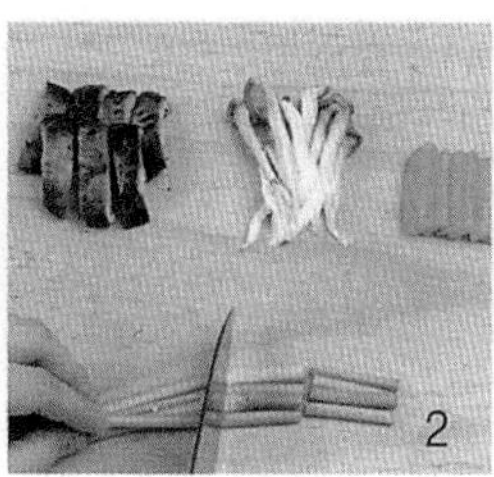

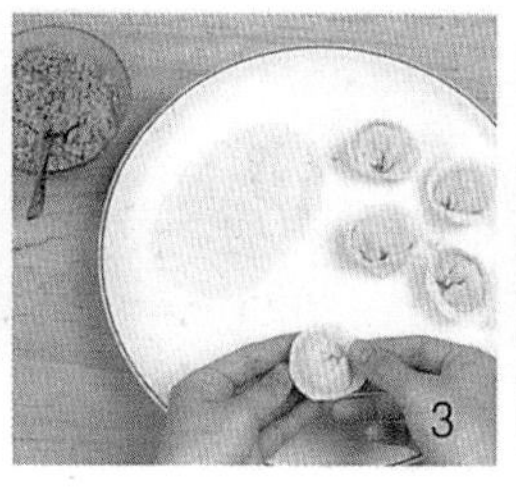

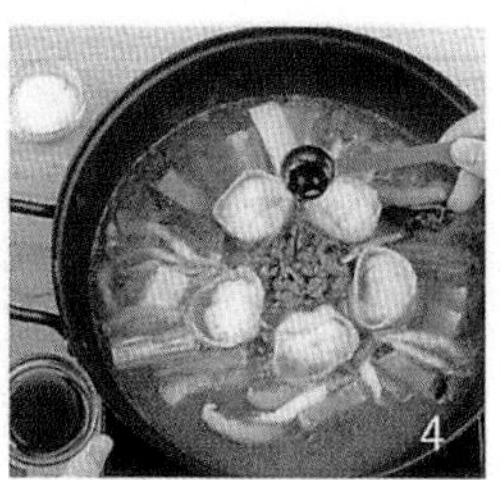

신선로틀에 육류 · 어류 · 채소 등의 재료를 돌려 담고 끓여서 국수를 말아먹는 음식이다. 면신선로(麵新設爐)는 1868년(고종)의 「진찬의궤」에 새로운 노(爐 : 화로 노)를 사용하여 만든 음식이라고 기록되어 있다.

면신선로

조리후 중량	적정배식온도	총가열시간	총조리시간	표준조리도구
2kg(4인분)	65~80℃	1시간 1분	2시간	18cm 신선로

열량 260kcal
단백질 27g
콜레스테롤 90mg
지방 8g
트랜스지방 0g
포화지방 1.5g
탄수화물 21g
당류 0gg
식이섬유 3g
나트륨 930mg
*9대영양소(1인분량)

육수 : 쇠고기(사태) 200g, 무 100g, 물 1.6kg(8컵)
향채 : 파 20g, 마늘 10g
양념장① : 청장 6g(1작은술), 다진 파 2.3g(½작은술), 다진 마늘 1.4g(¼작은술)
청장 3g(½작은술), 소금 6g(½큰술)
쇠고기(우둔) 100g
양념장② : 청장 3g(½작은술), 다진 파 2.3g(½작은술), 다진 마늘 1.4g(¼작은술)
깨소금 1g(½작은술), 후춧가루 0.1g, 참기름 4g(1작은술)
패주 90g(2개), 새우 110g(4마리), 불린 해삼 30g
소금 2g(½작은술), 후춧가루 0.3g(⅛작은술)
홍고추 20g(1개)
달걀 180g(3개), 미나리 20g, 밀가루 47.5g(½컵), **식용유 65g(5큰술)**
국수(소면) 60g, 삶는 물 800g(4컵), 끓을 때 붓는 물 200g(1컵)

재료준비

1. 육수용 쇠고기는 핏물을 닦고, 향채는 다듬어 깨끗이 씻는다. 냄비에 쇠고기와 물을 붓고, 센불에 8분 정도 올려 끓으면 중불로 낮추어 20분 정도 끓이다가, 향채와 무를 넣고 20분 정도 더 끓인다. 쇠고기와 무는 건져 가로 2cm 세로 3cm 두께 0.5cm 정도로 썰어 양념장①로 양념하고(쇠고기 130g, 무 80g), 육수는 식혀 면보에 걸러 청장과 소금으로 간을 한다(1.2kg).
2. 쇠고기는 핏물을 닦고 길이 5cm 폭 · 두께 0.3cm 정도로 채 썰어 양념장②를 넣고 양념한다.
3. 패주는 씻어 가장자리의 얇은 막을 벗기고 패주모양을 살려 두께 0.3cm 정도로 썬다(85g).
4. 새우는 씻어서 꼬치로 등 쪽의 내장을 빼낸다. 머리는 떼어 내고 꼬리는 남긴 후 껍질을 벗겨 등쪽에 길이로 칼집을 넣고 넓게 편다(91g).
5. 불린 해삼은 가로 2cm 세로 6cm 정도로 자른다. 【사진1】
6. 패주 · 새우 · 불린 해삼은 소금 후춧가루로 간한다.
7. 홍고추는 씻어 길이로 반을 잘라 씨와 속을 떼어내고 가로 2cm 세로 6cm 정도로 썬다(12g).
8. 달걀은 황백지단을 부치고, 미나리는 초대를 부쳐 가로 2cm 세로 6cm 두께 0.3cm 정도로 썬다. 【사진2】

만드는법

1. 냄비에 삶는 물을 붓고 센불에 4분 정도 올려 끓으면 국수를 넣고, 1분 정도 삶아 끓어오르면 100g(½컵)의 물을 붓고, 1분 후 끓어오르면 나머지 100g(½컵)의 물을 부어 30초 정도 더 삶는다.
2. 삶아진 국수를 물에 헹구어 사리를 만들어서 채반에 건져 물기를 뺀다(168g). 【사진3】
3. 양념한 쇠고기와 무 · 채 썬 쇠고기는 신선로를 바닥에 깔고, 그 위에 준비한 재료와 국수를 색을 맞춰 돌려 담는다. 【사진4】
4. 냄비에 육수를 붓고 센불에 6분 정도 올려 끓으면 신선로에 육수를 붓고 뚜껑을 덮은 다음, 화통 안에 달구어진 숯불을 넣는다.

· 신선로가 없는 경우 전골냄비에 넣어 끓이기도 한다.
· 면신선로는 끓이면서 덜어 먹는다.

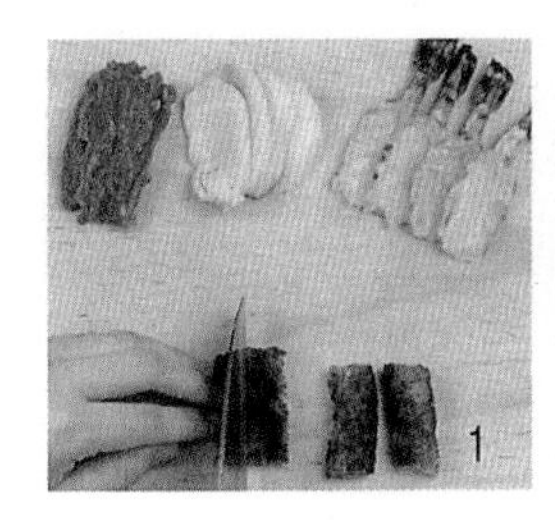
1

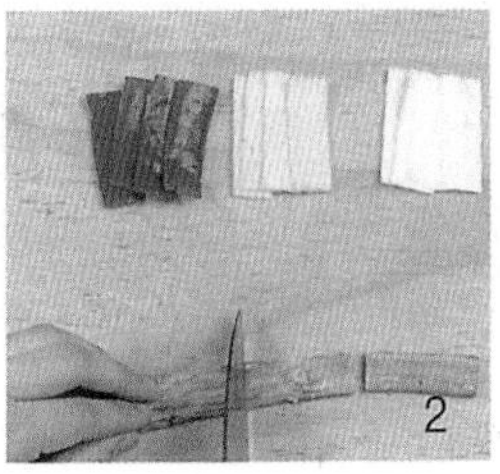
2

3

4

Part 3. 반찬류

찜, 선, 숙채, 생채, 조림, 볶음, 구이, 전, 적, 회, 편육

우리나라 음식은 주식과 부식이 분리되어 발달하였는데, 주식에 따른 다양한 반찬을 부식으로 하여 균형 잡힌 한 끼 식사를 할 수 있게 하였다. 반찬류는 그 종류가 많고 조리법이 다양하며 음식 조리 시 갖은 양념을 적절히 사용하여 감칠맛을 내고 고명을 만들어 음식을 아름답게 장식하기도 한다. 푸짐하고 때론 소박하게, 정갈하면서도 맛깔스럽게, 제철 재료를 사용하여 신선한 맛과 향을 살리는 다양한 반찬류로 우리의 밥상을 건강하고 풍성하게 만들어보자.

찜 · 선

찜은 주재료에 양념을 하여 물을 붓고 푹 익혀, 약간의 국물이 어울리도록 끓이거나 쪄내는 음식이다. 찜의 재료는 소나 돼지의 갈비, 닭, 어패류를 주재료로 하고 채소, 버섯, 달걀 등을 섞어 조리하며 반상, 교자상, 주안상 등에 차려낸다.

선은 좋은 재료를 뜻하는 것으로 호박, 오이, 가지, 배추, 두부와 같은 식물성 재료에 쇠고기, 버섯 등으로 소를 넣고 육수를 부어 잠깐 끓이거나 찌는 음식이다.
선은 맛이 산뜻하여 요즈음에는 식사 전에 먹는 전채 요리로 많이 이용한다.

연저육찜

통삼겹살을 삶아 지진 다음 부재료를 넣고 윤기 나게 조린 음식이다. 원래는 어린 돼지고기를 연하게 조려 먹던 궁중음식으로 두부와 인삼 · 대추 · 호두 · 은행 등이 들어가 영양도 뛰어나다.

조리후 중량	적정배식온도	총가열시간	총조리시간	표준조리도구
480g(4인분)	50~65℃	55분	2시간	30cm 후라이팬

삼겹살 450g, 물 1.4kg(7컵)
향채 : 파 20g, 마늘 30g, 생강 10g, 통후추 1g
두부 100g, 식용유 6.5g(½큰술)
인삼 20g, **대추** 16g(4개), **호두** 10g(2개), **은행** 8g(4개)
양념장 : 간장 36g(2큰술), 설탕 12g(1큰술), 다진 파 18g(4작은술)
다진 마늘 11g(2작은술), 생강즙 5.5g(1작은술)
후춧가루 0.3g(⅛작은술), 참기름 8g(2작은술), 물 150g(¾컵)
물엿 38g(2큰술)

재료준비

1. 삼겹살은 덩어리째 핏물을 닦고 길이 15cm 폭 5cm 두께 4cm 정도로 자른다.
2. 두부는 가로 · 세로 · 두께 2cm 정도로 썬다(70g).
3. 인삼은 깨끗이 씻은 후 뇌두를 잘라 내고(15g) 대추는 면보로 닦아서 살만 돌려 깎아 돌돌 만다(10g).
4. 호두는 따뜻한 물에 불려 속껍질을 벗기고, 은행은 팬을 달구어 식용유를 두르고 중불에서 굴려 가며 2분 정도 볶아 껍질을 벗긴다.
5. 양념장을 만든다.

만드는법

1. 냄비에 물을 붓고 센불에 7분 정도 올려 끓으면 삼겹살을 넣고 10분 정도 끓이다가 향채를 넣고 중불로 낮추어 20분 정도 삶는다. 【사진1】
2. 삶은 삼겹살은 물기를 닦고 팬을 달구어 중불에서 돌려가며 5분 정도 지진다. 【사진2】
3. 팬을 달구어 식용유를 두르고 두부를 넣고 중불에서 사방을 돌려가며 2분 정도 지진다.
4. 냄비에 양념장을 넣고 센불에 1분 정도 올려 끓으면, 고기와 인삼을 넣고 중불로 낮추어 5분 정도 끓인다. 【사진3】
5. 물엿과 두부 · 대추 · 호두 · 은행을 넣고 2분 정도 끓이다가 약불로 낮추어 국물을 끼얹어 가며 3분 정도 조린다. 【사진4】
6. 돼지고기는 두께 0.8cm 정도로 썰고, 인삼도 길이 2cm 두께 1cm 정도로 어슷 썬다.

· 연저육찜은 국물을 자주 끼얹으며 조려야 윤기가 나고 색이 좋다.

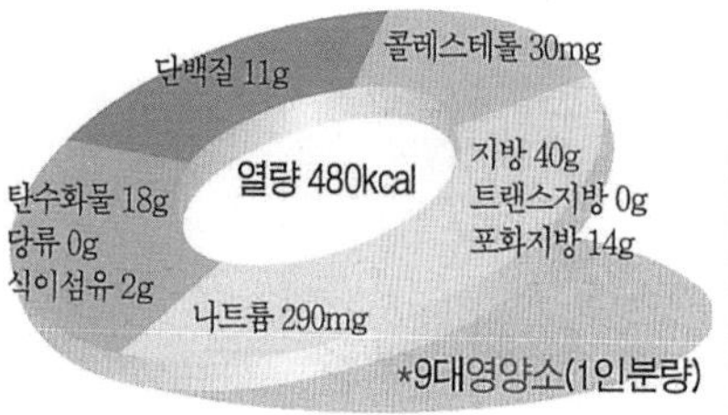

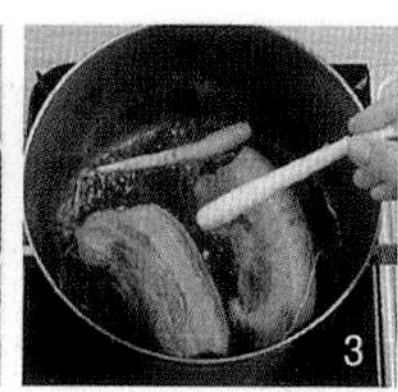

궁중닭찜

닭을 통째로 삶아서 살만 발라내어 여러 가지 버섯과 함께 걸쭉하게 끓인 음식이다. 궁중닭찜은 조선시대 궁중음식으로 기름기가 없어 담백하고 부드러운 맛이 특징이다.

조리후 중량	적정배식온도	총가열시간	총조리시간	표준조리도구
880g(4인분)	70~75℃	47분	1시간	20cm 냄비

닭 800g, 물 1.2kg(6컵)
향채 : 파 20g, 마늘 15g, 생강 10g
양념 : 소금 1g(¼작은술), 다진 파 4.5g(1작은술), 다진 마늘 2.8g(½작은술)
표고버섯 15g(3장), 목이버섯 3g, 석이버섯 3g
소금 3g(¼큰술), 후춧가루 0.3g(⅛작은술)
물녹말 : 녹말가루 16g(2큰술), 물 30g(2큰술)
달걀 60g(1개)

재료준비

1. 닭은 내장과 기름을 떼어내고 등뼈 사이의 핏물을 긁어낸 다음 깨끗이 씻는다(700g).
2. 표고버섯과 목이버섯, 석이버섯은 물에 1시간 정도 불린다. 표고버섯은 기둥을 떼고 물기를 닦아 ¼등분하고(45g), 목이버섯은 한 잎씩 떼어 가로 · 세로 2cm 정도로 자르고(30g), 석이버섯은 비벼 씻어 가운데 돌기를 떼어내고 가로 · 세로 2cm 정도로 썬다(2g).
3. 향채는 다듬어 깨끗이 씻고 양념을 만든다.
4. 물녹말을 만들고, 달걀은 풀어 놓는다.

만드는법

1. 냄비에 닭을 넣고 물을 부은 다음 센불에 6분 정도 올려 끓으면 중불로 낮추어 10분 정도 끓이다가 향채를 넣고 20분 정도 더 끓인다. 【사진1】
2. 닭은 건져서 살을 발라 길이 5cm 폭 1.5cm 두께 1.5cm 정도로 찢어(200g) 양념을 넣고 양념하고, 국물은 식혀서 면보에 걸러 육수를 만든다(700g). 【사진2】
3. 냄비에 육수를 붓고 센불에 3분 정도 올려 끓으면 닭살과 표고버섯 · 목이버섯 · 석이버섯을 넣고 1분 정도 끓이다가, 중불로 낮추어 4분 정도 끓여 소금과 후춧가루로 간한다. 【사진3】
4. 물녹말을 넣고 2분 정도 끓이다가 풀어 놓은 달걀로 줄알을 치고 1분 정도 더 끓인다. 【사진4】

· 줄알을 칠 때는 약불에서 휘젓지 않아야 흐트러지지 않는다.

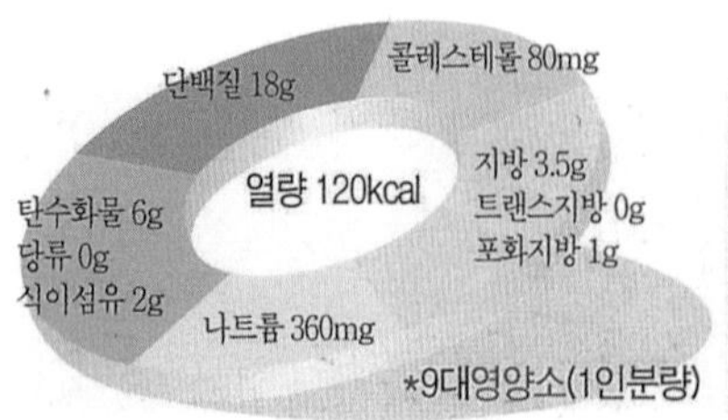

1

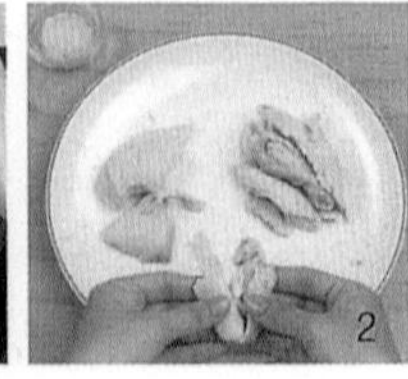
2

3

4

봉총찜

조리후 중량	적정배식온도	총가열시간	총조리시간	표준조리도구
800g(4인분)	50~65℃	11분	2시간	28cm 전골냄비

꿩다리 280g(4개)
다진 쇠고기(우둔) 80g
꿩 · 쇠고기 양념 : 소금 1g(¼작은술), 다진 파 14g(1큰술), 다진 생강 12g(1큰술)
후춧가루 0.3g(⅛작은술), 표고버섯 10g(2장), 파 10g
대추 8g(2개)
유장 : 간장 3g(½작은술), 소금 2g(½작은술), 참기름 6.5g(½큰술)
물 400g(2컵)
밀가루물 : 밀가루 14g(2큰술), 물 60g(4큰술)

재료준비

1. 꿩다리는 깨끗이 씻어 물기를 닦고 다리의 껍질은 아래로 잘 벗겨 내리고 다리뼈의 살은 긁어내어 곱게 다진다(175g). 【사진1】
2. 다진 쇠고기는 핏물을 닦고(70g), 꿩살 다진 것과 함께 양념한다. 꿩다리 뼈에 양념한 꿩고기와 쇠고기를 붙이고 그 위로 껍질을 올려 씌운다(300g). 【사진2】
3. 표고버섯은 물에 1시간 정도 불리고 기둥을 떼고 물기를 닦아 길이 2cm 두께 0.2cm 정도로 썬다(20g). 파는 다듬어 깨끗이 씻어 흰 부분을 표고버섯과 같은 크기로 썬다(7g). 대추는 면보로 닦아서 돌려 깎아 표고버섯과 같은 크기로 썬다(6g).
4. 유장과 밀가루물을 만든다.

만드는법

1. 냄비에 유장과 물을 붓고, 양념한 꿩 다리와 표고버섯을 넣고 센불에 2분 정도 올려 끓으면 중불로 낮추어 7분 정도 끓이다가, 밀가루물을 넣고 파와 대추채를 넣은 다음 센불에 2분 정도 더 끓인다. 【사진3 · 4】

꿩 다리뼈의 살을 발라내어 다지고, 다진 쇠고기와 함께 양념하여 꿩 다리에 다시 붙여 찐 음식이다. 꿩은 닭과 비슷하다고 하여 산계(山鷄) 또는 야계(野鷄)라 하였는데, 꿩을 이용하여 다식 · 찜 · 만두 · 김치 등 다양하게 음식을 만들어 먹었다. 꿩은 고단백 · 저칼로리 식품으로 소화흡수가 잘될 뿐만 아니라 속을 보하고 기력을 돋워주는 효능이 있다.

· 꿩의 다리를 자를 때는 관절을 자른다.
· 꿩 대신 닭다리로 하기도 한다.

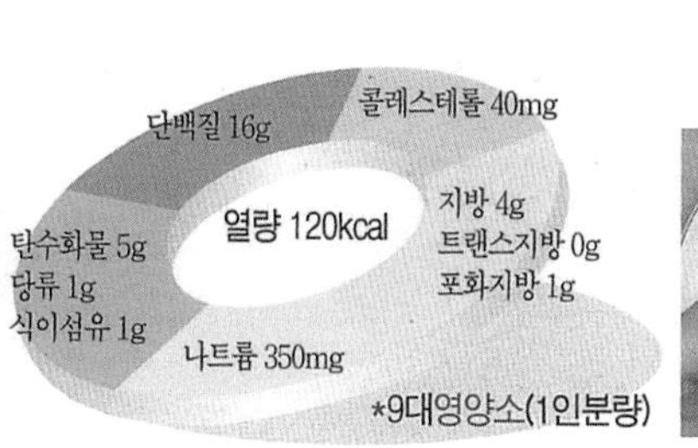

*9대영양소(1인분량)

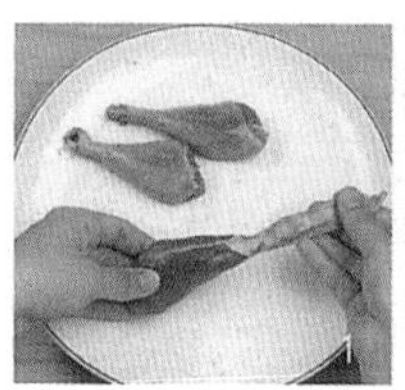

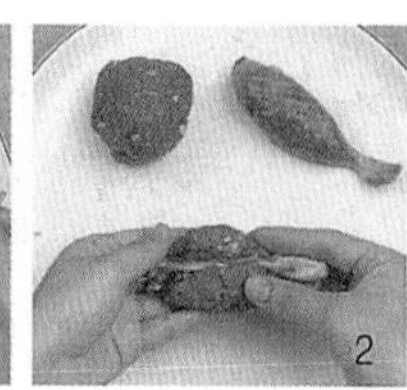

오리에 표고 · 밤 · 대추와 양념장을 넣고 함께 끓여 만든 음식이다. 오리는 고혈압 · 동맥경화 · 신경통 · 병후의 회복 · 중풍 예방에 좋은 식품이며, 알칼리성 식품으로 몸의 산성화를 막아주는 효과가 있다. 또한 오리의 기름은 다른 육류의 기름과는 달리 물에 녹는 수용성이어서 몸에 해롭지 않은 것이 특징이다.

오리찜

조리후 중량	적정배식온도	총가열시간	총조리시간	표준조리도구
600g(4인분)	70~75℃	1시간 13분	2시간	20cm 냄비

단백질 25g
콜레스테롤 95mg
탄수화물 10g
당류 2g
식이섬유 7g
열량 325kcal
지방 20g
트랜스지방 0.5g
포화지방 5g
나트륨 530mg
*9대영양소(1인분량)

오리 700g, 튀하는 물 1kg(5컵)
양념장 : 간장 36g(2큰술), 설탕 12g(1큰술), 꿀 6g(1작은술), 청주 5g(1작은술)
다진 파 14g(1큰술), 다진 마늘 8g(½큰술), 생강즙 5.5g(1작은술)
깨소금 3g(½큰술), 후춧가루 0.3g(⅛작은술), 참기름 13g(1큰술)
표고 10g(2장), 밤 60g(4개), 대추 16g(4개)
물 800g(4컵)
은행 16g(8개), 달걀 60g(1개), 식용유 13g(1큰술)

재료준비

1. 오리는 내장과 기름기를 떼어내고 등뼈 사이의 핏물을 긁어낸 다음 깨끗이 씻고, 가로 · 세로 5cm 정도로 자른다(600g). 【사진1】
2. 표고버섯은 물에 1시간 정도 불려, 기둥을 떼어내고 물기를 닦아 2~4등분으로 썬다.
3. 밤은 껍질은 벗기고, 대추는 면보로 닦고 돌려 깎아 돌돌 말아 놓는다.
4. 팬을 달구어 식용유를 두르고 은행을 넣고 중불에서 굴려가며 2분 정도 볶아 껍질을 벗긴다.
5. 달걀은 황백지단을 부쳐 길이 2cm 정도의 마름모꼴로 썬다.
6. 양념장을 만든다.

만드는법

1. 냄비에 물을 붓고 센불에 5분 정도 올려 끓으면 오리고기를 넣고 5분 정도 튀하여(550g), 양념장 ½량을 넣고 30분 정도 재워둔다. 【사진2】
2. 냄비에 오리고기와 물을 붓고 센불에 6분 정도 올려 끓으면 중불로 낮추어 35분 정도 끓이다가 표고버섯과 밤을 넣고 나머지 양념장 ½량을 넣어 15분 정도 더 끓인다. 【사진3】
3. 대추를 넣고 국물을 끼얹어 가며 5분 정도 끓이다가 은행을 넣고 2분 정도 끓인다. 【사진4】
4. 그릇에 담고 황백 지단을 얹는다.

· 오리는 껍질을 벗겨내고 조리하기도 한다.
· 기호에 따라 마른 홍고추를 넣기도 한다.

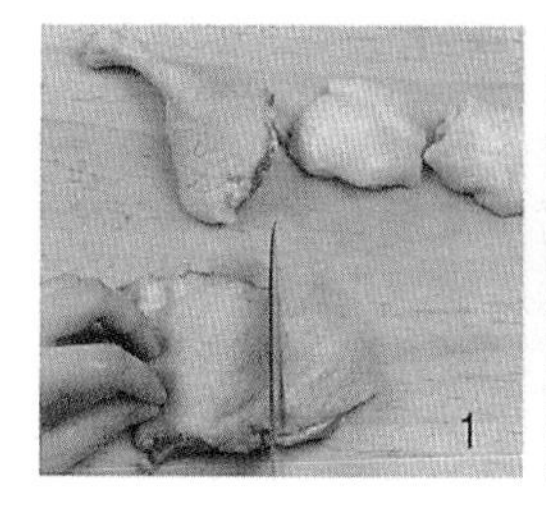
1

2

3

4

닭북어찜

조리후 중량	적정배식온도	총가열시간	총조리시간	표준조리도구
480g(4인분)	50~65℃	28분	1시간	18cm 냄비

닭 350g(⅓마리), 소금 1g(¼작은술), 후춧가루 0.1g
북어포(껍질 벗긴 황태포) 90g(1⅓마리)
양념장 : 간장 27g(1½큰술), 설탕 6g(½큰술), 물엿 19g(1큰술)
다진 파 4.5g(1작은술), 다진 마늘 2.8g(½작은술)
후춧가루 0.1g, 참기름 13g(1큰술)
다시마 4g, 마른홍고추 6g(1½개), 식용유 13g(1큰술)
달걀 60g(1개), 물 400g(2컵), 참기름 6.5g(½큰술)

재료준비

1. 닭은 내장과 기름기를 떼어내고 등뼈사이의 핏물을 긁어낸 다음 가로 · 세로 4~5cm로 잘라(300g) 소금과 후춧가루를 뿌린다.
2. 북어포는 머리와 꼬리 · 지느러미를 떼어 내고 물에 10초 정도 담갔다가 건져, 젖은 면보에 싸서 30분 정도 두었다가 물기를 눌러 짠 다음, 뼈와 가시를 떼어내고 가로 · 세로 4cm 정도로 자른다(100g). 【사진1】
3. 다시마와 마른홍고추는 면보로 닦고, 다시마는 가로 · 세로 2.5cm 정도로 자르고, 마른홍고추는 길이 2.5cm, 두께 0.5cm 정도로 어슷썬다.
4. 달걀은 황백지단을 부쳐 길이 2cm 정도의 마름모꼴로 썬다.
5. 양념장을 만든다.

만드는법

1. 냄비를 달구어 식용유를 두르고 마른홍고추를 넣어 중불에서 1분 정도 볶아서 고추기름을 만든다.
2. 고추기름에 닭을 넣고 중불에서 1분 정도 볶다가 다시마와 양념장 · 물을 붓고 센불에 3분 정도 올려 끓으면 중불로 낮추어 15분 정도 더 끓인다. 【사진2】
3. 닭이 익으면 다시마는 건져내고 북어포를 넣어 5분 정도 끓이다가 양념장을 끼얹어 가며 3분 정도 더 조린다. 【사진3】
4. 국물이 자작해지면 참기름을 넣고 고루 섞은 후 그릇에 담고 황백지단을 얹는다. 【사진4】

닭과 북어를 양념하여 찐 음식이다. 예부터 '맛 좋기는 청어, 많이 먹기는 명태'라는 말이 있을 정도로 우리나라 사람들은 명태를 즐겨 먹었으며, 닭고기는 속을 따뜻하게 데워주고, 원기를 돋워주는 음식이다.

· 물엿 대신 꿀을 넣기도 하고 시판하는 고추기름을 사용하기도 한다.

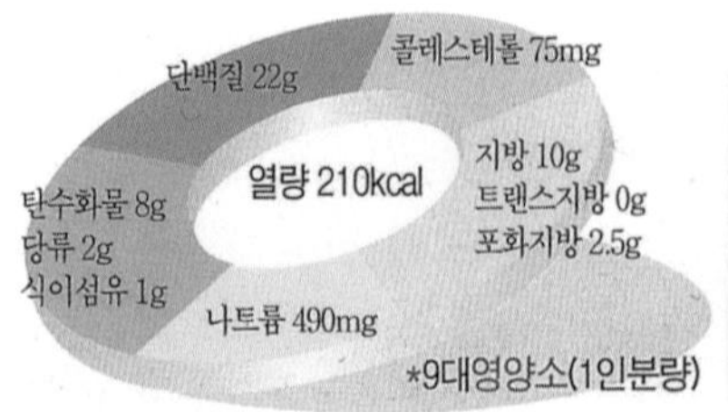

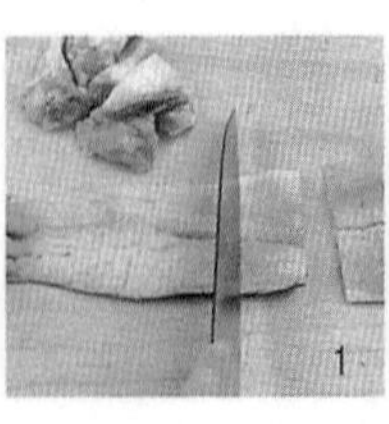

해물찜

조리후 중량	적정배식온도	총가열시간	총조리시간	표준조리도구
720g(4인분)	70~75℃	13분	1시간	28cm 전골냄비

꽃게 200g, 새우 50g(2마리), 한치알 60g, 콩나물 400g
소금 2g(½작은술), 물 300g(1½컵)
낙지 120g, 소금 1g(¼작은술), 밀가루 7g(1큰술)
미더덕 50g, 물 300(1½컵), 소금 1g(¼작은술)
양념 : 소금 4g(1작은술), 설탕 4g(1작은술), 고춧가루 21g(3큰술)
다진 파 21g(1½큰술), 다진 마늘 16g(1큰술), 생강즙 5.5g(1작은술)
청주 5g(1작은술)
찹쌀물 : 찹쌀가루 20g, 물 45g(3큰술)
미나리 50g, 청고추 7.5g(½개), 홍고추 10g(½개)
통깨 2g(1작은술), 참기름 6.5g(½큰술)

재료준비

1. 꽃게는 솔로 문질러 씻은 후 등껍질과 아가미, 모래주머니를 떼어 내고, 발 끝을 자르고 4등분 한다(140g). 새우는 씻어서 꼬치로 등 쪽에 있는 내장을 빼내고, 한치알은 씻는다(55g). 【사진1】
2. 콩나물은 머리와 꼬리를 떼고 내고 깨끗이 씻어 건진다(200g).
3. 낙지는 머리를 뒤집어서 내장과 눈을 떼어 내고, 소금과 밀가루를 넣고 주물러 깨끗이 씻어서 길이 6cm 정도로 썬다(100g). 미더덕은 소금물에 깨끗이 씻어 꼬치로 구멍을 내서 물을 뺀다(30g).
4. 찹쌀가루에 물을 넣고 섞어서 찹쌀물을 만든다.
5. 미나리는 잎을 떼어 내고 줄기는 깨끗이 씻어 길이 5cm 정도로 썬다(30g). 청 · 홍고추는 씻어 길이 2cm · 폭 0.2cm 정도로 어슷 썬다. (청고추 5g, 홍고추 8g)
6. 양념을 만든다.

만드는법

1. 냄비에 꽃게와 새우 · 한치알 · 콩나물 · 소금 · 물을 넣고 뚜껑을 덮어 센불에서 7분 정도 끓인다. 【사진2】
2. 낙지와 미더덕 · 양념장 넣고 섞은 후 뚜껑을 덮고 3분 정도 끓이다가 찹쌀물을 넣고 중불로 낮추어 2분 정도 섞으면서 끓인다. 【사진3】
3. 미나리와 청 · 홍고추를 넣고 1분 정도 더 끓인 다음 통깨와 참기름을 넣고 섞어준다. 【사진4】

· 기호에 따라 오징어, 홍합 등 다른 해물을 넣기도 한다.

러 가지 해물과 콩나물에 찹쌀물을 풀어 넣고 얼큰하게 끓인 음식이다. 조
류와 해물에는 비타민과 무기질이 풍부할 뿐만 아니라 고단백 · 저칼로리
품으로 바다의 영양이 가득한 음식이다.

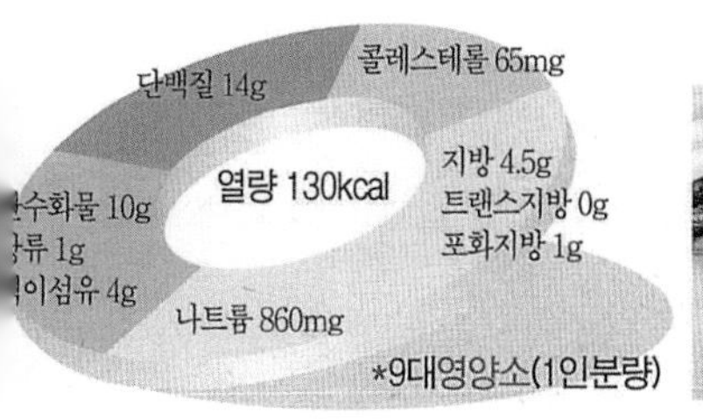

고추찜

조리후 중량	적정배식온도	총가열시간	총조리시간	표준조리도구
220g(4인분)	15~25℃	14분	30분	26cm 찜기

꽈리고추 150g
밀가루 21g(3큰술)
양념장 : 고추장 19g(1큰술), 청장 6g(1작은술), 물엿 9.5g(½큰술)
다진 파 9g(2작은술), 다진 마늘 5.5g(1작은술)
깨소금 2g(1작은술), 참기름 8g(2작은술)
찌는물 1kg(5컵)

재료준비

1. 꽈리고추는 꼭지를 떼고 깨끗이 씻는다(145g). 【사진1】
2. 양념장을 만든다.

만드는법

1. 꽈리고추에 밀가루를 고루 묻히고 여분의 가루는 털어낸다. 【사진2】
2. 찜기에 물을 붓고 센불에 5분 정도 올려 끓으면 꽈리고추를 넣고 5분 정도 찐다(190g). 【사진3】
3. 찐 꽈리고추에 양념장을 넣고 고루 버무린다. 【사진4】

꽈리고추에 밀가루를 묻혀서 찐 다음 양념장을 넣고 버무린 음식이다. 꽈리고추는 모양이 쭈글쭈글한 것으로 고추보다는 매운맛이 덜하고 질감이 부드러워, 주로 볶음이나 찜으로 사용되는데 비타민 C가 풍부하다.

· 꽈리고추에 콩가루를 묻혀 찌기도 한다.
· 밥을 뜸들일 때 잠시 넣고 찌기도 한다.

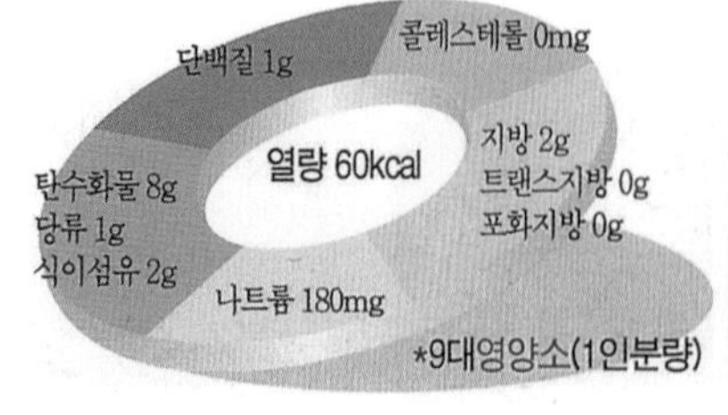

*9대영양소(1인분량)

1

2

3

4

김치찜

조리후 중량	적정배식온도	총가열시간	총조리시간	표준조리도구
600g(4인분)	60~65℃	1시간 41분	2시간	20cm 냄비

묵은 배추김치 400g, 돼지고기(삼겹살) 300g
양념 : 설탕 4g(1작은술), 고춧가루 2.2g(1작은술), 생강즙 5.5g(1작은술)
청주 5g(1작은술), 다진 마늘 8g(½큰술)
다시마 물 : 물 600g(3컵), 다시마 10g
김칫국물 40g
파 20g, 청고추 7.5g(½개), 홍고추 10g(½개)

재료준비

1. 묵은 배추김치는 속을 털어내고 밑동을 잘라낸 다음 길이로 반을 자른다(170g). 【사진1】
2. 돼지고기는 핏물을 닦아 가로 7cm, 세로 6cm, 두께 5cm 정도로 자른다. 【사진2】
3. 다시마는 면보로 닦고, 파와 청 · 홍고추는 씻어 길이 2cm 두께 0.3cm 정도로 어슷 썬다(파 15g, 청고추 5g, 홍고추 8g).
4. 양념을 만든다.

만드는법

1. 냄비에 물을 붓고 센불에 3분 정도 올려 끓으면 다시마를 넣고 불을 끈 다음 5분 정도 두었다가, 체에 걸러 다시마국물을 만든다(550g).
2. 냄비에 묵은 배추김치와 돼지고기를 넣고 양념과 다시마국물, 김칫국물을 붓는다. 센불에 3분 정도 올려 끓으면 중불로 낮추어 10분 정도 끓인 다음, 약불로 낮추어 80분 정도 끓인다.
3. 파와 청 · 홍고추를 넣고 5분 정도 더 끓인다. 【사진3】
4. 돼지고기는 폭 0.5cm 정도로 썰고, 김치는 길이 6cm 정도로 썰어 그릇에 담는다. 【사진4】

· 푹 익은 묵은 김치로 만들어야 맛이 있다.

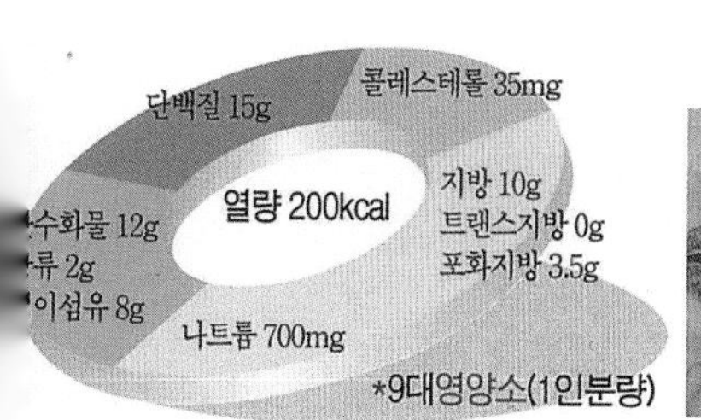

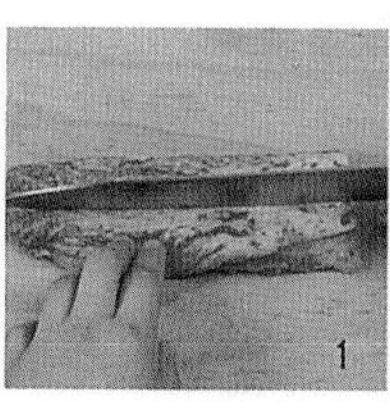
1

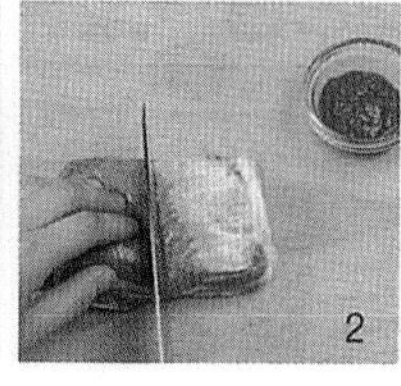
2

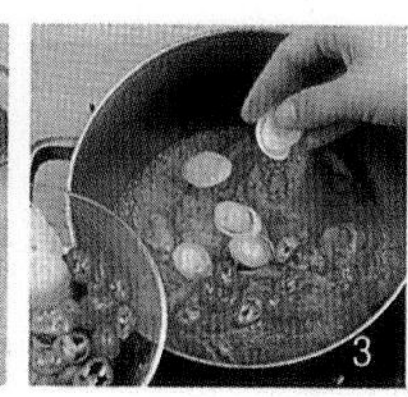
3

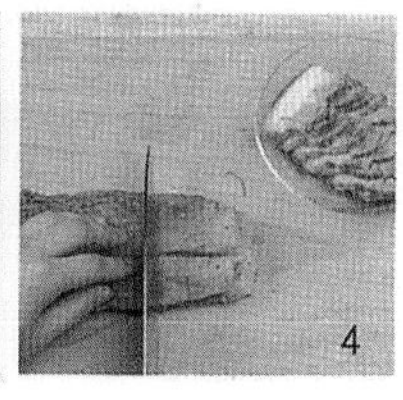
4

무를 사각형으로 썰어 칼집을 넣고 소금에 절인 다음 쇠고기 · 표고버섯 · 석이버섯을 칼집 사이에 넣고 육수를 자작하게 붓고 찐 음식이다. 무는 가을무가 가장 맛이 좋으며, '무씨가 객담을 치료하는 효능이 마치 벽을 무너뜨리는 것 같다' 고 할 만큼 무는 호흡기에 좋은 식품이다.

무선

조리후 중량	적정배식온도	총가열시간	총조리시간	표준조리도구
200g(4인분)	50~65℃	39분	2시간	18㎝ 냄비

단백질 2g
콜레스테롤 5mg
열량 35kcal
지방 1.5g
트랜스지방 0g
포화지방 0g
탄수화물 4g
당류 2g
식이섬유 1g
나트륨 70mg
*9대영양소(1인분량)

무 400g, 소금 2g(½작은술)
쇠고기(우둔) 20g, 표고버섯 5g(1장)
양념장 : 간장 3g(½작은술), 설탕 2g(½작은술), 다진 파 2.3g(½작은술)
다진 마늘 1.4g(¼작은술), 깨소금 1g(½작은술), 후춧가루 0.1g
참기름 2g(½작은술)
석이버섯 1g
달걀 60g(1개), 식용유 6.5g(½큰술), 실고추 0.1g
육수 : 쇠고기(우둔) 50g, 물 300g(1½컵)
청장 3g(½작은술), 소금 1g(¼작은술)

재료준비

1. 무는 다듬어 씻어 가로 4㎝ 세로 3㎝ 두께 2㎝ 정도로 썰어(185g), 폭 1㎝ 정도의 간격으로 칼집을 세 번 넣는다. 자른 무에 소금을 넣고 30분 정도 절인 다음 물기를 닦는다(160g). 【사진1】
2. 쇠고기는 핏물을 닦고 길이 2㎝ 폭 · 두께 0.2㎝ 정도로 채 썰어(17g) 양념장 ½량을 넣고 양념한다.
3. 표고버섯은 물에 1시간 정도 불려, 기둥을 떼어 내고 물기를 닦아 길이 2㎝ 폭 · 두께 0.2㎝ 정도로 채 썰고, 나머지 양념장 ½량을 넣고 양념한다.
4. 석이버섯은 물에 1시간 정도 불려 비벼 씻어, 가운데 돌기를 떼어 내고 물기를 닦아 길이 2㎝ 폭 0.1㎝ 정도로 채 썬다. 【사진2】
5. 달걀은 황백지단을 부쳐 길이 2㎝ 폭 · 두께 0.2㎝ 정도로 채 썰고, 실고추는 1㎝ 정도로 자른다.

만드는법

1. 냄비에 육수용 쇠고기와 물을 붓고 센불에 3분 정도 올려 끓으면 중불로 낮추어 20분 정도 끓여 식혀서 면보에 거른다(200g).
2. 팬을 달구어 쇠고기와 표고버섯을 넣고 중불에서 각각 1분 정도 볶는다.
3. 절인 무의 칼집 사이에 쇠고기와 표고버섯, 석이버섯을 각각 채워 넣는다. 【사진3】
4. 냄비에 육수를 붓고 청장과 소금으로 간을 맞추어 무를 넣고, 센불에서 2분 정도 올려 끓으면 중불로 낮추어 뚜껑을 덮고 2분 정도 끓이다가, 가끔 국물을 끼얹어가며10분 정도 더 끓인다. 【사진4】
5. 무선을 그릇에 담고 황백 지단과 실고추를 얹는다.

· 무선은 약불에서 익혀야 무가 잘 익는다.
· 육수 대신 멸치국물을 붓고 끓이기도 한다.

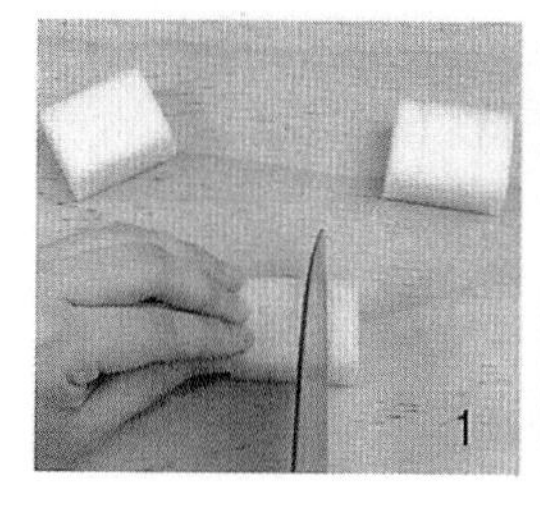

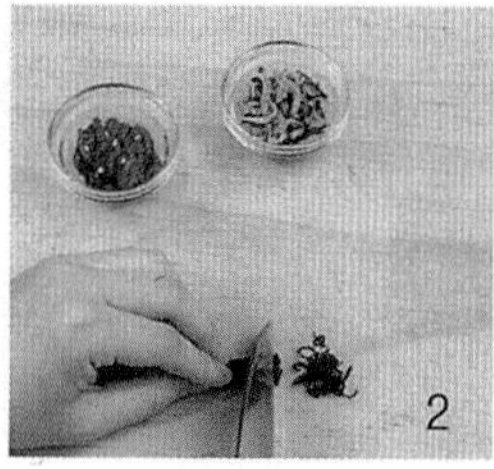

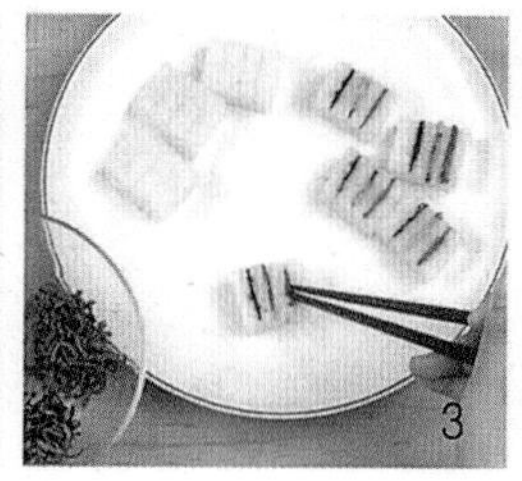

배추속대를 데쳐 쇠고기와 표고버섯 · 느타리버섯 · 미나리 등을 넣고 돌돌 말아서 양념국물을 붓고 찐 음식이다. 원래의 배추선은 조선시대 궁중 음식 중 하나로 배추 맛이 좋은 겨울철에 속이 노란 알배추를 절이거나 데쳐서 사이사이에 김치 속을 넣듯이 소를 넣고, 장국을 부어 무르게 익혀서 초간장이나 겨자장에 찍어 먹는 음식이다.

배추선

조리후 중량	적정배식온도	총가열시간	총조리시간	표준조리도구
320g(4인분)	50~65℃	19분	2시간	18㎝ 냄비

단백질 3g
콜레스테롤 0mg
지방 1.5g
트랜스지방 0g
포화지방 0g
열량 35kcal
탄수화물 2g
당류 1g
식이섬유 1g
나트륨 100mg
*9대영양소(1인분량)

배추속대 400g, 물 1㎏(5컵), 소금 1g(¼작은술)
쇠고기(우둔) 30g, **표고버섯** 5g(1장)
양념장 : 간장 3g(½작은술), 설탕 2g(½작은술), 다진 파 2.3g(½작은술)
다진 마늘 1.4g(¼작은술), 깨소금 1g(½작은술), 후춧가루 0.1g
참기름 2g(½작은술)
느타리버섯 40g, **미나리** 25g, **물** 400g(2컵), **소금** 0.5g(⅛작은술)
석이버섯 1g, **실고추** 0.1g
물 150g(¾컵), **청장** 3g(½작은술), **소금** 1g(¼작은술)
초간장 : 간장 18g(1큰술), 식초 15g(1큰술), 물 15g(1큰술), 잣가루 2g(1작은술)

재료준비

1. 배추속대는 다듬어서 배춧잎을 길이 13cm 정도로 잘라(240g) 깨끗이 씻는다.
2. 쇠고기는 핏물을 닦고 길이 4㎝ 폭 · 두께 0.2㎝ 정도로 채 썰어(25g) 양념장 ½량을 넣고 양념한다.
3. 표고버섯은 물에 1시간 정도 불려, 기둥을 떼어내고 물기를 닦아 쇠고기와 같은 크기로 채 썰고(12g), 나머지 양념장 ½량을 넣고 양념한다.
4. 느타리버섯은 다듬어 깨끗이 씻는다(38g). 미나리는 잎을 떼어내고 줄기를 깨끗이 씻는다(13g).
5. 석이버섯은 물에 1시간 정도 불려 비벼 씻어 가운데 돌기를 떼어 내고, 물기를 닦아 폭 0.1㎝ 정도로 채 썬다(1.5g). 실고추는 길이 1cm 정도로 자른다.
6. 초간장을 만든다.

만드는법

1. 냄비에 물을 붓고 센불에서 5분 정도 올려 끓으면 소금과 배추를 넣고 2분 정도 데쳐서(280g), 물에 헹구어 물기를 닦고 두꺼운 줄기 부분은 저며 낸다(200g). 【사진1】
2. 냄비에 물을 붓고 센불에 2분 정도 올려 끓으면 소금을 넣고 느타리버섯과 미나리를 각각 1분 정도 데친다. 느타리버섯은 폭 · 두께 0.5㎝ 정도로 찢고, 미나리는 물에 헹구어 길이 4㎝ 정도로 썬다(느타리버섯 30g, 미나리 15g). 【사진2】
3. 데친 배추는 펴서 쇠고기와 표고버섯 · 느타리버섯 · 미나리를 놓고 돌돌 말아 놓는다(275g). 【사진3】
4. 냄비에 물을 붓고 청장과 소금으로 간을 맞추어 말아놓은 배추를 넣고, 센불에 3분 정도 올려 끓으면 뚜껑을 덮고, 중불로 낮추어 가끔 국물을 끼얹어가며 5분 정도 더 끓인다. 【사진4】
5. 그릇에 담고 석이버섯과 실고추를 고명으로 얹어 초간장과 함께 낸다.

· 전통적으로는 배추의 겉잎을 떼어내고 반으로 잘라 데친 후 켜켜이 소를 채워 양념국물을 붓고 찐다.

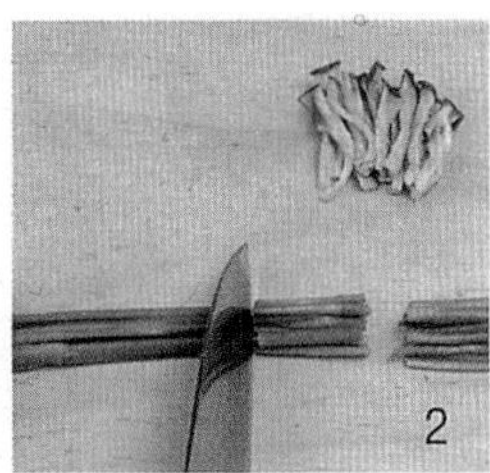

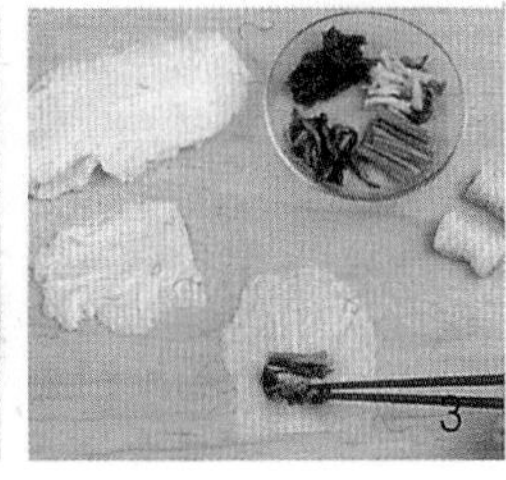

숙채 · 생채

숙채(熟菜)는 채소, 산채, 들나물 등의 채소를 데치거나 볶아서 갖은 양념을 하여 만든 나물이다. 우리나라는 예로부터 다양한 종류의 나물을 식용해 왔으며 밥상에 반찬으로 나물류가 오르는 것이 기본이었다. 숙채는 그 특성에 따라 조리법과 사용되는 양념이 조금씩 다르며 크게 분류하면 무침나물과 볶음나물로 나눌 수 있다. 나물을 무칠 때는 양념이 충분히 배도록 오래 주물러 손맛이 깃들게 무쳐야 맛이 있다. 생채는 계절별로 나오는 싱싱한 채소류를 익히지 않고 초장, 초고추장, 겨자 등에 새콤달콤하게 무쳐 곧바로 먹는다.

말린고구마줄기나물

조리후 중량	적정배식온도	총가열시간	총조리시간	표준조리도구
260g(4인분)	15~25℃	2시간 21분	5시간 이상	30cm 후라이팬

말린 고구마줄기 30g, 삶는 물 3kg(15컵)
멸치 10g, 파 20g, 홍고추 10g(½개), 들기름 15g(1큰술)
양념장 : 간장 18g(1큰술), 다진 파 14g(1큰술)
다진 마늘 8g(½큰술), 깨소금 6g(1큰술)
물 200g(1컵)

말린 고구마 줄기를 불린 뒤 삶아서 멸치가루와 양념장을 넣고 들기름에 볶은 음식이다. 고구마의 줄기와 잎은 한방에서 번서등(蕃薯藤)·홍초등(紅苕藤)·번초등(番苕藤)이라 하여 맛은 달고 떫으며, 성질은 약간 서늘하다 하였다.

재료준비

1. 말린 고구마줄기를 미지근한 물에 12시간 정도 불린다.
2. 멸치는 머리와 내장을 떼어내고(5g), 분쇄기에 넣어 30초 정도 갈아서 가루로 만든다(4g).
3. 파는 다듬어 깨끗이 씻어 길이 3cm 폭 0.2cm 정도로 채썰고, 홍고추는 씻어 길이로 반을 잘라 씨와 속은 떼어 내고 길이 3cm 폭 0.2cm 정도로 채썬다(홍고추 6g, 파 15g). 【사진1】
4. 양념장을 만든다.

만드는법

1. 냄비에 물과 불린 고구마줄기를 넣고 센불에서 12분 정도 올려 끓으면, 30분 정도 삶다가 중불로 낮추어 90분 정도 무르게 삶아 물에 헹군 다음 물기를 뺀다(150g). 【사진2】
2. 고구마줄기는 억센 것을 골라내고 길이 6cm 정도로 썰어(140g) 양념한다. 【사진3】
3. 팬을 달구어 들기름을 두르고 양념한 고구마줄기를 넣고, 센불에서 3분 정도 볶다가 물을 붓고 중불로 낮추어 4분 정도 볶는다.
4. 홍고추와 파를 넣고 약불로 낮추어 2분 정도 더 볶는다. 【사진4】

· 생고구마 줄기를 사용하기도 한다.

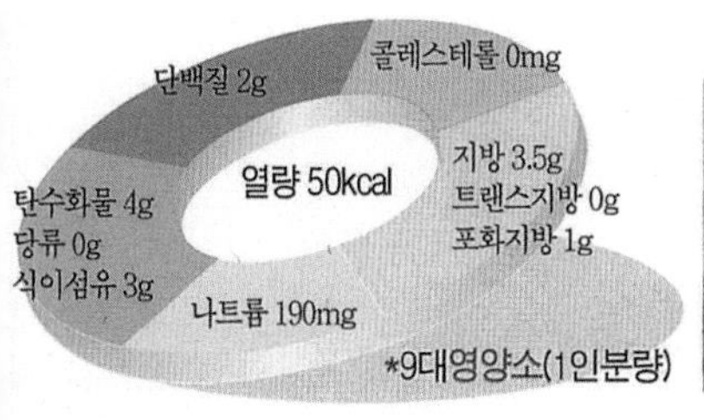

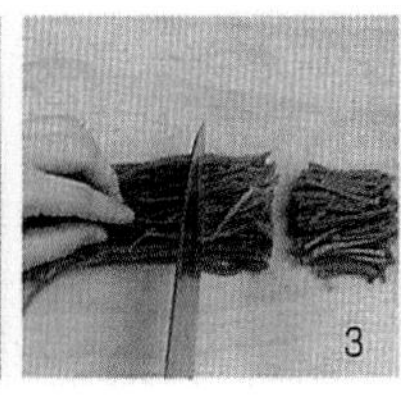

말린애호박나물

조리후 중량	적정배식온도	총가열시간	총조리시간	표준조리도구
260g(4인분)	15~25℃	24분	2시간	30cm 후라이팬

말린 애호박 70g
다시마 10g, 물 400g(2컵)
양념장 : 청장 18g(1큰술), 다진 파 14g(1큰술), 다진 마늘 8g(½큰술)
깨소금 6g(1큰술), 참기름 13g(1큰술)
식용유 13g(1큰술)
참기름 6.5g(½큰술), 실고추 1g

재료준비

1. 말린 애호박은 물에 1시간 정도 불린다(195g). 【사진1】
2. 다시마는 면보로 닦고, 실고추는 길이 3cm 정도로 자른다.
3. 양념장을 만든다.

만드는법

1. 냄비에 물을 붓고 센불에 2분 정도 올려 끓으면 다시마를 넣고 불을 끈 다음 5분 정도 두었다가 체에 걸러 다시마국물을 만든다(250g). 【사진2】
2. 애호박은 큰 것은 반으로 잘라 양념장을 넣고 양념한다. 【사진3】
3. 팬을 달구어 식용유를 두르고 양념한 애호박을 넣고, 중불에서 2분 정도 볶다가 약불로 낮추어 다시마국물(200g)을 2번 정도 나누어 넣고, 뚜껑을 덮고 가끔 저어가며 20분 정도 볶는다. 【사진4】
4. 참기름과 실고추를 넣고 잘 섞은 후 그릇에 담는다.

애호박을 둥글게 썰어서 말렸다가 물에 불려 양념하여 볶은 나물이다. 호박 말린 것을 호박고지 또는 호박오가리라 하는데, 햇볕에 말리면 비타민 D가 많아지고 질감이 부드럽고 구수해서 좋다.

· 호박은 말린 정도에 따라 불리는 시간을 가감할 수 있다.

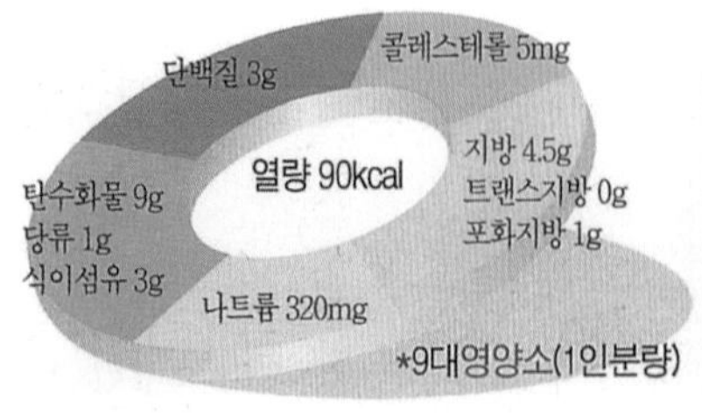

*9대영양소(1인분량)

말린아주까리나물

조리후 중량	적정배식온도	총가열시간	총조리시간	표준조리도구
240g(4인분)	15~25℃	47분	5시간 이상	30cm 후라이팬

말린 아주까리 40g, 물 1.6kg(8컵)
다시마 10g, 물 200g(1컵)
양념장 : 청장 18g(1큰술), 다진 파 14g(1큰술), 다진 마늘 8g(½큰술)
깨소금 6g(1큰술), 참기름 13g(1큰술)
식용유 13g(1큰술)
참기름 13g(1큰술)

재료준비

1. 말린 아주까리는 물에 12시간 정도 불린다.
2. 다시마는 면보로 닦는다.
3. 양념장을 만든다. 【사진1】

만드는법

1. 냄비에 불린 아주까리와 물을 붓고 센불에 8분 정도 올려 끓으면, 중불로 낮추어 25분 정도 삶아 물에 헹구어 2시간 정도 담가 아린 맛을 뺀 다음 물기를 짠다(160g). 【사진2】
2. 냄비에 물을 붓고 센불에 2분 정도 올려 끓으면 다시마를 넣고, 불을 끈 다음 5분 정도 두었다가 체에 걸러 다시마 국물을 만든다(150g).
3. 삶은 아주까리 나물은 길이 7~8cm로 썰어 양념장을 넣고 무친다. 【사진3】
4. 팬을 달구어 식용유를 두르고 양념한 아주까리 나물을 넣고 중불에서 2분 정도 볶다가, 약불로 낮추어 다시마 국물을 넣고 뚜껑을 덮어 가끔 저어가며 10분 정도 볶다가 참기름을 넣고 잘 섞는다. 【사진4】

· 볶을 때 너무 많이 저으면 잎이 뭉그러진다.

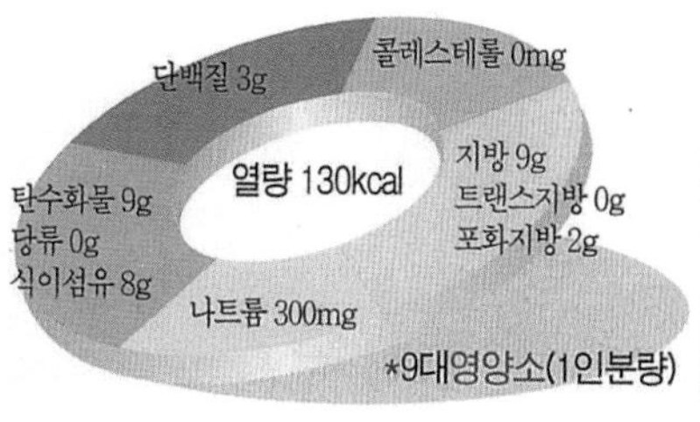

*9대영양소(1인분량)

1

2

3

4

말린취나물

말린 취를 불려 삶아서 양념장을 넣고 볶은 음식이다. 취는 참취 · 곰취 · 미역취 · 개미취 · 수리취 등이 있으며 잎은 나물이나 쌈으로 이용하고 뿌리는 약용으로 사용한다.

조리후 중량	적정배식온도	총가열시간	총조리시간	표준조리도구
240g(4인분)	15~25℃	52분	5시간 이상	28cm 후라이팬

말린 취 50g, 물 1.6kg(8컵)
다시마 10g, 물 400g(2컵)
양념장 : 청장 18g(1큰술), 다진 파 14g(1큰술), 다진 마늘 8g(½큰술)
깨소금 6g(1큰술), 참기름 13g(1큰술)
식용유 6.5g(½큰술)
참기름 6.5g(½큰술)

재료준비

1. 말린 취는 물에 12시간 정도 불린다.
2. 다시마는 면보로 닦는다.
3. 양념장을 만든다.

만드는법

1. 냄비에 불린 취와 물을 붓고 센불에 8분 정도 올려 끓으면, 중불로 낮추어 30분 정도 삶아 헹구어 2시간 정도 담갔다가 억센 줄기를 다듬고(150g), 물기를 짠다(100g). 【사진1】
2. 냄비에 물을 붓고 센불에 2분 정도 올려 끓으면, 다시마를 넣고 불을 끈 다음 5분 정도 두었다가 체에 걸러 다시마국물을 만든다(350g).
3. 삶은 취나물은 길이 6~7cm로 썰어 양념장을 넣고 양념한다. 【사진2 · 3】
4. 팬을 달구어 식용유를 두르고 양념한 취나물을 넣고 중불에서 2분 정도 볶다가 다시마국물(150g)을 넣고 뚜껑을 덮고 가끔 저어가며 약불에서 10분 정도 볶다가 참기름을 넣고 잘 섞는다. 【사진4】

· 취나물 줄기가 억셀 경우 오래 삶는다.

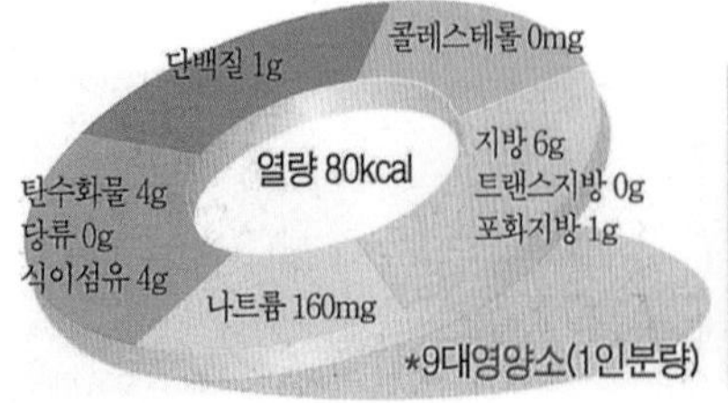

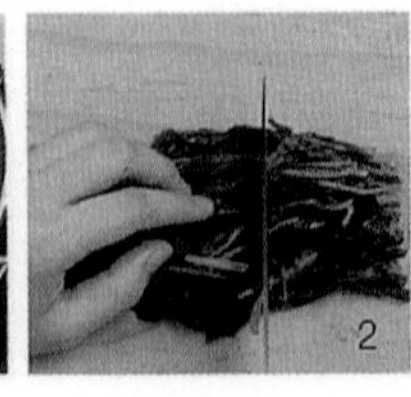

토란줄기나물

말린 토란줄기를 삶아 양념하여 볶다가 들깨가루와 멥쌀가루를 넣고 볶은 음식이다. 토란은 국이나 찜을 해서 먹고, 잎과 줄기는 말려 나물로 먹는데, 줄기에는 식이섬유소가 풍부하여 콜레스테롤 흡수를 막고 장 기능을 돕는 효능이 있다.

조리후 중량	적정배식온도	총가열시간	총조리시간	표준조리도구
280g(4인분)	15~25℃	55분	5시간 이상	30cm 후라이팬

말린 토란 줄기 50g, 물 1.6kg(8컵)
양념장 : 청장 18g(1큰술), 다진 파 7g(½큰술)
다진 마늘 5.5g(1작은술), 깨소금 2g(1작은술)
들기름 15g(1큰술), 들깨가루 7g(1큰술), 멥쌀가루 8g(1큰술)
다시마 10g, 물 400g(2컵)
실고추 0.5g

재료준비

1. 말린 토란줄기는 물에 12시간 정도 불린다(150g). 【사진1】
2. 다시마는 면보로 닦고 실고추는 길이 3cm 정도로 자른다.
3. 양념장을 만든다.

만드는법

1. 냄비에 불린 토란줄기와 물을 붓고 센불에 8분 정도 올려 끓으면, 중불로 낮추어 30분 정도 삶아 헹구어 2시간 정도 담가 아린 맛을 뺀 다음, 체에 밭쳐 10분 정도 물기를 뺀다(200g).
2. 냄비에 물을 부어 센불에 2분 정도 올려 끓으면, 다시마를 넣고 불을 끈 다음 5분 정도 두었다가 체에 걸러 다시마국물을 만든다(250g). 다시마국물(50g)에 들깨가루와 멥쌀가루를 풀어 둔다. 【사진2】
3. 삶은 토란줄기는 껍질을 벗기고 길이 7~8cm로 썰어, 폭 0.5cm 정도로 찢어 양념장을 넣고 양념한다. 【사진3】
4. 팬을 달구어 들기름을 두르고 양념한 토란줄기를 넣고 중불에서 2분 정도 볶다가, 다시마국물(200g)을 넣고 약불에서 뚜껑을 덮고 가끔 저어가며 10분 정도 볶는다.
5. 들깨멥쌀물을 넣고 3분 정도 더 볶다가 실고추를 넣고 잘 섞는다. 【사진4】

· 경상도에서는 토란줄기에 멸칫국을 넣어 찜을 해 먹기도 한다.
· 토란대는 아린 맛이 있으므로 삶아서 물에 충분히 우려 낸 후 사용한다.

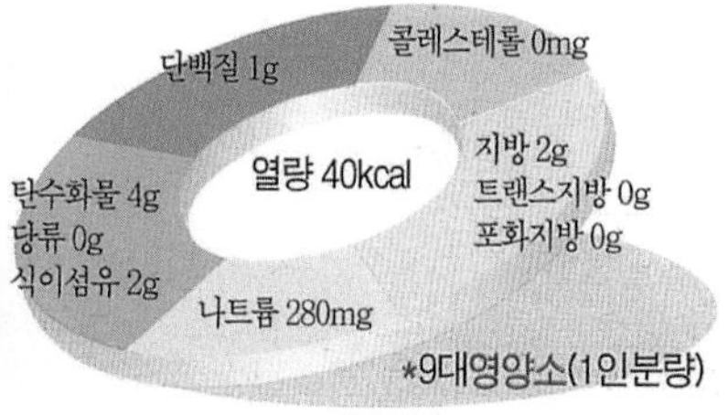

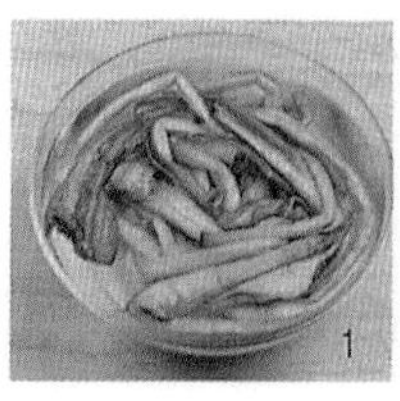
1

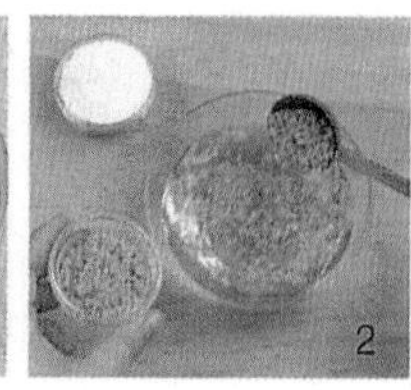
2

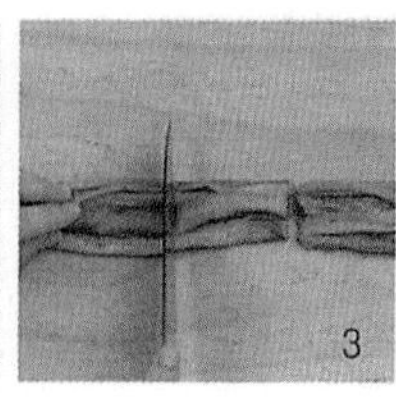
3

4

쑥갓나물

조리후 중량	적정배식온도	총가열시간	총조리시간	표준조리도구
260g(4인분)	15~25℃	10분	30분	20cm 냄비

쑥갓 400g, 물 2kg(10컵), 소금 2g(½작은술)
홍고추 10g(½개)
양념장 : 청장 6g(½큰술), 소금 2g(½작은술), 다진 파 7g(½큰술)
다진 마늘 5.5g(1작은술), 통깨 2g(1작은술)
참기름 6.5g(½큰술)

재료준비

1. 쑥갓은 다듬어(290g) 깨끗이 씻는다. 【사진1】
2. 홍고추는 씻어서 길이로 반을 잘라 씨와 속을 떼어내고 길이 3cm 폭 0.3cm 정도로 채 썬다(5g).
3. 양념장을 만든다.

만드는법

1. 냄비에 물을 붓고 센불에 9분 정도 올려 끓으면, 소금과 쑥갓을 넣고 1분 정도 데친 다음 헹구어 물기를 짠다(240g). 【사진2】
2. 데친 쑥갓은 길이 6cm 정도로 자른다. 【사진3】
3. 쑥갓에 양념장을 넣고 간이 고루 배이도록 무친 다음, 홍고추를 넣고 살살 무친다. 【사진4】

쑥갓을 데쳐서 양념장을 넣고 무친 음식이다. 쑥갓은 쑥과 비슷하다 하여 붙여진 이름으로, 한방에서는 동호채(茼蒿菜) · 애국채(艾菊菜)라고 하여 위를 따뜻하게 하고, 장을 튼튼하게 한다고 하였다. 쑥갓은 향이 독특하여 주로 생식하거나 나물 · 국 · 생선찌개 등에 이용한다.

- 홍고추 대신 실고추를 넣기도 한다.
- 쑥갓은 오래 데치면 색이 갈변되고, 조직감도 물러지므로 살짝 데쳐서 양념한다.
- 데친 쑥갓의 물기를 꼭 짜면 나물이 부드럽지 않으므로 물기를 살짝 짜서 양념한다.

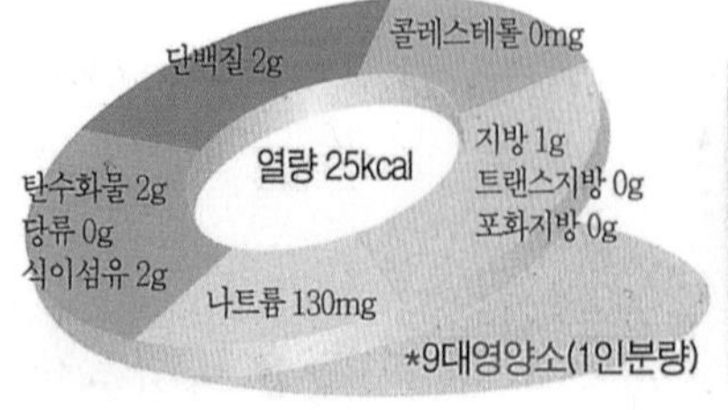

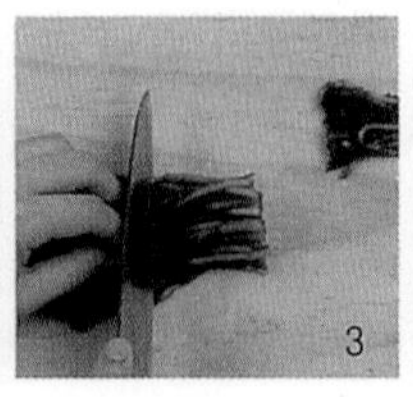

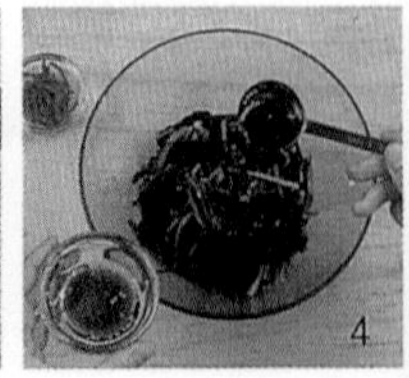

오이볶음나물

조리후 중량	적정배식온도	총가열시간	총조리시간	표준조리도구
200g(4인분)	15~25℃	1분	1시간	30cm 후라이팬

오이 400g(2개), 소금 4g(1작은술)
홍고추 20g(1개)
식용유 6.5g(½큰술), 다진 마늘 5.5g(1작은술)
소금 0.5g(⅛작은술), 참기름 6.5g(½큰술), 통깨 3.5g(½큰술)

재료준비

1. 오이는 소금으로 비벼 깨끗이 씻어 두께 0.2cm 정도로 썬다(330g). 【사진1】
2. 오이에 소금을 넣고 30분 정도 절여 물기를 꼭 짠다(190g). 【사진2 · 3】
3. 홍고추는 씻어 두께 0.2cm 정도로 썬다(홍고추 15g).

만드는법

1. 팬을 달구어 식용유를 두르고 오이와 마늘을 넣고, 센불에서 30초 정도 볶다가 소금 · 참기름 · 통깨 · 홍고추를 넣고 30초 정도 더 볶는다. 【사진4】

오이를 썰어서 소금에 절였다가 살짝 볶은 음식이다. 오이는 상큼한 향과 아삭한 맛이 있어 주로 생식을 하거나 김치 등에 이용하는데, 나물로 만들면 아삭하고 고소한 맛이 별미이다.

· 절여진 오이는 꼭 짜야 질감이 좋다.
· 강한 불에 빨리 볶아야 색이 변하지 않는다.

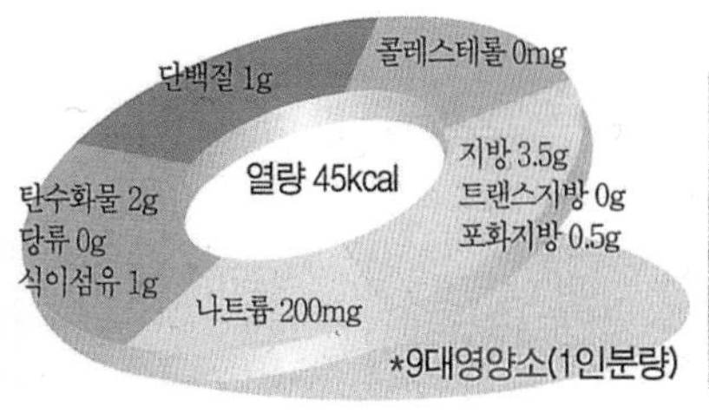

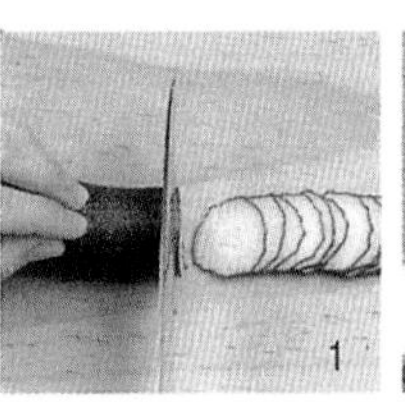
1

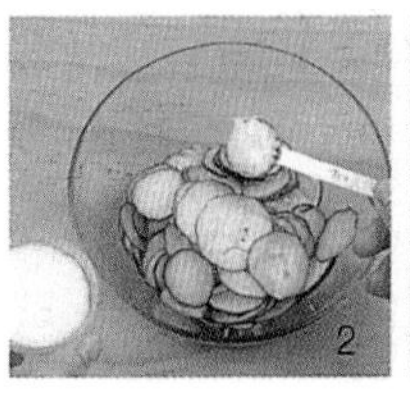
2

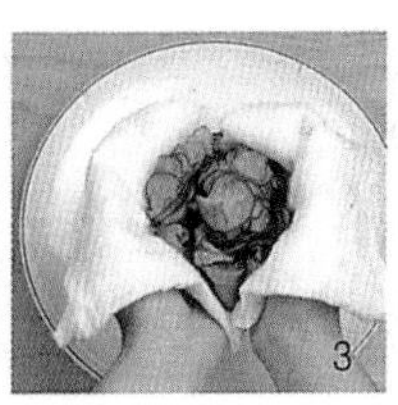
3

4

우엉잡채

우엉을 채 썰어 쇠고기와 함께 양념하여 볶은 음식이다. 우엉은 섬유질이 풍부하여 장의 연동운동을 도와주어 변비를 예방해 주며 대장암 예방에도 효과가 있다.

조리후 중량	적정배식온도	총가열시간	총조리시간	표준조리도구
240g(4인분)	15~25℃	17분	30분	30cm 후라이팬

우엉 300g, 식초물 : 물 600g(3컵), 식초 15g(1큰술)
물 1kg(5컵), 소금 2g(½작은술)
쇠고기(우둔) 100g
양념장 : 간장 3g(½작은술), 설탕 2g(½작은술), 다진 파 1.5g(⅓작은술)
다진 마늘 1.4g(¼작은술), 참기름 1g(¼작은술)
청고추 22.5g(1½개), 홍고추 10g(½개)
식용유 19.5g(1½큰술)
간장 18g(1큰술), 설탕 4g(1작은술), 통깨 3.5g(½큰술), 참기름 6.5g(½큰술)

재료준비

1. 우엉은 깨끗이 씻어 껍질을 벗겨 길이 5~6cm 폭 · 두께 0.3cm 정도로 썰어, 식초물에 10분 정도 담갔다가 물에 헹구어 체에 밭친다(230g). 【사진1】
2. 쇠고기는 핏물을 닦고 길이 6cm 폭 · 두께 0.3cm 정도로 썰어 양념장을 넣고 양념한다(90g). 【사진2】
3. 청 · 홍고추는 씻어 길이로 반을 갈라서 씨를 빼내고 길이 4cm 폭 · 두께 0.3cm 정도로 채 썬다(청고추 12g, 홍고추 6g).

만드는법

1. 냄비에 물을 붓고 센불에 5분 정도 올려 끓으면, 우엉을 넣고 3분 정도 데쳐서 체에 밭친다(215g).
2. 팬을 달구어 식용유를 두르고 쇠고기를 넣고 중불에서 2분 정도 볶다가, 우엉을 넣고 5분 정도 볶은 다음 간장 · 설탕을 넣고 1분 정도 볶는다. 【사진3】
3. 청 · 홍고추와 통깨 · 참기름을 넣고 1분 정도 더 볶는다. 【사진4】

· 우엉은 썰어서 재빨리 식초물에 담가야 색이 변하지 않는다.
· 기호에 따라 당면을 넣어 주기도 한다.

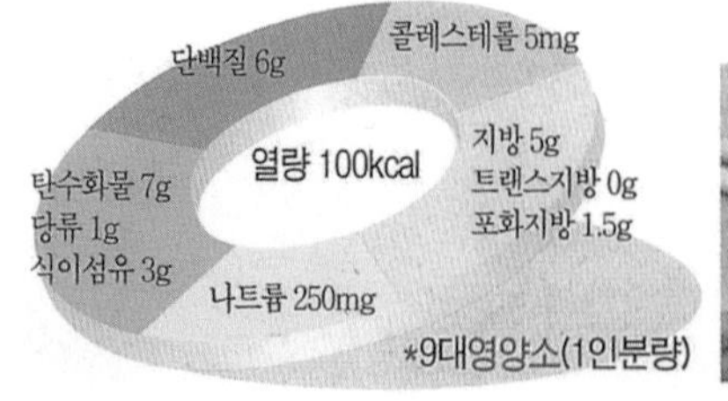

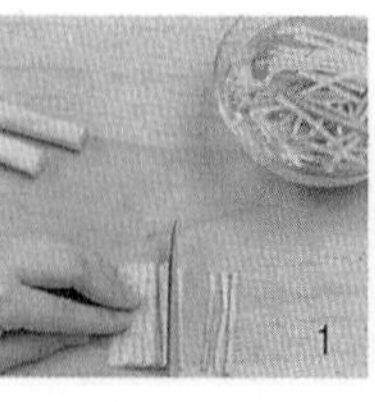

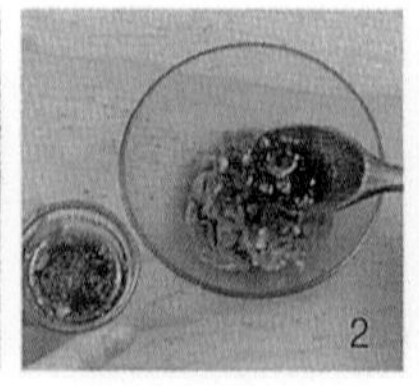

움파나물

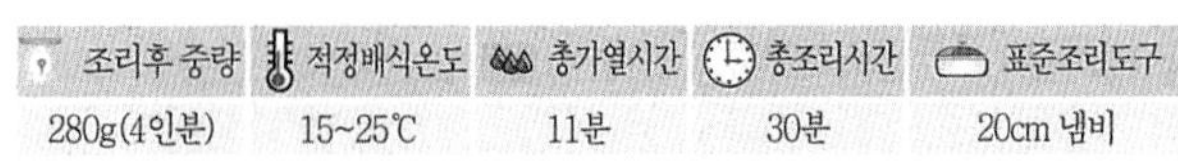

조리후 중량	적정배식온도	총가열시간	총조리시간	표준조리도구
280g(4인분)	15~25℃	11분	30분	20cm 냄비

움파 300g, 물 2kg(10컵), 소금 2g(1/2작은술)
양념장 : 청장 9g(1/2큰술), 소금 1g(1/4작은술), 통깨 1g(1/2작은술)
참기름 6.5g(1/2큰술)

재료준비

1. 움파는 다듬어 깨끗이 씻고 길이 5cm 정도로 자른다(250g). 【사진1】
2. 양념장을 만든다. 【사진2】

만드는법

1. 냄비에 물을 붓고 센불에 9분 정도 올려 끓으면, 소금과 움파를 넣고 2분 정도 데친 다음 체에 건져서 물기를 뺀다(260g). 【사진3】
2. 움파에 양념장을 넣고 간이 배이도록 고루 무친다. 【사진4】

움파를 데쳐 양념장에 무친 음식이다. 움파는 맛과 향이 다른 파에 비해 뛰어나서 국 · 나물 · 적 등에 다양하게 사용한다. 파의 독특한 매운맛 성분은 소화액 분비를 촉진하여 식욕을 증진시킬 뿐만 아니라 풍미를 좋게해 준다.

· 고춧가루를 넣고 무치기도 한다.
· 움파가 굵은 것은 길이로 반을 자른다.
· 움파는 통통하고 길이가 짧은 것이 달다.

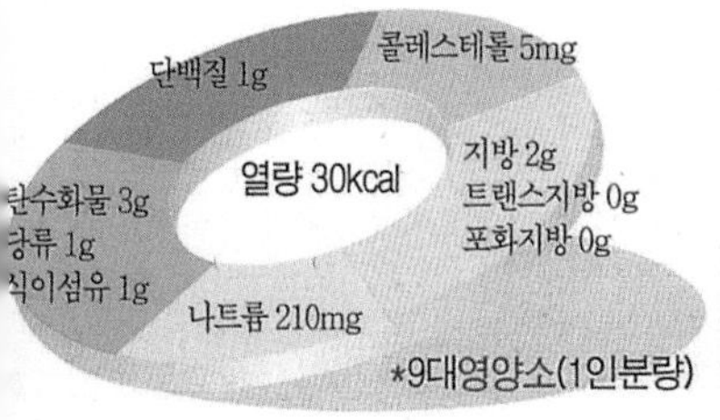

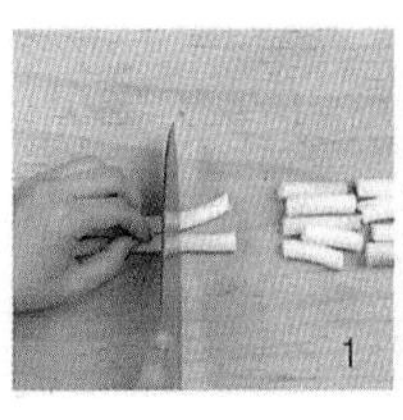

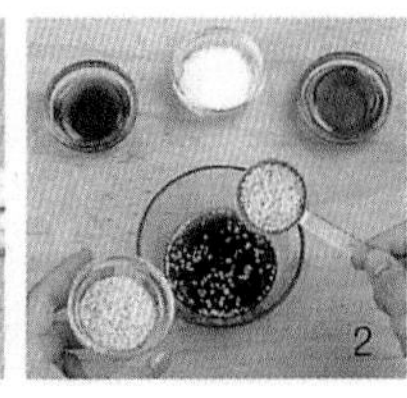

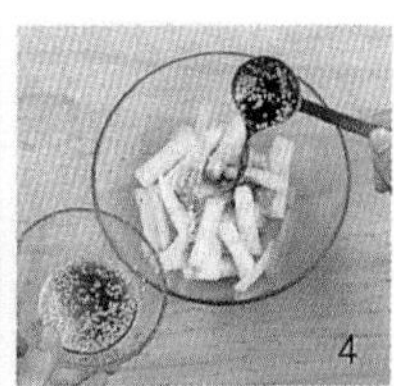

원추리나물

조리후 중량	적정배식온도	총가열시간	총조리시간	표준조리도구
240(4인분)	15~25℃	6분	30분	20cm 냄비

원추리 250g, 물 1kg(5컵), 소금 4g(1작은술)
양념장 : 청장 18g(1큰술), 다진 파 7g(½큰술)
다진 마늘 5.5g(1작은술), 깨소금 3g(½큰술)
참기름 8g(2작은술)

재료준비

1. 원추리는 다듬어 깨끗이 씻는다(320g). 【사진1】
2. 양념장을 만든다. 【사진2】

만드는법

1. 냄비에 물을 붓고 센불에 5분 정도 올려 끓으면 소금과 원추리를 넣고 1분 정도 데친 다음, 물에 2~3회 헹구어 물기를 짠 다음 길이 5cm 정도로 자른다(215g). 【사진3】
2. 원추리에 양념장을 넣고 간이 배이도록 고루 무친다. 【사진4】

원추리를 데쳐서 양념장을 넣고 무친 음식이다. 원추리는 봄철 어린 싹을 채취하여 국에 넣어 먹거나 데쳐서 나물로 먹는데, 전신이 붓고 소변이 잘 나오지 않는 증상에 좋을 뿐만 아니라 주독을 없애는 효능이 있다.

· 고추장 양념으로 무치기도 한다.
· 원추리로 국을 끓이기도 한다.

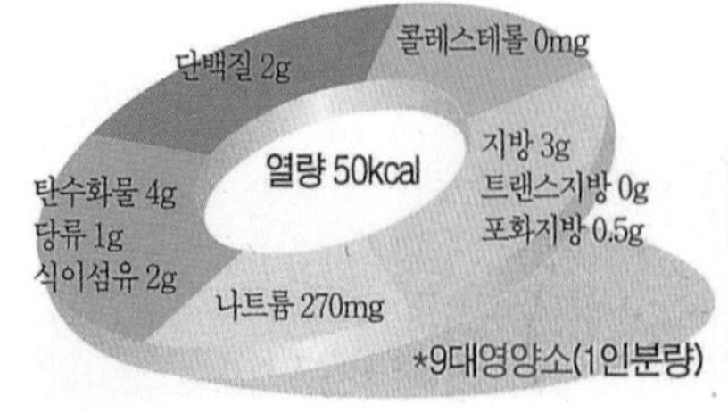

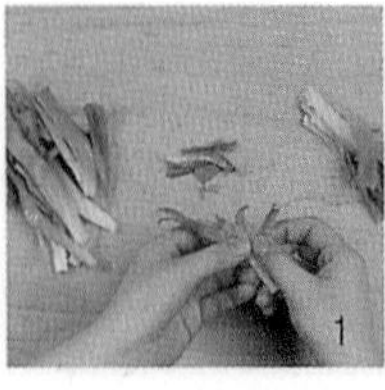
1

2

3

4

씀바귀나물

조리후 중량	적정배식온도	총가열시간	총조리시간	표준조리도구
200g (4인분)	15~25℃	15분	5시간 이상	20cm 냄비

씀바귀 180g, 소금 3g(¼큰술), 물 1kg(5컵)
미나리 70g, 소금 1g(¼작은술), 물 400g(2컵)
양념장 : 고추장 38g(2큰술), 소금 2g(½작은술)
다진 파 4.5g(1작은술), 다진 마늘 2.3g(½작은술)
깨소금 2g(1작은술), 참기름 13g(1큰술)

재료준비

1. 씀바귀는 다듬어 깨끗이 씻는다(175g). 【사진1】
2. 미나리는 잎을 떼어내고 줄기는 깨끗이 씻는다(50g).
3. 양념장을 만든다.

만드는법

1. 냄비에 물을 붓고 센불에 5분 정도 올려 끓으면, 소금과 씀바귀를 넣고 4분 정도 데쳐서 헹군 다음 물에 담가 5시간 정도 쓴맛을 우린 다음 물기를 뺀다(씀바귀 130g).
2. 냄비에 물을 붓고 센불에 5분 정도 올려 끓으면, 소금과 미나리를 넣고 1분 정도 데친 후 건져 물에 헹구어 물기를 뺀다(미나리 30g,). 【사진2】
3. 데친 씀바귀와 미나리를 길이 5cm 정도로 썬다.
4. 씀바귀와 미나리에 양념장을 넣고 무친다. 【사진3 · 4】

씀바귀를 데쳐서 양념장에 버무린 음식이다. 「동의보감」에 씀바귀는 '오장의 독소와 미열로 인한 오싹한 한기를 제거하고 심신을 편히 할뿐만 아니라 춘곤증을 풀어주는 등 노곤한 봄철에 정신을 맑게 하고 부스럼 등 피부병에 좋다.' 고 하였다.

· 씀바귀는 쓴맛이 우러나도록 충분히 물에 담갔다가 사용한다.

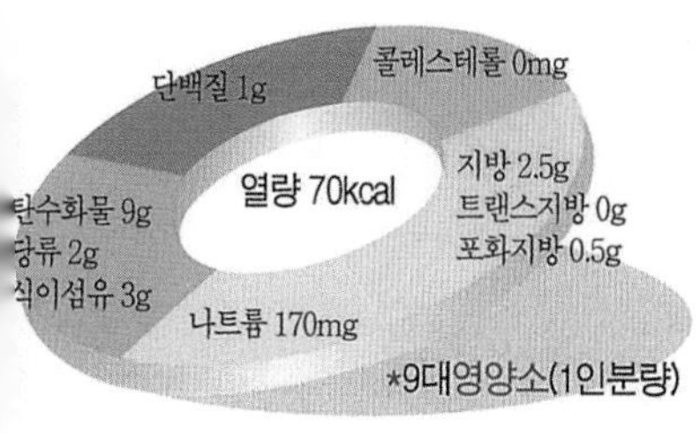

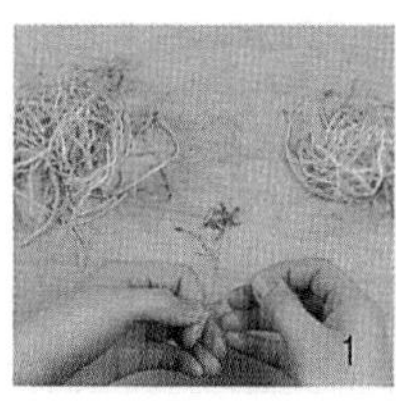
1

2

3

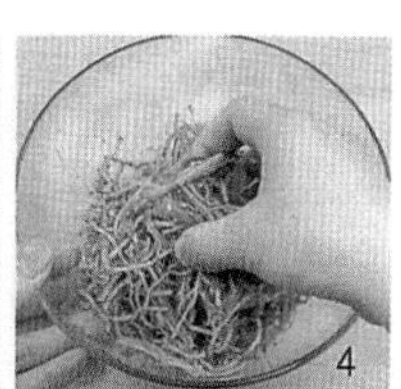
4

해물과 채소를 볶아서 삶은 당면과 같이 넣고 양념하여 버무린 음식이다. 부드러운 당면과 담백하고 깔끔한 해물의 맛이 어우러진 해물잡채는 남녀노소 누구나 좋아하는 음식으로 북쪽 원산지방의 해물잡채가 유명하다.

해물잡채

조리후 중량	적정배식온도	총가열시간	총조리시간	표준조리도구
400g(4인분)	50~65℃	21분	1시간	30cm 후라이팬

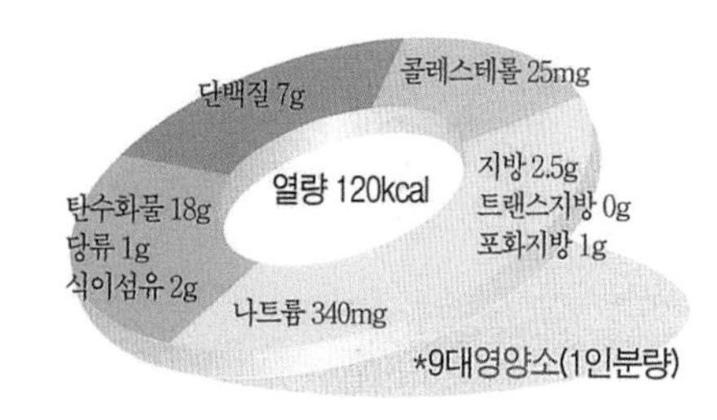

오징어 100g(½마리), 패주 50g(1개), 새우 100g(중하 4마리),
불린 해삼 50g(½마리), 데치는 물 1kg(5컵)
향채 : 양파 30g, 마늘 5g
죽순 30g, 양파 50g(⅓개), 청피망 50g(¼개), 홍피망 30g
당면 60g, 삶는 물 400g(2컵)
양념장 : 간장 18g(1큰술), 설탕 12g(1큰술), 참기름 6.5g(½큰술)
달걀 60g(1개), 식용유 13g(1큰술)
소금 1g(¼작은술), 후춧가루 0.1g, 통깨 3.5g(½큰술)

재료준비

1. 오징어는 먹물이 터지지 않게 배를 가르고, 내장을 떼어내고 몸통과 다리의 껍질을 벗겨 깨끗이 씻는다. 몸통 안쪽에 폭 0.5cm 정도의 간격으로 사선이 교차하도록 칼집을 넣어 길이 7cm 폭 0.5cm 정도로 썬다(45g).
2. 패주는 씻어서 얇은 막을 벗기고 두께 0.5cm 정도로 저며 썰고, 다시 폭 0.5cm 정도로 채 썬다(45g). 새우는 씻어서 머리를 떼고 내장을 꼬치로 빼낸다(50g). 【사진1】
3. 불린 해삼은 길이로 반을 잘라 내장을 떼어 내고 씻은 후 길이 6cm 폭 0.5cm 정도로 채 썬다(40g).
4. 향채는 다듬어 씻는다.
5. 양파와 죽순은 다듬어 씻고, 양파는 길이 6cm 폭 0.3cm 정도로 채 썰고(40g), 죽순은 빗살무늬를 살려 길이 5cm 폭 0.3cm 정도로 썬다(25g).
6. 청 · 홍피망은 씻어서 길이로 반을 잘라 씨와 속을 떼어 내고, 길이 5cm 폭 0.3cm 정도로 채 썬다(청피망 30g, 홍피망 18g).
7. 달걀은 황백지단을 부쳐 길이 4cm 폭 0.3cm 정도로 채 썬다(14g).

만드는법

1. 냄비에 물을 붓고 센불에 5분 정도 올려 끓으면, 향채를 넣고 오징어와 패주 · 새우를 각각 30초 정도 데치고, 새우는 한 김 나가면 껍질을 벗기고 길이로 반을 저며 썬다(새우 40g).
2. 팬을 달구어 식용유를 두르고 양파를 넣고, 중불에서 30초 정도 볶다가 해물과 청 · 홍피망 · 죽순을 넣고 1분 30초 정도 볶고, 소금과 후춧가루로 간을 한다. 【사진2】
3. 냄비에 물을 붓고 센불에 2분 정도 올려 끓으면 당면을 넣고 8분 정도 삶아서 물에 헹구고, 체에 밭쳐 5분 정도 물기를 뺀 다음 길이 20cm 정도로 자른다.
4. 팬을 달구어 양념장과 당면을 넣고 중불에 2분 정도 볶은 후 식힌다. 【사진3】
5. 당면에 준비한 재료와 통깨를 넣고 고루 버무려 그릇에 담고 황백지단을 얹는다. 【사진4】

· 해물과 채소의 종류는 계절에 따라 다른 채소도 사용할 수 있다.

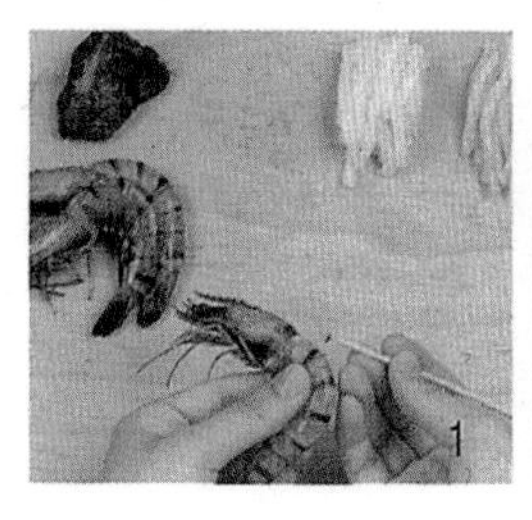
1

2

3

4

노각생채

조리후 중량	적정배식온도	총가열시간	총조리시간	표준조리도구
280g(4인분)	4~10℃	0분	1시간	

노각 740g(1개), 소금 8g(2작은술)
양념장 : 고추장 6g(1작은술), 고춧가루 2.2g(1작은술)
다진 파 7g(½큰술), 다진 마늘 5.5g(1작은술)
설탕 4g(1작은술)
청고추 7.5g(½개)
깨소금 2g(1작은술), **식초** 15g(1큰술)

재료준비

1. 노각은 씻어 껍질을 벗기고(560g) 길이로 2등분해서 씨를 긁어낸 후(436g), 반달 모양으로 두께 0.3cm 정도로 썬다. 【사진1 · 2】
2. 청고추는 씻어 길이 2cm 두께 0.2cm 정도로 어슷 썬다.
3. 양념고추장을 만든다.

만드는법

1. 노각은 소금에 30분 정도 절여 물기를 꼭 짜서(230g) 양념고추장을 넣고 간이 고루 배이도록 무친다. 【사진3 · 4】
2. 청고추와 깨소금 · 식초를 넣고 살살 무친다.

늙은 오이를 소금에 절여 물기를 꼭 짜서 고추장 양념에 무친 음식이다. 늙은 오이를 노각이라 하는데 씹히는 맛과 질감이 좋아 주로 생채로하며, 장아찌로 만들어 밑반찬으로 두고 먹기도 한다.

· 노각을 길게 채 썰어 무치기도 한다.
· 노각을 소금에 절여 물에 헹구어 물기를 꼭 짜야 질감과 색이 좋다.

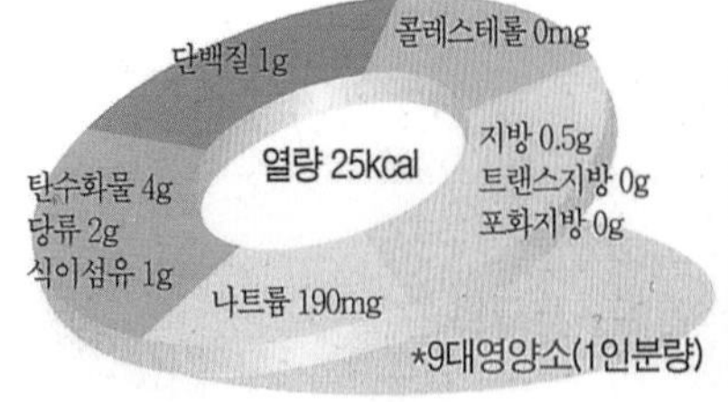

*9대영양소(1인분량)

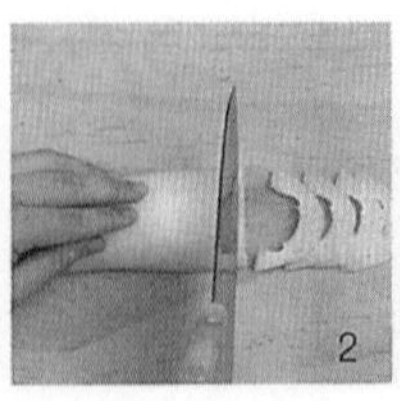
1

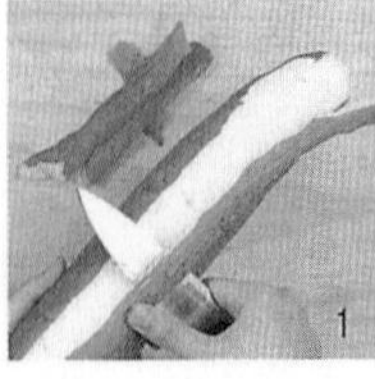
2

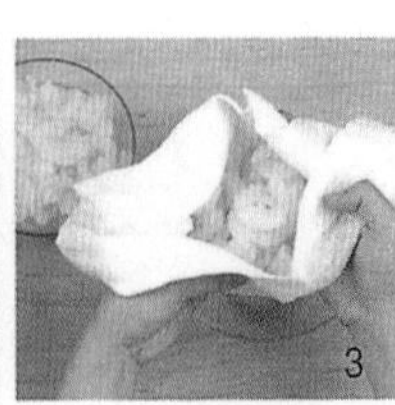
3

4

수삼냉채

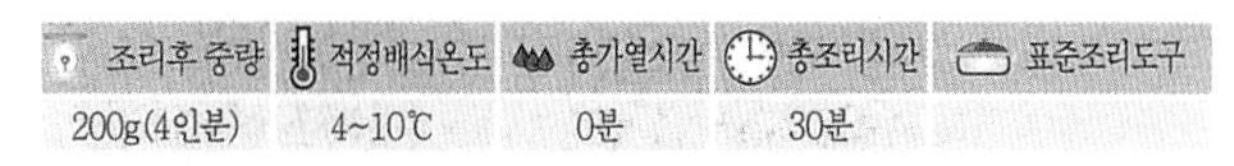

조리후 중량	적정배식온도	총가열시간	총조리시간	표준조리도구
200g(4인분)	4~10℃	0분	30분	

미삼 120g, 대추 5개(20g), 오이 30g(1/7개)
배 100g(1/5개), 물 100g(1/2컵), 설탕 2g(1/2작은술)
양념 : 소금 2g(1/2작은술), 꿀 19g(1큰술), 식초 22.5g(1 1/2큰술)

재료준비

1. 미삼은 다듬어 깨끗이 씻어 뇌두를 잘라내고 길이 4cm 폭 · 두께 0.3cm 정도로 채 썬다(100g). 【사진1】
2. 대추는 면보로 닦아서 돌려 깎아 폭 · 두께 0.3cm 정도로 채 썬다(9.2g). 【사진2】
3. 오이는 소금으로 비벼 깨끗이 씻어 길이 4cm 정도로 자르,고 두께 0.3cm 정도로 돌려 깎아 폭 0.3cm 정도로 채 썬다(10g). 【사진3】
4. 배는 껍질을 벗겨서 오이와 같은 크기로 썰어 설탕물에 담근다(80g).
5. 양념을 만든다.

만드는법

1. 미삼과 대추 · 오이 · 배를 섞고 양념을 넣고 잘 버무린다. 【사진 4】

수삼에 여러 가지 채소를 넣고 새콤달콤하게 무친 음식이다. 말리지 않은 인삼을 수삼(水蔘)이라고 하는데, 심신의 원기를 돋워 피로를 회복시키고, 허약한 체질을 개선시켜 질병으로부터 예방하는 효능이 있다.

· 기호에 따라 초고추장으로 무치기도 한다.
· 기호에 따라 미삼의 양은 가감할 수 있다.

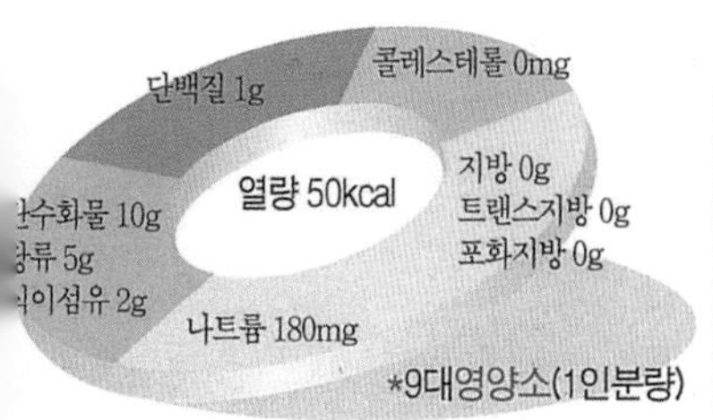

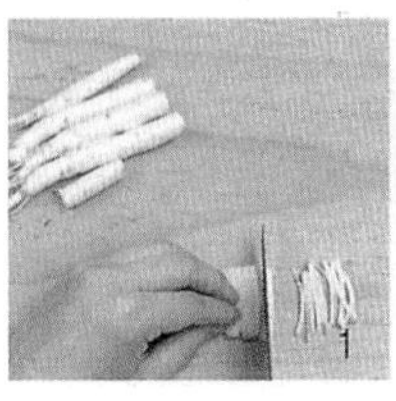

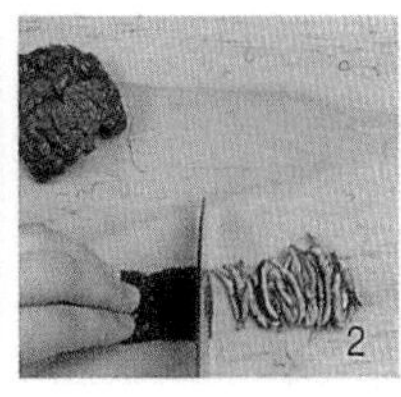

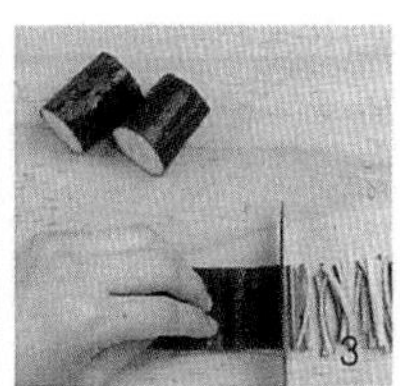

도라지생채

조리후 중량	적정배식온도	총가열시간	총조리시간	표준조리도구
240g(4인분)	4~10℃	0분	30분	

껍질 벗긴 도라지 230g, 소금 8g(2작은술)
양념장 : 고추장 15g(2½작은술), 소금 2g(½작은술)
설탕 12g(1큰술), 고춧가루 4.4g(2작은술)
다진 파 7g(½큰술), 다진 마늘 5.5g(1작은술)
깨소금 2g(1작은술), 식초 15g(1큰술)

재료준비

1. 도라지는 씻어 길이 6cm 폭 · 두께 0.5cm 정도로 썰어, 소금을 넣고 주물러 아린 맛이 빠지도록 10분 정도 둔다. 【사진1 · 2】
2. 도라지가 절여지면 물에 헹구어 물기를 닦는다(200g).
3. 양념장을 만든다. 【사진3】

만드는법

1. 도라지에 양념장을 넣고 고루 무친다. 【사진4】

도라지를 소금에 절인 후 물에 담가 아린 맛을 빼고 양념장에 무친 음식이다. 도라지는 특유의 질감과 향이 있어 반찬으로 즐겨 먹으나 한방에서는 길경(桔梗)이라 하여 가래를 삭이고 기침을 가라앉히는 약재로 사용한다.

· 오이를 어슷하게 썰어 소금에 절였다가 함께 넣고 무치기도 한다.
· 생채는 무쳐서 바로 먹어야 물이 생기지 않는다.

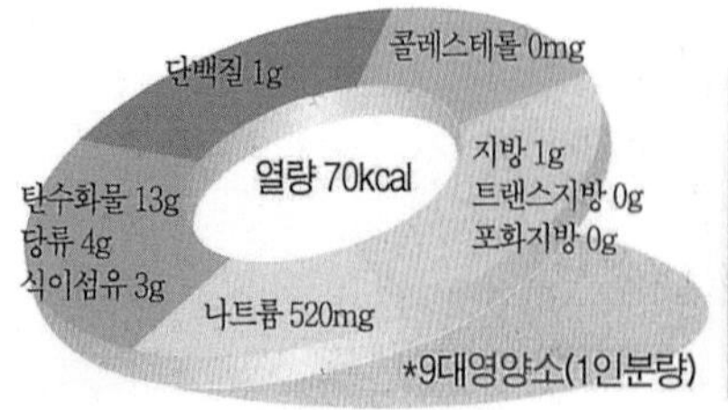

*9대영양소(1인분량)

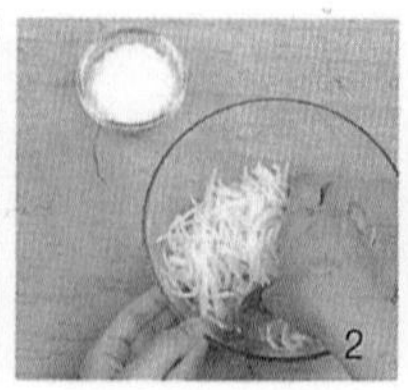

명태껍질쌈

조리후 중량	적정배식온도	총가열시간	총조리시간	표준조리도구
200g(4인분)	4~10℃	8분	2시간	20cm 찜기

마른 명태껍질 80g, 물 600g(3컵), 녹말 24g(3큰술)
밤 60g(4개), 대추 12g(3개)
배 100g(1/5개), 물 50g(¼컵), 설탕 2g(½작은술)
미나리 30g, 소금 1g(¼작은술)
겨자즙 : 발효겨자 6g(½큰술), 소금 2g(½작은술)
설탕 4g(1작은술), 꿀 9.5g(½큰술), 식초15g(1큰술)
찌는물 : 물 1kg(5컵)

재료준비

1. 명태껍질은 미지근한 물에 1시간 정도 불려 비늘을 긁고, 깨끗이 씻어(55g) 잔칼질을 하고 녹말을 묻힌다. 【사진1】
2. 밤은 껍질을 벗겨 두께 0.5cm 정도로 채 썰고(37g), 대추는 면보로 닦고 돌려 깎아 폭 0.3cm 정도로 채 썬다(9g). 【사진2】
3. 배는 껍질을 벗겨 길이 3cm 폭 · 두께 0.5cm 정도로 채 썰어 설탕물에 담근다(75g).
4. 미나리는 잎을 떼어내고 줄기를 깨끗이 씻어 길이 3cm 정도로 썬다(18g).
5. 밤 · 대추 · 배 · 미나리는 소금으로 간을 한다.
6. 겨자즙을 만든다.

만드는법

1. 찜기에 물을 붓고 센불에 3분 정도 올려 끓으면, 녹말을 무친 명태껍질을 넣고 5분 정도 쪄서 식힌다(102g). 【사진3】
2. 명태껍질에 재료를 놓고 돌돌 만다. 【사진4】
3. 겨자즙을 곁들인다.

명태껍질쌈은 불린 명태껍질에 전분을 묻히고 쪄낸 다음 배와 미나리 · 밤 · 대추채를 놓고 돌돌 말아서 만든 음식이다. 예부터 북어는 버릴 데가 없는 생선이라하여, 껍질로도 음식을 만들었다.

· 명태껍질을 충분히 불려야 비늘이 잘 긁어진다.
· 명태껍질은 수축이 잘 되므로 잔 칼집을 많이 넣고 쪄야 수축이 덜하며, 씹히는 맛이 부드럽다.

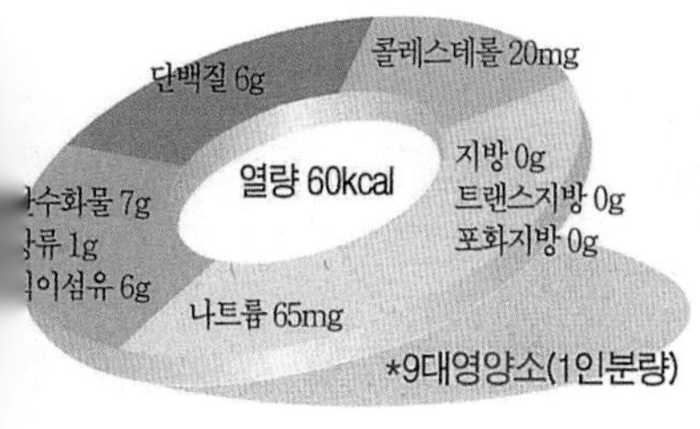

*9대영양소(1인분량)

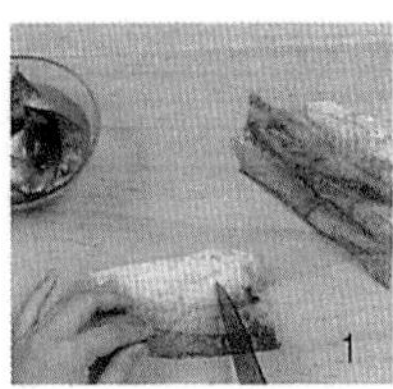

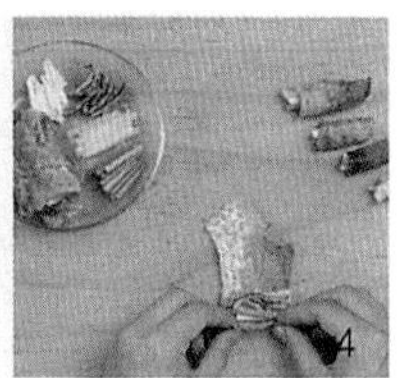

배추겉절이

조리후 중량	적정배식온도	총가열시간	총조리시간	표준조리도구
1.5kg(20인분)	4~10℃	0분	3시간	

배추 2kg(1통), 물 1kg(5컵), 굵은 소금 240g(1½컵)
청고추 15g(1개), **홍고추** 20g(1개)
실파 70g
양념 : 새우젓 40g, 고춧가루 35g(5큰술), 설탕 12g(1큰술)
다진 마늘 16g(1큰술), 다진 생강4g(1작은술), 물 45g(3큰술)

재료준비

1. 배추는 뿌리 밑동을 잘라 배추 잎을 하나하나 떼어 내고, 굵은 소금을 물에 녹여 배추에 넣고 2시간 정도 절인다(1.8kg). 【사진1】
2. 절여진 배추를 깨끗이 씻어 채반에 건져 30분 정도 물기를 빼서 길이 10cm 폭 3cm 정도로 썬다(1.4kg). 【사진2】
3. 청 · 홍고추는 씻어 길이 2cm 두께 0.3cm 정도로 어슷 썰고(청고추 10g, 홍고추 16g), 실파는 다듬어 깨끗이 씻어 길이 3cm 정도로 썬다.
4. 양념을 만든다. 【사진3】

만드는법

1. 배추에 양념을 넣고 버무리다가 청 · 홍고추와 실파를 넣어 섞어준다. 【사진4】

배추를 절여서 양념을 넣고 버무린 김치이다. 겉절이는 배추를 살짝 절여서 숨만 죽인 것으로 바로 담가서 아삭하게 먹는다. 주로 김장 김치를 담글 때 속배추를 이용하거나 이른 봄 입맛을 돋우기 위해 바로 담가 먹는다.

· 기호에 따라 마지막에 참기름과 통깨를 넣기도 한다.
· 배추의 겉잎은 뻣뻣하고 억세므로 떼어내고 사용한다.

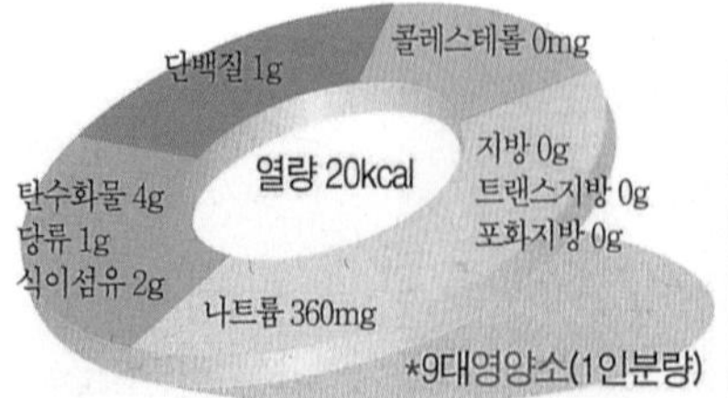

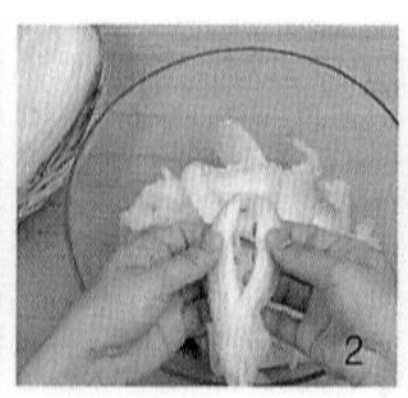

북어오이무침

조리후 중량	적정배식온도	총가열시간	총조리시간	표준조리도구
280g(4인분)	4~10℃	0분	30분	

북어포(껍질 벗긴 북어포) 60g
오이 100g(½개), 소금 1g(¼작은술)
배 80g
양념장 : 고추장 28.5g(1½큰술), 설탕 2g(½작은술), 물엿 19g(1큰술)
다진 파 7g(½큰술), 다진 마늘 5.5g(1작은술)
청고추 5g, 홍고추 5g
고추기름 4g(1작은술), 통깨 2g(1작은술)
참기름 4g(1작은술), 식초 15g(1큰술)

재료준비

1. 북어는 머리와 꼬리 · 지느러미를 떼고(42g) 물에 30초 정도 담갔다가 건져, 젖은 면보에 싸서 30분 정도 두었다가 물기를 눌러 짜고 길이 6cm 폭 · 두께 0.5cm 정도로 찢는다(104g). 【사진1】
2. 오이는 소금으로 비벼 깨끗이 씻어 길이로 반으로 갈라 길이 3cm 두께 0.3cm 정도로 어슷 썰어 소금에 5분 정도 절인다(90g).
3. 배는 껍질을 벗겨 길이 3cm 폭 1cm 두께 0.3cm 정도로 썬다(50g).
4. 청 · 홍고추는 씻어 길이로 반을 잘라 씨와 속을 떼어내고 길이 3cm 폭 0.2cm 정도로 채 썬다. 【사진2】
5. 양념장을 만든다.

만드는법

1. 북어에 고추기름을 넣고 색이 들도록 무친다. 【사진3】
2. 오이와 배에 양념장을 넣고 간이 고루 배이도록 버무리고 북어와 청 · 홍고추 · 통깨 · 참기름 · 식초를 넣고 살살 무친다. 【사진4】

북어포에 고추기름을 넣어 고추 물을 들이고 오이와 배를 넣고 양념장에 무친 음식이다. 북어포는 명태를 길이로 반을 갈라 펴서 얼렸다 녹였다하며 한 달 정도 말린 것으로 노란색이 진할수록 좋다.

· 북어는 물에 너무 오래 불리면 풀어져서 좋지 않다.
· 찢어 놓은 북어를 고추기름에 먼저 무쳐야 완성 했을 때 북어의 색이 좋다.

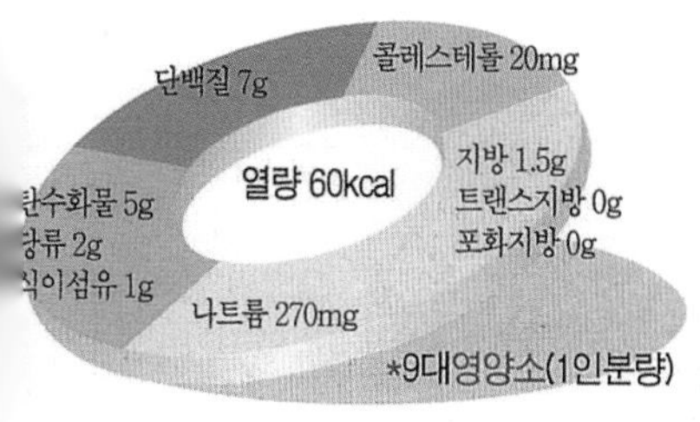

1

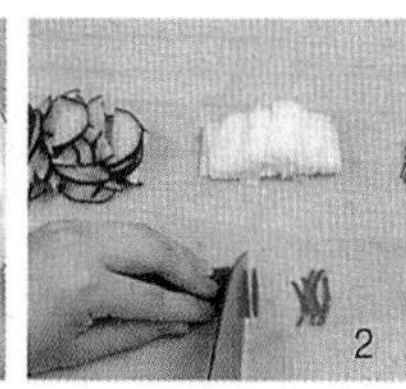
2

3

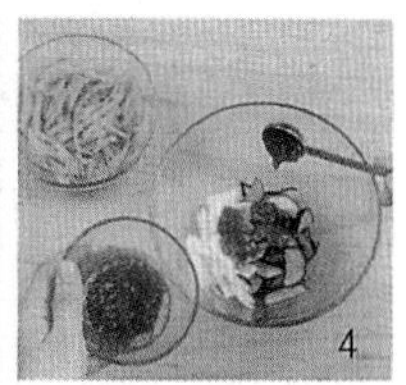
4

비름나물

조리후 중량	적정배식온도	총가열시간	총조리시간	표준조리도구
240g(4인분)	15~25℃	14분	30분	24cm 냄비

비름나물 250g, 물 3㎏(15컵), 소금 4g(1작은술)
양념장 : 된장 17g(1큰술), 고추장 6g(1작은술)
다진 파 9g(2작은술), 다진 마늘 5.5g(1작은술)
깨소금 2g(1작은술), 참기름 8g(2작은술)

재료준비

1. 비름나물은 다듬어 깨끗이 씻는다(210g). 【사진1】
2. 양념장을 만든다. 【사진2】

만드는법

1. 냄비에 물을 붓고 센불에 12분 정도 올려 끓으면, 소금과 비름나물을 넣고 2분 정도 데쳐서 물에 헹구어 물기를 짠 다음 길이 7~8cm로 썬다(200g). 【사진3】
2. 양념장을 넣고 간이 고루 배이도록 무친다. 【사진4】

삶은 비름나물에 양념장을 넣고 무친 음식으로 비름나물은 현채 · 비듬나물 · 새비름 이라고도 하며, 잎(靑), 줄기(赤), 꽃(黃), 뿌리(白), 씨앗(黑)이 오색이라 하여 오행초라 하고, 오래 먹으면 장수한다 하여 장명채(長命菜) 라고도 한다. 「채근담(菜根譚)」에 비름나물은 마음을 맑게 하는 덕이 있다고 하였다.

· 비름나물 잎은 둘레가 뾰족한 잎보다 둥근 잎이 참비듬나물로 맛이 있다.
· 참기름 대신 들기름을 넣기도 한다.

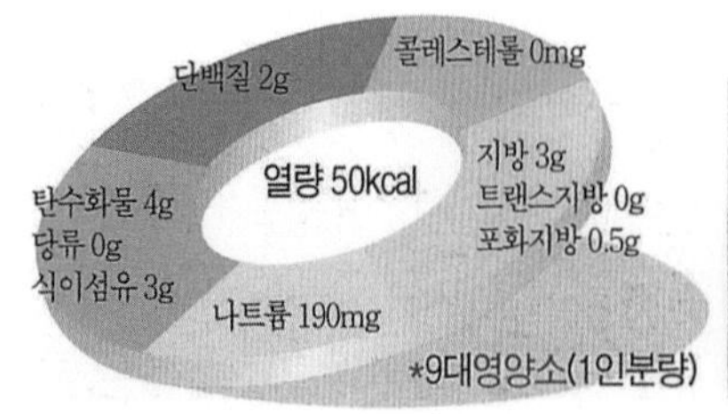

1

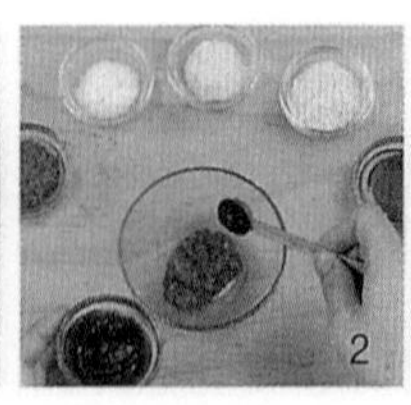
2

3

4

초잡채

편육과 채소를 채 썰어 식초 양념을 넣고 새콤하게 무친 음식이다. 초잡채는 일반적으로 알려진 잡채와는 달리 여러 가지 채소를 생으로 무쳐서 차게 먹는 것이 특징이다.

조리후 중량	적정배식온도	총가열시간	총조리시간	표준조리도구
280g(4인분)	4~10℃	49분	1시간	20cm 냄비

쇠고기(우둔) 70g, 물 800g(4컵), **무 50g, 소금** 1g(¼작은술)
당근 30g(1/7개), 배 120g(¼개), 마 40g
숙주 50g, 미나리 20g, 물 400g(2컵), 소금 1g(¼작은술)
밤 15g(1개), 대추 8g(2개)
양념 : 소금 4g(1작은술), 설탕 12g(1큰술), 깨소금 1g(½작은술)
식초 45g(3큰술)

재료준비

1. 쇠고기는 핏물을 닦는다.
2. 무와 당근은 다듬어 씻어 길이 5cm 폭 · 두께 0.5cm 정도로 썰고, 무는 소금에 5분 정도 절였다가 물기를 닦는다(무40g, 당근 20g). 【사진1】
3. 배는 껍질을 벗겨 길이 5cm 폭 · 두께 0.5cm 정도로 썰고(60g), 마는 씻어 껍질을 벗기고 배와 같은 크기로 썬다(20g).
4. 숙주는 머리와 꼬리를 떼어 씻고(41g), 미나리는 잎을 떼어내고 줄기를 깨끗이 씻는다(17g).
5. 밤은 껍질을 벗기고 대추는 면보로 닦아서 돌려 깎아 폭 · 두께 0.3cm 정도로 채 썬다.
6. 양념을 만든다.

만드는법

1. 냄비에 물을 붓고 센불에 4분 정도 올려 끓으면 쇠고기를 넣고, 중불로 낮추어 40분 정도 삶아 길이 5cm 폭 · 두께 0.5cm 정도로 썬다(35g). 【사진2】
2. 냄비에 물을 붓고 센불에 2분 정도 올려 끓으면 소금과 숙주를 넣고 2분 정도 데치고(45g), 미나리는 20초 정도 데쳐 물에 헹구어 물기를 짜고 길이 4cm 정도로 썬다(14g). 【사진3】
3. 모든 재료를 함께 넣고 양념을 넣어 무친다. 【사진4】

· 모든 재료는 차게 한 후 양념에 무친다.
· 기호에 따라 식초의 양을 가감한다.

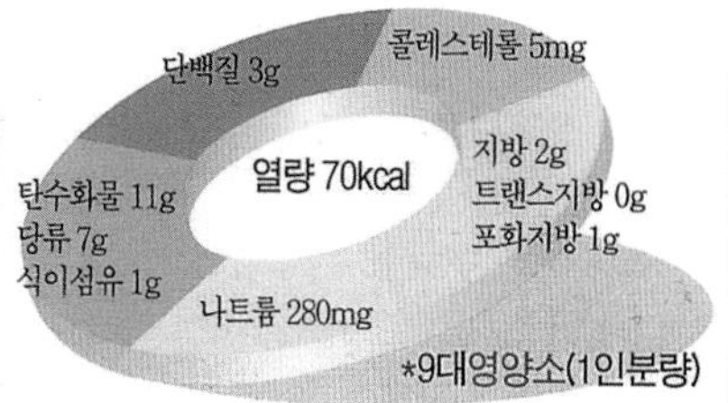

*9대영양소(1인분량)

1

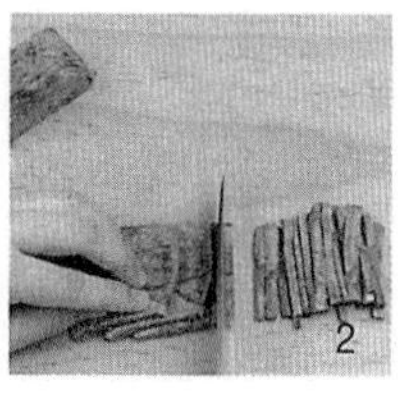
2

3

4

파래무침

조리후 중량	적정배식온도	총가열시간	총조리시간	표준조리도구
250g(4인분)	4~10℃	0분	30분	

파래 150g
무 100g, 소금 1g(¼큰술)
홍고추 10g(½개)
양념장 : 청장 12g(2작은술), 소금 1g(¼작은술), 설탕 2g(½작은술)
다진 파 4.5g(1작은술), 다진 마늘 2.3g(½작은술)
통깨 1g(½작은술), 식초 30g(2큰술)

재료준비

1. 파래는 깨끗이 씻어 체에 밭쳐 10분 정도 물기를 뺀다(120g). 【사진1】
2. 무는 다듬어 씻어 길이 5cm 폭 · 두께 0.2cm 정도로 썰어(75g), 소금을 넣고 10분 정도 절인 다음 물기를 짠다(55g). 【사진2】
3. 홍고추는 씻어 폭 0.2cm 정도로 썬다(8g).
4. 양념장을 만든다.

만드는법

1. 파래와 무에 양념장을 넣고 간이 배이도록 무친다. 【사진3】
2. 홍고추를 넣어 살살 버무린다. 【사진4】

파래에 무를 넣고 새콤달콤하게 무친 음식이다. 파래는 녹조류에 속하는 해초류로 철분과 칼슘, 비타민이 풍부하여 '바다의 천연 영양제' 라고 불린다.

· 파래는 겨울철이 제철이다.
· 파래를 씻을 때 물속에 체를 밭쳐놓고 씻으면 씻기가 쉽다.

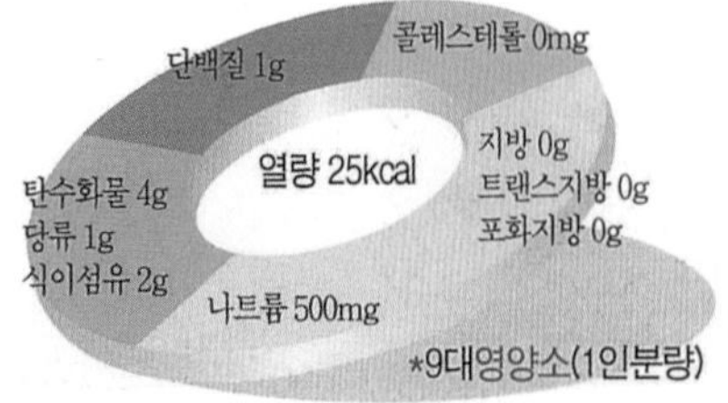

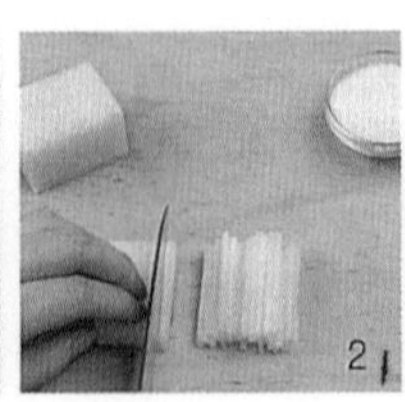

콩나물겨자채

조리후 중량	적정배식온도	총가열시간	총조리시간	표준조리도구
280g(4인분)	4~10℃	7분	30분	20cm 냄비

콩나물 200g, 삶는 물 600g(3컵), 소금 2g(½작은술)
오이 100g(½개), **홍고추** 10g(½개)
배 100g(⅕개), 물 100g(½컵), 설탕 2g(½작은술)
겨자즙 : 발효겨자 13g(1큰술), 소금 4g(1작은술)
설탕 16g(1⅓큰술), 식초 22.5g(1½큰술)

재료준비

1. 콩나물은 꼬리를 떼어내고 깨끗이 씻는다(175g).
2. 오이는 소금으로 비벼 깨끗이 씻어 길이 4cm 정도로 자르고, 두께 0.3cm 정도로 돌려 깎은 후 폭 0.3cm 정도로 채 썬다(20g). 홍고추는 씻어 길이로 반을 잘라 씨와 속을 떼어내고 오이와 같은 크기로 채 썬다(5g). 【사진1】
3. 배는 껍질을 벗겨서 오이와 같은 크기로 썰어 설탕물에 담근다(55g).
4. 겨자즙을 만든다. 【사진2】

만드는법

1. 냄비에 소금과 콩나물을 넣고 삶는 물을 붓고 센불에 3분 정도 올려 끓으면, 4분 정도 데쳐 펼쳐 식히고 10분 정도 물기를 뺀다(180g). 【사진3】
2. 콩나물과 오이 · 홍고추 · 배를 섞어 겨자즙을 넣고 버무린다. 【사진4】

아삭하게 데친 콩나물에 배와 오이를 넣고 겨자즙에 새콤하고 매콤하게 무친 음식이다. 겨자는 몸을 따뜻하게 하고, 입맛을 돋워주는 역할을 하며, 식초는 피로회복의 효능이 있어 좋은 음식이다.

· 콩나물을 물에 삶지 않고 찌기도 한다.
· 계절에 따라 다른 채소들을 넣고 무치기도 한다.

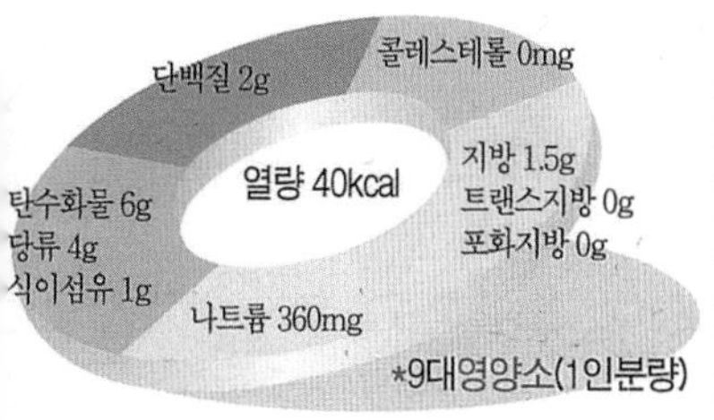

*9대영양소(1인분량)

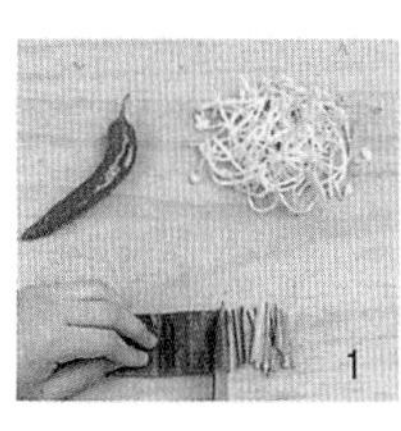

1

2

3

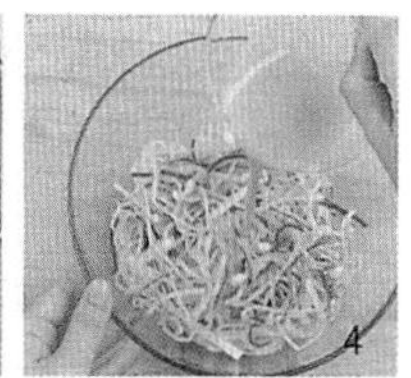

4

파상추겉절이

조리후 중량	적정배식온도	총가열시간	총조리시간	표준조리도구
240g(4인분)	4~10℃	0분	30분	

상추 120g
파 50g, 물 400g(2컵)
양념장 : 간장 24g(1⅓큰술), 설탕 12g(1큰술)
고춧가루 10.5g(1½큰술), 깨소금 3g(½큰술)
참기름 4g(1작은술), 식초 15g(1큰술)

재료준비

1. 상추는 다듬어(95g) 깨끗이 씻어 체에 밭쳐 10분 정도 물기를 뺀 다음, 길이로 반을 잘라 폭 4㎝ 정도로 썬다. 【사진1】
2. 파는 다듬어 깨끗이 씻어 길이 4㎝ 정도로 썰고 폭 0.3㎝ 정도로 채 썬 다음, 물에 5분 정도 담갔다가 체에 밭쳐 물기를 뺀다(39g). 【사진2】
3. 양념장을 만든다. 【사진3】

만드는법

1. 상추와 파에 양념장을 넣고 살살 무친다. 【사진4】

상추에 채 썬 파와 양념장을 넣고 무친 음식이다. 상추는 비타민과 무기질이 풍부하여 빈혈 환자에게 좋으며, 줄기에서 나오는 우윳빛 즙액에는 진통과 최면 효과가 있어 상추를 많이 먹으면 잠이 잘온다.

· 파채는 물에 담갔다가 건져 사용하면 매운맛이 적다.
· 상추는 손으로 먹기 좋게 뜯어 무치기도 한다.

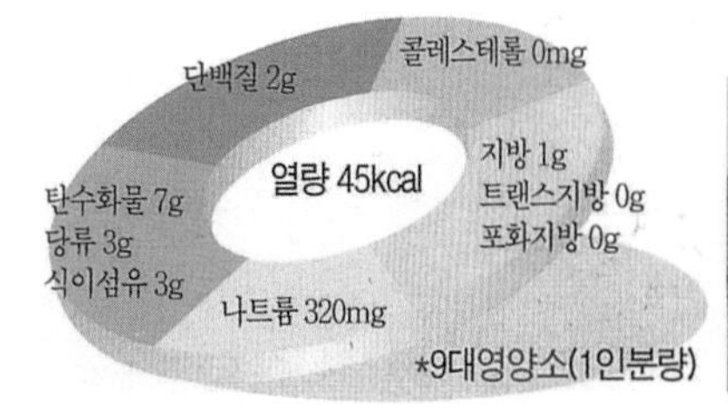

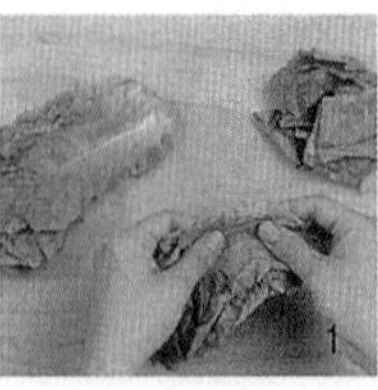

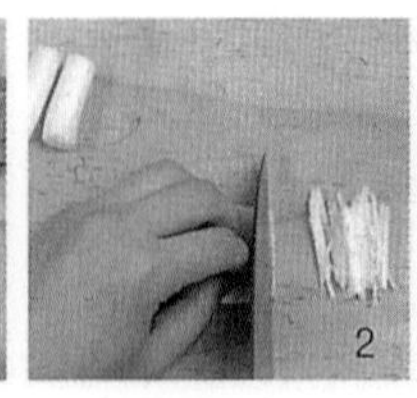

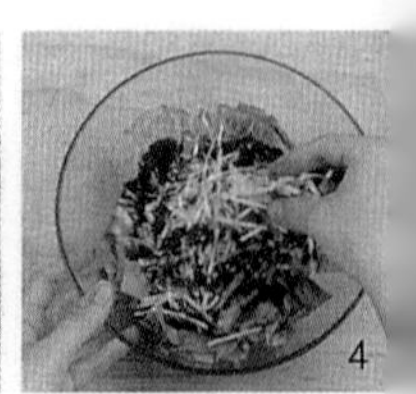

해초깨즙무침

해초류에 깨즙을 넣고 새콤하게 무친 음식이다. 해초류는 바다의 비타민이라고 할 정도로 비타민이 풍부하고, 고혈압을 예방하며, 피부미용에 좋은 알칼리성 식품이다.

조리후 중량	적정배식온도	총가열시간	총조리시간	표준조리도구
280g(4인분)	4~10℃	9분	1시간	18cm 냄비

톳나물 50g, 물 1kg(5컵)
마른 미역 4g
염장 다시마 40g
밤 60g(4개)
깨즙 : 통깨 21g(3큰술), 소금 4g(1작은술), 설탕 12g(1큰술)
물 30g(2큰술), 식초 45g(3큰술)

재료준비

1. 마른 미역은 물에 30분 정도 불려 깨끗이 씻고(40g), 염장 다시마는 씻어 물에 30분 정도 불린다(70g). 톳나물은 억센 부분을 자른다(45g). 【사진1】
2. 밤은 껍질을 벗겨 폭 0.5cm 정도로 썬다.
3. 믹서에 통깨 · 소금 · 설탕 · 물을 넣고 2분 정도 갈은 다음 식초를 넣고 깨즙을 만든다. 【사진2】

만드는법

1. 냄비에 물을 붓고 센불에 5분 정도 올려 끓으면, 톳나물과 다시마를 넣고 각각 2분씩 데쳐 물에 헹군다(톳나물 45g, 다시마 70g). 【사진3】
2. 톳나물과 미역은 길이 4cm 정도로 썰고, 다시마는 길이 4cm 폭 1.5cm 정도로 썬다.
3. 톳나물과 미역 · 다시마 · 밤에 깨즙을 넣고 버무린다. 【사진4】

· 깨즙을 넣지 않고 식초만 넣어 새콤하게 무치기도 한다.
· 생미역을 데쳐 사용하기도 한다.

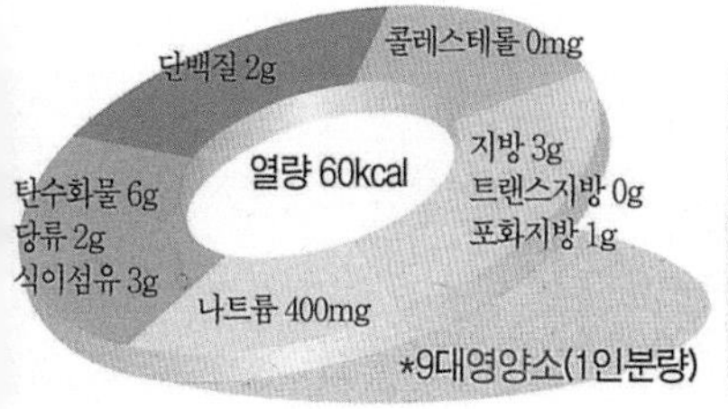

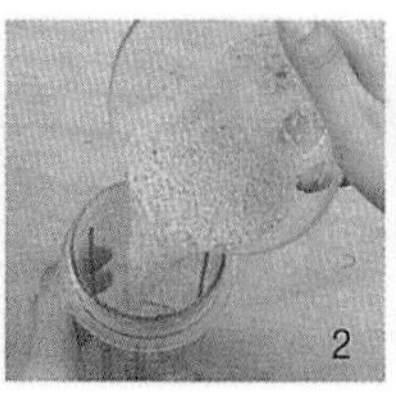

조림 · 볶음

조림은 육류, 어패류, 채소류를 간장이나 고추장에 조려서 만든다. 생선을 조림할 때 흰살생선은 간장을 주로 이용하며 붉은살 생선이나 비린내가 많이 나는 생선은 고추장이나 고춧가루를 많이 이용한다. 볶음은 육류, 어패류, 채소류 등을 손질하여 기름에 볶아 낸 것으로 기름에만 볶는 것과 간장, 설탕 등으로 양념하여 볶는 것 등이 있다.

돼지갈비조림

기름에 마른고추를 넣고 볶다가 돼지갈비와 양념장을 넣고 조린 음식이다. 돼지갈비는 근육 내 지방이 골고루 박혀 있어 풍미가 좋고, 섬유질이 연하고 가늘어 소화흡수가 잘되며 겨울철 체내 열 손실을 막아 추위를 견디게 한다.

조리후 중량	적정배식온도	총가열시간	총조리시간	표준조리도구
480g(4인분)	65~70℃	57분	3시간	20cm 냄비

돼지갈비 600g, 튀하는 물 1kg(5컵)
양념 : 청주 15g(1큰술), 생강즙 16g(1큰술)
식용유 6.5g(½큰술), 마른 홍고추 4g(1개), 물 400g(2컵)
양념장 : 간장 36g(2큰술), 고추장 19g(1큰술), 설탕 12g(1큰술)
다진 파 14g(1큰술), 다진 마늘 11g(2작은술)
생강즙 5.5g(1작은술), 깨소금 3g(½큰술)
후춧가루 0.3g(⅛작은술), 참기름 6.5g(½큰술)
참기름 6.5g(½큰술)

재료준비

1. 돼지갈비는 길이 5cm 정도로 잘라서 힘줄과 기름기를 떼어내고, 물에 담가 1시간 정도 핏물을 뺀 다음, 폭 1.5cm 정도의 간격으로 칼집을 넣는다.【사진1】
2. 마른 홍고추는 면보로 닦아 씨를 털어내고 길이 2.5cm 폭 1cm 정도로 어슷하게 썬다.
3. 양념장을 만든다.

만드는법

1. 냄비에 튀하는 물을 붓고 센불에 5분 정도 올려 끓으면 돼지갈비를 넣고 3분 정도 튀한다.
2. 돼지갈비에 양념을 넣고 10분 정도 재워둔다.
3. 냄비를 달구어 식용유를 두르고 마른 홍고추를 넣어 중불에서 2분 정도 볶은 다음, 양념에 재워둔 돼지갈비를 넣어 2분 정도 볶다가 꺼내서 양념장 ½량을 넣고 30분 정도 재워둔다.【사진2】
4. 냄비에 돼지갈비를 넣고 물을 부어 센불에 3분 정도 올려 끓으면 중불로 낮추어 20분 정도 끓인다.
5. 국물이 반으로 줄어들면 나머지 양념장 ½량을 넣고, 약불로 낮추어 20분 정도 더 끓여 국물이 자작해지면 국물을 끼얹어가며 2분 정도 조리다가 참기름을 넣고 고루 섞는다.【사진3 · 4】

· 양파, 고추 등의 채소를 함께 넣기도 한다.

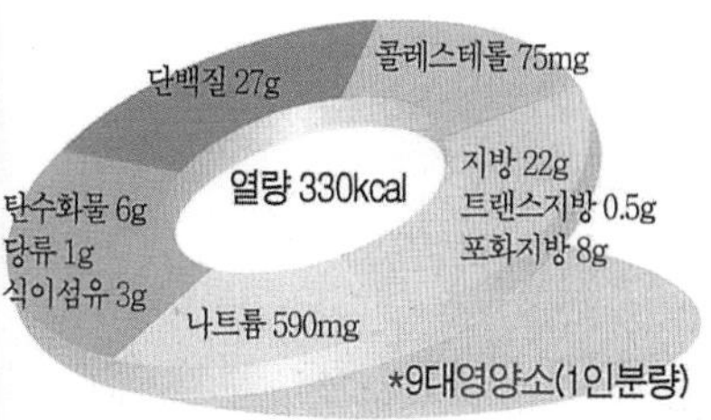

*9대영양소(1인분량)

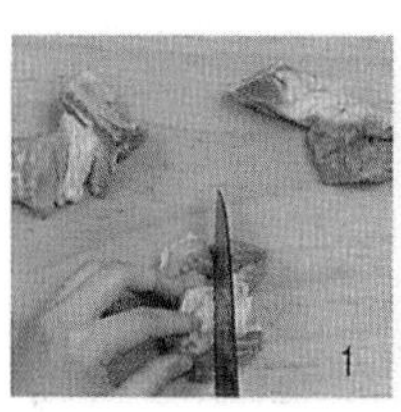
1

2

3

4

돼지고기장조림

조리후 중량	적정배식온도	총가열시간	총조리시간	표준조리도구
260g(4인분)	15~25℃	56분	1시간	18cm 냄비

돼지고기(안심) 200g, 물 900g(4½컵)
향채 : 파 10g, 마늘 20g, 생강 10g
양념장 : 간장 36g(2큰술), 설탕 16g(1⅓큰술), 청주 15g(1큰술)
마늘 15g, 생강 10g, 마른 홍고추 4g(1개)

재료준비

1. 돼지고기는 핏물을 닦고 길이 6cm 폭 · 두께 3cm 정도로 썬다. 【사진1】
2. 향채는 다듬어 깨끗이 씻고 양념장을 만든다.
3. 마늘과 생강은 다듬어 씻고 두께 0.5cm 정도로 썬다.
4. 마른 홍고추는 면보로 닦아 길이 2cm 두께 0.5cm 정도로 어슷 썬다.

만드는법

1. 냄비에 물을 붓고 센불에 6분 정도 올려 끓으면 돼지고기를 넣고 5분 정도 끓이다가 중불로 낮추어 10분 정도 끓인 다음, 향채를 넣고 15분 정도 더 끓여서 향채는 건져 낸다. 【사진2】
2. 양념장을 넣고 15분 정도 끓이다가 마늘과 생강 · 마른 홍고추를 넣고 5분 정도 더 끓인다. 【사진3】
3. 한 김 나가면 장조림고기를 폭 1cm 정도로 찢어 마늘과 생강 · 마른 홍고추를 그릇에 담고 간장국물을 위에 끼얹는다. 【사진4】

돼지고기에 양념간장과 마늘을 넣고 조린 음식이다. 「동의보감」에 돼지고기는 허약한 사람을 살찌게 하고 음기를 보하며 성장기의 어린이나 노인들의 허약을 예방하는데 좋은 약이 된다고 하였다.

· 달걀이나 메추리알 등을 삶아서 함께 넣고 조리기도 한다.
· 돼지고기장조림은 처음부터 양념장을 넣고 조리면 고기가 질겨지므로, 고기가 익은 후에 양념장을 넣고 조린다.

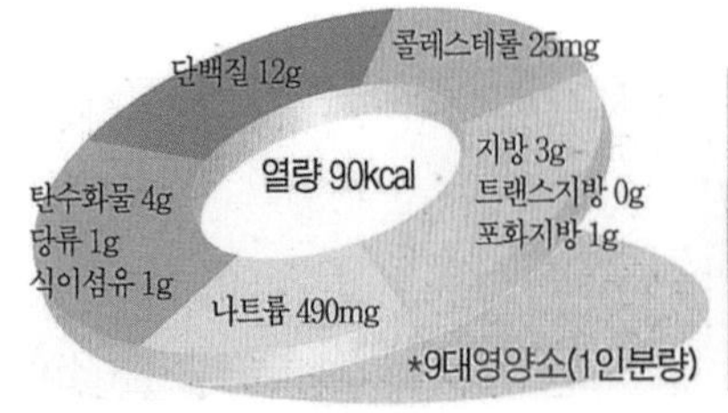

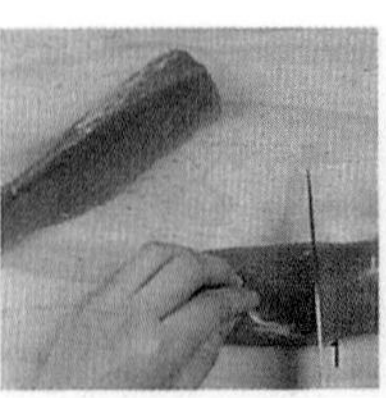

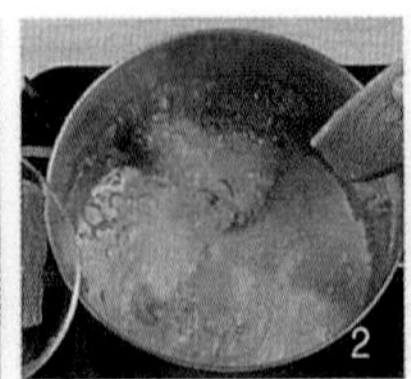

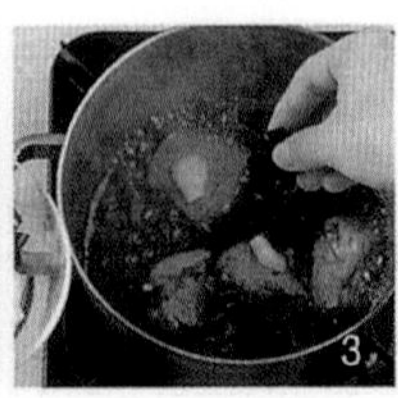

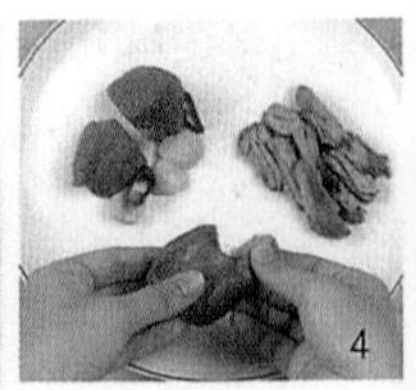

꽁치조림

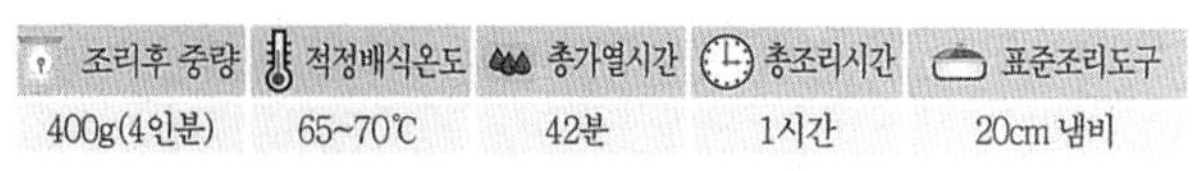

조리후 중량	적정배식온도	총가열시간	총조리시간	표준조리도구
400g(4인분)	65~70℃	42분	1시간	20cm 냄비

꽁치 300g(2마리)
김치 150g
청고추 10g(⅔개), 홍고추 10g(½개), 파 20g
양념장 : 간장 9g(½큰술), 고춧가루 4.4g(2작은술)
설탕 2g(½작은술), 다진 파 4.5g(1작은술)
다진 마늘 2.3g(½작은술), 후춧가루 0.1g
식용유 6.5g(½큰술)
물 400g(2컵)

재료준비

1. 꽁치는 비늘을 긁고 머리와 지느러미를 잘라 내고, 내장을 빼내어 깨끗이 씻고 길이 10cm 정도로 자른다(250g). 【사진1】
2. 김치는 길이 5cm 정도로 썬다(150g). 【사진2】
3. 청 · 홍고추와 파는 다듬어 씻은 후 길이 2cm 두께 0.5cm 정도로 어슷 썬다(청고추 7g, 홍고추 8g, 파 16g).
4. 양념장을 만든다.

만드는법

1. 냄비를 달구어 식용유를 두르고 김치를 넣고 중불에 3분 정도 볶다가 물을 붓고, 센불에서 3분 정도 끓인 후 꽁치와 양념장을 넣고 중불에 15분 정도 조리다가 약불로 낮추어 20분 정도 조린다. 【사진3】
2. 청 · 홍고추와 파를 넣고 1분 정도 더 조린다. 【사진4】

꽁치에 김치를 깔고 양념하여 조린 음식이다. 꽁치는 가을철에 많이 나며 몸이 칼 모양으로 길기 때문에 추도어(秋刀魚)라 하고, 야간에 유영하는 성질이 있어 추광어(秋光魚), 공어(公魚) 라고도 한다. 1827년 「임원십육지(林園十六志)」에도 공어(貢魚)라 하였고 속칭 공치어(貢侈魚), 한글로는 공치라고 기록하고 있다.

· 김치를 볶지 않고 생것을 사용하기도 한다.
· 꽁치통조림을 사용하기도 한다.

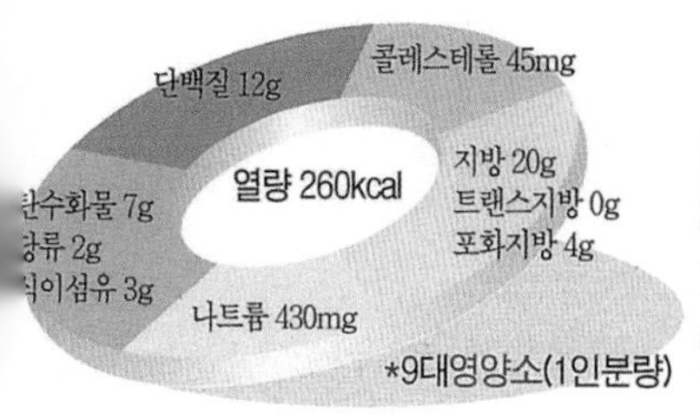

*9대영양소(1인분량)

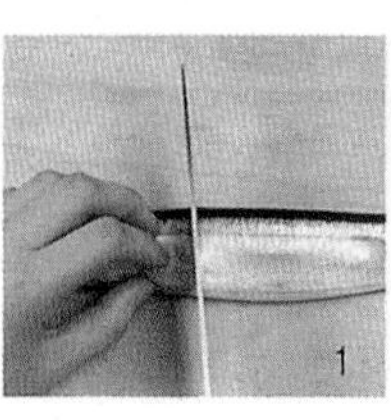

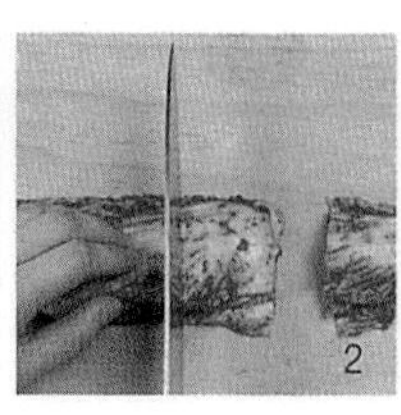

손질한 족발에 향신채와 한약재를 넣고 푹 삶아서 양념장을 넣고 조린 음식이다. 본래 족발은 황해도 토속음식인 돼지족 조림에서 유래했으며, 궁중에서는 족발을 이용한 족편(족병)을 잔치상에 올렸다.

돼지족발조림

조리후 중량	적정배식온도	총가열시간	총조리시간	표준조리도구
1.14kg(4인분)	15~25℃	4시간 12분	5시간 이상	24cm 냄비

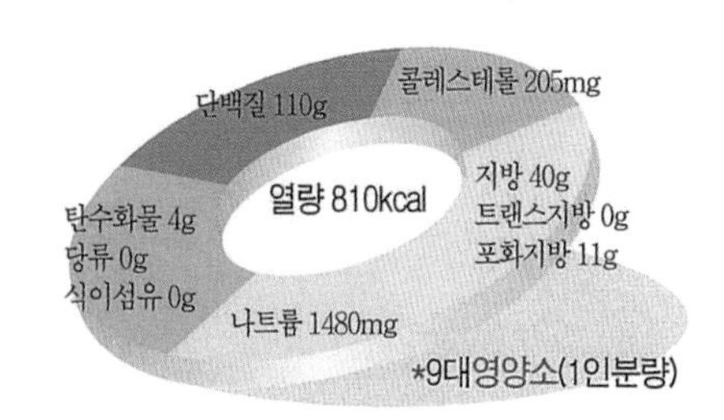

돼지족발 1.46kg(2개), 튀하는 물 3.4kg(17컵), 삶는 물 3.4kg(17컵)
계피 15g, 감초 10g, 마른 홍고추 8g(2개), 통후추 2g
된장 51g(3큰술), 청주 60g(4큰술)
향채 : 무 100g, 양파 100g, 파 50g, 마늘 30g, 생강 30g
물 2.4kg(12컵)
양념장 : 간장 78g(4⅓큰술), 설탕 24g(2큰술), 물엿 57g(3큰술), 청주 60g(4큰술)
생강즙 16g(1큰술), 후춧가루 0.3g(⅛작은술), 참기름 13g(1큰술)

재료준비

1. 돼지족은 깨끗이 손질하여 물에 1시간 정도 담가 핏물을 뺀다. 【사진1】
2. 계피와 감초는 물에 씻고, 마른 홍고추는 면보로 닦아 길이 3㎝ 정도로 잘라 씨를 턴다. 【사진2】
3. 향채는 다듬어 깨끗이 씻는다.
4. 양념장을 만든다.

만드는법

1. 냄비에 튀하는 물을 붓고 센불에 13분 정도 올려 끓으면 돼지족을 넣고 5분 정도 튀한다(1.4㎏).
2. 냄비에 삶는 물을 붓고 센불에 13분 정도 올려 끓으면 돼지족과 계피 · 감초 · 마른 홍고추 · 통후추를 넣고 중불로 낮추어 1시간 정도 삶는다. 【사진3】
3. 돼지족이 반 정도 익으면 된장과 청주 · 향채를 넣고 1시간 정도 삶아 체에 건져 물기를 뺀다(1.4㎏). 【사진4】
4. 냄비에 물과 양념장을 넣고 센불에서 11분 정도 올려 끓으면, 돼지족을 넣고 30분 정도 끓이고, 중불로 낮추어 30분 정도 끓이다가 약불로 낮추어 양념장을 끼얹어가며 30분 정도 더 조린다.
5. 돼지족을 채반에 건져(1.2㎏) 식으면(1.14㎏) 먹기 좋게 썰어 담는다(400g).

· 새우젓을 곁들이기도 한다.
· 암돼지의 앞발이 뒷발보다 질감이 부드럽고 맛도 좋다.

1

2

3

4

닭조림

조리후 중량	적정배식온도	총가열시간	총조리시간	표준소리도구
260g(4인분)	65~70℃	31분	1시간	20cm 냄비

닭 800g(中 1마리), 튀하는 물 1kg(5컵)
향채 : 통후추 3g(1작은술), 청주 30g(2큰술)
양파 80g(½개), 청양고추 10g(2개), 홍고추 10g(½개)
조림장 : 간장 18g(1큰술), 고추장 19g(1큰술), 고춧가루 4.4g(2작은술)
설탕 12g(1큰술), 다진 파 14g(1큰술), 다진 마늘 8g(½큰술)
참기름 13g(1큰술)
물 200g(1컵)

재료준비

1. 닭은 내장과 기름기를 떼어내고, 등뼈 사이에 핏물을 긁어낸 다음 깨끗이 씻어 가로 · 세로 4~5cm로 자른다(600g). 【사진1】
2. 양파는 다듬어 깨끗이 씻어 가로 3cm 세로 4cm 정도로 썬다(65g).
3. 청양고추와 홍고추는 씻어 길이 2cm 두께 0.2cm 정도로 어슷 썬다. (청양고추 6g, 홍고추 6g). 【사진2】
4. 조림장을 만든다.

만드는법

1. 냄비에 물을 붓고 센불에 5분 정도 올려 끓으면 닭을 넣고 2분 정도 튀한다 (500g). 【사진3】
2. 냄비에 닭을 넣고 조림장과 물을 붓고 센불에 3분 정도 올려 끓으면, 중불로 낮추어 15분 정도 조리다가 양파를 넣고 약불로 낮추어 5분 정도 조린다.
3. 국물이 자작해지면 청양고추와 홍고추를 넣고 국물을 끼얹으며 윤기 나게 1분 정도 조린다. 【사진4】

닭고기에 양파와 청 · 홍고추를 넣고 조림 장으로 조려낸 음식이다. 닭고기는 섬유질이 가늘고 연하며 지방이 근육 섬유 속에 들어있지 않아 소화흡수가 잘 된다. 어린이나 노인, 회복기 환자는 물론 날씬해지고 싶은 여성에게 좋다.

· 간장양념으로 조리기도 한다.
· 다 익은 후 마지막에 뚜껑을 열고 양념국물을 끼얹으면서 조리면 윤기가 난다.

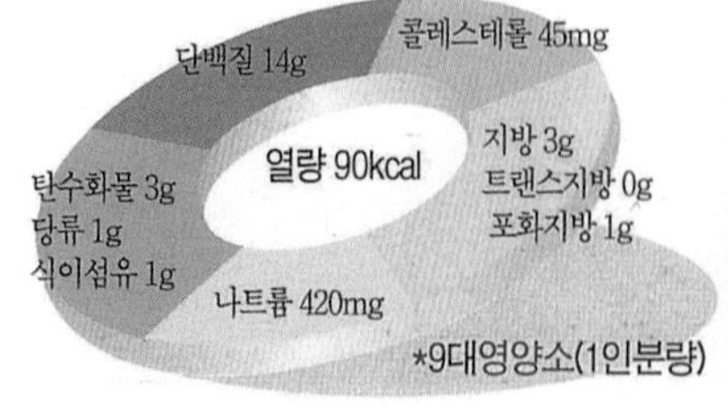

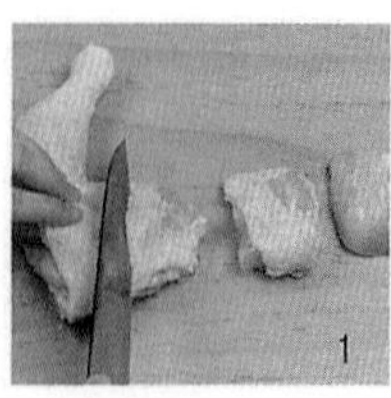
1

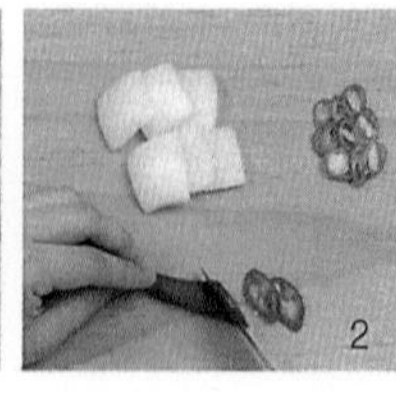
2

3

4

가자미조림

가자미에 무를 넣고 조림장으로 조린 음식이다. 가자미는 가을에서 겨울철까지 가장 맛이 좋은 생선으로 비목어(比目魚)라고도 하는데, 한방에서 성질이 평(平)하고 맛이 달며 독이 없다고 하였다.

조리후 중량	적정배식온도	총가열시간	총조리시간	표준조리도구
480g(4인분)	65~70℃	21분	2시간	20cm 냄비

가자미 280g(2마리), 소금 2g(½작은술)
무 200g(1/5개), **양파** 75g(½개)
청고추 15g(1개), **홍고추** 10g(½개), **파** 10g
양념장 : 간장 36g(2큰술), 고춧가루 10.5g(1½큰술
다진 파 14g(1큰술), 다진 마늘 8g(½큰술)
생강즙 5.5g(1작은술), 깨소금 3g(½큰술), 참기름 13g(1큰술)
물 100g(½컵)

재료준비

1. 가자미는 비늘을 긁고 머리를 떼어낸다. 지느러미를 자르고 내장을 빼낸 다음, 깨끗이 씻고 2등분 하여(260g) 소금을 뿌려서 1시간 정도 절인다.【사진1】
2. 무는 다듬어 씻어 두께 1cm 정도로 썰어서 4등분하여 모서리를 다듬는다(180g).
3. 양파는 다듬어 씻어 가로 3cm 세로 4cm 정도로 썬다(65g).
4. 청 · 홍고추와 파는 다듬어 깨끗이 씻어 길이 2cm 두께 0.2cm 정도로 어슷썬다(청고추 10g, 홍고추 6g, 파 7g).【사진2】
5. 양념장을 만든다.

만드는법

1. 냄비에 무를 깔고 양념장 ½량을 끼얹고, 가자미를 올려 나머지 양념장 ½량을 고루 끼얹어 둘레에 물을 붓는다. 센불에 3분 정도 올려 끓으면 중불로 낮추어 10분 정도 조리다가, 양파를 넣고 약불로 낮추어 5분 정도 조린다.【사진3】
2. 국물이 자작해지면 청 · 홍고추와 파를 넣고 뚜껑을 열고 국물을 끼얹으면서 3분 정도 윤기 나게 조린다.【사진4】

· 고추장을 넣고 조리기도 한다.
· 가자미는 노란 참가자미가 맛있다.

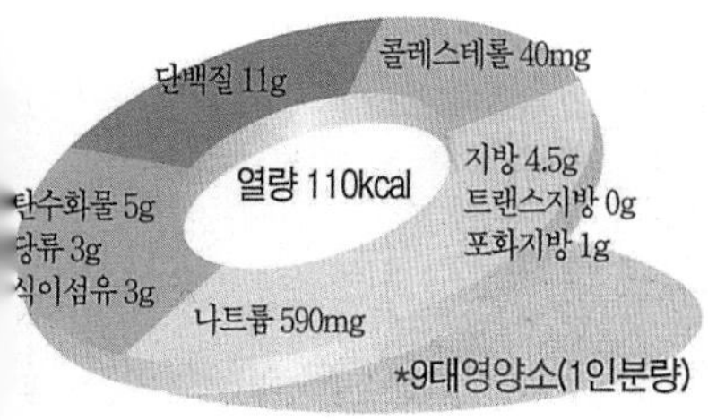

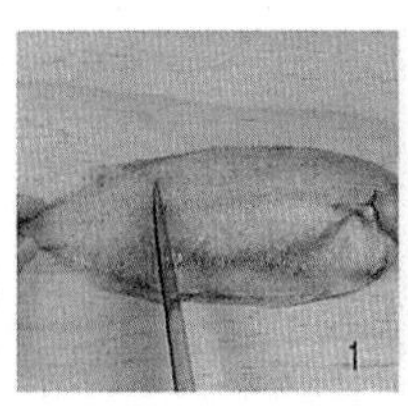
1

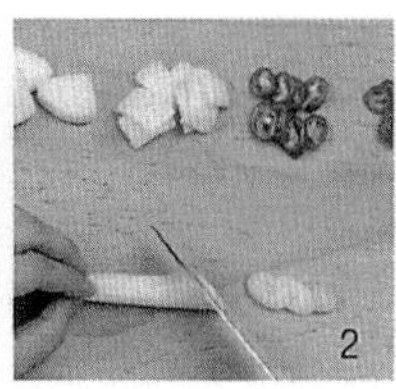
2

3

4

돔배기조림

조리후 중량	적정배식온도	총가열시간	총조리시간	표준조리도구
280g(4인분)	65~70℃	15분	1시간	20cm 냄비

상어(돔배기) 400g
양념장 : 간장 24g(1⅓큰술), 설탕 12g(1큰술), 청주 5g(1작은술)
다진 마늘 5.5g(1작은술), 생강즙 5.5g(1작은술)
참기름 13g(1큰술)
물 100g(½컵)
파(중간 부분) 10g, 실고추 0.5g
물엿 19g(1큰술)

재료준비

1. 돔배기는 핏물을 닦고 가로 5cm 세로 4cm 두께 1cm 정도로 잘라(360g), 양념장을 넣고 양념하여 30분 정도 재워 둔다.【사진1 · 2】
2. 파는 다듬어 깨끗이 씻어 길이 1.5cm 폭 0.1cm 정도로 채 썬다(8g).
3. 실고추는 길이 2cm 정도로 자른다.

만드는법

1. 냄비에 양념한 돔배기와 물을 붓고 센불에 2분 정도 올려 끓으면, 중불로 낮추어 뚜껑을 덮고 10분 정도 조리다가 물엿을 넣고 국물을 끼얹어 가며 2분 정도 조린다.【사진3】
2. 파 채와 실고추를 고명으로 얹고 1분 정도 더 조린다.【사진4】

돔배기에 양념장을 넣고 조린 음식이다. 돔배기는 '간을 친 토막 낸 상어고기'라는 뜻의 경상도 사투리로 경상도지방에서 보통 명절이나 제사상에 올리는 대표적인 생선이다. 한방에서 상어를 교어(鮫魚)라고 하는데 오장(五臟)을 보(補)하며, 간과 폐를 이롭게 한다고 하였다.

· 돔배기는 쪄서 먹거나 소금구이를 하기도 한다.
· 돔배기는 반듯하게 꼬치로 꽂아 조리기도 한다.

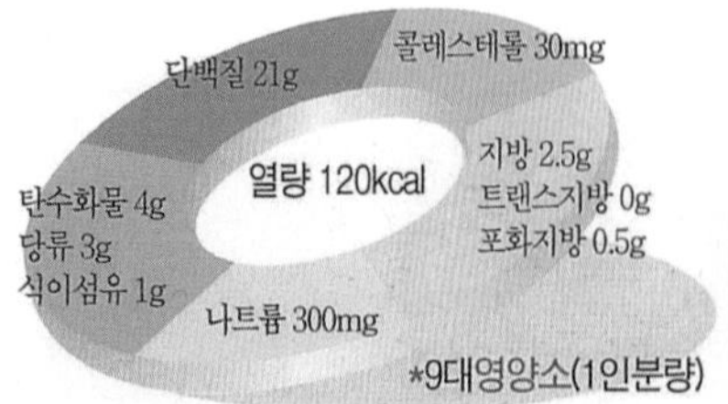

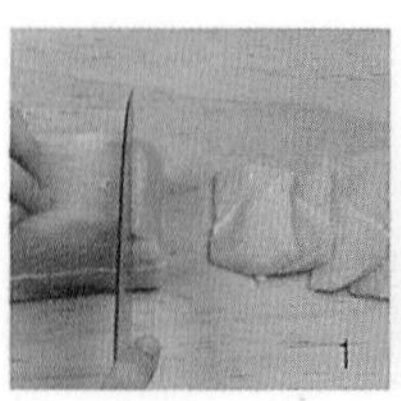

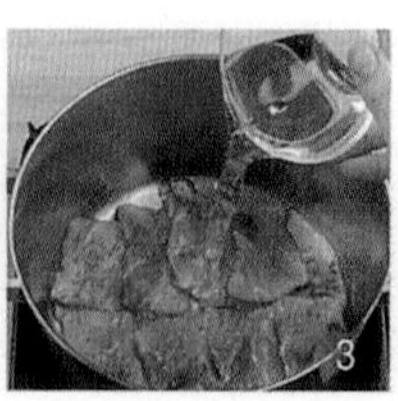

북어조림

북어포를 물에 불려 양념장을 넣고 조린 음식이다. 북어는 맛이 담백하여 찜 · 국 · 전 · 무침 등 다양하게 조리하는데, 단백질이 풍부할 뿐만 아니라 술 먹은 후 체내 알콜 해독 효과가 탁월하다.

조리후 중량	적정배식온도	총가열시간	총조리시간	표준조리도구
320g(4인분)	65~70℃	9분	1시간	18cm 냄비

북어포(껍질 벗긴 황태포) 110g(1½마리)
양념장 : 간장 24g(1⅓큰술), 설탕 8g(2작은술)
고춧가루 2.2g(1작은술), 다진 파 7g(½큰술)
다진 마늘 5.5g(1작은술), 생강즙 5.5g(1작은술)
통깨 2g(1작은술), 후춧가루 0.3g(⅛작은술)
참기름 6.5g(½큰술)
물 150g(¾컵)
청고추 7g(½개), 홍고추 10g(½개), 참기름 6.5g(½큰술)

재료준비

1. 북어포는 머리와 꼬리 · 지느러미를 자르고(75g) 물에 10초 정도 담갔다가 건져, 젖은 면보에 싸서 30분 정도 둔다. 물기를 눌러 짠 다음 뼈와 가시를 떼어 낸다(220g).
2. 불린 북어포는 오그라들지 않도록 껍질 쪽에 폭 2cm 간격으로 칼집을 넣고 길이 6cm 정도로 썬다(200g). 【사진1】
3. 청 · 홍고추는 씻어 길이로 반을 잘라 씨와 속을 떼어내고, 길이 2cm 폭 0.2cm 정도로 채 썬다(청고추 4g, 홍고추 5g).
4. 양념장을 만든다. 【사진2】

만드는법

1. 냄비에 북어포와 양념장을 켜켜로 얹고 냄비 둘레에 물을 부은 다음 센불에서 2분 정도 올려 끓으면, 중불로 낮추어 뚜껑을 덮고 가끔 양념장을 끼얹어 가며 5분 정도 조린다. 【사진3】
2. 청 · 홍고추를 얹고 참기름을 넣고 2분 정도 조린다. 【사진4】

· 코다리(반건조한 명태)를 사용하기도 한다.
· 노가리(반건조한 작은 명태)를 사용하기도 한다.

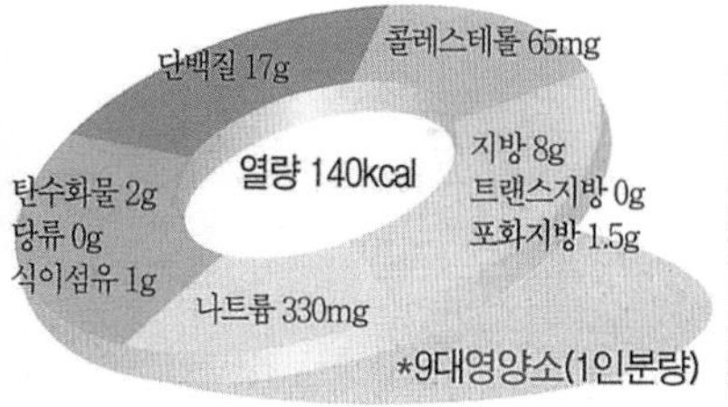

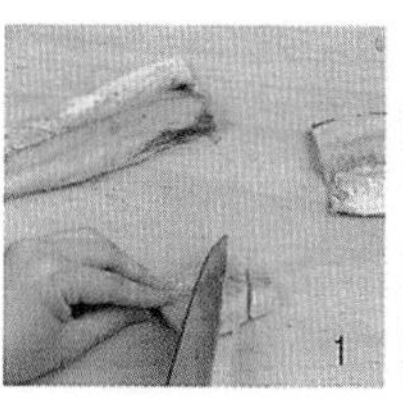

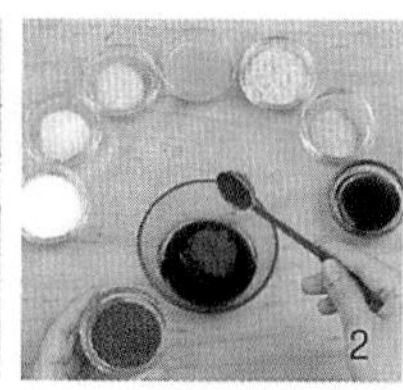

전어조림

조리후 중량	적정배식온도	총가열시간	총조리시간	표준조리도구
400g(4인분)	65~70℃	17분	2시간	20cm 냄비

전어 400g(6마리), 소금 2g(½작은술)
양념장 : 간장 18g(1큰술), 설탕 4g(1작은술), 고춧가루 2.2g(1작은술)
다진 파 4.5g(1작은술), 다진 마늘 2.8g(½작은술)
생강즙 2.8g(½작은술), 후춧가루 0.1g, 참기름 6.5g(½큰술)
물 300g(1½컵)
무 150g, 청고추 7.5g(½개), **홍고추** 10g(½개)

재료준비

1. 전어는 비늘을 긁고 머리와 지느러미를 자른 다음, 내장을 빼내어 깨끗이 씻고 물기를 닦는다(280g).
2. 전어는 한쪽에 폭 2cm 정도로 칼집을 넣고 소금을 뿌려 1시간 정도 둔다(265g). 【사진1】
3. 무는 다듬어 씻고 길이 4cm 폭 3cm 두께 1cm 정도로 썬다(125g).
4. 청 · 홍고추는 씻어서 길이 2cm 두께 0.5cm 정도로 어슷 썬다(청고추 4g, 홍고추 5g). 【사진2】
5. 양념장을 만든다.

만드는법

1. 냄비에 무를 깔고 양념장 ½량을 끼얹고 전어를 올려, 나머지 양념장 ½량을 고루 끼얹어 둘레에 물을 붓는다. 【사진3】
2. 센불에 2분 정도 올려 끓으면 5분 정도 더 끓이다가 중불로 낮추어 뚜껑을 덮고, 가끔 양념장을 끼얹어가며 10분 정도 조린다.
3. 국물이 자작해지면 청 · 홍고추를 넣고 불을 끈다. 【사진4】

전어에 무와 양념장을 넣고 조린 음식이다. 한방에서 전어는 위를 보하고 장을 깨끗하게 하는 효과가 있다고 한다. 「임원경제지」에 '전어는 기름이 많고 맛이 좋아 상인들이 염장해 서울에서 파는데 귀족과 천민이 모두 좋아했으며, 너무 맛이 있어 사는 사람들이 돈을 생각하지 않기 때문에 전어(錢魚)라고 했다'고 하였다.

· 우거지 또는 무청을 함께 넣고 조리기도 한다.
· 전어는 소금을 뿌려 재운 다음 조려야 생선살이 부서지지 않는다.

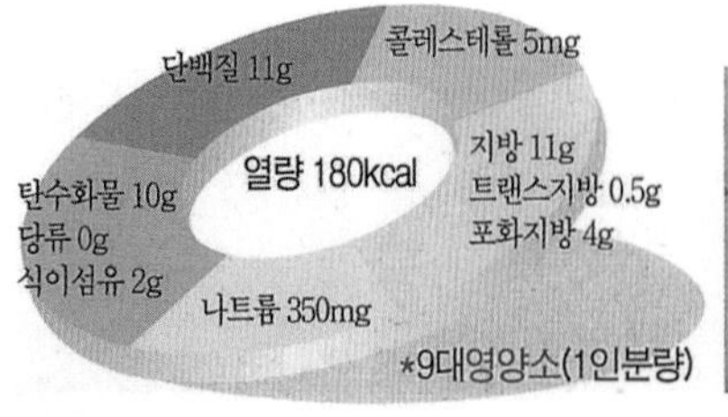

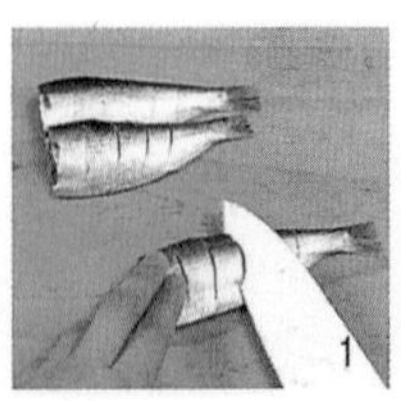

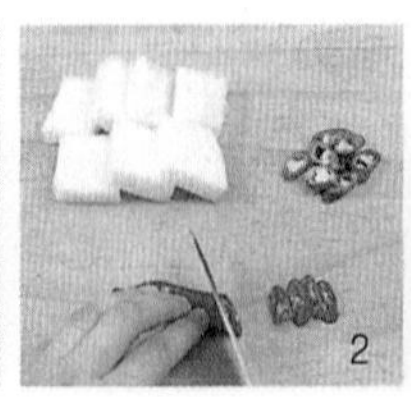

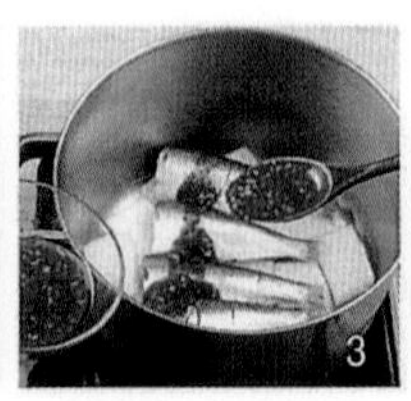

코다리조림

조리후 중량	적정배식온도	총가열시간	총조리시간	표준조리도구
280g(4인분)	65~70℃	31분	1시간	20cm 냄비

코다리 420g(1마리)
무 100g
물 400g(2컵)
청고추 7.5g(½개) **홍고추** 10g(½개)
양념장 : 간장 36g(2큰술), 설탕 12g(1큰술), 다진 파 7g(½큰술)
다진 마늘 5.5g(1작은술), 생강즙 5.5g(1작은술)
깨소금 2g(1작은술), 후춧가루 0.3g(⅛작은술)
참기름 13g(1큰술)

재료준비

1. 코다리는 비늘을 긁고 머리와 지느러미를 잘라 깨끗이 씻은 다음 길이 5cm 정도로 자른다(220g). 【사진1】
2. 무는 다듬어 씻어 가로 3cm 세로 4cm 두께 1cm 정도로 썬다(85g). 【사진2】
3. 청 · 홍고추는 씻어 길이 2cm 두께 0.5cm 정도로 어슷 썬다.
4. 양념장을 만든다.

만드는법

1. 냄비에 무를 깔고 양념장 ½량을 끼얹고 코다리를 올리고, 나머지 양념장 ½량을 고루 끼얹어 둘레에 물을 붓는다.
2. 센불에 4분 정도 올려 끓으면 중불로 낮추어 20분 정도 조린다.
3. 국물이 자작해지면 국물을 끼얹어가며 5분 정도 조리다가 청 · 홍고추를 넣고 2분 정도 더 조린다.【사진3 · 4】

코다리에 무와 양념장을 넣고 조린 음식이다. 명태는 잡는 방법 · 가공 방법 · 잡는 시기 · 지역에 따라 봄에 잡은 것은 춘태, 가을에 잡은 것은 추태, 겨울에 잡은 것은 동태, 그물로 잡아 올리면 망태라고 하며 코다리는 명태의 코를 꿰어 반 건조시킨 것을 말한다.

· 양념장에 고춧가루를 넣고 조리기도 한다.
· 코다리 대신에 북어를 사용하기도 한다.

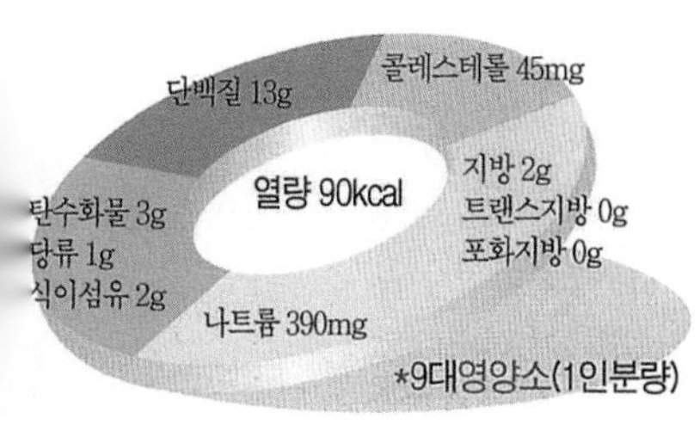

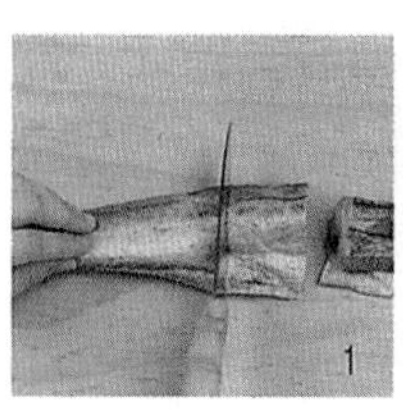
1

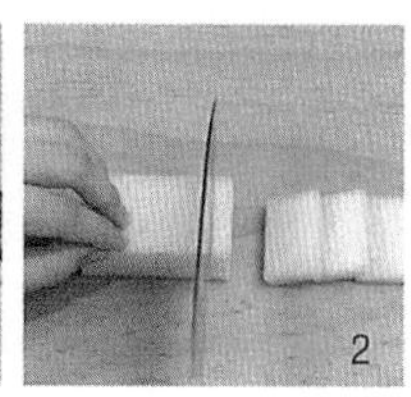
2

3

4

알감자조림

조리후 중량	적정배식온도	총가열시간	총조리시간	표준조리도구
260g(4인분)	15~25℃	35분	1시간	18cm 냄비

알감자 200g, 소금 1g(¼작은술), 물 1㎏(5컵)
청고추 10g(⅔개), 홍고추 10g(½개), 마늘 10g, 다시마 2g
양념장 : 간장 27g(1½큰술), 청주 15g(1큰술), 설탕 6g(½큰술)
식용유 6.5g(½큰술), 물 250g(1¼컵)
물엿 9.5g(½큰술), 참기름 6.5g(½큰술), 통깨 1g(½작은술)

재료준비

1. 알감자는 껍질째 문질러 깨끗이 씻는다. 【사진1】
2. 청 · 홍고추는 씻어 길이 2㎝ 두께 0.3㎝ 정도로 어슷 썬다. 【사진2】
3. 마늘은 다듬어 씻어 두께 0.3㎝ 정도로 편으로 썰고, 다시마는 면보로 닦는다.
4. 양념장을 만든다.

만드는법

1. 냄비에 알감자와 소금 · 물을 붓고 센불에 5분 정도 올려 끓으면 중불로 낮추어 10분 정도 삶아 체에 밭쳐 물기를 뺀다(195g).
2. 냄비에 다시마와 양념장을 넣고 센불에 3분 정도 올려 끓으면, 다시마는 건져내고 알감자를 넣고 중불로 낮추어 5분 정도 끓인다. 【사진3】
3. 양념장이 ⅔정도 줄어들면 마늘을 넣고, 약불로 낮추어 가끔 저어가면서 10분 정도 조리다가 청 · 홍고추 · 물엿 · 참기름 · 통깨를 넣고 2분 정도 더 조린다. 【사진4】

작은 감자에 양념장을 넣고 조린 음식이다. 감자는 예부터 식사대용이나 구황식품, 밑반찬으로 다양하게 이용되어온 식품이다. 「동의보감」에 '감자는 충치를 예방하고, 해충이나 기생충 따위를 없애는 구충작용과 술독을 푸는 해독작용을 한다.' 고 하였다.

· 알감자는 너무 굵지 않은 것이 좋으며, 껍질을 벗기지 않고 깨끗이 씻어 사용한다.
· 싹이 난 감자는 싹을 도려내고 사용한다.

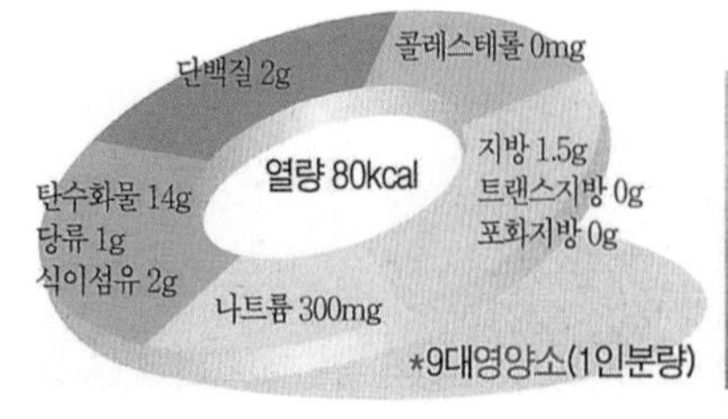

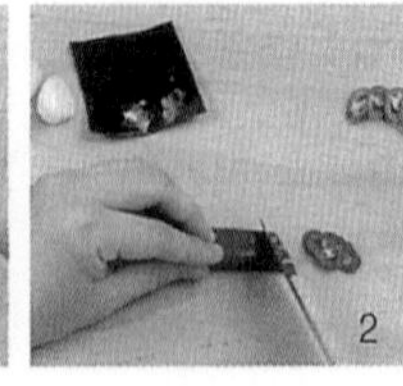

우엉조림

조리후 중량	적정배식온도	총가열시간	총조리시간	표준조리도구
200g(4인분)	15~25℃	27분	1시간	20cm 냄비

우엉 250g, 식초물 : 물 600g(3컵), 식초 5g(1작은술)
데치는 물 600g(3컵), 소금 1g(¼작은술)
식용유 13g(1큰술)
물 200g(1컵), 간장 27g(1½큰술), 설탕 12g(1큰술)
물엿 19g(1큰술), 참기름 4g(1작은술), 통깨 1g(½작은술)

재료준비

1. 우엉은 씻어 껍질을 벗기고 깨끗이 씻는다(200g).
2. 우엉은 길이 3cm 두께 0.3cm 정도로 어슷 썰어(190g) 식초물에 10분 정도 담갔다가 물기를 뺀다(200g). 【사진1】

만드는법

1. 냄비에 물을 붓고 센불에 3분 정도 올려 끓으면, 소금과 우엉을 넣고 3분 정도 데쳐서 체에 밭쳐 물기를 뺀다(200g). 【사진2】
2. 냄비를 달구어 식용유를 두르고, 우엉을 넣고 중불에서 3분 정도 볶다가 물과 간장 · 설탕을 넣고 15분 정도 조린다. 【사진3】
3. 물엿을 넣고 국물을 끼얹어 가며 3분 정도 조리다가 참기름과 통깨를 넣고 섞는다. 【사진4】

우엉을 데쳐서 양념장에 윤기 나게 조린 음식이다. 우엉은 뿌리채소 중 가장 많은 식이섬유를 함유하고 있어 정장작용에 좋으며, 체내에서 흡수되지 않는 탄수화물 성분이 풍부하여 당뇨병 환자에게 좋을 뿐만 아니라 이뇨작용에 효과가 있어 민간약으로 많이 이용된다.

· 조리 중간에 양념국물을 자주 끼얹으며 조려야 윤기가 난다.
· 우엉이 너무 굵은 것은 가운데 심이 있어 좋지 않다.

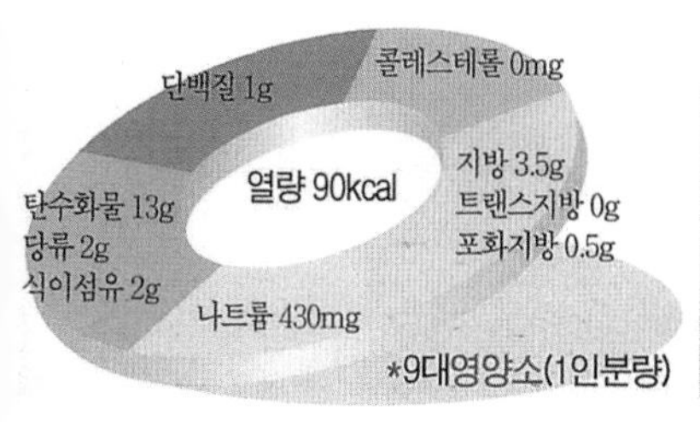

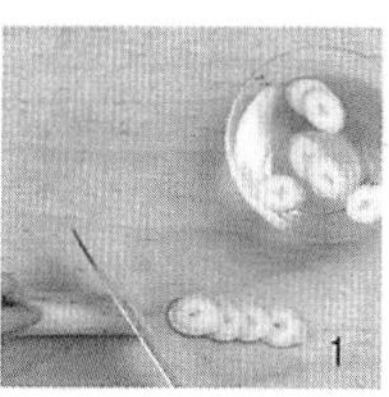

호두조림

조리후 중량	적정배식온도	총가열시간	총조리시간	표준조리도구
120g(4인분)	15~25℃	12분	30분	16cm 냄비

호두 120g, 물 400g(2컵)
양념장 : 간장 18g(1큰술), 설탕 6g(½큰술), 물 60g(4큰술)
꿀 19g(1큰술), **참기름** 6.5g(½큰술)

재료준비

1. 양념장을 만든다. 【사진1】

만드는법

1. 냄비에 물을 붓고 센불에 2분 정도 올려 끓으면, 호두를 넣고 1분 정도 데쳐 체에 밭쳐 물기를 뺀다(140g). 【사진2】
2. 냄비에 양념장을 넣고 센불에 1분 정도 올려 끓으면, 호두를 넣고 중불로 낮추어 5분 정도 끓이다가 꿀과 참기름을 넣고 약불로 낮추어 국물을 끼얹어 가면서 3분 정도 조린다. 【사진3 · 4】

데친 호두에 양념장을 넣고 윤기 나게 조린 음식으로 호두장과라고도 한다. 장과란 간을 약간 세게 하여 조려서 저장해 두고 먹는 반찬을 말한다. 호두는 본래 고려 때 원나라에서 들여온 것으로 원나라를 뜻하는 '호지(胡地)'의 '호(胡)'에 모양이 복숭아씨와 비슷하다고 하여 복숭아 '도(桃)'를 붙여 '호도'라 한 것이 변하여 호두가 되었다고 한다.

· 호두장과를 조리는 동안 국물을 자주 끼얹어 주어야 윤기가 난다.
· 호박씨, 땅콩, 잣 등의 다른 견과류를 섞어 주기도 한다.

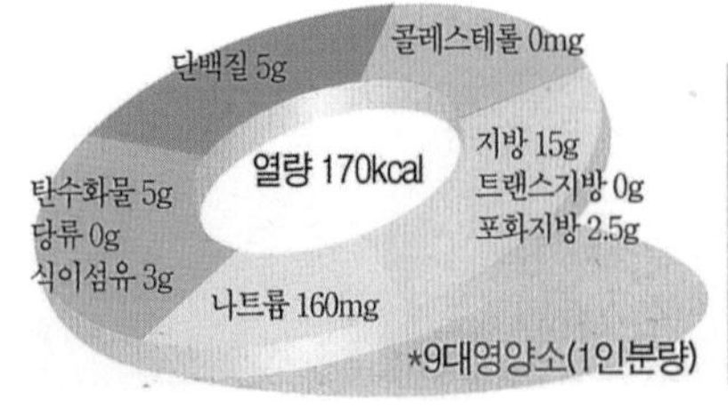

달걀장조림

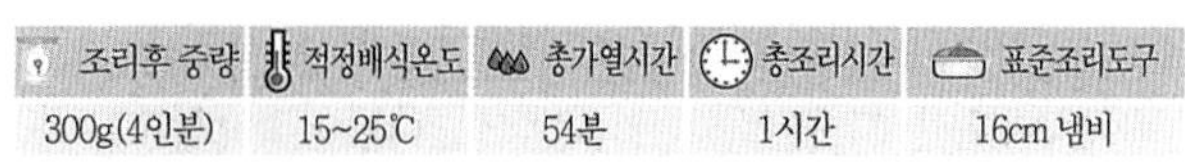

조리후 중량	적정배식온도	총가열시간	총조리시간	표준조리도구
300g(4인분)	15~25℃	54분	1시간	16cm 냄비

달걀 240g(4개), 삶는 물 1kg(5컵), 소금 2g(½작은술)
양념장 : 간장 45g(2½큰술), 설탕 12g(1큰술), 물 500g(2½컵)
마늘 30g, 꽈리고추 30g

재료준비

1. 마늘은 다듬어 깨끗이 씻는다.
2. 꽈리고추는 꼭지를 떼고 깨끗이 씻는다.【사진1】
3. 양념장을 만든다.

만드는법

1. 냄비에 달걀과 삶는 물을 붓고 소금을 넣어 센불에 6분 정도 올려 끓으면, 중불로 낮추어 9분 정도 삶아 물에 20분 정도 담갔다가 껍질을 벗긴다(220g).【사진2】
2. 냄비에 달걀과 양념장을 넣고 센불에 4분 정도 올려 끓으면, 중불로 낮추어 20분 정도 끓이다가 마늘을 넣고 10분 정도 더 끓인다.【사진3】
3. 꽈리고추를 넣고 약불로 낮추어 국물을 끼얹어가며 5분 정도 더 조린다.【사진4】
4. 달걀은 두께 1cm 정도로 둥글게 썰어 그릇에 담고, 마늘과 꽈리고추를 담고 간장 국물을 끼얹는다.

삶은 달걀에 꽈리고추를 넣고 조림장을 넣어 조린 음식이다. 달걀은 완전영양식품으로 단백질과 비타민, 무기질이 풍부하고 소화흡수가 잘되므로 짜지않게 만들어 밑반찬으로 사용하면 좋다.

· 쇠고기를 넣고 함께 조리기도 한다.
· 메추리알을 사용할 수도 있다.

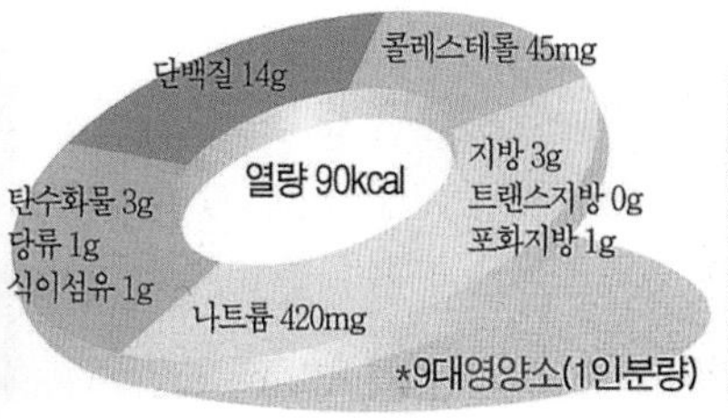

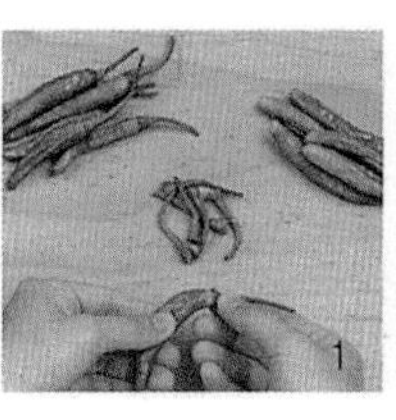
1

2

3

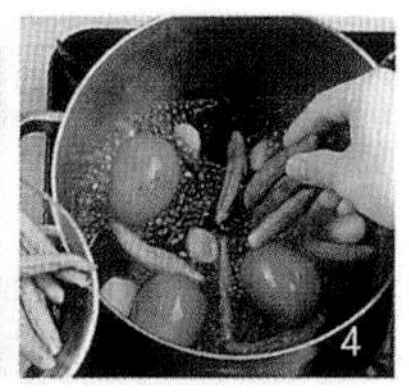
4

메추리알조림

조리후 중량	적정배식온도	총가열시간	총조리시간	표준조리도구
1.2kg(4인분)	15~25℃	32분	5시간	24cm 냄비

메추리알 200g(18개), 물 1kg(5컵)
청고추 15g(1개), 홍고추 10g(½개), 마늘 10g, 다시마 2g
양념장 : 간장 27g(1½큰술), 설탕 6g(½큰술), 식용유 6.5g(½큰술)
청주 15g(1큰술), 물 150g(¾컵)
물엿 9.5g(½큰술), 참기름 6.5g(½큰술)

재료준비

1. 청 · 홍고추는 씻어서 길이 2㎝ 두께 0.3㎝ 정도로 어슷 썰고, 마늘은 다듬어 씻어 길이로 이등분 한다. 【사진1】
2. 다시마는 면보로 닦는다.
3. 양념장을 만든다.

만드는법

1. 냄비에 메추리알과 물을 붓고 센불에 5분 정도 올려 끓으면, 중불로 낮추어 2분 정도 삶아서 물에 담가 껍질을 벗긴다(180g). 【사진2】
2. 냄비에 다시마와 양념장을 넣고 센불에 3분 정도 올려 끓으면 다시마를 건져내고, 메추리알과 마늘을 넣고 중불로 낮추어 가끔 저어가며 10분 정도 끓인다. 【사진3】
3. 양념장이 반으로 줄어들면 약불로 낮추어 10분 정도 조리다가 청 · 홍고추와 물엿 · 참기름을 넣고 2분 정도 더 조린다. 【사진4】

메추리알에 마늘과 양념장을 넣고 조린 음식이다. 메추리는 알과 고기가 모두 식용과 약용으로 쓰이는데, 「동의보감」에 '메추리알은 정력과 원기 · 혈기를 보하는 데 좋다.' 고 하였다.

· 꽈리고추나 마른 홍고추 등을 넣기도 한다.
· 메추리알은 삶을 때 가끔 굴려 가며 끓이면 잘 터지지 않으며 삶은 후 바로 찬물에 담가 식혀야 껍질이 잘 벗겨진다.

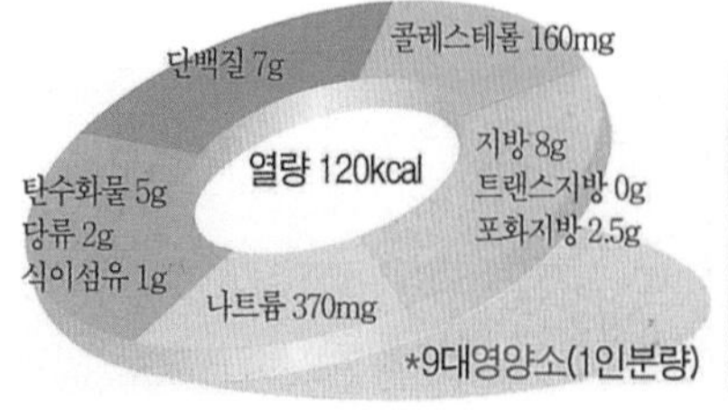

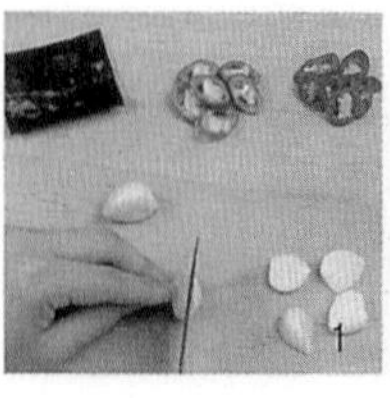

오리불고기

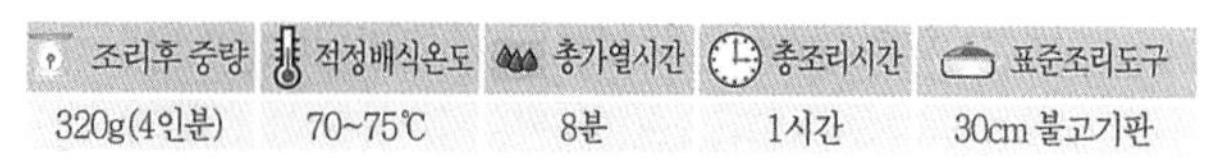

조리후 중량	적정배식온도	총가열시간	총조리시간	표준조리도구
320g(4인분)	70~75℃	8분	1시간	30cm 불고기판

오리 1kg(½마리), 청주 15g(1큰술), 생강즙 5.5g(1작은술)
양념장 : 간장 54g(3큰술), 설탕 12g(1큰술), 다진 파 14g(1큰술)
다진 마늘 11g(2작은술), 깨소금 2g(1작은술)
후춧가루 0.3g(⅛작은술), 참기름 4g(1작은술)
상추 100g

재료준비

1. 오리는 내장과 기름기를 떼어내고 등뼈 사이의 핏물을 긁어낸 다음 깨끗이 씻어 가로 5cm 세로 4cm 두께 0.3cm 정도로 포를 뜬다(400g). 【사진1】
2. 상추는 깨끗이 씻는다.
3. 양념장을 만든다.

만드는법

1. 오리고기는 청주와 생강즙에 20분 정도 재운 다음, 양념장을 넣고 20분 정도 더 재운다. 【사진2 · 3】
2. 불고기판을 달구어 오리고기를 놓고 중불로 낮추어 앞뒤로 뒤집으며 8분 정도 굽는다. 【사진4】
3. 접시에 오리 불고기를 담고 상추를 곁들여낸다.

오리고기를 포 떠서 양념에 재워 구운 음식이다. 오리의 지방은 쇠고기와 돼지고기에 비해 불포화 지방산의 함량이 많으며 육류 중 유일한 알칼리성 식품이다.

· 기호에 따라 양념장에 고춧가루를 넣기도 한다.
· 양파나 깻잎을 넣어 함께 볶기도 한다.
· 오리고기의 기름이 싫으면 불판에 오래 구워 기름을 빼고 먹는다.

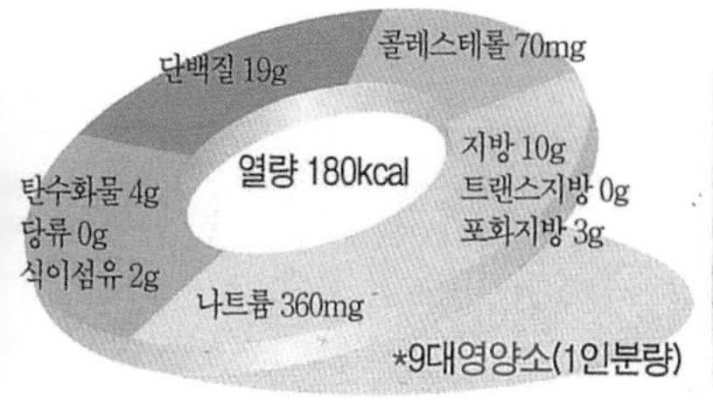

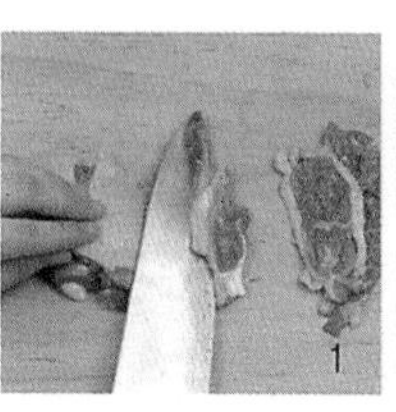

오징어불고기

조리후 중량	적정배식온도	총가열시간	총조리시간	표준조리도구
260g(4인분)	70~75℃	9분	30분	석쇠

오징어 520g(3마리)
양념장 : 간장 36g(2큰술), 설탕 12g(1큰술), 다진 파 7g(½큰술)
다진 마늘 5.5g(1작은술), 통깨 2g(1작은술)
참기름 13g(1큰술)
식용유 13g(1큰술)

재료준비

1. 오징어는 먹물이 터지지 않게 배를 가르고 내장을 떼어내고 몸통과 다리의 껍질을 벗겨 깨끗이 씻는다. 【사진1】
2. 몸통 안쪽에 0.5㎝ 폭으로 사선으로 교차되도록 칼집을 넣는다.(360g). 【사진2】
3. 양념장을 만든다.

만드는법

1. 오징어에 양념장을 넣고 10분 정도 재운다. 【사진3】
2. 석쇠를 달구어 식용유를 바르고 오징어를 얹어, 중불에서 높이 15㎝ 정도 올려 양념장을 덧발라가며 앞면은 5분 뒤집어서 4분 정도 굽는다. 【사진4】
3. 구운 오징어는 폭 1㎝ 정도로 잘라 그릇에 담는다.

오징어에 칼집을 넣고 양념하여 구운 음식이다. 오징어는 울릉도산이 유명하며 「동의보감」에 성질이 평(平)하며, 맛이 시고, 기(氣)를 보(保)하며 의지를 강하게 한다고 하였다.

· 오징어불고기는 오래 구우면 질겨져서 맛이 없다.
· 고추장양념을 발라 굽기도 하며 통으로 양념하여 굽기도 한다.
· 상추와 청 · 홍고추를 곁들여 내기도 한다.

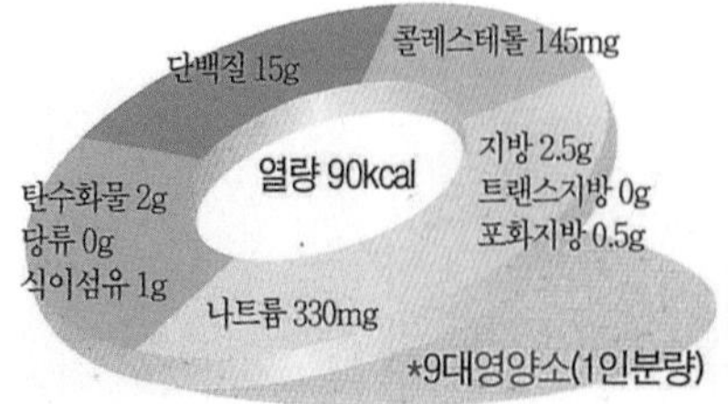

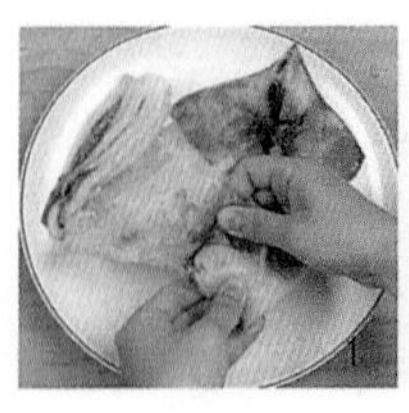

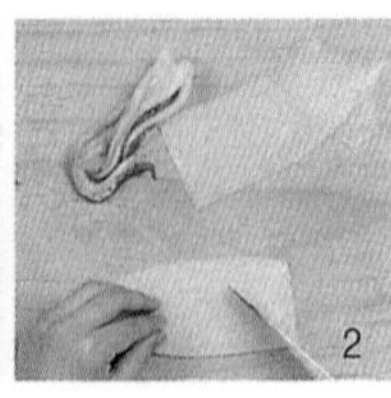

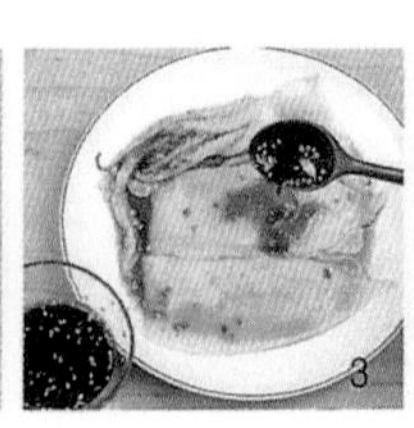

주꾸미볶음

주꾸미를 데쳐서 양파를 넣고 얼큰하게 볶은 음식이다. 주꾸미는 낙지와 비슷하게 생겼으나 크기가 더 작은 것으로 '봄 주꾸미' 라는 말이 있듯이 봄철에 가장 맛이 좋다. 주꾸미는 지방이 적어 다이어트에 좋으며, 당뇨병 예방과 시력 회복에 좋은 식품이다.

조리후 중량	적정배식온도	총가열시간	총조리시간	표준조리도구
480g(4인분)	65~70℃	6분	30분	30cm 후라이팬

주꾸미 700g, 밀가루 24g(1/4컵), 소금 2g(1/2작은술)
데치는 물 : 물 600g(3컵), 소금 2g(1/2작은술)
양파 100g(2/3개), **청고추** 15g(1개), **홍고추** 20g(1개), **파** 10g
양념장 : 간장 6g(1작은술), 고추장 19g(1큰술), 소금 2g(1/2작은술)
설탕 6g(1/2큰술), 고춧가루 7g(1큰술)
다진 마늘 5.5g(1작은술), 청주 5g(1작은술)
식용유 4g(1작은술), **참기름** 4g(1작은술), **통깨** 1g(1/2작은술)

재료준비

1. 주꾸미는 눈을 떼어 내고 머리를 뒤집어서 내장을 떼고 밀가루와 소금을 넣고 주물러 깨끗이 씻는다(600g). 【사진1】
2. 양파는 다듬어 씻어 폭 1cm 정도로 썰고(80g), 청 · 홍고추는 씻어 길이 2cm, 폭 0.3cm 정도로 어슷 썬다(청고추 10g, 홍고추 15g).
3. 파는 다듬어 깨끗이 씻어 길이 2cm, 두께 0.2cm 정도로 어슷 썬다. 【사진2】
4. 양념장을 만든다.

만드는법

1. 냄비에 물을 붓고 센불에 3분 정도 올려 끓으면 소금과 주꾸미를 넣고 30초 정도 데친 다음 체에 밭쳐 물기를 뺀다(420g). 【사진3】
2. 데친 주꾸미 다리를 2~3개씩 붙여서 자른다(400g).
3. 팬을 달구어 식용유를 두르고 양파를 넣어 센불에서 1분 정도 볶다가 주꾸미와 양념장을 넣고 1분 정도 더 볶는다.
4. 청 · 홍고추와 파 · 참기름 · 통깨를 넣고 센불에서 30초 정도 더 볶는다. 【사진4】

· 센불에서 빨리 볶아야 색도 곱고 물이 생기지 않는다.
· 계절에 따라 다른 채소를 더 넣기도 한다.

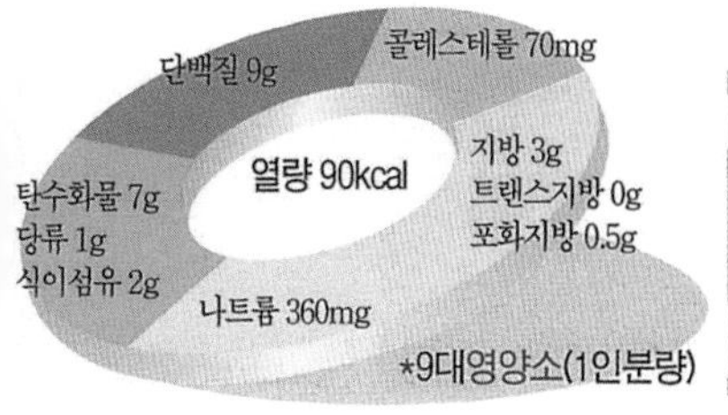

*9대영양소(1인분량)

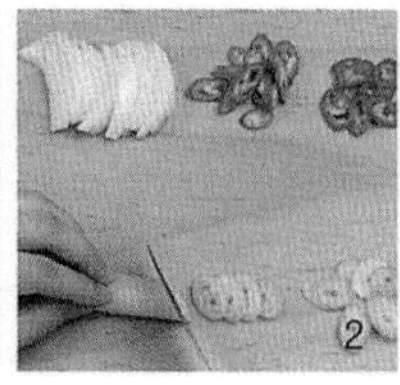

감자채볶음

조리후 중량	적정배식온도	총가열시간	총조리시간	표준조리도구
260g(4인분)	65~70℃	4분	30분	30cm 후라이팬

감자 330g(1½개)
식용유 13g(1큰술), 소금 3g(¼큰술)
청고추 8g(½개), 홍고추 10g(½개)
참기름 6.5g(½큰술), 통깨 3.5g(½큰술)

재료준비

1. 감자는 씻어 껍질을 벗기고 길이 6cm 폭 · 두께 0.3cm 정도로 채 썰어 물에 10분 정도 담갔다가 체에 밭쳐 물기를 뺀다(250g). 【사진1】
2. 청 · 홍고추는 씻어 길이 2cm 두께 0.3cm 정도로 어슷 썬다(청고추 6g, 홍고추 8g). 【사진2】

만드는법

1. 팬을 달구어 식용유를 두르고 감자와 소금을 넣고 중불로 낮추어 3분 정도 볶아 준다. 【사진3】
2. 청 · 홍고추 · 참기름 · 통깨를 넣고 1분 정도 더 볶는다. 【사진4】

감자를 채 썰어 양념하여 기름에 볶은 음식이다. 감자는 알칼리성 식품으로 음식을 짜게 먹는 우리나라 식단에 좋으며, 콜레스테롤 수치를 낮추므로 육류를 먹을 때 함께 먹으면 좋다. 또한 탄수화물이 풍부하여 식사대용으로 좋으며, 한방에서 감자는 소화기를 튼튼하게 하므로 소음인에게 특히 좋다고 하였다.

· 감자를 썰어서 물에 담그면 녹말이 빠져 볶을 때 부서지지 않는다.
· 감자를 채 썰어 소금에 절였다가 헹구어서 볶기도 한다.
· 감자를 볶을 때 양파를 넣기도 한다.
· 감자는 결대로 채 썰어야 볶을 때 부서지지 않는다.

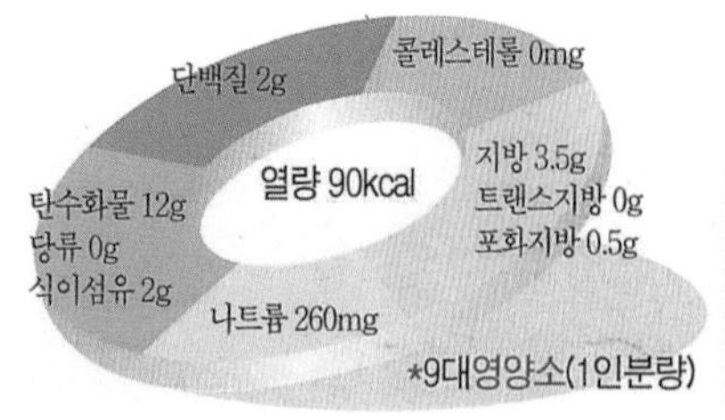

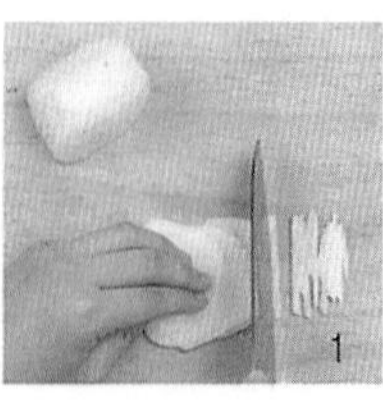

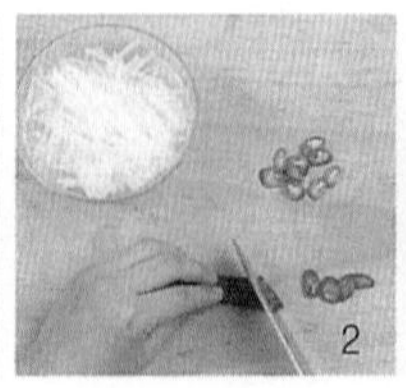

마늘쫑볶음

조리후 중량	적정배식온도	총가열시간	총조리시간	표준조리도구
240g(4인분)	15~25℃	4분	1시간	30㎝ 후라이팬

마늘쫑 250g, 소금 2g(½작은술)
마른 새우 30g, 마늘 10g
양념장 : 간장 6g(1작은술), 물엿 9.5g(½큰술), 청주 5g(1작은술)
참기름 4g(1작은술), 통깨 1g(½작은술)
식용유 6.5g(½큰술)

재료준비

1. 마늘쫑은 다듬어 씻은 후 길이 4㎝ 정도로 썬다(220g). 【사진1】
2. 마른 새우는 체에 쳐서 새우가루를 거른다(28g). 【사진2】
3. 마늘은 다듬어 씻어서 두께 0.3㎝ 정도의 편으로 저며 썬다.

만드는법

1. 팬을 달구어 식용유를 두르고 마늘쫑과 마늘 · 소금을 넣고 중불에서 2분 정도 볶는다.
2. 마늘쫑이 반정도 익으면 양념장을 넣고 1분 정도 더 볶는다. 【사진3】
3. 마른 새우를 넣고 1분 정도 볶은 다음 참기름과 통깨를 넣고 버무린다. 【사진4】

늘쫑과 마른 새우에 양념장을 넣고 볶은 음식이다. 항암효과가 있는 마늘과 토산을 함유한 새우를 넣어 만든 마늘쫑새우볶음은 저칼로리 고단백질 식으로, 혈액순환을 돕고 피를 맑게 하는 효능이 있다.

· 마늘쫑은 소금물에 데치거나 소금에 절였다가 볶기도 한다.
· 마른 새우를 처음부터 넣고 볶으면 양념장을 흡수하여 짜게 되므로 마지막에 넣는다.

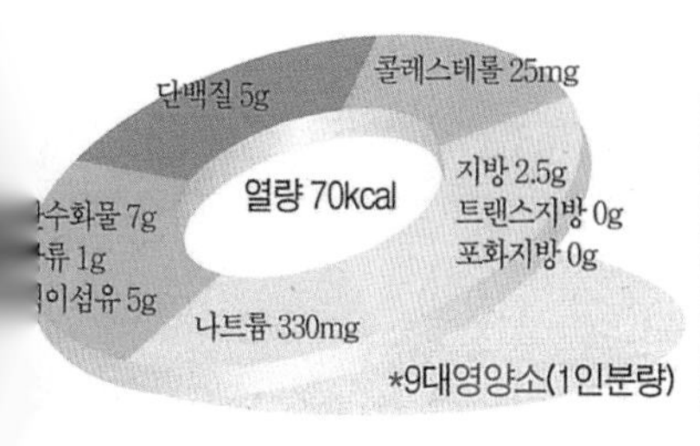

*9대영양소(1인분량)

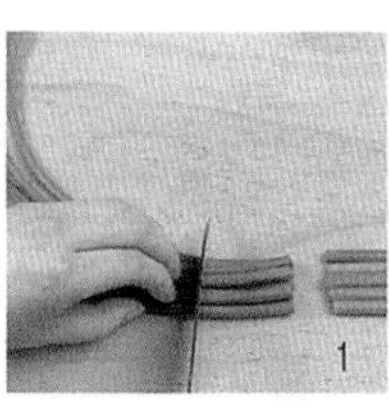

미역줄기볶음

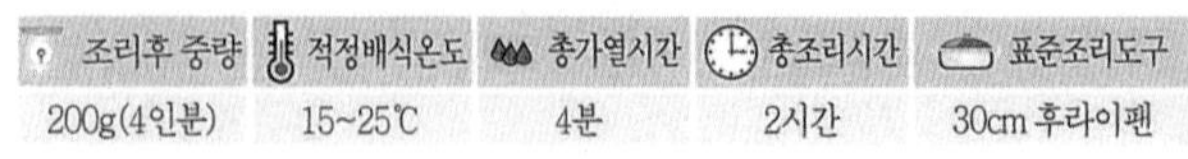

조리후 중량	적정배식온도	총가열시간	총조리시간	표준조리도구
200g(4인분)	15~25℃	4분	2시간	30㎝ 후라이팬

염장 미역 줄기 170g
양념장 : 청장 6g(1작은술), 소금 2g(½작은술), 다진 파 7g(½큰술)
다진 마늘 5.5g(1작은술)
식용유 13g(1큰술)
청고추 5g, 홍고추 5g
통깨 1g(½작은술)

재료준비

1. 염장 미역은 물에 2~3회 씻어서 물에 1시간 정도 담근 다음, 체에 밭쳐 10분 정도 물기를 빼고(200g) 길이 6㎝ 정도로 썬다. 【사진1 · 2】
2. 청 · 홍고추는 폭 0.2㎝ 정도로 둥글게 썬다(청고추 3g, 홍고추 3g).
3. 양념장을 만든다.

만드는법

1. 팬을 달구어 식용유를 두르고, 미역줄기와 양념장을 넣고 중불에서 3분 정도 볶는다. 【사진3】
2. 청 · 홍고추 · 통깨를 넣어 1분 정도 더 볶는다. 【사진4】

염장미역을 불려서 짠맛이 빠지면 양념을 넣고 볶은 음식이다. 미역은 칼로리는 적고 비타민과 무기질이 풍부한 알칼리성 식품으로 비만과 고혈압 등의 성인병 예방에 좋은 식품이다.

· 미역의 절여진 정도에 따라 물에 불리는 시간을 가감한다.
· 마른 미역은 물에 불리면 15배가 된다.

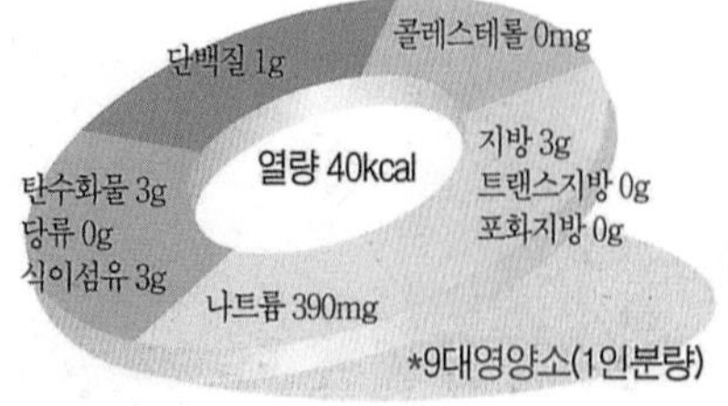

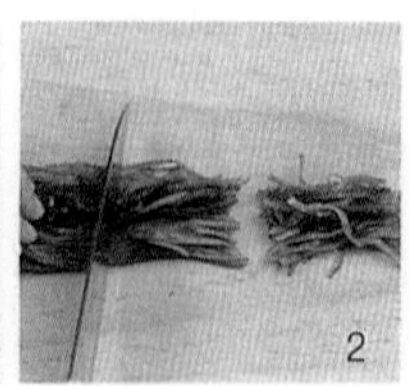

떡볶이

떡볶이 떡에 어묵과 양배추를 넣고 고추장으로 양념해서 매콤하게 만든 음식이다. 전통의 궁중떡볶이는 간장 양념에 볶은 음식인데 비해, 현대의 떡볶이는 고추장을 넣어 빨갛고 맵게 만든 음식으로 간식으로 즐겨 먹는다.

조리후 중량	적정배식온도	총가열시간	총조리시간	표준조리도구
720g(4인분)	65~70℃	27분	1시간	30cm 후라이팬

떡볶이떡 250g
어묵 80g
양배추 100g
양념장 : 고추장 47.5g(2½큰술), 고춧가루 3.5g(½큰술)
설탕 12g(1큰술), 물엿 19g(1큰술), 다진 마늘 8g(½큰술)
물 15g(1큰술)
달걀 120g(2개), 물 1kg(5컵), 소금 4g(1작은술)
물 400g(2컵)
파 20g

재료준비

1. 어묵은 가로 4cm 세로 6cm 정도로 썬다(70g).
2. 양배추는 다듬어 씻어 길이 6cm 폭 2cm 정도로 썰고(80g), 파는 다듬어 깨끗이 씻어 길이 3cm 두께 0.5cm 정도로 어슷 썬다(18g). 【사진1】
3. 양념장을 만든다. 【사진2】

만드는법

1. 냄비에 달걀과 물 · 소금을 넣고 센불에 5분 정도 올려 끓으면, 중불로 낮추어 12분 정도 삶아서 물에 담갔다가 껍질을 벗긴다.
2. 팬에 물을 붓고 양념장과 어묵을 넣어 센불에 4분 정도 끓이다가 떡볶이떡과 양배추를 넣고, 중불로 낮추어 5분 정도 끓인 다음 달걀과 파를 넣고 1분 정도 더 끓인다. 【사진3 · 4】

· 떡이 굳었을 때는 끓는 물에 말랑하게 데쳐서 사용한다.
· 양배추 대신에 브로콜리 등의 다른 채소를 넣기도 한다.

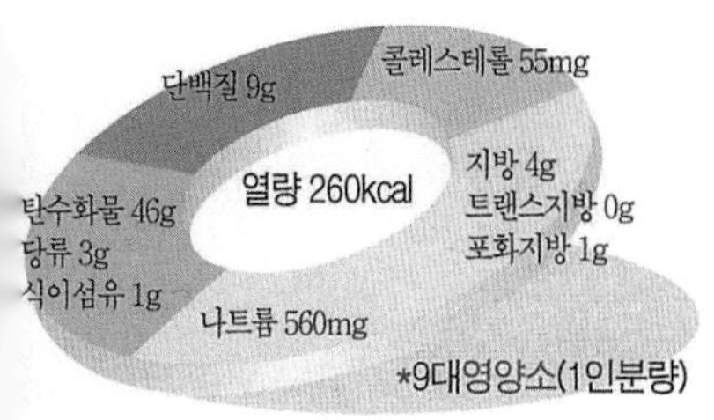

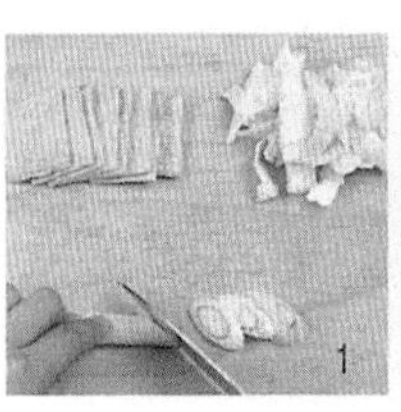

구이

구이는 육류, 어패류, 채소류 등을 재료 그대로 또는 양념을 한 다음 불에 구운 음식이다. 구이는 소금으로만 간을 하는 방법, 양념간장을 발라서 굽는 방법, 양념고추장을 발라서 굽는 방법 등이 있다.

돼지갈비구이

돼지갈비를 포 떠서 잘게 칼집을 넣고 갖은 양념에 재워 석쇠에 구운 음식이다. 숯불구이는 복사열을 이용하는 것으로 숯불의 연기가 고기의 지방산을 중화시켜 맛을 증가 시킨다.

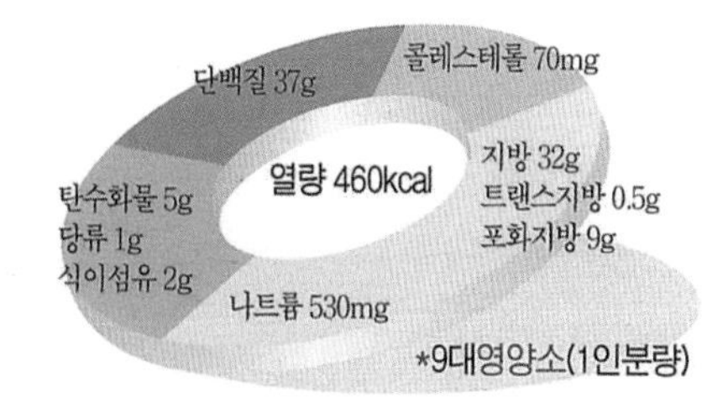

돼지갈비 800g, 청주 15g(1큰술), 생강즙 5.5g(1작은술)
양념장 : 간장 36g(2큰술), 설탕 12g(1큰술), 양파즙 30g(2큰술)
다진 파 14g(1큰술), 다진 마늘 8g(½큰술)
깨소금 1g(½작은술), 후춧가루 0.3g(⅛작은술)
참기름 13g(1큰술)
식용유 13g(1큰술)

재료준비

1. 돼지갈비는 길이 6~7cm로 잘라서 기름과 힘줄을 떼어내고(720g), 물에 담가 1시간 정도 핏물을 뺀다.
2. 갈비뼈 끝 부분의 살이 떨어지지 않도록 두께 0.5cm 정도로 포를 떠서 앞뒷면에 잔칼집을 넣는다. 【사진1】
3. 양념장을 만든다.

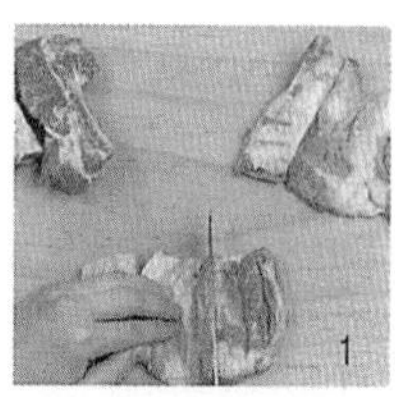
1

만드는법

1. 돼지갈비에 청주와 생강즙을 넣고 10분 정도 둔다. 【사진2】
2. 돼지갈비에 양념장을 넣고 간이 배이도록 주물러 30분 정도 재운다. 【사진3】
3. 석쇠를 달구어 식용유를 바르고, 돼지갈비를 얹어 높이 15cm 정도로 올려 센불에서 앞면은 5분 뒤집어서 5분 정도 굽는다. 【사진4】

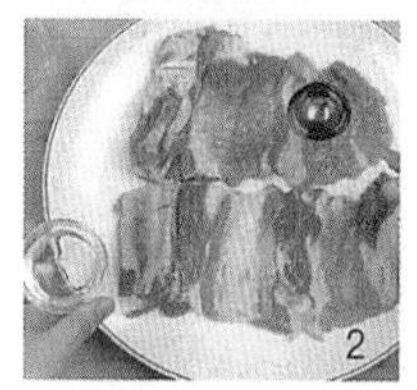
2

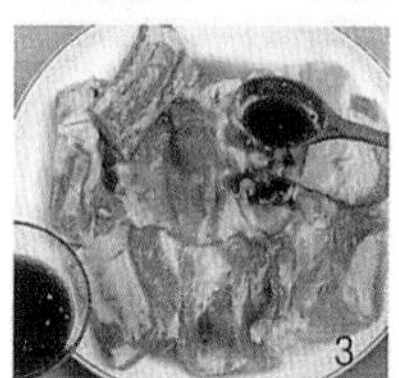
3

· 후라이팬이나 오븐에서 굽기도 한다.
· 기호에 따라 양념장에 고추장을 넣어 굽기도 한다.

4

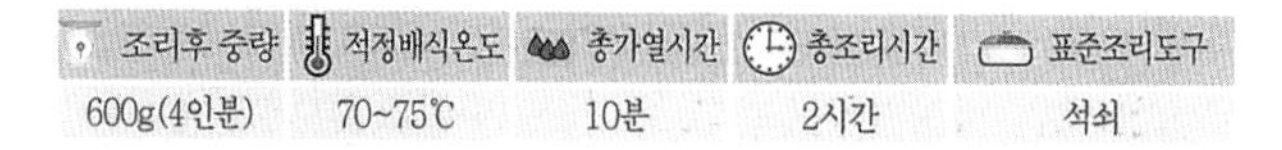

조리후 중량	적정배식온도	총가열시간	총조리시간	표준조리도구
600g(4인분)	70~75℃	10분	2시간	석쇠

표고버섯구이

마른 표고버섯을 불려 양념하여 석쇠에 구운 음식이다. 표고버섯은 주로 산간지역에서 자생하며 품종의 이름은 채취 상태에 따라 동고(冬菰)·향고(香菇)·향신(香信) 등으로 나누어 진다.

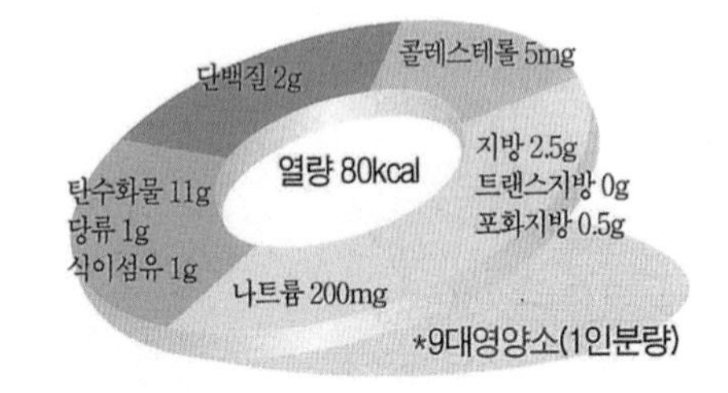

표고버섯 65g(13개)
양념장 : 간장 18g(1큰술), 꿀 19g(1큰술), 청주 15g(1큰술)
다진 파 4.5g(1작은술), 다진 마늘 2.8g(½작은술)
통깨 1g(½작은술), 참기름 13g(1큰술)
식용유 13g(1큰술)

재료준비

1. 표고버섯은 물에 1시간 정도 불려 기둥을 떼고 물기를 닦는다(200g). 【사진1】
2. 양념장을 만든다. 【사진2】

만드는법

1. 표고버섯에 양념장을 넣고 20분 정도 재운다. 【사진3】
2. 석쇠를 달구어 식용유를 바르고 표고버섯을 얹고, 높이 15㎝ 정도로 올려 중불에서 앞면은 4분, 뒤집어서 4분 정도 굽는다. 【사진4】

· 생표고버섯을 양념하여 굽기도 한다.
· 석쇠 대신 후라이팬이나 오븐에 굽기도 한다.

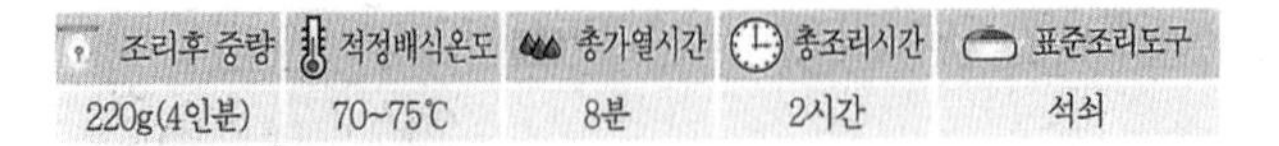

조리후 중량	적정배식온도	총가열시간	총조리시간	표준조리도구
220g(4인분)	70~75℃	8분	2시간	석쇠

맥적

돼지고기에 된장양념을 하여 석쇠에 구운 음식이다. '맥(貊)'이란 고구려를 뜻하는 것으로 맥적(貊炙)은 맥족(貊族)이 먹었던 구이라는 뜻이 있다. 예전의 맥적(貊炙)은 미리 양념해둔 고기를 꼬챙이에 끼워 불에 직화로 굽는 것이었다.

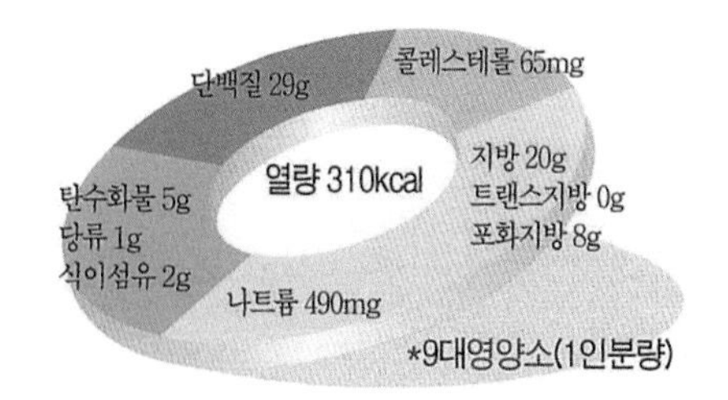

돼지고기(목살) 800g
달래 20g
부추 10g
양념장 : 된장 42.5g(2½큰술), 소금 2g(½작은술), 설탕 6g(½큰술)
꿀 19g(1큰술), 청주 30g(2큰술), 생강즙 8g(½큰술)
양파즙 15g(1큰술), 다진 마늘 16g(1큰술)
깨소금 2g(1작은술), 후춧가루 0.3g(⅛작은술)
참기름 6.5g(½큰술)

재료준비

1. 돼지고기는 핏물을 닦고 가로 6cm 세로 7cm 두께 0.4cm 정도의 크기로 썰어 잔칼질을 한다. 【사진1】
2. 달래는 뿌리 부분을 다듬어 깨끗이 씻어 길이 0.5cm 정도로 썬다(18g). 【사진2】
3. 부추는 다듬어 깨끗이 씻어 길이 0.5cm 정도로 썬다(9g).
4. 양념장을 만든다.

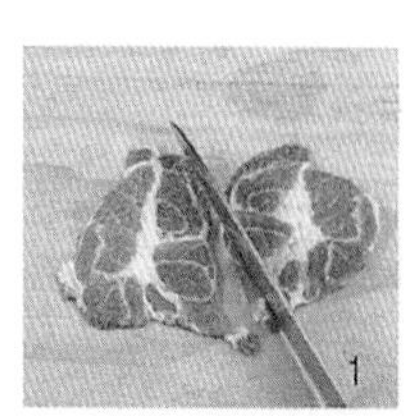

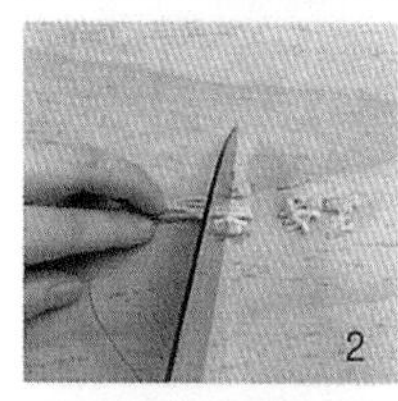

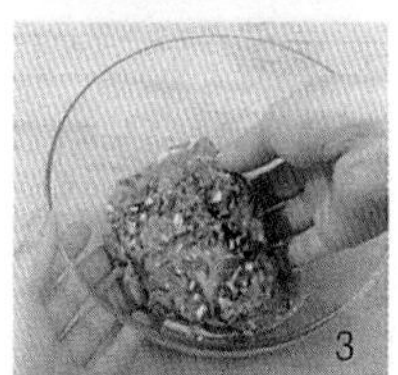

만드는법

1. 돼지고기에 양념장과 달래 · 부추를 넣고 간이 잘 배이도록 주물러 30분 정도 재워 놓는다. 【사진3】
2. 석쇠를 달구어 식용유를 바르고 양념한 돼지고기를 한 장씩 가지런히 얹고, 높이 15cm 정도로 올려 센불에서 앞면은 5분 뒤집어서 5분 정도 굽는다(500g). 【사진4】

· 센불에 가까이 놓고 구우면 겉만 타고 속이 익지 않으므로 불조절에 주의한다.
· 부추 대신 영양부추를 사용하기도 한다.

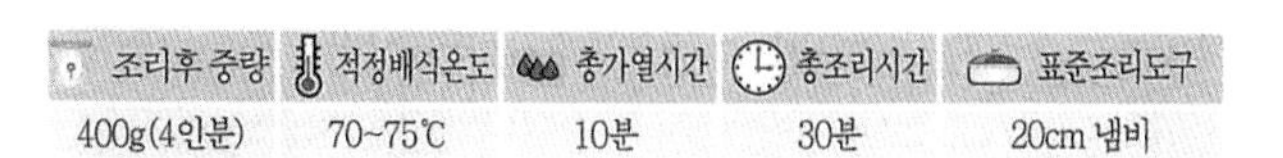

조리후 중량	적정배식온도	총가열시간	총조리시간	표준조리도구
400g(4인분)	70~75℃	10분	30분	20cm 냄비

삼겹살구이

삼겹살에 소금과 후추를 뿌려 구운 음식이다. 삼겹살은 근육과 지방이 삼겹의 막을 형성하며 풍미가 좋기 때문에 기호에 따라 다양하게 조리해 먹는 대중적인 음식이다.

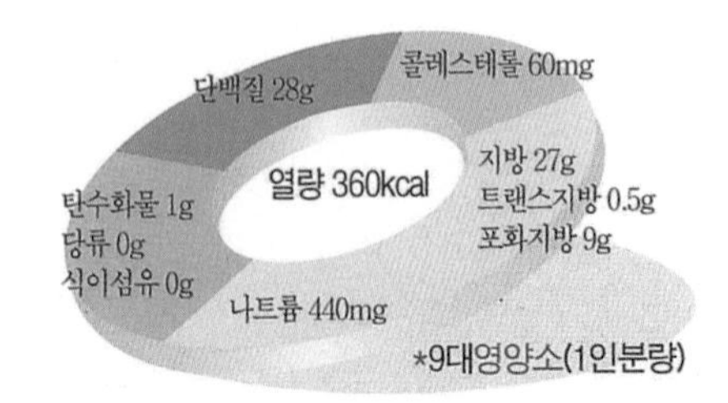

돼지고기(삼겹살) 800g, 소금 4g(1작은술), 후춧가루 0.3g(1/8작은술)
상추 80g, **청고추** 30g(2개), **홍고추** 10g(1/2개), **마늘** 20g
쌈장 : 된장 17g(1큰술), 고추장 9.5g(1/2큰술), 설탕 6g(1/2큰술)
다진 파 7g(1/2큰술), 다진 마늘 8g(1/2큰술), 통깨 2g(1작은술)
참기름 6.5g(1/2큰술)

재료준비

1. 삼겹살은 핏물을 닦는다. 【사진1】
2. 상추는 손질하여 깨끗이 씻는다. 청 · 홍고추는 씻어 길이 3cm 두께 1cm 정도로 어슷 썰고, 마늘은 씻어 모양을 살려 두께 0.3cm 정도로 저며 썬다. 【사진2】
3. 쌈장을 만든다.

1

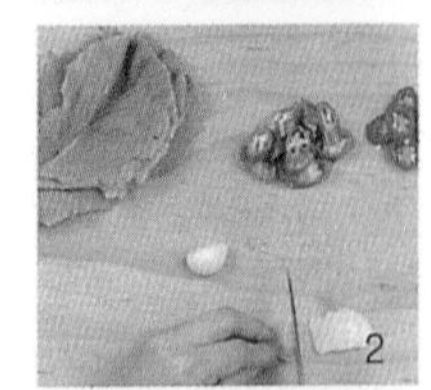
2

만드는법

1. 삼겹살 구이판을 달구어 삼겹살을 올리고 소금과 후춧가루를 뿌린다. 중불로 낮추어 앞면은 3분, 뒤집어서 2분 정도 구운 다음 길이 3cm 정도로 잘라 1분 정도 뒤집어가며 더 굽는다. 【사진3 · 4】
2. 접시에 삼겹살(90g)과 상추(20g) · 청 · 홍고추(청고추 8g, 홍고추 3g) · 마늘(4g)을 담고 쌈장을 곁들여 낸다.

3

· 간장이나 고추장으로 양념하여 굽기도 한다.
· 소금과 기름장 · 콩가루에 찍어 먹기도 한다.

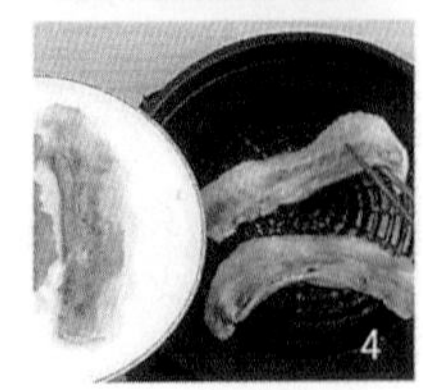
4

조리후 중량	적정배식온도	총가열시간	총조리시간	표준조리도구
500g(4인분)	70~75℃	6분	1시간	삼겹살 구이판

가자미양념구이

가자미에 양념장을 발라 석쇠에 구운 음식이다. 가자미는 한자로 비목어(比目魚) 또는 접어(鰈魚)라 하는데 「동의보감」에 '성질이 평안하고 맛이 달고 독이 없으며, 허약한 것을 보강하고 기력을 세게 하며, 많이 먹으면 양기를 움직이게 한다.' 고 하였다.

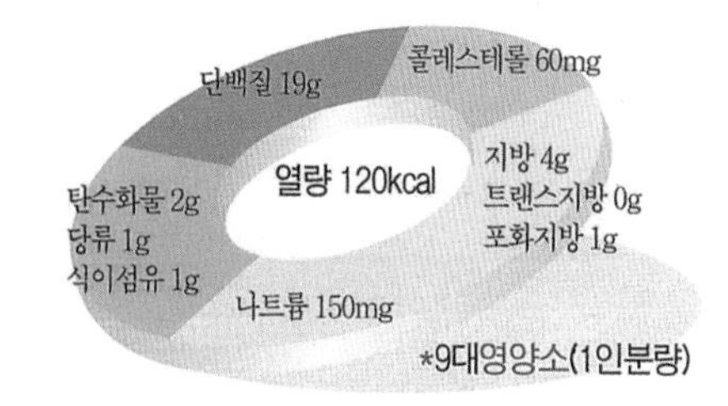

가자미 550g(1½마리), 소금 2g(½작은술)

양념장 : 간장 24g(1⅓큰술), 설탕 6g(½큰술), 고춧가루 2.2g(1작은술)
다진 파 4.5g(1작은술), 다진 마늘 2.8g(½작은술)
생강즙 8g(½큰술), 깨소금 2g(1작은술), 후춧가루 0.1g
참기름 6.5g(½큰술)

식용유 13g(1큰술)

재료준비

1. 가자미는 비늘을 긁고 머리와 꼬리 · 지느러미를 자른 다음 내장을 빼내어 깨끗이 씻고 물기를 닦는다(350g).
2. 손질한 가자미는 채반에 올려 소금을 뿌리고 서늘한 곳에서 3시간 정도 말려 2~3등분으로 자른다(320g). 【사진1】
3. 양념장을 만든다. 【사진2】

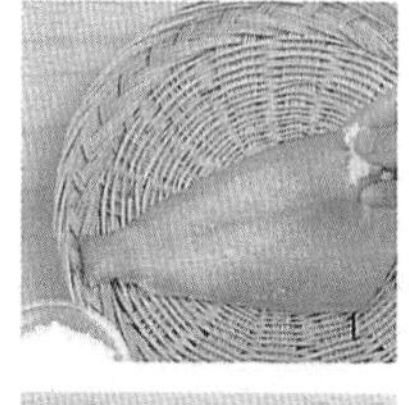

만드는법

1. 석쇠를 달구어 식용유를 바르고 가자미를 얹어 높이 15㎝ 정도로 올려 센불에서 앞면은 3분, 뒤집어서 3분 정도 굽고 중불로 낮추어 앞면은 2분, 뒤집어서 2분 정도 애벌 굽는다.
2. 가자미에 양념장을 앞 · 뒤로 덧발라가며 타지 않게 앞면은 3분, 뒤집어서 3분 정도 굽는다. 【사진3 · 4】

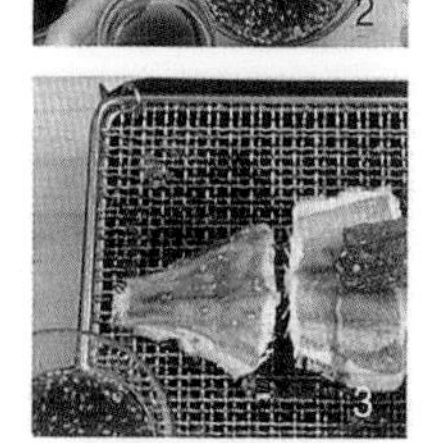

· 가자미를 통으로 굽기도 한다.
· 고춧가루 양은 기호에 따라 가감한다.

조리후 중량	적정배식온도	총가열시간	총조리시간	표준조리도구
280g(4인분)	70~75℃	16분	4시간	석쇠

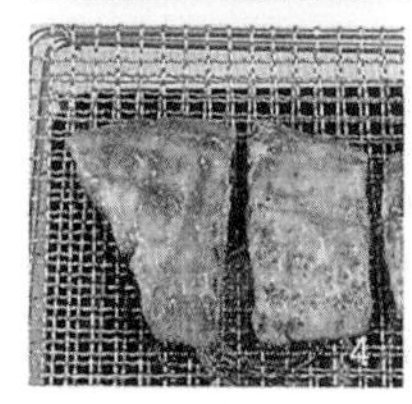

갈치구이

갈치에 소금을 뿌려 재웠다가 석쇠에 구운 음식이다. 갈치는 담백한 흰살 생선으로 갈치의 은색 비늘 때문에 귀한 생선으로 여겨왔다. 한방에서 갈치는 맛은 달고 성질은 따뜻하여 주로 간경(肝經), 비경(脾經)에 좋다고 하였다.

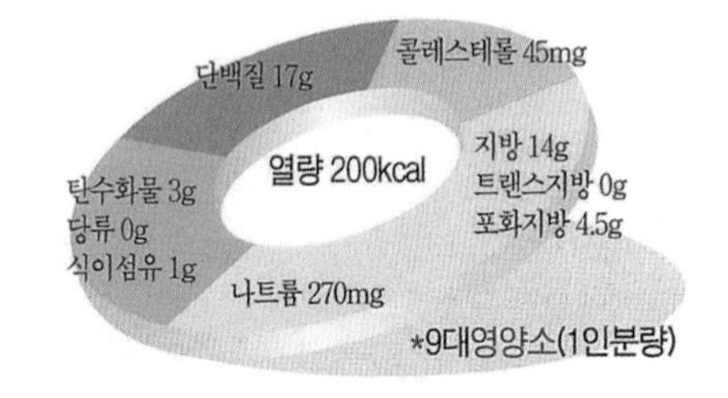

갈치 570g(1마리), 소금 4g(1작은술)
식용유 13g(1큰술)

재료준비

1. 갈치는 비늘을 긁고 머리와 지느러미를 자르고 내장을 빼내어 깨끗이 씻는다.
2. 갈치는 길이 7cm 정도로 썰어(430g), 물기를 닦아 소금을 뿌려 앞뒤로 뒤집어가며 1시간 정도 둔다. 【사진1 · 2】

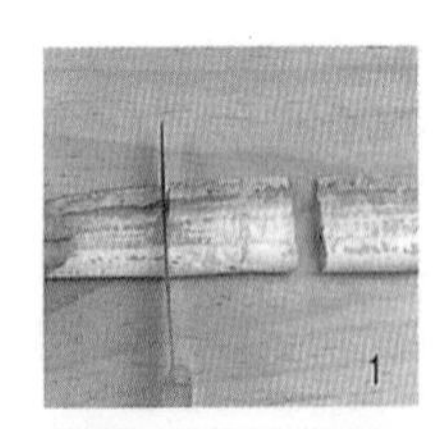
1

2

만드는법

1. 석쇠를 달구어 식용유를 바르고 갈치를 얹어 높이 15cm 정도로 올려 센불에서 앞면은 3분, 뒤집어서 4분 정도 굽는다. 【사진3】
2. 갈치가 거의 익으면 중불로 낮추어 뒤집어가며 7분 정도 더 굽는다. 【사진4】

3

4

· 후라이팬이나 오븐에 굽기도 한다.
· 갈치에 양념장을 발라서 굽기도 한다.
· 갈치는 제주도 먹갈치가 맛이 있다.

조리후 중량	적정배식온도	총가열시간	총조리시간	표준조리도구
320g(4인분)	70~75℃	14분	2시간	석쇠

고등어구이

손질한 고등어에 소금을 뿌려 구운 음식이다. 고등어는 등푸른 생선으로 고도어(古刀魚)라고도 하여 '바다의 보리'라 불릴 정도로 단백질과 지질이 풍부한 식품이며 가을, 겨울이 제맛이다.

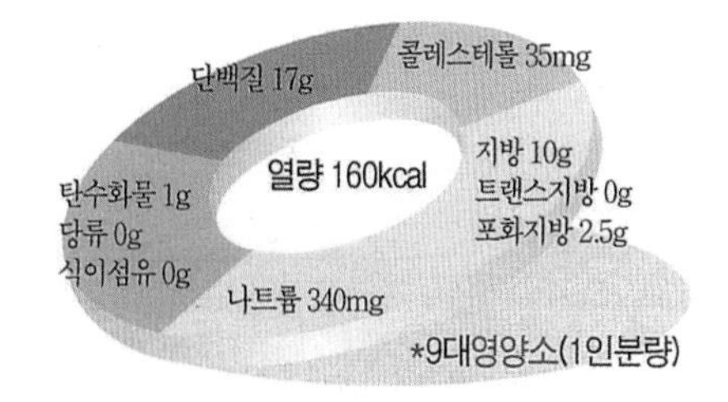

고등어 600g(2마리), 소금 4g(1작은술)
식용유 13g(1큰술)

재료준비

1. 고등어는 머리와 꼬리 · 지느러미를 자르고 내장을 빼내어 깨끗이 씻은 다음 양쪽으로 포를 떠서 길이로 반을 잘라 물기를 닦는다(340g). 【사진1】
2. 포 뜬 고등어살은 소금을 뿌리고 채반에 올려 2시간 정도 둔다. 【사진2】

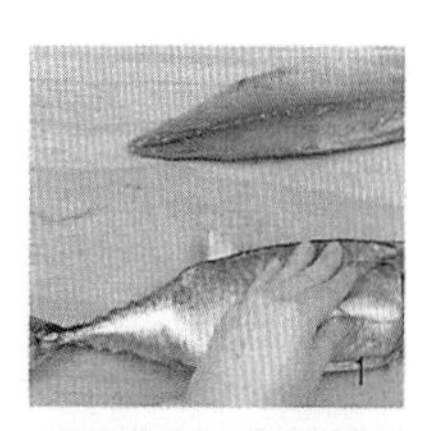

만드는법

1. 석쇠를 달구어 식용유를 바르고 고등어를 얹어 높이 15㎝ 정도로 올려 센불에서 앞면은 1분, 뒤집어서 1분 정도 굽는다. 【사진3】
2. 고등어 표면이 익으면 중불로 낮추어 앞면은 4분, 뒤집어서 4분 정도 굽는다. 【사진4】

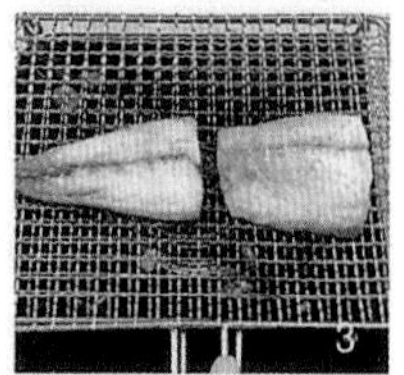

· 고등어는 된장 양념장이나 매운 양념장을 발라 굽기도 한다.
· 고등어는 포를 떠서 밀가루를 입히고 기름에 지져서 먹기도 한다.

조리후 중량	적정배식온도	총가열시간	총조리시간	표준조리도구
280g(4인분)	70~75℃	10분	3시간	석쇠

꽁치구이

꽁치에 소금을 뿌려 석쇠에 구운 음식이다. 꽁치는 공치 · 청갈치 · 추광어 등으로 부르기도 하는데 단백질과 비타민 B가 많고 DHA 성분이 풍부하다. 10~11월에 잡히는 꽁치는 지방성분이 전체 몸의 20% 정도 되므로 이때 잡히는 꽁치가 맛이 좋다.

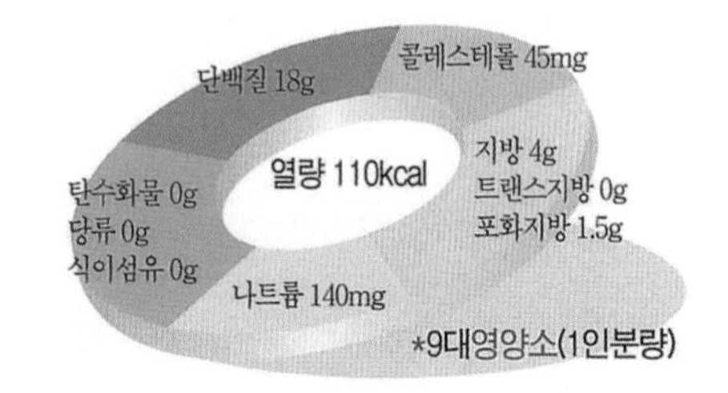

꽁치 420g(4마리), 소금 2g(½작은술)
유장 : 참기름 13g(1큰술), 간장 18g(1큰술)
식용유 13g(1큰술)

재료준비

1. 꽁치는 비늘을 긁고 머리와 꼬리 · 지느러미를 자른 다음, 내장을 꺼내어 깨끗이 씻은 후 물기를 닦는다(320g). 【사진1】
2. 꽁치를 채반에 올리고 소금을 뿌려 3시간 정도 둔다.
3. 유장을 만든다.

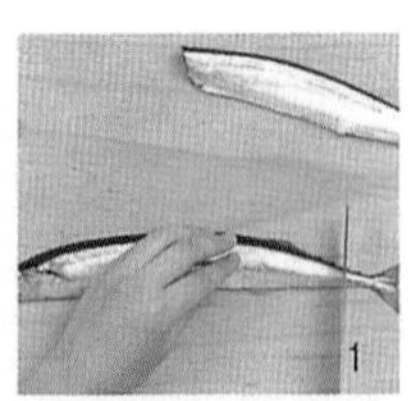

만드는법

1. 꽁치에 유장을 바르고 10분 정도 재운다. 【사진2】
2. 석쇠를 달구어 식용유를 바르고 꽁치를 얹어, 높이 15㎝ 정도로 올려 센불에서 앞면은 2분, 뒤집어서 2분 정도 굽는다. 【사진3】
3. 꽁치 표면이 익으면 중불로 낮추어 앞면은 4분, 뒤집어서 4분 정도 굽는다. 【사진4】

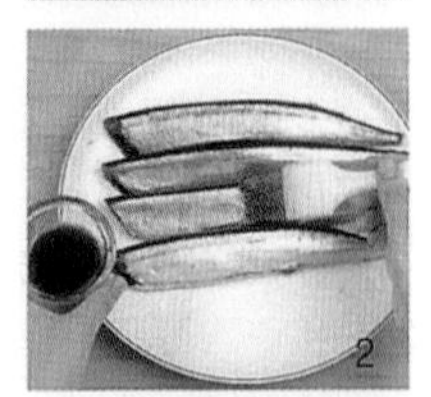

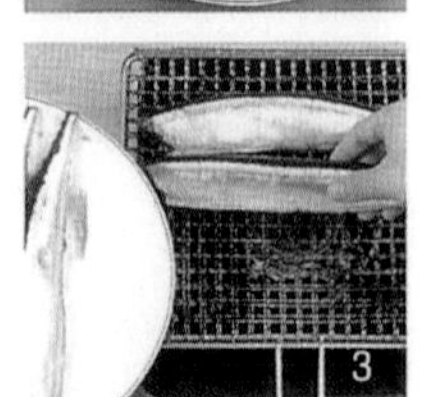

- 꽁치는 소금으로만 양념하여 굽기도 한다.
- 꽁치는 대가리째 통으로 굽기도 한다.
- 겨자 간장을 찍어 먹기도 한다.

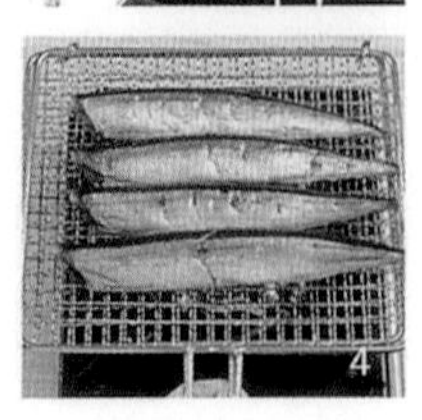

조리후 중량	적정배식온도	총가열시간	총조리시간	표준조리도구
260g(4인분)	70~75℃	12분	4시간	석쇠

낙지호롱

낙지를 볏짚에 돌돌 감아 쪄서 양념장을 발라 석쇠에 구운 음식이다. 볏짚에 구워 비린내가 나지 않으며 돌려가며 먹는 재미가 좋다. 낙지호롱은 전라도 지방의 향토음식으로 제사상이나 잔칫상에 올리는 귀한 음식이다.

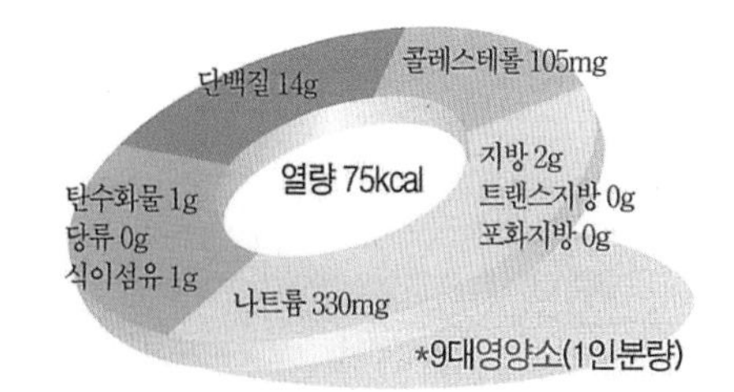

낙지 550g(2마리), 소금 6g(½큰술), 밀가루 21g(3큰술)
양념 : 청주 15g(1큰술), 생강즙 8g(½큰술), 후춧가루 0.3g(⅛작은술)
볏짚 100g, 식용유 6.5g(½큰술)
양념장 : 간장 27g(1½큰술), 설탕 24g(2큰술), 청주 15g(1큰술)
다진 마늘 16g(1큰술), 생강즙 8g(½큰술), 참기름 13g(1큰술)
찌는 물 2kg(10컵)

재료준비

1. 낙지는 머리를 뒤집어서 내장과 눈을 떼어 내고, 소금과 밀가루를 넣고 주물러 깨끗이 씻는다(450g). 【사진1】
2. 볏짚은 깨끗이 씻어 물기를 닦고 길이 25cm 직경 3cm 정도의 둥근 막대기 모양으로 만든다.
3. 양념과 양념장을 만든다.

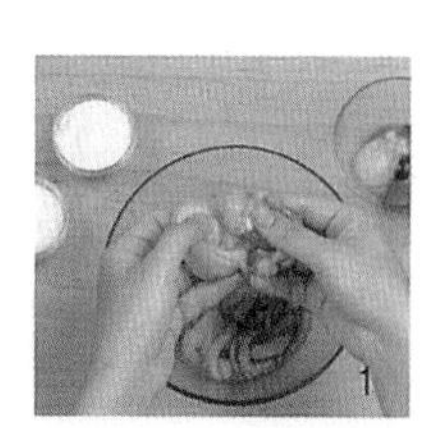

만드는법

1. 낙지에 양념을 넣고 주물러서 15분 정도 재운다.
2. 낙지에 양념장의 ½량을 넣고 3분 정도 주물러 양념이 배어들면, 볏짚 끝에 낙지 머리를 씌우고 다리 부분은 돌돌 만다. 【사진2】
3. 찜기에 물을 붓고 센불에 9분 정도 올려 끓으면, 낙지를 넣고 2분 정도 찐다(340g). 【사진3】
4. 석쇠를 달구어 식용유를 바르고 낙지를 올려, 높이 15cm 정도 올려 남은 양념장을 고르게 덧바르며 중불에서 뒤집어 가며 5분 정도 윤기 나게 굽는다. 【사진4】

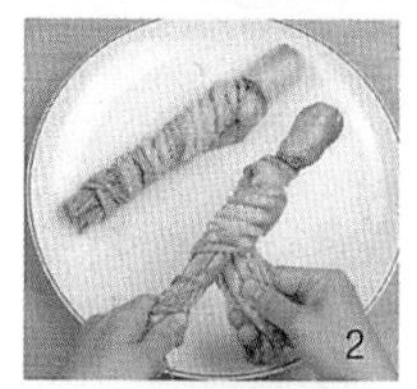

· 볏짚이 없는 경우 나무젓가락을 사용하기도 한다.
· 기호에 따라 양념장에 고춧가루를 넣기도 한다.

조리후 중량	적정배식온도	총가열시간	총조리시간	표준조리도구
300g(4인분)	70~75℃	16분	30분	26cm 찜기, 석쇠

삼치구이

삼치에 소금을 뿌려 석쇠에 구운 음식이다. 삼치는 등푸른 생선으로 지방 함량이 높고, 대부분 불포화지방산이기 때문에 동맥경화 · 뇌졸중 · 심장병 예방에 도움이 된다.

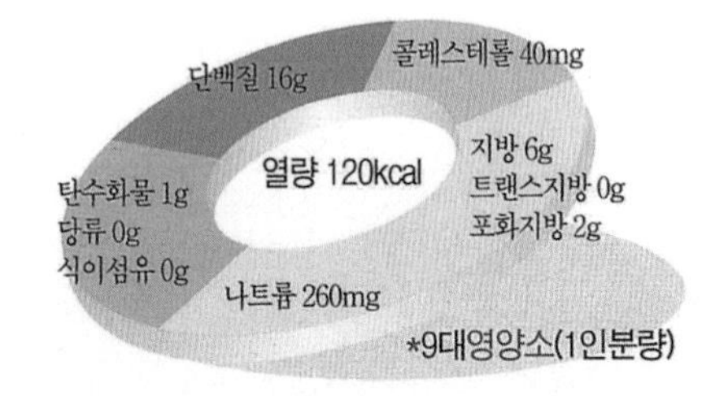

삼치 600g(1마리), 소금 2g(½작은술)
양념장 : 간장 30g(1⅔큰술), 설탕 4g(1작은술), 다진 파 4.5g(1작은술)
다진 마늘 5.5g(1작은술), 생강즙 8g(½큰술)
깨소금 2g(1작은술), 후춧가루 0.1g, 참기름 13g(1큰술)
식용유 13g(1큰술)

재료준비

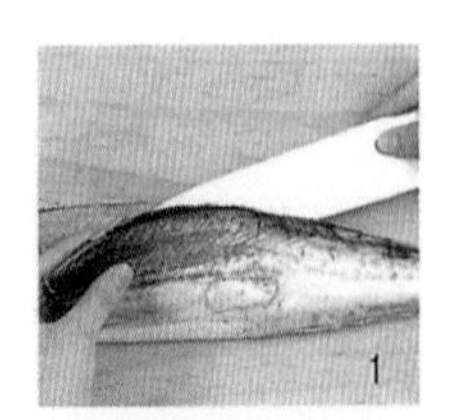

1. 삼치는 비늘을 긁고 머리와 꼬리 · 지느러미를 자르고 내장을 빼내어 깨끗이 씻은 후 양쪽으로 포를 떠서 길이로 반을 잘라 물기를 닦는다(360g). 【사진1】
2. 손질한 삼치는 소금을 뿌리고 채반에 올려 3시간 정도 둔다.
3. 양념장을 만든다. 【사진2】

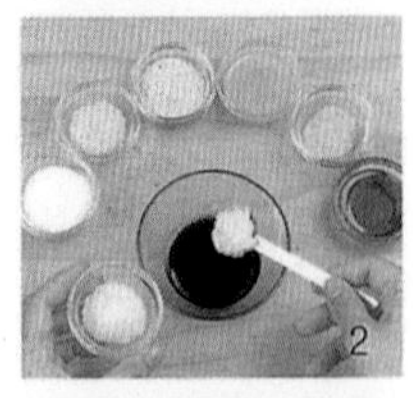

만드는법

1. 석쇠를 달구어 식용유를 바르고 삼치를 얹어 높이 15㎝ 정도로 올려 센불에서 앞면은 2분, 뒤집어서 2분 정도 굽는다. 【사진3】
2. 삼치에 양념장을 앞뒤로 덧발라가며 타지 않게 앞면은 4분, 뒤집어서 4분 정도 굽는다. 【사진4】

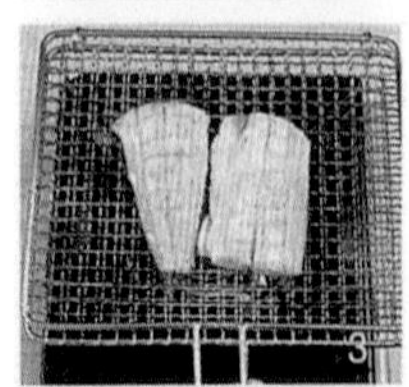

· 삼치는 소금 양념만 하여 굽기도 한다.
· 삼치는 간장 양념에 조리기도 한다.

조리후 중량	적정배식온도	총가열시간	총조리시간	표준조리도구
280g(4인분)	70~75℃	12분	4시간	석쇠

임연수어구이

임연수어에 소금으로 간을 하여 구운 음식이다. 이면수어(利面水魚)·이면수·이민수·새치·청새치라고도 하며 본래는 임연수어라 하는데, 이면수라는 말은 옛날 이면수라는 사람이 처음 잡은 고기라 하여 붙여진 이름이라고 한다.

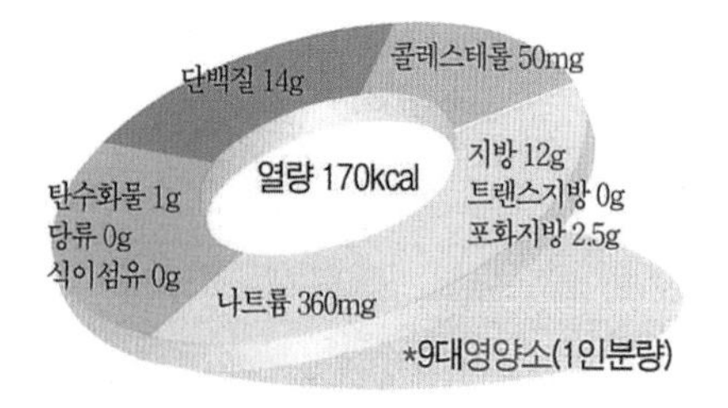

임연수어 900g(1마리), 소금 4g(1작은술)
식용유 13g(1큰술)

재료준비

1. 임연수어는 비늘을 긁고 머리와 꼬리·지느러미를 자른 다음 내장을 빼내어 깨끗이 씻고, 양쪽으로 포를 떠서 길이 6㎝ 정도로 잘라 물기를 닦는다(380g).【사진1】
2. 손질한 임연수어는 소금을 뿌리고 채반에 올려 2시간 정도 둔다(360g).【사진2·3】

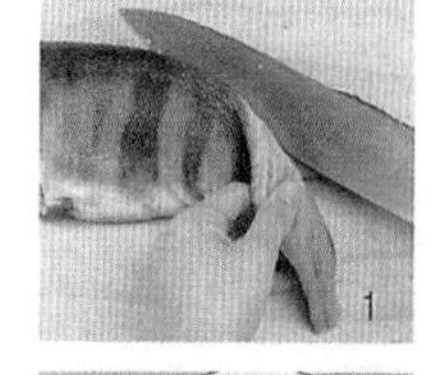

만드는법

1. 석쇠를 달구어 식용유를 바르고 임연수어를 얹어 높이 15㎝ 정도로 올려 센불에서 앞면은 5분, 뒤집어서 5분 정도 굽는다.【사진4】

· 양념장에 재웠다가 굽기도 한다.
· 임연수어는 포를 떠서 밀가루를 입히고 기름에 지지기도 한다.

조리후 중량	적정배식온도	총가열시간	총조리시간	표준조리도구
280g(4인분)	70~75℃	10분	3시간	석쇠

장어구이

장어를 포를 떠서 유장을 바르고 애벌구이하여 양념장을 덧발라가며 석쇠에 구운 음식이다. 바닷물이 들어올 때 바람을 몰고 와서 급한 물살이 생기는데 여기서 사는 장어를 '풍천장어'라 하며 살이 쫀득하고 탄력 있어 으뜸으로 친다.

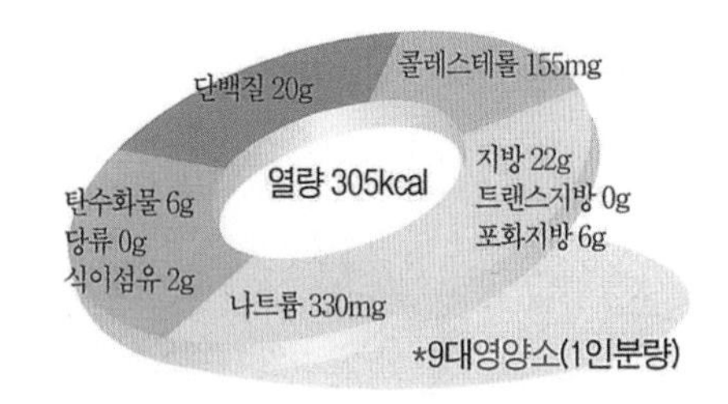

장어 580g(2마리)
유장 : 참기름 6.5g(½큰술), 간장 3g(½작은술)
양념장 : 간장 72g(4큰술), 고추장 19g(1큰술), 설탕 12g(1큰술)
물엿 19g(1큰술), 꿀 19g(1큰술), 청주 15g(1큰술)
마른 홍고추 4g(1개), 파 30g, 마늘 30g, 생강 10g
통후추 3g(1작은술), 물 100g(½컵)
생강 20g, 마늘 15g, 실파 10g

재료준비

1. 장어는 등쪽에 길이로 칼집을 넣고 펴서 머리와 내장 · 뼈를 떼어 내고, 핏물을 닦아 길이로 2등분하고 유장을 바른다(460g). 【사진1】
2. 양념장의 마른 홍고추는 면보로 닦아 두께 1cm 정도로 어슷 썰고, 파와 마늘 생강은 다듬어 깨끗이 씻어 두께 0.5cm 정도로 썰어 양념장을 만든다.
3. 생강과 마늘은 다듬어 깨끗이 씻어 길이 2cm 폭 · 두께 0.2cm 정도로 채 썰고(생강 8g, 마늘 8g), 실파는 다듬어 깨끗이 씻어 0.5cm 정도로 썬다(5g).

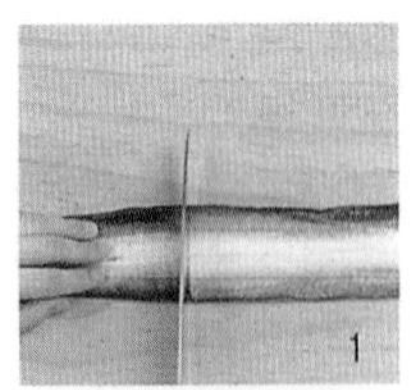

만드는법

1. 냄비에 양념장을 넣고 센불에 2분 정도 올려 끓으면, 중불로 낮추어 5분 정도 끓이고 약불로 낮추어 8분 정도 끓여 체에 밭친다(150g). 【사진2】
2. 석쇠를 달구어 식용유를 바르고 유장을 바른 장어를 얹고, 높이 15cm 정도 올려 중불에서 앞뒤로 집어가며 30분 정도 애벌구이한다.
3. 구워진 장어에 양념장을 고루 바르고, 높이 15cm 정도 올려 양념장을 덧발라 가며 중불에서 앞뒤로 뒤집어가며 15분 정도 더 굽는다. 【사진3 · 4】
4. 장어는 길이 4cm 정도로 잘라 접시에 담고, 위에 생강채와 마늘채 · 실파를 올린다.

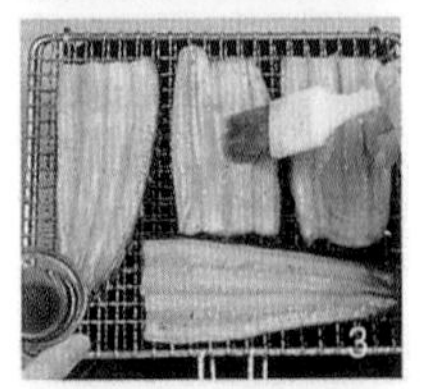

· 장어를 살짝 쪄서 양념장을 발라가며 굽기도 한다.
· 장어를 물에 씻으면 장어 비린내가 나므로 씻지 않는다.

조리후 중량	적정배식온도	총가열시간	총조리시간	표준조리도구
380g(4인분)	70~75℃	60분	2시간	석쇠, 16cm 냄비

전어구이

전어에 소금을 뿌려 석쇠에 구운 음식이다. 전어는 가을을 대표하는 생선으로 대나무에 열 마리씩 한 묶음으로 꿰워서 팔았기 때문에 옛날에는 '전어(箭魚)'라 하였는데. 근래에 와서는 돈을 생각하지 않고 사는 귀한 생선이라 하여 전어(錢魚)라고 한다.

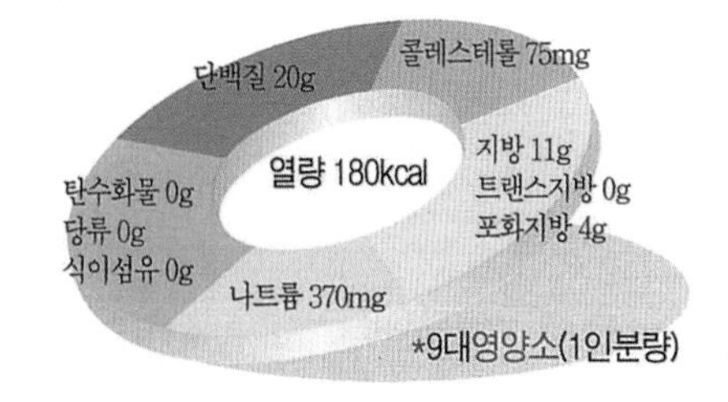

전어 400g(6마리), 소금 4g(1작은술)
식용유 13g(1큰술)

재료준비

1. 전어는 비늘을 긁고 지느러미를 자른 다음, 깨끗이 씻어 물기를 닦는다(395g). 【사진1】
2. 전어는 폭 2㎝ 정도로 칼집을 넣고 소금을 뿌리고 채반에 올려 2시간 정도 둔다. 【사진2 · 3】

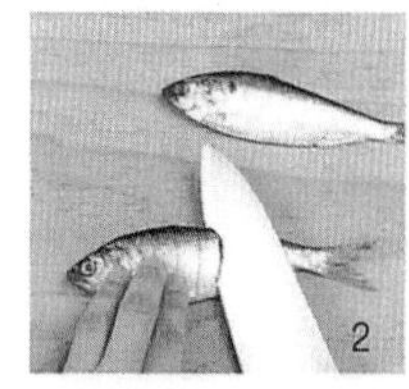

만드는법

1. 석쇠를 달구어 식용유를 바르고 전어를 얹어, 높이 15㎝ 정도로 올려 센불에서 앞면은 2분, 뒤집어서 2분 정도 굽는다.
2. 전어의 표면이 익으면 중불로 낮추어 앞면은 4분, 뒤집어서 4분 정도 굽는다. 【사진4】

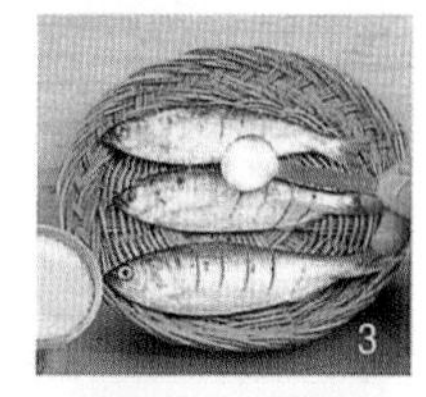

· 전어는 잔가시가 많으므로 칼집을 넣고 구워야 좋다. 또한 전어는 가시를 발라 내지 않고 뼈째 먹는 것이 특징이다.
· 전어는 양념장을 발라 굽기도 하지만 소금구이가 가장 별미이다.

조리후 중량	적정배식온도	총가열시간	총조리시간	표준조리도구
300g(4인분)	70~75℃	12분	3시간	석쇠

청어구이

청어를 소금에 절였다가 구운 음식이다. 청어는 '비웃' 이라 하여 예부터 '맛 좋기는 청어, 많이 먹기는 명태' 라 할 정도로 맛이 좋으며 한방에서는 종기가 났을 때나 눈이 충혈 되었을 때 좋다고 하였다.

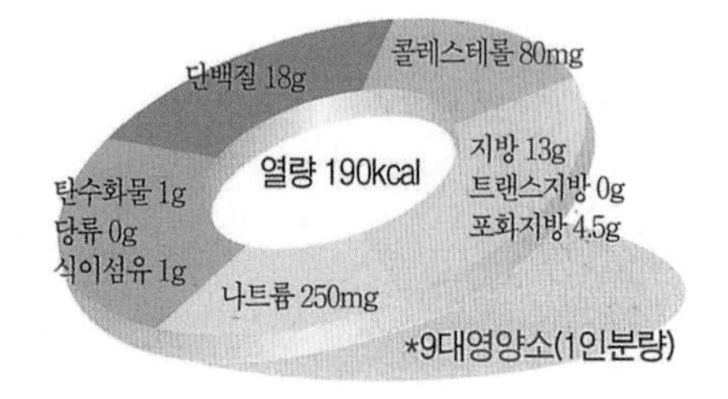

청어 500g(2마리), 소금 4g(1작은술)
식용유 13g(1큰술)

재료준비

1. 청어는 비늘을 긁고 머리와 꼬리 · 지느러미를 자른 다음, 내장을 꺼내어 깨끗이 씻는다. 청어는 폭 2㎝ 간격으로 칼집을 넣는다(450g). 【사진1 · 2】
2. 청어는 소금을 뿌리고 채반에 올려 3시간 정도 둔다. 【사진3】

1

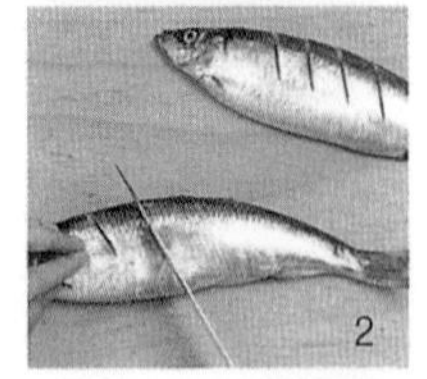
2

만드는법

1. 석쇠를 달구어 식용유를 바르고 청어를 얹어, 높이 15㎝ 정도로 올려 센불에서 앞면은 5분, 뒤집어서 5분 정도 굽는다. 【사진4】

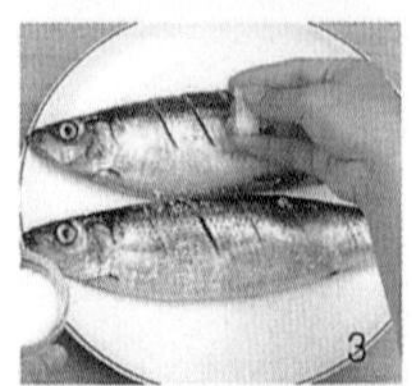
3

· 청어는 가시가 많아 잔칼집을 넣어야 먹기가 좋다.
· 양념장을 발라 굽기도 한다.

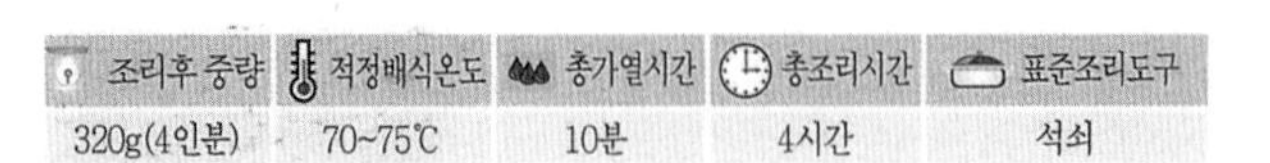

조리후 중량	적정배식온도	총가열시간	총조리시간	표준조리도구
320g(4인분)	70~75℃	10분	4시간	석쇠

4

김구이

마른 김에 들기름을 발라서 소금을 뿌려서 굽는 마른 찬이다. 김은 우리나라에서 가장 많이 채취되고 소비되는 해조류로 지금은 값이 싸고 맛도 좋아 누구나 즐겨 먹지만, 수십 년 전까지만 해도 김은 특별식이었다.

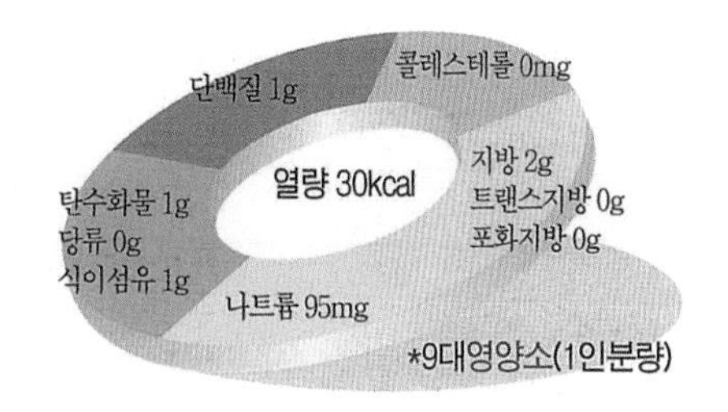

김 9g(4장)
들기름 10g(2작은술)
소금 1.5g

재료준비

1. 김은 한 장씩 펼치고 모래나 잡티를 골라낸다.【사진1】
2. 김을 한 장씩 들기름을 바르고 소금을 뿌려 겹쳐서 놓는다(23g).【사진2 · 3】

만드는법

1. 석쇠에 김을 2장씩 얹어 약불에서 앞뒤로 각각 1분 정도 굽는다.【사진4】
2. 구운 김을 겹쳐 놓고 6등분으로 자른다.

· 습기가 많은 여름철에는 눅눅해지기 쉬우므로 구워서 바로 먹는 것이 좋다.
· 기호에 따라 참기름을 발라 굽기도 한다.
· 김의 잡티는 손바닥으로 비벼서 없앤다.

조리후 중량	적정배식온도	총가열시간	총조리시간	표준조리도구
20g(4인분)	15~25℃	2분	30분	석쇠

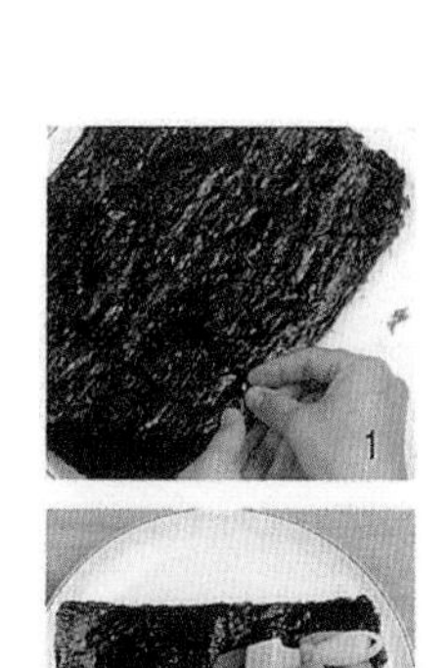
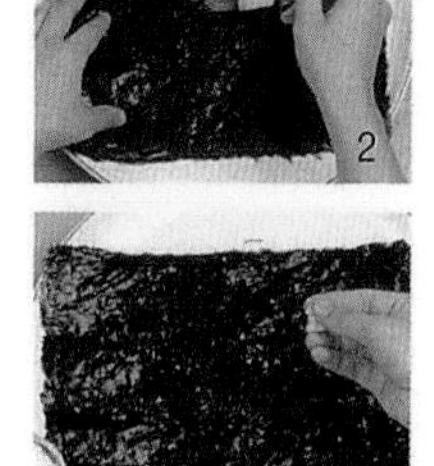

전 · 적

전(煎)은 육류, 어패류, 채소류 등의 재료를 다지거나 얇게 저며 밀가루와 달걀로 옷을 입혀서 기름에 지진 음식이다. 적은 재료를 양념하여 꼬지에 꿰어 굽는 음식이다. 적(炙)은 어육류나 채소 등을 양념하여 대꼬챙이에 꿰어 석쇠에 굽거나 팬에 지진 음식을 말한다. 산적과 누름적이 있다. 산적은 익히지 않은 재료를 양념하여 꿰어서 옷을 입히지 않고 굽는 것을 말한다. 누름적은 누르미라고도 하여 재료를 양념하여 꿰어 전을 부치듯이 밀가루와 달걀을 입혀지지는 방법과 재료를 양념하여 익힌 다음 꼬챙이에 꿰는 방법이 있다.

조개전

다진 조갯살에 밀가루와 달걀을 넣고 지진 음식이다. 조개는 단백질과 필수아미노산이 풍부하고 타우린 함량이 많아 몸속의 지방을 분해하고 콜레스테롤의 흡수를 억제하며, 다이어트와 빈혈에 좋다.

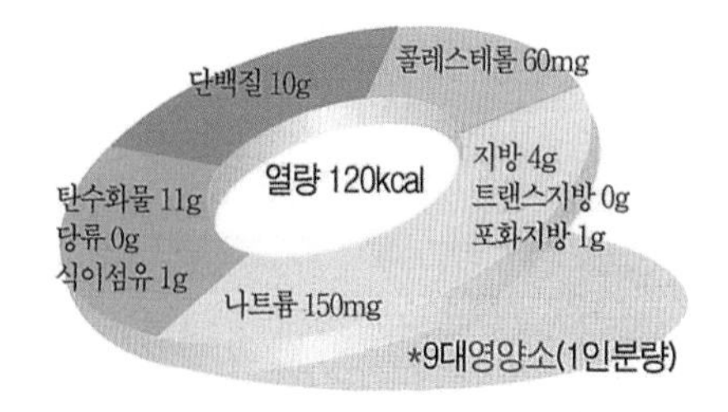

조갯살 300g, 물 1kg(5컵), 소금 1g(¼작은술)
양념 : 다진 파 7g(½큰술), 다진 마늘 4g(¼큰술)
후춧가루 0.3g(⅛작은술)
청고추 15g(1개), **홍고추** 10g(½개)
밀가루 28g(4큰술), **달걀** 60g(1개), **식용유** 39g(3큰술)
초간장 : 간장 18g(1큰술), 식초 15g(1큰술), 물 15g(1큰술)

재료준비

1. 조갯살은 내장을 떼어내고 소금물에 살살 흔들어 씻어 체에 밭쳐 물기를 빼고(270g), 가로 · 세로 0.5cm 정도로 굵게 다진 다음 양념을 한다. 【사진1】
2. 청 · 홍고추는 씻어 길이로 반을 잘라 씨와 속을 떼어내고 가로 · 세로 0.2cm 정도로 다진다(청고추 10g, 홍고추 6g). 【사진2】
3. 밀가루에 달걀을 넣고 잘 풀은 다음 조갯살과 청 · 홍고추를 넣는다. 【사진3】
4. 초간장을 만든다.

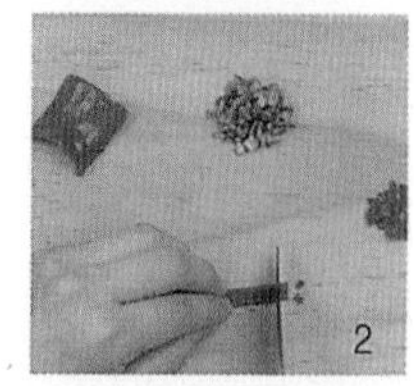

만드는법

1. 팬을 달구어 식용유를 두르고 반죽을 직경 4~5cm 두께 0.5cm 정도로 둥글게 놓고 중불에서 앞면은 3분, 뒤집어서 3분 정도 지진다. 【사진4】
2. 초간장과 함께 낸다.

· 조갯살의 내장을 그대로 사용하면 지금대며 비린내가 날 수도 있으므로 내장을 떼어내고 사용한다.

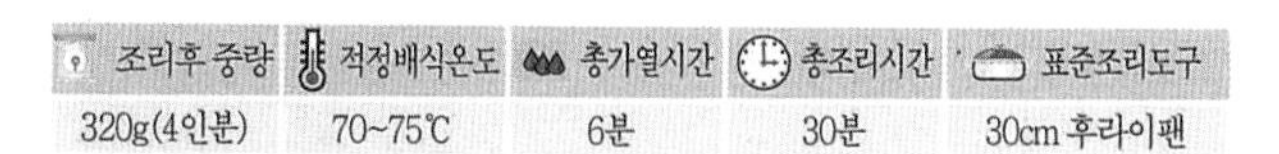

조리후 중량	적정배식온도	총가열시간	총조리시간	표준조리도구
320g(4인분)	70~75℃	6분	30분	30cm 후라이팬

홍합전

홍합에 밀가루를 묻히고 달걀물을 씌워 지진 음식이다. 홍합은 맛이 달면서 성질이 따뜻하여 피부를 매끄럽고 윤기 있게 가꿔준다고 하여 동해부인(東海夫人)이라고도 불리었다.

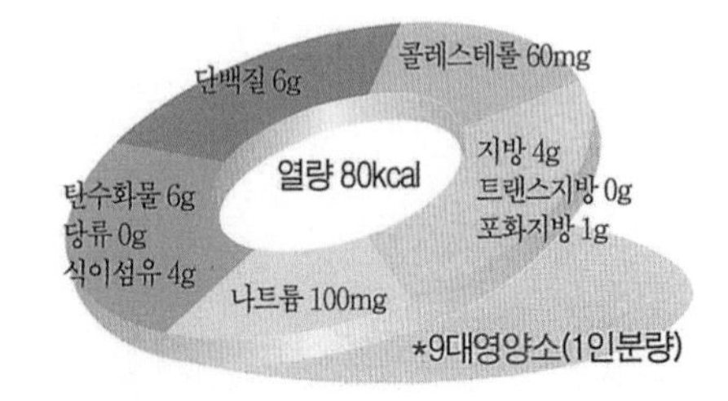

홍합 250g, 물 600g(3컵), 소금 8g(2작은술), 데치는 물 400g(2컵)
흰후춧가루 0.1g, **참기름** 4g(1작은술)
밀가루 21g(3큰술), **달걀** 60g(1개), **식용유** 26g(2큰술)
초간장 : 간장 18g(1큰술), 식초 15g(1큰술), 물 15g(1큰술)
잣가루 2g(1작은술)

재료준비

1. 홍합은 수염을 잘라 내고 소금물에 흔들어 씻어 체에 밭쳐 물기를 뺀다(230g). 【사진1】
2. 달걀은 풀어 놓는다.
3. 초간장을 만든다.

1

만드는법

1. 냄비에 물을 붓고 센불에 3분 정도 올려 끓으면, 홍합을 넣고 1분 정도 데친 다음 체에 밭쳐 물기를 빼고(140g), 흰후춧가루와 참기름으로 양념한다. 【사진2】
2. 양념한 홍합은 밀가루를 입히고 달걀물을 씌운다. 【사진3】
3. 팬을 달구어 식용유를 두르고 홍합을 가로 4㎝ 세로 3㎝ 두께 0.8㎝ 크기(2~3개)로 놓고 중불에서 앞면은 2분, 뒤집어서 1분 정도 지진다. 【사진4】
4. 초간장과 함께 낸다.

2

3

4

· 홍합은 붉은색이 나는 암컷이 맛이 있다.
· 여름에는 홍합이 쉽게 상할 수 있으므로 주의한다.

조리후 중량	적정배식온도	총가열시간	총조리시간	표준조리도구
180g(4인분)	70~75℃	7분	30분	30cm 후라이팬

패주전

패주에 밀가루와 달걀물을 씌워 지진 음식이다. 패주는 키조개의 관자로 맛이 매우 훌륭하여 고급 음식의 재료로 주로 이용 된다. 키조개는 우리나라의 보성만과 광양만에서 많이 나는데, 가을에서 봄 사이가 가장 맛이 좋다.

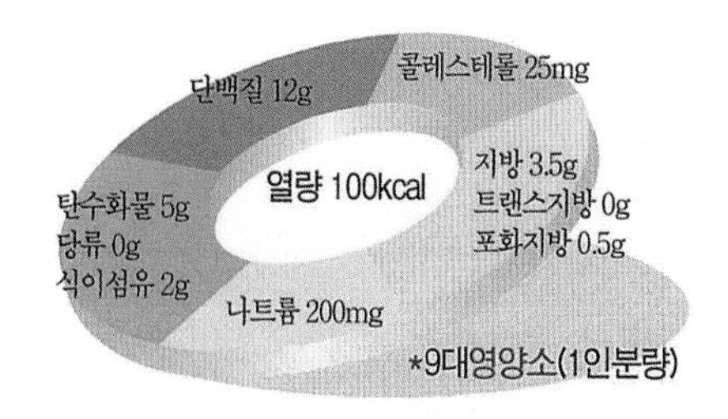

패주 250g, 물 400g(2컵)
소금 0.5g(1/8작은술), 흰후춧가루 0.1g
청고추 5g(1/3개), 홍고추 5g(1/4개)
밀가루 21g(3큰술)
달걀 60g(1개)
식용유 26g(2큰술)
초간장 : 간장 18g(1큰술), 식초 15g(1큰술), 물 15g(1큰술)

재료준비

1. 패주는 얇은 막을 벗기고 씻어 폭 0.5cm 정도로 썬다. 【사진1】
2. 청 · 홍고추는 씻어 길이로 반을 잘라 속을 떼어내고 가로 · 세로 0.2cm 정도로 다진다.
3. 달걀은 풀어 놓는다.
4. 초간장을 만든다.

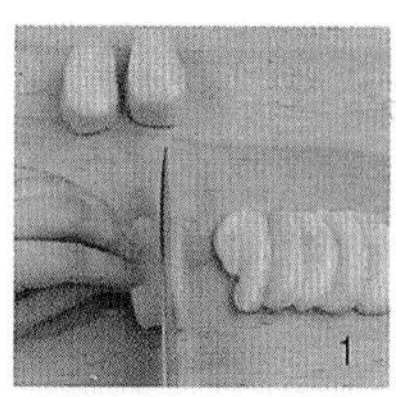

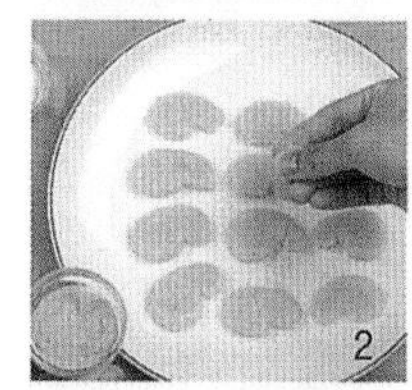

만드는법

1. 냄비에 물을 붓고 센불에 2분 정도 올려 끓으면 패주를 넣고 20초 정도 데쳐 물기를 닦고, 소금과 흰후춧가루를 뿌려 10분 정도 두었다가 물기를 닦는다(250g). 【사진2】
2. 패주에 밀가루를 입히고 달걀물을 씌운다. 【사진3】
3. 팬을 달구어 식용유를 두르고 패주를 놓고 다진 청 · 홍고추를 얹어 중불에서 앞면은 1분, 뒤집어서 1분 정도 지진다. 【사진4】
4. 초간장과 함께 낸다.

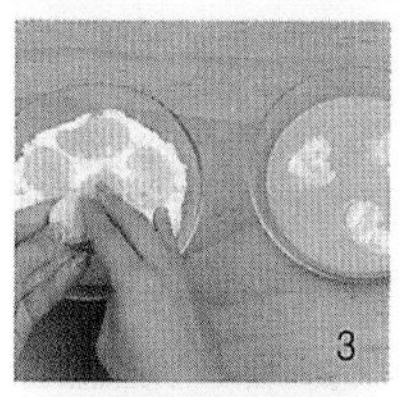

· 패주는 오래 지지면 질겨진다.
· 패주는 데치지 않으면 전을 지질 때 물기가 많이 생겨 달걀옷이 벗겨진다.

조리후 중량	적정배식온도	총가열시간	총조리시간	표준조리도구
280g(4인분)	70~75℃	5분	30분	30cm 후라이팬

우설전

삶은 우설을 얇게 썰어서 밀가루를 묻히고 달걀을 씌워서 지진음식이다. 우설은 소의 혀를 말하는 것으로 영양이 풍부하고 씹히는 맛이 좋아 예부터 우설을 이용한 다양한 음식이 있었다.

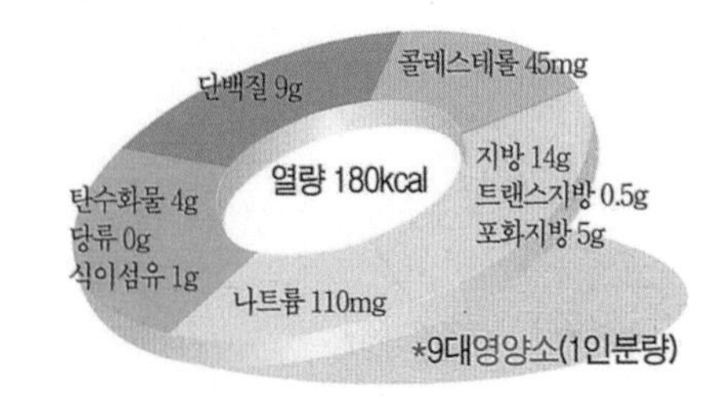

우설 300g, 튀하는 물 1kg(5컵), 물 1.6kg(8컵)
향채 : 파 20g, 마늘 20g
양념 : 소금 1g(¼작은술), 후춧가루 0.1g, 참기름 4g(1작은술)
밀가루 21g(3큰술), **달걀** 60g(1개)
식용유 26g(2큰술)
초간장 : 간장 18g(1큰술), 식초 15g(1큰술), 물 15g(1큰술)

재료준비

1. 우설은 물에 담가 1시간 정도 핏물을 뺀다.
2. 향채는 다듬어 깨끗이 씻는다.
3. 달걀은 풀어 놓는다.
4. 초간장을 만든다.

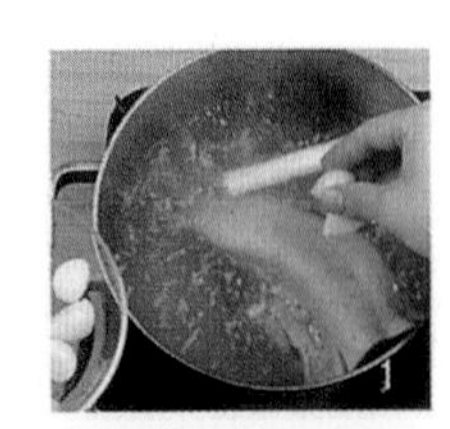

만드는법

1. 냄비에 튀하는 물을 붓고 센불에 5분 정도 올려 끓으면 우설을 넣고 5분 정도 튀한다(285g).
2. 냄비에 물을 붓고 센불에 8분 정도 올려 끓으면, 우설을 넣고 중불로 낮추어 30분 정도 끓이다가 향채를 넣고 30분 정도 더 삶은 다음 건져서 껍질을 벗긴다(190g). 【사진1】
3. 우설은 가로 5cm 세로 4cm 두께 0.3cm 정도로 썰어(170g), 양념을 넣고 양념한다. 【사진2 · 3】
4. 우설에 밀가루를 입히고 달걀물을 씌운다.
5. 팬을 달구어 식용유를 두르고 우설을 넣고 중불에서 앞면은 1분 30초, 뒤집어서 1분 정도 지진다. 【사진4】
6. 초간장과 함께 낸다.

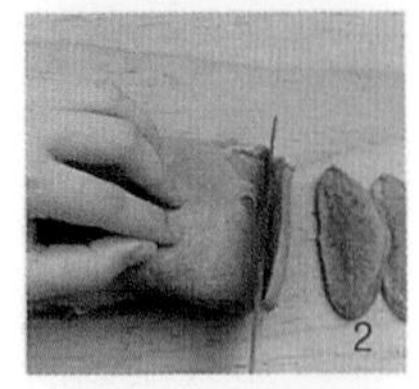

· 우설의 표피 막은 익힌 후 벗겨야 깨끗이 잘 벗겨진다.

조리후 중량	적정배식온도	총가열시간	총조리시간	표준조리도구
200g(4인분)	70~75℃	1시간 21분	3시간	30cm 후라이팬

가지전

가지를 썰어서 밀가루즙을 입혀 지진 음식이다. 가지는 익히면 씹을 때의 촉감이 부드러운 채소로, 한방에서는 혈관을 강하게 하고 열을 낮추어 준다고 한다.

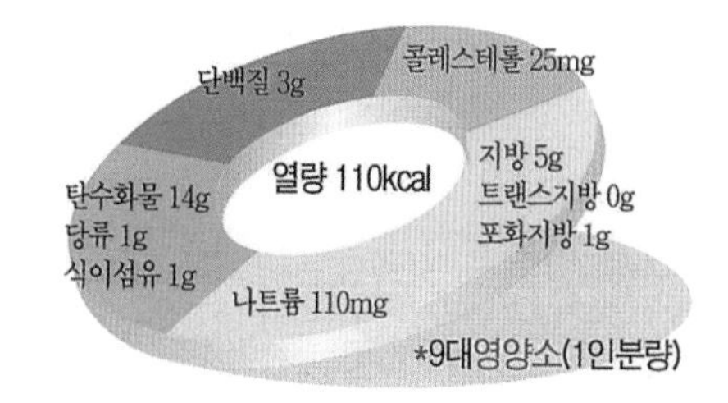

가지 200g(1½개), 물 2kg(10컵), 소금 1g(¼작은술)
밀가루 14g(2큰술)
청고추 15g(1개), **홍고추** 20g(1개)
반죽 : 밀가루 49g(7큰술), 달걀 60g(1개), 물 50g(¼컵)
　　소금 0.5g(⅛작은술)
식용유 26g(2큰술)
초간장 : 간장 18g(1큰술), 식초 15g(1큰술), 물 15g(1큰술)

재료준비

1. 가지는 씻어 길이 5cm 두께 0.6cm 정도로 어슷 썰어(180g) 물에 10분 정도 담갔다가 건져서 물기를 뺀다.
2. 가지에 소금을 뿌려 10분 정도 절인 다음 물기를 닦는다(150g). 【사진1】
3. 청 · 홍고추는 씻어서 길이로 반을 잘라 씨와 속을 떼어 내고 꽃모양틀로 찍어 고명을 만든다(청고추 3g, 홍고추 3g).
4. 밀가루에 달걀과 물 · 소금을 넣고 고루 섞어서 반죽을 만든다. 【사진2】
5. 초간장을 만든다.

1

2

만드는법

1. 절인 가지에 밀가루를 고루 입히고, 여분의 가루는 털어 낸 후 반죽을 씌운다. 【사진3】
2. 팬을 달구어 식용유를 두르고, 가지를 놓고 청 · 홍고추 고명을 얹어 중불에서 앞면은 2분, 뒤집어서 약불로 낮추어 2분 정도 지진다. 【사진4】
3. 초간장과 함께 낸다.

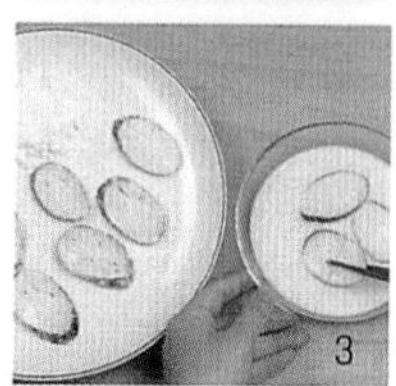
3

4

· 가지는 껍질을 벗겨서 지지기도 한다.
· 가지전은 너무 굵지 않은 중간 크기의 것을 사용한다.

조리후 중량	적정배식온도	총가열시간	총조리시간	표준조리도구
300g(4인분)	70~75℃	4분	30분	30cm 후라이팬

고사리전

고사리와 실파에 양념을 하고 밀가루와 달걀을 넣은 반죽에 지진 음식이다. 고사리는 한방에서 '오장의 부족한 것을 보충해 주며 독기를 풀어준다.' 라고 하였다. 고사리는 질감이 고기와 같다.

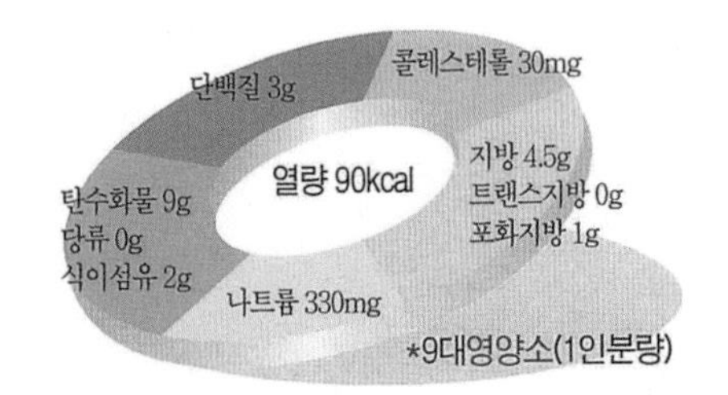

불린 고사리 150g, 소금 2g(½작은술), 참기름 4g(1작은술)
실파 30g, 소금 0.5g(⅛작은술), 참기름 2g(½작은술)
홍고추 10g(½개)
반죽 : 밀가루 35g(5큰술), 달걀 60g(1개), 물 45~60g(3~4큰술)
소금 1g(¼작은술)
식용유 13g(1큰술)
초간장 : 간장 18g(1큰술), 식초 15g(1큰술), 물 15g(1큰술)

재료준비

1. 불린 고사리는 억센 줄기를 자르고, 씻어서 물기를 짠 다음(135g) 길이 8cm 정도로 잘라 소금과 참기름으로 양념한다. 【사진1】
2. 실파는 다듬어 깨끗이 씻어 길이 8cm 정도로 자르고(25g), 소금과 참기름으로 양념한다. 【사진2】
3. 홍고추는 씻어서 길이 2cm 두께 0.3cm 정도로 어슷 썬다.
4. 밀가루에 달걀 · 물 · 소금을 넣고 고루 섞어 반죽을 만든다.
5. 초간장을 만든다.

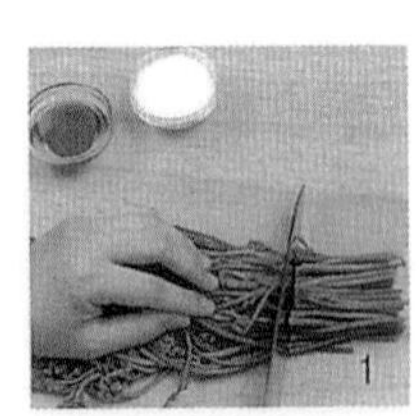

만드는법

1. 팬을 달구어 식용유를 두르고 반죽을 떠 놓고 직경 10cm, 두께 0.3cm 정도로 둥글게 만든다. 【사진3】
2. 반죽 위에 고사리와 실파를 펴서 놓고, 홍고추를 얹은 후 반죽을 더 떠서 골고루 편다.【 사진4】
3. 중불에서 앞면은 2분, 뒤집어서 1분 30초 정도 지진다.
4. 초간장과 함께 낸다.

· 실파의 양은 기호에 따라 가감하고, 쪽파를 사용하기도 한다.
· 고사리전을 크게 부쳐서 썰어 내기도 한다.

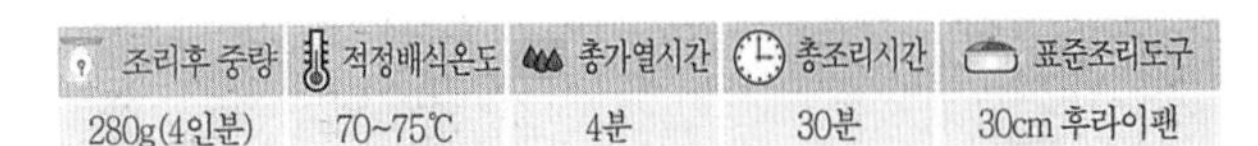

조리후 중량	적정배식온도	총가열시간	총조리시간	표준조리도구
280g(4인분)	70~75℃	4분	30분	30cm 후라이팬

김치전

김치와 양파를 썰어 밀가루를 넣고 반죽하여 지진 음식이다. 흔히 전은 기름에 지진다고 하여 지짐이라고도 하며, 부친다고 하여 부치개 · 부침개라 한다. 김치전은 겨울철 김장 김치가 익어서 시어지면 부침개를 하여 반찬이나 간식으로 많이 만들어 먹었으며, 여름 장마철에 즐겨 먹는 음식이다.

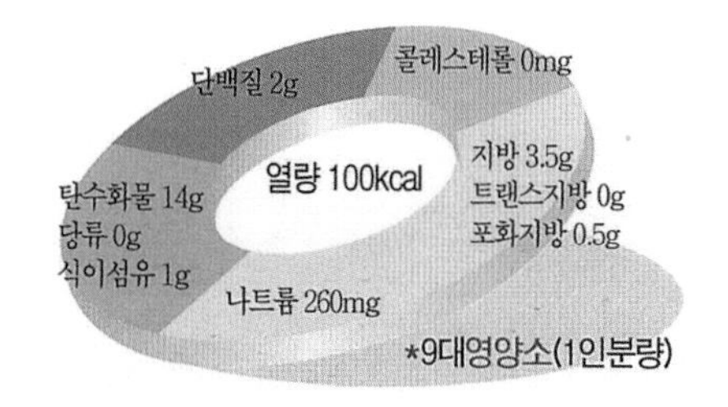

배추김치 150g
양파 30g
청고추 7.5g(½개), **홍고추** 10g(½개)
반죽 : 밀가루 56g(8큰술), 김칫국물 30g(2큰술), 물 60g(4큰술)
식용유 26g(2큰술)
초간장 : 간장 18g(1큰술), 식초 15g(1큰술), 물 15g(1큰술)

재료준비

1. 배추김치는 속을 털어 내어 폭 1cm 정도로 썬다. 【사진1】
2. 양파는 다듬어 씻어 길이 5cm 폭 0.3cm 정도로 채 썬다(18g).
3. 청 · 홍고추는 씻어 길이 2cm 두께 0.3cm 정도로 어슷 썬다. 【사진2】
4. 밀가루에 김칫국물과 물을 넣고 고루 섞은 다음, 김치와 양파를 넣고 반죽한다. 【사진3】
5. 초간장을 만든다.

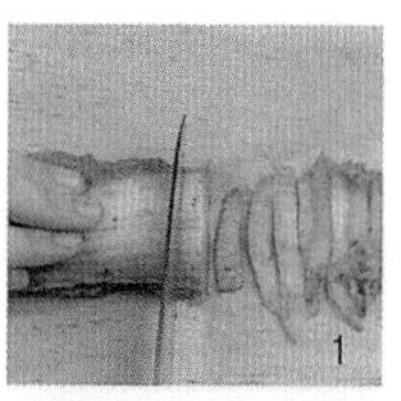
1

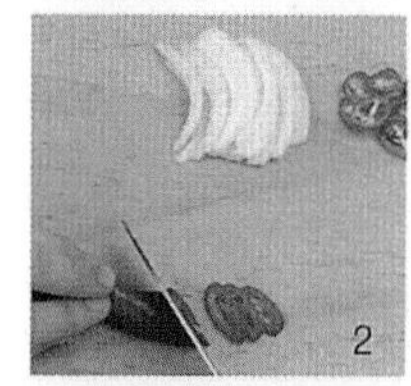
2

만드는법

1. 팬을 달구어 식용유를 두르고, 반죽을 직경 5cm 두께 0.5cm 정도로 둥글게 떠 놓고, 청 · 홍고추를 고명으로 얹은 다음 중불에서 2분, 뒤집어서 1분 30초 정도 지진다. 【사진4】
2. 초간장과 함께 낸다.

3

· 돼지고기를 같이 넣고 지지기도 한다.
· 오징어 등의 해물을 넣고 지지기도 한다.

조리후 중량	적정배식온도	총가열시간	총조리시간	표준조리도구
280g(4인분)	70~75℃	4분	30분	30cm 후라이팬

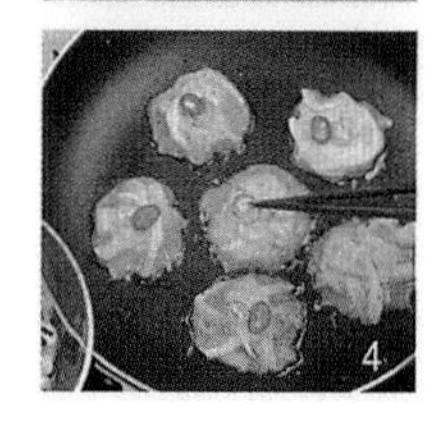
4

느타리버섯전

느타리버섯을 데쳐서 양념하여 지진 음식이다. 한방에서 느타리버섯은 오장에 기운을 조화시켜 식욕을 돋우며, 면역력이 저하된 환자들에게 좋다고 하였다. 또한 씹히는 감촉이 좋고 식이섬유소가 많아 다이어트에도 좋은 식품이다.

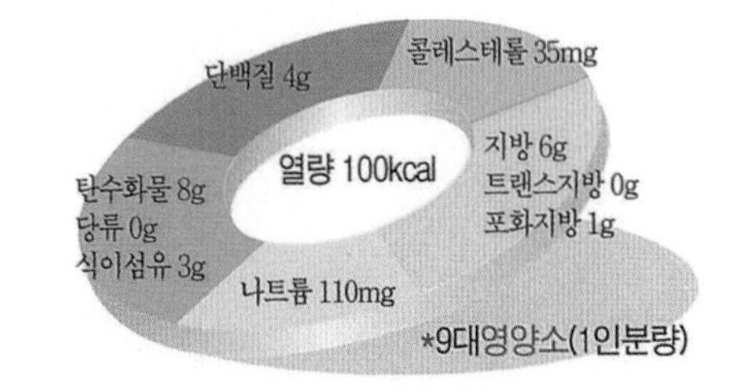

느타리버섯 250g, 물 1kg(5컵)
소금 0.5g(1/8작은술), **참기름** 4g(1작은술)
밀가루 10g
달걀 60g(1개)
청고추 7.5g(1/2개), **홍고추** 10g(1/2개)
초간장 : 간장 18g(1큰술), 식초 15g(1큰술), 물 15g(1큰술)

재료준비

1. 느타리버섯은 다듬어 깨끗이 씻는다. 【사진1】
2. 청 · 홍고추는 씻어 반을 잘라 씨와 속을 떼어내고 가로 · 세로 0.5㎝ 정도로 썬다.

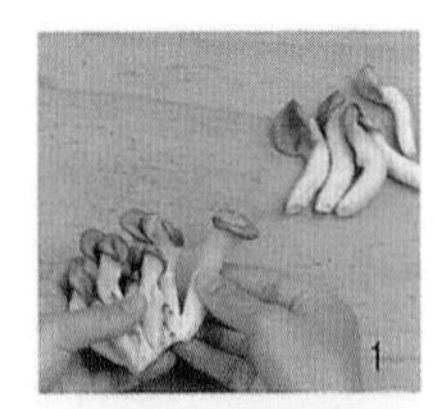

만드는법

1. 냄비에 물을 붓고 센불에 5분 정도 올려 끓으면, 느타리버섯을 넣고 2분 정도 데쳐 폭 0.7㎝ 정도로 찢어 물기를 꼭 짠다. 【사진2】
2. 느타리버섯에 소금과 참기름으로 양념하고, 밀가루를 넣어 버무린 다음 달걀을 풀어 넣는다. 【사진3】
3. 팬을 달구어 식용유를 두르고, 반죽을 떠 놓고 직경 5㎝ 두께 0.5㎝ 정도로 둥글게 만든다.
4. 청 · 홍고추를 얹고 중불에서 앞면은 2분, 뒤집어서 1분 정도 지진다. 【사진4】
5. 초간장과 함께 낸다.

· 느타리버섯을 작게 썰어 부치기도 한다.
· 생느타리버섯을 사용하기도 한다.

조리후 중량	적정배식온도	총가열시간	총조리시간	표준조리도구
280g(4인분)	70~75℃	10분	30분	30cm 후라이팬

단호박전

단호박을 채 썰어 밀가루를 넣고 반죽하여 지진 음식이다. 단호박은 쪄서 먹거나 건강식으로 먹는데, 맛이 밤처럼 달아 밤호박이라고도 하며, 전분 · 미네랄 · 비타민 등의 함량이 많고 맛이 좋은 식품이다.

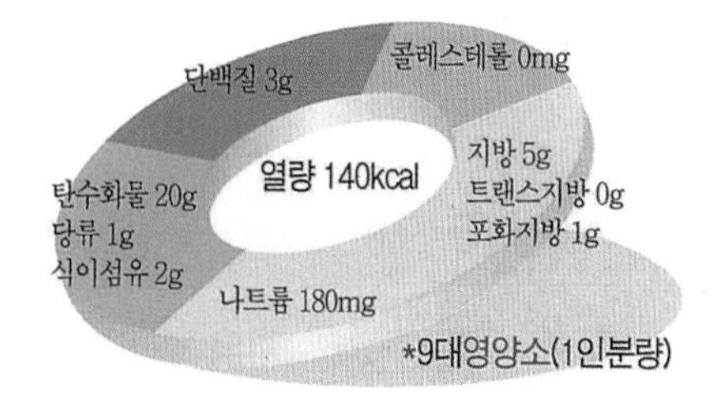

단호박 250g, 소금 2g(½작은술)
밀가루 42g(6큰술), 물 30~45g(2~3큰술)
식용유 26g(2큰술), 호박씨 5g
초간장 : 간장 18g(1큰술), 식초 15g(1큰술), 물 15g(1큰술)

재료준비

1. 단호박은 씻어서 속을 긁어내고, 껍질을 벗겨 길이 2cm 폭 · 두께 0.1cm 정도로 채 썬다(190g). 【사진1 · 2】
2. 초간장을 만든다.

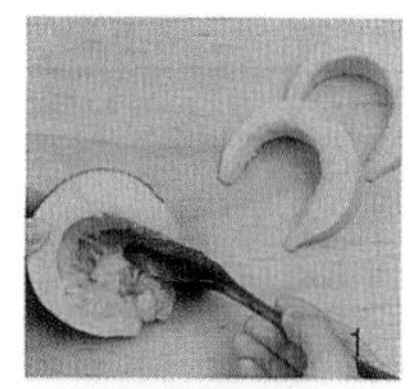
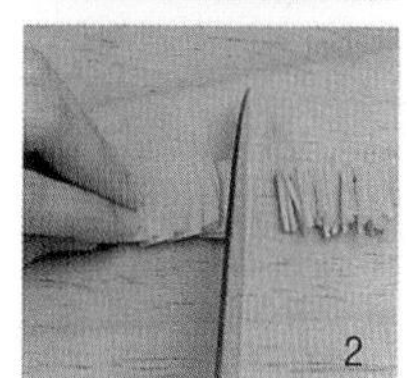

만드는법

1. 단호박에 소금을 넣고 30분 정도 절인 다음 꼭 짠다.
2. 절여진 단호박에 밀가루와 물을 넣고 고루 섞어 반죽한다. 【사진3】
3. 팬을 달구어 식용유를 두르고, 단호박 반죽을 떠 놓고 직경 4~5cm 두께 0.5cm 정도로(10~12g) 둥글게 만든다.
4. 호박씨를 올리고 중불에서 앞면을 1분 30초, 뒤집어서 1분 정도 지진다(24개). 【사진4】
5. 초간장과 함께 낸다.

· 늙은 호박을 사용하기도 한다.
· 단호박을 믹서에 갈아서 밀가루를 넣고 지지기도 한다.

조리후 중량	적정배식온도	총가열시간	총조리시간	표준조리도구
260g(4인분)	70~75℃	3분	1시간	30cm 후라이팬

청포묵전

청포묵을 양념하여 밀가루와 달걀물을 씌워 지진 음식이다. 청포묵은 녹두녹말로 만든 묵으로 전을 지지면 투명하고 부드러운 맛이 별미이다. 황포묵을 사용하기도 한다.

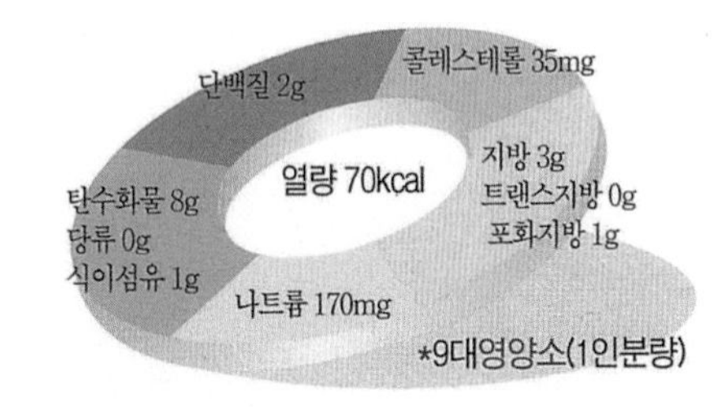

청포묵 300g(1모), 소금 1g(¼작은술), 참기름 2g(½작은술)
청고추 10g(⅔개), **홍고추** 10g(½개)
밀가루 21g(3큰술), **달걀** 120g(2개)
식용유 26g(2큰술)
초간장 : 간장 18g(1큰술), 식초 15g(1큰술), 물 15g(1큰술)

재료준비

1. 청포묵은 가로 5㎝ 세로 3.5㎝ 두께 0.8㎝ 정도로 잘라(240g), 소금과 참기름을 넣고 양념하여 10분 정도 둔다. 【사진1 · 2】
2. 청 · 홍고추는 씻어서 길이로 반을 잘라 씨와 속을 떼어 내고 꽃모양틀로 찍어 고명을 만든다(청고추 4g, 홍고추 5g).
3. 달걀은 황백으로 나누어 풀어 놓는다.
4. 초간장을 만든다.

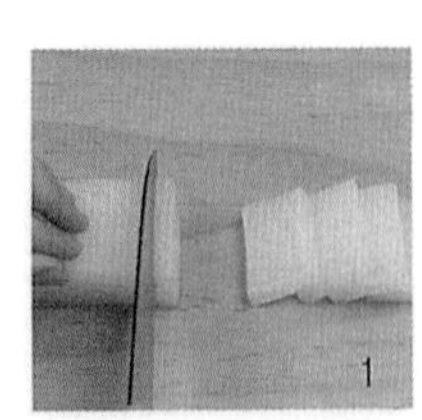
1

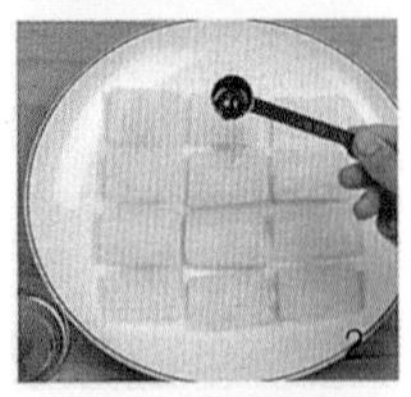
2

만드는법

1. 청포묵은 밀가루를 입히고, 각각 황 · 백의 달걀물을 씌운다. 【사진3】
2. 팬을 달구어 식용유를 두르고, 청포묵을 넣어 청 · 홍고추 고명을 얹고 약불에서 앞면을 1분 30초 정도, 뒤집어서 30초 정도 지진다. 【사진4】
3. 초간장과 함께 낸다.

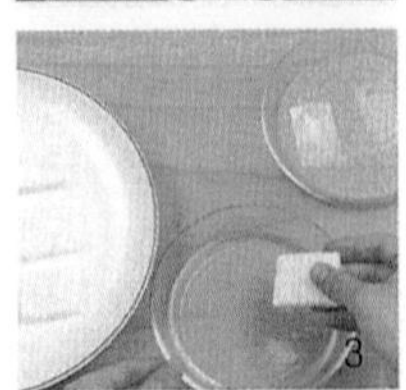
3

· 달걀노른자에 노란색의 치자물을 넣기도 한다.
· 전(煎)에 사용할 청포묵은 말랑거리는 것보다 굳은 것이 좋으므로, 사용하고 남은 묵을 이용하면 좋다.

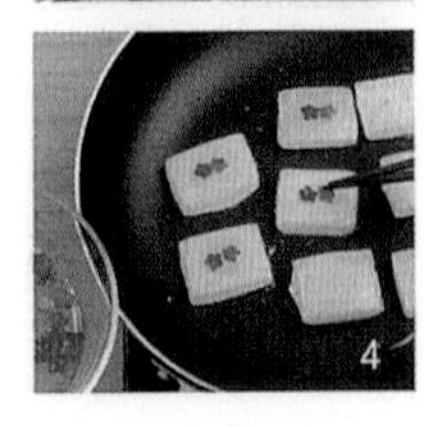
4

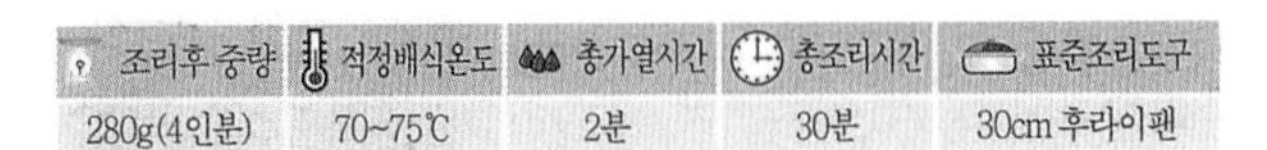

조리후 중량	적정배식온도	총가열시간	총조리시간	표준조리도구
280g(4인분)	70~75℃	2분	30분	30㎝ 후라이팬

두릅전

두릅을 데쳐서 밀가루와 달걀물을 씌워서 지진 음식이다. 두릅전은 이른 봄 두릅나무의 새순을 채취하여 먹는 것으로 목두채(木頭菜)라고도 하며, 한방에서는 체질에 관계없이 모든 사람에게 좋은 식품이라 하였다.

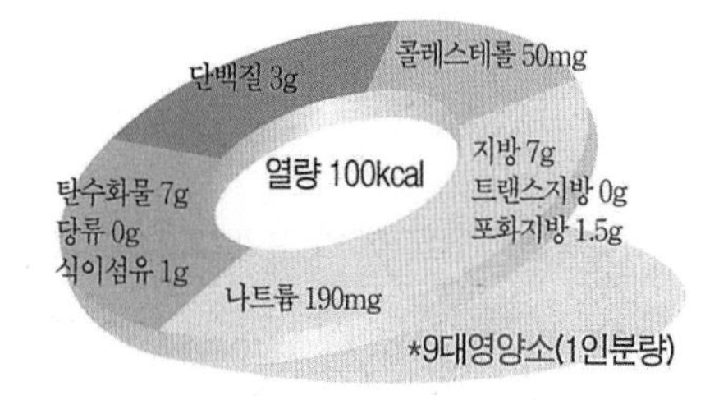

두릅 150g, 물 1kg(5컵), 소금 1g(¼작은술)
양념 : 소금 2g(½작은술), 참기름 6.5g(½큰술)
밀가루 24.5g(3½큰술), **달걀** 120g(2개)
식용유 26g(2큰술)
초간장 : 간장 18g(1큰술), 식초 15g(1큰술), 물 15g(1큰술)

재료준비

1. 두릅은 어리고 연한 것을 골라 다듬어 깨끗이 씻는다(110g).
2. 달걀은 풀어 놓는다.
3. 초간장을 만든다.

만드는법

1. 냄비에 물을 붓고 센불에 5분 정도 올려 끓으면, 소금과 두릅을 넣고 2분 정도 데쳐 물에 헹구어 물기를 뺀다(120g). 【사진1】
2. 데친 두릅은 길이로 2등분하여 양념을 넣고 양념한다. 【사진2】
3. 두릅에 밀가루를 입히고 달걀물을 씌운다. 【사진3】
4. 팬을 달구어 식용유를 두르고, 두릅을 놓고 중불에서 앞면은 3분, 뒤집어서 3분 정도 지진다. 【사진4】
5. 초간장과 함께 낸다.

· 두릅이 나지 않는 계절에는 염장된 두릅을 물에 담가 짠맛을 빼고 사용한다.
· 두릅은 살짝 데쳐야 색이 파랗다.

조리후 중량	적정배식온도	총가열시간	총조리시간	표준조리도구
220g(4인분)	80℃	13분	30분	28cm 후라이팬

콩부침

불린 콩을 갈아서 돼지고기와 채소를 넣고 지진 음식이다. 콩은 오곡의 하나로 쌀을 주식으로 하는 우리에게 부족한 단백질과 지방질을 보완하고 공급해 주는 최고의 식품이다.

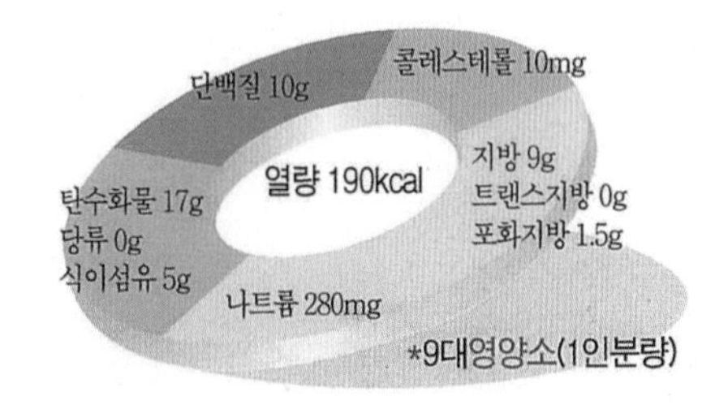

흰콩 75g, **멥쌀** 80g, **물** 160g, **소금** 1g(¼작은술)
다진 돼지고기 80g
양념 : 소금 2g(½작은술), 다진 마늘 2.8g(½작은술), 후춧가루 0.1g
청고추 15g(1개), **파** 20g
식용유 65g(5큰술)

재료준비

1. 흰콩은 씻어 일어서 8시간 정도 불려 비벼 씻어 껍질을 벗긴다(185g). 【사진1】
2. 멥쌀은 깨끗이 씻어 30분 정도 불려 체에 밭쳐 10분 정도 물기를 뺀다.
3. 믹서에 흰콩과 멥쌀 · 물 · 소금을 넣고 곱게 갈아 콩부치개 반죽을 만든다. 【사진2】
4. 다진 돼지고기는 핏물을 닦아 양념을 넣고 양념한다.
5. 청고추와 파는 다듬어 씻어 폭 0.2cm 정도로 썬다(청고추 12g, 파 18g).

1

2

만드는법

1. 반죽에 양념한 돼지고기와 청고추 · 파를 넣고 고루 섞는다(564g). 【사진3】
2. 팬을 달구어 식용유를 두르고 반죽을 직경 5cm 두께 0.5cm 정도로 둥글게 놓고 중불에서 앞면은 3분, 뒤집어서 2분 정도 지진다. 【사진4】

3

4

· 부침용 콩은 곱게 갈아서 지지면 씹는 맛이 덜하므로 거칠게 갈아서 사용한다.
· 불린 콩을 갈을 때 물을 많이 넣으면 지질 때 반죽이 흩어지므로 물을 많이 넣지 않는다.

조리후 중량	적정배식온도	총가열시간	총조리시간	표준조리도구
360g(4인분)	70~75℃	5분	5시간 이상	30cm 후라이팬

부추전

부추에 청 · 홍고추와 해물을 넣고 지진 음식이다. 부추는 '정(情)을 오래 유지 시켜준다' 하여 정구지(精久持)라고도 하고, 집을 부수고 싶은 풀이라는 뜻으로 파옥초(破屋草)라고도 하는데 불교에서 금하는 다섯 가지 음식인 오신채 중 하나이다.

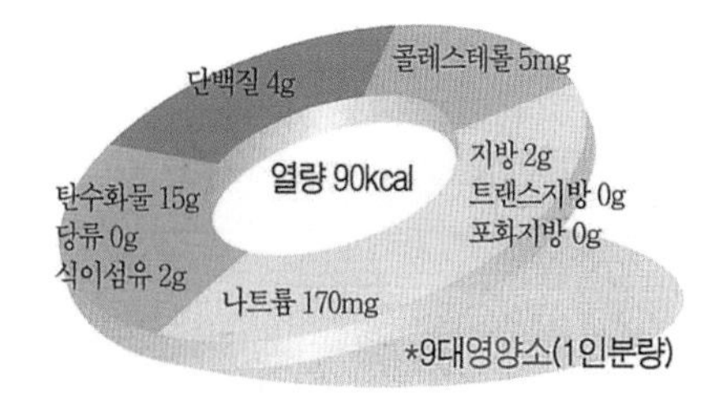

부추 60g
청고추 30g(2개), **홍고추** 10g(½개)
홍합살 30g, **조갯살** 50g, 물 300g(1½컵), 소금 1g(¼작은술)
반죽 : 밀가루 64g(⅔컵), 소금 1g(¼작은술), 물 90g(6큰술)
식용유 26g(2큰술)
초간장 : 간장 18g(1큰술), 식초 15g(1큰술), 물 15g(1큰술)

재료준비

1. 부추는 다듬어 깨끗이 씻어 길이 3cm 정도로 썰고(55g), 청 · 홍고추는 씻어 길이로 반을 잘라 씨와 속을 떼어 내고 길이 2cm 폭 · 두께 0.3cm 정도로 채 썬다(청고추 18g, 홍고추 5g). 【사진1】
2. 홍합살과 조갯살은 소금물에 살살 씻어 체에 건져 물기를 빼고 굵게 다진다(홍합살 28g, 조갯살 45g). 【사진2】
3. 밀가루에 소금과 물을 붓고 고루 섞어 반죽을 만든다.
4. 초간장을 만든다.

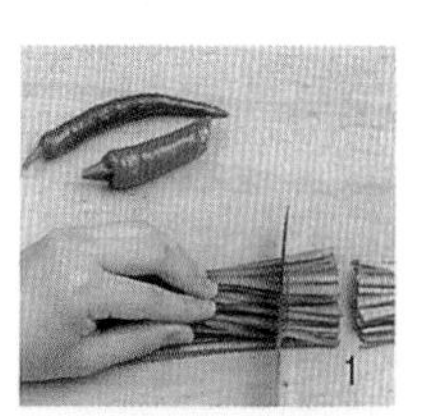
1

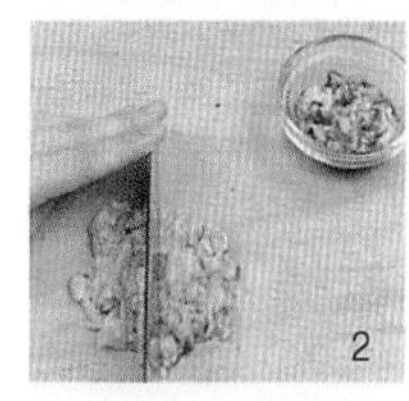
2

만드는법

1. 반죽에 부추와 청 · 홍고추 · 홍합살 · 조갯살을 넣고 고루 섞는다. 【사진3】
2. 팬을 달구어 식용유를 두르고, 반죽을 직경 4~5cm 두께 0.5cm 정도로 둥글게 놓고 중불에서 앞면을 2분 30초, 뒤집어서 2분 정도 지진다. 【사진4】
3. 초간장과 함께 낸다.

3

4

· 기호에 따라 양파나 감자 등의 채소를 넣기도 한다.
· 굴 또는 오징어 등의 해산물을 다져 넣기도 한다.

조리후 중량	적정배식온도	총가열시간	총조리시간	표준조리도구
280g(4인분)	70~75℃	5분	30분	30cm 후라이팬

마전

마를 갈아서 고사리를 넣고 지져낸 음식이다. 마는 예부터 서여(薯蕷), 산약(山藥)이라 하여 비장을 튼튼히 하고 기력을 증진시켜 주는 자양강장제로 이용되어 왔다.

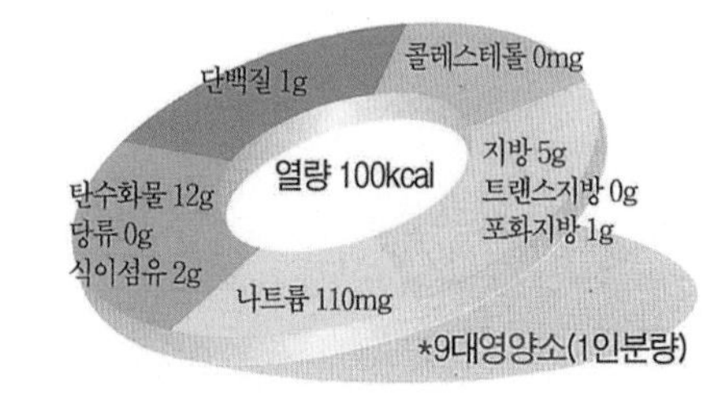

마 300g
불린 고사리 30g
청고추 15g(1개), 홍고추 20g(1개)
녹말 16g(2큰술)
소금 2g(½작은술)
식용유 39g(3큰술)
초간장 : 간장 18g(1큰술), 식초 1큰술 15g(1큰술), 물 15g(1큰술)

재료준비

1. 마는 씻어 껍질을 벗기고 강판에 곱게 간다(260g). 【사진1】
2. 불린 고사리의 질긴 부분은 잘라 내고 길이 1cm 정도로 썬다(28g).
3. 청 · 홍고추는 씻어 길이로 반을 잘라 씨와 속을 떼어 내고 길이 1cm 폭 0.3cm 정도로 채 썬다. 【사진2】
4. 갈아 놓은 마에 고사리와 청 · 홍고추 · 녹말 · 소금을 넣고 잘 섞는다. 【사진3】

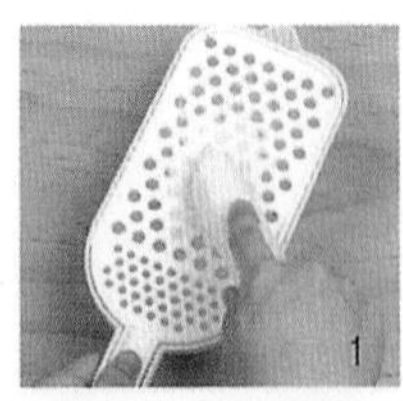
1

2

만드는법

1. 팬을 달구어 식용유를 두르고, 반죽을 직경 3cm 두께 0.5cm 정도로 둥글게 만들어 넣고 약불에서 앞면은 2분, 뒤집어서 2분 정도 지진다. 【사진4】
2. 초간장과 함께 낸다.

3

· 마를 갈지 않고 생으로 썰어 지지기도 한다.
· 마전은 너무 오래 지지면 질감이 좋지 않다.

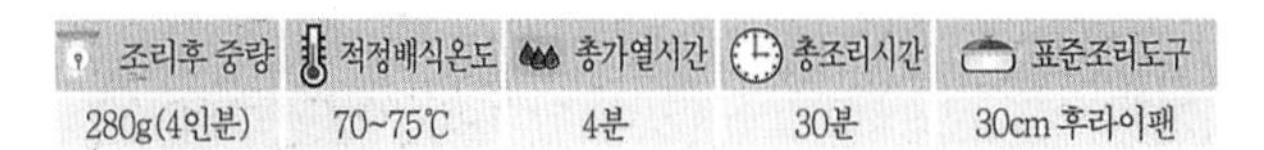

조리후 중량	적정배식온도	총가열시간	총조리시간	표준조리도구
280g(4인분)	70~75℃	4분	30분	30cm 후라이팬

4

도토리부침

도토리가루와 밀가루를 섞어 반죽하여 부추를 넣고 부친 음식이다. 「고려사(高麗史)」에 의하면 '충선왕은 흉년이 들자 백성을 생각하여 반찬의 수를 줄이고 도토리를 맛보아 굶주리는 백성들의 노고를 체험하였다.' 고 하였으며 구황식품으로 이용 되었다.

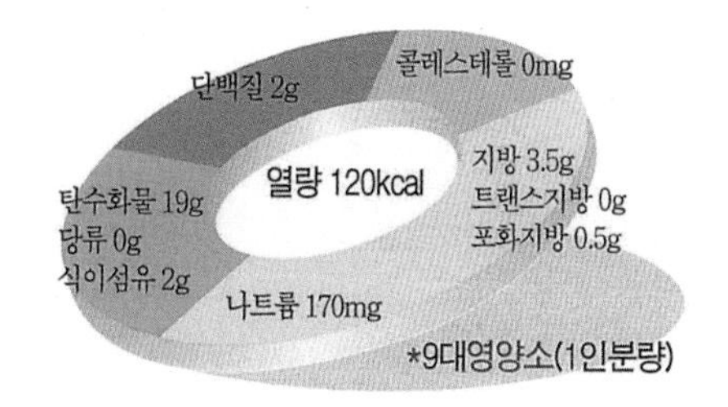

도토리가루 85g(1컵)
밀가루 24g(¼컵), 소금 2g(½작은술), 물 200g(1컵)
부추 30g
홍고추 10g(½개)
식용유 26g(2큰술)
초간장 : 간장 18g(1큰술), 식초 15g(1큰술), 물 15g(1큰술)

재료준비

1. 도토리가루와 밀가루는 체에 쳐서 소금과 물을 넣고 반죽한다.【사진1】
2. 부추는 다듬어 깨끗이 씻어 길이 2cm 정도로 썬다(28g).
3. 홍고추는 씻어 길이로 반을 잘라 씨와 속을 떼어내고, 길이 2cm 폭 · 두께 0.3cm 정도로 채 썬다(8g).【사진 2】
4. 초간장을 만든다.

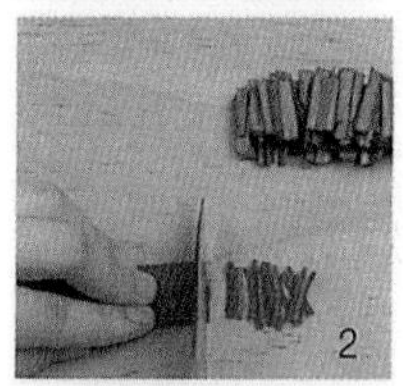

만드는법

1. 반죽에 부추와 홍고추를 섞는다.
2. 팬을 달구어 식용유를 두르고, 반죽을 붓고 두께 0.3cm 정도로 편 다음 중불에서 앞면은 2분, 뒤집어서 1분 정도 지진다.【사진3 · 4】
3. 초간장과 함께 낸다.

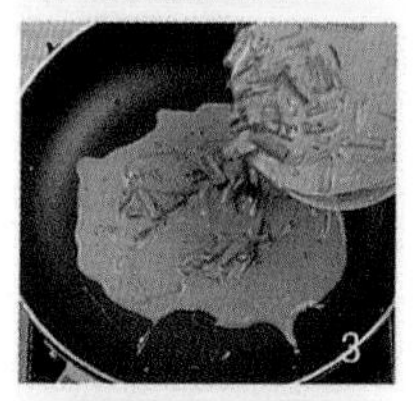

· 기호에 따라 밀가루를 넣지 않고 도토리가루만 사용하기도 한다.
· 양파를 채 썰어 함께 넣기도 한다.

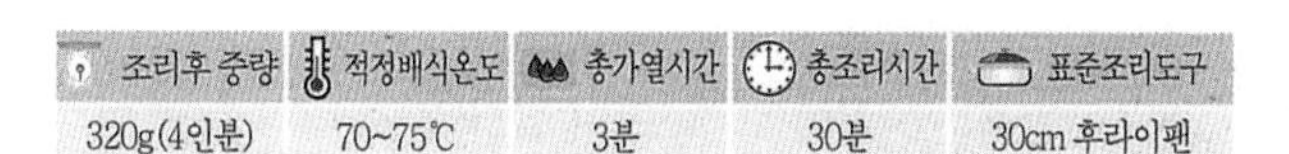

조리후 중량	적정배식온도	총가열시간	총조리시간	표준조리도구
320g(4인분)	70~75℃	3분	30분	30cm 후라이팬

삼색으로 밀전병을 부쳐 소를 넣고 말아 겨자즙에 찍어 먹는 음식이다. 밀쌈은 유월 유두날 즐겨 먹던 음식이며 궁중이나 반가에서도 연병이라 하여 밀쌈을 만들어 먹었다고 전해진다.

삼색밀쌈

조리후 중량	적정배식온도	총가열시간	총조리시간	표준조리도구
300g(4인분)	15~25℃	7분	1시간	30cm 후라이팬

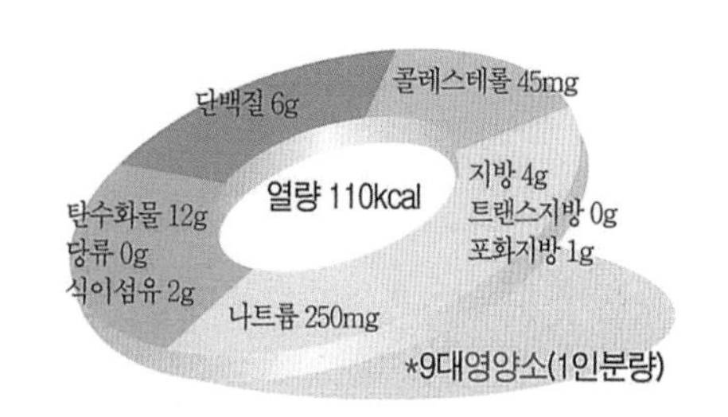

밀전병 반죽 : 밀가루 63g(9큰술), 소금 1g(¼작은술), 물 45g(3큰술)
시금치즙 45g(3큰술), 당근즙 45g(3큰술)
쇠고기(우둔) 50g, 표고버섯 15g(3장)
양념장 : 간장 6g(1작은술), 설탕 2g(½작은술), 다진 파 2.3g(½작은술)
다진 마늘 1.4g(¼작은술), 깨소금 1g(½작은술), 후춧가루 0.1g
참기름 2g(½작은술)
오이 200g(1개), 소금 0.5g, **당근 50g(¼개)**, 소금 0.5g
달걀 120g(2개), 식용유 39g(3큰술)
겨자즙 : 발효겨자 6g(½큰술), 식초 15g(1큰술), 설탕 4g(1작은술)
소금 2g(½작은술), 꿀 9.5g(½큰술)

재료준비

1. 쇠고기는 핏물을 닦고(45g) 길이 5~6cm 폭 · 두께 0.2cm 정도로 채 썰어 양념장 ½량을 넣고 양념한다.
2. 표고버섯은 물에 1시간 정도 불려 기둥을 떼고 물기를 닦아, 폭 · 두께 0.1cm 정도로 채 썰어 나머지 양념장 ½량을 넣고 양념한다(42g).
3. 오이는 소금으로 비벼 깨끗이 씻어 길이 5cm 정도로 잘라 두께 0.1cm 정도로 돌려 깎은 후, 폭 0.1cm 정도로 채 썰고(43g), 당근은 다듬어 씻어 오이와 같은 크기로 채 썰어(45g), 각각 소금을 넣고 5분 정도 절인 다음 면보로 물기를 닦는다.
4. 달걀은 황백지단을 부쳐, 길이 5cm 폭 0.1cm 정도로 채 썬다(황지단 25g, 백지단 43g).
5. 밀가루에 소금을 넣고 섞어 3등분 한 후 물과 시금치즙, 당근즙을 각각 넣고 반죽하여 체에 내린다. 【사진1】
6. 겨자즙을 만든다.

만드는법

1. 팬을 달구어 식용유를 두르고, 쇠고기와 표고버섯을 넣고 중불에서 각각 2분씩 볶는다(쇠고기 36g, 표고버섯 44g).
2. 팬을 달구어 식용유를 두르고 오이와 당근을 넣고, 센불에서 각각 30초씩 볶아 넓게 펴서 식힌다(오이 33g, 당근 40g). 【사진2】
3. 팬을 달구어 식용유를 두르고 밀전병 반죽을(10g) 직경 7cm 두께 0.2cm 정도로 둥글게 떠놓고 약불에서 앞면은 1분, 뒤집어서 1분 정도 밀전병을 부친다(20개). 【사진3】
4. 세 가지 색의 밀전병에 쇠고기 · 표고버섯 · 오이 · 당근 · 황백지단을 넣어 돌돌 말아 겨자즙과 함께 낸다. 【사진4】

· 밀가루 반죽에 백련초가루 · 비트 · 적채 · 부추 · 쑥가루 등을 사용하여 색을 내도 좋다.

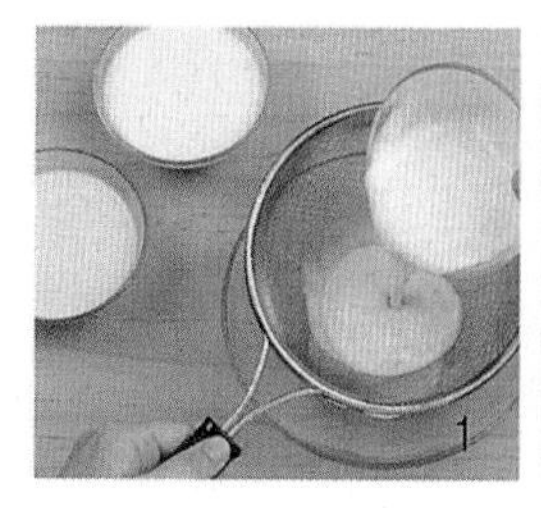
1

2

3

4

장산적

다진 쇠고기와 두부에 양념장을 넣고 네모지게 만들어 석쇠에 구운 다음 조림장에 윤기 나게 조린 음식이다. 장산적은 옛날 임금님 상에 올랐던 궁중 반찬으로 미리 만들어 두었다가 밑반찬으로 하거나 명절 상에 올렸던 음식이다.

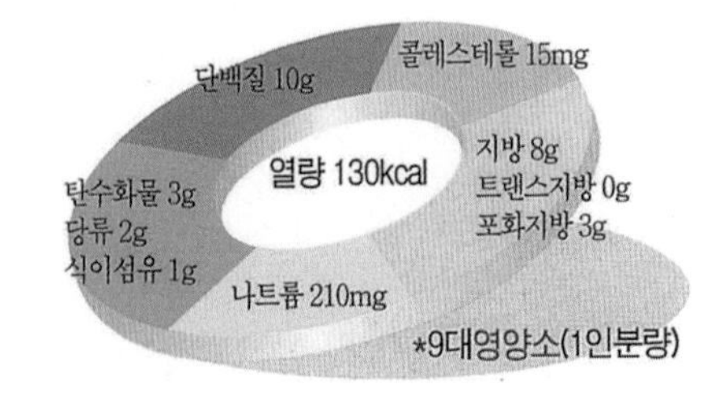

다진 쇠고기(우둔) 200g
두부 60g
양념장 : 간장 6g(1작은술), 설탕 6g(½큰술), 청주 5g(1작은술)
다진 파 4.5g(1작은술), 다진 마늘 2.8g(½작은술)
깨소금 2g(1작은술), 후춧가루 0.3g(⅛작은술)
참기름 13g(1큰술)
조림장 : 간장 18g(1큰술), 꿀 9.5g(½큰술), 물 100g(½컵)
식용유 13g(1큰술), 참기름 4g(1작은술), 잣가루 3g(½큰술)

재료준비

1. 다진 쇠고기는 핏물을 닦는다(190g).
2. 두부는 면보로 물기를 꼭 짜서 곱게 으깬다(40g).
3. 양념장과 조림장을 만든다.

만드는법

1. 다진 쇠고기와 두부에 양념장을 넣고 주물러 치대서 가로 · 세로 15㎝ 두께 0.7㎝ 정도로 반대기를 만들고 앞뒷면에 잔칼질을 한다(265g). 【사진1】
2. 석쇠를 달구어 식용유를 바르고 반대기를 얹어 높이 15㎝ 정도로 올려 중불에서 앞면은 10분, 뒤집어서 10분 정도 구워 섭산적을 만든다(225g). 【사진2】
3. 구워진 섭산적이 식으면 가로 · 세로 2.5㎝ 정도로 썬다(190g). 【사진3】
4. 냄비에 조림장을 넣고 센불에 2분 정도 올려 끓으면, 중불로 낮추어 5분 정도 끓이다가 섭산적을 넣고, 국물을 끼얹어 가며 4분 정도 조린 다음 참기름을 넣고 고루 섞는다. 【사진4】
5. 그릇에 담고 잣가루를 뿌린다.

1

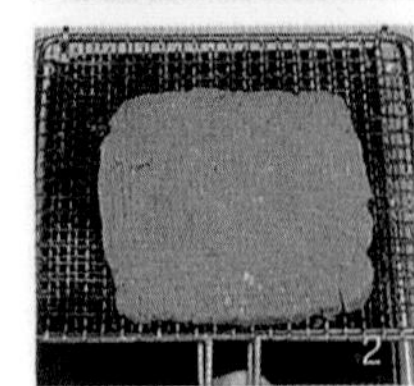
2

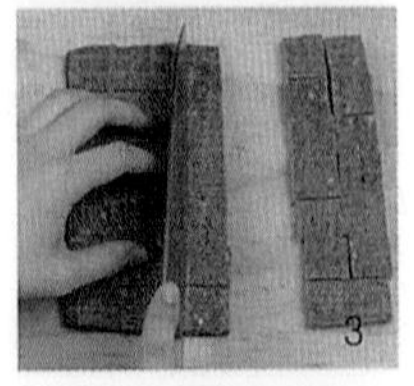
3

4

· 고기와 두부를 고루 섞어서 많이 주물러 치대야 부드럽고 표면이 매끈하다.

조리후 중량	적정배식온도	총가열시간	총조리시간	표준조리도구
200g(4인분)	15~25℃	31분	1시간	18㎝ 냄비, 석쇠

생치산적

꿩 가슴살과 표고버섯 · 움파를 꼬치에 꿰어서 지지는 음식이다. 꿩을 '생치'라 하는데 「동의보감」에 꿩은 '귀한 음식이나 미독이 있어 상식하여서는 안 되며, 9~12월 사이에 먹으면 괜찮다.'고 하였다.

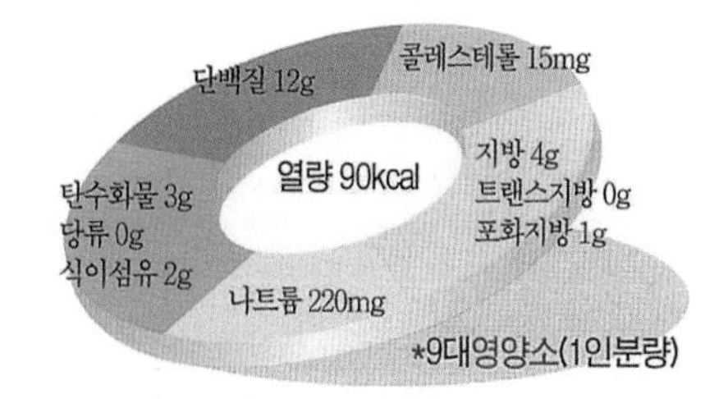

생치(꿩가슴살) 200g, 표고버섯 15g(3장), 움파 150g
꿩 · 표고버섯 · 움파 양념장 : 간장 18g(1큰술), 설탕 6g(½큰술)
다진 파 4.5g(1작은술), 다진 마늘 2.8g(½작은술)
깨소금 1g(½작은술), 후춧가루 0.3g(⅛작은술)
참기름 4g(1작은술)
잣가루 6g(1큰술)
식용유 39g(3큰술)
꼬치 8개

재료준비

1. 생치가슴살을 길이 7cm 폭 1cm 두께 0.6cm 정도로 썰어(180g), 잔칼질을 하고 양념장 ⅔량을 넣고 양념한다. 【사진1】
2. 표고버섯은 물에 1시간 정도 불려 기둥을 떼고 물기를 닦아 길이 6cm 폭 · 두께 1cm 정도로 썰고(45g), 움파는 다듬어 깨끗이 씻어 길이 6cm 정도로 썬 다음(100g) 나머지 양념장 ⅓량으로 양념한다. 【사진2】

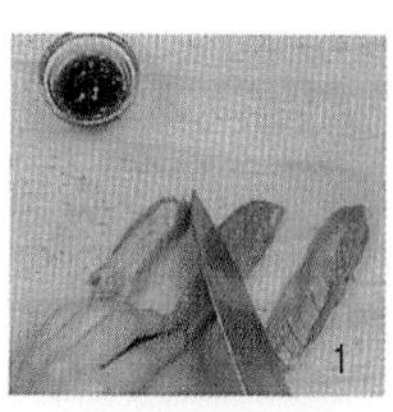
1

2

만드는법

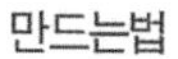

1. 꼬치에 생치와 움파 · 표고 · 움파 · 생치 순으로 꿴다. 【사진3】
2. 팬을 달구어 식용유를 두르고 생치산적을 넣고, 중불에서 낮추어 젓가락으로 움파를 들어서 앞면을 3분 정도 지져 생치가 익으면 젓가락을 빼고 뒤집어 3분 정도 지진다. 【사진4】
3. 그릇에 담아 잣가루를 뿌린다.

3

4

· 프라이팬 대신 석쇠에 굽기도 한다.
· 꿩 대신 닭을 이용하기도 한다.

조리후 중량	적정배식온도	총가열시간	총조리시간	표준조리도구
280g(4인분)	70~75℃	6분	2시간	30cm 후라이팬

배추적

배춧잎에 밀가루 반죽을 묻혀 지진 음식이다. 경상도 지방에서 명절 음식으로 부쳐 먹는데 맛이 신선하고 담백하다. 배추는 「향약구급방」에 처음 기록되었는데 채소가 아닌 약초로 기록되었으며, 화상을 입거나 생인손을 앓을 때 상비약으로 사용했다고 한다.

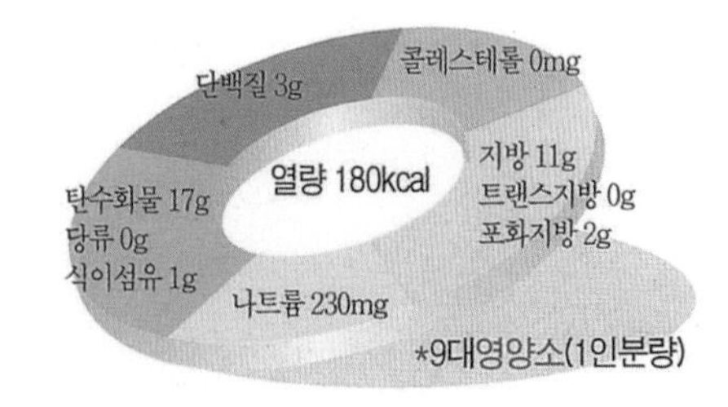

배춧잎 135g(4장)
밀가루 반죽 : 밀가루 95g(1컵), 물 160g(4/5컵), 소금 2g(½작은술)
식용유 52g(4큰술)
초간장 : 간장 18g(1큰술), 식초 15g(1큰술), 물 15g(1큰술)

재료준비

1. 배춧잎은 다듬어 깨끗이 씻는다(130g).
2. 밀가루에 물을 붓고 소금을 넣어 반죽한다(250g). 【사진1】
3. 초간장을 만든다.

만드는법

1. 배춧잎은 밀가루 반죽에 담근다. 【사진2】
2. 팬을 달구어 식용유를 두르고 배춧잎을 넣고 중불에서 앞면은 2분, 뒤집어서 2분 정도 지진다. 【사진3】
3. 배추적을 길이로 반으로 잘라 폭 5~6cm로 썰고 초간장과 함께 낸다. 【사진4】

· 배추를 소금에 절여서 전을 지지기도 한다.
· 배추는 끓는 물에 데쳐서 전을 부치기도 한다.

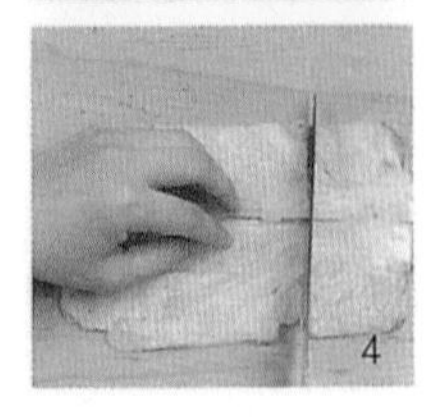

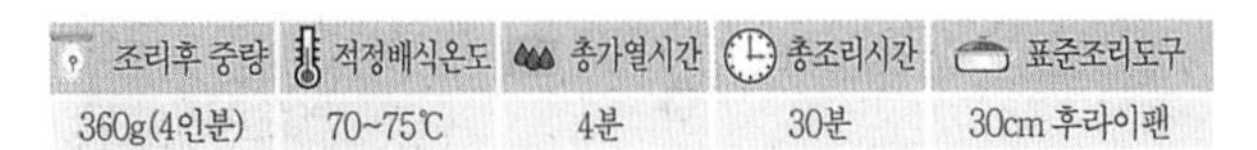

조리후 중량	적정배식온도	총가열시간	총조리시간	표준조리도구
360g(4인분)	70~75℃	4분	30분	30cm 후라이팬

움파산적

움파와 쇠고기 · 표고버섯을 함께 꼬치에 꿰어서 지진 음식이다. 산적은 적(炙)이라 하여 고기를 꼬챙이에 꿰어서 굽는 음식이다. 옛날에는 한겨울에 파를 구하기가 쉽지 않으므로, 얼지 않도록 광이나 움에 잘 저장해 놓았던 파를 재료로 하여 움파산적을 만들었다.

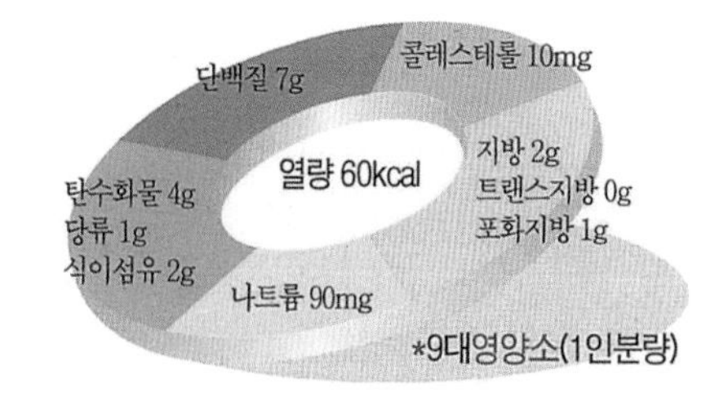

쇠고기(우둔) 200g, 표고버섯 15g(3장), 움파 200g
쇠고기 · 표고버섯 · 움파 양념장 : 간장 18g(1큰술), 설탕 6g(½큰술)
다진 파 4.5g(1작은술), 다진 마늘 2.8g(½작은술)
깨소금 1g(½작은술), 후춧가루 0.3g(⅛작은술)
참기름 4g(1작은술)
식용유 26g(2큰술)
꼬치 8개

재료준비

1. 쇠고기는 핏물을 닦고 길이 7cm 폭 1cm 두께 0.6cm 정도로 썰어(130g), 잔칼질을 하고 양념장의 ⅔량을 넣고 양념한다. 【사진1】
2. 표고버섯은 물에 1시간 정도 불려 기둥을 떼고 물기를 닦아 폭 1cm 정도로 썰고(45g), 움파는 다듬어 깨끗이 씻어 길이 6cm 정도로 썰고(180g) 나머지 ⅓량의 양념장을 넣고 양념한다. 【사진2】

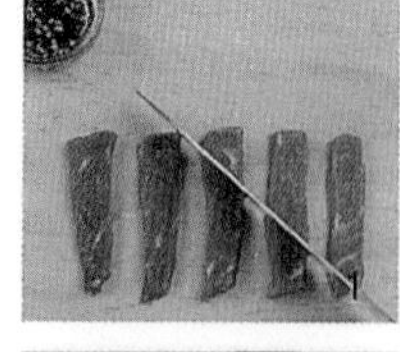
1

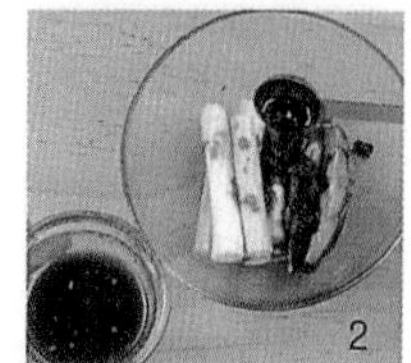
2

만드는법

1. 꼬치에 움파 · 쇠고기 · 움파 · 표고버섯 · 움파 순서로 꼬치에 꿴다. 【사진3】
2. 팬을 달구어 식용유를 두르고, 움파산적을 놓고 중불에서 젓가락으로 움파를 들어서 앞면을 2분 정도 지져 고기가 익으면 젓가락을 빼고 뒤집어서 2분 정도 지진다. 【사진4】

3

· 실파나 쪽파를 사용하기도 한다.
· 꼬치가 굵으면 길이로 반을 갈라 사용한다.

조리후 중량	적정배식온도	총가열시간	총조리시간	표준조리도구
240g(4인분)	70~75℃	4분	2시간	30cm 후라이팬

4

지짐누름적

표고버섯과 당근 · 도라지 · 실파 · 쇠고기를 꼬치에 꿰어 지진 음식이다. 누름적은 누르미에서 유래된 것으로 고기를 익힌 다음 걸쭉한 즙(汁)을 끼얹는 음식이었는데, 재료를 익혀서 꼬치에 꿰는 음식으로 변하여 누름적이 되었다.

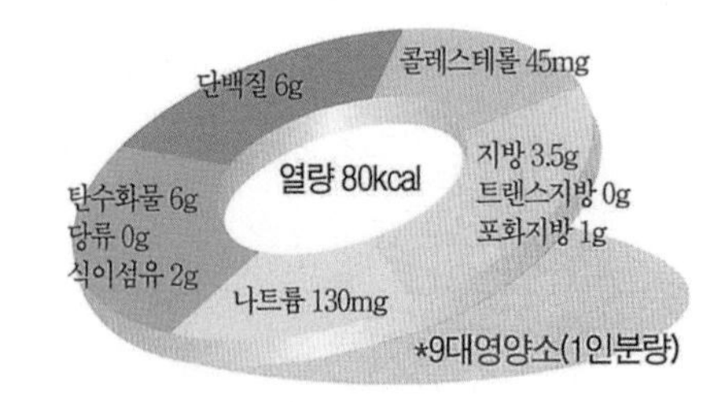

껍질 벗긴 도라지 100g, 소금 2g(½작은술)
당근 50g(¼개), 소금 2g(½작은술), 물200g(1컵), **실파 40g**
쇠고기(우둔) 100g, 표고버섯 15g(3장)
양념장 : 간장 6g(1작은술), 설탕 4g(1작은술), 다진 파 2.3g(½작은술)
다진 마늘 1.4g(¼작은술), 깨소금 1g(½작은술)
후춧가루 0.3g(⅛작은술), 참기름 4g(1작은술)
달걀 120g(2개), 식용유 26g(2큰술), 꼬치 8개
초간장 : 간장 18g(1큰술), 식초 15g(1큰술), 물 15g(1큰술)

재료준비

1. 도라지는 다듬어 씻어 길이 6cm 폭 1cm 두께 0.6cm 정도로 썰고(38g), 소금을 넣어 5분 정도 절인 다음 물기를 닦는다.
2. 당근은 다듬어 씻어 도라지와 같은 크기로 썬다(30g). 실파는 다듬어 깨끗이 씻어 길이 6cm 정도로 썬다(25g). 【사진1】
3. 쇠고기는 핏물을 닦고 길이 7cm 폭 1cm 두께 0.5cm 정도로 썰어 잔칼질을 하고, 양념장 ⅔량을 넣고 양념한다. 【사진2】
4. 표고버섯은 물에 1시간 정도 불려, 기둥을 떼고 물기를 닦아(40g) 폭 1cm 정도로 썰고, 나머지 양념장 ⅓량을 넣고 양념한다.
5. 달걀은 풀어 놓는다.
6. 초간장을 만든다.

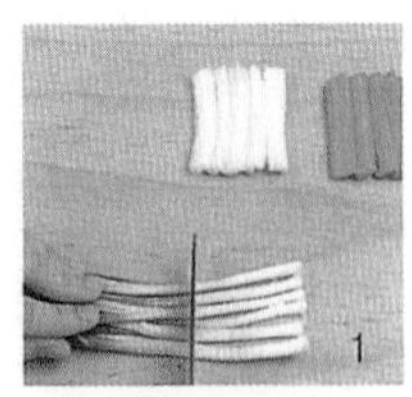
1

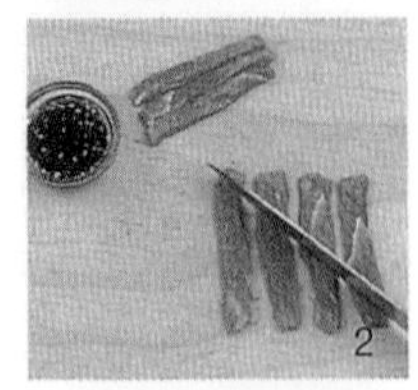
2

만드는법

1. 냄비에 물을 붓고, 센불에 2분 정도 올려 끓으면 소금과 당근을 넣고 1분 정도 데친다.
2. 준비한 재료를 꼬치에 쇠고기 · 당근 · 도라지 · 실파 · 표고버섯 순으로 꿰어, 밀가루를 입힌 다음 달걀물을 씌운다. 【사진3】
3. 팬을 달구어 식용유를 두르고, 꿰어 놓은 꼬치를 넣고 중불에서 앞면은 2분, 뒤집어서 2분 정도 지진 다음 식혀 꼬치를 뺀다. 【사진4】
4. 초간장과 함께 낸다.

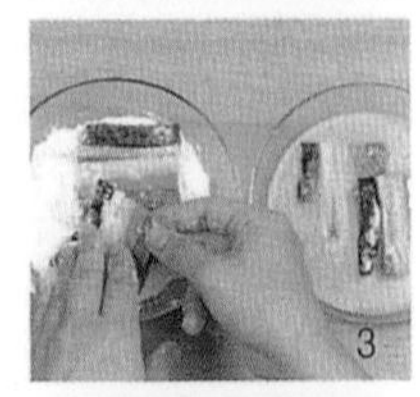
3

4

· 고기는 익으면서 줄어들기 때문에 1cm 정도 길게 썬다.
· 지짐누름적은 지진 다음 반드시 꼬치를 빼고 그릇에 담는다.

조리후 중량	적정배식온도	총가열시간	총조리시간	표준조리도구
220g(4인분)	70~75℃	7분	1시간	30cm 후라이팬

호박고지적

호박고지에 쇠고기와 움파를 함께 꼬치에 꿰어서 찹쌀반죽을 묻혀 지진 음식이다. 늙은호박 말린 것을 호박고지라 하는데 부기를 빼주고 산모에게 좋은 식품으로 알려져 있다. 호박의 칼륨이 몸속 나트륨을 배설시키면서 수분을 배출시킨다.

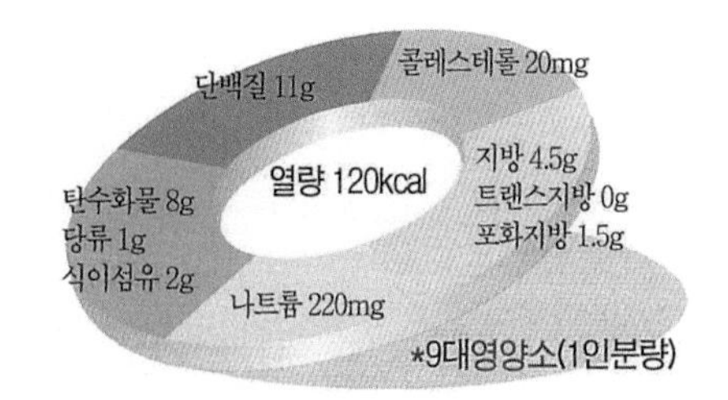

말린 호박오가리 70g, 쇠고기(우둔) 200g, 움파 100g
호박오가리 · 쇠고기 · 움파 양념장 : 간장 18g(1큰술), 설탕 6g(½큰술)
다진 파 4.5g(1작은술), 다진 마늘 2.8g(½작은술)
깨소금 1g(½작은술), 후춧가루 0.3g(⅛작은술)
참기름 4g(1작은술)
찹쌀물 : 찹쌀가루 50g(½컵), 소금 1g(¼작은술), 물 50g(¼컵)
식용유 26g(2큰술), 꼬치 8개

재료준비

1. 호박오가리는 물에 1시간 정도 불려 길이 6cm 폭 0.7cm 두께 0.3cm 정도로 썰고(200g), 양념장 ⅓량을 넣고 양념한다. 【사진1】
2. 쇠고기는 핏물을 닦고 길이 7cm 폭 1cm 두께0.6cm 정도로 썰어(180g), 잔칼질을 하여 양념장 ⅓량을 넣고 양념한다.
3. 움파는 다듬어 깨끗이 씻어 길이 6cm 정도로 썰어(80g), 나머지 양념장 ⅓량을 넣고 양념한다. 【사진2】
4. 찹쌀가루에 소금과 물을 넣고 잘 풀어 놓는다(100g).
5. 호박오가리를 찹쌀물에 담근다. 【사진3】

1

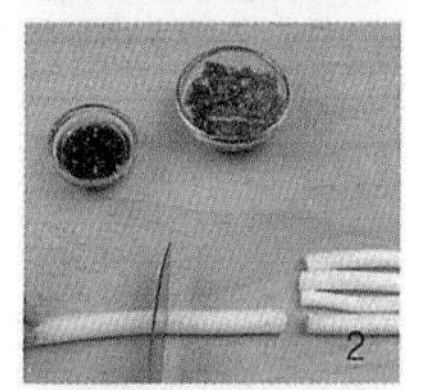
2

3

만드는법

1. 꼬치에 호박오가리 · 쇠고기 · 움파 · 쇠고기 · 움파 · 호박오가리 순으로 꿴다. 【사진4】
2. 팬을 달구어 식용유를 두르고 호박고지적을 넣고 중불에서 2분 정도 지진 후 뒤집어서 약불로 낮추어 2분 정도 지진다.

4

· 호박오가리는 데쳐서 사용하기도 한다.
· 서리를 맞히며 말린 호박오가리가 달다.

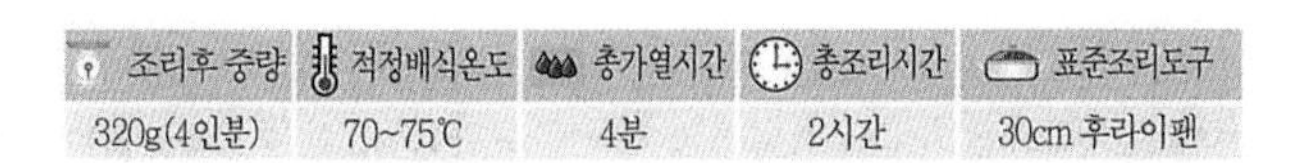

조리후 중량	적정배식온도	총가열시간	총조리시간	표준조리도구
320g(4인분)	70~75℃	4분	2시간	30cm 후라이팬

회 · 편육

회는 육류나 어류, 채소 등을 날로 먹거나 또는 끓는 물에 살짝 데쳐서 초간장, 초고추장, 겨자즙 등에 찍어 먹는 음식이다. 편육과 족편은 모두 숙육에 속하는 것으로 편육은 쇠고기나 돼지고기를 삶아 눌러서 물기를 빼고 얇게 저며 썬 음식이고 족편은 쇠머리, 쇠족 등을 장시간 고아서 응고시켜 썬 음식이다.

멍게무침

조리후 중량	적정배식온도	총가열시간	총조리시간	표준조리도구
240g(4인분)	4~10℃	0분	30분	

멍게 700g(5개)
실파 15g, 마늘 5g, 생강 3g
초고추장 : 고추장 38g(2큰술), 설탕 8g(2작은술), 식초 15g(1큰술)

재료준비

1. 멍게는 뾰족한 돌기를 자르고 살을 꺼내어 길이로 잘라 내장을 떼어 내고 가로 · 세로 3㎝ 정도로 썬다(170g). 【사진1 · 2】
2. 실파는 다듬어 깨끗이 씻고 폭 0.2㎝ 정도로 썬다(10g).
3. 마늘과 생강은 다듬어 깨끗이 씻고 길이 3㎝ 폭 · 두께 0.2㎝ 정도로 채 썬다. 【사진3】
4. 초고추장을 만든다.

만드는법

1. 멍게살에 실파 · 마늘 · 생강 · 초고추장을 넣고 무친다. 【사진4】

· 멍게는 먹기 직전에 무쳐야 물이 생기지 않는다.
· 멍게는 손질해서 오래 두면 수분이 빠져 질겨지므로 바로 만들어 먹어야 부드럽다.

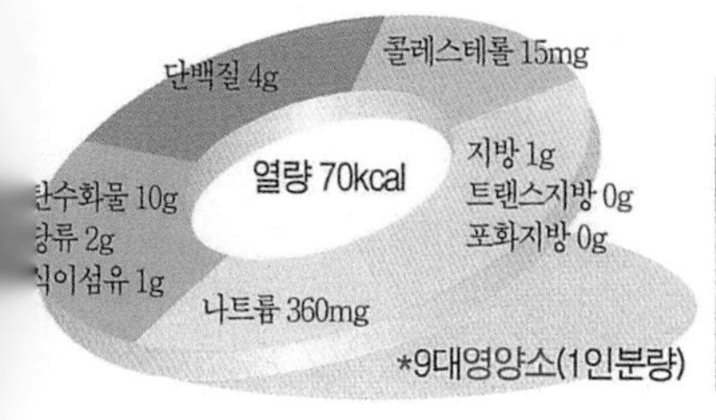

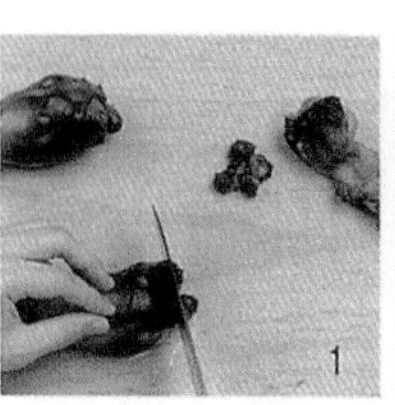

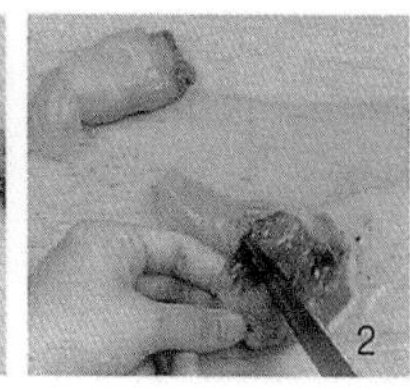

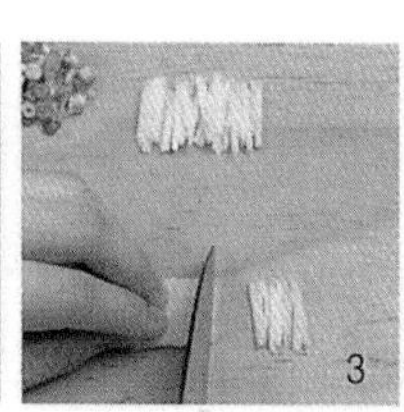

홍탁삼합

조리후 중량	적정배식온도	총가열시간	총조리시간	표준조리도구
440g(4인분)	15~25℃	47분	1시간	20cm 냄비

삭힌 홍어 150g
돼지고기(삼겹살) 250g, 굵은 실 1m, 튀하는 물 1kg(5컵)
삶는 물 1.2kg(6컵)
된장 34g(2큰술), 향채 : 파 15g, 마늘 15g, 생강 10g
배추김치 150g

재료준비

1. 삭힌 홍어는 가로 3cm 세로 4cm 두께 0.5cm 정도로 어슷하게 저며 썬다(150g). 【사진1】
2. 돼지고기는 가로 15㎝ 세로 6~7㎝로 썰고, 핏물을 닦아 굵은실로 돌돌 감는다.
3. 향채는 다듬어 깨끗이 씻는다.
4. 배추김치는 길이 5cm 정도로 썬다. 【사진2】

만드는법

1. 냄비에 물을 붓고 센불에 5분 정도 올려 끓으면 돼지고기를 넣고 5분 정도 튀한다.
2. 냄비에 물을 붓고 된장을 풀어 센불에 7분 정도 올려 끓으면, 튀한 돼지고기를 넣고 10분 정도 끓이다가 향채를 넣고 중불로 낮추어 20분 정도 더 끓인다. 【사진3】
3. 삶은 돼지고기를 꺼내어 한 김 나가면(200g), 실을 풀고 두께 0.5㎝ 정도로 썬다(150g).
4. 접시에 홍어와 편육 · 김치를 함께 담아낸다. 【사진4】

홍어 삭힌 것과 삶은 돼지고기를 썰어 신 김치와 함께 곁들여 내는 음식이다. '홍탁삼합(洪濁三合)'은 홍어의 '홍'자와 탁주(막걸리)의 '탁'자를 따서 붙인 이름으로 삶은 돼지고기와 홍어, 묵은 신김치를 함께 먹는 음식이다.

· 홍어를 항아리에 넣고 짚과 홍어를 켜켜이 얹어 삭힌다.
· 홍어를 삭힐 때 여름에는 냉장고에서 일주일 정도 저온숙성 시키고, 보통은 일주일 이상 삭혀야 제 맛이 난다.

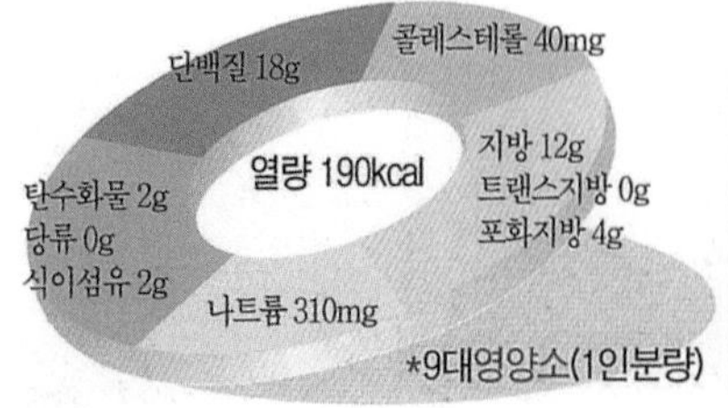

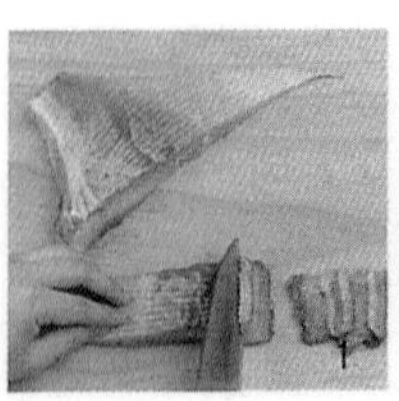

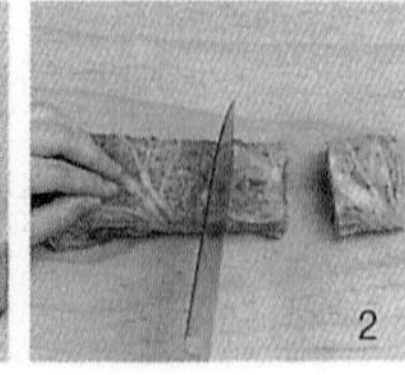

오징어숙회무침

조리후 중량	적정배식온도	총가열시간	총조리시간	표준조리도구
280g(4인분)	4~10℃	5분	1시간	18cm 냄비

오징어 300g(1마리), 물 800g(4컵), 소금 1g(¼작은술)
양파 20g, 미나리 10g
오이 30g, 당근 25g, 소금 1g(¼작은술)
청고추 15g(1개), 홍고추 10g(½개)
양념장 : 고추장 28.5g(1½큰술), 설탕 6g(½큰술), 고춧가루 4.4g(2작은술)
다진 파 4.5g(1작은술), 다진 마늘 5.5g(1작은술)
다진 생강 2g(½작은술), 통깨 2g(1작은술), 식초 25g(1⅔큰술)

데친 오징어와 여러 가지 채소에 양념장을 넣고 새콤달콤하고 매콤하게 무친 음식이다. 담백한 오징어와 아삭한 채소에 매운 양념장을 넣고 무친 음식으로 술안주나 잔치음식으로 좋다.

재료준비

1. 오징어는 먹물이 터지지 않게 배를 갈라 내장을 떼어 내고 껍질을 벗긴다(200g). 몸통 안쪽에 폭 0.3cm 정도의 간격으로 사선이 교차되도록 칼집을 넣어 길이 5cm 폭 1.5cm 정도로 썰고, 다리는 길이 5cm 정도로 자른다(160g). 【사진1】
2. 양파는 다듬어 씻어 폭 0.3cm 정도로 썰고(16g), 미나리는 잎을 떼어내고 줄기를 깨끗이 씻어 길이 4cm 정도로 자른다(8g).
3. 오이는 소금으로 비벼 깨끗이 씻고 길이로 반을 잘라 길이 4cm 폭 0.3cm 정도로 썬다(25g). 당근은 다듬어 씻어 길이 4cm 폭 1cm 두께 0.3cm 정도로 썰고(20g), 각각 소금을 나누어 넣고 10분 정도 절인 후 물기를 닦는다(오이 20g, 당근 17g).
4. 청 · 홍고추는 씻어서 길이 2cm 두께 0.2cm 정도로 어슷 썬다(청고추 12g, 홍고추 7g).
5. 양념장을 만든다.

만드는법

1. 냄비에 물을 붓고 센불에 4분 정도 올려 끓으면 소금과 오징어를 넣고 1분 정도 데치고 체에 밭쳐 물기를 뺀다(115g). 【사진2】
2. 오징어에 양념장을 넣어 고루 버무린 후 양파 · 미나리 · 오이 · 당근 · 청 · 홍고추를 넣고 살살 무친다. 【사진3 · 4】

· 채소는 나중에 넣어야 물기가 생기지 않는다.
· 오징어는 살짝 데쳐야 질기지 않고 연하다.

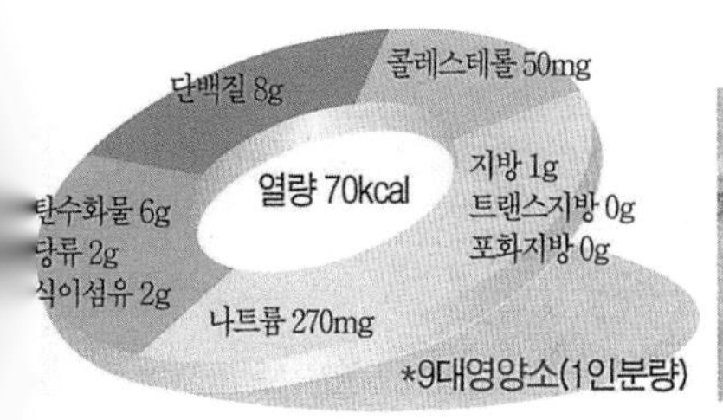

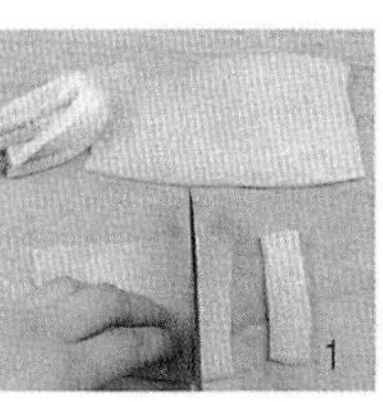

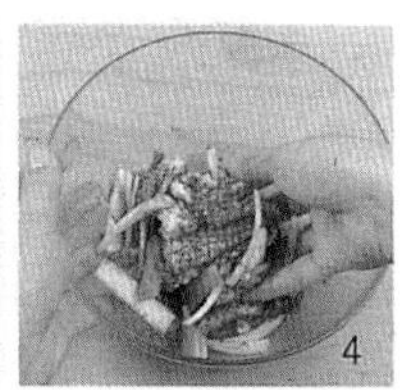

석화회

조리후 중량	적정배식온도	총가열시간	총조리시간	표준조리도구
240g(4인분)	4~10℃	0분	30분	

석화 1kg(16개), 물 400g(2컵), 소금 2g(½작은술)
청고추 10g(⅔개), **홍고추** 10g(½개), **마늘** 8g
초고추장 : 고추장 38g(2큰술), 설탕 6g(½큰술), 식초 15g(1큰술)

재료준비

1. 석화는 껍질째 소금물에 깨끗이 씻는다. 【사진1】
2. 청 · 홍고추는 씻어 길이로 반을 잘라 씨와 속을 떼어내고 길이 1cm 폭 0.3cm 정도로 채 썬다. 마늘은 씻어 청 · 홍고추와 같은 크기로 채 썬다. 【사진2】
3. 초고추장을 만든다. 【사진3】

만드는법

1. 석화 위에 채 썬 청 · 홍고추와 마늘을 올린다. 【사진4】
2. 초고추장을 함께 낸다.

신선한 석화를 초고추장에 찍어 먹는 음식이다. 굴은 한자로 모려(牡蠣) · 석화(石花) · 여합(蠣蛤) · 모합(牡蛤)이라고도 하는데 「동의보감」에 의하면 '굴을 먹으면 향기롭고 보익하며 얼굴색을 아름답게 하니 바닷 속에서 가장 귀한 물건이다.' 라고 하였다.

· 석화는 김 오른 찜기에 1분 정도 살짝 익혀서 먹기도 한다.
· 석화회는 굴에 초고추장을 얹어 먹는다.

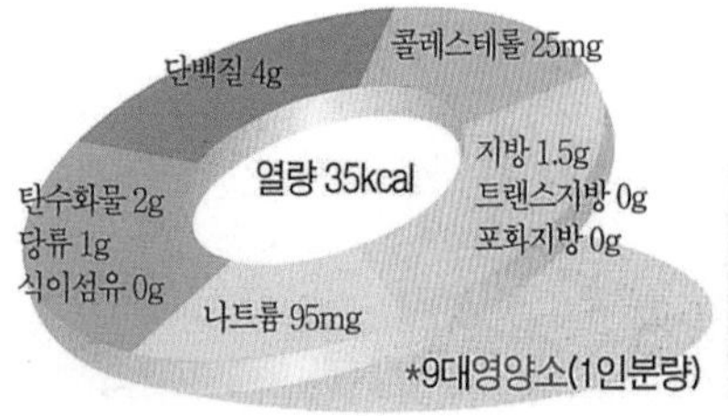

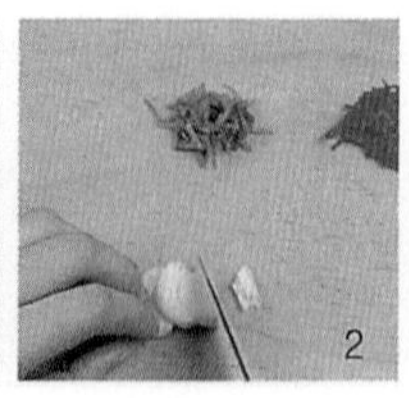

전어무침

조리후 중량	적정배식온도	총가열시간	총조리시간	표준조리도구
360g(4인분)	4~10℃	0분	1시간	

전어 300g(4~5마리)
양파 30g, 배 50g
미나리 20g, 오이 30g, 깻잎 10g(6장)
청고추 15g(1개), 홍고추 10g(½개)
양념장 : 고추장 38g(2큰술), 소금 1g(¼작은술), 설탕 6g(½큰술)
고춧가루 7g(1큰술), 다진 파 4.5g(1작은술)
다진 마늘 5.5g(1작은술), 다진 생강 2g(½작은술)
통깨 2g(1작은술), 식초 25g(1⅔큰술)

재료준비

1. 전어는 비늘을 긁어 머리와 꼬리 · 지느러미를 자르고, 내장을 꺼내어 깨끗이 씻은 후 물기를 닦고(155g), 폭 0.3cm 정도로 썬다. 【사진1】
2. 양파는 다듬어 씻어 길이 6cm 폭 0.3cm 정도로 썰고(16g), 배는 씻어서 껍질을 벗기고 길이 6cm 폭 · 두께 0.3cm 정도로 썬다(30g).
3. 미나리는 잎을 떼어내고 줄기를 깨끗이 씻어 길이 4cm 정도로 자르고(16g), 오이는 소금으로 비벼 깨끗이 씻고 길이로 반을 잘라 길이 4cm 폭 0.3cm 정도로 썬다(25g). 깻잎은 줄기를 자르고 깨끗이 씻어 길이로 반을 잘라 폭 1cm 정도로 썬다. 【사진2】
4. 청 · 홍고추는 씻어서 길이 2cm 두께 0.2cm 정도로 어슷 썬다.
5. 양념장을 만든다.

만드는법

1. 그릇에 전어와 양념장을 넣고 버무린 후 양파 · 배 · 미나리 · 오이 · 깻잎 · 청 · 홍고추를 넣고 살살 무친다. 【사진3 · 4】

· 전어회무침은 식초를 가장 나중에 넣어야 새콤한 맛이 좋다.
· 전어는 소금구이하기도 한다.

어에 양파 · 미나리 · 오이 · 깻잎 · 고추 등의 채소와 양념장을 함께 넣고 무린 음식이다. 가을을 대표하는 생선 전어는 그 맛이 뛰어나 '전어 대가리는 깨가 서말', '전어 굽는 냄새에 집나간 며느리도 돌아온다', '가을 전어 먹으면 한 겨울에 가슴이 시린다' 등 전어에 얽힌 속담도 다양하다.

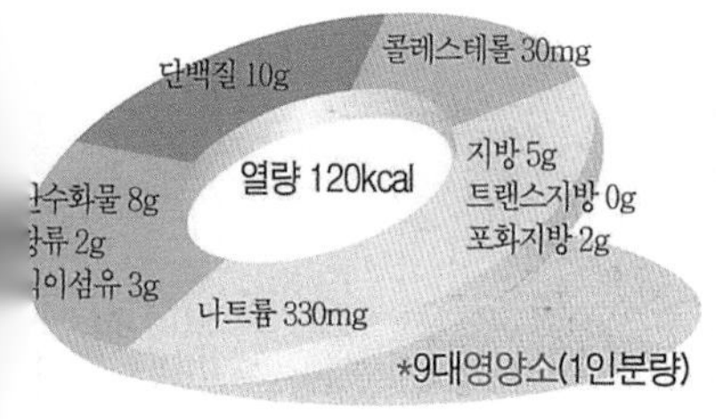

*9대영양소(1인분량)

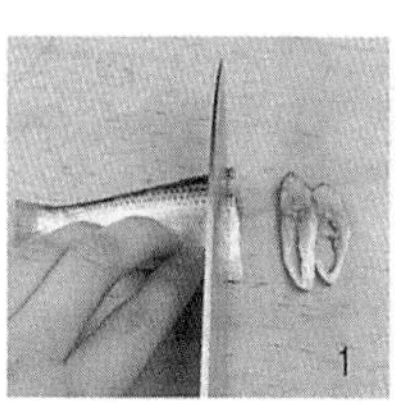
1

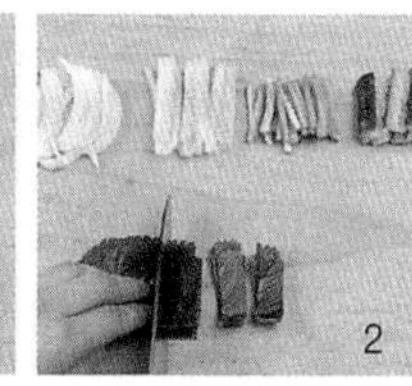
2

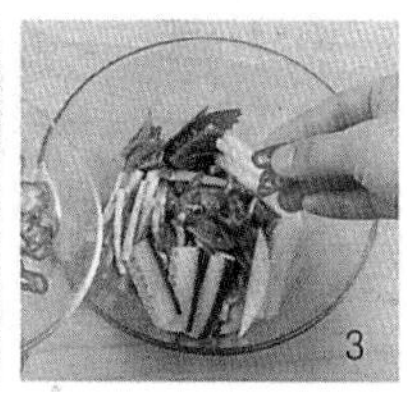
3

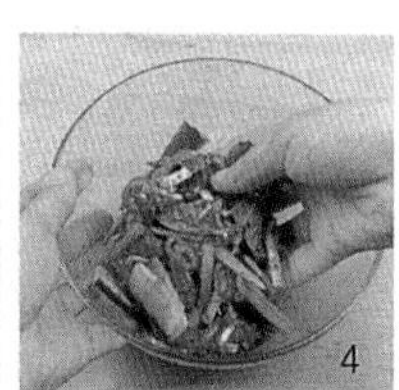
4

병어무침

조리후 중량	적정배식온도	총가열시간	총조리시간	표준조리도구
400g(4인분)	4~10℃	0분	1시간	

병어 360g(2마리)
오이 40g(1/5개), 당근 20g, 양파 40g(⅓개), 배 50g
미나리 20g, 청고추 7.5g(½개), 홍고추 7g(⅓개)
양념장 : 고추장 9.5g(½큰술), 소금 6g(½큰술), 설탕 8g(2작은술)
고춧가루 10.5g(1½큰술), 다진 파 7g(½큰술)
다진 마늘 5.5g(1작은술), 다진 생강 2g(½작은술)
깨소금 3g(½큰술), 식초 30g(2큰술)

재료준비

1. 병어는 비늘을 긁고 머리와 지느러미를 자르고, 내장을 빼낸 다음 깨끗이 씻어 길이로 반을 잘라 폭 0.3cm 정도로 썬다(190g). 【사진1】
2. 오이는 소금으로 비벼 깨끗이 씻어 길이로 반을 잘라 길이 4cm 두께 0.3cm 정도로 어슷 썰고(37g), 당근은 다듬어 씻어 오이와 같은 크기로 어슷 썬다(15g).
3. 양파는 다듬어 씻어 길이 4cm 폭 0.5cm 정도로 썰고(30g), 배는 껍질을 벗겨 길이 4cm 폭 2cm 두께 0.5cm 정도로 썬다(25g). 【사진2】
4. 미나리는 잎은 떼어 내고 줄기를 깨끗이 씻어 길이 4cm 정도로 썰고(10g), 청 · 홍고추는 씻어 길이 2cm 두께 0.5cm 정도로 어슷 썬다(청고추 5.5g, 홍고추 6g). 【사진3】
5. 양념장을 만든다.

만드는법

1. 병어에 준비한 오이 · 당근 · 양파 · 배 · 미나리 · 청 · 홍고추를 한데 넣고 양념장을 넣어 버무린다. 【사진4】

병어에 채소를 넣고 양념장으로 새콤하게 무친 음식이다. 병어는 6월 중에 많이 잡히며 주로 회 · 구이 · 조림 · 찌개 등에 사용한다. 흰살 생선인 병어는 살이 연하고, 지방이 적어 맛이 담백하고 비린내가 나지 않는다.

· 병어가 클 경우는 포를 떠서 썰어 무치기도 한다.
· 먹기 직전에 무쳐야 물기가 생기지 않는다.

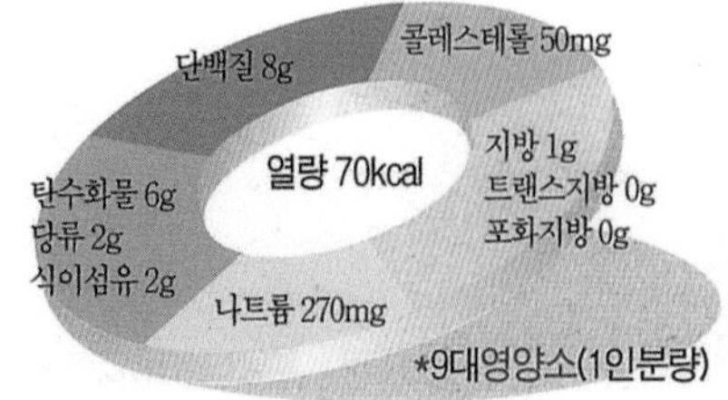

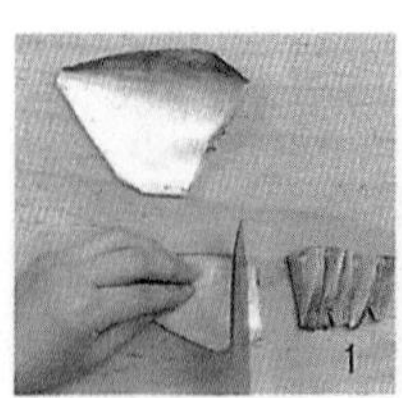

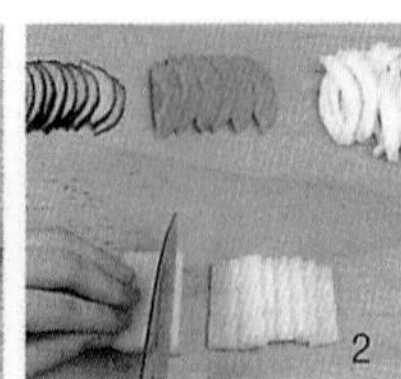

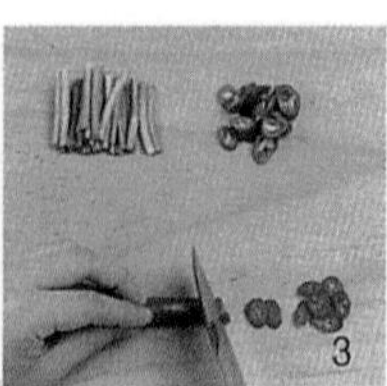

재첩회

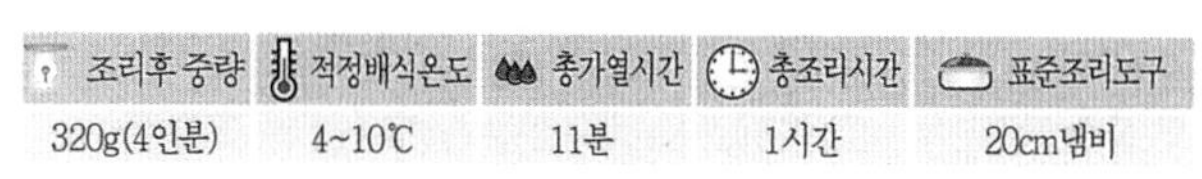

조리후 중량	적정배식온도	총가열시간	총조리시간	표준조리도구
320g(4인분)	4~10℃	11분	1시간	20cm냄비

재첩 1.1kg, 물 2kg(10컵), 소금 24g(2큰술)
데치는 물 2kg(10컵)
오이 50g, **양파** 50g, **배** 80g
미나리 20g, **청고추** 15g(1개), **홍고추** 10g(½개)
양념 : 소금 4g(1작은술), 설탕 12g(1큰술), 고춧가루 7g(1큰술)
다진 파 7g(½큰술), 다진 마늘 5.5g(1작은술)
다진 생강 2g(½작은술), 깨소금 2g(1작은술), 식초 30g(2큰술)

재료준비

1. 재첩은 깨끗이 씻어 소금물에 담가 3시간 정도 해감 한다.
2. 오이는 소금으로 비벼 깨끗이 씻어 길이 4cm 폭 · 두께 0.3cm 정도로 채 썬다(40g).
3. 양파는 다듬어 깨끗이 씻어 길이 4cm 폭 0.3cm 정도로 채 썬다(30g).
4. 배는 껍질을 벗겨 길이 4cm 폭 · 두께 0.2cm 정도로 채 썬다(50g).
5. 미나리는 잎을 떼어내고 줄기를 깨끗이 씻어 길이 4cm 정도로 썰고(10g), 청 · 홍고추는 씻어 길이로 반을 잘라 씨와 속을 떼어 내고 길이 4cm 폭 0.3cm 정도로 채 썬다(청고추 7g, 홍고추 8g). 【사진1】
6. 양념을 만든다.

만드는법

1. 냄비에 물을 붓고 센불에 9분 정도 올려 끓으면, 재첩을 넣어 2분 정도 데친 다음 재첩 살을 떼어낸다(120g). 【사진2 · 3】
2. 재첩에 채소와 양념을 넣고 무친다. 【사진4】

· 재첩을 오래 삶으면 질겨진다.
· 먹기 직전에 양념장에 무쳐야 국물이 생기지 않는다.

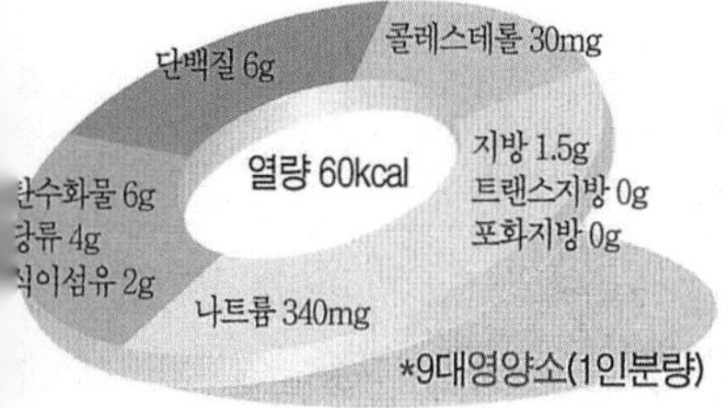

*9대영양소(1인분량)

1

2

3

4

주꾸미숙회무침

조리후 중량	적정배식온도	총가열시간	총조리시간	표준조리도구
400g(4인분)	4~10℃	4분	1시간	20cm 냄비

주꾸미 400g, 밀가루 24g(¼컵), 소금 2g(½작은술)
데치는 물 : 물 600g(3컵), 소금 2g(½작은술)
오이 50g, **당근** 40g, **배** 60g
미나리 50g, **청고추** 15g(1개), **홍고추** 10g(½개)
양념장 : 고추장 12g(2작은술), 소금 2g(½작은술), 설탕 12g(1큰술)
고춧가루 7g(1큰술), 다진 파 7g(½큰술)
다진 마늘 5.5g(1작은술), 생강즙 2.8g(½작은술)
깨소금 3g(½큰술), 식초 45g(3큰술)

재료준비

1. 주꾸미는 눈을 떼어 내고 머리를 뒤집어서 내장을 떼고 밀가루와 소금을 넣고 주물러 깨끗이 씻는다(300g).
2. 오이는 소금으로 비벼 깨끗이 씻어 길이로 반을 잘라 길이 4cm 두께 0.3cm 정도로 어슷 썰고(30g), 당근은 길이 4cm 폭 1.5cm 두께 0.3cm 정도로 썬다(10g). 【사진1】
3. 배는 껍질을 벗겨 당근과 같은 크기로 썬다(40g).
4. 미나리는 잎을 떼어 내고 줄기를 깨끗이 씻어 길이 4cm 정도로 썰고(15g) 청 · 홍고추는 씻어 길이 2cm 두께 0.3cm 정도로 어슷 썬다(청고추 7g, 홍고추 8g).
5. 양념장을 만든다.

만드는법

1. 냄비에 물을 붓고 센불에 3분 정도 올려 끓으면 소금과 주꾸미를 넣고 30초 정도 데친다(230g). 【사진2】
2. 데친 주꾸미는 다리를 2~3개씩 붙여 자른다(200g). 【사진3】
3. 주꾸미에 채소와 양념장을 넣고 무친다. 【사진4】

주꾸미를 데쳐 채소를 넣고 새콤하게 무친 음식이다. 주꾸미는 봄에 맛이 좋으며, 한방에서는 '죽금어'라 하여 간장의 해독기능과 혈중 콜레스테롤 수치를 감소시키며, 근육의 피로회복에 좋다고 하였다.

· 먹기 직전에 양념을 넣고 무쳐야 국물이 생기지 않는다.

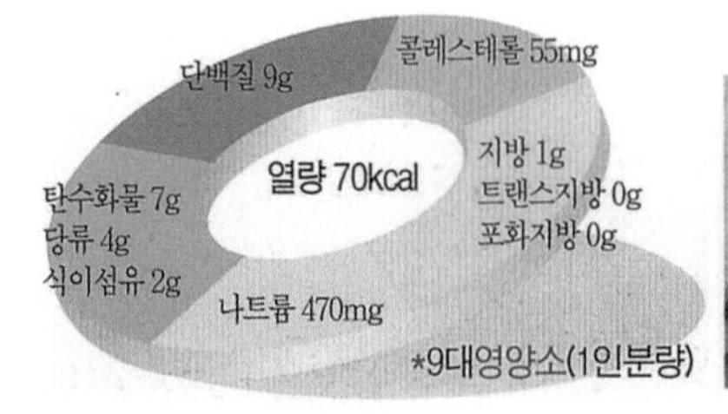

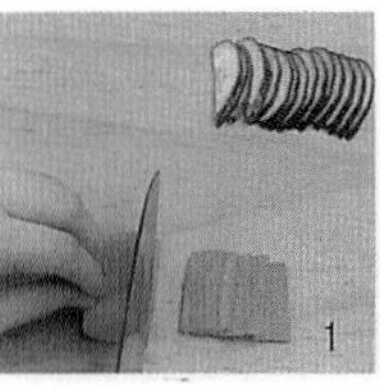
1

2

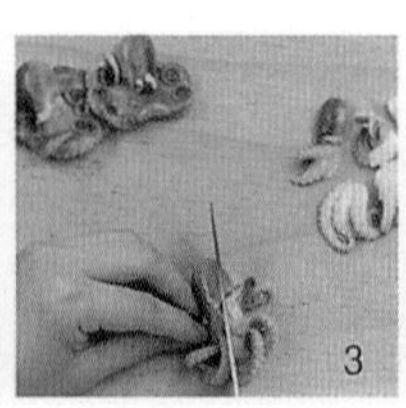
3

4

닭냉채

조리후 중량	적정배식온도	총가열시간	총조리시간	표준조리도구
300g(4인분)	65~80℃	19분	1시간	20cm 냄비

닭 가슴살 300g, 물 800g(4컵), 향채 : 파 20g, 마늘 16g, 생강 5g
오이 100g(½개), 당근 30g(1/7개), 양파 50g(⅓개)
잣 30g, 물 15g(1큰술)
겨자즙 : 발효겨자 12g(1큰술), 소금 6g(½큰술)
설탕 24g(2큰술), 식초 45g(3큰술)
소금 2g(½작은술)

재료준비

1. 닭 가슴살은 핏물을 닦고, 향채는 다듬어 깨끗이 씻는다.
2. 오이는 소금으로 비벼 깨끗이 씻어 길이 5cm 폭 0.5cm 두께 0.3cm 정도로 썰고(80g), 당근은 다듬어 씻어 오이와 같은 크기로 썬다(20g). 양파는 다듬어 씻어 길이 5cm 폭 0.5cm 정도로 썬다. 【사진1】
3. 잣은 고깔을 떼고 면보로 닦아 믹서에 잣과 물을 넣고 1분 정도 갈아 잣즙을 만든다(40g).
4. 겨자즙을 만든다.
5. 잣즙과 겨자즙을 섞어 잣 겨자즙을 만든다.

만드는법

1. 냄비에 물을 붓고 센불에 4분 정도 올려 끓으면 닭 가슴살과 향채를 넣고 중불로 낮추어 15분 정도 삶는다(360g). 【사진2】
2. 닭 가슴살은 길이 5cm 폭 · 두께 0.5cm 정도로 찢는다. 【사진3】
3. 닭 가슴살과 오이 · 당근 · 양파에 잣 겨자즙을 넣고 무친다. 【사진4】

삶은 닭에 여러 가지 채소를 넣고 겨자소스로 무쳐 먹는 음식이다. 닭은 쇠고기 · 돼지고기와 함께 우리나라에서 즐겨 먹는 육류 중의 하나이며, 칼로리가 낮고 우수한 단백질 공급원이다.

· 잣 대신에 호두를 갈아 넣기도 한다.
· 여름에는 양배추와 토마토를 넣기도 한다.

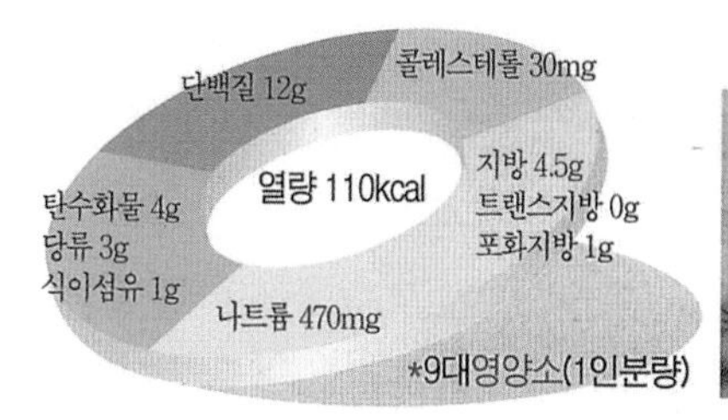

*9대영양소(1인분량)

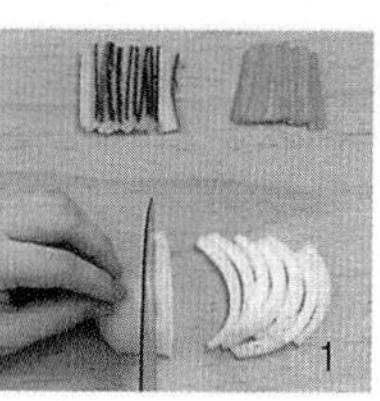
1

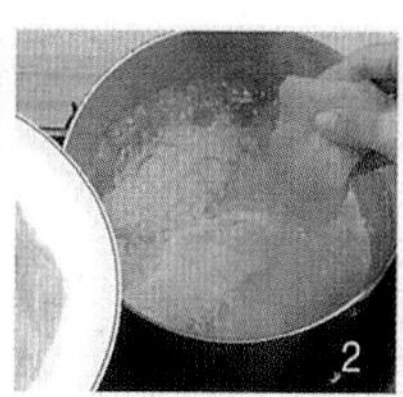
2

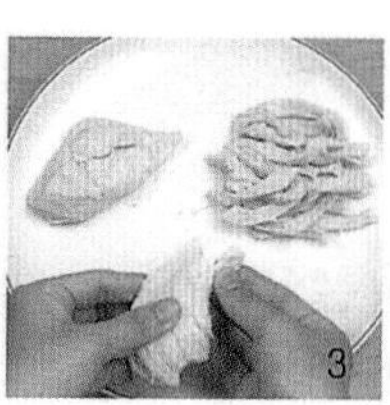
3

4

새우와 갑오징어 등의 해산물에 여러 가지 채소를 넣고 겨자즙으로 버무린 음식이다. 담백한 해물과 아삭한 질감의 채소를 톡쏘는 겨자소스에 버무려 봄철 입맛을 돋우는 음식이다.

해물겨자채

조리후 중량	적정배식온도	총가열시간	총조리시간	표준조리도구
400g(4인분)	4~10℃	15분	1시간	20cm 냄비

열량 80kcal	
단백질	10g
콜레스테롤	60mg
지방	2g
트랜스지방	0g
포화지방	0g
나트륨	310mg
탄수화물	6g
당류	0g
식이섬유	2g

*9대영양소(1인분량)

새우 125g(중 5마리), 갑오징어 100g, 소라살 50g, 패주 50g
데치는 물 : 물 1kg(5컵), 소금 2g(½작은술)
향채 : 파 10g, 마늘 10g, 생강 5g
죽순 50g, 물 400g(2컵), 소금 1g(¼작은술)
오이 40g, 당근 30g
배 50g, 물 100g(½컵), 설탕 2g(½작은술), 밤 30g(2개)
달걀 60g(1개) 식용유 6.5g(½큰술), 잣 3.5g(1작은술)
겨자즙 : 발효겨자 20g(1½큰술), 소금 3g(¼큰술), 설탕 18g(1½큰술)
물 15g(1큰술), 식초 30g(2큰술)

재료준비

1. 새우는 씻어서 내장을 꼬치로 빼낸다. 갑오징어는 먹물이 터지지 않게 배를 가르고 내장과 다리를 떼어 낸 다음 껍질을 벗기고, 깨끗이 씻어 몸통 안쪽에 폭 0.3cm 간격으로 사선이 교차되도록 칼집을 넣고 길이 5cm 폭 1.5cm 정도로 썬다(70g).
2. 소라살과 패주는 씻어서 소라살은 두께 0.3cm 정도로 저며 썰고(45g), 패주는 얇은 막을 벗기고 두께 0.5cm 정도로 썰고, 다시 폭 0.5cm 정도로 채 썬다(45g). 【사진1】
3. 향채는 다듬어 깨끗이 씻는다.
4. 죽순은 씻어서 빗살모양을 살려서 길이 5cm 폭 1.5cm 두께 0.3cm 정도로 썬다(40g). 오이는 소금으로 비벼 깨끗이 씻고 죽순과 같은 크기로 썬다. 당근은 씻어서 죽순과 같은 크기로 썬다(오이 35g, 당근 25g). 【사진2】
5. 배는 껍질을 벗겨서 죽순과 같은 크기로 썰어(25g) 설탕물에 담가 놓고, 밤은 껍질을 벗겨 두께 0.2cm 정도로 편으로 썬다(15g).
6. 달걀은 황백지단을 부쳐 길이 5cm 폭 1.5cm로 썰고, 잣은 고깔을 떼고 면보로 닦는다.
7. 겨자즙을 만든다.

만드는법

1. 냄비에 물을 붓고 센불에 5분 정도 올려 끓으면, 소금과 향채를 넣고 2분 정도 끓인 후 새우는 2분 정도 데치고, 갑오징어와 소라살 · 패주는 각각 1분 정도 데친 다음 체에 건져 물기를 뺀다(갑오징어 60g, 소라살 30g, 패주 35g). 【사진3】
2. 새우는 머리와 꼬리를 떼고 껍질을 벗겨 길이로 반을 저며 썬다(52g).
3. 냄비에 물을 붓고 센불에 2분 정도 올려 끓으면, 소금과 죽순을 넣고 1분 정도 데친 다음 체에 건져 물기를 뺀다(32g).
4. 준비한 재료를 색색으로 돌려 담고 겨자즙과 함께 낸다. 【사진4】

· 해삼과 전복 · 양배추 등을 넣기도 한다.
· 겨자즙은 기호에 따라 가감한다.
· 해물겨자채는 재료를 한데 섞고 겨자즙을 넣어 고루 무친 다음 그릇에 담고 잣을 고명으로 얹어 먹는다.

1

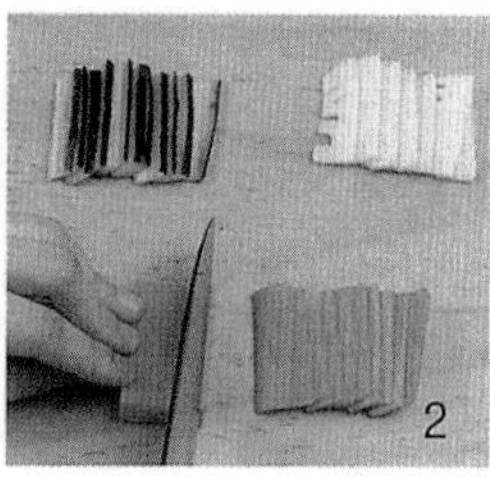
2

3

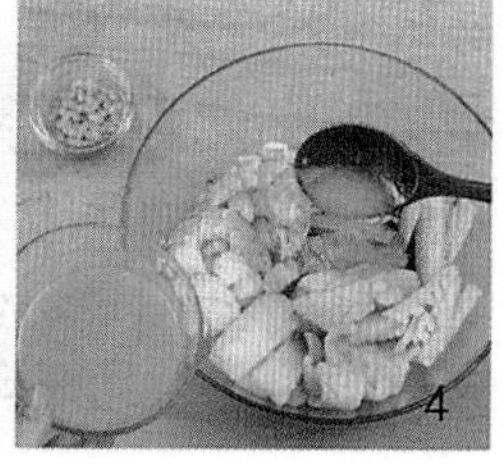
4

전약

쇠족과 돼지고기 껍질을 푹 끓여서 굳힌 보양음식이다. 옛날 궁중 내의원(內醫院)에서는 동짓날 절식으로 겨울철 추위를 이기기 위해 전약(煎藥)을 만들어 임금께 진상하였으며, 관청에서도 이 음식을 만들어 나누어 먹는 풍속이 있었다고 한다.

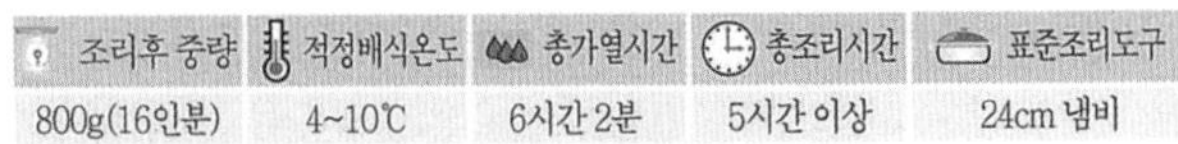

조리후 중량	적정배식온도	총가열시간	총조리시간	표준조리도구
800g(16인분)	4~10℃	6시간 2분	5시간 이상	24cm 냄비

쇠족 1kg, 돼지고기껍질 300g, 튀하는 물 2kg(10컵)
향채 : 생강 100g, 통후추 6g(2작은술), 정향 1g
대추 48g(12개), 계심 6g, 후춧가루 1.3g(½작은술)
꿀 28.5g(1½큰술)
물 4kg(20컵)
잣 10g(1큰술)

재료준비

1. 쇠족은 길이 5cm 정도로 잘라 1시간 간격으로 물을 갈아주면서 3번 정도 핏물을 뺀다. 【사진1】
2. 생강은 다듬어 깨끗이 씻어 껍질을 벗기고 두께 0.5cm 정도로 썬다.
3. 대추는 면보로 닦고 돌려 깎는다(30g). 【사진2】

만드는법

1. 냄비에 물을 붓고 센불에 10분 정도 올려 끓으면, 쇠족과 돼지껍질을 넣고 5분 정도 튀한다(쇠족 980g, 돼지껍질 296g).
2. 냄비에 물과 쇠족, 돼지껍질을 넣고 센불에서 17분 정도 올려 끓으면 중불로 낮추어 떠오르는 거품과 기름기를 걷어내고 3시간 정도 서서히 끓인다. 향채를 넣고 1시간 30분 정도 더 끓인다. 【사진3】
3. 쇠족이 삶아지면 육수에 대추 · 계심 · 후춧가루를 넣고 1시간 정도 끓여 꿀을 넣고 잘 섞은 후 굵은 체에 거른다(560g).
4. 사각그릇에 육수를 쏟아 붓고, 위에 잣을 뿌려 굳혀서 가로 3cm 세로 5cm 두께 0.7cm 정도로 썬다.【사진4】

· 대추고를 넣고 끓이기도 한다.
· 전약은 초간장을 찍어 먹기도 한다.

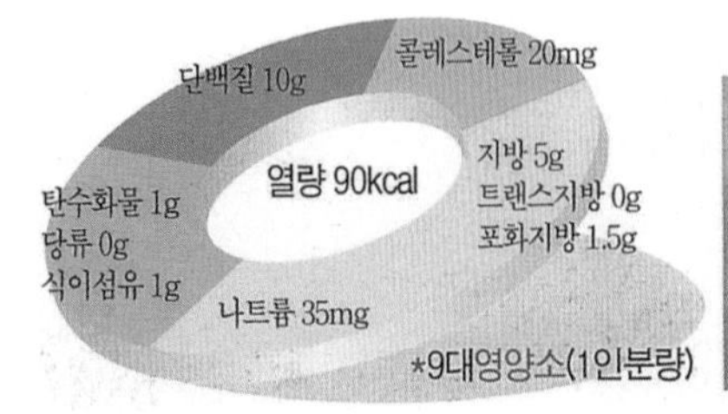

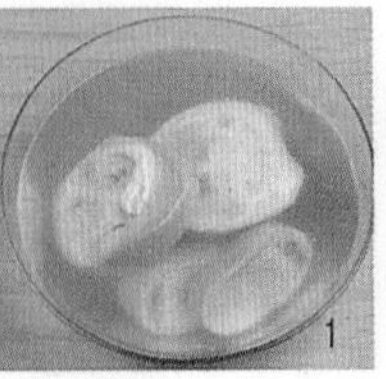
1

2

3

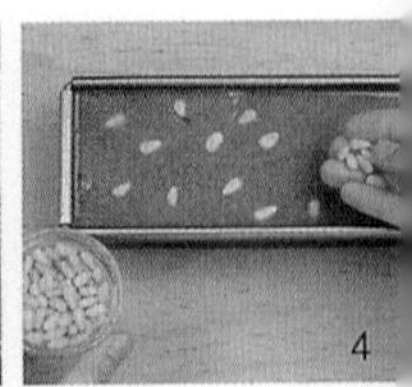
4

두부

조리후 중량	적정배식온도	총가열시간	총조리시간	표준조리도구
400g(4인분)	15~25℃	27분	5시간 이상	24cm 냄비

흰콩 200g(1¼컵), 간수 30g(1½큰술)
물 3kg(15컵)

재료준비

1. 흰콩을 깨끗이 씻어 일어서 물에 8시간 정도 불린다.
2. 불린 콩은 손으로 비벼 헹구면서 껍질을 벗긴다(430g).
3. 믹서에 콩과 물을 넣고 3분 정도 갈아서 면주머니에 넣고 주물러 짜 콩물을 만든다(콩물 3.1kg, 비지 220g). 【사진1】

만드는법

1. 냄비에 콩물을 붓고, 거품을 걷어낸 다음 센불에 10분 정도 올려 끓으면, 중불로 낮추어 10분 정도 끓이면서 눌지 않도록 가끔 젓는다.
2. 콩물에 간수를 2~3회 나누어 넣고 2분 정도 끓이다가, 약불로 줄여 5분 정도 더 끓여 멍울이지면서 맑은 물이 돌면 물이 잘 빠지는 틀에 베보자기를 깔고, 멍울진 두부를 살살 흔들어 가면서 붓는다. 【사진2 · 3】
3. 두부위에 무거운 것을 올려 30분 정도 물기를 뺀다. 【사진4】

불린 콩을 갈아서 끓인 다음 간수를 넣고 응고시킨 식품이다. 두부는 이색(李穡)의 「목은집」에 '나물국 오래 먹어 맛을 못 느껴 두부가 새로운 맛을 돋우어 주네, 이 없는 사람 먹기 좋고 늙은 몸 양생에 더 없이 알맞다.' 라고 하여 두부를 즐겨 먹었음을 알 수 있다.

· 콩 갈은 것을 끓는 물에 부어 끓인 후 주머니에 넣고 짜서 끓이기도 한다.
· 콩물이 끓으면서 생기는 거품은 들기름을 한 방울 떨어뜨려 없애기도 한다.
· 간수가 너무 많이 들어가면 두부가 단단하다.

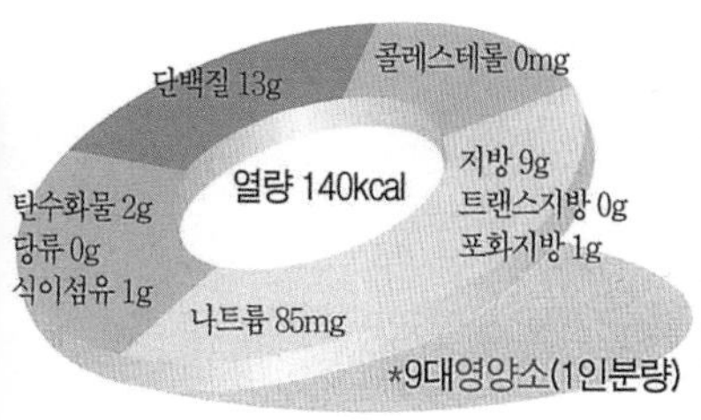

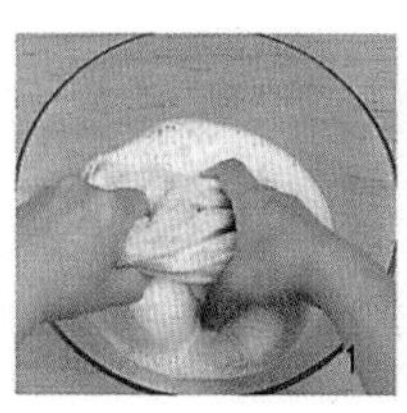

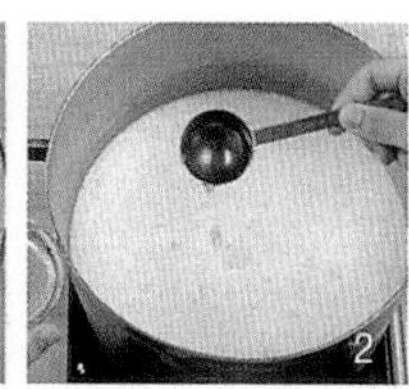

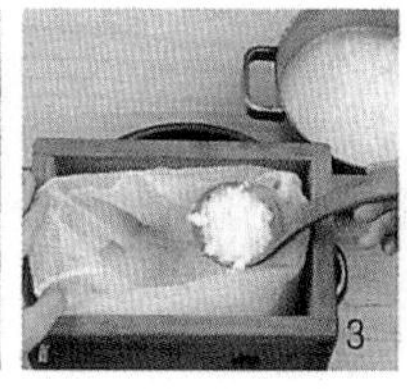

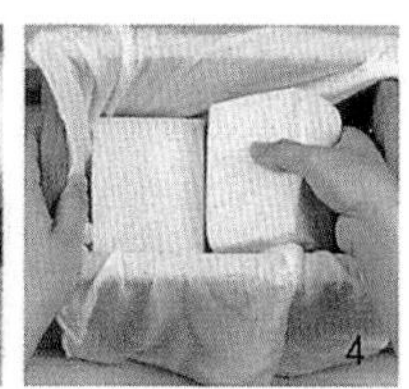

도토리묵

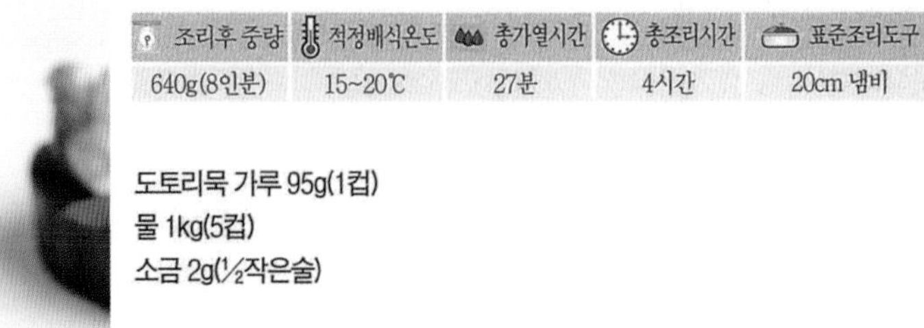

조리후 중량	적정배식온도	총가열시간	총조리시간	표준조리도구
640g(8인분)	15~20℃	27분	4시간	20cm 냄비

도토리묵 가루 95g(1컵)
물 1kg(5컵)
소금 2g(½작은술)

재료준비

1. 도토리묵 가루에 물을 붓고 잘 섞어서 30분 정도 두었다가 체에 내린다. 【사진1】

만드는법

1. 냄비에 도토리묵 가루물을 붓고 센불에 5분 정도 올려 끓으면 중불로 낮추어 멍울이 생기지 않도록 저으면서 10분 정도 끓인다. 【사진2】
2. 약불로 낮추어 10분 정도 끓이다가 소금을 넣고 2분 정도 더 끓인다. 【사진3】
3. 네모난 그릇에 물을 바르고 도토리묵을 부어 3시간 정도 굳힌다. 【사진4】

· 묵을 끓이는 동안 밑바닥까지 잘 저어주어야 눌지 않는다.
· 그릇에 물기가 있어야 묵이 그릇에서 잘 떨어진다.
· 묵에 끈기가 생길 때까지 오래 끓여야 쫄깃쫄깃하다.

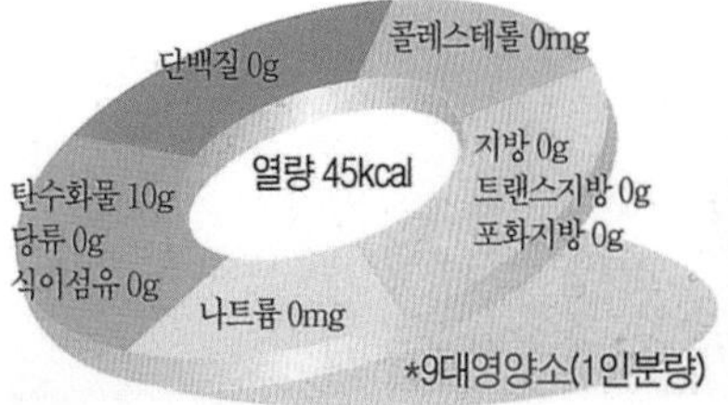

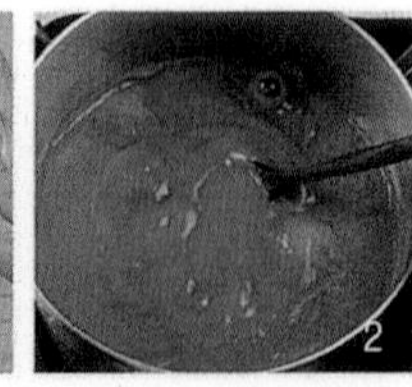

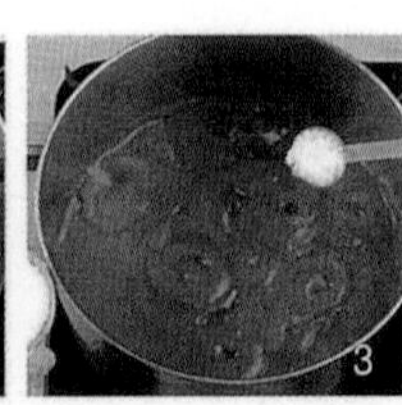

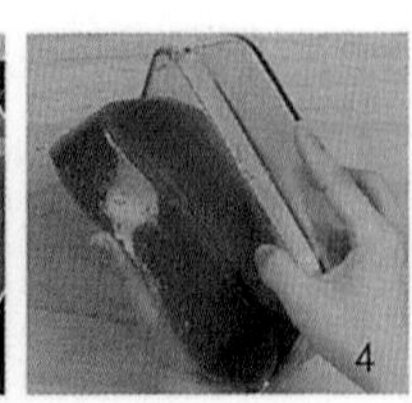

메밀묵

조리후 중량	적정배식온도	총가열시간	총조리시간	표준조리도구
680g(8인분)	15~20℃	35분	4시간	20cm 냄비

메밀묵 가루 95g(1컵)
물 800g(4컵)
소금 2g(½작은술)

재료준비

1. 메밀묵 가루에 물을 붓고 잘 섞어서 체에 내린다. 【사진1】

만드는법

1. 냄비에 메밀묵 가루물을 붓고 센불에 5분 정도 올려 끓으면, 중불로 낮추어 멍울이 생기지 않도록 저으면서 10분 정도 끓인다. 【사진2】
2. 약불로 낮추어 15분 정도 끓이다가 냄비에 뚜껑을 덮고 뜸이 들도록 3분 정도 끓인 다음, 소금을 넣고 2분 정도 더 끓인다. 【사진3】
3. 네모난 그릇에 물을 바르고 메밀묵을 부어 3시간 정도 굳힌다. 【사진4】

메밀묵가루에 물을 붓고 낮은 불에서 오랫동안 끓여서 굳힌 음식이다. 메밀은 국수 · 묵 · 부침개 등 다양하게 이용하는데, 메밀묵은 동맥경화의 예방과 치료에 효과가 있으며, 몸속의 열을 내리고 독성을 풀어주는 효과가 있다.

· 메밀에는 끈기가 없으므로 뚜껑을 덮고 약불에서 뜸을 잘 들여야 메밀묵에 끈기가 생긴다.
· 그릇에 물기가 있어야 묵이 그릇에서 잘 떨어진다.

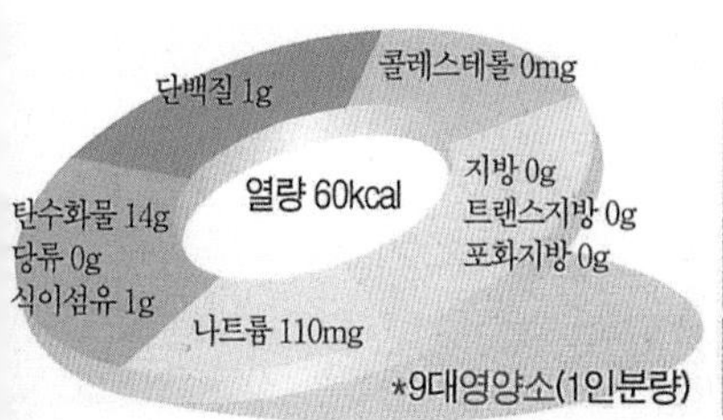

*9대영양소(1인분량)

1

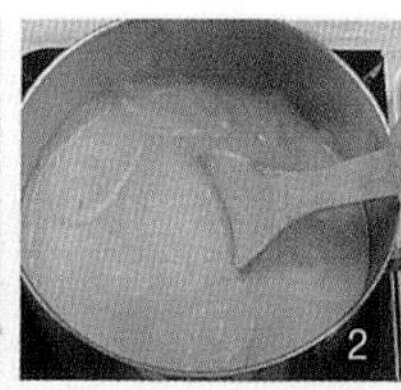
2

3

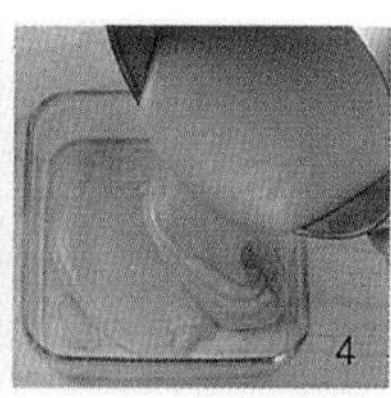
4

Part 4. 밑반찬류

마른찬, 장아찌, 김치

밥상의 감초 마른찬, 짭조름한 밥도둑 장아찌, 세계적인 건강 발효음식 김치 등 제대로 된 밑반찬 한 가지만 있으면 밥 한그릇은 뚝딱 비울 수 있다. 밑반찬은 입맛이 없을 때, 반찬 만들기가 귀찮을 때, 철 지난 음식이 먹고 싶을 때, 어머니의 손맛이 그리울 때면 생각나는 음식들이다.
매일 집에서 먹는 반찬이라 쉽게 질리고 식상할 수 있지만 조금만 수고를 들이면 두고두고 먹을 수 있으며 우리의 식탁을 맛깔나게 꾸미고 잃어버린 입맛을 살릴 수 있다.

마른찬 · 장아찌

마른찬은 육류, 생선, 해물, 채소 등을 저장하여 먹을 수 있도록 소금에 절이고 양념하여 말리거나 튀겨서 먹는 음식이다. 포는 육류나 어패류를 말린 것으로 날것을 그대로 말리는 법과 소금, 간장 등에 재웠다가 말리는 법 등이 있다. 자반은 고등어자반처럼 물고기를 소금에 절이거나 채소 또는 해산물을 간장이나 찹쌀풀을 발라 말려 튀기는 등 짭잘하게 만든 밑반찬이다. 부각은 채소나 해초를 손질해서 찹쌀풀이나 밀가루를 묻혀서 말렸다가 기름에 튀긴 것을 말하며 하얗게 부풀어 올라 풍성하고 바삭하며 고소하다. 재료는 감자, 고추, 깻잎, 김 등이 많이 이용되며 절에서는 동백잎이나 국화잎 등 특별한 것도 이용된다.

장아찌는 장과(醬瓜)라고도 하는데 무, 배추, 오이, 미나리, 마늘, 마늘쫑, 풋고추, 깻잎, 가지 등의 채소를 간장, 된장, 고추장 등에 넣어 오래 두고 먹는 저장발효음식이다. 장아찌는 조리법에 따라 절임장아찌와 숙장아찌로 분류하며, 불로 익혀서 즉석에서 만드는 갑장과도 있다.

마른새우볶음

조리후 중량	적정배식온도	총가열시간	총조리시간	표준조리도구
80g(4인분)	15~25℃	3분	30분	30cm 후라이팬

마른새우 60g
양념장 : 간장 12g(2작은술), 설탕 4g(1작은술), 물엿 5g(1작은술)
참기름 4g(1작은술)
식용유 8g(2작은술)
청고추 5g(⅓개), 홍고추 5g(¼개)

재료준비

1. 마른새우는 체에 쳐서 새우가루를 거른다. 【사진1】
2. 청 · 홍고추는 씻어서 길이 2cm 두께 0.3cm 정도로 어슷 썬다(청고추 3g, 홍고추3g). 【사진2】
3. 양념장을 만든다.

만드는법

1. 팬을 달구어 식용유를 두르고, 마른새우를 넣고 중불에서 1분 정도 볶다가 양념장을 넣고 1분 정도 더 볶는다. 【사진3】
2. 청 · 홍고추를 넣고 30초 정도 더 볶는다. 【사진4】

마른 새우를 양념장에 볶아서 만든 음식이다. 말린 새우에는 생새우에 비하여 단백질의 양이 5배 이상 들어 있고, 고칼슘 식품으로 아동의 성장발육을 도울 뿐만 아니라 노화를 예방하는 균형 잡힌 영양식품이다.

· 마른새우를 볶고 양념장을 넣고 재빨리 저어야 새우에 간이 고루 밴다.
· 양념장을 넣을 때 골고루 뿌려야 새우에 얼룩이 지지 않는다.

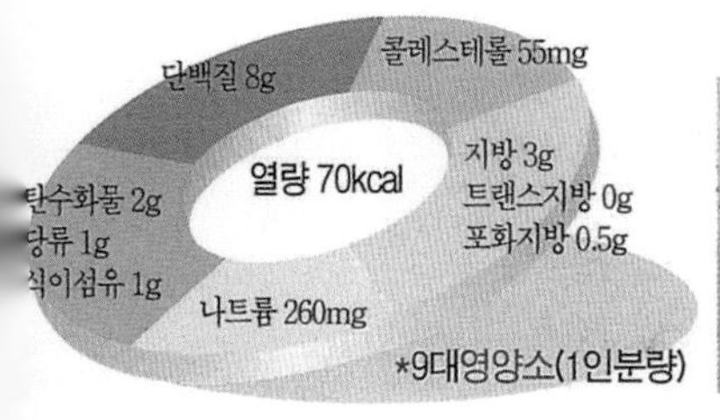

1

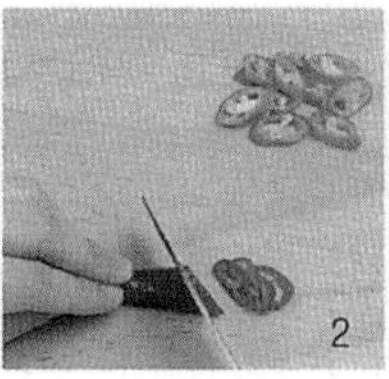
2

3

4

생땅콩조림

조리후 중량	적정배식온도	총가열시간	총조리시간	표준조리도구
200g(4인분)	15~25℃	21분	30분	18cm 냄비

생땅콩 150g, 데치는 물 600g(3컵)
조림장 : 간장 27g(1½큰술), 설탕 24g(2큰술), 물 300g(1½컵)
통깨 1g(½작은술)

재료준비

1. 생땅콩은 씻어 물기를 뺀다. 【사진1】
2. 조림장을 만든다. 【사진2】

만드는법

1. 냄비에 물을 붓고 센불에 3분 정도 올려 끓으면, 생땅콩을 넣고 1분 정도 데친 다음 체에 밭쳐 물기를 뺀다.
2. 냄비에 조림장을 붓고 센불에 2분 정도 올려 끓으면, 데친 땅콩을 넣고 중불로 낮추어 가끔 저어가면서 15분 정도 조리다가 통깨를 넣고 고루 섞는다. 【사진3 · 4】

생땅콩을 데쳐 조림장을 넣고 조린 음식이다. 땅콩에는 지방과 단백질이 포함되어 있어 영양가가 매우 풍부하며 볶거나 삶아 먹기도 하고 한과나 떡 등에 널리 사용한다.

· 호두나 다른 견과류를 넣고 조리기도 한다.
· 조림장에 고추기름을 조금 넣기도 한다.

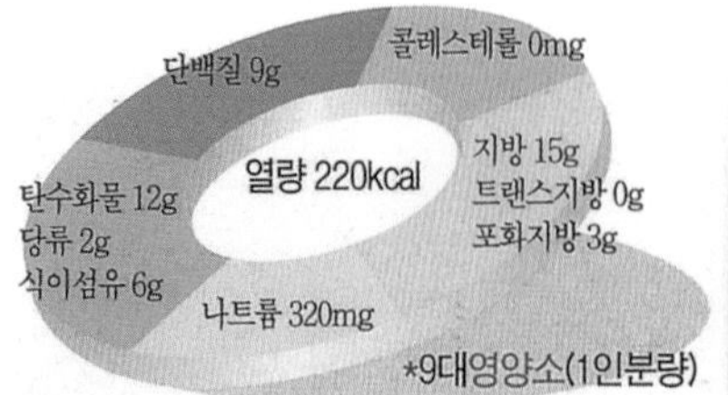

말린묵볶음

조리후 중량	적정배식온도	총가열시간	총조리시간	표준조리도구
360g(4인분)	65~70℃	30분	3일	30㎝ 후라이팬

도토리묵 800g(2⅔모), **물** 1.4kg(7컵)
양파 150(1개), **청고추** 8g(½개), **홍고추** 10g(½개)
양념장 : 간장 18g(1큰술), 설탕 6g(½큰술), 참기름 6.5g(½큰술)
통깨 2g(1작은술)
식용유 13g(1큰술)

재료준비

1. 도토리묵은 길이 6cm 폭 1cm 두께 0.7cm 정도로 썰어서 채반에 2~3일 뒤집어가면서 말린다(113g). 【사진1 · 2】
2. 양파는 껍질을 벗기고 씻어서 폭 1cm 정도로 채 썰고(100g), 청 · 홍고추는 씻어 길이로 반을 잘라 씨와 속을 떼어 내고, 길이 3cm 폭 0.2cm 정도로 채 썬다(청고추 5g, 홍고추 6g).
3. 양념장을 만든다.

만드는법

1. 냄비에 물을 붓고 센불에 7분 정도 올려 끓으면, 말린 도토리묵을 넣고 중불로 낮추어 20분 정도 끓인 다음 물에 헹구어 체에 밭쳐 물기를 뺀다(260g). 【사진3】
2. 팬을 달구어 식용유를 두르고 양파를 넣고 중불에서 1분 정도 볶다가 삶은 도토리묵 · 양념장과 청 · 홍고추를 넣어 2분 정도 볶는다. 【사진4】

린 묵을 삶아 양념장을 넣고 볶은 음식이다. 묵은 쑤기가 어려운 반면 저장이 없기 때문에 손가락 굵기로 썰어 말려 두었다가 필요할 때 물에 불리거나 삶아서 사용하는 것으로 꼬들꼬들하고 질감이 좋다.

· 날씨와 계절에 따라 묵 말리는 시간이 다르다.
· 양파 외에 다른 채소를 넣어 볶기도 한다.

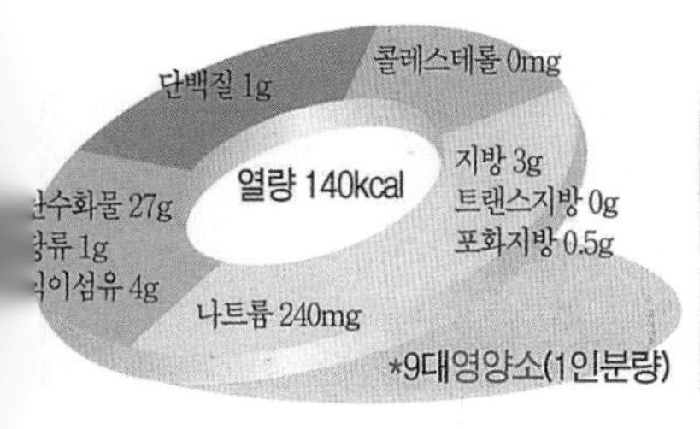

*9대영양소(1인분량)

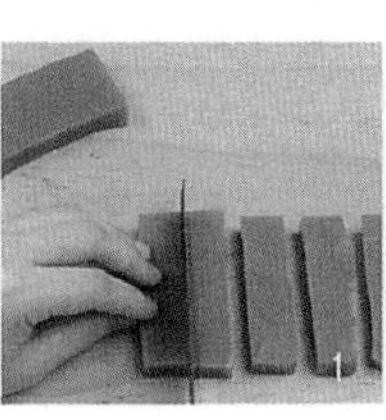

오징어채볶음

조리후 중량	적정배식온도	총가열시간	총조리시간	표준조리도구
120g(4인분)	15~25℃	4분	30분	30cm 후라이팬

오징어채 80g
청고추 7.5g(½개)
양념장 : 고추장 19g(1큰술), 설탕 4g(1작은술), 물엿 19g(1큰술)
물 15g(1큰술)
참기름 6.5g(½큰술), 통깨 2g(1작은술)
식용유 13g(1큰술)

재료준비

1. 오징어채는 마른 면보로 닦아 길이 5~6cm로 자른다. 【사진1】
2. 청고추는 씻어 길이 2cm, 두께 0.3cm 정도로 어슷 썬다(5g). 【사진2】
3. 양념장을 만든다.

만드는법

1. 팬을 달구어 식용유를 두르고 오징어채를 넣고 중불로 낮추어 2분 정도 볶는다. 【사진3】
2. 볶은 오징어채에 양념장을 넣고 섞어서 1분 정도 볶다가 청고추 · 참기름 · 통깨를 넣고 1분 정도 더 볶아 준다. 【사진4】

오징어채에 고추장양념장을 넣고 볶은 음식이다. 오징어에는 타우린의 함량이 높아 피로회복에 효과가 있는데 특히 마른 오징어가 타우린 함량이 매우 높다. 마른찬은 수분이 적어 오래 두고 먹어도 맛이 변하지 않는 장점이 있다.

· 딱딱한 오징어채는 물에 살짝 헹구어 사용하기도 한다.
· 오징어채는 너무 오래 볶으면 딱딱해 진다.

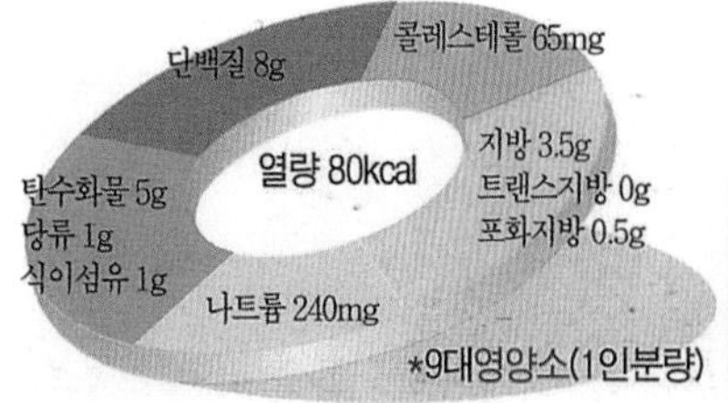

*9대영양소(1인분량)

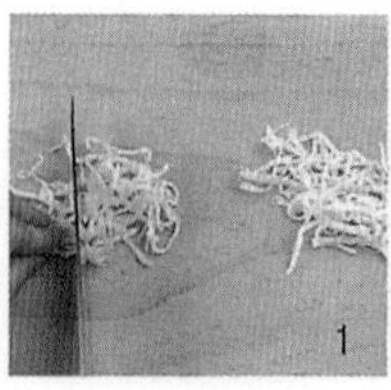

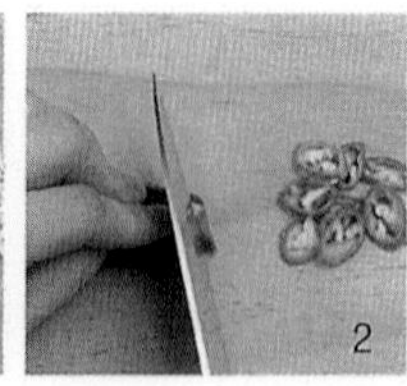

멸치고추장볶음

치에 고추장 양념을 넣고 볶은 음식이다. 멸치는 단백질과 칼슘이 풍부해서
산부나 발육기의 어린이에게 좋은 식품이다.

조리후 중량	적정배식온도	총가열시간	총조리시간	표준조리도구
100g(4인분)	15~25℃	6분	30분	30cm 후라이팬

멸치(중) 50g
땅콩 20g
양념장 : 고추장 19g(1큰술), 설탕 6g(½큰술), 물 15g(1큰술)
식용유 13g(1큰술)
물엿 13g(⅔큰술)
통깨 1g(½작은술), **참기름** 6.5g(½큰술)

재료준비

1. 멸치는 잡티를 골라내고 머리와 내장을 떼어 낸다(40g). 【사진1】
2. 땅콩은 굵게 다진다(18g). 【사진2】
3. 양념장을 만든다.

만드는법

1. 팬을 달구어 식용유를 두르고 멸치를 넣고 약불에서 2분 정도 볶다가 땅콩을 넣고 1분 정도 볶는다. 【사진3】
2. 양념장을 넣고 2분 정도 볶다가 물엿 · 통깨 · 참기름을 넣고 1분 정도 더 볶는다. 【사진4】

· 간장 양념에 볶기도 한다.
· 땅콩 대신 다른 견과류를 넣기도 한다.
· 잔멸치로 볶음을 할 때는 머리와 내장을 떼어내지 않는다.

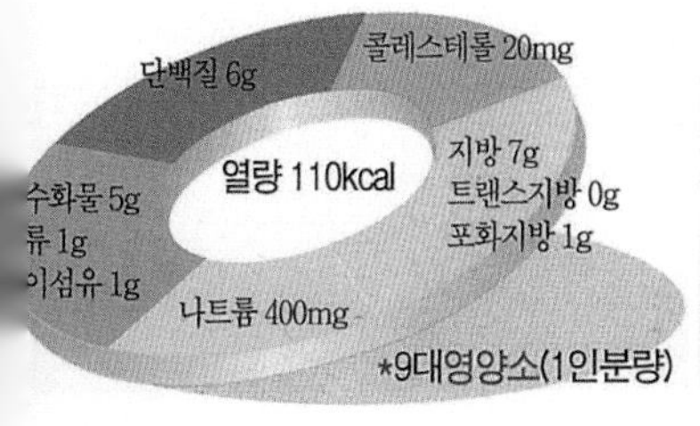

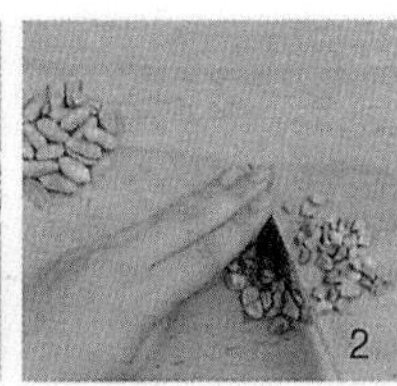

육포다식

조리후 중량	적정배식온도	총가열시간	총조리시간	표준조리도구
160g(8인분)	15~25℃	9분	3일 이상	20cm 냄비

쇠고기(홍두깨살) 300g, 청주 50g(¼컵), 설탕 24g(2큰술)
향채 : 파 10g, 마늘 10g, 생강 10g, 통후추 5g(½큰술)
양념장 : 간장 36g(2큰술), 설탕 24g(2큰술), 물 45g(3큰술)
물엿 9.5g(½큰술)
말린 육포 100g
육포다식 양념 : 참기름 2g(½작은술), 꿀 50.5g(2⅔큰술)

재료준비

1. 쇠고기를 결 방향으로 길이 25cm 폭 10cm 두께 0.4cm 정도로 썰어 기름기와 힘줄을 떼어 낸다(280g).
2. 쇠고기에 청주와 설탕을 고루 뿌려 30분 정도 둔다.
3. 면보와 쇠고기를 번갈아 올려 핏물을 뺀다(230g).
4. 향채는 다듬어 깨끗이 씻는다.

만드는법

1. 냄비에 향채와 양념장을 넣고 센불에 2분 정도 끓이다가 약불로 낮추어 3분 정도 끓여 식힌다(70g).
2. 끓여 식힌 양념장에 쇠고기를 넣고, 양념이 잘 배도록 주무른다.
3. 쇠고기를 채반에 펴서 뒤집어가며 이틀 정도 말린다(130g).
4. 석쇠에 육포를 얹어 높이 15cm 정도로 올려 중불에서 앞뒤로 뒤집어가며 4분 정도 굽는다. 【사진1】
5. 구운 육포는 잘게 잘라 분쇄기에 갈아서 보푸라기를 만든 다음 체에 친다(120g). 【사진2】
6. 육포 보푸라기에 육포 다식 양념을 넣고 섞은 후 뭉친다. 【사진3】
7. 다식틀에 반죽을 조금씩 떼어 넣고 눌러 박는다. 【사진4】

쇠고기를 양념하여 말린 다음 곱게 분쇄하여 양념을 넣고 반죽하여 다식판에 박아 만든 음식이다. 「고사십이집」과 「산림경제」에 '우육다식'이라 하여 '정육을 꿩고기와 섞어 난도하고 유장으로 섞어 다식판에 찍어 내어 잠깐 건조시켜서 먹으면 맛이 좋다.'고 하였다.

· 분쇄기에 곱게 갈아야 반죽이 잘 뭉쳐진다.
· 한번에 많이 만들어서 냉동실에 두고 사용하면 편리하다.
· 계절과 장소에 따라 육포 말리는 시간은 가감한다.

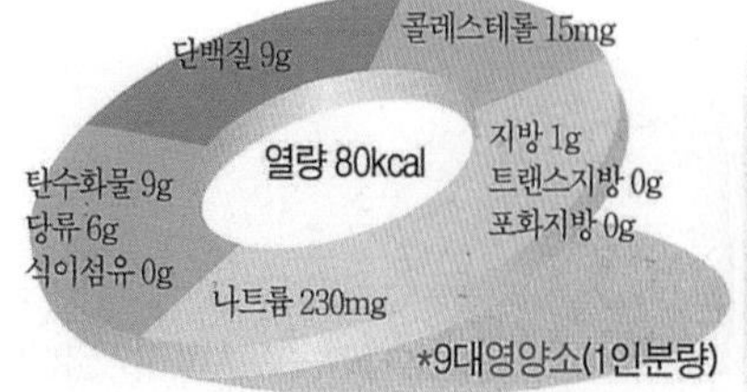

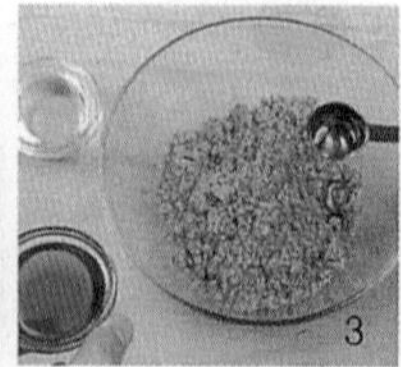

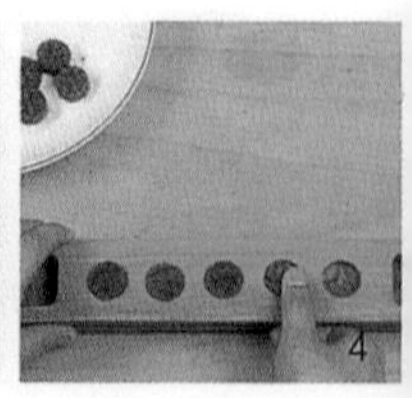

깻잎부각

조리후 중량	적정배식온도	총가열시간	총조리시간	표준조리도구
60g(4인분)	15~25℃	19분	3일	28cm 둥근팬

깻잎 30g(20장)
찹쌀풀 : 찹쌀가루 100g(1컵), 물 400g(2컵), 소금 2g(½작은술)
식용유 850g(5컵)

재료준비

1. 깻잎은 깨끗이 씻어 물기를 뺀다.

만드는법

1. 냄비에 찹쌀가루와 물을 붓고 센불에 2분 정도 올려 끓으면, 중불로 낮추어 소금을 넣고 10분 정도 끓여 식힌다(350g). 【사진1】
2. 깻잎에 찹쌀풀을 발라 채반에 밭쳐 뒤집어가면서 2~3일 정도 말린다(26g). 【사진2 · 3】
3. 팬에 식용유를 붓고 중불에 6분 정도 올려 기름 온도가 180~200℃가 되면 2~3개씩 넣고 2초 정도 튀겨 기름을 뺀다. 【사진4】

깻잎에 찹쌀풀을 발라서 말려 두었다가 기름에 튀겨낸 음식이다. 부각은 채소나 해조류에 되직하게 쑨 찹쌀풀을 발라 말려서 튀긴 것으로, 계절성이 있는 재료를 그때그때 만들어 저장해 두는 방법으로 널리 이용되어 왔다.

· 말린 깻잎 부각은 눅눅해지지 않도록 밀봉하여 건조한 곳에 보관한다.
· 튀김 온도가 너무 낮으면 바싹하지 않으므로 온도에 유의한다.

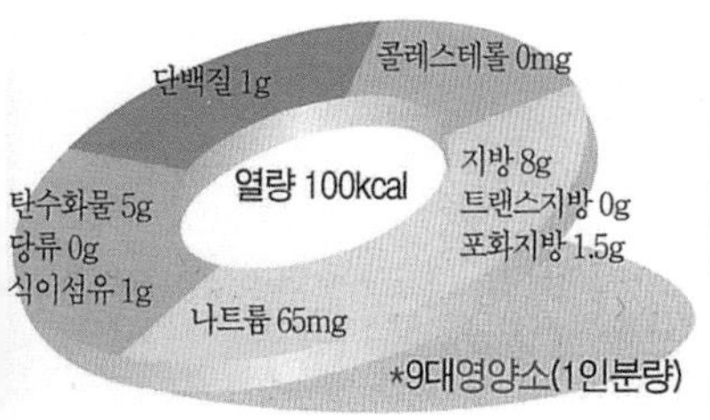

감자부각

조리후 중량	적정배식온도	총가열시간	총조리시간	표준조리도구
60g(4인분)	15~25℃	11분	5일 이상	28cm 궁중팬

감자 500g(2½개), 데치는 물1kg(5컵), 소금 6g(½큰술)
식용유 510g(3컵)
설탕 4g(1작은술)

재료준비

1. 감자는 깨끗이 씻어 껍질을 벗기고 씻은 후 두께 0.2cm 정도로 썬 다음(460g), 물에 1시간 정도 담가 전분을 뺀 후 3회 정도 헹군다.【사진1】

만드는법

1. 냄비에 물을 붓고 센불에 5분 정도 올려 끓으면, 소금과 감자를 넣고 2분 정도 삶아 건진다(500g).【사진2】
2. 채반에 펴서 뒤집으면서 5일 정도 말린다(55g).【사진3】
3. 팬에 식용유를 붓고 센불에 3분 정도 올려, 170℃ 정도가 되면 감자를 넣고 3초 정도 튀긴 다음 기름을 1분 정도 빼고 뜨거울 때 설탕을 뿌린다.【사진4】

감자를 얇게 썰어서 소금물에 데친 다음 말려서 기름에 튀기고 설탕을 뿌린 음식이다. 감자는 탄수화물이 풍부하여 뱃속을 든든하게 하고 소화기관을 튼튼하게 하는 효과가 있다. 감자부각은 아이들 간식이나 어른들 술안주에 좋다.

· 감자 전분을 충분히 빼내야 데칠 때 부서지지 않고 깨끗하다.
· 햇볕이 좋고 통풍이 잘되는 곳에서 건조시키면 감자색이 희고 깨끗하게 말릴 수 있다.

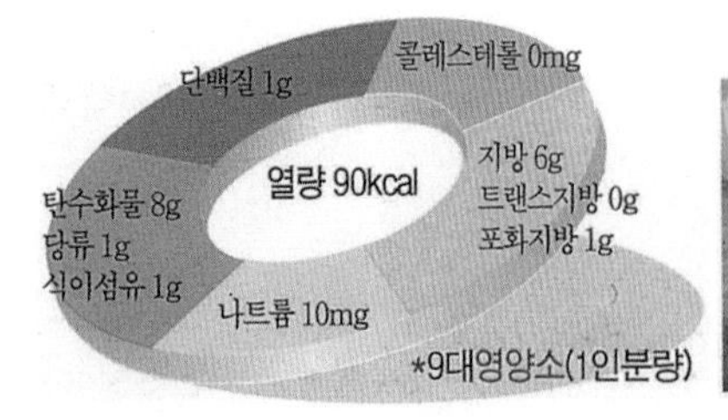

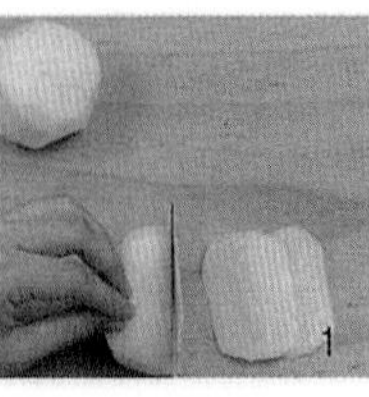
1

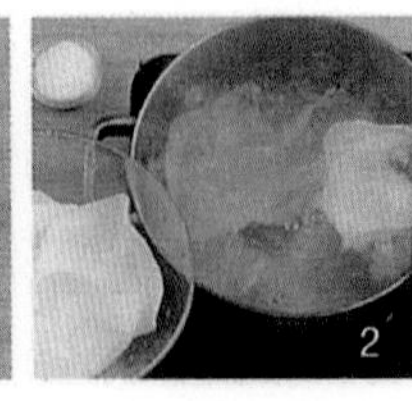
2

3

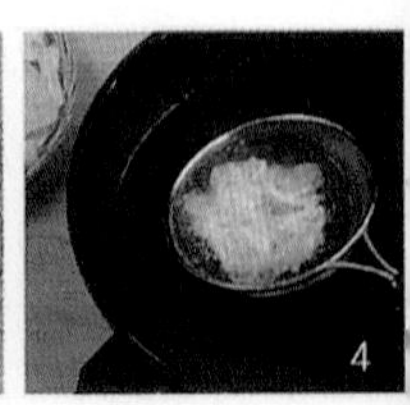
4

고추부각

조리후 중량	적정배식온도	총가열시간	총조리시간	표준조리도구
60g(4인분)	15~25℃	10분	3일 이상	28cm 궁중팬

꽈리고추 300g(20개), 절이는 물 1kg(5컵), 소금 24g(2큰술)
찌는 물 600g(3컵)
찹쌀가루 24g(3큰술)
식용유 510g(3컵)

재료준비

1. 꽈리고추는 씻어 길이로 반을 갈라 씨를 떼어내고(240g), 소금물에 1시간 정도 절인 후 30분 정도 물기를 뺀다(222g). 【사진1】
2. 꽈리고추에 찹쌀가루를 묻힌다.

만드는법

1. 찜기에 물을 붓고 센불에 3분 정도 올려 끓으면 면보를 깔고, 찹쌀가루를 묻힌 고추를 넣고 중불로 낮추어 3분 정도 찐다(270g). 【사진2】
2. 채반에 펴서 3일 정도 말린다. 【사진3】
3. 팬에 식용유를 붓고 센불에 3분 정도 올려 170℃ 정도가 되면, 고추를 넣고 3초 정도 튀겨내어 1분 정도 기름을 뺀다. 【사진4】

꽈리고추에 찹쌀가루를 묻혀 찜통에 찐 다음 말려서 기름에 튀긴 음식이다. 부각은 제철에 나는 식재료에 찹쌀풀을 발라 말려서 저장해 두었다가 튀겨 먹는 마른찬이다.

· 날씨에 따라 말리는 시간이 차이가 나기도 한다.
· 꽈리고추에 밀가루를 묻히기도 하고 찹쌀죽을 묻혀 말리기도 한다.

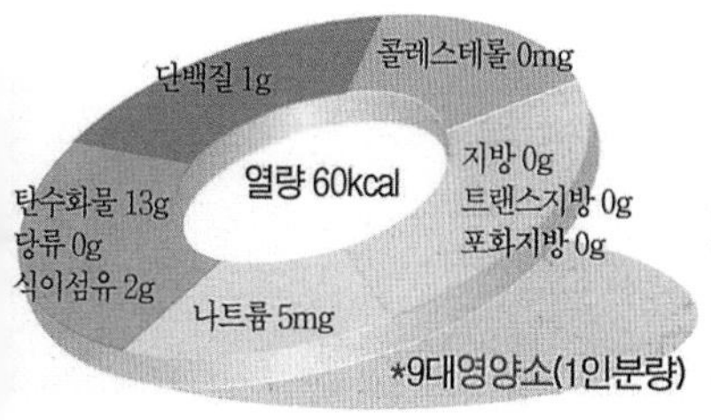

*9대영양소(1인분량)

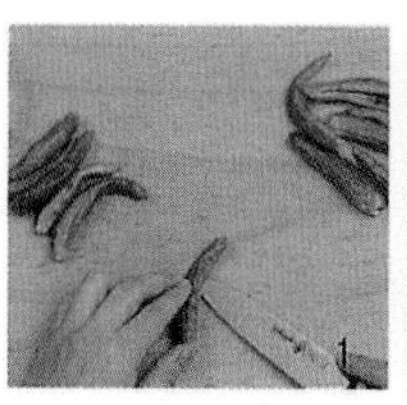
1

2

3

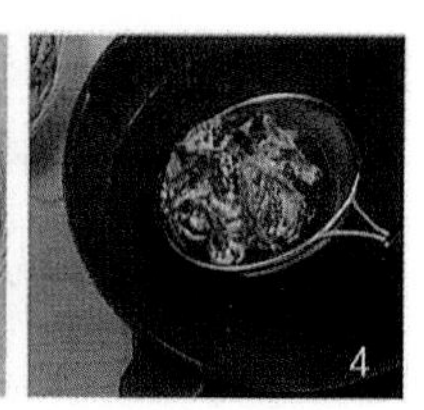
4

쪽장과

조리후 중량	적정배식온도	총가열시간	총조리시간	표준조리도구
140g(4인분)	15~25℃	3분	30분	30cm 후라이팬

무 50g, 양파 30g, 오이 40g, 당근 20g, 간장 36g(2큰술)
쇠고기(우둔) 30g
양념장 : 간장 3g(½작은술), 설탕 1g(¼작은술), 다진 파 2.3(½작은술)
다진 마늘 1.4g(¼작은술), 깨소금 1g(½작은술), 후춧가루 0.1g
참기름 2g(½작은술)
마늘 5g, 생강 5g, 홍고추 5g(¼개)
식용유 6.5g(½큰술), 설탕 4g(1작은술)
참기름 2g(½작은술), 잣가루 2g(1작은술)

재료준비

1. 무와 양파 · 당근은 다듬어 씻고 무와 당근은 길이 3cm 폭 1.5cm 두께 0.5cm 정도로 자르고(무 45g, 당근 15g), 양파는 길이 3cm 폭 1.5cm 정도로 자른다(20g). 오이는 소금으로 비벼 깨끗이 씻어 씨를 빼고 무와 같은 크기로 썬다(30g). 【사진1】
2. 무와 양파 · 오이 · 당근을 한데 넣고 간장을 부어 20분 정도 뒤집어가며 절인 다음, 체에 밭쳐 절인간장을 받아둔다. 【사진2】
3. 쇠고기는 핏물을 닦고 길이 3.5cm 폭 1.5cm 두께 0.3cm 정도로 썰어(28g) 양념장을 넣고 양념한다.
4. 마늘과 생강은 다듬어 씻은 후 두께 0.2cm 정도로 썬다(마늘 4g, 생강 3g). 홍고추는 씻어 길이로 반을 잘라 씨와 속을 떼어 내고 길이 2cm 폭 0.2cm 정도로 채 썬다(2.5g). 【사진3】

만드는법

1. 팬을 달구어 식용유를 두르고 쇠고기와 마늘 · 생강을 넣고 중불에서 1분 정도 볶다가 절인 무와 양파 · 오이 · 당근 · 절인 간장 3g(½작은술), 설탕을 넣고 1분 정도 더 볶는다.
2. 홍고추와 참기름을 넣고 30초 정도 볶은 후 그릇에 담고 잣가루를 뿌린다. 【사진4】

여러 가지 채소를 간장에 절였다가 쇠고기와 함께 양념장을 넣고 볶아서 즉석에서 만들어 먹는 음식이다. 쪽장과는 갑자기 익혀 만든 갑장과의 하나이며, 익혀서 만든 장아찌라 하여 숙장과(熟醬瓜)라고도 한다.

· 고명으로 홍고추 대신 실고추를 사용하기도 한다.

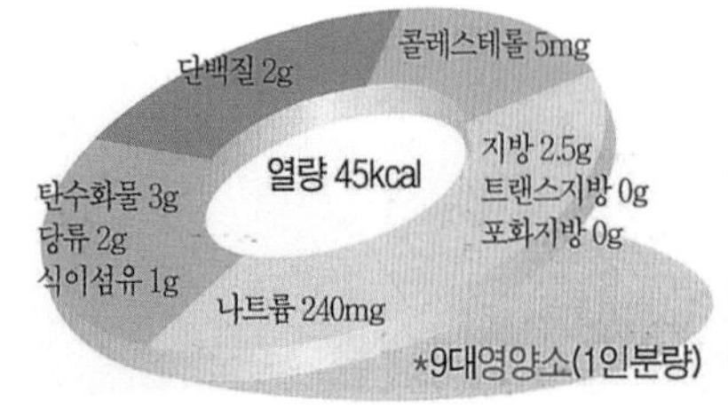

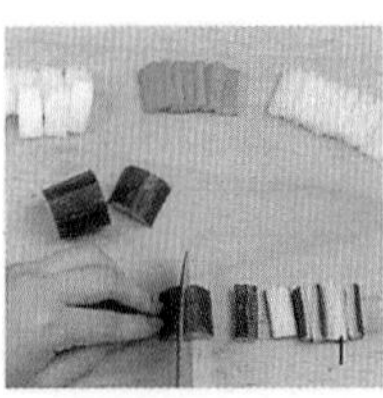

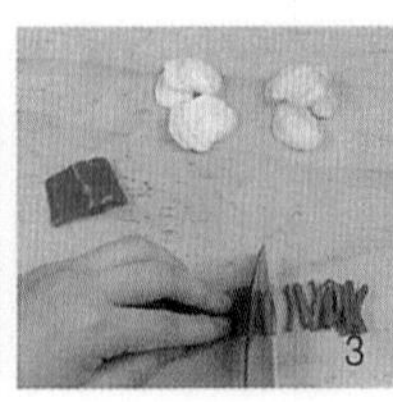

미역자반

조리후 중량	적정배식온도	총가열시간	총조리시간	표준조리도구
60g(4인분)	15~25℃	4분	30분	30cm 후라이팬

자반미역 35g
식용유 65g(5큰술)
설탕 12g(1큰술), 통깨 2g(1작은술)

재료준비

1. 줄기 없이 잎만 말린 자반미역을 돌이나 잡티를 골라내고 길이 5cm 정도로 자른다(30g). 【사진 1 · 2】

만드는법

1. 팬을 달구어 식용유를 두르고 센불에 3분 정도 올려 미역을 넣고 중불로 낮추어 1분 정도 볶아내고 3분 정도 기름을 뺀다. 【사진3】
2. 뜨거울 때 설탕과 통깨를 뿌린다. 【사진4】

말린 자반용 미역을 기름에 볶아 만든 마른 찬이다. 미역은 식이섬유가 풍부하여 변비를 해소하고 혈압을 내리며 비만을 예방하는데 좋고, 산모뿐 아니라 일반인에게도 매우 좋은 식품이다.

· 줄기 있는 넓은 자반미역을 사용 할 때는 젖은 면보로 닦아 가늘게 썰어 볶는다.
· 미역자반은 파랗게 튀겨내야 식감이 좋다.

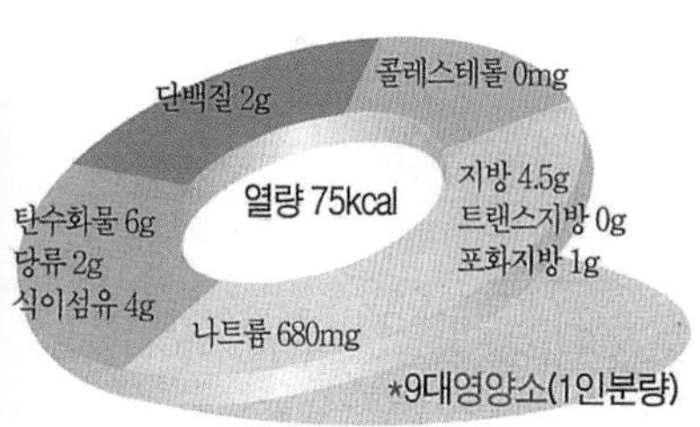

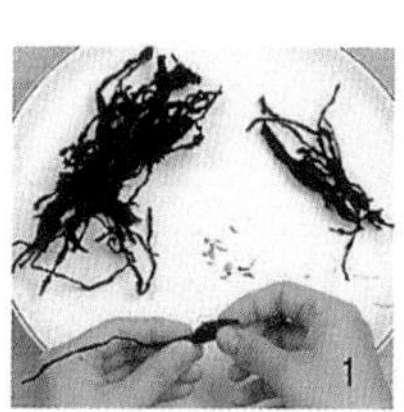
1

2

3

4

김무침

조리후 중량	적정배식온도	총가열시간	총조리시간	표준조리도구
80g(4인분)	15~25℃	2분	30분	16cm 냄비, 석쇠

김 35g(13장)
실파 20g, **홍고추** 10g(½개)
양념장 : 간장 18g(1큰술), 설탕 6g(½큰술), 통깨 4g(2작은술)
후춧가루 0.1g, 참기름 8g(2작은술)

재료준비

1. 김은 돌이나 티를 골라내고 깨끗이 손질한다. 【사진1】
2. 실파는 다듬어 깨끗이 씻어 길이 2cm 정도로 썬다(10g). 【사진2】
3. 홍고추는 씻어 길이로 반을 잘라 길이 3cm 두께 0.3cm 정도로 채 썬다(5g).
4. 양념장을 만든다.

만드는법

1. 김은 석쇠에 두 장을 겹쳐 약불에서 앞뒤를 40초 정도 구워 잘게 부순다(33g). 【사진3】
2. 냄비에 양념장을 넣고 중불에서 1분 정도 끓인다.
3. 김에 양념장과 실파 · 홍고추를 넣고 고루 무친다. 【사진4】

구운 김에 양념장을 넣고 무친 음식이다. 김은 채취 시기에 따라 가을 김 · 동지 김 · 봄 김 등으로 구분되는데 동지 김이 가장 상품이다. 김은 해조류 중에서 암 예방 효과가 가장 크며 채소나 과일보다 비타민 C가 풍부하다.

· 돌김이나 파래김을 사용하기도 한다.
· 들기름에 통깨를 넣고 무치기도 한다.

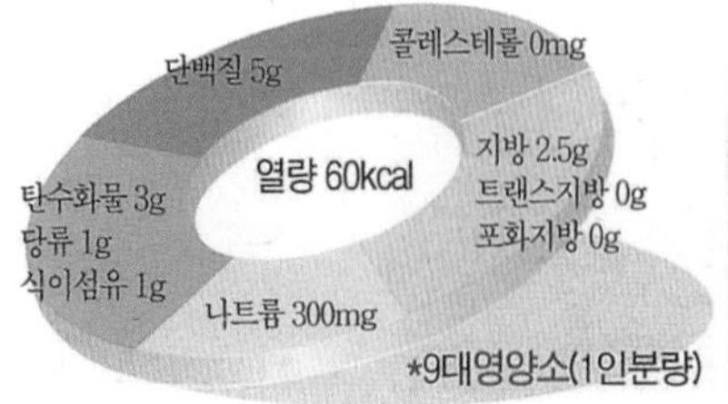

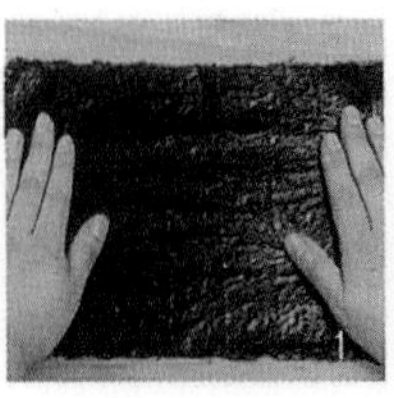

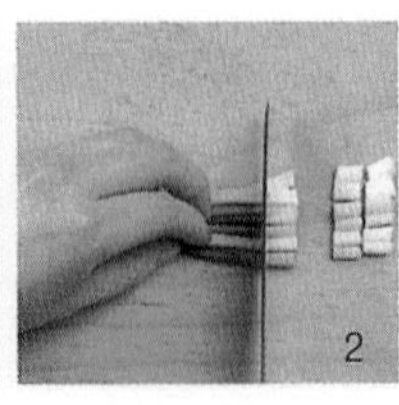

북어장아찌

조리후 중량	적정배식온도	총가열시간	총조리시간	표준조리도구
240g(12인분)		0분	1개월 이상	24cm 냄비

북어 70g(1마리)
고추장 250g(1컵)
양념 : 설탕 12g(1큰술), 물엿 9.5g(½큰술), 통깨 2g(1작은술)
참기름 13g(1큰술)

재료준비

1. 북어는 물에 10초 정도 담갔다가 건져 꼭 짜서 머리와 꼬리 · 지느러미를 떼어 내고 길이 5cm 폭 2cm 정도로 자른다(90g). 【사진1 · 2】
2. 고추장에 넣고 한 달 정도 둔다. 【사진3】

만드는법

1. 북어장아찌를 꺼내어 고추장을 훑어 내고(210g), 폭 0.5cm 정도로 찢어 양념을 넣고 무친다. 【사진4】

북어를 물에 불려 고추장에 넣고 한 달 정도 저장해 두었다가 양념에 무쳐 먹는 음식이다. 명태를 말린 것을 북어라고 하며, 국 · 전 · 찜 등 다양한 조리법으로 조리하여 먹는다.

· 북어에 수분이 있으면 저장 시 변질될 우려가 있다.
· 오이를 채썰어 넣고 무치기도 한다.

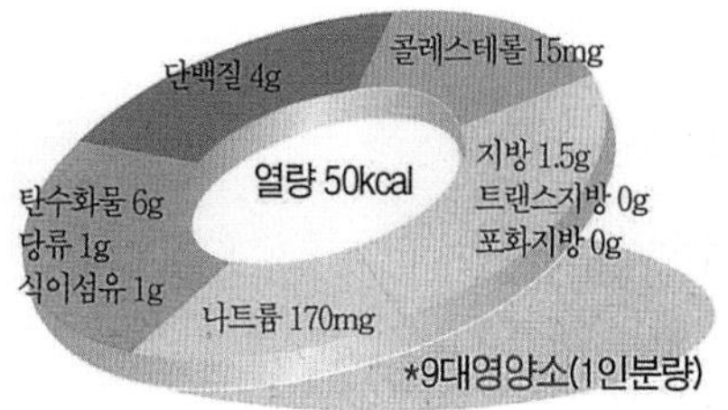

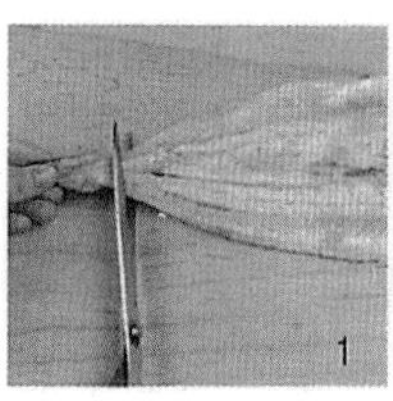
1

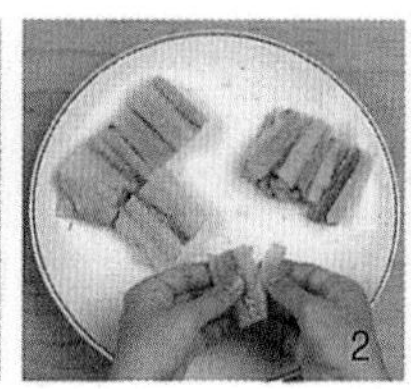
2

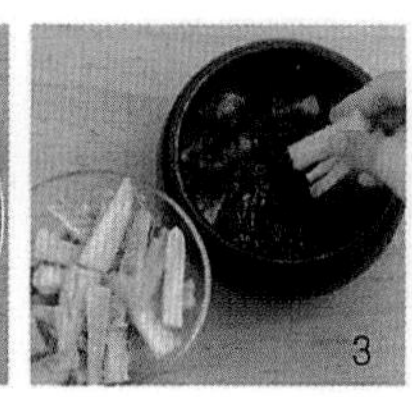
3

4

김장아찌

조리후 중량	적정배식온도	총가열시간	총조리시간	표준조리도구
200g(20인분)	15~25℃	8분	30분	20cm 냄비

김 21g(14장)
간장물 : 간장 60g(¼컵), 설탕 4g(1작은술), 꿀 19g(1큰술)
청주 50g(¼컵), 물 200g(1컵)
향채 : 파 20g, 마늘 15g, 생강 10g, 마른홍고추 10g
다시마 5g

재료준비

1. 김은 티를 골라낸다.
2. 김을 가로 4cm 세로 5cm 정도로 (16등분) 잘라 실로 묶는다. 【사진1】

만드는법

1. 냄비에 간장과 물을 붓고 센불에 3분 정도 올려 끓으면 향채를 넣고, 중불로 낮추어 5분 정도 끓인 후 다시마를 넣고 불을 끈 다음 5분 정도 두었다가 체에 걸러 식힌다. 【사진2 · 3】
2. 김을 면실로 묶어서 그릇에 차곡차곡 담고 간장물을 붓고 눌러 놓는다. 【사진4】
3. 2일 후에 간장을 한 번 더 끓여 식혀 붓는다.

김을 여러 장씩 묶어 다시마 간장물을 붓고 숙성시킨 장아찌이다. 김은 일반 해조류에 비해 단백질 함량이 높은 핵산 식품으로, 김 한 장에는 달걀 두 개에 달하는 비타민 A가 함유되어 있다.

· 김은 티가 없도록 손질하여 불에 살짝 구워 손으로 비벼 넣고 버무리기도 한다.
· 한 달 정도 지난 후 참기름 · 깨소금 등으로 양념하여 먹는다.

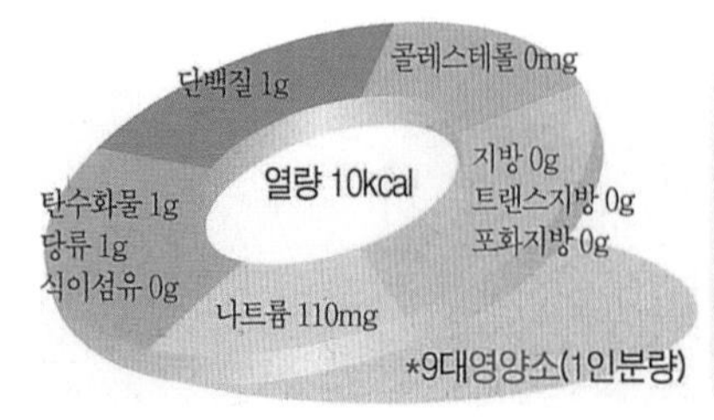

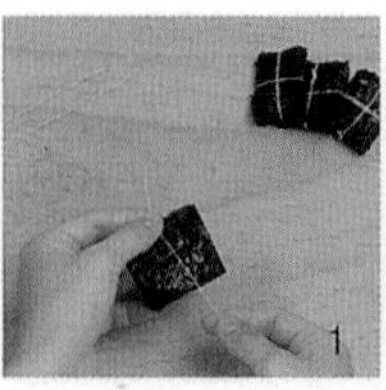
1

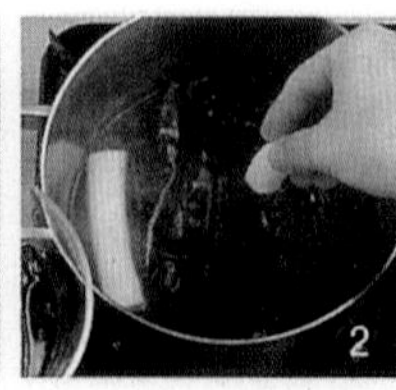
2

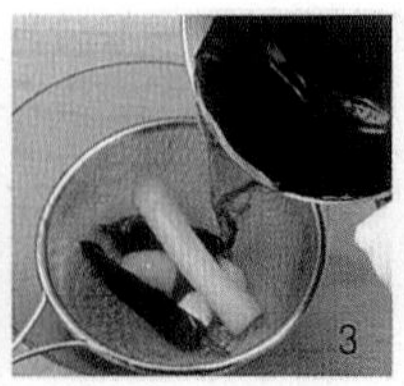
3

4

더덕장아찌

더덕 240g(10개), 소금 8g(2작은술), 물 800g(4컵)
고추장 504g(2컵)
양념 : 설탕 4g(1작은술), 다진 파 5.5g(1작은술), 다진 마늘 2.8g(½작은술)
깨소금 2g(1작은술), 참기름 13g(1큰술)

재료준비

1. 더덕은 씻어 껍질을 벗기고(160g) 굵은 것은 길이로 반을 잘라 소금물에 1시간 정도 담가 쓴맛을 우려낸다. 【사진1】
2. 물기를 닦고 밀대로 밀어 채반에 널어 1일 정도 꾸덕꾸덕 말린다(100g). 【사진2】

만드는법

1. 말린 더덕은 고추장속에 넣고 1개월 정도 숙성시킨다. 【사진3】
2. 고추장을 훑어내고(95g) 길이 5cm 폭 0.5cm 정도로 찢어 양념을 넣고 무친다. 【사진4】

더덕을 고추장 속에 넣고 숙성시켜 만든 음식이다. 예부터 더덕은 산삼에 버금가는 약효라 하여 사삼(沙蔘)이라 하였는데, 한방에서는 폐열을 없애고 진해거담에 효과가 있다고 하였다. 더덕은 특유의 향이 있어 예부터 구이 · 무침뿐만 아니라 술을 담가 먹기도 한다.

· 더덕은 말려서 가루를 만들어 물에 타서 마시기도 하고,
생채나 구이로도 사용 한다.

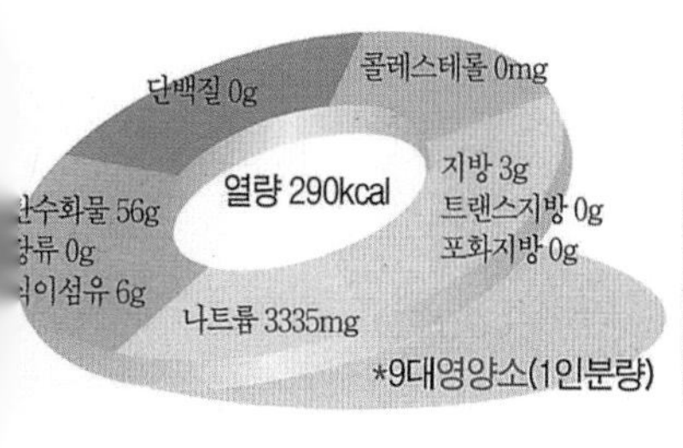

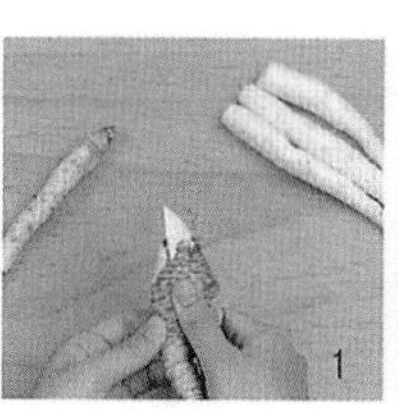

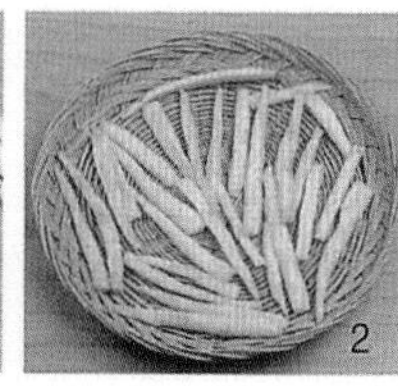

매실장아찌

조리후 중량	적정배식온도	총가열시간	총조리시간	표준조리도구
200g(8인분)	15~25℃	0분	1개월 이상	

매실 500g
설탕 500g
고추장 252g(1컵)
양념 : 통깨 2g(1작은술), 참기름 4g(1작은술)

재료준비

1. 매실은 꼭지를 떼고 씻어 채반에 건져 1시간 정도 물기를 뺀다.
2. 매실을 길이로 4등분하여 과육을 떼어내고 씨를 뺀다(270g).

만드는법

1. 용기에 매실과육과 설탕을 켜켜이 담는다. 맨 위에는 매실이 보이지 않도록 설탕을 충분히 덮는다. 【사진1】
2. 서늘한 곳에 15일 정도 둔다.
3. 매실과 매실액을 따로 분리한다. 【사진2】
4. 매실을 하루 정도 채반에 담아 그늘에 말린 다음(120g), 고추장에 넣어 1개월 정도 둔다. 【사진3 · 4】
5. 매실장아찌를 꺼내어 고추장을 훑어 내고(190g), 양념을 넣고 양념한다.

매실을 설탕에 절였다가 건져 수분을 빼고 고추장에 넣어 숙성시킨 음식이다. 매실은 피로를 풀어주고 입맛을 살려 주며 구토, 기침, 설사에 좋은 식재료이다. 매실은 매화나무의 열매로 둥근 모양이고 5월 말에서 6월 중순에 녹색으로 익는다.

· 설탕에 절인 매실을 말리지 않고 바로 고추장에 무쳐 먹기도 한다.

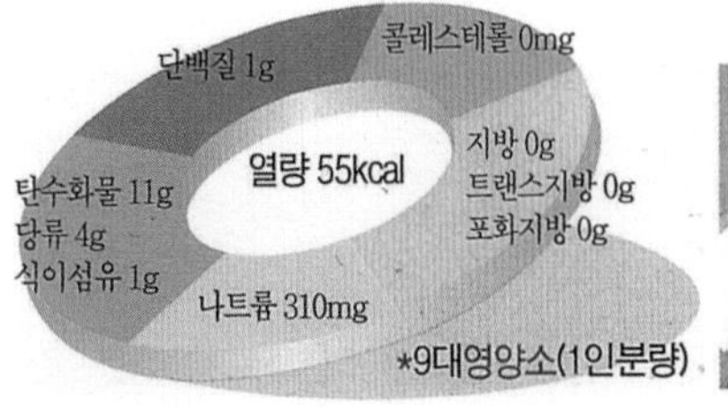

무장아찌

조리후 중량	적정배식온도	총가열시간	총조리시간	표준조리도구
280g(8인분)	15~25℃	8분	5일 이상	16cm 냄비

무 400g
양념장 : 간장 126g(7큰술), 소금 1g(¼작은술), 설탕 18g(1½큰술)
식초 30g(2큰술), 물 300g(1½컵)
향채 : 다시마 2g, 마늘 10g, 마른홍고추 4g(1개)
양념 : 참기름 6.5g(½큰술), 통깨 2g(1작은술)

재료준비

1. 무는 다듬어 씻고 길이 10cm 가로 · 세로 2cm 정도로 썰어서 두께 0.2cm 정도로 썬다(380g). 【사진1】
2. 마른홍고추와 다시마는 면보로 닦고, 마늘은 다듬어 씻는다.

만드는법

1. 냄비에 양념장과 향채를 넣고 센불에 3분 정도 올려 끓으면 중불로 낮추어 2분 정도 끓인 후 식힌다. 【사진2】
2. 용기에 무를 넣고 양념장을 부어 4~5일이 지난 후 간장을 따라낸다. 【사진3】
3. 냄비에 따라 놓은 양념장을 붓고 센불에서 3분 정도 올려 끓으면 식혀서 다시 붓는다.
4. 7일 정도 지나 무가 갈색으로 간이 배어들면 꺼내어(300g) 가로 · 세로 2.5cm 두께 0.2cm 정도로 썬다(300g).
5. 무장아찌에 양념을 넣고 무친다. 【사진4】

를 양념장에 넣고 숙성시킨 음식이다. 무장아찌는 무를 오래 두고 먹기 위해 든 저장음식으로 간편하게 먹을 수 있는 밑반찬이다. 옛날에는 가을에 무가 있을 때 장아찌를 담아 긴 겨울을 나고 다음해 봄이나 여름까지 먹었다.

· 무가 뜨지 않도록 양념장을 붓고 무거운 것으로 눌러 놓는다.
· 무를 크게 썰어 넣을 때는 양념장을 끓여 식혀 부은 후 1개월 정도 숙성시킨 후 먹는다.

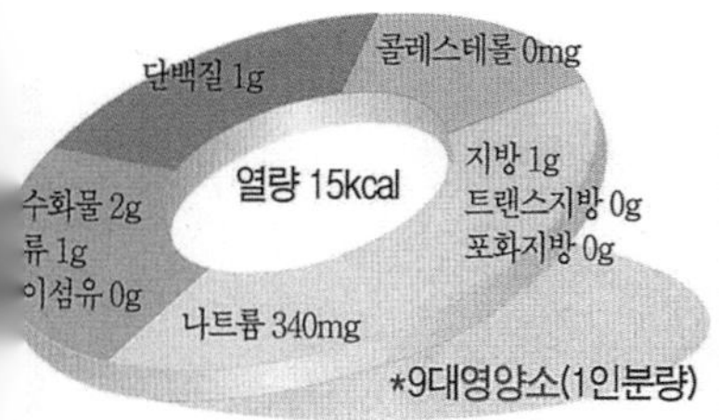

1

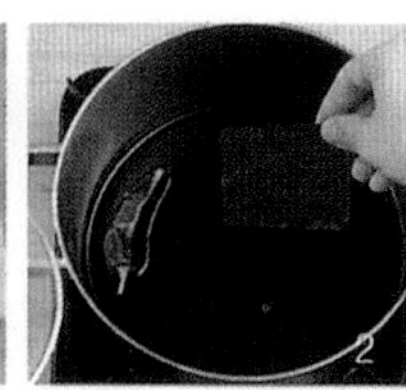
2

3

4

양파장아찌

조리후 중량	적정배식온도	총가열시간	총조리시간	표준조리도구
360g(12인분)	15~25℃	6분	1개월 이상	20cm 냄비

양파 400g(4개)
양념장 : 간장 180g(¾컵), 소금 12g(1큰술), 설탕 36g(3큰술)
식초 150g(¾컵), 물 400g(2컵)

재료준비

1. 양파는 껍질을 벗겨 깨끗이 씻고 물기를 닦는다(385g). 【사진1】
2. 양념장을 만든다. 【사진2】

만드는법

1. 양파를 용기에 담는다.
2. 냄비에 양념장을 붓고 센불에 3분 정도 올려 끓으면 불을 끄고 뜨거울 때 용기에 붓는다. 【사진3 · 4】
3. 1주일 정도 지나면 양념장을 따라내어 센불에 올려 3분 정도 끓여 식힌 다음, 용기에 다시 담아 한 달 정도 숙성시킨다.
4. 양파장아찌는 먹을 때 꺼내어 길이로 8등분 하여 담아낸다.

양파를 양념장에 넣고 오랫동안 저장해 두고 먹는 음식이다. 양파는 장아찌로 만들면 특유의 매운맛은 사라지고, 양파의 단맛과 양념장의 새콤달콤한 맛이 어우러진 아삭한 질감의 장아찌가 된다. 양파는 한방에서 옥총(玉葱) 또는 양총(洋葱)이라 하여 소화기관인 비위를 튼튼하게 하고 기운의 흐름을 좋게 한다고 하였다.

· 작게 잘라서 단시간에 숙성시켜 먹기도 한다.
· 양파장아찌를 용기에 넣고 숙성시킬 때 청양고추나 마른홍고추를 넣어 칼칼한 맛을 내기도 한다.

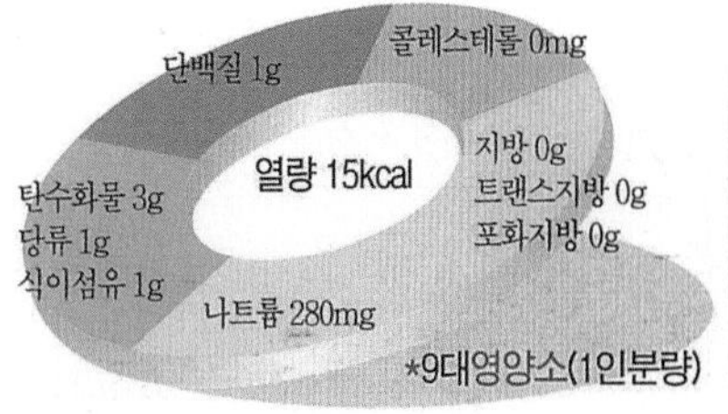

1

2

3

4

오이지

조리후 중량	적정배식온도	총가열시간	총조리시간	표준조리도구
1.8kg(60인분)	4~10℃	24분	5일 이상	24cm 냄비

오이(백오이) 2kg(10개)
절이는 소금물 : 물 3kg(15컵), 굵은소금 320g(2컵)

재료준비

1. 오이는 소금으로 비벼 깨끗이 씻는다. 【사진1】

만드는법

1. 냄비에 물과 굵은 소금을 넣고 센불에 12분 정도 올려 끓으면 오이에 붓고 떠오르지 않게 눌러 놓는다. 【사진 2 · 3】
2. 이틀 후 소금물을 따라내어 냄비에 붓고 센불에 12분 정도 올려 끓인 다음 식혀 붓는다. 【사진 4】
3. 5~7일 정도 익힌다(1.8kg).

이에 소금물을 끓여 붓고 숙성시킨 음식이다. 오이지는 오이가 많이 나는 름에 담가 두었다가 얇게 썬 다음 물에 헹구어 꼭 짜고, 갖은 양념하여 무쳐 거나 젓국이나 고추장 · 갖은양념을 넣고 끓여서 지져 먹기도 한다.

· 오이에 뜨거운 소금물을 부어주면 아삭아삭한 오이지가 만들어진다.
· 오이는 절여지면 수분이 많이 나오므로, 물의 양을 많이 잡지 않는다.
· 오이지는 소금의 양에 따라 숙성시간이 다르다.

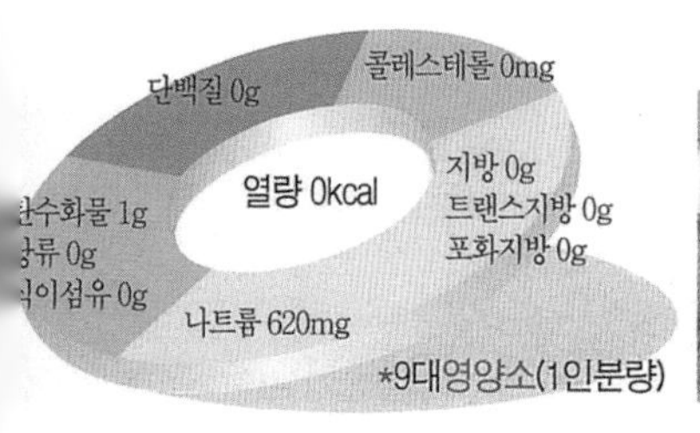

1

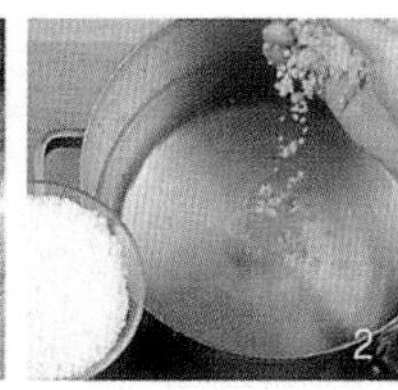
2

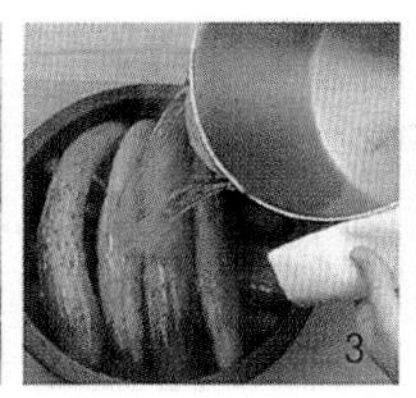
3

4

오이통장과

조리후 중량	적정배식온도	총가열시간	총조리시간	표준조리도구
180g(4인분)	15~25℃	5분	1시간	16cm 냄비

오이 200g(1개), 물 400g(2컵), 소금 24g(2큰술)
다진 쇠고기(우둔) 20g
양념장 : 간장 2g(⅓작은술), 설탕 2g(½작은술)
다진 파 2.3g(½작은술), 다진 마늘 1.4g(¼작은술)
깨소금 1g(¼작은술), 후춧가루 0.1g, 참기름 2g(½작은술)
조림장 : 간장 9g(½큰술), 설탕 2g(½작은술), 물 30g(2큰술)
식용유 4g(1작은술), 실고추 0.1g, 참기름 4g(1작은술)

재료준비

1. 오이는 소금으로 비벼 깨끗이 씻은 후 길이 5㎝ 정도로 잘라, 양끝을 1㎝ 정도 남기고 가운데를 길이로 열십자로 칼집을 넣는다(160g). 오이는 소금물에 1시간 정도 절여 물기를 짠다. 【사진1 · 2】
2. 다진 쇠고기는 핏물을 닦고 양념장을 넣고 양념한다(18g).
3. 실고추는 길이 1㎝ 정도로 자른다.

만드는법

1. 오이의 칼집 사이에 쇠고기를 채워 넣는다. 【사진3】
2. 냄비를 달구어 식용유를 두르고 오이를 넣어 중불에서 1분 정도 볶는다.
3. 조림장을 넣고 1분 정도 조려 조림장이 반 정도 조려지면 약불로 낮추어 3분 정도 더 조리고, 실고추와 참기름을 넣어 고루 섞는다. 【사진4】

절인 오이의 칼집 속에 쇠고기로 소를 채우고 조림장을 부어 조린 음식이다. 오이는 알칼리성 식품으로 「동의보감」에 '이뇨 효과가 있고, 장과 위를 이롭게 하며, 소갈을 그치게 한다.' 고 하였다. 즉석에서 만들어 먹는다.

· 오이는 잠깐 볶아야 아삭하고 색도 파랗다.
· 오이통장과는 어린 재래종 오이로 하는 것이 가장 맛이 좋다.

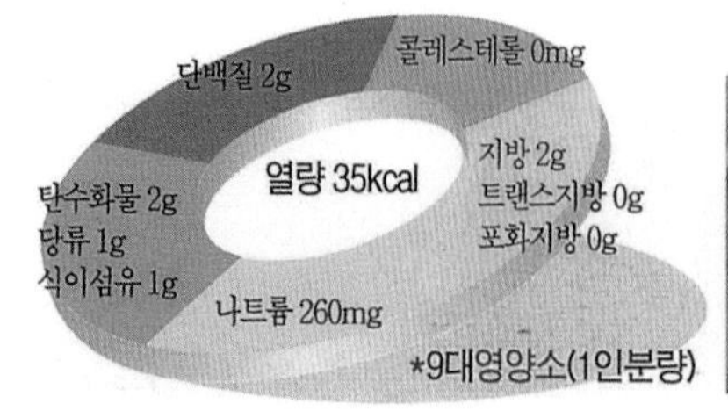

표고장아찌

조리후 중량	적정배식온도	총가열시간	총조리시간	표준조리도구
160g(8인분)	15~25℃	28분	1개월 이상	18cm 냄비

표고버섯 40g(8개)
채소국물 : 북어 35g(½마리), 마늘 10g, 생강 5g, 양파 50g(⅓개)
마른 홍고추 4g(1개), 다시마 10g, 물 600g(3컵)
양념장 : 간장 80g(⅓컵), 설탕 24g(2큰술), 물엿 57g(3큰술)
양념 : 설탕 2g(½작은술), 통깨 1g(½작은술), 참기름 4g(1작은술)

재료준비

1. 표고버섯은 물에 1시간 정도 불려, 기둥을 떼어내고 물기를 닦는다(110g). 【사진1】
2. 마른 홍고추와 다시마는 면보로 닦는다.
3. 양념장을 만든다.

만드는법

1. 냄비에 물과 북어 · 마늘 · 생강 · 양파 · 마른 홍고추를 넣고 센불에 4분 정도 올려 끓으면, 중불로 낮추어 20분 정도 끓이다가 다시마를 넣고 불을 끈 다음 5분 정도 두었다가 체에 걸러 북어 채소 국물을 만든다(230g).
2. 냄비에 양념장과 채소 국물을 붓고 센불에 2분 정도 올려 끓으면 중불로 낮추어 2분 정도 더 끓인다. 【사진2】
3. 용기에 표고버섯을 담고 양념장을 부어 1개월 정도 숙성시킨다. 【사진3】
4. 표고장아찌를 꺼내어 꼭 짜서(180g), 길이 5cm 폭 0.5cm 정도로 썰어 양념을 넣고 무친다. 【사진4】

표고버섯에 양념장을 넣고 오래 저장하여 만든 음식이다. 단백질과 비타민 D의 전구체가 풍부하여 면역력을 증강시키며 항암 효과가 뛰어난 식품이다. 표고버섯은 제철에 갓이 피지 않고 거북이 등처럼 갈라진 것을 구입하여 말려두었다가 사용하면 좋다

· 표고버섯은 충분히 불려서 물기를 꼭 짜서 사용한다.
· 양념에 고춧가루나 고추장을 넣기도 한다.

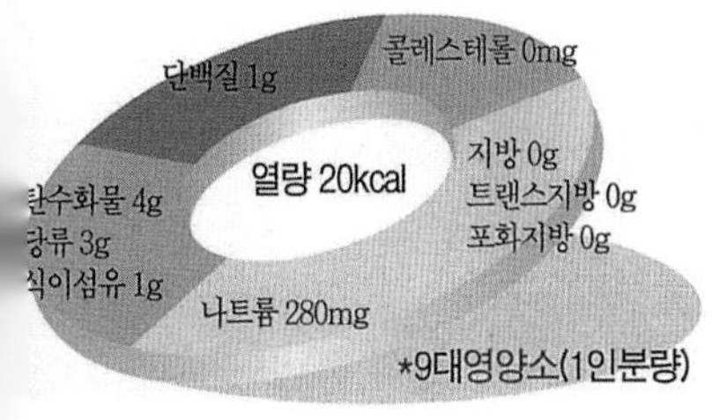

1

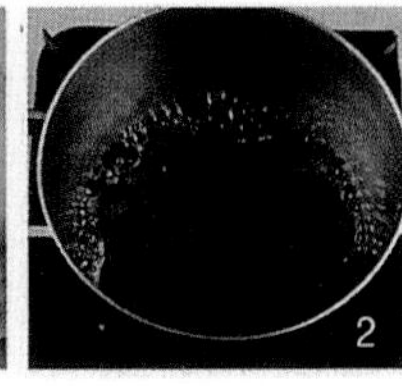
2

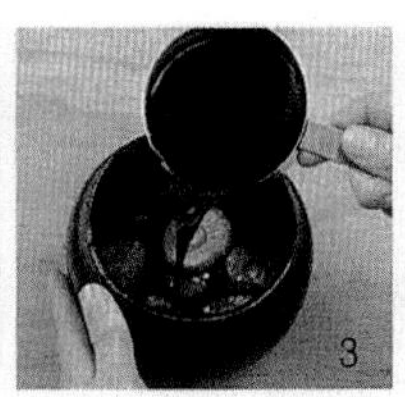
3

4

꽃게장

조리후 중량	적정배식온도	총가열시간	총조리시간	표준조리도구
320g(4인분)	4~10℃	0분	1시간	

꽃게 380g(2마리)
간장 60g(¼컵)
양념 : 소금 2g(½작은술), 설탕 4g(1작은술), 꿀 9.5g(½작은술)
고춧가루 14g(2큰술), 다진 마늘 8g(½큰술)
다진 생강 2g(½작은술), 통깨 3.5g(½큰술)
청고추 15g(1개), 홍고추 10g(½개), 실파 10g

재료준비

1. 꽃게는 솔로 깨끗이 씻어 발끝을 자르고, 게 등딱지와 몸통을 분리하여 아가미는 떼어낸 다음 게딱지 안의 모래주머니를 떼어내고 장은 그릇에 모은다(215g). 【사진1】
2. 손질한 게는 네 토막 정도로 자르고, 간장을 넣고 가끔 뒤집으면서 30분 정도 절인다. 【사진2】
3. 청 · 홍고추는 씻어 길이 2cm 두께 0.2cm 정도로 어슷 썰고(청고추 10g, 홍고추6g), 실파는 다듬어 깨끗이 씻어 길이 3cm 정도로 썬다(7g).

만드는법

1. 게에 간이 배면 간장을 따라내어 양념을 섞고 양념장을 만든다. 【사진3】
2. 게에 양념장을 넣고 버무린 다음, 청 · 홍고추와 실파를 넣고 가볍게 버무린다. 【사진4】

꽃게를 양념장에 버무려 하루 정도 두었다가 바로 먹는 음식이다. 한방에서 게는 성질이 차서 해열(解熱) · 숙취 해소에 좋으며, '게 먹은 뒤 체한 사람이 없다' 는 속담이 있을 정도로 소화가 잘 되는 식품이다.

· 하루정도 두면 간이 고루 들어 맛이 있고 7일 안에 먹는다.
· 꽃게는 소금을 넣고 절이기도 한다.
· 생강은 기호에 따라 더 넣기도 한다.

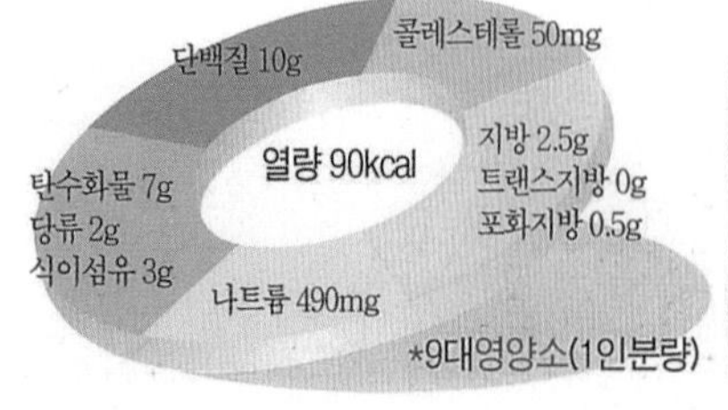

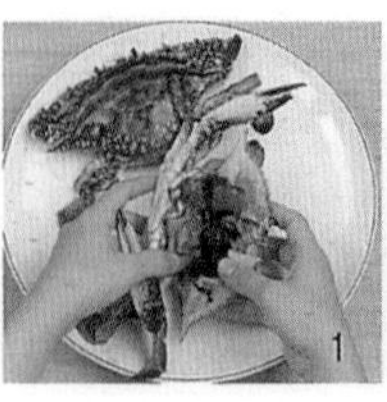
1

2

3

4

김치

김치는 배추, 무 등의 채소를 소금에 절여서 고추, 마늘, 파, 생강, 젓갈 등의 양념을 넣고 버무려 익힌 음식이다. 김치는 우리나라 발효음식 중 가장 대표적인 음식으로 우리 식탁에 빼놓을 수 없는 기본 찬이다. 주재료에 따라 배추김치, 무김치, 물김치, 채소김치, 육류와 해산물 김치, 소박이와 식해류 등 그 종류가 다양하다.

감동젓무

조리후 중량	적정배식온도	총가열시간	총조리시간	표준조리도구
960g(12인분)	4~10℃	0분	30분	

배추 400g, 무 200g(1/5개), 소금 24g(2큰술)
배 150g(¼개), 미나리 20g, 실파 20g
밤 150g(10개), 잣 10g(1큰술), 북어 40g(½마리)
굴 100g, 물 300g(1½컵), 소금 1g(¼작은술)
낙지 100g(½마리), 전복 100g(1마리), 소금 2g(½작은술)
양념 : 소금 8g(2작은술), 설탕 6g(½큰술), 곤쟁이젓 20g(1큰술)
고춧가루 35g(5큰술), 다진 마늘 8g(½큰술)
다진 생강 2g(½작은술), 실고추 2g
김칫국물 : 물 50g(¼컵), 소금 2g(½작은술)

재료준비

1. 배추와 무는 깨끗이 다듬어 씻어, 가로 2.5cm 세로 3cm 두께0.3cm 정도로 나박 썰고, 배추를 먼저 소금에 5분 정도 절이다가, 무를 넣고 5분 정도 더 절여 물기를 뺀다(배추 280g, 무 180g). 【사진1】
2. 배는 껍질을 벗겨 무와 같은 크기로 썬다(배 80g).
3. 미나리 잎을 떼어내고 줄기를 깨끗이 씻어 길이 3cm 정도로 썰고(15g), 실파는 다듬어 깨끗이 씻어 길이 3cm 정도로 썬다(15g).
4. 밤은 껍질을 벗겨 폭 · 두께 0.3cm 정도로 채 썰고(54g), 잣은 고깔을 떼어내고 면보로 닦는다. 실고추는 길이 2cm 정도로 자른다.
5. 굴은 소금물에 살살 씻어 건지고, 낙지와 전복은 소금에 주물러 씻어 길이 3cm 정도로 썰고, 전복은 폭 · 두께 0.5cm 정도로 얇게 저미고(50g), 북어는 물에 불려서 껍질 벗겨 다듬어 길이로 2등분하여 길이 2cm 정도로 토막 낸다(30g). 【사진2】

만드는법

1. 배추와 무에 고춧가루를 넣어 고춧물을 들이고 곤쟁이젓과 준비한 재료를 넣고 고루 버무리면서 굴 · 밤채 · 잣 · 실고추를 넣고 살살 버무린 후 항아리에 꼭꼭 눌러 담는다. 【사진3 · 4】
2. 김치 버무린 그릇에 물과 소금을 넣고 김치양념 국물을 만들어 붓고 절인 배추 우거지를 덮는다.

· 기호에 따라 곤쟁이젓을 가감할 수 있다.
· 해물이 많이 들어간 김치이므로 3~4일 후에 먹는다.

배추와 무 · 견과류 · 해물 등에 곤쟁이젓을 넣고 버무린 김치이다. 작은 새우(紫蝦)로 담근 젓갈을 감동젓이라 하며 감동젓으로 담근 섞박지를 감동젓무라 한다. 예전에 서울지방에서 정월에 새해 문안 인사로 단지에 담아 선물로 보내던 별미 김치이다.

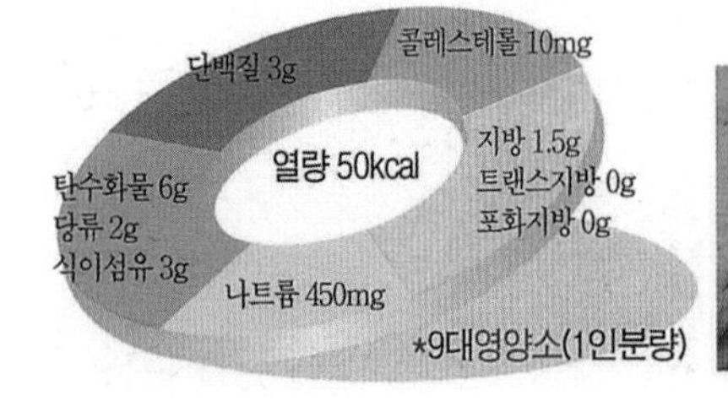

*9대영양소(1인분량)

1

2

3

4

섞박지

조리후 중량	적정배식온도	총가열시간	총조리시간	표준조리도구
840g(12인분)	4~10℃	0분	3시간	

배추 800g, 물 100g(½컵), 굵은소금 40g
무 400g, 고춧가루 7g(1큰술), 쪽파 35g, 미나리 20g
양념 : 새우젓 50g, 고춧가루 14g(2큰술), 다진 마늘 16g(1큰술)
다진 생강 4g(1작은술)
소금물 : 물 30g(2큰술), 소금 1g(¼작은술)

재료준비

1. 배추는 다듬어(450g) 가로 4cm 세로 3cm 정도로 썰고, 소금에 1시간 정도 절였다가 씻어 채반에 밭쳐 10분 정도 물기를 뺀다(520g). 【사진1】
2. 무는 다듬어 씻어 가로 4cm 세로 3cm 두께 1cm 정도로 썬다(350g)
3. 쪽파는 다듬어 깨끗이 씻어 길이 4cm 정도로 썰고(25g), 미나리는 잎을 떼어 내고 줄기를 깨끗이 씻어 쪽파와 같은 크기로 썬다(9g)
4. 새우젓 건더기는 곱게 다지고, 나머지 양념재료를 넣어 양념을 만든다. 【사진2】

만드는법

1. 배추와 무에 고춧가루를 넣고 고춧가루 물을 들인다. 【사진3】
2. 배추와 무 · 쪽파 · 미나리에 양념을 넣고 버무린 다음 항아리에 담고, 버무린 그릇에 물과 소금을 넣어 김칫국물을 만들어 김치 위에 붓고 꼭꼭 눌러 놓는다. 【사진4】

철인 배추와 무를 넓적하게 썰고, 젓국으로 버무려 담근 김치이다. 섞박지는 김장김치가 익기 전에 먹을 용도로 큼직하게 썰어서 대충 섞어 만든 김치로 설렁탕이나 해장국에 곁들여 먹는다. 무는 「본초강목」에 '내복(來葍)' 이라 하였는데 보리나 메밀 · 밀가루 등의 음식을 먹다가 체했을 때 무를 먹으면 음식을 소화시키고 속을 편하게 하기 때문이라 하였다.

· 무를 더 크게 썰어 담기도 한다.
· 조기젓으로 양념하기도 한다.
· 5~7일 정도면 먹을 수 있다.

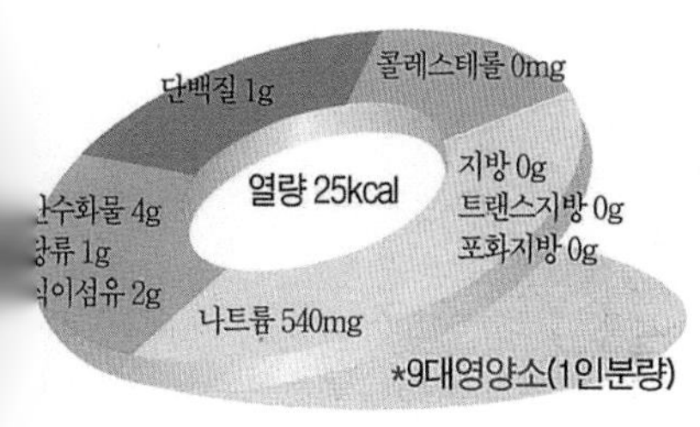

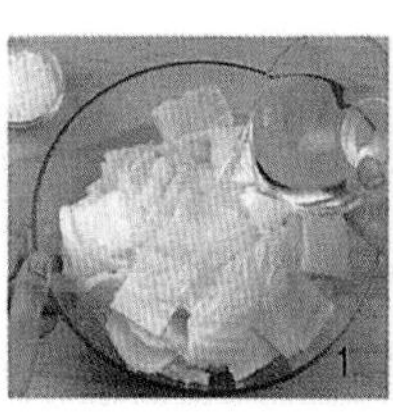

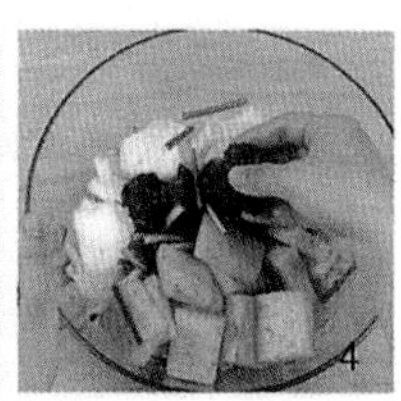

숙깍두기

조리후 중량	적정배식온도	총가열시간	총조리시간	표준조리도구
1.28kg(16인분)	4~10℃	10분	1시간	24cm 냄비

무 1.5kg(1½개), 물 2kg(10컵), 소금 4g(1작은술)
소금 18g(1½큰술), 설탕 6g(½큰술)
양념 : 새우젓 30g(2큰술), 고춧가루 14g(2큰술)
다진 마늘 24g(1½큰술), 다진 생강 8g(2작은술)
쪽파 100g, 미나리 100g, 소금 6g(½큰술)

재료준비

1. 무는 다듬어 씻어 가로 · 세로 · 두께 2cm 정도의 사각형으로 썬다(1.3kg). 【사진1】
2. 쪽파와 미나리는 다듬어 씻어 길이 3cm 정도로 썬다(쪽파 70g, 미나리 65g).
3. 새우젓은 굵게 다진다.

만드는법

1. 냄비에 물을 붓고 센불에 9분 정도 올려 끓으면 소금과 무를 넣고, 1분 정도 데친 다음 5분 정도 물기를 뺀다. 【사진2】
2. 데친 무에 소금과 설탕을 넣고 30분 정도 절인 후 10분 정도 물기를 뺀다 (1.1kg). 【사진3】
3. 무에 고춧가루를 넣고 빨갛게 물들인 후, 새우젓과 다진 마늘 · 생강을 넣고, 쪽파와 미나리를 넣어 가볍게 버무린 다음 소금으로 간을 맞춘다. 【사진4】
4. 항아리에 담고 꾹꾹 눌러 놓는다. 3일 정도면 먹을 수 있다.

무를 깍둑썰기 하여 살짝 삶아서 쪽파와 미나리 · 고춧가루 · 새우젓 등을 넣고 버무려 만든 김치이다. 숙깍두기는 무를 삶아서 만든 김치로 치아가 약한 노인에게 특히 좋다. 깍두기는 「조선요리학」에 정종의 사위인 영명위(永明慰) 홍현주(洪顯周) 부인이 임금께 처음으로 깍두기를 담가 올려 칭찬을 받았으며, 당시에는 각독기(刻毒氣)라 불렀다고 한다.

· 무를 너무 삶으면 물러지므로 살짝만 삶고, 싱싱한 맛을 내기 위해서는 생무를 조금 섞기도 한다.

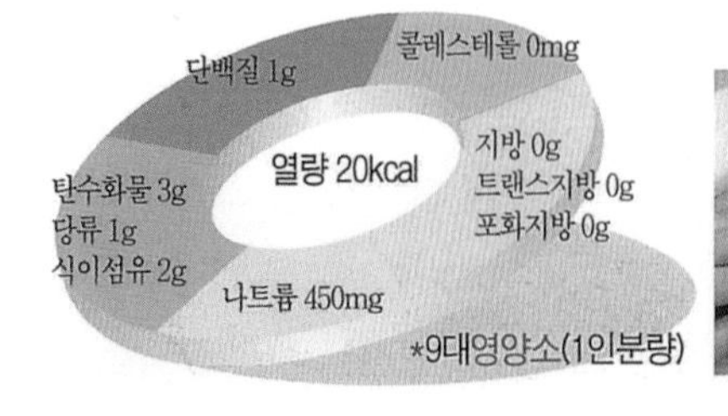

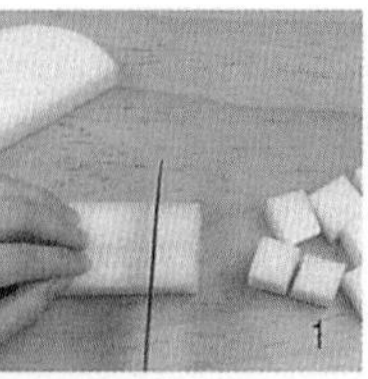

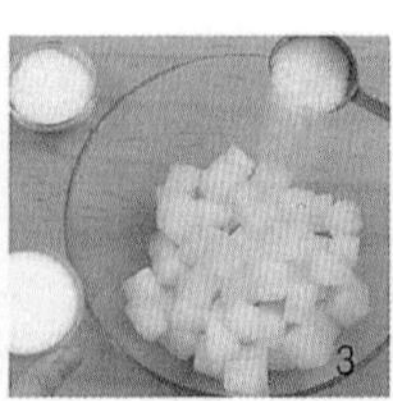

순무김치

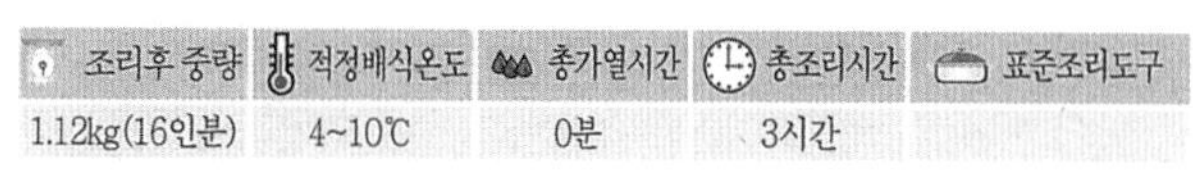

조리후 중량	적정배식온도	총가열시간	총조리시간	표준조리도구
1.12kg(16인분)	4~10℃	0분	3시간	

순무 1.2kg, 물 800g(4컵), 굵은 소금 80g(½컵)
실파 30g
생새우 25g, 밴댕이 젓 15g
양념 : 소금 8g(2작은술), 설탕 3g(¼큰술), 고춧가루 28g(4큰술)
다진 마늘 16g(1큰술), 다진 생강 4g(1작은술)
물 200g(1컵)

재료준비

1. 순무는 다듬어 씻어 가로 5cm 세로 4cm 두께 1cm 정도로 썬다. 【사진1】
2. 굵은 소금을 물에 녹여서 썰어 놓은 순무를 넣고 1시간 30분 정도 절여서, 물에 헹구어 체에 밭쳐 30분 정도 물기를 뺀다.
3. 실파는 다듬어 씻어 3cm 정도로 썬다.
4. 생새우는 체에 밭쳐 물에 살살 흔들어 씻는다.
5. 밴댕이젓은 건지만 곱게 다진다.
6. 양념을 만든다. 【사진2】

만드는법

1. 절인 순무에 양념을 넣고 고루 버무린 다음 생새우와 밴댕이젓 · 실파를 넣고 섞는다. 【사진3 · 4】
2. 항아리에 순무 김치를 담고, 버무린 그릇에 물을 부어 김칫국물을 만들어 항아리에 붓는다. 5~7일 정도면 먹을 수 있다.

순무를 절여 밴댕이젓을 넣고 담근 김치이다. 예부터 임금께 진상했다는 순무는 뿌리부터 씨앗까지 한약의 원료로 쓰이는데 강화도에서만 재배되는 특산품이다. 「동의보감」에 의하면 순무는 오장을 이롭게 하며 간장 질환에 좋고 눈을 좋게 한다고 하였다.

· 순무는 수분이 적어 김치 담글 때 김치 국물을 부어야 된다.
· 순무김치는 쉬 물러지므로 오래두고 먹지 않는다.

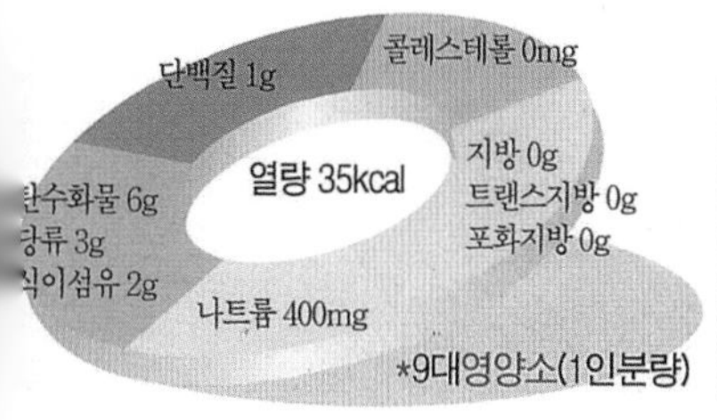

*9대영양소(1인분량)

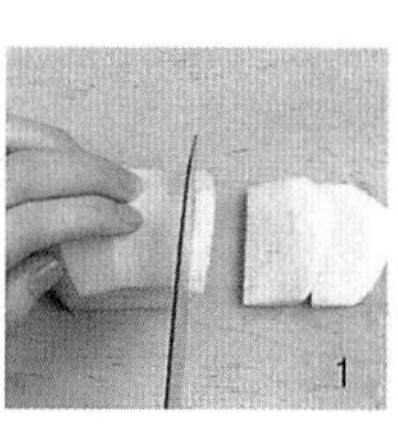

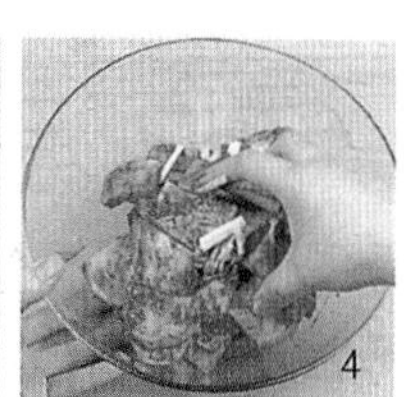

채김치

조리후 중량	적정배식온도	총가열시간	총조리시간	표준조리도구
280g(4인분)	4~10℃	0분	30분	

무 150g, 소금 2g(½작은술)
배 65g(⅙개), 고춧가루 10.5g(1½큰술)
쪽파 20g, 갓 30g, 미나리 20g
굴 30g, 물 300g(1½컵), 소금 1g(¼작은술)
양념 : 설탕 2g(½작은술), 새우젓 20g, 다진 마늘 5.5g(1작은술)
다진 생강 1g(¼작은술)

재료준비

1. 무는 다듬어 씻어 길이 5cm 폭 · 두께 0.4cm 정도로 채 썰어 소금에 10분 정도 절여 물기를 닦고(120g), 배는 껍질을 벗겨 무와 같은 크기로 채 썬다(40g). 【사진1】
2. 쪽파와 갓은 다듬어 깨끗이 씻고 길이 5cm 정도로 썰고(쪽파14g, 갓 20g), 미나리는 잎을 떼어내고 줄기는 깨끗이 씻어 쪽파와 같은 크기로 썬다(14g). 【사진2】
3. 굴은 소금물에 살살 씻어 체에 밭쳐 물기를 뺀다(30g).
4. 양념을 만든다.

만드는법

1. 채 썬 무와 배에 고춧가루를 넣고 버무린다. 【사진3】
2. 고춧가루를 넣고 버무린 무와 배에 준비한 재료와 양념을 넣어 버무린다. 【사진4】
3. 항아리에 꼭꼭 눌러 담는다.

무와 여러 가지 채소를 채 썰고 고춧가루와 갖은양념 · 굴을 넣고 버무린 김치이다. 무는 「본초강목」에 봄에는 땅을 파고 들어가는 송곳과 같다 하여 파지추(破地錐), 여름에는 잘 자란다는 뜻으로 하생(夏生), 가을에는 나복(蘿蔔), 겨울에는 흙 속에 있는 농축시킨 우유 같다 하여 토소(土素)라 하였다.

· 무를 절이지 않고 채김치를 만들어 먹기도 한다.
· 여름에는 굴이 독성이 있을 수 있으므로 넣지 않는다.

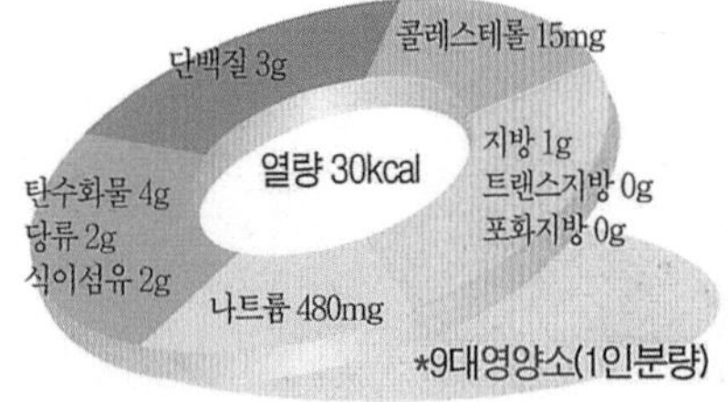

*9대영양소(1인분량)

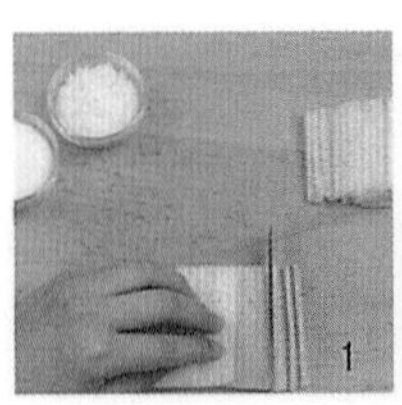

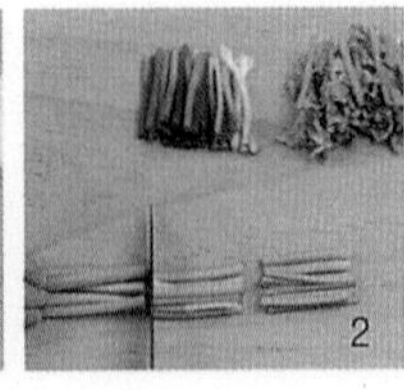

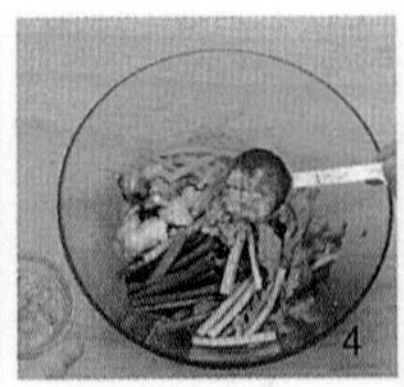

귤물김치

조리후 중량	적정배식온도	총가열시간	총조리시간	표준조리도구
1.76kg(16인분)	4~10℃	0분	30분	

귤 500g(6개)
배추 150g, **무** 150g, 소금 8g(2작은술)
미나리 30g, **홍고추** 10g(½개)
김칫국물 : 물 1.2㎏(6컵), 소금 24g(2큰술), 고춧가루 14g(2큰술)
다진 마늘 24g(1½큰술), 생강즙 5.5g(1작은술)

재료준비

1. 귤은 깨끗이 씻어 물기를 닦고 껍질을 벗긴다. 속껍질을 벗겨 귤 알을 알알이 떼어 놓는다(300g). 【사진1】
2. 배추와 무는 다듬어 씻어 가로 2.5cm 세로 3cm 두께 0.3cm 정도로 썰고, 배추에 소금을 넣고 5분 정도 절이다가, 무를 넣고 5분 정도 더 절여 체에 밭친다(배추 100g, 무 127g). 【사진2】
3. 미나리는 잎을 떼어내고 줄기를 깨끗이 씻어 길이 3cm 정도로 썰고(미나리 15g), 홍고추는 씻어 길이로 반을 잘라 씨와 속을 떼어 내고 길이 3cm 폭 0.3cm 정도로 채 썬다(홍고추 5g). 【사진3】
4. 고춧가루를 면주머니에 넣고 10번 정도 주물러 고춧가루물을 들인 다음 나머지 양념을 넣고 김칫국물을 만든다.

만드는법

1. 귤 알맹이에 절여진 배추와 무 · 미나리 · 홍고추를 넣고 버무려, 항아리에 담고 김칫국물을 붓는다. 【사진4】
2. 2일 정도 두었다가 김치가 익으면 그릇에 담아낸다.

귤의 속을 알알이 떼어 배추와 무를 함께 넣고 만든 물김치이다. 귤물김치는 귤의 향기가 향긋한 별미 김치로 비타민 C가 풍부하여 겨울철 신진대사를 원활히 하며 체온이 내려가는 것을 막아준다.

· 마늘과 생강은 다져서 면주머니에 넣어 항아리에 넣기도 한다.
· 고춧가루를 넣지 않고 담기도 한다.

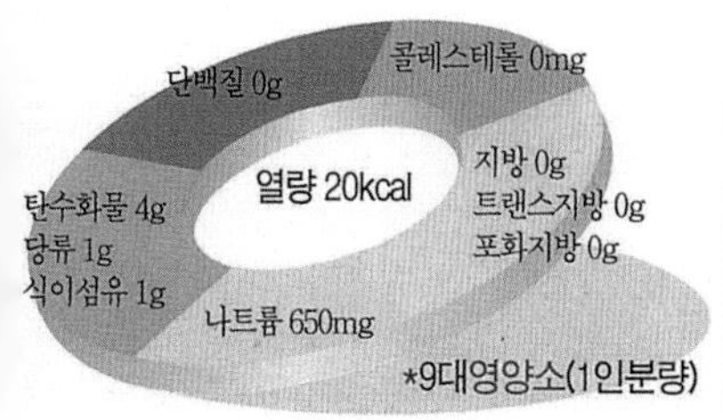

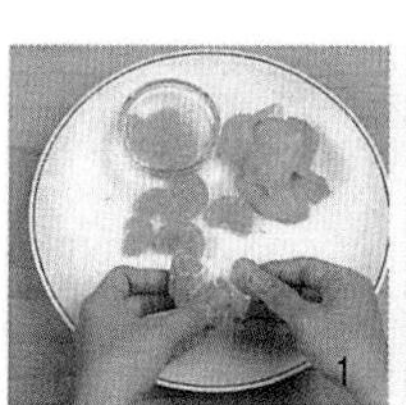
1

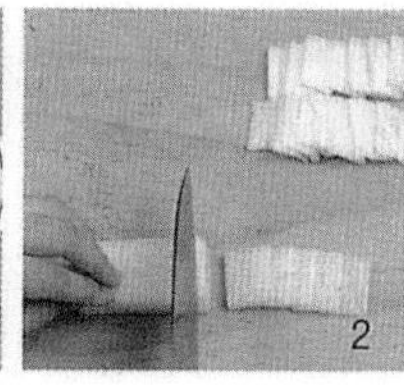
2

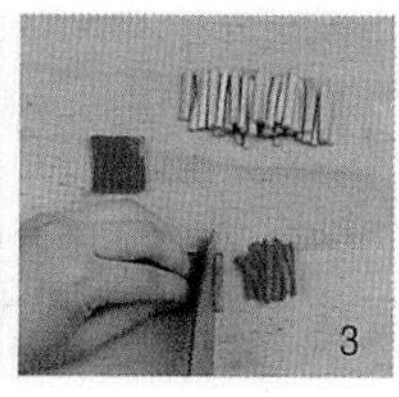
3

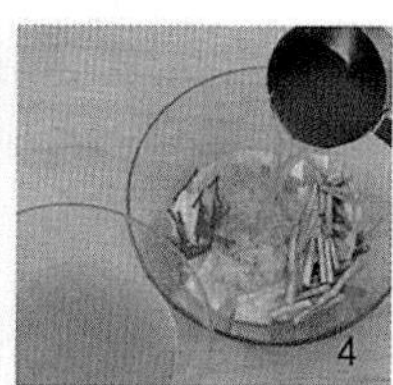
4

돗나물김치

조리후 중량	적정배식온도	총가열시간	총조리시간	표준조리도구
960g(8인분)	4~10℃	15분	30분	

돌나물 150g, 소금 2g(½작은술)
무 100g, 오이 100g(½개), 소금 1g(¼작은술)
청고추 23g(1½개), 홍고추 20g(1개), 마늘 10g, 생강 5g
밀가루 풀국 : 밀가루 7g(1큰술), 물 800g(4컵)
고춧가루 7g(1큰술), 설탕 6g(½큰술), 소금 10g(2½작은술)

재료준비

1. 돌나물은 다듬어(130g) 씻어 물기를 빼고, 소금을 넣어 10분 정도 절이다가 뒤집어서 10분 정도 절인 다음 체에 밭쳐 물기를 뺀다. 【사진1】
2. 무는 다듬어 씻어 강판에 갈아 면보로 짜서 즙을 만든다(70g).
3. 오이는 소금으로 비벼 깨끗이 씻어서 두께 0.2㎝ 정도로 썰어(90g), 소금을 넣고 5분 정도 절인 다음 물기를 닦는다. 【사진2】
4. 청 · 홍고추는 씻어 길이 2㎝ 두께 0.2㎝ 정도로 어슷 썬다(청고추 18g, 홍고추 12g).
5. 마늘과 생강은 다듬어 깨끗이 씻고 길이 2㎝ 폭 · 두께 0.2㎝ 정도로 채 썬다(마늘 9g, 생강 4g).

만드는법

1. 냄비에 물을 붓고 밀가루를 풀어서 센불에 5분 정도 올려 끓으면, 중불로 낮추어 10분 정도 끓여 식힌다(700g).
2. 밀가루풀국에 무즙을 넣고 고춧가루를 면주머니에 넣어 10번 정도 주물러서 색을 들인 다음, 설탕과 소금으로 간을 맞추어 김칫국물을 만든다. 【사진3】
3. 돌나물 · 오이 · 청 · 홍고추 · 채 썬 마늘과 생강을 함께 버무려 항아리에 담고 김칫국물을 붓는다. 【사진4】

밀가루풀국에 무즙을 넣어 김칫국물을 만들고 돌나물과 살짝 절인 오이를 넣고 만든 김치이다. 돌나물은 줄기를 잘라 땅에 꽂아 두면 잘 자라며 어린 줄기와 잎은 김치를 담가 먹거나 나물로 이용한다. 돈나물, 돗나물 또는 석상채(石上菜)라고도 하며 특유의 향기가 있어 연한 것은 날로 무쳐서 먹고, 물김치를 담가 먹기도 한다.

· 돌나물김치는 오래 두고 먹으면 물러지므로 익으면 바로 먹는 것이 좋다.
· 오이는 길이로 반을 잘라 어슷 썰기도 한다.

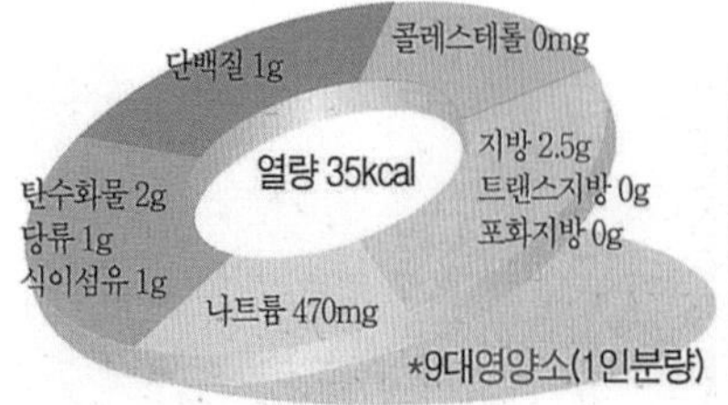

1

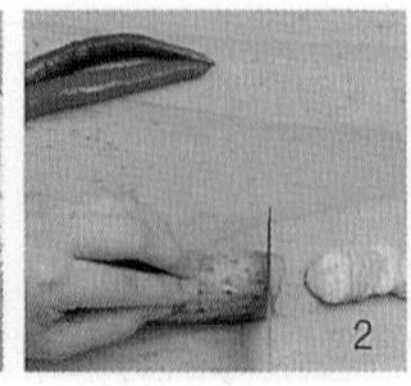
2

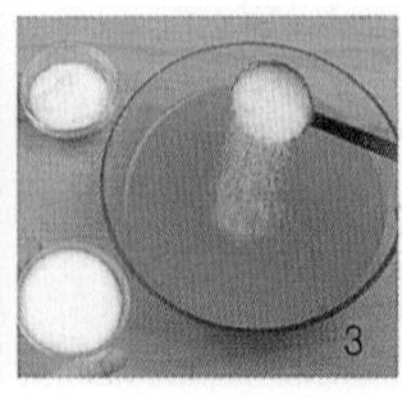
3

4

매화김치

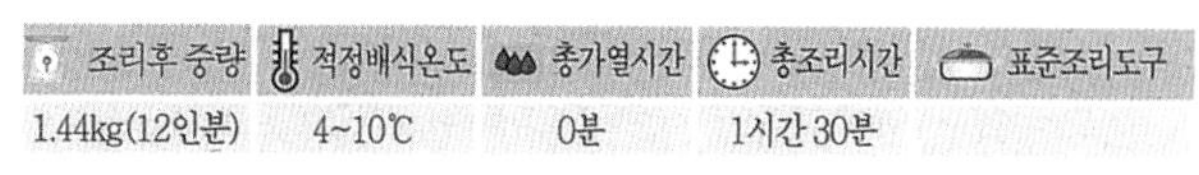

조리후 중량	적정배식온도	총가열시간	총조리시간	표준조리도구
1.44kg(12인분)	4~10℃	0분	1시간 30분	

무 1kg(1개), 당근 300g(1½개)
절이는 물 : 물 600g(3컵), 소금 24g(2큰술), 설탕 12g(1큰술),
식초 15g(1큰술)
김칫국물 : 물 800g(4컵), 소금 12g(1큰술), 설탕 24g(2큰술)
식초 15g(1큰술)
쑥갓 10g

재료준비

1. 무와 당근은 다듬어 씻어 높이 2cm 정도로 자르고, 무는 지름 4.5cm 정도 원형으로 자른다. 무 한가운데와 당근은 지름 2cm 정도의 원형으로 자른다(무 337g, 당근 156g). 【사진1】
2. 무 한가운데 당근을 끼운 다음, 밑 부분을 1cm 정도 남겨두고 폭 0.3cm 정도로 칼집이 교차하도록 칼집을 넣고, 소금물에 1시간 정도 절인 후 10분 정도 물기를 뺀다(430g). 【사진 2 · 3】
3. 물에 소금과 설탕 · 식초를 넣고 고루 섞어 새콤달콤하게 김칫국물을 만든다(1kg).

만드는법

1. 항아리에 매화김치를 담고 김칫국물을 붓는다. 【사진4】
2. 그릇에 담고 쑥갓을 띄워낸다.

무와 당근으로 꽃모양을 만들어 설탕과 식초를 넣고 새콤달콤하게 담근 김치이다. 매화김치는 무 속에 당근을 끼워 넣고 매화 꽃 모양으로 만든 김치로 눈과 입을 즐겁게 하는 김치이다. 무는 소화 작용이 탁월하여 '무를 많이 먹으면 속병이 없다' 라는 옛말이 있을 정도이다.

· 계절에 따라 여름에는 하루정도 익혀서 먹을 수 있다.
· 당근과 무의 위치를 바꾸기도 한다.

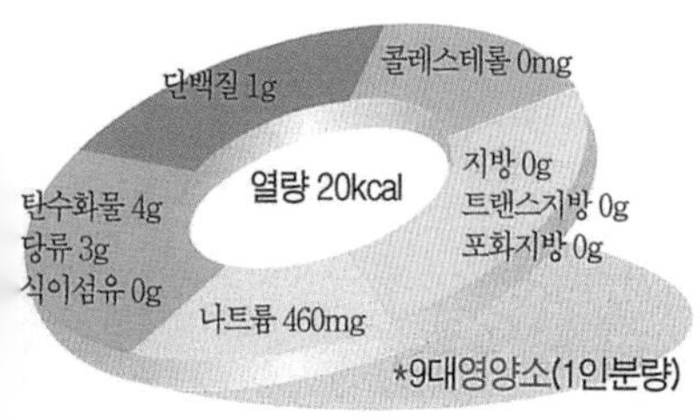

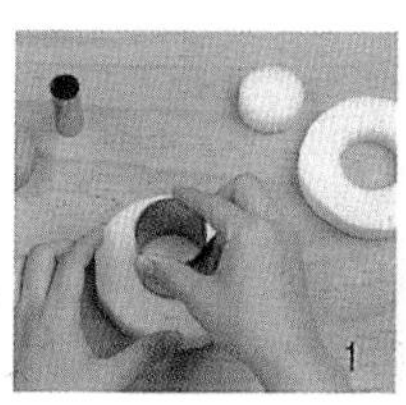

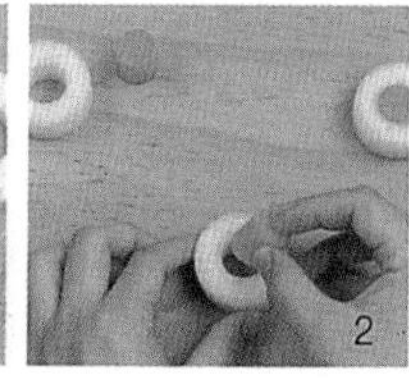

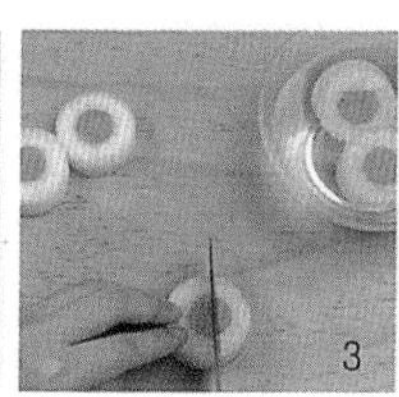

연근물김치

조리후 중량	적정배식온도	총가열시간	총조리시간	표준조리도구
600g(4인분)	4~10℃	10분	1시간	

연근 150g
식촛물 : 물 600g(3컵), 식초 30g(2큰술)
데치는 물 : 물 1kg(5컵), 소금 2g(½작은술)
김칫국물 : 물 400g(2컵), 배 200g, 소금 12g(1큰술), 식초 5g(1작은술)
청고추 30g(2개), 홍고추 20g(1개), 실파 20g

재료준비

1. 연근은 다듬어 깨끗이 씻어 껍질을 벗기고, 두께 0.5cm 정도로 썰어서(135g) 둘레를 다듬고 식초물에 10분 정도 담갔다가 체에 밭쳐 물기를 뺀다. 【사진1】
2. 배는 강판에 갈은 후 면보에 꼭 짜서 즙을 만들어(배즙 70g), 김칫국물을 만든다.
3. 청 · 홍고추는 씻어 길이로 반을 잘라 씨를 떼어 내고 길이 3cm 폭 0.3cm 정도로 채 썬다.
4. 실파는 다듬어 깨끗이 씻어 길이 3cm 정도로 썬다. 【사진2】

만드는법

1. 냄비에 물을 붓고 센불에 5분 정도 올려 끓으면 소금과 연근을 넣고 5분 정도 데쳐서 물에 헹군다(135g).
2. 데친 연근의 구멍에 청 · 홍고추를 넣는다. 【사진3】
3. 그릇에 연근을 담고 김칫국물을 부은 다음 실파를 띄운다. 【사진4】

연근을 데쳐서 국물에 간을 맞추어 넣고 숙성시킨 김치이다. 예부터 연근은 불로식(不老食)이라 불렀으며, 버릴 것이 없다 할 정도로 잎과 꽃 · 열매 · 뿌리의 모든 부분을 식용하거나 약용한다.

· 연근이 너무 굵은 것은 좋지 않다.
· 연근의 가장자리를 꽃 모양으로 다듬어 만드는 것이 모양이 좋다.
· 3~4일 후에 먹을 수 있다.

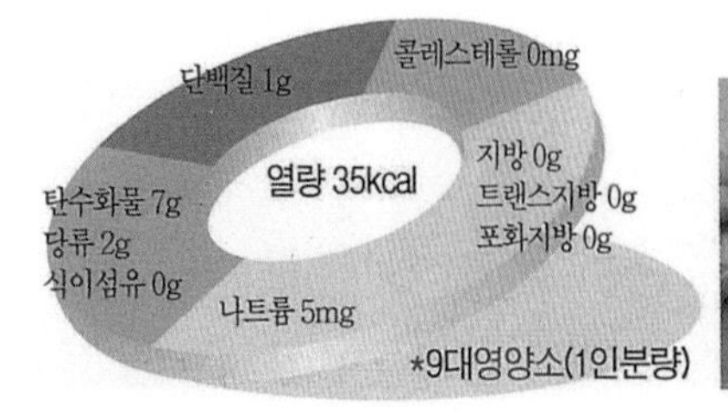

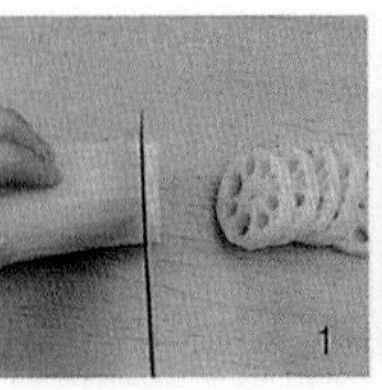
1

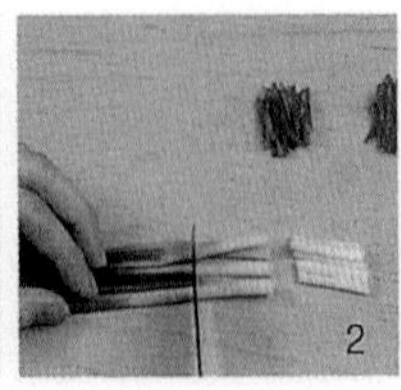
2

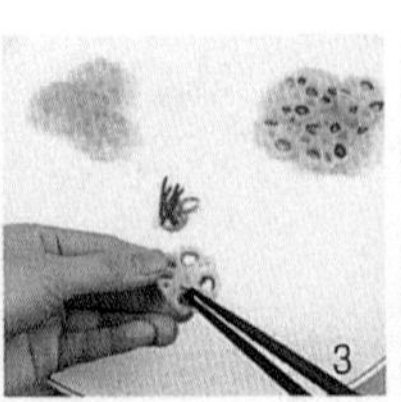
3

4

열무감자물김치

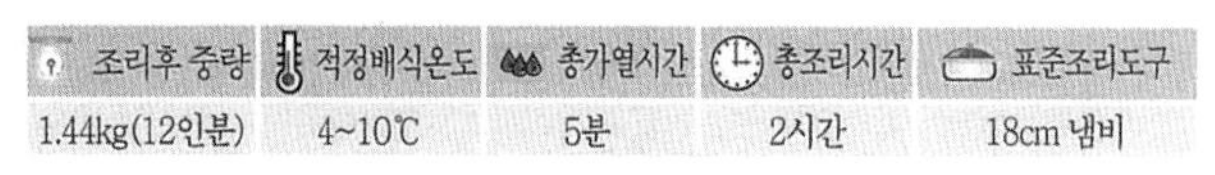

조리후 중량	적정배식온도	총가열시간	총조리시간	표준조리도구
1.44kg(12인분)	4~10℃	5분	2시간	18cm 냄비

열무 300g, 소금 24g(2큰술), 물 400g(2컵)
감자 풀 : 감자 100g(½개), 물 100g(½컵)
오이 60g(¼개), **소금** 1g(¼작은술)
양파 30g(1/5개), **쪽파** 20g, **청고추** 7.5g(1개)
홍고추 20g(1개), **물** 15g(1큰술)
김칫국물 : 물 1kg(5컵), 소금 24g(2큰술), 설탕 4g(1작은술)
고춧가루 7g(1큰술), 다진 마늘 11g(2작은술)
다진 생강 2g(½작은술)

재료준비

1. 열무는 다듬어 길이 5cm 정도로 잘라(200g) 깨끗이 씻어, 소금물에 1시간 정도 절여 체에 10분 정도 밭쳐 물기를 뺀다(200g). 【사진1】
2. 감자는 씻어 껍질을 벗겨 강판에 갈아 놓는다.
3. 오이는 소금으로 비벼 깨끗이 씻어 길이로 반을 잘라 길이 4cm 두께 0.5cm 정도로 어슷 썰어, 소금에 5분 정도 절여둔다(50g). 양파는 다듬어 깨끗이 씻어 길이 4cm 폭 0.3cm 정도로 썰고(25g), 쪽파는 다듬어 깨끗이 씻어 길이 4cm 정도로 썬다(14g). 【사진2】
4. 청고추는 씻어 길이 2cm 두께 0.5cm 정도로 어슷 썰고(6g), 홍고추는 씻어 길이로 반을 잘라 씨를 떼어 내고 물을 넣고 믹서에 간다.
5. 고춧가루를 면주머니에 넣고 물에 10번 정도 주물러 고춧가루물을 들인 다음 나머지 양념을 넣고 김칫국물을 만든다.

만드는법

1. 냄비에 갈아놓은 감자와 물을 붓고 고루 섞어 센불에 2분 정도 올려 끓으면, 중불로 낮추어 3분 정도 끓여 감자풀을 만들어 식힌다(120g).
2. 절인 열무와 오이 · 양파 · 쪽파 · 청고추를 섞는다.
3. 준비한 재료에 감자풀과 갈아놓은 홍고추를 넣고 버무린다. 【사진3】
4. 항아리에 담고 김칫국물을 붓는다. 【사진4】

열무에 오이와 쪽파 · 감자풀을 쑤어 넣고 만든 물김치이다. 열무와 햇감자가 많이 나는 여름에 담가 먹어야 별미이다. 열무라는 명칭은 어린 무를 뜻하는 '여린 무'에서 유래하였다. 주로 김치를 담가 먹으며, 물냉면이나 비빔밥의 재료로도 사용된다.

· 감자 대신 밀가루풀을 사용할 수도 있다.
· 여름철에는 1~2일 후에 먹을 수 있다.

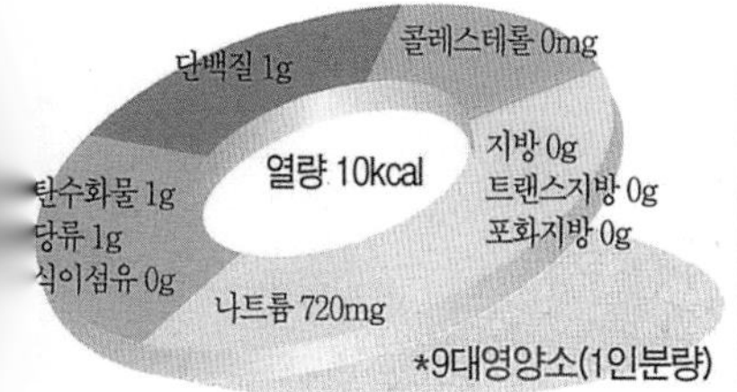

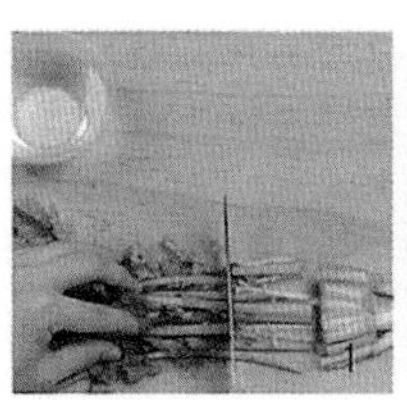

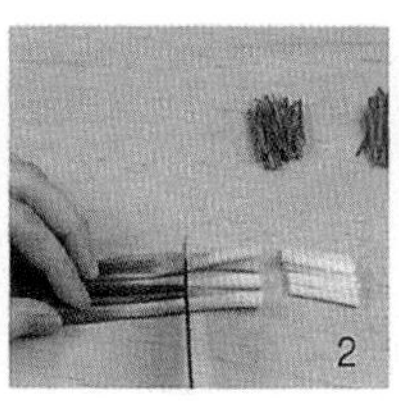

오색김치

조리후 중량	적정배식온도	총가열시간	총조리시간	표준조리도구
480g(4인분)	4~10℃	0분	3시간	

무 500g(½개)
절이는 물 : 물 400g(2컵), 소금 24g(2큰술), 설탕 12g(1큰술)
식초 30g(2큰술)
당근 10g, 소금 2g(½작은술)
표고버섯 5g(1개), 석이버섯 3g
청고추 5g(⅓개), 홍고추 5g(¼개)
김칫국물 : 물 300g(1½컵), 소금 4g(1작은술), 설탕 4g(1작은술)
식초 15g(1큰술)

재료준비

1. 무는 다듬어 씻어 가로 · 세로 4cm 두께 2cm 정도로 썬 다음, 지름 2.5cm 정도로 모서리를 둥글게 돌려 깎아 끝을 1cm 정도 남기고 길이로 5군데 칼집을 넣는다(200g). 【사진1】
2. 무는 절이는 물에 2시간 정도 절여 체에 밭쳐 10분 정도 둔다.
3. 당근은 다듬어 씻어 껍질을 벗겨 길이 1cm 폭 · 두께 0.2cm 정도로 채 썰어 소금에 2분 정도 절여 물기를 닦는다.
4. 표고버섯과 석이버섯은 물에 1시간 정도 불려, 표고버섯은 기둥을 떼고 면보로 물기를 닦아 길이 1cm 폭 · 두께 0.2cm 정도로 채 썰고, 석이버섯은 비벼 씻어 가운데 돌기를 떼어내고 물기를 닦아 길이 2cm 폭 0.2cm 정도로 채 썬다. 【사진2】
5. 청 · 홍고추는 씻어 길이로 반을 잘라 씨를 떼어내고, 길이 1cm 폭 · 두께 0.2cm 정도로 채 썬다.
6. 김칫국물을 만든다.

만드는법

1. 절인 무의 5군데 칼집 속에 당근 · 표고버섯 · 청 · 홍고추 · 석이버섯을 순서대로 5색을 맞추어 넣는다. 【사진3】
2. 항아리에 오색 김치를 담고 김칫국물을 붓는다. 【사진4】

무 칼집 사이에 오색고명을 넣고 만든 물김치이다. 오색김치는 국물이 시원하고 색이 화려한 김치이다. 무는 배추 · 고추와 함께 3대 채소이며, 문헌상으로는 고려시대에 중요한 채소로 취급된 기록이 있다.

· 알타리무에 길게 칼집을 넣고 소를 넣을 수도 있다.
· 3~4일 후에 먹을 수 있다.

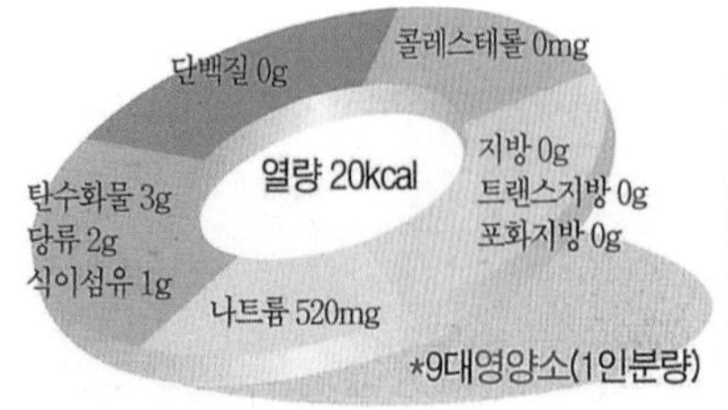

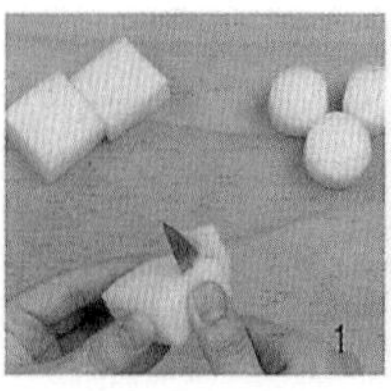

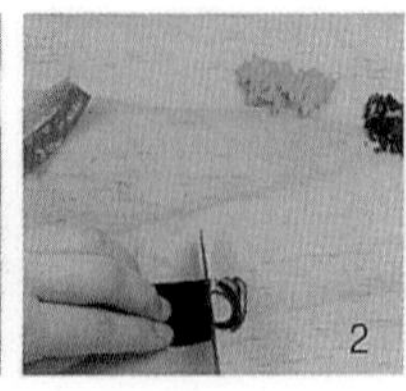

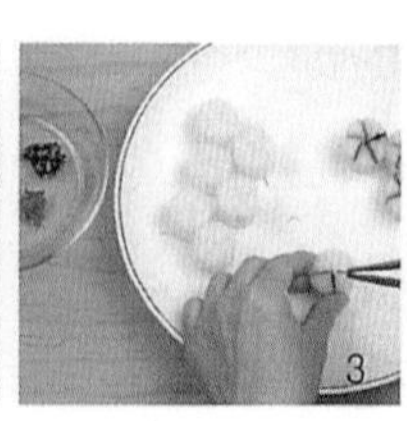

고추소박이

청고추를 길이로 칼집을 넣고 절여서 양념한 무채 소를 채워 넣고 만든 김치이다. 고추가 들어온 것은 임진왜란 때로 일본에서 온 매운 나물이라는 뜻에서 왜(倭)겨자, 고통스러운 맛이 난다 하여 고초(苦草)라고 불렀다.

조리후 중량	적정배식온도	총가열시간	총조리시간	표준조리도구
720g(12인분)	4~10℃	0분	4시간 이상	

청고추 500g
소금물 : 물 600g(3컵), 굵은 소금 52g(4큰술)
무 250g(¼개), 실파 25g
양념 : 소금 6g(½큰술), 액젓 15g(1큰술), 설탕 2g(½작은술)
고춧가루 21g(3큰술), 다진 마늘 8g(½큰술)
다진 생강 2g(½작은술), 통깨 2g(1작은술)

재료준비

1. 청고추는 꼭지를 길이 1cm 정도 남기고 잘라 깨끗이 씻어 양끝을 1cm 정도씩 남기고, 길이로 칼집을 넣고 고추씨는 털어낸다. 【사진1】
2. 청고추는 소금물에 2시간 정도 절여 1시간 정도 체에 밭친다(400g). 【사진2】
3. 무는 깨끗이 씻어 껍질을 벗기고 길이 3cm 폭 · 두께 0.3cm 정도로 채를 썬다(200g).
4. 실파는 깨끗이 씻어 길이 1cm 정도로 썬다(20g).
5. 양념을 만든다.

만드는법

1. 무에 양념을 넣어 버무리고 실파를 넣고 섞어 소를 만든다(250g). 【사진3】
2. 고추의 칼집 속에 양념한 소를 채워 넣는다. 【사진4】
3. 항아리에 담고 꼭꼭 눌러 놓는다. 1~2일 후에 먹을 수 있다.

· 여린 풋고추가 좋으며 너무 억센 고추는 끓는 소금물에 살짝 데쳐서 사용한다.

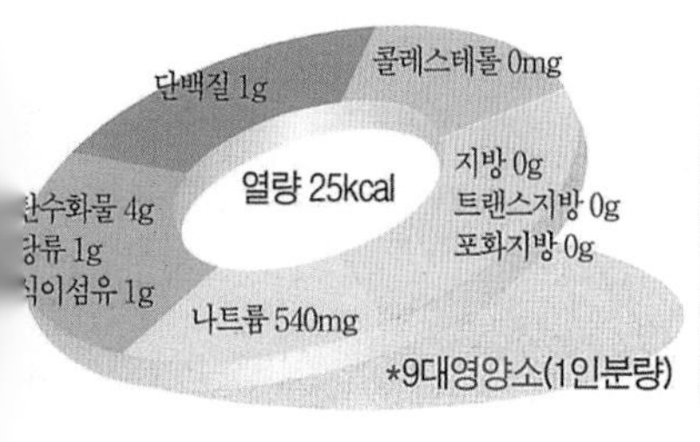

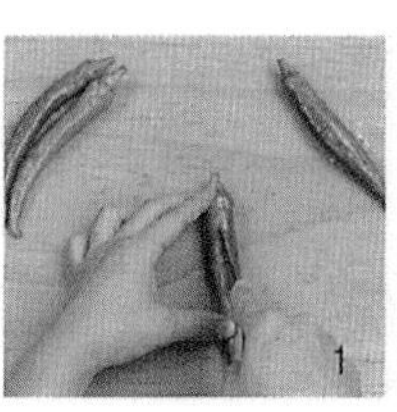

깻잎김치

조리후 중량	적정배식온도	총가열시간	총조리시간	표준조리도구
480g(8인분)	4~10℃	0분	2시간	

깻잎 80g(40장), 소금물 : 굵은 소금 39g(3큰술), 물 1kg(5컵)
무 320g, 실파 20g, 미나리 20g, 밤 45g(3개), 마늘 15g
양념 : 소금 3g(¾작은술), 설탕 6g(½큰술), 멸치액젓 15g(1큰술)
고춧가루 14g(2큰술), 다진 생강 3g(¾작은술)
물 15g(1큰술)

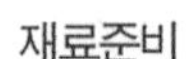

재료준비

1. 깻잎은 다듬어(73g) 씻어 소금물에 담가 떠오르지 않게 무거운 것으로 눌러 1시간 정도 절이고, 체에 건져서 물기를 뺀다(80g). 【사진1】
2. 무는 다듬어 씻어 길이 4cm 폭 · 두께 0.2cm 정도로 채 썬다(290g).
3. 실파와 미나리는 다듬어 깨끗이 씻고 길이 3cm 정도로 썬다(실파 15g, 미나리 15g).
4. 밤은 껍질을 벗겨 길이 3cm 폭 · 두께 0.2cm 정도로 채 썰고(30g), 마늘은 다듬어 씻어 밤과 같은 크기로 채 썬다(13g).
5. 양념을 만든다.

만드는법

1. 채 썬 무에 실파 · 미나리 · 밤 · 마늘 · 양념을 넣고 고루 버무려 김치소를 만든다(406g). 【사진2】
2. 깻잎을 1장씩 펼쳐 놓고 김치 소(10g)를 넣고 돌돌 말아 항아리에 담는다. 【사진3】
3. 김치 버무린 그릇에 물을 넣고 김칫국물을 만들어 깻잎김치 위에 끼얹는다. 1~2일 후에 먹을 수 있다. 【사진4】

깻잎을 소금물에 절이고 무와 파 · 마늘 · 생강 · 밤을 채 썰어 양념하여 소를 만들고 깻잎에 놓고 돌돌 말아서 만든 김치이다. 한방에서 깻잎은 속을 고르게 하고 취기를 없애며 벌레 물린 곳이나 종기에도 효과가 있다고 하였다.

· 깻잎은 억세지 않고 연한 잎이 좋고 크기가 작으면 2장을 겹쳐서 사용한다.
· 기호에 따라 액젓 대신 소금으로 간을 맞추기도 한다.

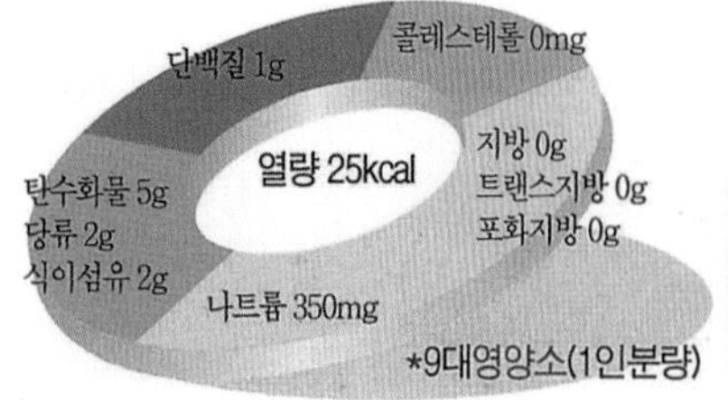

*9대영양소(1인분량)

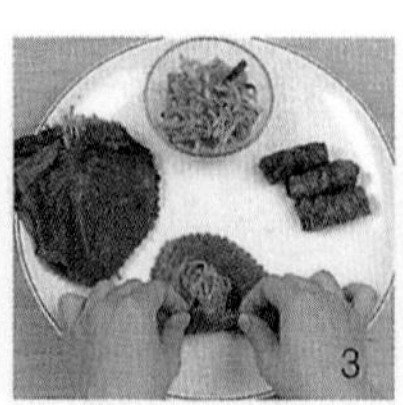

꽃게김치

조리후 중량	적정배식온도	총가열시간	총조리시간	표준조리도구
320g(8인분)	4~10℃	0분	1시간	

꽃게 800kg(4마리)
무 100g, **소금** 6g(½큰술)
배 30g
쪽파 30g
김치 양념 : 설탕 2g(½작은술), 멸치액젓 15g(1큰술)
고춧가루 14g(2큰술), 다진 마늘 8g(½큰술)
다진 생강 2g(½작은술)
통깨 2g(1작은술)

재료준비

1. 꽃게는 솔로 깨끗이 씻어 발끝을 자르고, 게 등딱지와 몸통으로 분리하여 게 살을 긁어내고(160g), 등껍질을 준비한다. 【사진1】
2. 무는 다듬어 씻어 가로 · 세로 2cm 두께 0.3cm 정도로 썰어(80g) 소금에 5분 정도 절여 물기를 뺀다.
3. 배는 껍질을 벗겨 무와 같은 크기로 썰고(20g), 쪽파는 다듬어 깨끗이 씻고 길이 2cm 정도로 썬다(24g). 【사진2】
4. 양념장을 만든다.

만드는법

1. 준비한 모든 재료에 꽃게 살과 양념장을 넣고 버무린다. 【사진3】
2. 꽃게 등껍질에 김치를 담는다. 【사진4】
3. 접시에 꽃게 김치를 담고 통깨를 뿌린다. 1~2일 후에 먹을 수 있다.

게의 살을 발라내어 무와 배 · 쪽파를 넣고 김치 양념에 버무려 꽃게 등껍질에 넣고 익히는 별미김치이다. 꽃게는 6월의 암게를 최고로 치는데, 한방에 하면 '몸 속 열을 없애고 위의 기운을 조절하며 음식의 소화를 돕는다.' 고 였다.

· 봄, 여름은 살이 많은 수컷이 맛이 좋고, 겨울에는 알이 많은 암컷이 맛이 있다.
· 꽃게가 살이 무르므로 오래 두고 먹지 않는다.

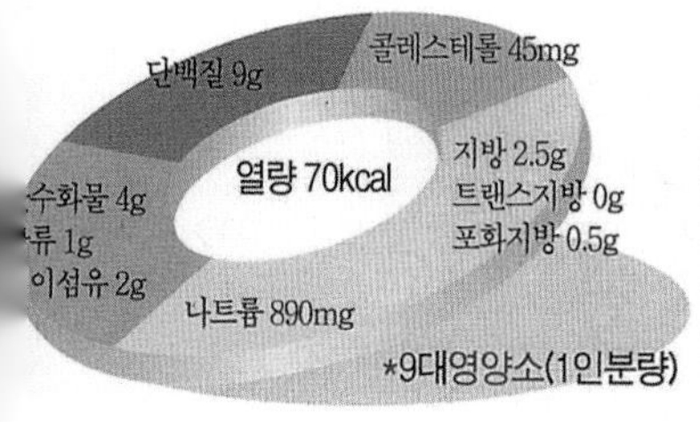

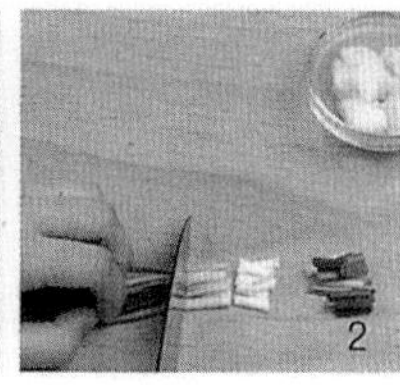

호박지

늙은 호박에 배추우거지와 무청을 넣고 만든 김치이다. 호박지는 북쪽 황해도 지방에서 즐겨 먹는 김치로 잘 익으면 주로 찌개를 끓여 먹는데, 김치의 맛이 매우 독특하여 멸치나 돼지고기를 넣고 찌개를 끓인다.

조리후 중량	적정배식온도	총가열시간	총조리시간	표준조리도구
1.02kg(12인분)	4~10℃	17분	1개월 이상	16cm 냄비

늙은 호박 500g, 소금 6g(½큰술)
무청 300g, 배추우거지(배추겉잎) 300g, 굵은소금 26g(2큰술)
쪽파 50g
양념 : 고춧가루 28g(4큰술), 다진 마늘 16g(1큰술)
다진 생강 6g(½큰술), 새우젓 15g(1큰술), 조기젓(황석어젓) 30g
젓갈 끓인 물 20g(조기젓 뼈 11g, 물 100g)

재료준비

1. 늙은 호박은 씻어서 속을 긁어내고, 껍질을 벗겨 길이 5cm 폭 1cm 두께 2cm 정도로 썬다(400g). 호박에 소금을 넣고 2시간 정도 절인 후, 씻어서 10분 정도 물기를 뺀다(380g). 【사진1 · 2】
2. 무청은 길이 5cm 정도로 자르고, 배추우거지는 가로 · 세로 5cm 정도로 썰어 (무청 240g, 배추우거지 240g) 굵은소금을 각각 나누어 넣고, 2시간 정도 뒤집어가며 절인 다음 씻어서 체에 건져 10분 정도 물기를 뺀다(무청 220g, 배추우거지 220g). 【사진3】
3. 쪽파는 다듬어 깨끗이 씻고 길이 5cm 정도로 썬다(40g).
4. 새우젓은 곱게 다진다. 조기젓은 살을 포 뜨듯이 저며서 다지고, 머리와 뼈는 남겨 놓는다(살 11g, 뼈 14g).

만드는법

1. 냄비에 조기젓의 머리와 뼈를 넣고 물을 부어 센불에 2분 정도 올려 끓으면, 약불로 낮추어 15분 정도 끓이고, 체에 걸러 식혀서 젓갈 끓인 물을 만든다 (25g).
2. 젓갈 끓인 물에 나머지 양념재료를 넣고 고루 섞어 양념을 만든다.
3. 절인 호박과 무청 · 배추우거지 · 쪽파를 한데 넣고 양념을 넣어 고루 버무린다. 【사진4】
4. 항아리에 담고 30일 정도 익힌다.

· 호박지는 잘 익혀서 돼지고기를 넣고 찌개를 끓여 먹는 김치이다.

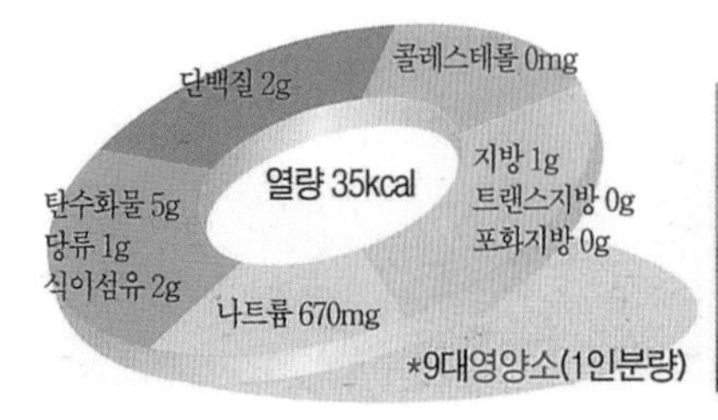

*9대영양소(1인분량)

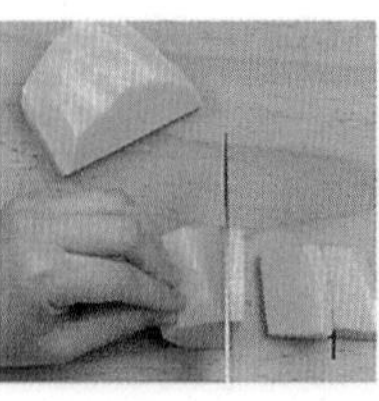

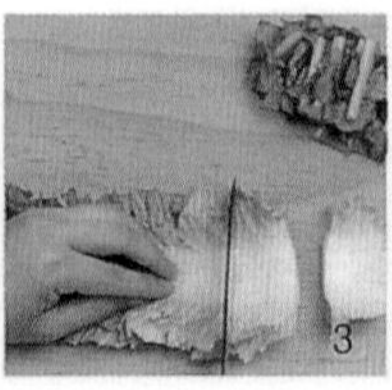

부추김치

조리후 중량	적정배식온도	총가열시간	총조리시간	표준조리도구
360g(12인분)	4~10℃	0분	1시간	

부추 280g, 멸치액젓 25g(1/8컵)
김치 양념 : 설탕 8g(2작은술), 멸치액젓 25g(1/8컵)
고춧가루 21g(3큰술), 다진 마늘 5.5g(1작은술)
다진 생강 2g(1/2작은술)

재료준비

1. 부추는 다듬어 깨끗이 씻고, 물기를 뺀 다음 멸치액젓을 넣고 뒤집어가며 30분 정도 절인다. 【사진1】
2. 양념장을 만든다. 【사진2】

만드는법

1. 부추에 양념을 넣고 버무린 다음 꺼내기 쉽도록 타래를 만든다. 【사진3 · 4】
2. 1~2일 후에 먹을 수 있다.

부추를 멸치액젓으로 절여서 김치 양념을 넣고 버무려 만든 김치이다. 부추는 '솔' 또는 '정구지'라고도 하는데, 경상도 지방에서 많이 담가 먹던 김치로 부추는 길이가 짧고 잎이 통통하며 싱싱하고 연한 것이 좋다.

· 멸치액젓과 새우젓을 섞어 쓰기도 한다.
· 부추김치는 가볍게 버무려야 색이 좋고 맛이 있다.
· 부추의 길이는 긴 것보다 짧은 것이 좋다.

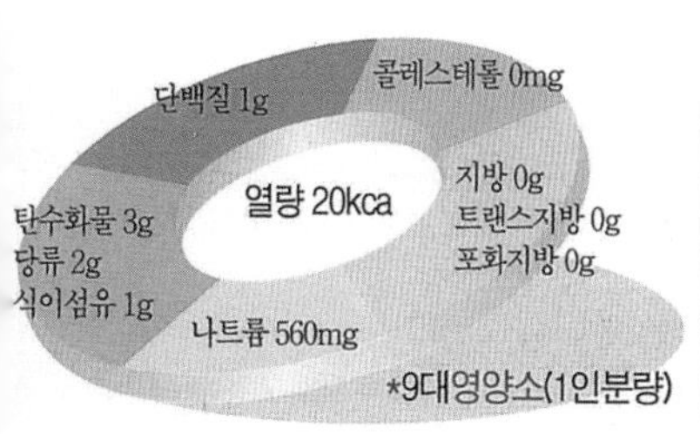

제육김치

돼지고기를 삶아 편육을 만들어 넣고 담근 별미 김치이다. 돼지고기의 단백질이 김치가 익는 동안에 아미노산으로 분해되어 일반 김치보다 맛난 맛이 많이 나는 별미 김치이다.

조리후 중량	적정배식온도	총가열시간	총조리시간	표준조리도구
1.2kg(16인분)	4~10℃	45분	2시간	20cm 냄비

배추 1kg, 물 600g(3컵), 굵은 소금 100g
돼지고기(등심) 300g, 물 1kg(5컵), 된장 17g(1큰술)
향채 : 파 20g, 마늘 10g, 생강 5g
쪽파 40g, 미나리 40g, 밤 30g(2개), 대추 12g(3개)
양념 : 설탕 12g(1큰술), 멸치 액젓 60g(4큰술), 고춧가루 47g(½컵)
다진 마늘 32g(2큰술), 다진 생강 12g(1큰술)
소금 12g(1큰술)

재료준비

1. 배추는 뿌리 밑동과 겉잎을 다듬어 가로 4cm 세로 5cm 정도로 썬다. 굵은 소금을 물에 녹여 배추에 넣고 1시간 정도 절인 다음 깨끗이 씻어 채반에 건져 30분 정도 물기를 뺀다(930g). 【사진1】
2. 돼지고기는 핏물을 닦는다.
3. 향채는 다듬어 깨끗이 씻는다.
4. 쪽파는 다듬어 깨끗이 씻고, 미나리는 잎을 떼어 내고 줄기를 깨끗이 씻어 길이 3cm 정도로 썬다(쪽파 30g, 미나리 30g).
5. 밤은 껍질을 벗겨 두께 0.2cm 정도로 썰고, 대추는 면보로 닦아 돌려 깎은 후 폭 0.2cm 정도로 채 썬다.
6. 양념을 만든다.

만드는법

1. 냄비에 물을 붓고 된장을 풀어 센불에 5분 정도 올려 끓으면, 돼지고기를 넣고 중불로 낮추어 20분 정도 삶다가 향채를 넣고 20분 정도 더 삶아 건져 식으면, 가로 3cm 세로 4cm 두께 0.3cm 정도로 썬다(190g). 【사진2 · 3】
2. 배추와 돼지고기에 양념을 넣고 버무린 다음 쪽파와 미나리 · 밤 · 대추 · 소금을 넣고 살살 버무려 항아리에 꼭꼭 눌러 담는다. 【사진4】

· 돼지고기는 기름기가 많은 부위는 김치 담기에 적당하지 않으므로 살코기를 이용한다.
· 3~4일 후에 먹을 수 있다.

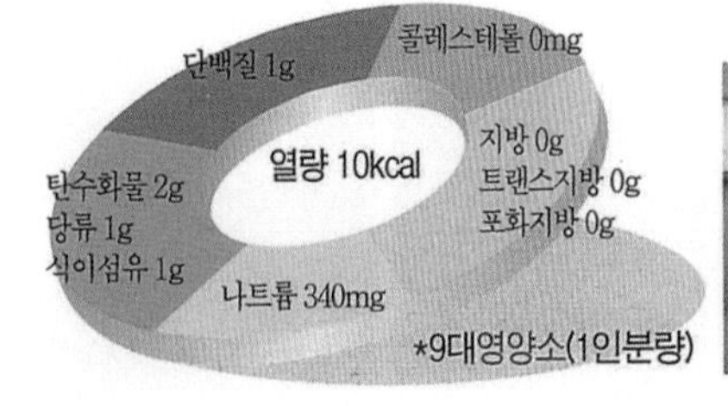

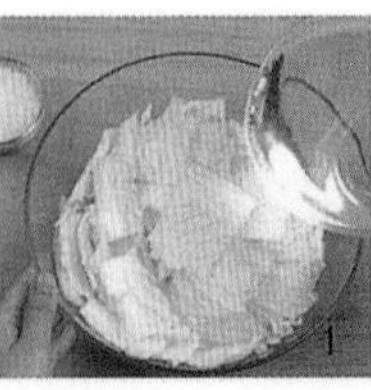

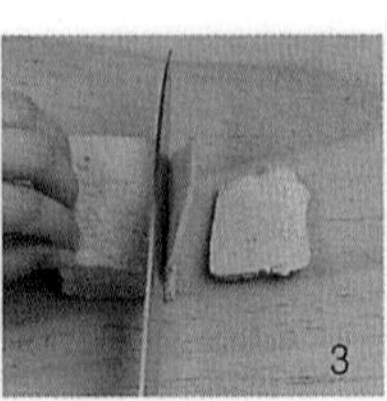

더덕김치

조리후 중량	적정배식온도	총가열시간	총조리시간	표준조리도구
560g(8인분)	4~10℃	0분	4시간	

더덕 500g, 굵은소금 20g, 물 400g(2컵)
부추 50g, 고춧가루 14g(2큰술), 물 30g(2큰술)
양념 : 소금 4g(1작은술), 새우젓 15g(1큰술), 다진 파 28g(2큰술)
다진 마늘 16g(1큰술), 다진 생강 4g(1작은술)
더덕김치 국물 : 물 45g(3큰술), 소금 1g(¼작은술)

재료준비

1. 더덕은 씻어 껍질을 벗기고(380g) 길이 5㎝ 정도로 잘라 양끝을 1㎝ 정도 남기고, 가운데를 길이로 열십자로 칼집을 낸다. 더덕을 소금물에 3시간 정도 뒤집어 가며 절인 후 물기를 닦는다(350g). 【사진1 · 2】
2. 부추는 다듬어 씻어 길이 0.5㎝ 정도로 썬다(40g).
3. 고춧가루에 물을 넣어 10분 정도 불린다.
4. 새우젓 건더기는 곱게 다진다.

만드는법

1. 부추에 불린 고춧가루와 나머지 양념을 넣고 고루 섞어 더덕김치 소를 만든다.
2. 더덕의 칼집 사이에 더덕김치 소를 채워 넣고 항아리에 담는다. 【사진3】
3. 김치를 버무린 그릇에 물과 소금을 넣고 고루 섞어 더덕김치 국물을 만들어 항아리에 넣는다. 【사진4】

덕 가운데에 칼집을 넣고 소금물에 절였다가 부추양념소를 넣고 만든 김치다. 더덕소박이라고도 부르며 더덕의 쌉쌀한 맛과 더덕의 향을 느낄 수 있다.

· 더덕은 소금물에 충분히 절여야 소를 넣을 때 부러지지 않는다.
· 더덕이 굵은 것은 속에 심이 있어 좋지 않다.
· 1~2일 후에 먹을 수 있다.

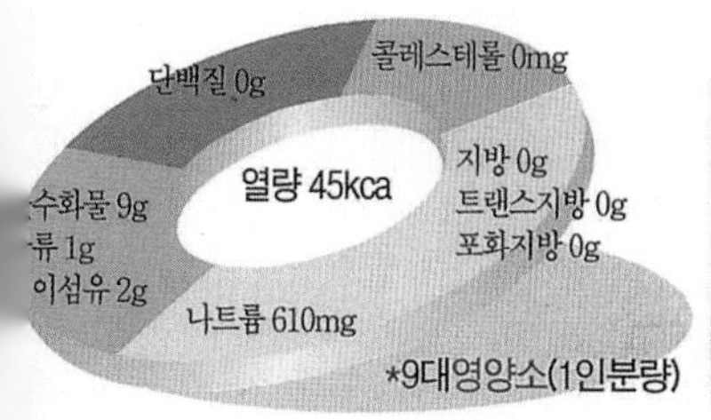

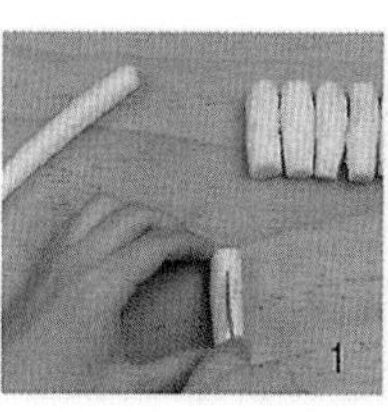

Part 5. 후식류

떡, 한과, 음청류

숨은 솜씨를 뽐내고 싶을 때, 특별한 간식이 그리울 때, 손님이 찾아왔을 때 쫀득하고 맛있는 떡, 한과와 함께 그윽한 맛과 향의 음청류를 내어보자. 정성껏 빚어서 솜씨를 부린 떡, 바삭하고 고소한 한과, 깊고 진한 맛의 음청류는 주부의 솜씨와 정성을 느낄 수 있는 음식이다. 다양한 맛과 모양, 은은한 색과 향을 갖고 있어 세계 어느 나라의 후식과 견주어도 손색이 없는 아름다운 우리 떡과 한과, 음청류를 만들어보자.

떡

떡은 쌀 등의 곡식 가루에 물을 주어 찌거나 지지거나 삶아서 익힌 곡물 음식의 하나로 통과 의례와 명절 행사 때에 꼭 쓰였다. 떡은 만드는 방법에 따라 찌는떡, 치는떡, 지지는떡, 삶는 떡으로 나눌 수 있다. 찌는 떡은 곡류의 가루를 시루에 찌는 시루떡을 말하며, 치는 떡은 찹쌀이나 멥쌀을 찐 뒤 쳐서 만든 것이다. 지지는 떡은 찹쌀가루를 반죽하여 여러 모양으로 빚어 기름에 지진 떡을 말하며 삶는떡은 찹쌀을 익반죽하여 빚거나 주악이나 약과 모양으로 썰고 끓는 물에 삶아 건져서 고물을 묻힌 떡이다.

감자송편

감자녹말을 반죽해서 강낭콩을 넣고 손가락으로 눌러 모양을 내서 찐 떡이다. 감자 송편은 감자가 많이 생산되는 강원도 지방의 향토 음식으로 색이 약간 검으면서 투명한 정선 지방의 감자송편이 유명하다.

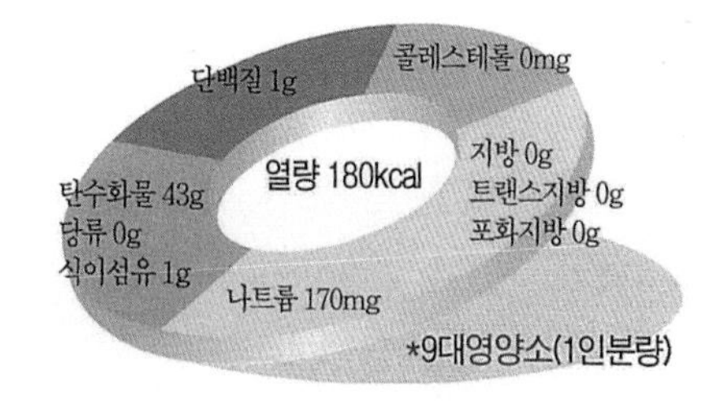

감자녹말 200g, 소금 4g(1작은술), 끓는 물 200g(1컵)
강낭콩 70g(12개), 물 200g(1컵), 소금 1g(¼작은술)
찌는 물 2kg(10컵)
참기름 4g(1작은술)

재료준비

1. 감자녹말에 소금을 넣고 끓는 물을 넣어 많이 주물러 치대어 익반죽 한다(390g). 【사진1】
2. 강낭콩은 씻는다.

만드는법

1. 냄비에 물을 붓고, 센불에 1분 정도 올려 끓으면 소금과 강낭콩을 넣고 3분 정도 삶아 물기를 뺀다.
2. 반죽을 25g씩 떼어서 강낭콩을 4개씩 넣고 오므려, 직경 5cm 정도로 둥글게 만들어 손가락으로 눌러 모양을 만든다(12개). 【사진2】
3. 찜기에 물을 붓고 센불에 9분 정도 올려 김이 오르면, 젖은 면보를 깔고 송편을 가지런히 놓은 후 20분 정도 찐다. 【사진3】
4. 찐 떡은 꺼내어 물에 재빨리 헹구어 물기를 뺀 다음 참기름을 바른다. 【사진4】

· 반죽이 마르지 않도록 젖은 면보로 덮어 놓고 빚는다.
· 감자 송편용 녹말을 구입하여 사용한다.

조리후 중량	적정배식온도	총가열시간	총조리시간	표준조리도구
360g(4인분)	15~25℃	33분	1시간	26cm 찜기

호박송편

멥쌀가루에 찐 호박을 넣고 반죽하여 삶은 밤과 깨를 소로 넣고 빚어 찐 떡이다. 호박은 레시틴과 필수아미노산이 많이 함유되어 있어서 두뇌에 좋을 뿐만 아니라 항암효과가 두드러진 것으로 알려져 있다.

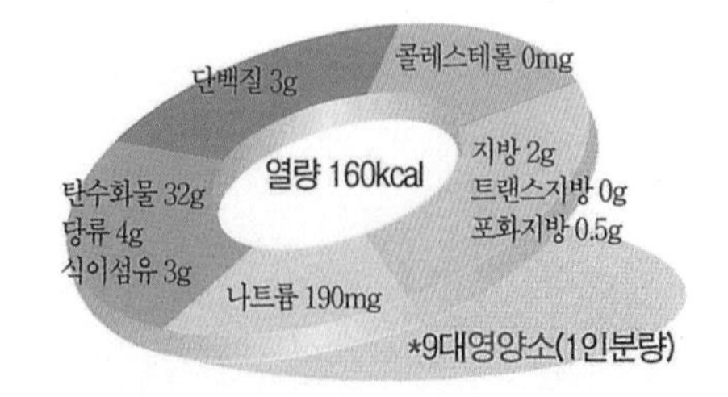

멥쌀가루 150g(1½컵), 소금 1.5g
단호박 250g
소 : 통깨 14g(2큰술), 꿀 6g(1작은술), 설탕 6g(½큰술), 소금 0.2g
밤 45g(3개), 꿀 3g(½작은술), 설탕 2g(½작은술), 소금 0.2g
찌는 물 2kg(10컵), 참기름 6.5g(½큰술)

재료준비

1. 멥쌀가루는 소금을 넣고 체에 내린다.
2. 단호박은 씨와 속을 긁어낸다(200g).
3. 통깨는 반 정도 으깨어지도록 빻아 꿀과 설탕 · 소금을 넣고 고루 섞어 소를 만든다.

만드는법

1. 찜기에 물을 붓고 센불에 9분 정도 올려 끓으면, 단호박과 밤을 넣고 15분 정도 쪄서 과육을 긁어낸다(단호박 100g, 밤 30g).
2. 찐 밤은 으깨고 꿀과 설탕 · 소금을 넣고 잘 섞어 직경 1cm(4g) 정도로 둥글게 빚어 소를 만든다.
3. 멥쌀가루에 찐 단호박을 넣고, 고루 비벼 반죽한다. 【사진1】
4. 쌀가루 반죽을 12~13g씩 떼어, 밤과 깨소를 각각 넣고 오므려 송편을 빚는다(소를 넣은 후 16g). 【사진2】
5. 찜기에 물을 붓고 센불에 9분 정도 올려 끓으면, 젖은 면보를 깔고 송편을 넣어, 센불에서 20분 정도 찐다. 【사진3】
6. 다 쪄진 송편은 꺼내어 물에 재빨리 씻어 물기를 빼고 참기름을 바른다. 【사진4】

· 송편 반죽은 마르지 않게 젖은 면보로 덮어 놓고 빚는다.
· 송편 반죽은 많이 치대어야 쫄깃하다.
· 소는 검은콩 · 녹두 · 밤 · 대추 · 고구마 등을 사용하기도 한다.

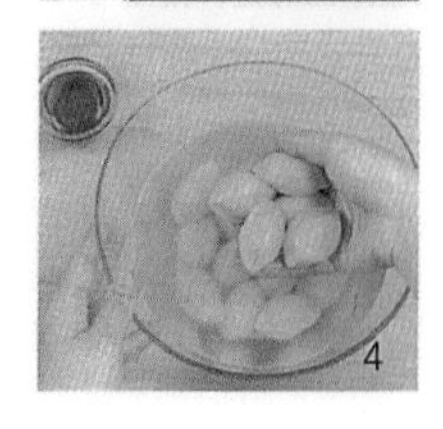

조리후 중량	적정배식온도	총가열시간	총조리시간	표준조리도구
320g(4인분)	15~25℃	53분	1시간 30분	26cm 찜기

구름떡

찹쌀가루에 밤과 호두 · 잣 · 콩 등을 넣고 찐 다음 팥가루 고물을 묻혀서 구름모양으로 만든 떡이다. 자른 단면이 구름을 닮았다하여 붙여진 이름으로, 떡 모양뿐만 아니라 쫄깃한 찹쌀과 갖은 부재료가 어우러져 맛이 뛰어나다.

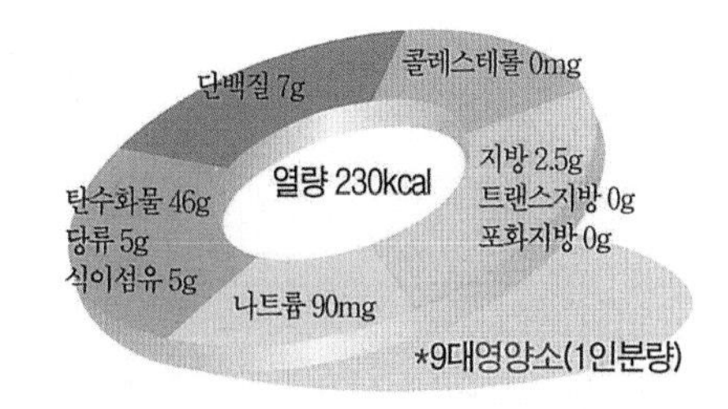

찹쌀가루 150g(1½컵)
소금 1g(¼작은술), 설탕 12g(1큰술), 물 20g(1⅓큰술)
대추 12g(3개), 밤 30g(2개), 호두 5g, 잣 3.5g(1작은술)
서리태 20g, 삶는 물 200g(1컵), 팥앙금 200g
설탕시럽 : 설탕 24g(2큰술), 물 50g(¼컵)
찌는 물 2kg(10컵)

재료준비

1. 찹쌀가루에 소금과 설탕 · 물을 넣고 고루 비벼 체에 내린다. 【사진1】
2. 대추는 면보로 닦아 돌려 깎은 후 3~4등분 하고, 밤은 껍질을 깨끗이 벗겨 3~4 등분을 한다. 호두는 따뜻한 물에 불려 속껍질을 벗긴다.
3. 잣은 고깔을 떼고 면보로 닦는다.

만드는법

1. 냄비에 서리태와 물을 붓고 센불에 2분 정도 올려 끓으면, 중불로 낮추어 20분 정도 삶는다(40g).
2. 팬을 달구어 팥앙금을 넣고 약불에서 10분 정도 볶아 체에 내린다(120g).
3. 냄비에 설탕과 물을 붓고 센불에서 1분 정도 올려 끓으면, 약불로 낮추어 10분 정도 끓여 설탕시럽을 만든다(30g).
4. 찜기에 물을 붓고 센불에 9분 정도 올려 끓으면 찹쌀가루에 대추 · 밤 · 호두 · 잣 · 서리태를 넣고 15분 정도 찐다. 【사진2 · 3】
5. 팥가루를 고루 펴고 쪄낸 떡을 얹은 다음, 그 위에 팥가루를 다시 뿌려 평평하게 한 후 시럽을 고루 뿌리고 돌돌 말아서 길이 4cm 두께 1cm 정도로 썬다. 【사진4】

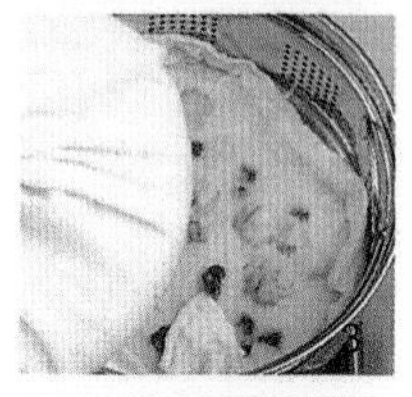

· 구름떡 고물을 팥가루 대신 흑임자가루로 하기도 한다.

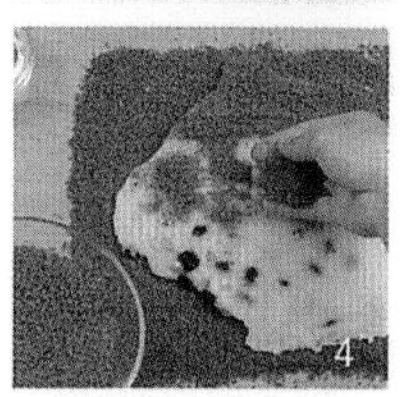

조리후 중량	적정배식온도	총가열시간	총조리시간	표준조리도구
380g(4인분)	15~25℃	1시간 7분	2시간	26cm 찜기

깨찰편

깨찰편은 깨설기 · 깨떡 등으로 불리며 찹쌀가루에 참깨가루와 흑임자 가루를 켜켜이 놓고 찐 떡이다. 「음식방문」,「시의전서」,「이조궁정요리통고」 등 많은 고조리서에 요리법이 소개되어 있다.

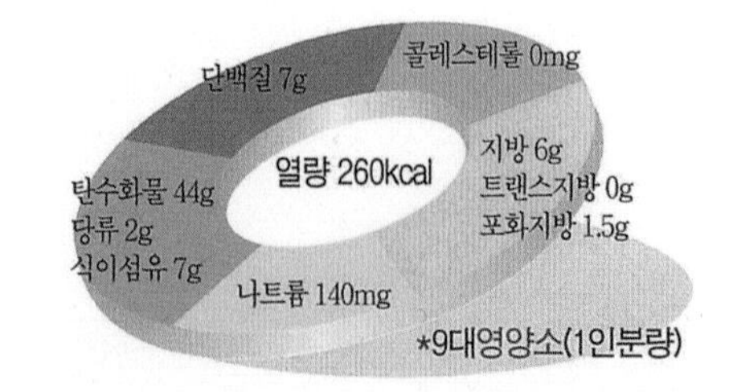

찹쌀가루 250g(2½컵), 소금 1g(¼작은술), 물 30g(2큰술)
고물 : 참깨가루 48g(½컵), 소금 1g(¼작은술), 설탕 12g(1큰술)
흑임자가루 6g
떡 찌는 물 2kg(10컵)

재료준비

1. 찹쌀가루는 소금과 물을 넣고 체에 내려 2등분한다. 【사진1】
2. 참깨가루와 흑임자가루는 소금과 설탕을 넣고 고루 섞는다.

만드는법

1. 찜기에 물을 붓고 센불에 9분 정도 올려 끓으면, 젖은 면보를 깐 다음 스테인리스 떡틀을 놓고, 떡틀 안에 참깨 고물을 펴 놓고, 찹쌀가루 · 흑임자가루 · 찹쌀가루 · 참깨고물 순으로 놓는다. 【사진2 · 3】
2. 다시 김이 오른 후 15분 정도 찐다.
3. 떡을 틀에서 꺼내어 가로 3.5cm 세로 4cm 정도의 크기로 썬다. 【사진4】

· 흑임자가루를 곱게 갈아서 쌀가루 사이사이에 살짝 뿌려야 떡이 떨어지지 않는다.
· 가운데 들어가는 흑임자가루는 많이 넣으면 지저분하다.

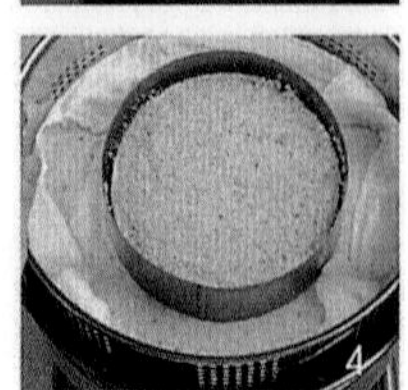

조리후 중량	적정배식온도	총가열시간	총조리시간	표준조리도구
400g(4인분)	15~25℃	24분	1시간	26cm 찜기

석탄병

멥쌀가루와 감가루 · 계피가루 · 생강녹말 · 잣가루 등에 시럽을 넣고 고루 섞어 체에 내려 녹두고물을 켜켜이 넣고 찐 떡이다. 석탄병(惜呑餠)이란 '떡이 차마 삼키기 안타까울 정도로 맛이 있다' 하여 붙여진 이름이다.

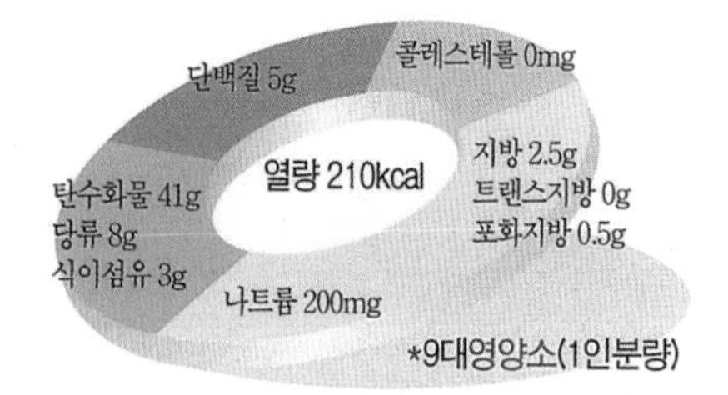

멥쌀가루 150g(1½컵), 소금 1.5g
설탕물 : 설탕 36g(3큰술), 물 60g(4큰술)
감가루 15g, **계피가루** 1g, **생강녹말** 2g, **잣가루** 12g(2큰술)
고물 : 거피 녹두 50g, 소금 0.7g
떡 찌는 물 1.2kg(6컵)

재료준비

1. 멥쌀가루에 소금을 넣고 체에 내린다.
2. 체에 내린 멥쌀가루에 감가루와 계피가루 · 생강녹말을 넣고 체에 내린다. 【사진1】
3. 녹두는 물에 8시간 정도 불려 껍질을 벗기고, 깨끗이 씻어 일어 체에 밭쳐 10분 정도 물기를 뺀다.

1

만드는법

1. 찜기에 물을 붓고 센불에 9분 정도 올려 끓으면, 젖은 면보를 깔고 녹두를 넣은 후, 40분 정도 쪄서 소금을 넣고 방망이로 찧어 체에 내린다(90g). 【사진2】
2. 냄비에 설탕과 물을 붓고 센불에서 3분 정도 끓인 후 식혀서 설탕물을 만든다(60g).
3. 멥쌀가루에 감가루 · 계피가루 · 생강녹말을 넣고 섞은 다음, 설탕물을 넣고 비벼서 체에 내린 다음 잣가루를 넣고 섞어 준다. 【사진3】
4. 찜기에 물을 붓고 센불에 9분 정도 올려 끓으면, 젖은 면보를 깔고 스테인리스 떡틀을 놓은 다음, 떡틀 안에 떡가루를 넣고 수평으로 평평하게 편 다음 그 위에 녹두 고물을 고루 펴서 얹는다. 【사진4】
5. 다시 김이 오른 후 15분 정도 찐다.

2

3

4

· 감가루는 감의 껍질을 벗기고 얇게 저며 썰어서, 채반에 바싹 말렸다가 빻아 냉동고에 보관해 두었다가 필요할 때 쓴다.
· 감을 저며 말릴 때는 건조기나 오븐을 사용하면 시간을 단축시킬 수 있다.

조리후 중량	적정배식온도	총가열시간	총조리시간	표준조리도구
360g(4인분)	15~25℃	1시간 16분	5시간 이상	26cm 찜기

상추떡

멥쌀가루에 상추 잎을 뜯어 넣고 켜켜이 거피팥고물을 얹어 찐 떡이다. 예부터 '가을 상추는 문 걸어 잠그고 먹는다'라는 속담이 있을 정도로 귀하고 맛있는 식품이라고 여겨왔으며, 천금을 주고 상추의 씨앗을 샀다고 해서 '천금채(千金菜)'라고도 불렀다.

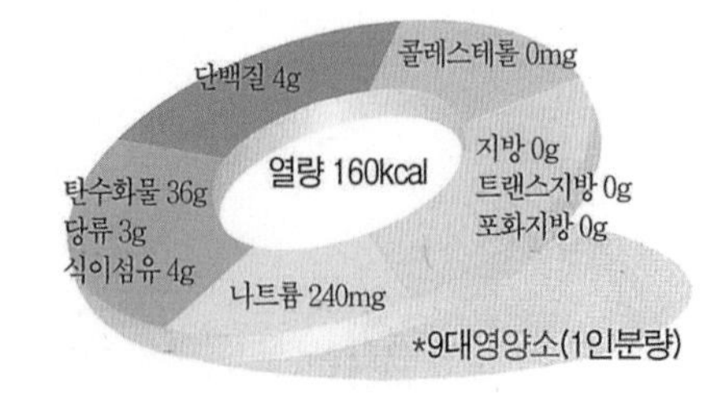

멥쌀가루 150g(1½컵), 소금 2g(½작은술)
상추 50g
거피팥 50g, 소금 1g(¼작은술)
설탕시럽 : 설탕 30g(2½큰술), 물 50g(¼컵)
찌는 물 2kg(10컵)

재료준비

1. 멥쌀가루에 소금을 넣고 체에 내린다.
2. 상추는 다듬어 깨끗이 씻어 물기를 뺀 다음 가로 · 세로 4㎝ 정도로 자른다(45g).
3. 거피팥은 씻어 일어서 7배의 물에 8시간 정도 불린 다음 비벼 씻어 껍질을 벗기고 체에 밭쳐 물기를 뺀다(90g). 【사진1】

만드는법

1. 찜기에 물을 붓고 센불에 9분 정도 올려 끓으면, 젖은 면보를 깔고 불린 거피팥을 넣어 30분 정도 찐다. 찐 거피팥은 한 김 나가면 소금을 넣고 방망이로 찧어 체에 내려 거피팥고물을 만든다(85g).
2. 냄비에 설탕과 물을 넣고 중불에서 4분 정도 끓인 후 식혀서 설탕시럽을 만든다(50g).
3. 멥쌀가루에 설탕시럽을 넣고 고루 섞은 후 체에 내린 다음 상추를 넣고 고루 섞는다. 【사진2 · 3】
4. 찜기에 물을 붓고 센불에 9분 정도 올려 끓으면, 젖은 면보를 깔고 스테인리스떡틀(직경 16㎝)을 넣고, 떡틀 안에 거피팥 고물의 ½량을 깔고 상추를 섞은 멥쌀가루를 넣은 후, 윗면을 평평하게 하고 남은 거피팥 고물을 고루 뿌린다. 【사진4】
5. 다시 김이 오른 후 15분 정도 찐다.

· 떡을 만들 때 상추를 멥쌀가루에 섞지 않고 상추잎을 켜켜이 안쳐서 만들기도 한다.
  시럽 대신에 설탕을 넣기도 한다.

조리후 중량	적정배식온도	총가열시간	총조리시간	표준조리도구
340g(4인분)	15~25℃	1시간 7분	5시간 이상	26cm 찜기

약편

멥쌀가루에 대추를 푹 끓여 만든 대추고와 막걸리 · 설탕을 넣고 찐 떡이다. 대추편이라고도 하는데 대추고를 넣어 맛이 달콤하며 막걸리가 들어간 발효떡이다. 우리 속담에 '양반 대추 한 개가 하루 아침 해장' 이라고 하는 말이 있는데 그만큼 대추가 몸에 좋다는 뜻이다.

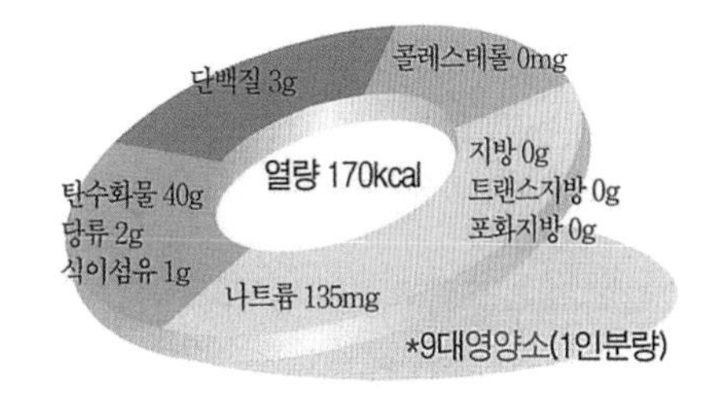

멥쌀가루 220g, 소금 2g(½작은술), **대추** 150g, 물 800g(4컵)
막걸리 15g(1큰술), **설탕** 12g(1큰술)
고명 : 밤 15g(1개), 대추 4g(1개), 석이버섯 0.2g, 잣 1g
찌는 물 2kg(10컵)

재료준비

1. 멥쌀가루에 소금을 넣고 체에 내린다.
2. 대추는 깨끗이 씻는다.
3. 밤은 껍질을 벗겨 길이 2.5㎝ 폭 · 두께 0.2㎝ 정도로 채 썰고(9g), 고명용 대추는 면보로 닦아서 돌려 깎아 밤과 같은 크기로 채 썬다(1.8g). 【사진1】
4. 석이버섯은 물에 1시간 정도 불려 비벼 씻어 가운데 돌기를 떼어내고, 물기를 닦아 폭 0.2㎝ 정도로 채 썬다(0.4g). 잣은 고깔을 떼어내고 면보로 닦는다.

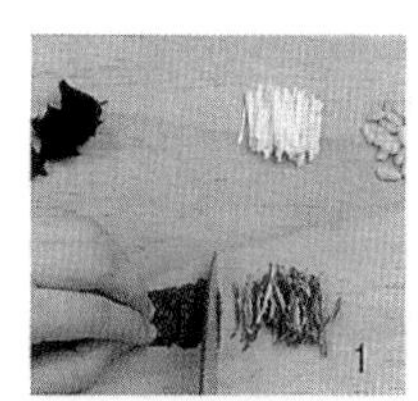

만드는법

1. 냄비에 대추와 물을 붓고 센불에 5분 정도 올려 끓으면, 중불로 낮추어 40분 정도 끓여 과육은 체에 내려 대추즙을 만들고(250g) 씨와 껍질은 버린다. 대추즙은 다시 냄비에 붓고 센불에 2분 정도 올려 끓으면, 약불로 낮추어 20분 정도 조려 대추고를 만든다(90g). 【사진2】
2. 멥쌀가루에 대추고와 막걸리 · 설탕을 넣고 고루 비빈 후 체에 내린다. 【사진3】
3. 찜기에 물을 붓고 센불에서 9분 정도 올려 끓으면, 젖은 면보를 깐 다음 스테인리스 떡틀을 놓고, 떡틀 안에 멥쌀가루를 수평으로 넣고 평평하게 한다. 그 위에 밤 · 대추 · 석이버섯채와 잣을 고명으로 얹는다. 【사진4】
4. 다시 김이 오른 후 15분 정도 찐다.

· 약편은 대추편이라고도 한다.
· 약편에 막걸리를 넣어 떡이 더 부드럽고 촉촉하다.

조리후 중량	적정배식온도	총가열시간	총조리시간	표준조리도구
320g(4인분)	15~25℃	1시간 31분	2시간	16 · 26cm 냄비

오메기떡

차조가루와 찹쌀가루를 익반죽하여 삶아 팥고물과 콩고물을 묻힌 떡이다. 제주도에서 해 먹던 향토떡으로 주로 5월 7월 사이에 많이 만들어 먹었다. 한방에서 차조는 소화흡수율이 뛰어날 뿐만 아니라 소화기에 쌓인 열을 없애는 효능이 있다고 하였다.

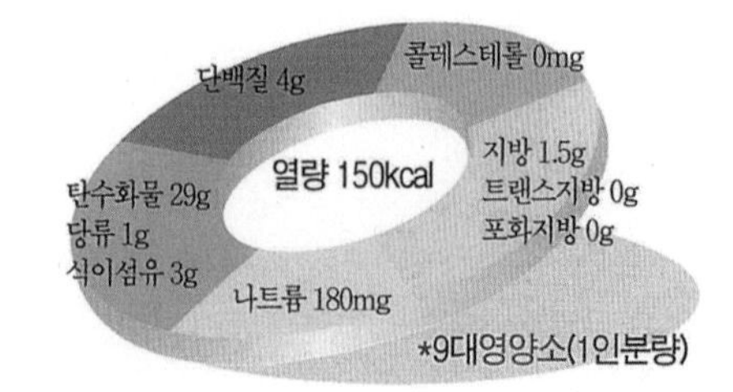

차조가루 200g(2컵)
찹쌀가루 100g(1컵)
소금 4g(1작은술), 끓는 물 40g
붉은팥 20g(⅛컵), 데치는 물 400g(2컵), 삶는 물 800g(4컵)
소금 1g(¼작은술), 설탕 12g(1큰술)
콩가루 21g(3큰술)
삶는 물 1kg(5컵)

재료준비

1. 붉은팥은 깨끗이 씻어 일어 체에 밭쳐 10분 정도 물기를 뺀다.
2. 차조가루와 찹쌀가루에 소금을 넣고 끓는 물로 익반죽하여(280g), 직경 5cm 두께 1cm 정도로 둥글게 만들어 가운데 구멍을 내서 도넛 모양으로 만든다(35g씩 8개). 【사진1】

만드는법

1. 냄비에 붉은팥과 데치는 물을 붓고, 센불에서 5분 정도 끓이다가 그 물을 버리고 다시 삶는 물을 붓고 중불에서 30분 정도 끓인다. 약불로 낮추어 30분 정도 끓이다가 뚜껑을 열고 10분 정도 끓이면서 수분을 날린 후 소금을 넣고 방망이로 찧어 어레미에 내려 설탕을 넣어 섞는다(30g). 【사진2】
2. 냄비에 물을 붓고 센불에 5분 정도 올려 끓으면 빚은 경단을 넣고, 센불에 3분 정도 삶아 건져서 물에 헹구어 물기를 뺀다. 【사진3】
3. 떡을 2등분해서 콩가루와 팥고물을 각각 묻힌다. 【사진4】

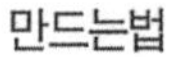

· 예전에는 좁쌀가루만을 사용하였다.
· 오메기떡을 구멍을 내지 않고 크게 만들기도 한다.

조리후 중량	적정배식온도	총가열시간	총조리시간	표준조리도구
320g(4인분)	15~25℃	1시간 23분	2시간	20cm 냄비

콩설기

멥쌀가루에 검은콩(서리태)과 강낭콩 · 밤콩 등을 넣고 찐 떡이다. 「본초강목」에 의하면 검은콩은 '신장을 다스리고 부종을 없애며, 혈액 순환을 활발하게 하여 모든 약의 독을 풀어준다' 고 하였다.

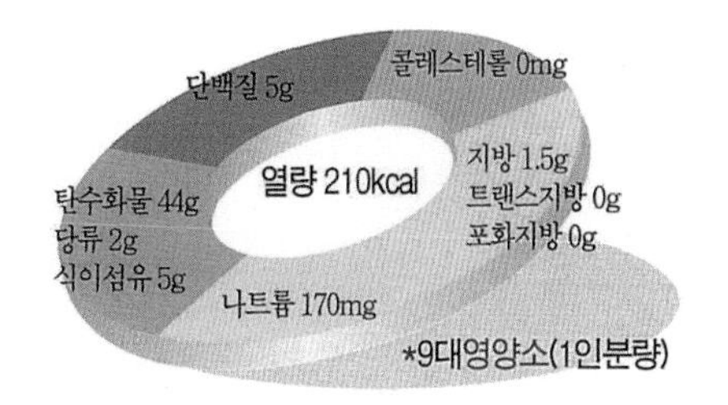

멥쌀가루 230g(2⅓컵), 소금 2g(½작은술)
검은콩(서리태) 40g, 물 600g(3컵)
시럽 : 설탕 30g(2½큰술), 물 50g(¼컵)
찌는 물 2kg(10컵)

재료준비

1. 멥쌀가루에 소금을 넣고 체에 내린다.
2. 검은콩은 깨끗이 씻어 일어서 물기를 뺀다. 【사진1】

만드는법

1. 냄비에 콩과 물을 붓고 센불에 4분 정도 올려 끓으면, 중불로 낮추어 40분 정도 삶는다(80g).
2. 냄비에 설탕과 물을 붓고 중불에서 4분 정도 끓여 식혀 시럽을 만든다(50g).
3. 멥쌀가루에 시럽을 넣고 고루 비벼서 체에 내린다. 【사진2】
4. 체에 내린 멥쌀가루에 콩을 넣고 고루 섞는다. 【사진3】
5. 찜기에 물을 붓고 센불에 9분 정도 올려 끓으면, 젖은 면보를 깔고 스테인리스떡틀(직경 16㎝)을 놓고, 떡틀 안에 멥쌀가루를 넣어 수평으로 평평하게 한다. 【사진4】
6. 다시 김이 오른 후 15분 정도 찐다.

· 계절에 따라 여러 가지 다른 콩을 넣기도 하며 시럽을 넣지 않고 설탕을 넣고 찌기도 한다.
· 검은콩은 삶지 않고 충분히 불려서 바로 사용하기도 한다.

조리후 중량	적정배식온도	총가열시간	총조리시간	표준조리도구
360g(4인분)	15~25℃	1시간 12분	4시간	26cm 찜기

꽃산병

멥쌀가루를 쪄서 친 다음 팥소를 넣고 둥글납작하게 빚은 떡이다. 꽃산병은 충청도 지방의 향토음식으로 이름 그대로 떡 위에 꽃을 얹어 만든 떡이라 하여 붙여진 이름이다.

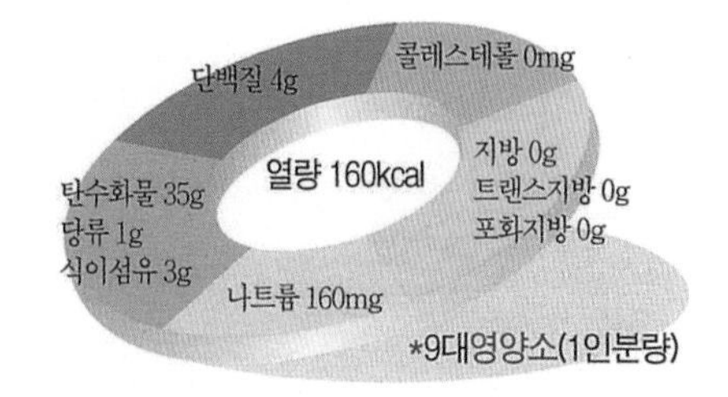

멥쌀가루 200g(2컵), 소금 2g(½작은술), 물 60g(4큰술)
붉은팥 80g(½컵), 데치는 물 200g(1컵), 삶는 물 1kg(5컵)
소금 0.5g(⅛작은술), 설탕 24g(2큰술)
참기름 4g(1작은술)
고명색 : 치자물 5g, 딸기물 1g, 쑥가루 1g
찌는 물 2kg(10컵)

재료준비

1. 멥쌀가루에 소금을 넣고 체에 내린 다음 물을 붓고 고루 비빈다.

만드는법

1. 냄비에 붉은팥과 데치는 물을 붓고, 센불에 4분 정도 올려 끓여 팥물을 따라 버린다. 다시 냄비에 삶는 물을 붓고 센불에 5분 정도 올려 끓으면, 중불로 낮추어 20분 정도 끓이다가 약불로 낮추어 40분 정도 팥이 푹 무를 때까지 삶아 체에 내린다.
2. 체에 내린 팥을 이중 면주머니에 넣고 물기를 꼭 짠 다음(110g), 소금과 설탕을 넣고 중불에서 2분 정도 볶아(125g) 10g씩 떼어 둥글게 소를 만든다(8개). 【사진1】
3. 찜기에 물을 붓고 센불에 9분 정도 올려 끓으면, 젖은 면보를 깔고 멥쌀가루를 넣어 15분 정도 찐다. 【사진 2】
4. 찐 떡은 뜨거울 때 방망이로 3분 정도 친다(300g). 떡 반죽에서 15g 정도 떼어 3등분하여 각각 3가지 색을 들이고 조금씩 떼어 동그랗게 삼색고명을 만든다.
5. 나머지 떡은 30g씩 떼어 팥소를 넣고 동글납작하게 만들어 삼색고명을 얹고 떡살로 누른 다음 참기름을 바른다. 【사진3 · 4】

1

2

3

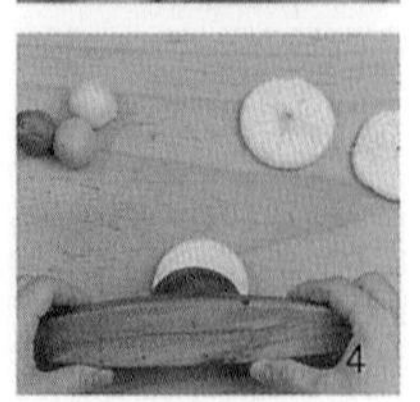
4

· 쌀가루를 찐 다음 방망이로 많이 치대야 쫄깃하다.
· 떡가루에 삼색물을 들여 삼색떡을 만들기도 한다.

조리후 중량	적정배식온도	총가열시간	총조리시간	표준조리도구
320g(4인분)	15~25℃	1시간 35분	2시간	26cm 찜기

여주산병

멥쌀가루를 쪄서 친 다음 얇게 밀어 소를 넣고 반으로 접어 큰 떡에 작은 떡을 싸서 만든 떡이다. 여주 지방에서는 여주 쌀을 이용하여 화려하고 맛있는 여러 가지 떡들을 만들어 즐겼는데, 큰 잔치 때면 반드시 여주산병을 만들어 편의 웃기로 올렸다고 한다.

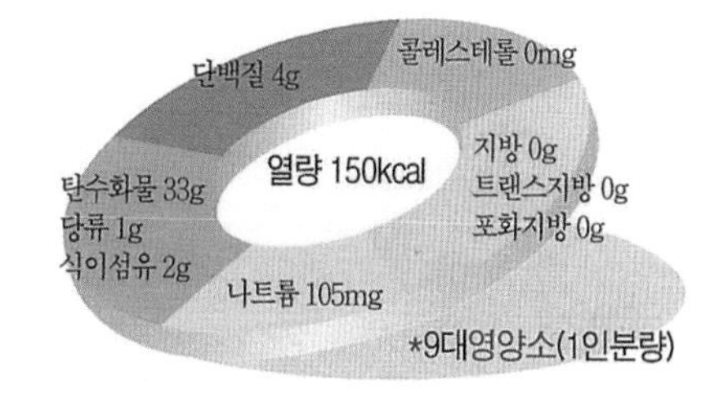

멥쌀가루 180g(2/3컵), 소금 1g(1/4작은술), 물 60g(4큰술)
붉은팥 80g(1/2컵), 데치는 물 200g(1컵), 삶는 물 1kg(5컵)
소금 0.5g(1/8작은술), 설탕 24g(2큰술)
고명색 : 치자물 3g, 딸기가루 1g, 쑥가루 1g
참기름 6g(1 1/2작은술), 찌는 물 2kg(10컵)

재료준비

1. 멥쌀가루에 소금을 넣고 체에 내린 다음 물을 붓고 고루 섞는다.
2. 붉은팥은 깨끗이 씻어 일어서 체에 밭쳐 10분 정도 물기를 뺀다.

1

만드는법

1. 냄비에 붉은팥과 데치는 물을 붓고, 센불에서 4분 정도 끓여 팥물을 따라 버린다. 다시 냄비에 삶는 물을 붓고, 센불에 5분 정도 올려 끓으면 중불로 낮추어 20분 정도 끓이다가 약불로 낮추어 40분 정도 삶아 체에 내린다.
2. 체에 내린 팥을 이중 면주머니에 넣고 물기를 짠 다음(110g), 소금과 설탕을 넣고 중불에서 2분 정도 볶는다(120g). 떡에 넣을 팥소는 각각 3g과 7g 정도로 떼어 타원형으로 만든다(사용량 80g).
3. 찜기에 물을 붓고 센불에 9분 정도 올려 끓으면, 젖은 면보를 깔고 멥쌀가루를 넣고 15분 정도 찐다. 【사진1】
4. 찐 떡은 뜨거울 때 방망이로 3분 정도 친다(240g). 떡 반죽에서 15g 정도 떼어 3등분하여 각각 3가지 색을 들이고 조금씩 떼어 동그랗게 삼색고명을 만든다. 【사진2】
5. 떡 반죽을 두께 0.3cm 정도로 밀어 소를 놓고 넣고(10g), 떡자락으로 반을 덮은 다음 각각 지름 5cm와 7cm 정도의 틀로 눌러 반달모양으로 만든다. 【사진3】
6. 큰 떡으로 작은 떡을 감싸듯이 구부려 네 끝을 한데 모아 붙여서 삼색고명을 얹고 참기름을 바른다. 【사진4】

2

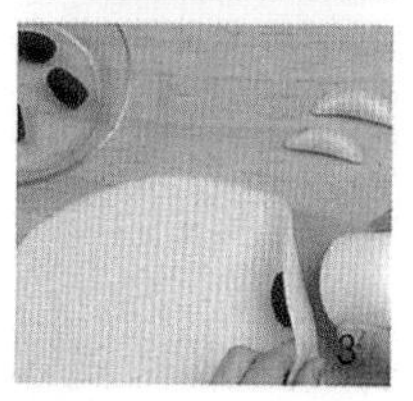
3

· 쌀가루를 찐 다음, 방망이로 많이 치대야 쫄깃하다.

조리후 중량	적정배식온도	총가열시간	총조리시간	표준조리도구
320g(4인분)	15~25℃	1시간 35분	2시간	26cm 찜기

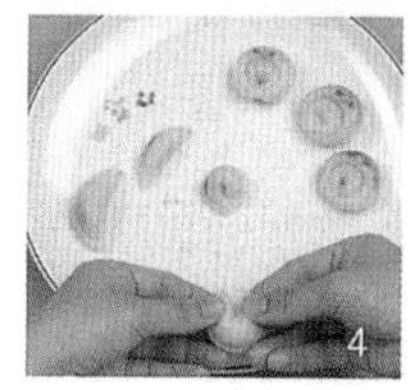
4

쑥굴레

찹쌀가루에 쑥을 넣고 쪄서 친 다음 고물을 묻힌 경상도 지방의 향토 떡이다. 쑥은 봄에 채취한 어린순으로 생즙을 내어 마시면 고혈압과 신경통에 좋고 쑥떡이나 쑥국수 · 된장국 · 쑥경단 · 애탕 등 다양한 음식을 해 먹는다.

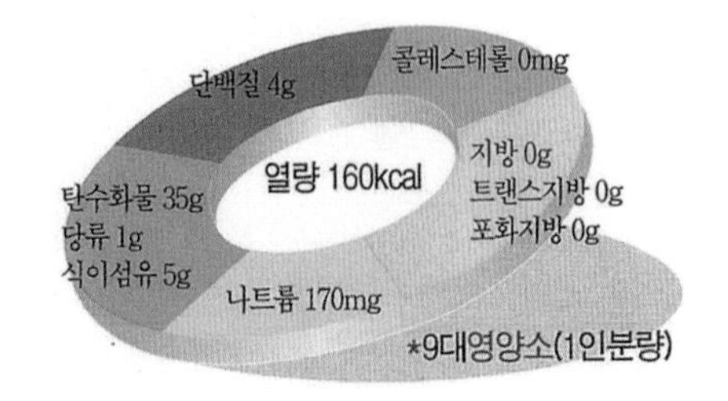

찹쌀가루 200g(2컵), 소금 2g(½작은술), 쑥가루 3g, 물 15g(1큰술)
거피팥 80g(½컵), 소금 1g(¼작은술), 설탕 12g(1큰술)
꿀 9.5g(½큰술), 계피가루 0.1g
찌는 물 2kg(10컵)
꿀 9.5g(½큰술), 대추 8g(2개)

재료준비

1. 찹쌀가루에 소금과 쑥가루를 넣고 체에 내린 후 물을 넣고 고루 비빈다. 【사진1】
2. 거피팥은 7배의 물에 8시간 정도 불려 문질러 씻어 껍질을 벗긴 후 일어, 체에 밭쳐 10분 정도 물기를 뺀다(160g).
3. 대추는 면보로 닦아 돌려 깎은 후 꽃모양을 만든다.

만드는법

1. 찜기에 물을 붓고 센불에 9분 정도 올려 끓으면, 젖은 면보를 깔고 거피팥을 넣은 후, 40분 정도 쪄서 소금을 넣고 방망이로 찧어 체에 내린다(160g).
2. 거피팥고물에 설탕과 꿀 · 계피가루를 넣고 고루 섞어 ½량은 소로 사용하고, ½량은 지름 3cm 두께 0.5cm 정도로 둥글게 만들어 떡 위에 얹을 고물을 만든다(소 5g씩, 고물 6g씩 : 사용량 100g). 【사진2】
3. 찜기에 물을 붓고 센불에 9분 정도 올려 끓으면, 젖은 면보를 깔고 찹쌀가루를 넣고 15분 정도 찐다. 찐 떡은 뜨거울 때 방망이로 5분 정도 쳐서 떡 반죽을 만든다. 【사진3】
4. 떡 반죽을 25g씩 떼어 거피팥소를 넣고 오므린 후, 떡 위에 빚어 놓은 고물을 얹고 그 위에 대추 꽃을 올린다. 【사진4】

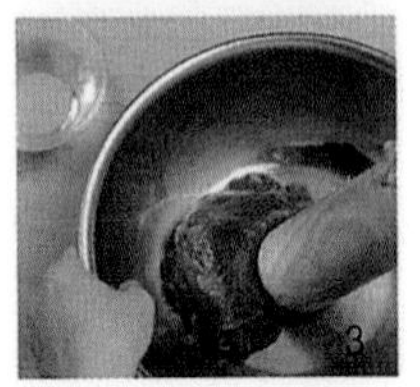

· 아래, 위 팥고물 사이에 떡 한켜를 넣어 네모반듯하게 만들기도 한다.

조리후 중량	적정배식온도	총가열시간	총조리시간	표준조리도구
320g(4인분)	15~25℃	1시간 13분	5시간 이상	26cm 찜기

개성우메기

찹쌀가루에 멥쌀을 넣고 막걸리로 반죽한 다음 기름에 튀겨 시럽에 집청한 떡이다. 우메기는 개성지방의 향토음식으로 개성주악이라고도 한다. 개성 사람들이 '우메기 빠진 잔치는 없다'라고 할 정도로 잔칫상에 빠지지 않고 올리는 음식이다.

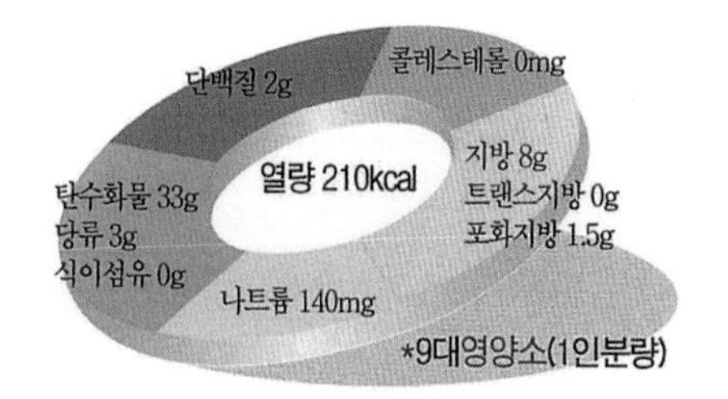

찹쌀가루 150g(1½컵), 멥쌀가루 50g(½컵)
소금 2g(½작은술), 막걸리 50g(¼컵), 설탕 8g(2작은술)
시럽 : 설탕 80g(½컵), 물 100g(½컵)
식용유 680g(4컵), 대추 8g(2개)

재료준비

1. 찹쌀가루와 멥쌀가루에 소금을 넣고 체에 내려 막걸리와 설탕을 넣어 반죽한다. 【사진1】
2. 대추는 젖은 면보로 닦아 돌려 깎은 후 꽃모양을 만든다.

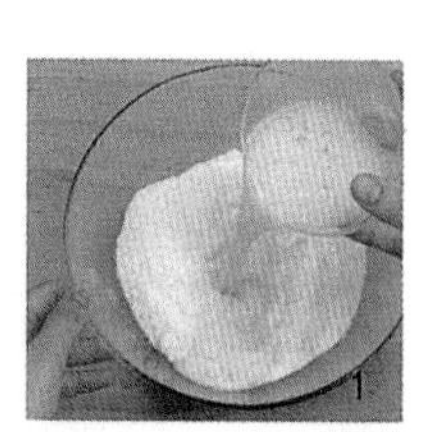
1

만드는법

1. 냄비에 설탕과 물을 넣고 약불에서 15분 정도 끓이다가 꿀을 넣어 2분 정도 조린 다음 식힌다.
2. 반죽을 30g씩 떼어 직경 5cm 두께 1cm 정도로 동글납작하게 빚는다(8개). 【사진2】
3. 팬에 식용유를 붓고 센불에 5분 정도 올려 기름 온도가 100℃가 되면, 반죽을 넣고 온도가 유지되도록 약불로 조절을 해가면서 앞뒤로 뒤집어가며 9분 정도 튀긴다. 반죽이 기름 위로 떠오르면 센불로 올려 130℃가 되면 앞뒤로 뒤집어 가며 6분 정도 더 튀긴 후 체에 건져서 기름을 뺀다. 【사진3】
4. 튀긴 우메기를 10분 정도 시럽에 즙청한 후 건져서 대추꽃을 올린다. 【사진4】

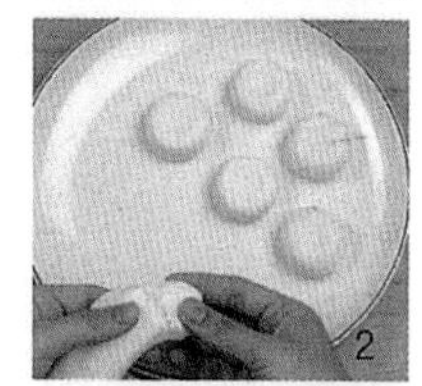
2

3

· 우메기를 튀길 때 한꺼번에 많이 넣으면 서로 달라붙으므로 5~6개 정도씩 넣고 튀기는 것이 좋다.
· 갑자기 기름의 온도가 높아지면 떡이 부풀어 오르면서 서로 달라붙으므로 기름온도는 서서히 올린다.

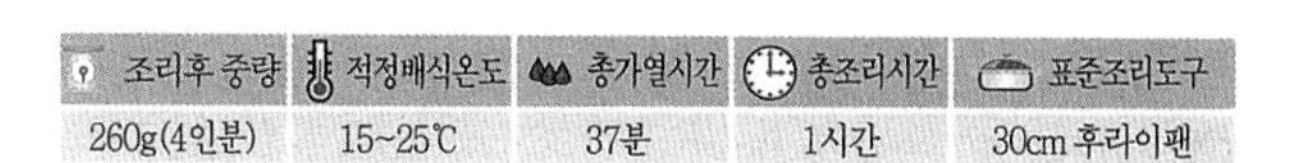

조리후 중량	적정배식온도	총가열시간	총조리시간	표준조리도구
260g(4인분)	15~25℃	37분	1시간	30cm 후라이팬

4

메밀총떡

메밀가루로 반죽하여 얇게 전병을 부치고, 돼지고기와 김치를 넣고 말아 만든 음식이다. 강원도 지방의 향토음식으로 메밀전병이라고도 하는데 1600년대 말엽 「주방문」에는 '겸결병법'이라 기록되어 있고, 1680년 「요록」에는 '연전병'이라 하였으며, 1938년 「조선요리」에 처음으로 '총떡'이라 하였다.

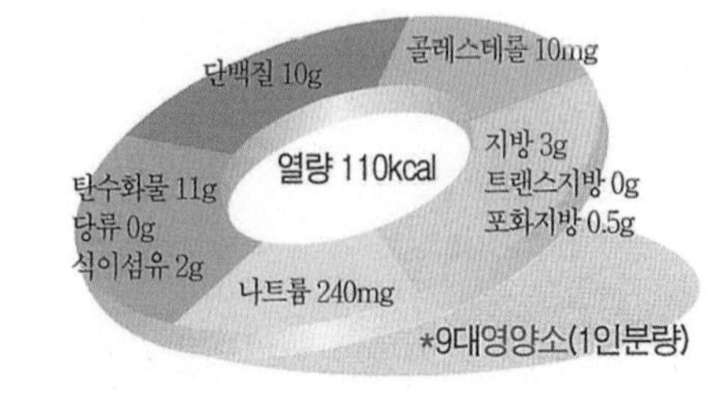

메밀가루 90g(½컵), 소금 1g(¼작은술), 물 175g(¾컵)
돼지고기(등심) 100g
양념장 : 청장 3g(½작은술), 다진 마늘 2.8g(½작은술), 후춧가루 0.1g
배추김치 100g, 참기름 2g(½작은술), 깨소금 1g(½작은술)
식용유 26g(2큰술)
초간장 : 간장 18g(1큰술), 식초 15g(1큰술), 물 15g(1큰술)

재료준비

1. 메밀가루는 체에 쳐서 소금과 물을 넣고 반죽한다.
2. 돼지고기는 핏물을 닦고, 길이 5cm 폭 · 두께 0.3cm 정도로 채 썰어 양념장을 넣고 양념한다.
3. 김치는 속을 털어내고 폭 0.3cm 정도로 채 썰어 물기를 짠 다음 참기름과 깨소금으로 양념한다(75g). 【사진1】
4. 초간장을 만든다.

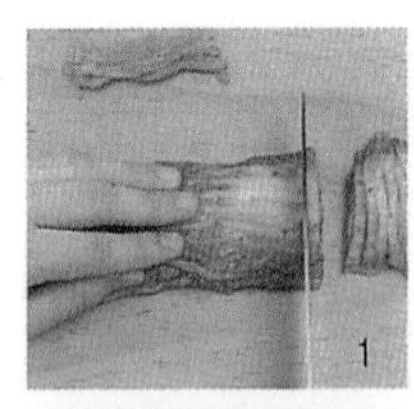

만드는법

1. 팬을 달구어 식용유를 두르고 돼지고기를 넣고 약불에서 2분 정도 볶는다. 【사진2】
2. 돼지고기와 김치를 섞어 소를 만든다.
3. 팬을 달구어 메밀 반죽을 떠 놓고(40g) 약불로 낮추어, 지름 10cm 두께 0.2cm 정도로 둥글게 만들어 약불에서 앞뒷면을 각각 30초 정도 부친 다음 소를 길게 놓고 돌돌 만다. 【사진3】
4. 메밀총떡이 식으면 길이 5cm 정도로 어슷 썰어서 초간장과 함께 낸다. 【사진4】

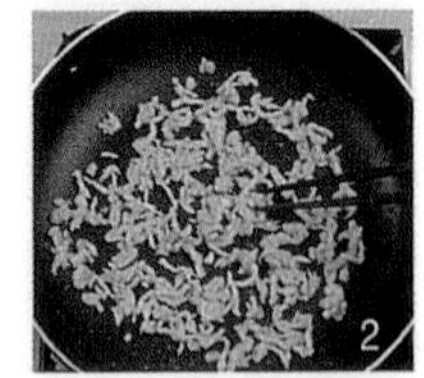

· 배추김치 대신 무채김치나 숙주나물 등을 넣기도 한다.
· 메밀전병을 얇게 부쳐야 하늘하늘 질감이 부드럽다.

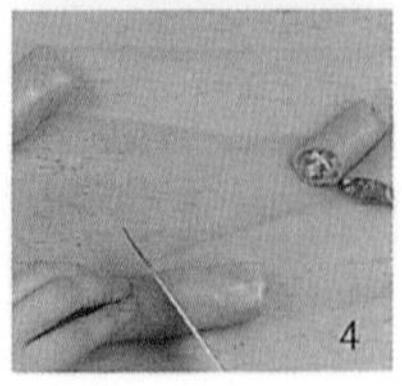

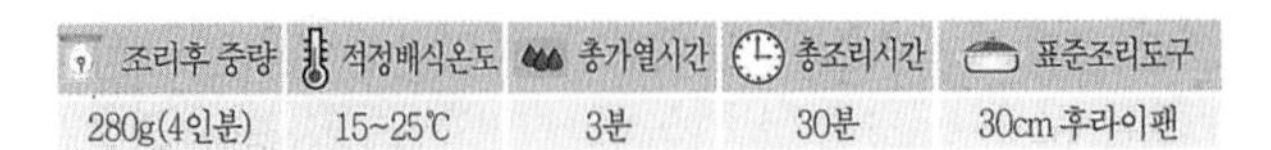

조리후 중량	적정배식온도	총가열시간	총조리시간	표준조리도구
280g(4인분)	15~25℃	3분	30분	30cm 후라이팬

서여향병

마를 쪄서 꿀물에 재웠다가 찹쌀가루를 입혀 지진다음 잣가루를 묻힌 떡이다. 마는 서여(薯蕷) · 산우(山芋)라고도 하여 예부터 강장 식품으로 널리 알려져 왔다. 한방에서는 기운을 돋우고 근육을 성장시키며 귀와 눈을 밝게 한다고 하였다.

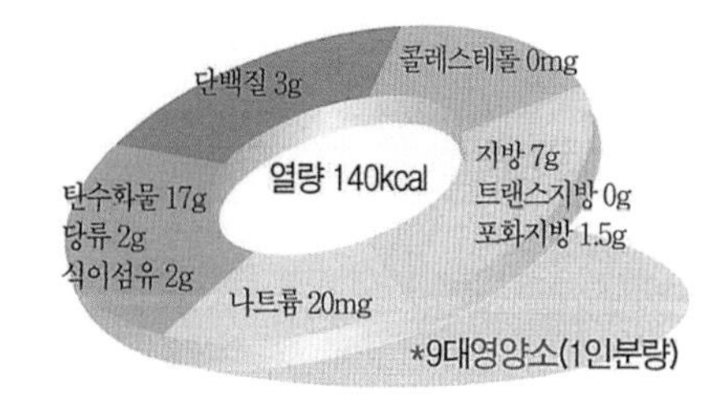

마 300g, 찌는 물 2kg(10컵)
꿀 76g(4큰술)
찹쌀가루 50g(½컵), 소금 0.5g
식용유 39g(3큰술)
잣가루 36g(6큰술)

재료준비

1. 마는 깨끗이 씻어 껍질을 벗기고 길이 5cm 두께 0.5cm 정도로 어슷 썬다(200g). 【사진1】
2. 찹쌀가루는 소금을 넣고 체에 내린다.

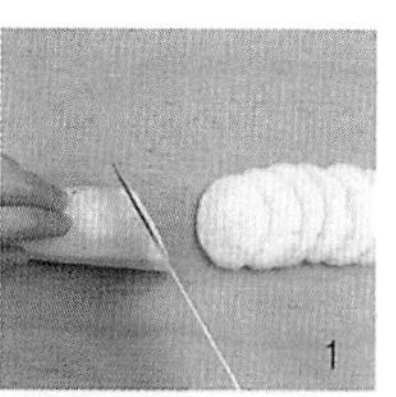

만드는법

1. 찜기에 물을 붓고, 센불에 9분 정도 올려 끓으면 마를 넣고 3분 정도 찐다. 【사진2】
2. 찐 마를 꺼내어 한 김 나가면 꿀에 넣어 10분 정도 두었다가 체에 밭친 후 찹쌀가루를 앞뒤로 입힌다.
3. 팬을 달구어 식용유를 두른 후 마를 넣고, 약불에서 앞면 2분, 뒤집어서 2분 정도 지진 다음 잣가루를 묻혀 낸다. 【사진3 · 4】

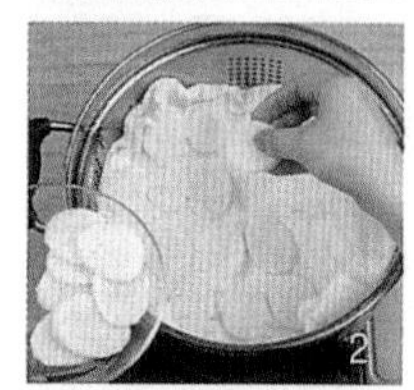

· 마를 너무 익히면 부서진다.
· 잣가루는 잣기름을 빼고 곱게 다져 사용해야 보슬보슬하다.

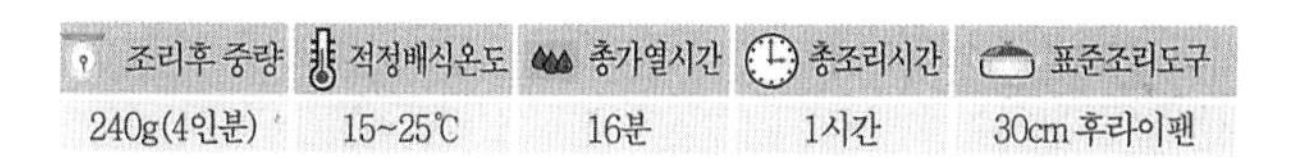

조리후 중량	적정배식온도	총가열시간	총조리시간	표준조리도구
240g(4인분)	15~25℃	16분	1시간	30cm 후라이팬

꿀물경단

찹쌀가루와 멥쌀가루를 섞어 익반죽하고 경단을 만들어 삶아서 꿀물에 넣은 떡이다. 황해도 지방의 향토음식으로 「한국민속종합조사보고서, 1984년」에 의하면 '찹쌀가루와 멥쌀가루를 섞어 각각 쑥즙 · 맨드라미꽃물 · 치자물 등으로 물을 들여 둥글게 빚어서 끓는 물에 삶아 꿀물과 함께 먹는 떡이다.' 라고 하였다.

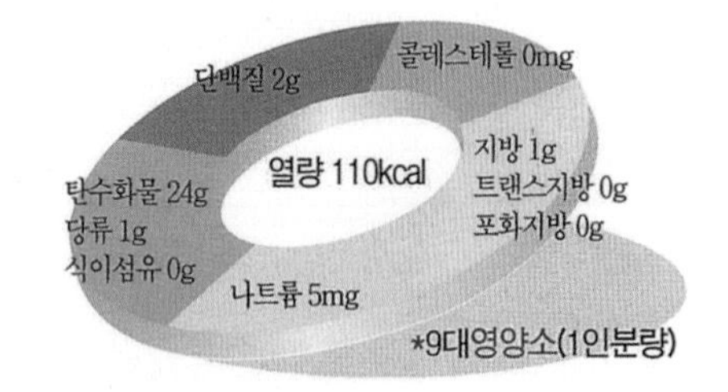

찹쌀가루 100g(1컵)
멥쌀가루 50g(½컵), 소금 1g(¼작은술), 끓는 물 56~60g
경단색 : 쑥가루 0.7g, 딸기가루물 1.5g(딸기가루 0.5g+물 1g)
경단 삶는 물 1.4kg(7컵)
잣 7g(2작은술)
꿀물 : 꿀 19g(1큰술), 물 30g(2큰술)

재료준비

1. 찹쌀가루와 멥쌀가루에 소금을 넣고 체에 내려 3등분 하여 각각의 색을 넣고 고루 비벼 체에 내린다. 【사진1】
2. 꿀물을 만든다.

만드는법

1. 각각의 색을 들인 쌀가루는 끓는 물로 익반죽하여 8g씩 떼어 둥글게 경단을 만든다(24개). 【사진2】
2. 냄비에 물을 붓고 센불에 12분 정도 올려 끓으면, 빚어 놓은 경단을 넣고 2분 30초 정도 삶아 경단이 떠오르면 30초 정도 두었다가 체로 건져서 물에 헹군 뒤 물기를 뺀다. 【사진3】
3. 경단에 잣을 하나씩 꽂고 색을 맞추어 그릇에 담고 꿀물을 넣는다. 【사진4】

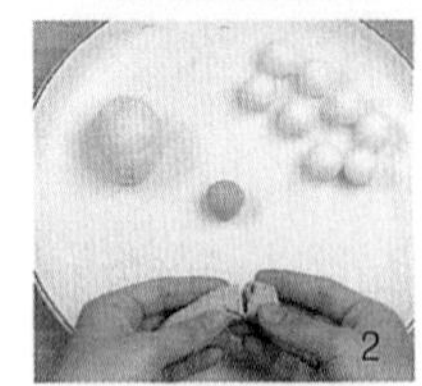

· 반죽을 오래 치댈수록 경단이 매끈하고 쫄깃하다.
· 찹쌀가루만 사용하면 늘어지므로 멥쌀가루를 섞는다.
· 경단을 찬물에 헹구지 않으면 늘어진다.

조리후 중량	적정배식온도	총가열시간	총조리시간	표준조리도구
240g(4인분)	15~25℃	15분	1시간	20cm 냄비

두텁단자

찹쌀가루 반죽에 밤 · 대추 · 호두 · 잣 · 유자청건지를 소로 만들어 넣고 삶아서 팥고물을 묻힌 떡이다. 크기는 경단보다 조금 크게 만들어야 보기에 좋으며, 특히 소로 들어가는 견과류와 유자향 · 고물이 팥가루향과 함께 어우러져 그 맛이 일품이다.

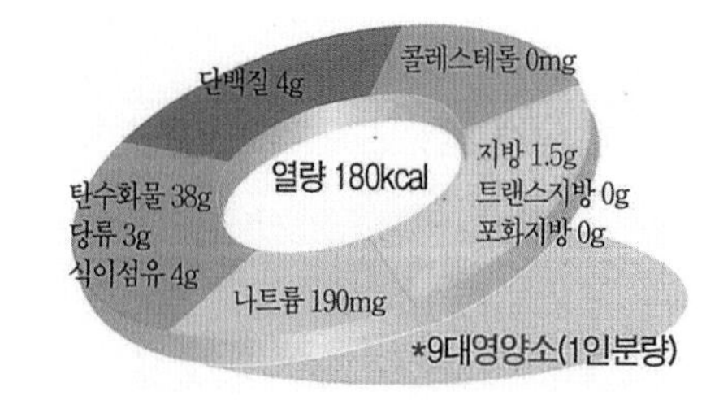

찹쌀가루 200g(2컵), 소금 2g(½작은술), 끓는 물 60g(4큰술)
단자 소 : 밤 15g(1개), 대추 4g(1개), 호두 5g, 잣 3.5g(1작은술)
유자청 건지 15g
팥고물 : 붉은팥 60g, 데치는 물 200g(1컵), 삶는 물 550g(2¾컵)
소금 0.5g(⅛작은술), 설탕 18g(1½큰술)
삶는 물 2kg(10컵)

재료준비

1. 찹쌀가루에 소금을 넣고 체에 내린 후 끓는 물을 넣고 익반죽한다.
2. 밤은 껍질을 벗겨 폭 · 두께 0.5cm 정도로 썰고, 대추는 면보로 닦아서 돌려 깎은 후 밤과 같은 크기로 썬다. 호두는 따뜻한 물에 불려 껍질을 벗겨 밤과 같은 크기로 썬다. 잣은 고깔을 떼고 면보로 닦아 2등분 한다.
3. 유자청 건지는 0.5cm 정도의 크기로 썬다.
4. 준비한 밤 · 대추 · 호두 · 잣 · 유자청 건지를 섞어 단자 소를 만든다. 【사진1】

1

만드는법

1. 냄비에 붉은 팥과 데치는 물을 붓고, 센불에 4분 정도 올려 끓이다가 팥물을 따라 버린다.
2. 냄비에 데친 팥과 삶는 물을 붓고, 중불로 20분 정도 끓이다가 약불로 낮추어 30분 정도 삶아 익으면 뚜껑을 열고 센불로 2분 정도 볶아 수분을 없앤다. 소금을 넣고 방망이로 찧어 체에 내려서 팥고물을 만든다(100g).
3. 팬을 달구어 팥고물을 넣고 중불에서 2분 정도 볶은 후(80g), 설탕을 넣고 고루 섞는다.
4. 찹쌀 반죽(23g)에 소(5g)를 넣고, 직경 3cm 두께 1.5cm 정도로 빚은 다음 위를 살짝 눌러 동글납작하게 만든다. 【사진2】
5. 냄비에 물을 붓고 센불에 9분 정도 올려 끓으면 빚은 단자를 넣고, 5분 정도 삶아 떠오르면 1분 정도 뜸을 들인 후 체에 건져 물에 담갔다가 물기를 뺀 다음 팥고물을 묻힌다. 【사진3 · 4】

2

3

· 고물을 묻힐 때에는 쟁반에 팥가루를 펼쳐 놓고 굴려 묻힌다.
· 설탕물로 반죽한 경단은 보통 경단보다 수분을 많이 넣는다.

조리후 중량	적정배식온도	총가열시간	총조리시간	표준조리도구
360(4인분)	15~25℃	1시간 13분	2시간	30cm 후라이팬

4

차수수경단

차수수가루와 찹쌀가루를 익반죽하여 삶은 다음 팥고물을 묻힌 떡이다. 우리나라 풍습에 아이가 백일이 되면서부터 10살이 될 때 까지 생일날에는 차수수경단을 해주는데, 이는 삼신이 지켜주는 나이에 이르기까지 아이가 액(厄)을 면하게 한다는 의미가 내포되어 있다.

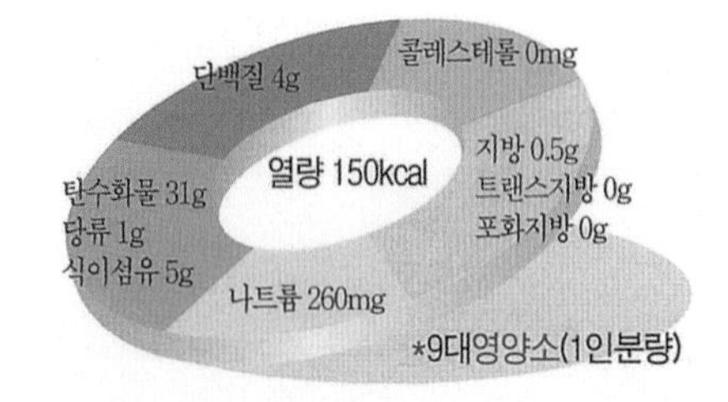

차수수가루 100g(1컵), 찹쌀가루 100g(1컵)
소금 2g(½작은술), 끓는 물 30~45g(2~3큰술)
붉은팥 80g(½컵), 데치는 물 400g(2컵), 삶는 물 600g(3컵)
소금 2g(½작은술), 설탕 12g(1큰술)
삶는 물 1kg(5컵)

재료준비

1. 차수수가루와 찹쌀가루에 소금을 넣고 고루 섞어 체에 내린다.

만드는법

1. 차수수가루와 찹쌀가루에 끓는 물을 넣고 익반죽 한 다음, 11g 정도씩 떼어 직경 3cm 정도로 둥글게 경단을 빚는다(20개). 【사진1】
2. 냄비에 붉은 팥과 데치는 물을 붓고, 센불에서 7분 정도 끓이다가 그 물을 버리고, 다시 삶는 물을 붓고 센불에 4분 정도 올려 끓으면, 중불로 낮추어 20분 정도 끓이고 약불로 낮추어 25분 정도 팥이 푹 무를 때 까지 삶는다. 소금을 넣고 방망이로 빻아 체에 내린 다음 설탕을 넣고 팥고물을 만든다(140g). 【사진2】
3. 냄비에 물을 붓고 센불에 5분 정도 올려 끓으면, 경단을 넣고 센불에서 2분 30초 정도 삶는다. 경단이 떠오르면 2분 정도 두었다가 건져서 물에 헹군 뒤 물기를 뺀다. 【사진3】
4. 고물을 묻힌다. 【사진4】

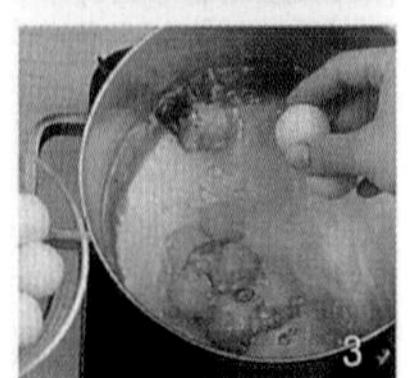

· 예전에는 차수수가루만 사용하였다.
· 팥고물이 질면 볶아서 사용한다.

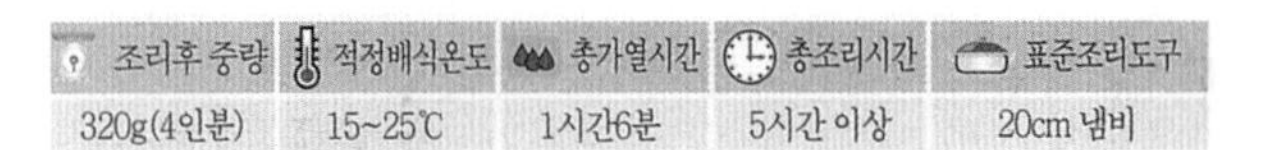

조리후 중량	적정배식온도	총가열시간	총조리시간	표준조리도구
320g(4인분)	15~25℃	1시간6분	5시간 이상	20cm 냄비

국화전

찹쌀가루를 익반죽하여 국화 꽃잎을 올리고 기름에 지진 떡이다. 국화는 꽃과 잎에 특유한 향이 있어 음식뿐만 아니라 약이나 양조용으로 이용되었으며, 장수와 영초(靈草)로서 예부터 애용되었다.

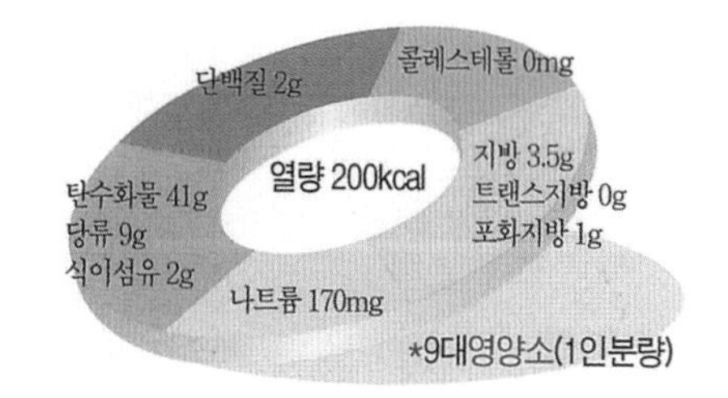

찹쌀가루 200g(2컵)
소금 2g(½작은술), 끓는 물 40~45g(2⅔~3큰술)
국화꽃 49g(7송이)
대추 8g(2개)
시럽 : 설탕 60g(5큰술), 물 75g(5큰술)
식용유 8g(1큰술)

재료준비

1. 찹쌀가루에 소금을 넣고 체에 내린다.
2. 국화꽃은 씻어 꽃잎을 떼어 놓는다.【사진1】
3. 대추는 면보로 닦고, 돌려 깎아서 밀대로 밀고 둥글게 돌돌 말아 폭 0.2cm 정도로 썬다.

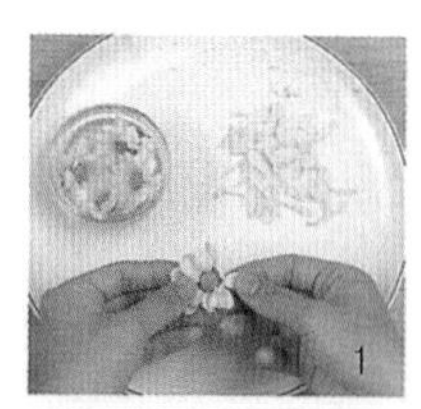

만드는법

1. 냄비에 설탕과 물을 붓고 센불에서 5분 정도 끓여 식혀 시럽을 만든다(80g).
2. 찹쌀가루에 끓는 물을 붓고 익반죽 한다(240g). 반죽을 떼어(15g) 직경 5cm 두께 0.4cm 정도로 둥글 납작하게 빚는다(16개).【사진2】
3. 팬을 달구어 식용유를 두르고 반죽을 놓고 약불에서 2분 정도 지지다가 뒤집어 화전 가운데 대추를 올리고, 국화꽃잎으로 장식한 다음 1분 정도 지진다.【사진3】
4. 국화전을 그릇에 담고 시럽을 뿌려 낸다.【사진4】

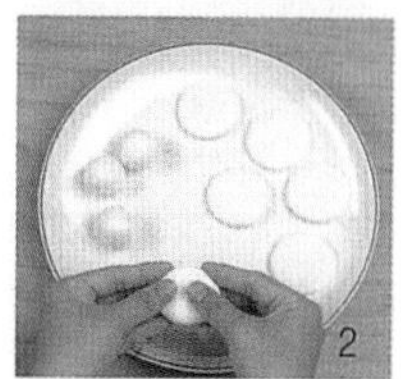

· 국화꽃은 꽃송이가 작은 감국으로 사용한다.
· 전을 지질 때 팬에 너무 많이 넣고 부치면 서로 달라붙는다.

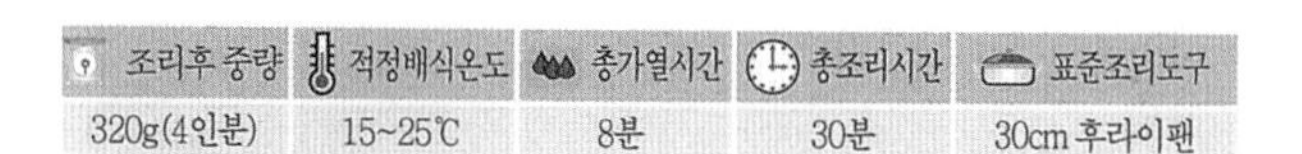

조리후 중량	적정배식온도	총가열시간	총조리시간	표준조리도구
320g(4인분)	15~25℃	8분	30분	30cm 후라이팬

잡곡부치개

잡곡을 불려 갈아서 다진 돼지고기와 김치를 넣고 반죽하여 지진 음식이다. 황해도 지방의 향토음식으로 흰콩과 녹두 · 수수 · 멥쌀 등을 이용하여 다진 돼지고기와 배추김치 등을 넣고 기름을 넉넉하게 두르고 두툼하게 지져내는 음식이다.

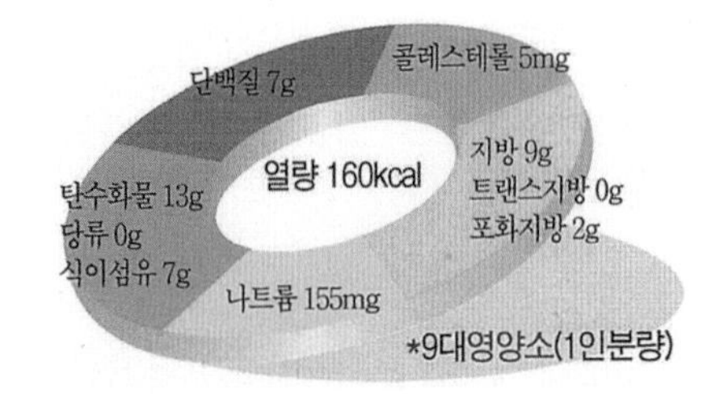

멥쌀 15g, 수수 15g, 흰콩 30g, 거피녹두 25g, 가는 물 70g(4⅔큰술)
다진 돼지고기 35g
양념장 : 청장 3g(½작은술), 다진 마늘 2.8g(½작은술), 후춧가루 0.1g
배추김치 50g
식용유 39g(3큰술)
초간장 : 간장 18g(1큰술), 식초 15g(1큰술), 물 15g(1큰술)

재료준비

1. 멥쌀과 수수는 깨끗이 씻어 일어서 물에 8시간 정도 불려 체에 밭치고, 흰콩과 거피녹두는 물에 8시간 정도 불려 껍질을 벗기고 체에 밭쳐 물기를 뺀다.
2. 믹서에 멥쌀과 수수 · 흰콩 · 거피녹두를 넣어 물을 붓고 믹서에 40초 정도 간다(210g). 【사진1】
3. 다진 돼지고기는 핏물을 닦아 양념장을 넣고 양념한다. 【사진2】
4. 김치는 속을 털어내고 폭 1cm 정도로 썬다.
5. 초간장을 만든다.

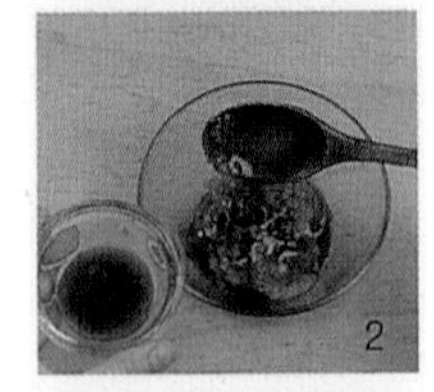

만드는법

1. 갈아 둔 잡곡에 다진 돼지고기와 김치를 섞어서 반죽한다. 【사진3】
2. 팬을 달구어 식용유를 두르고 반죽을(50g) 직경 10cm 두께 0.7cm 정도로 둥글게 만들어 놓고, 중불에서 앞면은 5분, 뒤집어서 4분 정도 지진다. 【사진4】
3. 초간장과 함께 낸다.

· 돼지고기 대신 쇠고기를 넣기도 한다.
· 기호에 따라 잡곡의 종류와 양을 달리 할 수 있다.

조리후 중량	적정배식온도	총가열시간	총조리시간	표준조리도구
320g(4인분)	70~75℃	9분	5시간 이상	30cm 후라이팬

한과

우리나라에서는 전통적으로 과자를 과정류(菓釘類)라 하며 한과류라고도 한다. 한과는 전통 과자를 말하는데, 만드는 법이나 재료에 따라 유밀과류, 강정류, 산자류, 다식류, 정과류, 숙실과류, 과편류, 엿강정류, 엿류 등으로 나눈다.

계강과

계피와 생강을 넣는 다고 하여 '계강과(桂薑果)'라 하였으며, 「규합총서」와 「시의전서」에는 '찹쌀가루와 메밀가루 섞은 것을 반죽하여 쪄서 생강즙을 넣어 치댄 다음 꿀과 생강, 잣으로 만든 소를 넣어 세 뿔나게 빚은 뒤 지져서 즙청(꿀) 묻혀 잣가루를 뿌려 쓰라'고 하였다.

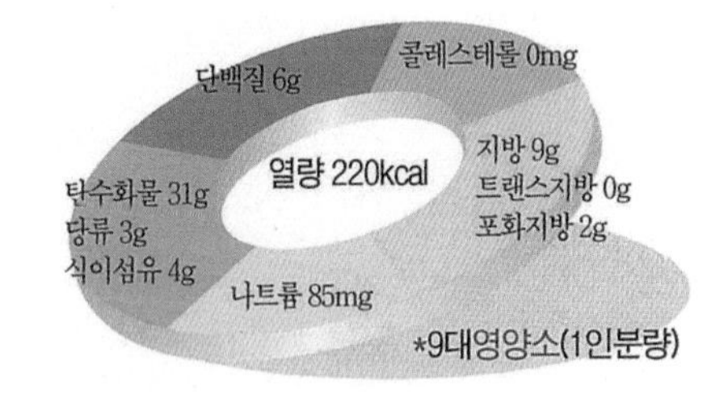

메밀가루 70g, 찹쌀가루 72g(9큰술), 계피가루 1g
소금 2g(½작은술), 설탕 12g(1큰술), 생강즙 5.5g(1작은술)
끓는 물 30~45g(2~3큰술), 소 : 잣 60g, 꿀 9g(½큰술)
꿀 38g(2큰술)
고물 : 잣 80g
식용유 26g(2큰술), 찌는 물 2kg(10컵)

재료준비

1. 메밀가루에 찹쌀가루와 계피가루를 넣고 체에 내린 다음, 소금과 설탕 · 생강즙 · 끓는 물을 넣고 반죽하여 젖은 면보에 싸서 30분 정도 숙성시킨다(200g).
2. 잣은 고깔을 떼고 면보로 닦아 곱게 다져 기름을 뺀 다음(35g), 꿀을 넣고 반죽하여 계강과 소를 만들고 2g 정도씩 떼어 둔다. 고물용 잣도 고깔을 떼고 면보로 닦아 곱게 다져 기름을 뺀다(64g).
3. 계강과 반죽은 7g 정도로 떼어 소를 넣고 삼각형의 생강뿔모양으로 만든다(28개). 【사진1】

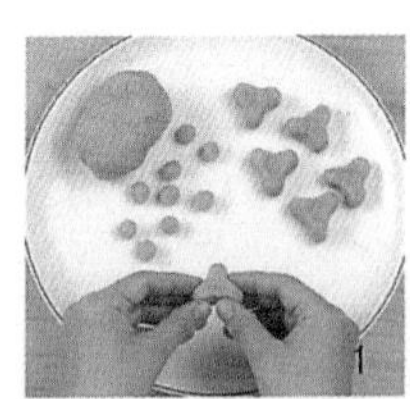
1

만드는법

1. 찜기에 물을 붓고 센불에 9분 정도 올려 끓으면, 젖은 면보를 깔고 빚은 계강과 반죽을 넣어 10분 정도 찐다. 【사진2】
2. 팬을 달구어 기름을 두르고 계강과를 넣어 약불에서 앞면은 2분 정도, 뒤집어서 2분 정도 지진다. 【사진3】
3. 지진 계강과를 종이 타월에 기름을 살짝 뺀 후, 꿀을 바르고 잣가루를 고루 무친다. 【사진4】

2

3

- 기호에 따라 메밀가루와 찹쌀가루의 양은 가감한다.
- 기름을 많이 두르고 지지면 꿀이 잘 묻지 않고 잣가루가 고루 묻지 않으므로, 소량의 기름을 사용한다.

4

조리후 중량	적정배식온도	총가열시간	총조리시간	표준조리도구
260g(4인분)	15~25℃	23분	1시간	28cm 둥근 팬

채소과

밀가루를 반죽하여 국수처럼 가늘게 늘여 타래실처럼 감아서 기름에 튀겨낸 한과이다. 모양이 가운데를 묶어 마치 채소같이 만들어 채소과 또는 채수과라고도 하며 「이조궁정요리통고」에 의하면 색깔 없이 하여 제사음식으로 사용하였다고 한다.

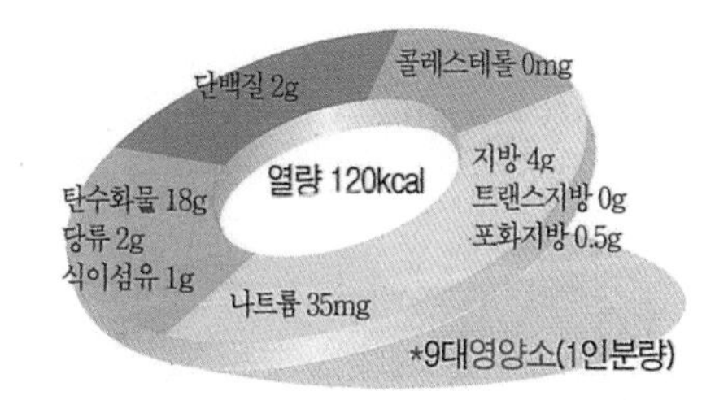

노랑색 반죽 : 밀가루 35g(5큰술), 소금 0.2g
치자물 3g(치자 2g, 물 30g), 물 15~20g
분홍색 반죽 : 밀가루 35g(5큰술), 소금 0.2g
딸기가루 1.3g, 물 15~20g
쑥색 반죽 : 밀가루 35g(5큰술), 소금 0.2g, 쑥가루 1g, 물 15g~20g
식용유 1kg(5컵)
시럽 : 설탕 80g(½컵), 물 100g(½컵)

재료준비

1. 각각의 밀가루에 소금을 넣고 체에 내린다.
2. 밀가루에 치자물과 딸기가루, 쑥가루를 각각 넣고 고루 섞은 다음 물을 넣고 반죽한다. 【사진1】
3. 각각의 반죽은 싸서 20분 정도 둔다.
4. 삼색 반죽은 밀대로 두께 0.2㎝ 정도로 밀고, 길이 35㎝ 폭 0.3㎝ 정도로 썰어 타래실 감듯이 감아 가운데를 묶는다(각 35g). 【사진2 · 3】

만드는법

1. 냄비에 설탕과 물을 붓고 약불에서 15분 정도 끓여 시럽을 만든다.
2. 팬에 식용유를 붓고 중불에 5분 정도 올려 100~110℃가 되면, 채소과 반죽을 넣고 약불로 낮추어 3분 정도 둔다.
3. 채소과가 익어 떠오르면 중불로 올려 2분 정도 뒤집어가며 튀긴 후 체에 건져서 기름을 뺀다. 【사진4】
4. 튀긴 채소과를 식혀서 시럽에 넣고 즙청한 후 건져서 그릇에 담는다.

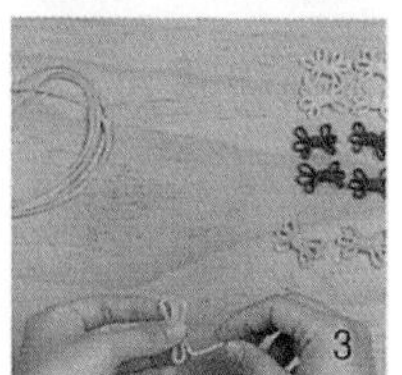

· 채소과 위에 잣가루를 뿌리기도 한다.
· 즙청에 계피가루를 넣기도 한다.

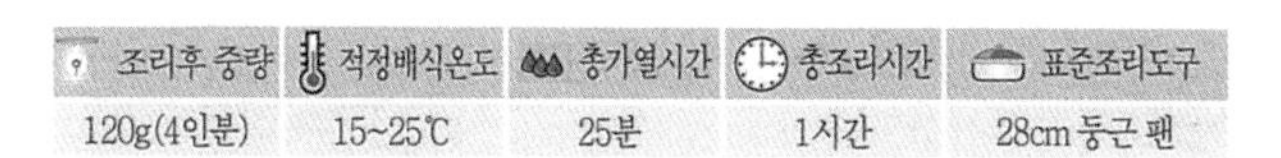

조리후 중량	적정배식온도	총가열시간	총조리시간	표준조리도구
120g(4인분)	15~25℃	25분	1시간	28㎝ 둥근 팬

들깨엿강정

들깨를 깨끗이 씻어 볶아 시럽에 버무린 다음 반대기를 만들고 굳혀서 먹기 좋게 썬 한과이다. 「동의보감」에 따르면 들깨는 '몸을 덥게 하고 독이 없고 기를 내리게 하며 기침과 갈증을 그치게 하고 간을 윤택하게 하여 속을 보하고 정수(精髓) 즉, 골수를 메워준다.' 고 하였다.

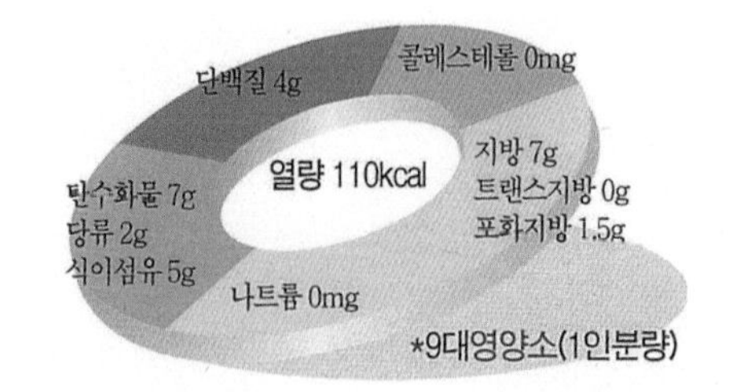

들깨 130g
시럽 : 물 5g(1작은술), 설탕 12g(1큰술), 물엿 28.5g(1½큰술)
식용유 2g(½작은술)
고명 : 대추 1개, 잣 6개

재료준비

1. 들깨는 깨끗이 씻어 일어서 체에 밭쳐 20분 정도 물기를 뺀다.

만드는법

1. 팬을 달구어 들깨를 넣고 중불에서 5분 정도 볶다가 약불로 낮추어 10분 정도 더 볶는다(120g). 【사진1】
2. 팬을 달구어 물과 설탕, 물엿을 넣고 중불에서 1분 정도 끓여 시럽을 만든다.
3. 시럽에 들깨를 넣고 중불에서 고루 버무려가며 1분 30초 정도 볶는다.【사진2】
4. 스테인리스 조리대 위에 식용유를 바른 후 강정틀을 놓고, 시럽에 버무린 들깨를 고루 펴서 밀대로 두께 0.5cm 정도로 밀어 편 다음 고명을 얹는다.
5. 가로 2.5cm, 세로 3cm 정도로 자른다. 【사진4】

· 시럽을 오래 끓이면 땅콩을 넣고 볶기 전에 굳어서 썰 때 부서지므로 주의한다.
· 계절에 따라 시럽에 들어가는 설탕과 물엿의 양을 가감한다.

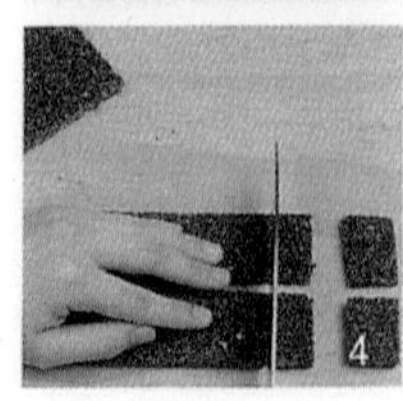

조리후 중량	적정배식온도	총가열시간	총조리시간	표준조리도구
160g(8인분)	15~25℃	18분	1시간	28cm 둥근 팬

땅콩엿강정

땅콩을 굵게 다져 엿물에 버무린 다음 반대기를 만들고 굳혀서 먹기 좋게 썬 한과이다. 땅에서 나는 콩이라 하여 땅콩이라 하고, 땅콩의 꽃이 떨어져야 그곳에서 땅콩이 열린다고 하여 낙화생(落花生)이라고도 한다. 이덕무의 「양엽기, 1780년경」에 '낙화생의 모양이 누에와 비슷하다.' 고 처음 기록된 것으로 보아 이 시기에 우리나라에 들어온 것을 알 수 있다

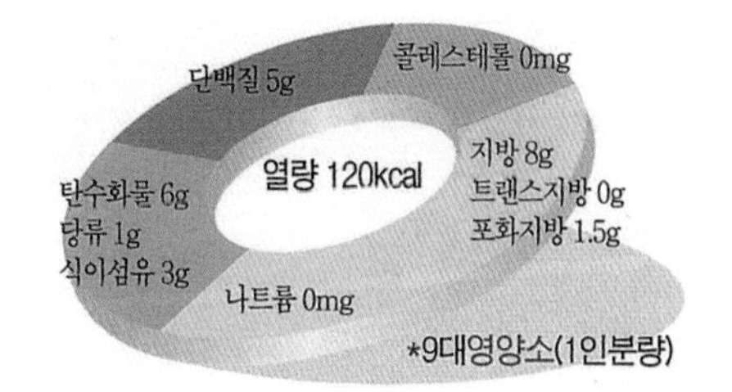

볶은 땅콩 140g
시럽 : 물 5g(1작은술), 설탕 12g(1큰술), 물엿 28.5g(1½큰술)
식용유 2g(½작은술)
고명 : 대추 1개

재료준비

1. 땅콩은 껍질을 벗기고 굵게 다진다(130g). 【사진1】

만드는법

1. 팬을 달구어 물 · 설탕 · 물엿을 넣고 중불에서 1분 정도 끓여 시럽을 만든다.
2. 시럽에 다진 땅콩을 넣고 고루 버무려가며 중불에서 2분 정도 볶는다. 【사진2】
3. 스테인리스 조리대 위에 식용유를 바른 후 강정틀을 놓고, 시럽에 버무린 땅콩을 고루 펴서 밀대로 두께 0.5cm 정도로 밀어 편다. 【사진3】
4. 가로 2.5cm, 세로 3cm 정도로 자른다. 【사진4】

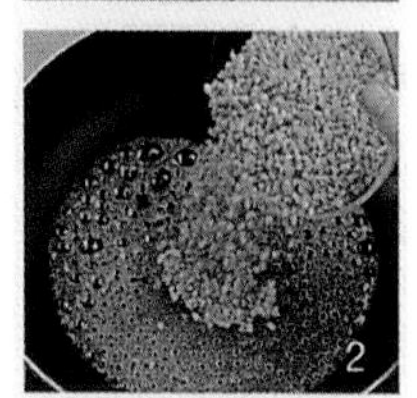

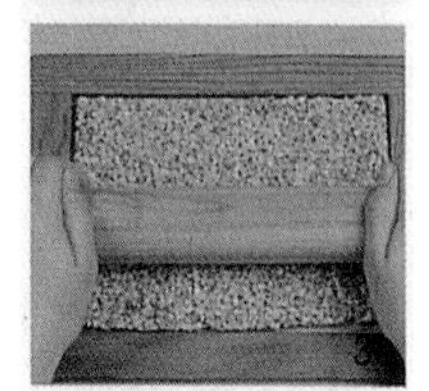

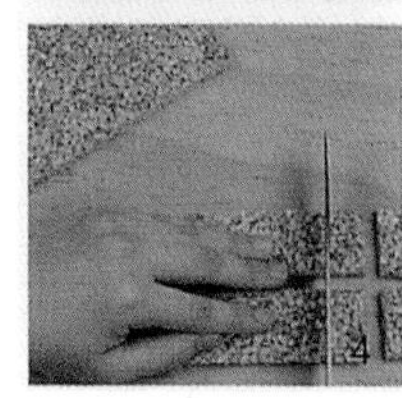

· 시럽을 오래 끓이면 땅콩을 넣고 볶기 전에 굳어서 썰 때 부서지므로 주의한다.
· 대추꽃과 호박씨를 고명으로 올리기도 한다.
· 굵게 다져놓은 땅콩을 쓰기도 한다.

조리후 중량	적정배식온도	총가열시간	총조리시간	표준조리도구
160g(8인분)	15~25℃	3분	30분	28cm 궁중팬

멥쌀을 삶아 말려서 높은 온도의 기름에 튀긴 다음 엿물에 버무려서 먹기 좋게 썬 한과이다. 엿은 구수한 맛이 나며 끈기가 있어 예부터 단맛을 내는 조미료로 사용하였을 뿐만 아니라 「고사신서」에는 '찹쌀로 만든 엿이 약으로 쓰인다.'는 기록이 있으며, 「동의보감」에도 '강엿이 허약한 몸을 추세우므로 늘 먹는 것이 좋다.'고 하였다.

삼색쌀엿강정

조리후 중량	적정배식온도	총가열시간	총조리시간	표준조리도구
240g(8인분)	15~25℃	25분	5일 이상	20cm 냄비

열량 130kcal
단백질 1g
콜레스테롤 0mg
지방 4.5g
트랜스지방 0g
포화지방 1g
탄수화물 22g
당류 6g
식이섬유 1g
나트륨 35mg
*9대영양소(1인분량)

멥쌀 360g(2컵)
삶는 물 : 물 1.2kg(6컵)
소금물 : 물 600g(3컵), 소금 6g(½큰술)
삶아서 말린 쌀 100g
시럽 : 설탕 40g(¼컵), 물엿 144g(½컵), 물 15g(1큰술)
초록색 : 튀긴 쌀 40g(1컵), 파래가루 1g
노란색 : 튀긴 쌀 40g(1컵), 다진 유자 3g , 치자물 1g
분홍색 : 튀긴 쌀 40g(1컵), 백년초가루 0.1g, 대추 5g
식용유 720g(4컵)

재료준비

1. 멥쌀은 3~4회 깨끗이 씻어 8시간 정도 불려 체에 밭쳐 10분 정도 물기를 뺀다.
2. 유자청은 가로 · 세로 · 두께 0.5cm 정도로 다진다.
3. 대추는 돌려 깎아 씨를 발라내고 ⅓분량은 폭 · 두께 0.1cm 정도로 가늘게 채 썰고, 나머지는 돌돌 말아 썰어 꽃모양을 만든다.

만드는법

1. 냄비에 쌀을 넣고 물을 부은 다음 센불에 6분 정도 올려 끓으면 중불로 낮추어 5분 정도 끓이고, 약불로 낮추어 5분 정도 더 끓인 후 체에 밭친다.
2. 물에 3번 정도 헹구고 4번째는 소금물에 헹군 후 체에 밭쳐 2시간 정도 물기를 뺀다.
3. 채반에 망사를 깔고 밥알이 붙지 않도록 펼쳐, 수분 함량이 20% 정도 되도록 2~3일간 바람이 잘 통하는 그늘에서 말린다. 【사진1】
4. 면보에 말린 밥알을 놓고 다시 면보로 덮어 붙은 밥알이 떨어지도록 밀대로 가볍게 밀어준다.
5. 냄비에 설탕 · 물엿 · 물을 넣고 약불에 5분 정도 끓여 시럽을 만든다(126g만 사용).
6. 팬에 기름을 붓고 220~230℃ 정도의 온도에서 말린 밥알을 체에 넣고 2~3초간 튀긴다. 활짝 일어나면 종이타월 위에 건져 기름을 뺀다(120g).
7. 팬에 시럽(42g)을 넣고 약불에 10초 정도 조린 다음 파래가루를 넣고 섞어 준 후, 튀긴 쌀을 넣고 1분 정도 나무주걱으로 버무린다. 【사진2】
8. 한 덩어리가 된 느낌이 나면 스테인리스 조리대 위에 강정틀을 놓고 비닐을 깔고 식용유를 바르고 쌀엿강정을 펼쳐 놓은 후, 밀대로 두께 0.5cm 정도로 민다.
9. 팬에 시럽(42g)을 넣고 약불에 10초 정도 조린 다음, 치자물과 다진 유자를 넣고 섞어 준 후 튀긴 쌀을 넣고 1분 정도 나무주걱으로 버무린다.
10. 한 덩어리가 된 느낌이 나면 스테인리스 조리대 위에 강정틀을 놓고 비닐을 깐 다음 식용유를 바르고 쌀엿강정을 펼쳐 놓은 후, 밀대로 두께 0.5cm 정도로 민다. 【사진3】
11. 팬에 시럽(42g)을 넣고 약불에 10초 정도 조린 다음 백년초가루를 넣고 섞어 준 후, 튀긴 쌀과 대추를 넣고 1분 정도 나무주걱으로 버무린다.
12. 한 덩어리가 된 느낌이 나면 스테인리스 조리대 위에 강정틀을 놓고 비닐을 깔고 식용유를 바르고 쌀엿강정을 펼쳐 놓은 후, 밀대로 두께 0.5cm 정도로 민다.
13. 완전히 굳기 전에 가로 2cm 세로 3cm 정도로 자른다. 【사진4】

· 삶은 쌀을 헹구어 잠깐 물기를 빼면 밥알을 말릴 때 덩어리가 지므로 물기를 충분히 뺀다.
· 강정이 굳기 전에 칼을 당겨 썰어야 한다.

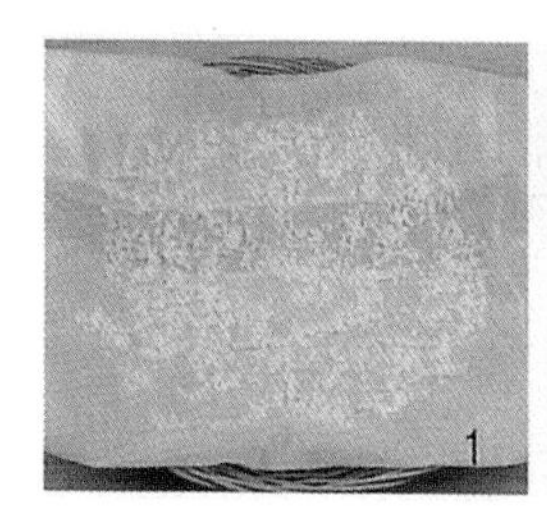
1

2

3

4

메밀산자

메밀가루와 밀가루를 섞어 반죽한 다음 네모반듯하게 썰어서 기름에 튀긴 다음 즙청하여 흑임자 · 참깨 · 세반 등의 고물을 입힌 한과이다. 산자는 네모로 편편하게 만들어 기름에 튀겨 꿀을 바르고 고물을 묻힌 것으로 고물의 종류와 색에 따라 이름이 다양하다.

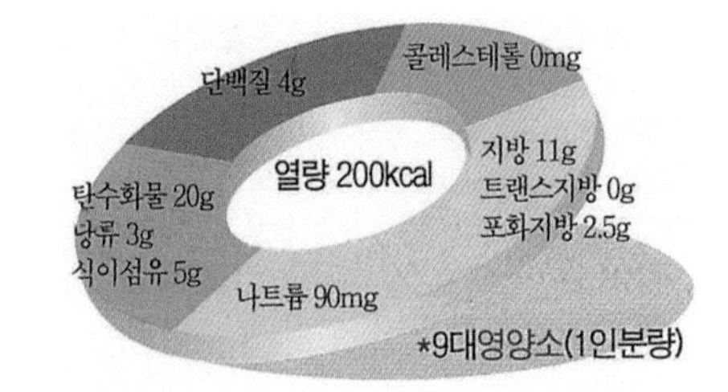

메밀가루 47g(½컵), **밀가루** 47g(½컵), 소금 2g(½작은술)
덧가루 : 밀가루 7g(1큰술)
소주 20g(1⅓큰술), **물** 25g(1⅔큰술)
즙청 : 설탕 160g(1컵), 물 100g(½컵), 꿀 19g(1큰술)
고물 : 세반 20g, 볶은 흑임자 30g, 볶은 실깨 30g
식용유 340g(2컵)

재료준비

1. 메밀가루와 밀가루를 섞어 소금을 넣고 체에 내린 다음 소주와 물을 넣고 반죽한다.
2. 반죽을 밀대로 두께 0.2cm 정도로 밀어 가로 · 세로 4cm 정도로 썬다(90g). 【사진1】

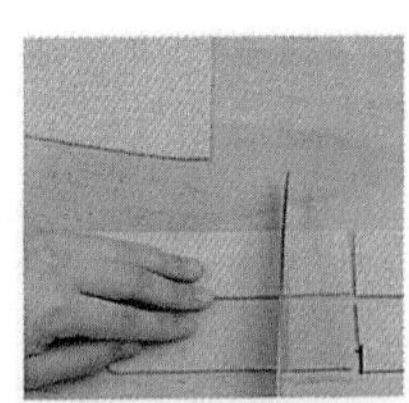

만드는법

1. 냄비에 설탕과 물을 붓고 약불에서 15분 정도 끓여 시럽을 만든 다음 꿀을 넣고 즙청을 만든다.
2. 팬에 식용유를 붓고 중불에 4분 정도 올려 160~170℃가 되면 메밀산자 반죽을 5초 동안 넣고, 떠오르면 40초 정도 뒤집어 가며 튀겨 체에 건져서 기름을 뺀다(60g). 【사진2 · 3】
3. 튀긴 메밀산자를 3등분으로 나누어 즙청을 묻히고 세반 · 흑임자 · 참깨고물을 각각 묻힌다. 【사진4】

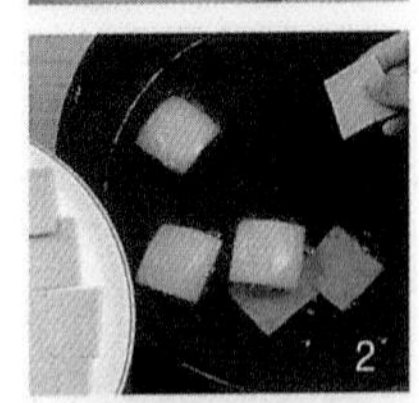

· 메밀산자의 고물은 세반 · 흑임자 · 참깨 외에도 승검초 · 송화 · 계피 · 잣 · 콩가루 등을 입히기도 한다.
· 메밀산자 반죽이 너무 얇으면 터지고 튀길 때 잘 부풀지 않는다.

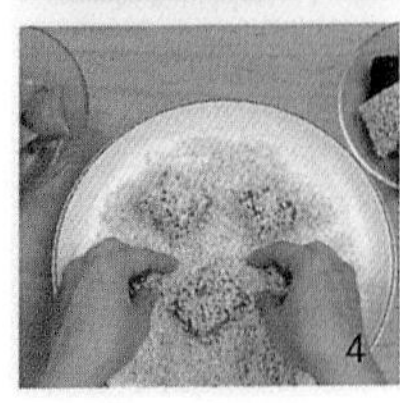

조리후 중량	적정배식온도	총가열시간	총조리시간	표준조리도구
160g(4인분)	15~25℃	20분	1시간	28cm 둥근팬

생강정과

생강을 얇게 썰어 설탕과 물엿 · 꿀을 넣고 윤기 나게 조린 한과이다. 「조선무쌍신식요리제법」에 정과는 '무릇 이름난 나무 열매와 아름다운 풋 열매를 꿀에 달여서 볶은 즉, 가히 신 것도 없어지고 오래 두나니' 라고 하였다.

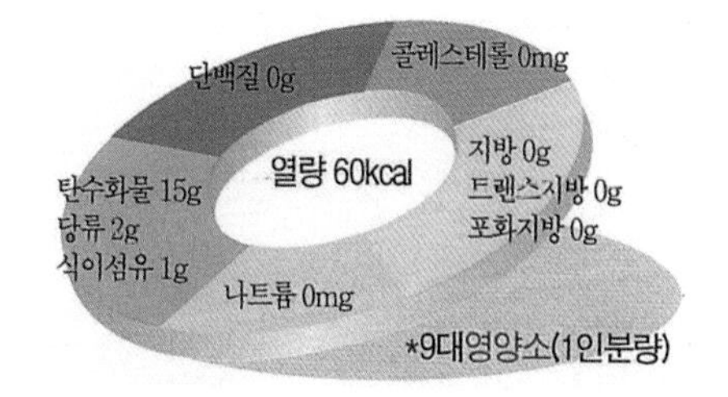

생강 150g, 물 400g(2컵), 소금 2g(½작은술)
물 200g(1컵), 설탕 80g(½컵), 물엿 38g(2큰술), 꿀 19g(1큰술)

재료준비

1. 생강은 다듬어 깨끗이 씻어 껍질을 벗기고 두께 0.3cm 정도로 썬다(120g). 【사진1】

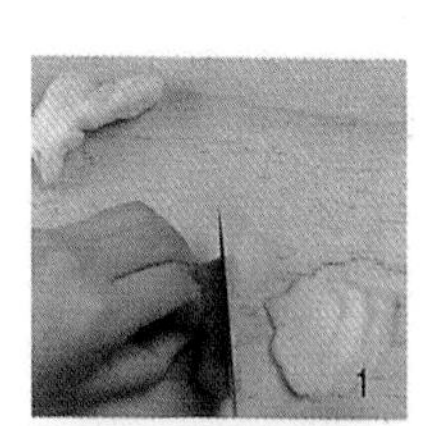

만드는법

1. 물을 붓고 센불에 2분 정도 올려 끓으면, 소금과 생강을 넣고 중불로 낮추어 5분 정도 삶은 다음 체에 밭쳐 3분 정도 물기를 뺀다. 【사진2】
2. 냄비에 생강과 물 · 설탕을 넣고 센불에 2분 정도 올려 끓으면 물엿을 넣고 중불로 낮추어 10분, 약불로 낮추어 30분 정도 조린다. 【사진3】
3. 생강이 투명해지면 꿀을 넣고 5분 정도 더 조린다.
4. 조려진 생강정과를 체에 건져 5분 정도 두었다가 그릇에 담는다. 【사진4】

· 생강이 매울 때는 오래 데쳐서 매운맛을 뺀 다음 조린다.
· 술 안주로도 좋다.

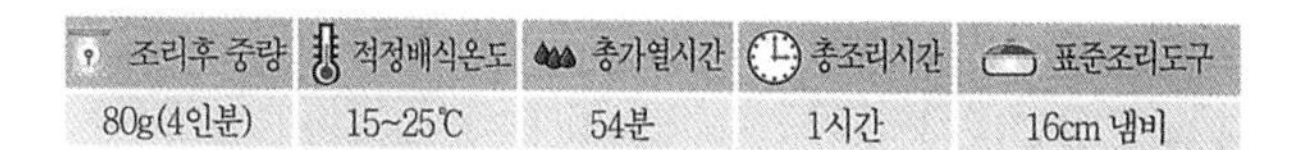

조리후 중량	적정배식온도	총가열시간	총조리시간	표준조리도구
80g(4인분)	15~25℃	54분	1시간	16cm 냄비

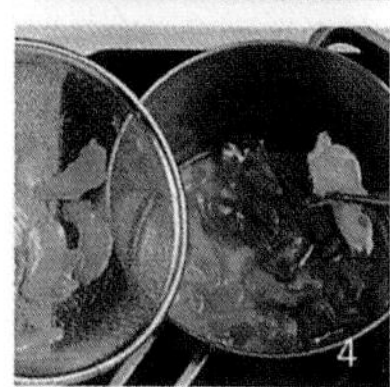

인삼정과

인삼에 설탕과 물엿 · 꿀을 넣고 쫀득하게 조린 한과이다. 인삼은 체내의 오장을 보호하며 정신을 안정시키고 오래 장복하면 몸이 가뿐하게 되어 수명이 길어지며 강장효과와 항암작용을 한다.

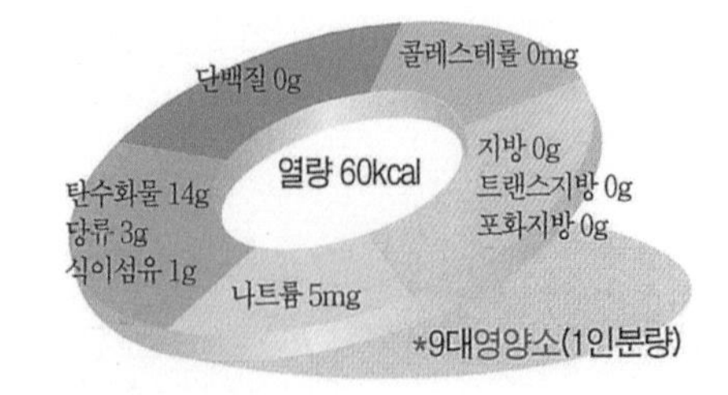

인삼(수삼) 600g, 물 1.6kg(8컵), 소금 6g(½큰술)
인삼 삶은 물 400g(2컵)
설탕 320g(2컵)
물엿 1.15kg(4컵)
꿀 300g(1컵)

재료준비

1. 인삼은 다듬어 깨끗이 씻는다(650g).

만드는법

1. 냄비에 물을 붓고 소금과 인삼을 넣고 센불에 8분 정도 올려 끓으면, 중불로 낮추어 5분 정도 끓인다. 【사진1】
2. 인삼 삶은 물 2컵과 설탕 · 물엿을 넣고 약불에 1시간 정도씩 3시간 간격으로 3회 정도 반복하여 조린다. 【사진2 · 3】
3. 조린 인삼에 꿀을 넣고 약불에 30분 정도 더 조린 다음 채반에 널어 뒤집으면서 48시간 정도 꾸덕하게 건조시킨다. 【사진4】

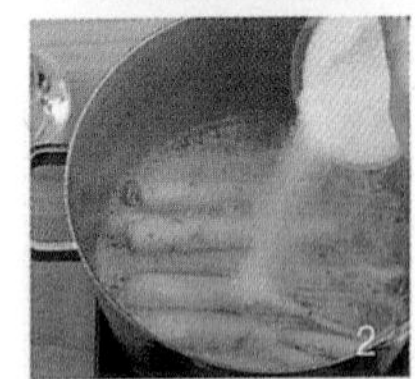

· 인삼정과에 설탕을 묻히기도 한다.
· 진공포장 또는 냉동보관 한다.

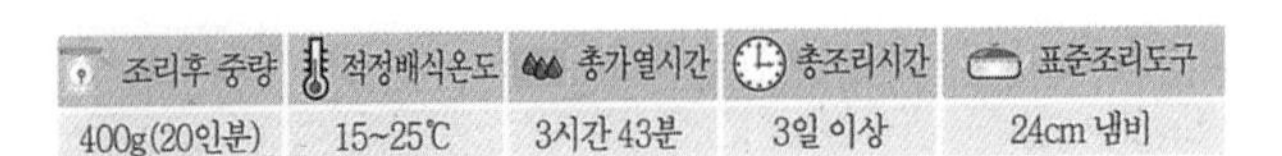

조리후 중량	적정배식온도	총가열시간	총조리시간	표준조리도구
400g(20인분)	15~25℃	3시간 43분	3일 이상	24cm 냄비

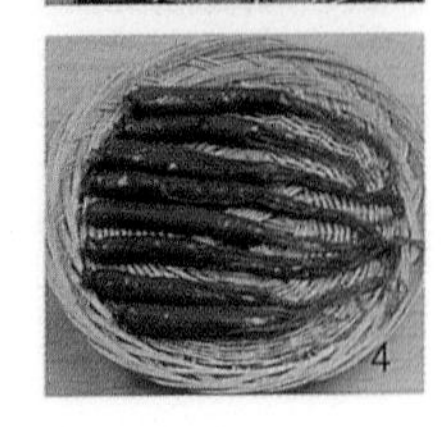

한약재정과

행인 · 맥문동 · 산사 등을 꿀물에 조린 한과이다. 정과는 정약용의 「아언각비」에 '꿀에 조린다.' 고 하였으며, 「규합총서」에는 꿀에 조리는 방법과 꿀에 재워서 오래 두었다 쓰는 방법이 기록되어 있다.

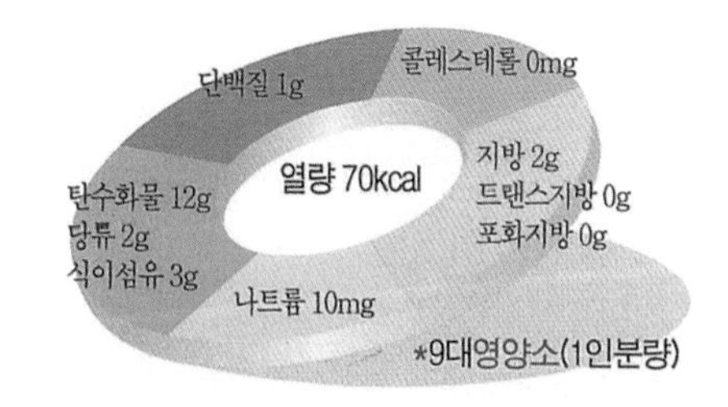

맥문동 15g, 삶는 물 500g(2½컵), 물 200g(1컵)
설탕 18g(1½큰술), 물엿 19g(1큰술), 꿀 6g(1작은술)
산사 20g, 물 200g(1컵), 설탕 18g(1½큰술)
물엿 19g(1큰술), 꿀 6g(1작은술)
행인 20g, 물 30g(2큰술), 설탕 4g(1작은술)
물엿 9.5g(½큰술), 꿀 6g(1작은술)

재료준비

1. 맥문동과 산사 · 행인은 깨끗이 씻어 물에 1시간 정도 불려 체에 밭쳐 물기를 뺀다(맥문동 23g, 산사 33g, 행인 30g). 【사진1】

만드는법

1. 냄비에 맥문동과 물을 붓고 센불에 3분 정도 올려 끓으면 중불로 낮추어 20분 정도 삶는다(35g).
2. 냄비에 맥문동과 설탕 · 물엿을 넣고 물을 부어 센불에 3분 정도 올려 끓으면, 중불로 낮추어 14분 정도 조리다가 약불로 낮추어 3분 정도 조린다. 꿀을 넣고 1분 정도 더 조린 다음 체에 건져 10분 정도 두었다가 그릇에 담아낸다. 산사도 맥문동과 같은 방법으로 조린다(맥문동 23g, 산사 53g). 【사진2 · 3】
3. 냄비에 행인과 설탕 · 물엿을 넣고 물을 부어 센불에 2분 정도 올려 끓으면, 약불로 낮추어 2분 정도 조리다가 꿀을 넣고 1분 정도 더 조린 다음, 체에 건져 10분 정도 두었다가 그릇에 담아낸다(행인 30g). 【사진4】

· 행인은 꿀에 너무 오래 조리면 색이 누렇게 변색되므로 잠깐만 조린다.
· 산사를 오래 불리면 설탕물에 조릴 때 과육이 으깨어지므로 주의한다.

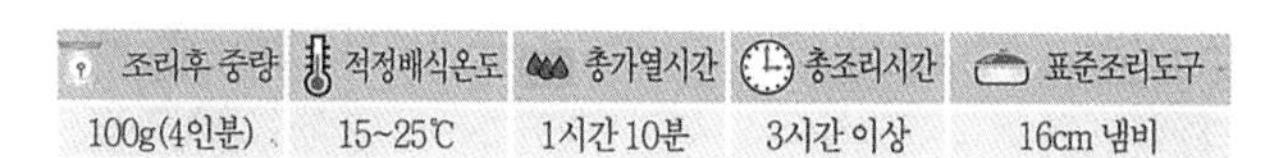

조리후 중량	적정배식온도	총가열시간	총조리시간	표준조리도구
100g(4인분)	15~25℃	1시간 10분	3시간 이상	16cm 냄비

포도편

포도를 끓여 체에 내린 포도즙에 설탕과 물녹말을 넣고 끓여서 굳힌 한과이다. 과편은 과일을 푹 삶아 즙을 내어 설탕이나 꿀을 넣고 조린 다음 녹말을 넣어 묵처럼 굳혀서 편으로 썬 것으로 새콤달콤하고 말랑말랑한 한과의 한 종류이다.

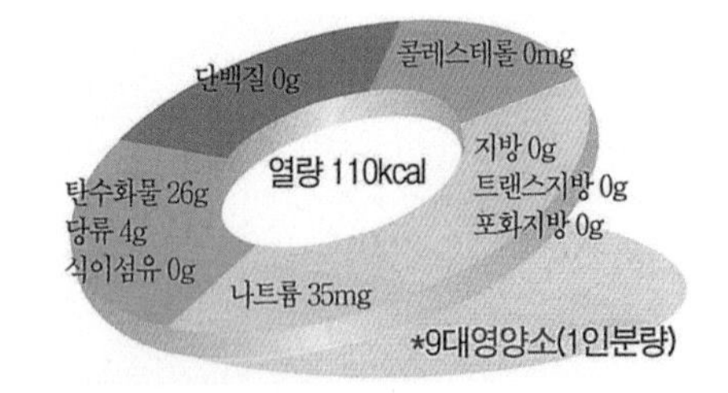

포도 380g, 물 300g(1½컵)
녹말물 : 녹두 녹말 32g(4큰술), 물 60g(4큰술)
설탕 80g, 소금 1g(¼작은술)

재료준비

1. 포도는 알을 떼어 깨끗이 씻는다(370g).
2. 녹두 녹말을 물에 풀어서 녹말물을 만든다.

만드는법

1. 냄비에 포도와 물을 붓고 뚜껑을 덮고 센불에 3분 정도 올려 끓으면, 중불로 낮추어 10분 정도 끓여 체에 걸러 포도즙을 만든다(390g). 【사진1 · 2】
2. 냄비에 포도즙과 설탕 · 소금을 넣고 중불에서 3분 정도 끓이다가 녹두녹말물을 넣고 10분 정도 끓인 다음, 약불로 낮추어 5분 정도 더 끓인다. 【사진3】
3. 뚝뚝 떨어지는 농도가 되면 그릇에 부어 2~3시간 정도 굳힌다. 【사진4】
4. 포도편이 굳으면 지름 3cm 정도의 꽃모양 틀로 찍거나 가로 · 세로 3cm 높이 1cm 정도로 썬다.

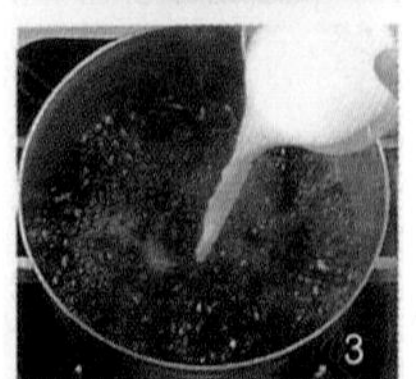

· 편을 굳힐 그릇에 물을 묻혀야 굳은 다음 편이 잘 떨어진다.
· 녹두녹말이 없으면 동부녹말을 사용한다.

조리후 중량	적정배식온도	총가열시간	총조리시간	표준조리도구
240g(4인분)	15~20℃	31분	3시간	18cm 냄비

살구편

살구즙에 설탕과 녹두녹말을 넣고 끓여서 굳힌 한과이다. 살구에는 구연산과 사과산이 많이 들어 있어 독특한 신맛이 있는데 지치기 쉬운 여름철에 신진대사를 원활하게 하므로 피로회복에 좋다.

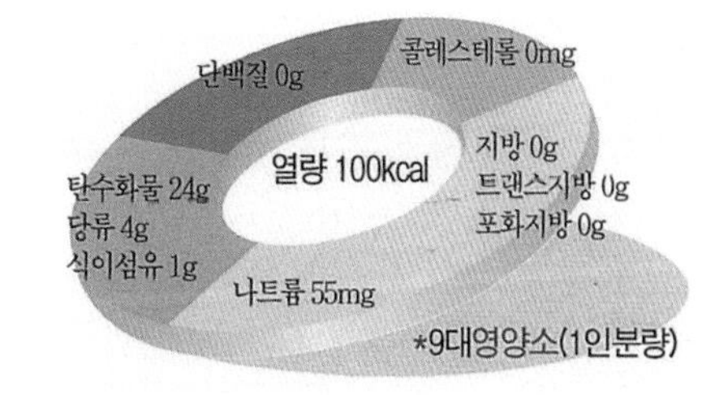

살구 350g(7개), 물 300g(1½컵)
녹말물 : 녹두 녹말 40g(5큰술), 물 100g(½컵)
설탕 80g(½컵), 소금 1g(¼작은술)

재료준비

1. 살구는 씻어 껍질을 벗기고 길이로 4등분하여 씨를 빼내고 폭 0.3cm 정도로 자른다(240g).
2. 녹두 녹말을 물에 풀어서 녹말물을 만든다.

만드는법

1. 냄비에 살구 과육과 물을 붓고 센불에 3분 정도 올려 끓으면, 중불로 낮추어 5분 정도 끓이다가 설탕과 소금을 넣고, 약불로 낮추어 10분 정도 더 끓인 후 체에 내린다(290g). 【사진1 · 2】
2. 냄비에 살구즙과 설탕 · 소금을 넣고 중불에서 1분 정도 끓이다가, 풀어놓은 녹두 녹말물을 부어 저으면서 약불로 낮추어 8분 정도 끓인다. 【사진3】
3. 뚝뚝 떨어지는 농도가 되면 그릇에 부어 2~3시간 정도 굳힌다.
4. 살구편이 굳으면 지름 3cm 정도의 꽃모양 틀로 찍어 낸다. 【사진4】

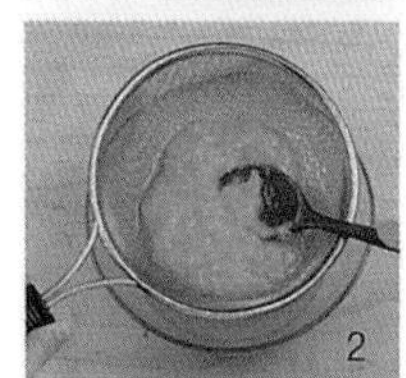

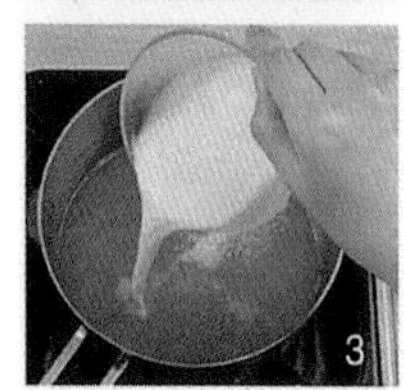

· 편을 굳힐 그릇에 물을 묻혀야 굳은 다음 편이 잘 떨어진다.
· 완성된 살구편은 가로 · 세로 3cm 정도의 사각형으로 썰기도 한다.
· 청포녹말을 사용해야 살구편이 투명하고 탄력이 있다.

조리후 중량	적정배식온도	총가열시간	총조리시간	표준조리도구
240g(4인분)	4~10℃	27분	3시간	16cm 냄비

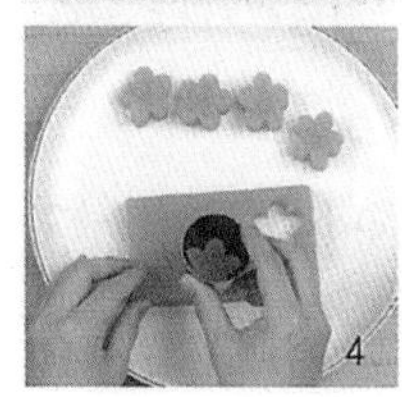

건시단자

곶감을 넓게 펴서 꿀에 재웠다가 밤소를 넣고 돌돌 말아서 잣가루를 묻힌 한과이다. 건시는 감을 말린 곶감을 일컫는 것으로 곶감은 '꼬챙이에 꽂아서 말린 감'이라 하여 붙여진 이름이다.

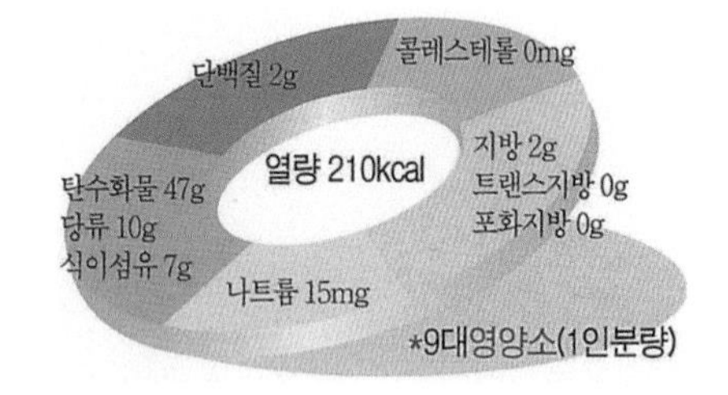

곶감 300g(6개)
밤 135g(9개)
꿀 38g(2큰술)
잣 20g(2큰술)
찌는 물 2kg(10컵)

재료준비

1. 곶감은 꼭지를 떼고 칼집을 넣고 펴서 씨를 떼어 내고 평평하게 만든다(250g). 【사진1】
2. 밤은 깨끗이 씻는다.
3. 잣은 고깔을 떼어내고 면보로 닦아 곱게 다진다(18g).

만드는법

1. 찜기에 물을 붓고 센불에 9분 정도 올려 끓으면, 밤을 넣고 20분 정도 쪄서 2등분하여 속을 파내고, 체에 내려(80g) 꿀을 넣고 고루 섞어 반죽한다(97g). 【사진2】
2. 밤소는 직경 1.5㎝ 정도로 곶감 길이에 맞추어 둥글게 만든다.
3. 저며 놓은 곶감을 나란히 펼쳐놓고 가운데에 밤소를 놓고 돌돌 말아 폭 2㎝ 정도로 자른다. 【사진3】
4. 자른 건시단자의 겉 표면에 나머지 꿀 ½량을 바르고 잣가루를 무친다. 【사진4】

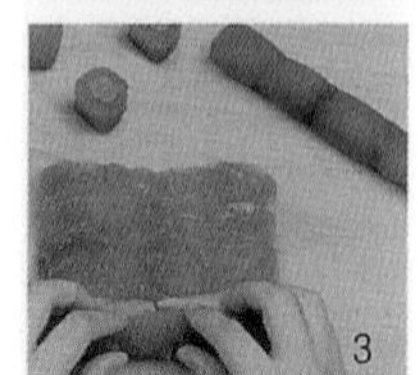

· 전통적인 방법으로는 황율(말린 밤)을 가루 내어 사용한다.
· 곶감에 밤소를 넣고 말아서 냉동시켜 두었다가 필요할 때 꺼내어 먹으면 좋으며, 살짝 얼린 상태로 먹어도 별미이다.

조리후 중량	적정배식온도	총가열시간	총조리시간	표준조리도구
360g(4인분)	15~25℃	29분	1시간	26cm 찜기

멥쌀로 고두밥을 쪄서, 엿기름과 섞어 밥알을 삭힌 다음 오랫동안 푹 고아 만든 한과이다. 엿에 대한 기록은 고려시대 이규보의 「동국여지승람」에 실려 있는 것이 가장 오래된 기록으로 허균의 「도문대작」에 의하면 '개성(開城)의 것이 상품(上品)이고, 전주(全州) 것이 그 다음이다. 근래에는 서울 송침교(松針橋) 부근에서도 잘 만든다.' 라고 하였다.

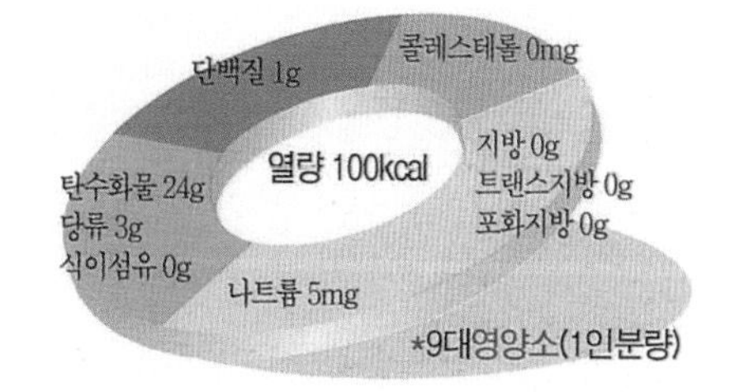

엿기름가루 50g, 물 1.7kg(8½컵)
멥쌀 500g(2¾컵), 찌는 물 2kg(10컵)
설탕 40g(¼컵)
고물 : 노란콩가루 40g

재료준비

1. 엿기름가루를 40℃ 정도의 따뜻한 물에 1시간 정도 담가둔다. 【사진1】
2. 불은 엿기름을 얇은 주머니에 넣고 주물러서 건지는 꼭 짜서 버리고 엿기름물을 준비한다(1.8kg).
3. 멥쌀은 깨끗이 씻어 일어 물에 2시간 정도 불려, 체에 밭쳐 10분 정도 물기를 뺀다(625g).

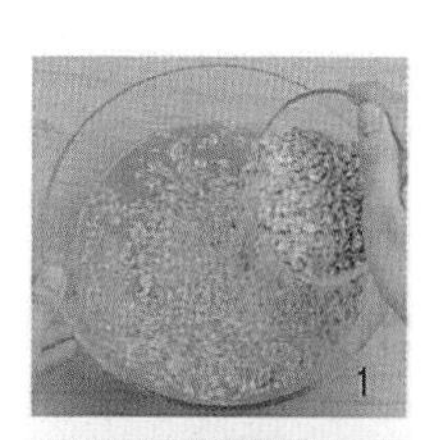
1

만드는법

1. 찜기에 물을 붓고 센불에 9분 정도 올려 끓으면 멥쌀을 넣고 40분 정도 찐다(680g).
2. 보온 밥솥에(60~65℃) 찐 멥쌀과 엿기름물 · 설탕을 넣고 5시간 정도 보온을 하여 삭힌다. 【사진2】
3. 밥알이 7~8개 정도 떠오르면, 얇은 주머니에 부어 주물러서 꼭 짜서 밥알 건지는 버리고 국물을 준비한다(밥알 삭힌 물 2.2kg, 찌꺼기 220g).
4. 냄비에 밥알 삭힌 물을 붓고 센불에 7분 정도 올려 끓으면, 중불로 낮추어 뚜껑을 덮고 2시간 정도 끓인다. 끓이는 도중에 떠오르는 거품을 걷어내고, 약불로 낮추어 뚜껑을 열고 자주 저어주면서 10분 정도 더 끓인다. 【사진3】
5. 콩가루를 펴놓고 완성된 엿을 부어 굳힌다. 【사진4】

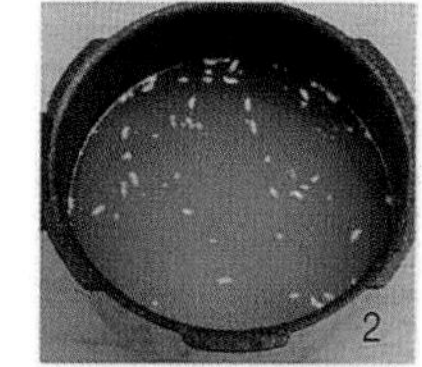
2

3

· 엿이 완성된 상태는 물에 한 수저 떨어뜨려서 굳어지는 정도로 확인하기도 한다.
· 엿기름을 거르지 않고 밥과 함께 섞어서 삭히기도 한다.

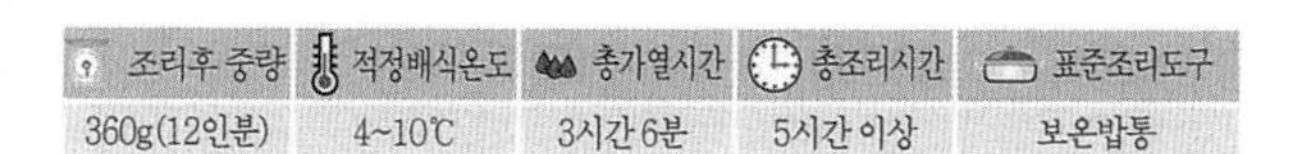

조리후 중량	적정배식온도	총가열시간	총조리시간	표준조리도구
360g(12인분)	4~10℃	3시간 6분	5시간 이상	보온밥통

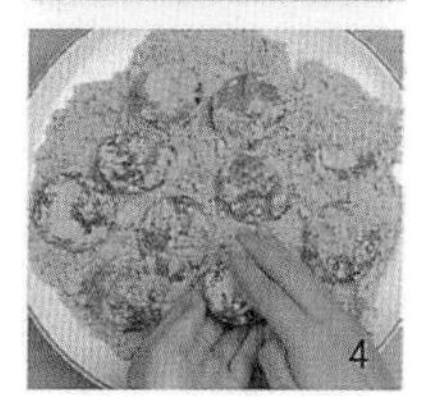
4

음청류

음청류는 술 이외의 기호성 음료를 말한다. 맛있는 음식을 먹은 후 차를 마시면 훌륭한 후식 음료가 될 뿐 아니라 식후의 소화도 돕는다. 또 다과상에 다른 청량음료를 올리는 것보다 우리의 전통음료를 한 그릇 올린다면 훨씬 정서적이고 운치 있는 상차림이 될 것이다.

강귤차

귤껍질에 생강 · 작설차를 넣고 끓여 꿀에 타 마시는 차이다. 귤강차라고도 하는데, 한방에서는 귤껍질의 안쪽에 있는 흰 부분을 긁어낸 나머지 껍질을 '귤홍'이라 하여 가슴을 맑게 하며 비장을 튼튼하게 하고 기(氣)를 조절하는 효능이 있다.

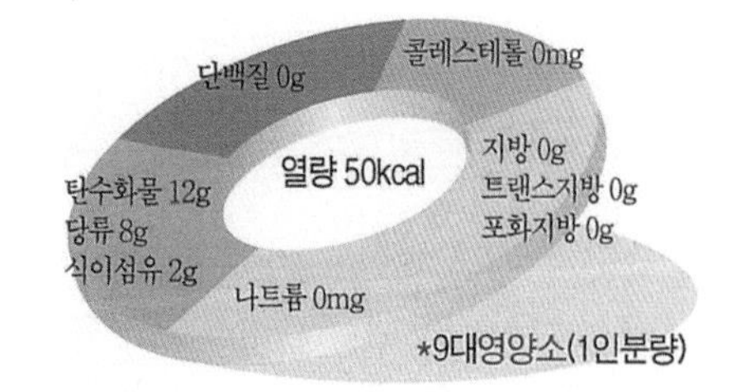

귤 700g(7개)
생강 20g, 잣 1.7g(½작은술), 작설차 3g
물 1kg(5컵), 꿀 80g(4큰술)

재료준비

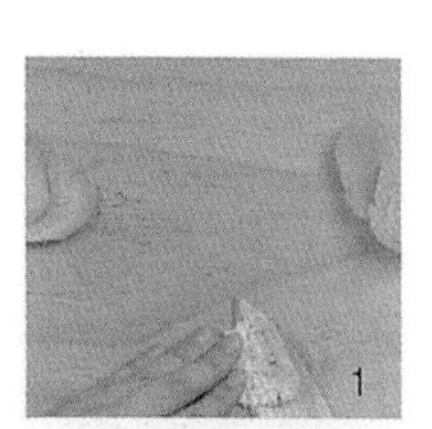

1. 귤은 깨끗이 씻어 물기를 닦고 껍질을 벗겨(140g), 귤껍질 안쪽의 흰 부분을 저며 낸다(90g). 【사진1】
2. 생강은 다듬어 깨끗이 씻고 두께 0.3cm 정도로 썬다(18g).
3. 잣은 고깔을 떼고 면보로 닦는다.

만드는법

1. 냄비에 물과 귤피, 생강을 넣고 센불에 6분 정도 올려 끓으면 중불로 낮추어 20분 정도 끓인다.
2. 약불로 낮추어 10분 정도 더 끓인 후 불을 끈 다음 65~70℃ 정도로 식힌 후, 작설차를 넣고 5분 정도 우린다. 【사진2】
3. 작설차가 우러나면 면보에 걸러 꿀을 넣는다. 【사진3 · 4】
4. 찻잔에 담아 잣을 띄운다.

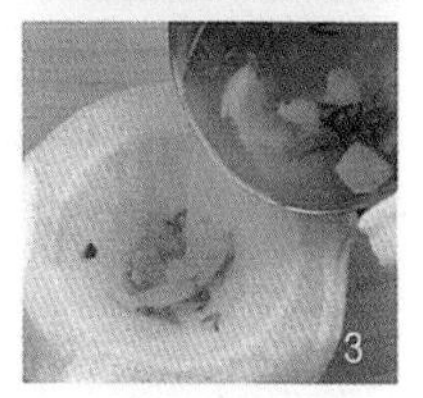

· 기호에 따라 꿀 대신 설탕을 넣기도 한다.
· 귤껍질을 말린 진피를 사용하기도 한다.

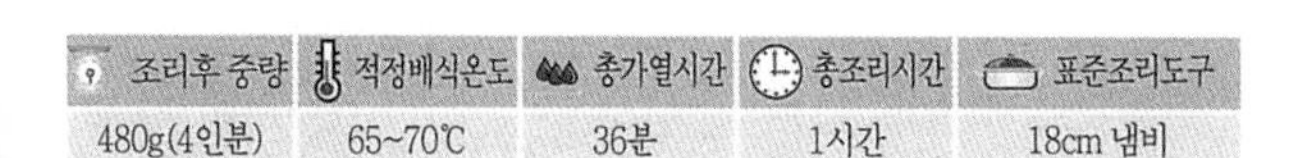

조리후 중량	적정배식온도	총가열시간	총조리시간	표준조리도구
480g(4인분)	65~70℃	36분	1시간	18cm 냄비

보리수단

보리를 푹 삶아 여러 번 헹군 다음 보리 한 알 한 알에 녹말을 묻혀 다시 삶아 내고, 물에 담갔다 건져서 그 위에 다시 녹말가루를 묻혀 삶아 보리가 콩알만 한 크기가 되면 오미자국물을 붓고 잣을 띄운 음청류이다.

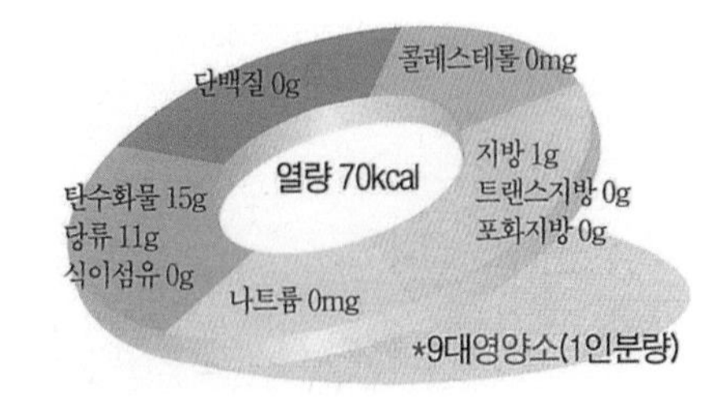

오미자 20g, 끓여 식힌 물 500g(2½컵)
보리쌀 15g, 물 800g(4컵)
녹두 녹말 35g(5큰술), 삶는 물 1kg(5컵)
설탕 36g(3큰술), 꿀 38g(2큰술), 잣 3.5g(1작은술)

재료준비

1. 오미자는 티를 고르고 깨끗이 씻어서 끓여 식힌 물을 붓고, 12시간 정도 두었다가 면보에 걸러 오미자국물을 만든다(400g). 【사진1】
2. 보리쌀은 깨끗이 씻어 일어 물에 1시간 정도 불려, 체에 밭쳐 10분 정도 물기를 뺀다(22g).

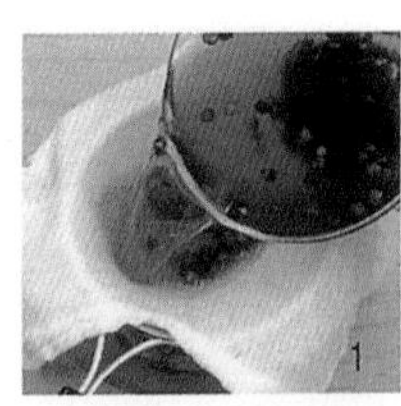
1

만드는법

1. 냄비에 보리쌀과 물을 붓고 센불에 4분 정도 올려 끓으면 중불로 낮추어 30분 정도 삶아서 체에 밭쳐 물기를 뺀다(40g).
2. 삶은 보리쌀에 녹두 녹말을 묻혀 여분의 가루는 털어낸다. 【사진2】
3. 냄비에 물을 붓고 5분 정도 올려 끓으면, 녹말 묻힌 보리쌀을 넣고 1분 정도 데쳐 물에 헹구어 체에 밭쳐 물기를 뺀 다음, 한 김 나가면 다시 녹말을 묻히기를 2~3회 반복한다. 【사진3】
4. 오미자국물에 설탕과 꿀을 넣고 고루 섞어 그릇에 담고 보리쌀과 잣을 띄운다. 【사진4】

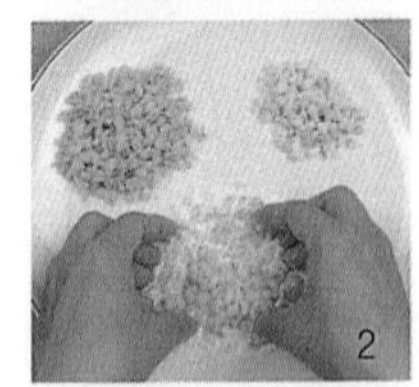
2

3

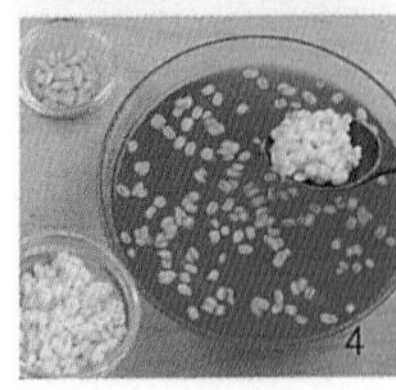
4

· 꿀과 설탕은 기호에 따라 가감한다.
· 꿀물에 띄워 마시기도 한다.
· 녹두 녹말 대신 동부 녹말을 사용하기도 한다.

조리후 중량	적정배식온도	총가열시간	총조리시간	표준조리도구
480g(4인분)	4~10℃	42분	5시간 이상	18cm 냄비

당귀차

당귀에 물을 넣고 끓여 꿀을 넣고 마시는 차이다. 당귀는 목귀초(目貴草) · 당적(當赤) · 숙근초(宿根草)라고도 하며, 「동의보감」에는 '모든 혈을 다스리고 치료한다.' 고 하였다. 즉 당귀는 혈액순환을 좋게 하고 어혈을 제거하는 효능이 있어 부인병에 좋다.

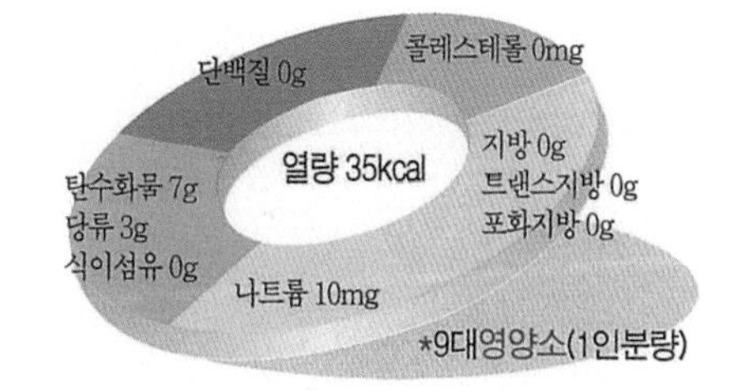

당귀 10g
물 1.2kg(6컵), 꿀 57g(3큰술)

재료준비

1. 당귀는 깨끗이 씻어 체에 밭쳐 물기를 뺀다. 물에 당귀를 넣고 1시간 정도 담가 놓는다. 【사진1】

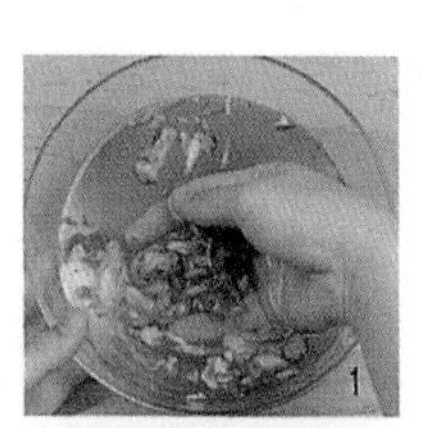

만드는법

1. 냄비에 당귀와 당귀 담근 물을 붓고 센불에 5분 정도 올려 끓으면, 중불로 낮추어 50분 정도 끓인다. 【사진2】
2. 체에 면보를 밭치고 거른다. 【사진3】
3. 꿀을 넣고 섞는다. 【사진4】

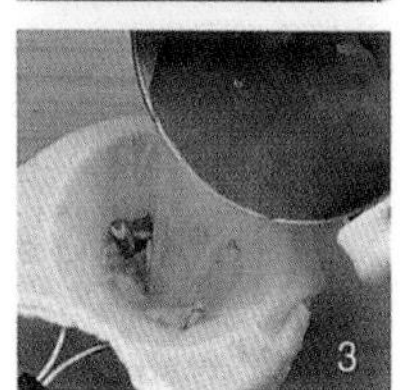

· 당귀는 오래 끓이면 쓴맛이 나므로 물에 우려 끓인다.
· 기호에 따라 당귀의 양을 가감한다.

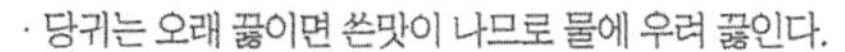

조리후 중량	적정배식온도	총가열시간	총조리시간	표준조리도구
480g(4인분)	65~70℃	55분	2시간	20cm 냄비

산사차

산사를 물에 넣고 끓여 꿀을 넣고 마시는 차이다. 산사는 산사나무의 열매로 산사자(山査子)라고도 하며, 비위를 따뜻하게 하여 소화를 촉진하며 고기를 먹고 체했을 때 효과가 있고 복통 · 구토 · 설사 등에 좋다고 한다.

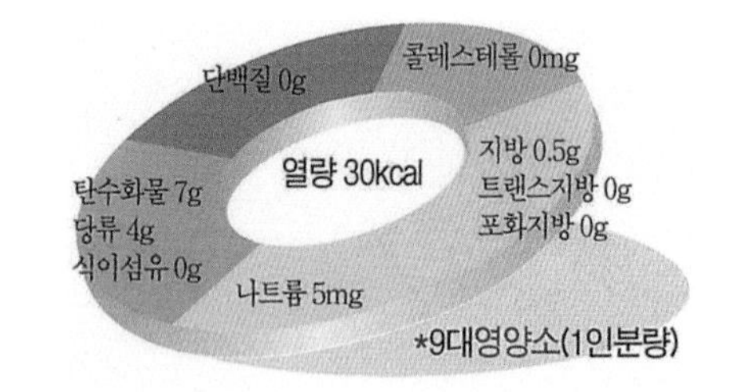

산사 35g
물 1.2kg(6컵), 꿀 57g(3큰술)

재료준비

1. 산사는 물에 씻어 체에 밭쳐 물기를 뺀다. 【사진1】

1

만드는법

1. 냄비에 물을 붓고 산사를 넣어 센불에 6분 정도 올려 끓으면, 중불로 낮추어 50분 정도 끓인다. 【사진2】
2. 체에 면보를 밭치고 거른다. 【사진3】
3. 꿀을 넣고 섞어준다. 【사진4】

2

3

· 잣을 고명으로 올리기도 한다.
· 기호에 따라 설탕이나 꿀을 더 넣기도 한다.

조리후 중량	적정배식온도	총가열시간	총조리시간	표준조리도구
480g(4인분)	65~70℃	56분	1시간	20cm 냄비

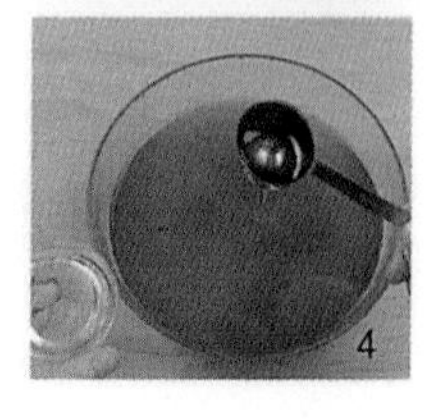
4

생맥산차

인삼과 맥문동 끓인 물에 오미자 국물을 붓고 끓인 음청류이다. 여름철에 더위와 갈증을 해소하여 기력을 솟아나게 하는데 효과적인 음료로 「동의보감」에 의하면 원기를 내는 묘약이라 하였다.

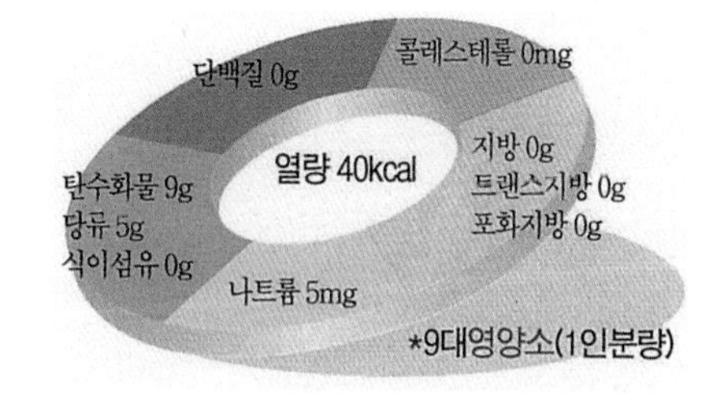

오미자 10g, 끓여 식힌 물 200g(1컵)
인삼 30g, 맥문동 20g
물 700g(3½컵), 꿀 38g(2큰술)

재료준비

1. 오미자는 티를 고르고 씻어 체에 밭쳐 물기를 뺀다.
2. 오미자에 끓여 식힌 물을 붓고 12시간 정도 둔다. 【사진1】

만드는법

1. 냄비에 인삼과 맥문동 · 물을 붓고 센불에 4분 정도 올려 끓으면, 중불로 낮추어 10분 정도 끓인 후 약불로 낮추어 30분 정도 끓여 면보에 거른다(300g). 【사진2】
2. 오미자물이 우러나면, 면보에 걸러 오미자국물을 만든다(160g). 【사진3】
3. 냄비에 인삼과 맥문동 끓인 물과 오미자국물을 붓고 꿀을 넣어 중불에서 1분 정도 끓인다. 【사진4】
4. 차게 식혀 그릇에 담는다.

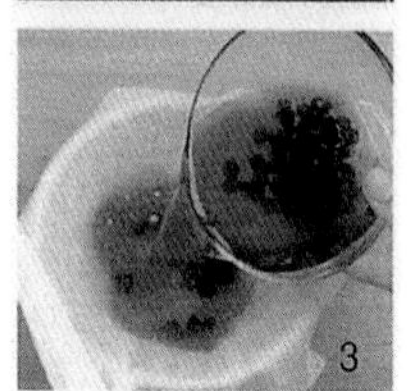

· 오미자를 같이 넣고 오래 끓이면 떫은맛이 난다.
· 여름철에 기력을 솟아나게 하는데 효과적이다.

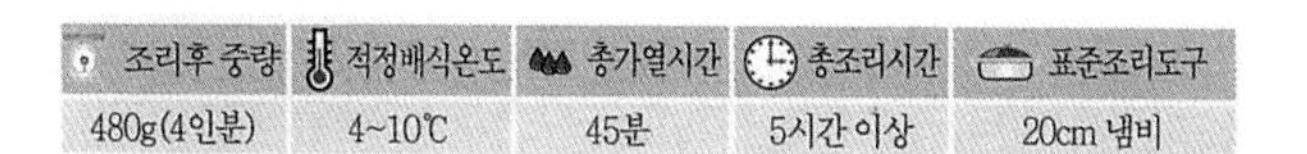

조리후 중량	적정배식온도	총가열시간	총조리시간	표준조리도구
480g(4인분)	4~10℃	45분	5시간 이상	20cm 냄비

쌍화차

여러 가지 약재를 오랫동안 서서히 끓여 꿀을 넣어 마시는 차이다. 「동의보감」에 쌍화차는 호흡기 질환 · 감기 등에 좋으며 머리를 맑게 해주고, 피로회복에 효과가 있다고 한다.

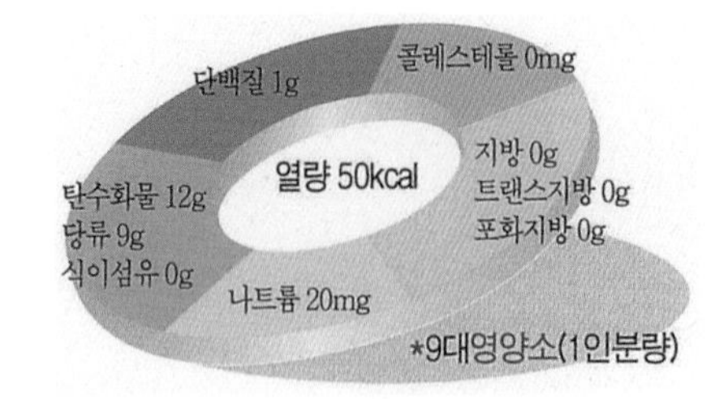

백작약 30g
황기 · 당귀 · 숙지황 · 천궁 · 계피 · 감초 각 15g
생강 15g, 대추 30g
물 4kg(20컵), 꿀 38g(2큰술)

재료준비

1. 모든 약재는 씻어 물기를 뺀다. 【사진1】

만드는법

1. 냄비에 물을 붓고 약재를 넣어 센불에 17분 정도 올려 끓으면, 중불로 낮추어 3시간 정도 끓인다. 【사진2】
2. 체에 면보를 밭치고 거른다. 【사진3】
3. 꿀을 넣고 섞는다. 【사진4】

· 대추채와 잣을 고명으로 올리기도 한다.
· 따뜻하게 마신다.

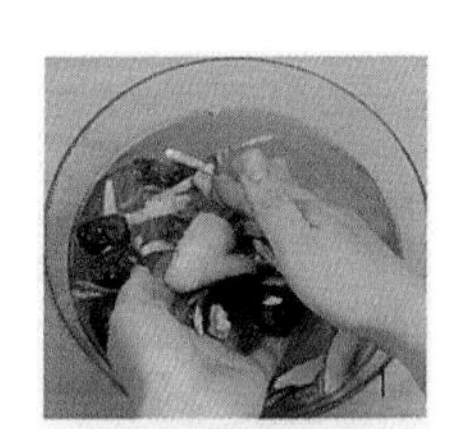

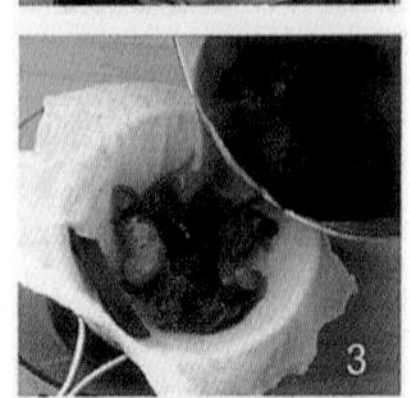

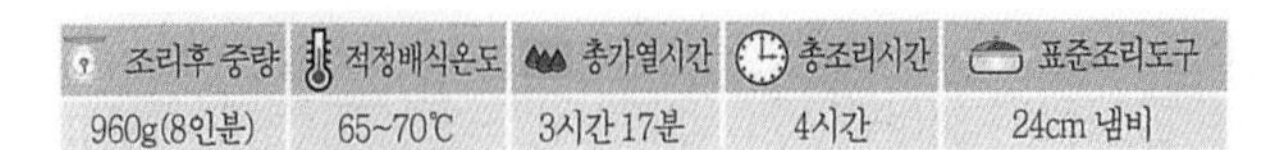

조리후 중량	적정배식온도	총가열시간	총조리시간	표준조리도구
960g(8인분)	65~70℃	3시간 17분	4시간	24cm 냄비

봉수탕

잣과 호두를 곱게 다져 꿀에 버무려서 뜨거운 물에 타서 마시는 음청류이다. 잣은 서리를 맞고 난 후에야 제몫을 다 한다고 하여 '상강송(霜降松)'이라 하고, 한방에서는 '해송자(海松子)'라고 하여 잣과 호두를 1:2의 비율로 꿀에 타서 먹으면 심한 기침이 멎는다고 하였다.

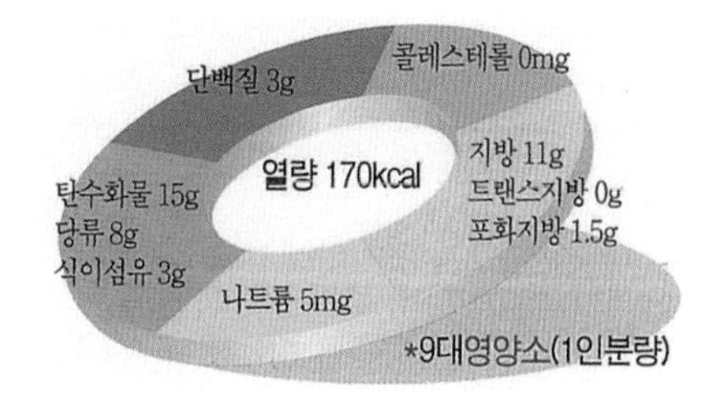

호두 50g, 잣 25g(2½큰술)
꿀 76g(4큰술)
따뜻한 물 400g(2컵)

재료준비

1. 호두는 미지근한 물에 5분 정도 불려서 속껍질을 벗긴다(50g). 【사진1】
2. 잣은 고깔을 떼고 면보로 닦는다(24g).

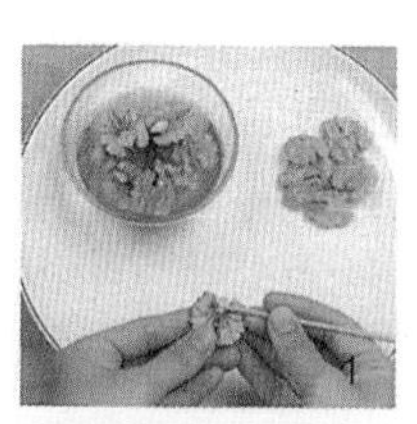

만드는법

1. 호두는 곱게 다지고 잣은 종이를 깔고 밀대로 밀어 기름을 뺀 후 곱게 다진다(48g). 【사진2】
2. 다진 호두와 잣에 꿀을 넣고 고루 섞어 봉수탕 고를 만든다(22g). 【사진3】
3. 찻잔에 봉수탕 고를 넣고 따뜻한 물을 부어 고루 섞는다. 【사진4】

· 꿀과 탕의 농도는 기호에 따라 가감한다.
· 차게 마시기도 한다.

조리후 중량	적정배식온도	총가열시간	총조리시간	표준조리도구
540g(4인분)	65~70℃	0분	30분	

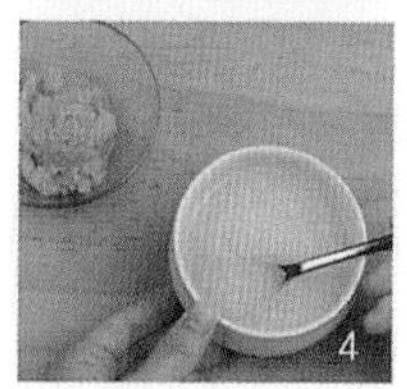

오미갈수

오미자 우린 물에 녹두를 갈아 넣고 끓여 보관하였다가 필요할 때 물과 설탕을 넣고 타서 마시는 음청류이다. 오미자는 다섯 가지 맛을 가졌다고 하여 오미자(五味子)라고 하는데, 뜨거운 물을 부어서 우리면 떫은맛이 강하므로 찬물에 우리는 것이 좋다.

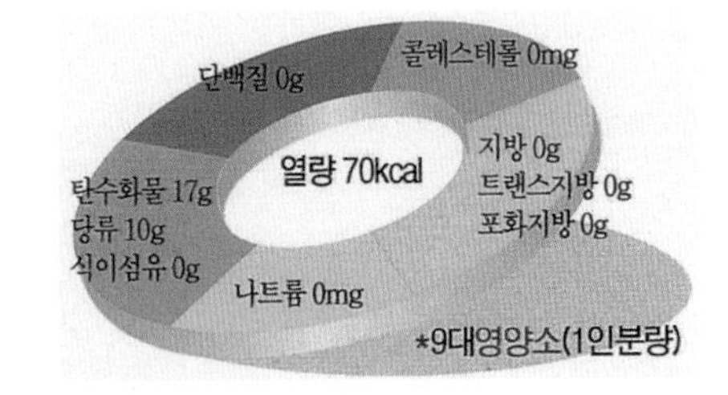

오미자 50g, 물 300g(1½컵)
거피녹두 25g, 물 50g(½컵)
꿀 100g(⅓컵)
끓여 식힌 물 700g(3½컵)
설탕 48g(4큰술)

재료준비

1. 오미자는 티를 고르고 씻어, 체에 밭쳐 물기를 뺀다. 【사진1】
2. 오미자에 물을 붓고 12시간 정도 둔다.
3. 거피녹두는 물에 8시간 정도 불렸다가 비벼 씻어 껍질을 벗기고, 돌을 일어서 체에 밭친다(50g).

1

만드는법

1. 오미자물이 우러나면 면보에 밭쳐 오미자국물을 만든다(230g).
2. 믹서에 녹두와 물을 붓고 1분 정도 간다(100g). 【사진2】
3. 냄비에 오미자국물과 녹두 같은 물을 넣고, 중불에서 3분 정도 끓이다가 약불로 낮추어 10분 정도 끓인 다음, 꿀을 넣고 5분 정도 더 끓인다(240g). 【사진3】
4. 끓여 식힌 물에 오미갈수와 설탕을 넣는다. 【사진4】

2

3

· 끓이는 도중에 자주 저어 주어야 냄비 바닥에 눌어붙지 않는다.
· 기호에 맞추어 오미갈수를 가감할 수 있다.

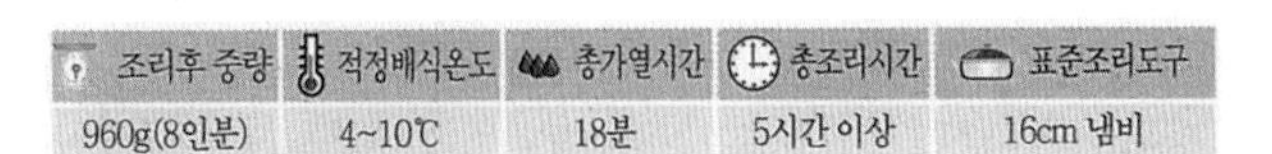

조리후 중량	적정배식온도	총가열시간	총조리시간	표준조리도구
960g(8인분)	4~10℃	18분	5시간 이상	16cm 냄비

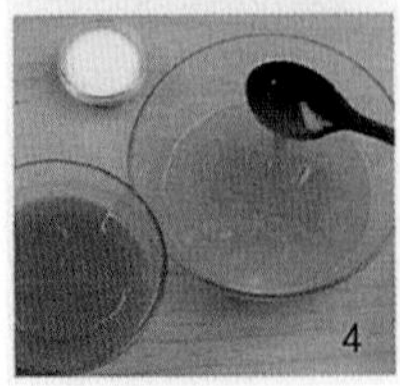
4

십전대보탕

여러 가지 약재를 넣고 오랫동안 끓여 만든 음청류이다. 여러 가지 만성병이나 큰 병을 앓은 뒤 전신 쇠약이 심하고, 기혈(氣血) · 음양 · 표리(表裏) · 내외(內外)가 모두 허해져 있을 때 이를 크게 보(補)하며, 십전(十全:열 가지 모두)의 효험이 있다는 뜻으로 십전대보탕이라 하였다.

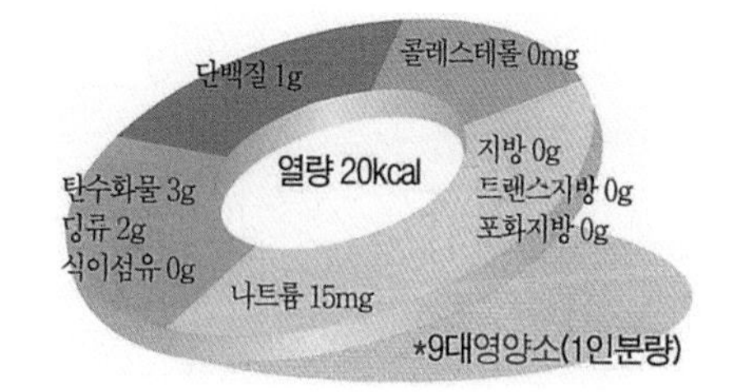

인삼 70g
백복령 · 당귀 · 천궁 · 백출 · 백작약 · 황기 · 육계 · 진피 각 10g
대추 16g(4개), 생강 20g, 감초 6g
물 2.2kg(11컵)

재료준비

1. 인삼과 백봉령 · 당귀 · 천궁 · 백출 · 백작약 · 황기 · 육계 · 진피 · 대추 · 생강 · 감초를 씻어 물기를 뺀다.

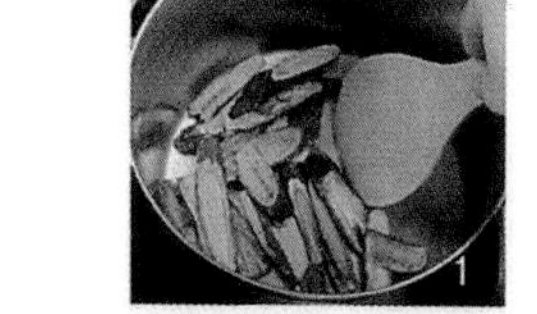

만드는법

1. 냄비를 달구어 감초를 넣고 약불로 낮추어 2분 정도 볶는다. 【사진1】
2. 냄비에 인삼 · 백봉령 · 당귀 · 천궁 · 백출 · 백작약 · 황기 · 육계 · 진피 · 대추 · 생강 · 감초와 물을 붓고, 센불에 9분 정도 올려 끓으면 중불로 낮추어 1시간 정도 끓이다가 약불에서 1시간 정도 더 끓인다. 【사진2 · 3】
3. 면보에 걸러 그릇에 담아낸다.【 사진4】

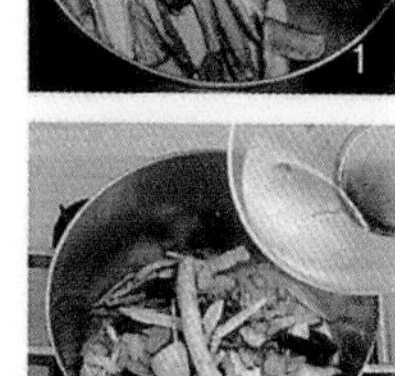

· 꿀을 넣어 먹기도 한다.
· 기호에 따라 약재와 대추 · 생강을 더 넣을 수도 있다.

조리후 중량	적정배식온도	총가열시간	총조리시간	표준조리도구
480g(4인분)	65~70℃	2시간 11분	3시간	20cm 냄비

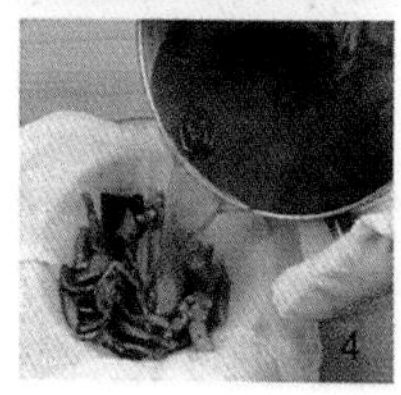

총명탕

원지와 석창포 · 감초 우린 물에 백복신을 넣고 끓여 만든 음청류이다. 총명탕의 백복신은 정신을 안정시켜 주고, 원지와 석창포는 마음을 편안하게 해주고 머리를 맑게 해주기 때문에 불안해하는 수험생이나 걱정이 많은 사람에게 좋다.

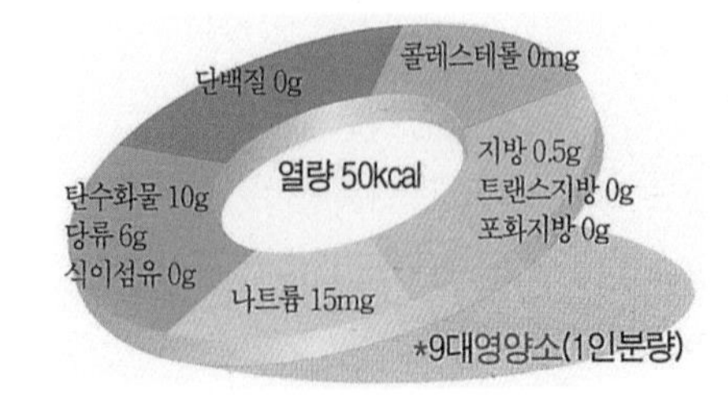

원지 10g, 석창포 10g, 감초 3g
백복신 25g
물 800g(4컵)
설탕 12g(1큰술), 꿀 38g(2큰술)

재료준비

1. 원지와 석창포 · 감초는 깨끗이 씻어 물에 10시간 정도 담가 놓았다가 체에 거른다. 【사진1】

1

만드는법

1. 원지 · 석창포 · 감초우린물을 센불에 5분 정도 올려 끓으면, 중불로 낮추어 5분 정도 끓인 다음, 백복신을 넣고 약불로 낮추어 10분 정도 더 끓인 다음 면보에 거른다. 【사진2 · 3】
2. 설탕과 꿀을 넣는다.【사진4】

2

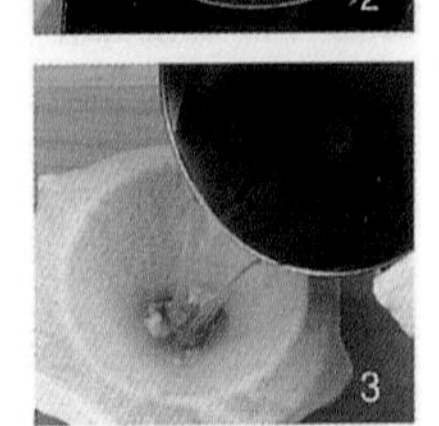
3

· 총명탕은 원지와 석창포 · 감초를 충분히 우린 물에 백복신을 넣고 잠시 끓인다.

조리후 중량	적정배식온도	총가열시간	총조리시간	표준조리도구
480g(4인분)	65~70℃	20분	5시간 이상	20cm 냄비

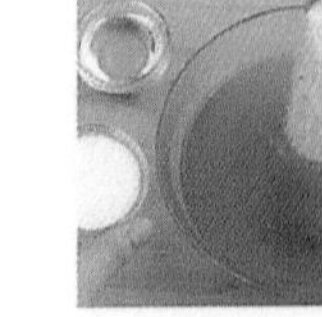
4

습조탕

대추에 물을 붓고 푹 끓여 체에 거른 대추즙에 생강즙과 꿀을 넣고 따뜻한 물에 타서 마시는 음료이다. 한방에서는 이뇨 · 강장(强壯) · 완화제(緩和劑)로 쓰이며 대추는 대추술 · 대추죽 · 대추차 등에 널리 이용된다.

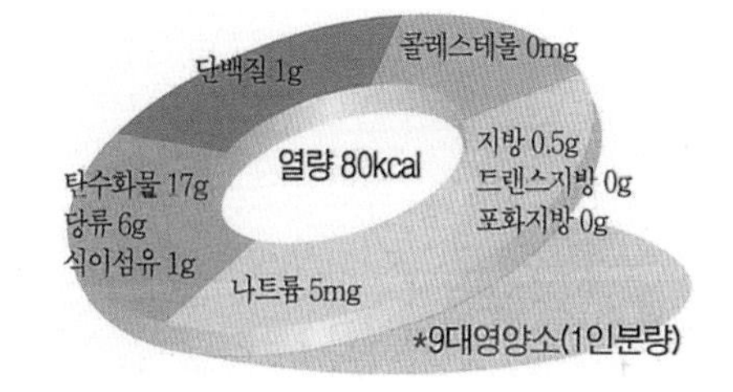

대추 100g, 물 600g(3컵)
꿀 57g(3큰술), 생강즙 5.5g(1작은술)
잣 3.5g(1작은술), 따뜻한 물 350g(1¾컵)

재료준비

1. 대추는 면보로 닦는다. 【사진1】
2. 잣은 고깔을 떼고 면보로 닦는다(2.4g).

만드는법

1. 냄비에 대추와 물을 붓고 센불에 4분 정도 올려 끓으면, 중불로 낮추어 30분 정도 끓여 체에 내리고 껍질과 씨는 버리고 대추고를 만든다(80g). 【사진2 · 3】
2. 대추고에 꿀 · 생강즙 · 따뜻한 물을 붓고 고루 섞는다. 【사진4】
3. 찻잔에 습조탕을 담고 잣을 띄워 낸다.

· 꿀과 탕의 농도는 기호에 따라 가감한다.
· 많은 양을 만들 때는 대추고에 꿀을 넣고 조려서 냉장고에 보관해두고 먹을 때 물에 타서 마신다.

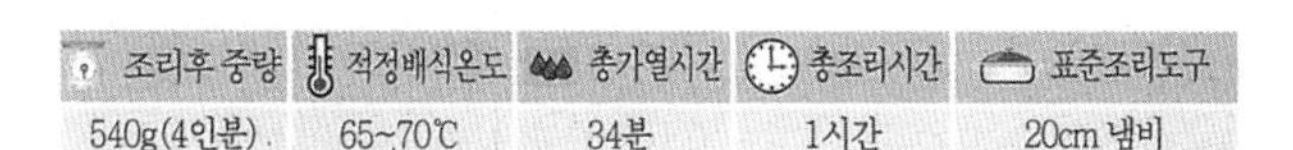

조리후 중량	적정배식온도	총가열시간	총조리시간	표준조리도구
540g(4인분)	65~70℃	34분	1시간	20cm 냄비

율추숙수

밤의 속껍질에 물을 붓고 끓인 음청류이다. 율추숙수는 밤의 속껍질을 모아서 말려두었다가 끓여 마시는 전통음료로 밤은 성질이 따뜻하여 기운을 북돋우고 징기를 보대며, 베고픔을 견디게 한다.

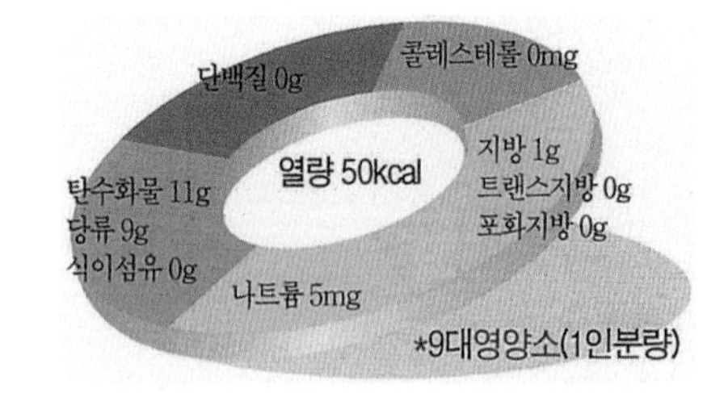

율추 20g
물 800g(4컵), 꿀 38g(2큰술)
잣 3.5g(1작은술)

재료준비

1. 율추는 물에 씻어 물기를 뺀다.【사진1】

만드는법

1. 냄비에 율추와 물을 넣고 센불에 4분 정도 올려 끓으면, 약불로 낮추어 40분 정도 끓인다(440g).【사진2 · 3】
2. 면보에 거른 후 꿀을 넣고 잘 섞는다.【사진4】
3. 찻잔에 담고 잣을 띄운다.

· 밤 속 껍질을 까아 말린 것을 율추라 한다.
· 밤 속껍질을 까아서 바로 사용하기도 한다.
· 오래 끓이면 떫어지므로 시간에 유의한다.

조리후 중량	적정배식온도	총가열시간	총조리시간	표준조리도구
480g(4인분)	65~70℃	44분	1시간	20cm 냄비

임금갈수

사과를 쪄서 즙을 내어 단향과 정향을 넣고 함께 달인 다음 꿀을 타서 마시는 음청류이다. 가을에 사과를 수확하여 즙을 내고 달인 다음 단향과 정향가루를 넣고 저장해 두었다가 갈증을 느낄 때 물을 타서 마시는데, 기호에 따라 꿀이나 설탕을 타서 마시기도 한다.

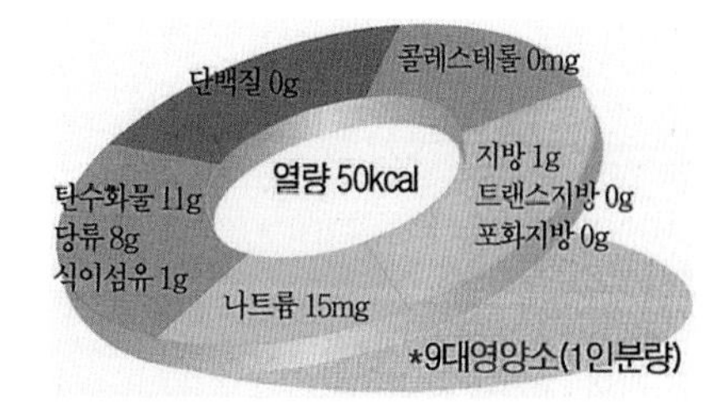

사과 600g(2개), 찌는 물 2kg(10컵), 물 200g(1컵)
단향 1g, 정향 1g, 물 600g(3컵)
설탕 18g(1½큰술), 꿀 28.5g(1½큰술)
끓여 식힌 물 480g

재료준비

1. 사과는 씻어 씨를 빼내어 두께 0.5cm 정도로 썬다(535g). 【사진1】

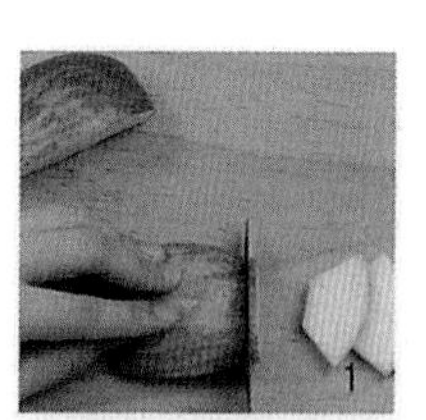

만드는법

1. 찜기에 물을 붓고 센불에 9분 정도 올려 끓으면, 사과를 넣고 중불로 낮추어 30분 정도 찐 다음 으깨어(240g), 물을 부어 가며 체에 내려 사과즙을 낸다. 【사진2】
2. 냄비에 물을 붓고 센불에 3분 정도 올려 끓으면, 단향과 정향을 넣고 중불로 낮추어 5분 정도 끓인 다음 면보에 거른다(510g). 【사진3】
3. 냄비에 단향과 정향 끓인 물과 사과즙을 넣고 중불에 20분 정도 잘 저으면서 끓인 다음, 설탕과 꿀을 넣고 1분 정도 끓인다. 【사진4】
4. 차게 식혀 그릇에 담는다.

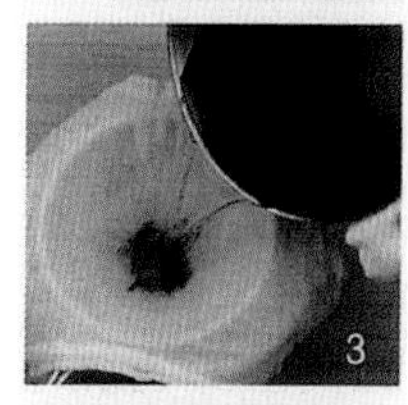

· 쪄낸 사과는 뜨거울 때 체에 내려야 잘 내려진다.
· 임금을 쪄서 즙을 내서 달이고 단향과 정향가루를 넣고 저장해 두었다가 꿀이나 설탕을 타서 시원하게 마시기도 한다.
· 전통적으로는 사과 대신 한국 재래종의 작은 능금을 사용한다.

조리후 중량	적정배식온도	총가열시간	총조리시간	표준조리도구
960g(8인분)	4~10℃	1시간 8분	1시간 30분	26cm 찜기

수박화채

수박과즙에 얼음과 설탕을 넣고 수박을 조각내어 띄워낸 음료이다. 수박의 찬 성질이 신경을 안정시켜 주어 갈증 해소에 좋다. 한방에서는 이뇨작용을 돕고, 신장병에 유효하며 신경안정과 피로회복 · 해독작용이 있다고 한다.

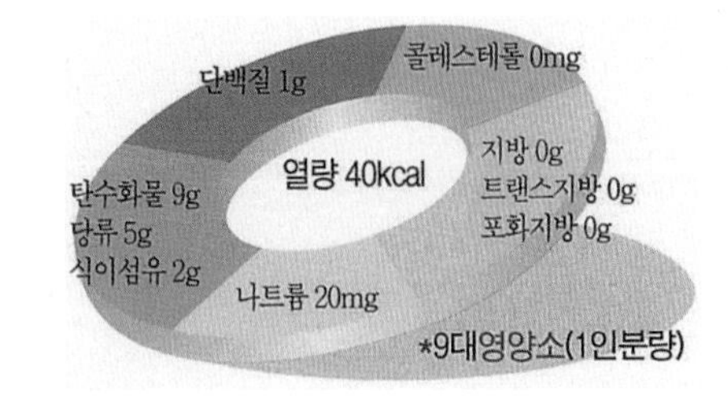

수박 2kg(½통)
설탕 40g(¼컵)
얼음 500g

재료준비

1. 수박을 숟가락이나 원형 뜨개로 동글동글하게 속을 파낸다(500g). 【사진1】
2. 나머지 속은 긁어내어(600g) 믹서에 30초 정도 간 다음, 체에 걸러 수박국물을 만든다(400g). 【사진2】

1

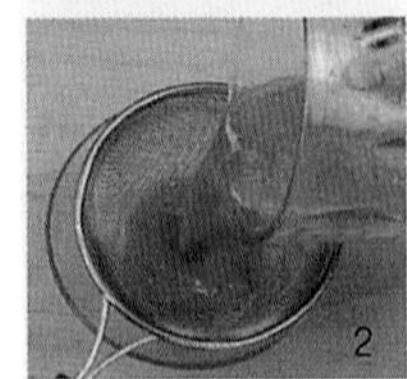
2

만드는법

1. 동그랗게 파낸 수박에 설탕 ½량을 뿌린다. 【사진3】
2. 수박국물에 나머지 설탕과 얼음을 넣는다.
3. 화채 그릇에 수박을 담고 수박국물을 붓는다. 【사진4】

3

· 여러 가지 여름과일을 섞어 만들기도 한다.
· 얼음을 띄워 내기도 한다.

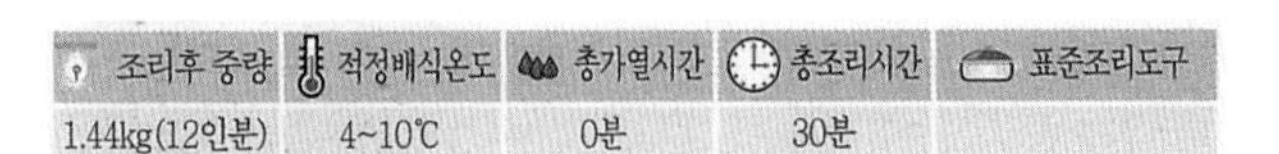

조리후 중량	적정배식온도	총가열시간	총조리시간	표준조리도구
1.44kg(12인분)	4~10℃	0분	30분	

4

떡수단

멥쌀가루로 만든 흰떡을 작은 경단 모양으로 만들어서 녹말가루를 입힌 다음 끓는 물에 삶아 건져서 찬물에 헹구고 꿀물에 띄워 먹는 음청류이다. '흰떡 수단' 이라고도 하며 물에 넣지 않은 것은 '건단' 이라고 한다.

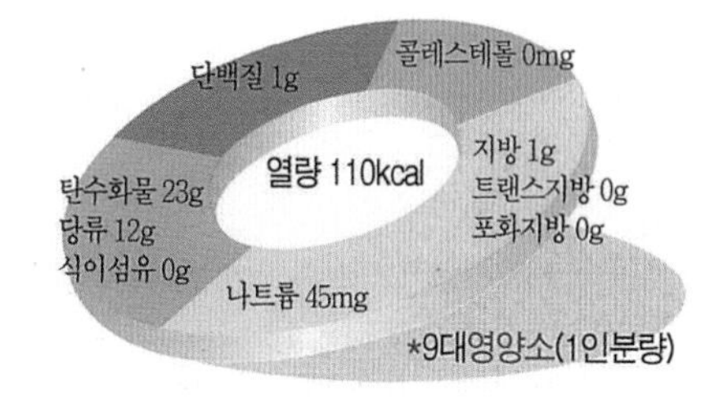

멥쌀가루 80g, 소금 0.5g(⅛작은술), 물 20g(4작은술)
녹말 8g(1큰술), 삶는 물 400g(2컵)
잣 3.5g(1작은술)
꿀물 : 꿀 76g(4큰술), 물 400g(2컵)
찌는 물 2kg(10컵)

재료준비

1. 멥쌀가루에 소금을 넣고 체에 내려 물을 넣고 고루 섞는다. 【사진1】

만드는법

1. 찜기에 물을 붓고 센불에 9분 정도 올려 끓으면, 젖은 면보를 깔고 멥쌀가루를 넣어 15분 정도 찐다(103g).
2. 찐 떡은 방망이로 3분 정도 친다(5g 반죽 21개 : 1인당 5개씩). 【사진2】
3. 친 떡 반죽은 5g 정도로 떼어 둥글린 후, 녹말을 고루 묻히고 여분의 가루는 털어낸다(220g). 【사진3】
4. 냄비에 물을 넣고 센불에 2분 정도 올려 끓으면, 떡을 넣고 1분 정도 끓이다가 떡이 떠오르면 건져서 물에 헹구어 물기를 뺀다. 【사진4】
5. 냄비에 꿀과 물을 붓고 센불에 2분 정도 올려 끓으면, 중불로 낮추어 5분 정도 더 끓인 다음 식혀서 꿀물을 만든다(389g).
6. 그릇에 떡수단을 담고 꿀물을 부은 후 잣을 띄운다.

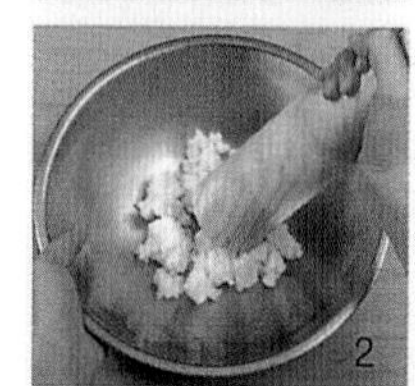

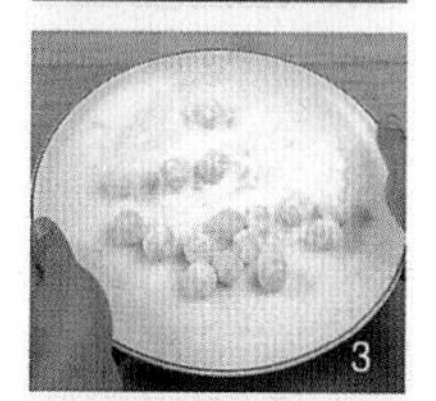

· 오미자국물에 띄워 먹기도 한다.
· 녹말을 묻혀서 삶은 후 다시 녹말을 묻혀 삶기도 한다.
· 녹말을 묻혀서 삶으면 매끄러워 먹기가 좋다.

조리후 중량	적정배식온도	총가열시간	총조리시간	표준조리도구
480g(4인분)	4~10℃	34분	1시간	16cm 냄비

참고 문헌

[도서]

강인희, 한국의 맛, 대한교과서주식회사, 1987
강인희, 한국식생활사, 삼영사, 1990
강인희, 한국인의 보양식, 대한교과서주식회사, 1992
강인희, 한국의 떡과 과즐, 대한교과서주식회사, 1997
강인희, 한국의 상차림, 효일출판사, 1999
김상보, 조선왕조 궁중의궤음식문화, 수학사, 1996
대한영양사회, 급식관리지도서 3차개정판, 2000
문화관광부, 한국전통음식, 2000
배영희 · 양동호, 단체급식관리와 조리실습 워크북, 교문사, 2005
승정자 외 5인, 칼로리 핸드북, 교문사, 2005
염초애 · 장명숙 · 윤숙자, 한국음식, 효일문화사, 1992
유네스코아시아 · 태평양 국제이해교육원, 맛있는 국제이해교육, 일조각, 2007
윤서석, 식생활문화의 역사, 신광출판사, 1999
윤서석, 한국음식, 수학사, 2002
윤숙자, 한국의 저장 발효음식, 신광출판사, 1997
윤숙자, 한국의 떡 · 한과 · 음청류, 지구문화사, 1998
윤숙자, 한국의 시절음식, 지구문화사, 2000
윤숙자 엮음, 빙허각이씨 지음, 규합총서, 도서출판질시루, 2003
윤숙자외 2인, 한국음식 기초조리, 지구문화사, 2008
윤숙자외 2인, 알고 먹으면 좋은 우리 식재료 Q&A, 지구문화사, 2008
윤숙자, 굿모닝 김치, 도서출판질시루, 2009
윤숙자외 2인, 재미있는 세시음식이야기, 도서출판질시루, 2009
이성우, 한국식품문화사, 교문사, 1984
이성우, 한국식품사회사, 교문사, 1984
이성우, 한국요리문화사, 교문사, 1985
이춘자 · 김귀영 · 박혜원 · 배병석, 통과의례음식, 주식회사 대원사, 1998
이효지, 한국의 음식문화, 신광출판사, 1998
이효지, 한국음식의 맛과 멋, 신광출판사, 2005
정동효 외 5인, 식품의 맛과 과학, 신광문화사, 2003
정해옥, 한국음식의 이해, 교학연구사, 2000

정해옥, 한국음식과 문화, 문지사, 2002
조경련 외 4인, Flow chart로 배우는 실험조리, 교문사, 2004
조재선 · 황선연, 식품재료학, 문운당, 1984
조후종, 우리음식이야기, 한림출판사, 2001
한국문화재보호재단, 한국음식대관 1~6, 한림출판사, 1997
한국영양학회, 한국인 영양섭취기준 제 7개정판, 한국영양학회, 2005
한국전통음식연구소, 아름다운 한국음식100선, 한림출판사, 2007
한국전통음식연구소, 아름다운 한국음식300선, 도서출판질시루, 2008

[논문]

김순하, 일본인의 한식메뉴 선호도와 구매행동 특성, 외식경영연구, vol 7, p129-148. 2004
김승주 · 조진아 · 조정순 · 조후종, 임자수탕 조리법의 표준화와 품질특성에 관한 연구, 한국식품조리과학회지, vol 15, p197-202, 1999
김혜영 · 조윤선, 단체급식소에서 제공되는 음식온도의 기호성에 관한 연구, 생활문화연구, vol 7, p 57-85, 1993
문현경, 우리 음식의 국제화를 위한 식단의 표준화, 식품과학과 산업, vol 27, p38-54, 1994
윤경화, 한국음식 맛 표현에 관한 연구, 석사학위논문, 세종대학교, 2006
이선미 · 정현아 · 박상현 · 주나미, 중 · 고등학교 급식의 대표메뉴 선정 및 표준 조리법 개발, 대한영양사협회 학술지, vol 11, p28-43, 2005
임양이 · 김혜영, 단체급식소에서 제공되는 국류의 적정온도에 관한 연구, 한국식생활문화학회지, vol 9, p303-310, 1994
한억, 한국음식의 문화적 인식과 수용, 식품기술, vol 8, p 3-34, 1995

[보고서]

국립농산물품질관리원, 농산물품질규격, 2006
농촌진흥청, 농촌생활과학, p289-323, 2000
문화관광부, 한국향토음식
문화재청, 한국의 전통공예와 음식, p135-181, 1999
한국과학재단, 한식일품요리의 대량생산 표준레시피 개발과 산업화 운용시험 평가, 2005
한국관광공사, 외국어 관광안내표기, 2005
한국보건진흥원, 식품참고량 및 1회분량 설정연구, 2004
한국식품공업협회, 좋은 식단 실시방안에 관한 연구, 1992

찾아보기

ㅇ

ㅈ

ㅊ

ㅋ

ㅌ

ㅍ

ㅎ

이 책을 만든 사람들

저자

윤숙자 (사)한국전통음식연구소 소장

참여 연구원

이명숙 (사)한국전통음식연구소 원장

노광석 (사)한국전통음식연구소 연구팀장

강재희 백석대학 외식산업학부 교수

강현주 경민대학 다이어트 정보과 강사

고승혜 호원대학교 식품외식조리학부 겸임교수

김준희 백석예술대학 외식산업학부 겸임교수

박진희 전) 김포대학 호텔조리과 겸임 교수

이순옥 한국관광대학 호텔조리과 교수

임미자 (사)한국전통음식연구소 부원장

최봉순 우송대학교 외식조리학부 초빙교수

이영주 동원대학 호텔조리과 강사

이인옥 (사)한국전통음식연구소 연구원

이지현 청운대학교 호텔조리식당경영학과 교수

정미경 (사)한국전통음식연구소 연구원

황수정 대구한의대학교 한방식품조리영양학부 교수

전통음식의 연구 · 개발 및 대중화를 위한 작은 학교

(사)한국전통음식연구소

Institute of Traditional Korean Food

- 10층 발효음식교육관 · 하늘공원
- 9층 돈화문 갤러리
- 8층 연구 / 기획홍보실
- 7층 평생교육원(본부)
- 6층 떡 · 한과 · 전통음식교육관
- 5층 전통주 · 식문화교육관
- 4층 떡 박물관 / 체험학습관
- 3층 떡 박물관 / 특별전시관
- 2층 떡 박물관 / 상설전시관

아름다운 창덕궁 앞, 서울 종로구 돈화문로에 위치한 '사단법인 한국전통음식연구소' 우리 조상들이 쌓아 온 오랜 경험과 지혜의 산물인 전통음식의 연구 · 개발과 대중화, 세계화를 목표로 설립된 전문기관입니다. 10층으로 이뤄진 건물 전체가 전통음식에 대한 열정과 향기로 가득 채워진 '사단법인 한국전통음식연구소'는 전통 식문화를 보다 깊이 있게 연구 · 개발하고 보급하는 전문 교육기관으로서 한국 음식의 세계화의 산실입니다.

(사) 한국전통음식연구소

- **문의전화** 02)741-5411~4
- **팩　　스** 02)741-5435
- **홈페이지** http://www.kfr.or.kr
- **페이스북** http://www.facebook.com/kfr.or.kr/
- **인스타그램** @tradicook
- **찾아오시는길** 서울시 종로구 돈화문로 71

오시는 길

현대본사
창덕궁
인사동
사단법인 한국전통음식연구소
Institute of Traditional Korean Food
종묘
종로3가역 6번출구
종로3가역 7번출구
종로세무서

전통음식 대중화와 세계화의 뿌리를 키우는

(사)한국전통음식연구소 부설 평생교육원(5층~7층)

윤숙자 대표를 중심으로 전통음식연구가, 한국전통음식 기능보유자, 무형문화재 등 각 분야의 전문가들과 함께 전통음식의 전수와 보급을 위한 이론과 실기를 병행하고 있습니다. 최적의 환경에서 한국전통음식의 기초부터 실제까지 전문적으로 배울 수 있는 다양한 정규 교육프로그램과 성인 및 외국인들을 위한 체험프로그램도 운영합니다. 남녀노소 누구라도 전통음식에 대한 사랑과 열정을 가진 분이라면 평생교육원에서 꿈을 실현하시길 바랍니다!

평생교육원 프로그램 안내

정규과정		
떡 · 한과	주니어 · 시니어 마스터 · 그랜드마스터	개강 1월 4월 7월 10월
혼례음식	일반 전문	
전통음식		
궁중음식		
전통민속주		

특별과정	
장 · 장아찌	1월 개강
약선&사찰음식	4월 개강
효소&식초	7월 개강
김치와 김치음식	10월 개강

전문가과정
전통주 주향사
어린이 떡교육강사
해외파견–한식쉐프
최고지도자 과정

우리 떡의 역사를 한눈에 만날 수 있는 산 교육장

떡 박물관(2층~4층)

2002년 개관한 떡 박물관은 우리 조상들의 지혜로웠던 삶의 모습과 숨결을 느낄 수 있는 공간으로 3,100여 점의 유물을 보유하고 있으며, 떡을 중심으로 한 한국음식이 전시되어 있습니다.

전시관은 세시음식과 통과의례를 주제로 한 상설전시관과 매년 새로운 주제로 개편되는 특별전시관으로 구성되어 있습니다.

어린이와 청소년, 외국인 등을 대상으로 한 다양한 교육을 진행하고 있는 체험의 공간이자 산 교육장입니다.

- **관람 시간 :** 월~일요일 및 공휴일 10 : 00~18 : 00 (설, 추석 당일 휴관)
- **36개월 미만, 65세 이상** 무료입장(신분증 제시)
- **20명 이상 단체 예약 시** 해설사 동반 가능
- **체험문의 :** 홈페이지 참조

www.tkmuseum.or.kr Tel. 02-741-5447 Fax. 02-741-7848

구분	요금
어린이, 청소년	2,000원
일반	3,000원

돈화문로에 새로운 랜드마크, 문화 공간

돈화문 갤러리(9층)

왕이 거닐던 거리 '돈화문로'

무구한 역사와 문화가 함께하는 돈화문로의 중심에 자리 잡은 '돈화문 갤러리'

격조 높은 작품 전시로 사람들에게 감동을 주는 갤러리로 돈화문로와 함께 영원히 기억되겠습니다.

"청소년들을 위한 미술인문학", "아트토크", "예술영화감상" 등 다양한 프로그램이 진행되고 있습니다.

http:// www.donhwamungallery.com • **전시대관 · 예약 문의 02. 708. 0792~3**

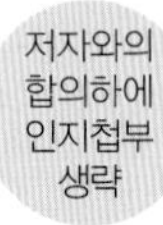

윤숙자 교수의 건강밥상 300선

2010년 5월 11일 초 판 1쇄 발행
2020년 10월 10일 개정판 1쇄 발행

엮은이 윤숙자
펴낸이 진욱상
펴낸곳 (주)백산출판사
교 정 박시내
본문디자인 편집부
표지디자인 편집부

등 록 2017년 5월 29일 제406-2017-000058호
주 소 경기도 파주시 회동길 370(백산빌딩 3층)
전 화 02-914-1621(代)
팩 스 031-955-9911
이메일 edit@ibaeksan.kr
홈페이지 www.ibaeksan.kr

ISBN 979-11-6567-168-6 13590
값 28,000원

• 파본은 구입하신 서점에서 교환해 드립니다.
• 저작권법에 의해 보호를 받는 저작물이므로 무단전재와 복제를 금합니다.
이를 위반시 5년 이하의 징역 또는 5천만원 이하의 벌금에 처하거나 이를 병과할 수 있습니다.